内蒙古植物志

（第三版）

第四卷

赵一之　赵利清　曹　瑞　主编

内蒙古人民出版社

2020·呼和浩特

图书在版编目（CIP）数据

内蒙古植物志：全6卷／赵一之，赵利清，曹瑞主编．—3版．—呼和浩特：内蒙古人民出版社，2020.1

ISBN 978-7-204-14546-1

Ⅰ．①内… Ⅱ．①赵… ②赵… ③曹… Ⅲ．①植物志－内蒙古 Ⅳ．① Q948.522.6

中国版本图书馆 CIP 数据核字（2017）第 006496 号

内 蒙 古 植 物 志 ： 全 6 卷
NEIMENGGU ZHIWUZHI : QUAN6 JUAN

丛书策划	吉日木图　郭　刚	
策划编辑	田建群　刘智聪	
主　　编	赵一之　赵利清　曹　瑞	
责任编辑	董立群　石　煜　孙红梅	
责任监印	王丽燕	
封面设计	南　丁	
版式设计	朝克泰　南　丁	
出版发行	内蒙古人民出版社	
地　　址	呼和浩特市新城区中山东路 8 号波士名人国际 B 座 5 楼	
网　　址	http://www.impph.cn	
印　　刷	北京雅昌艺术印刷有限公司	
开　　本	889mm×1194mm　1/16	
印　　张	31	
字　　数	800 千	
版　　次	2020 年 1 月第 1 版	
印　　次	2020 年 1 月第 1 次印刷	
印　　数	1—2000 册	
书　　号	ISBN 978-7-204-14546-1	
定　　价	880.00 元（全 6 卷）	

图书营销部联系电话：（0471）3946267　3946269
如发现印装质量问题，请与我社联系。联系电话：（0471）3946120　3946124

FLORA INTRAMONGOLICA

EDITIO TERTIA
Tomus 4

Redactore Principali:Zhao Yi-Zhi Zhao Li-Qing Cao Rui

TYPIS INTRAMONGOLICAE POPULARIS

2020·HUHHOT

说明

　　本书是在内蒙古大学和内蒙古人民出版社的主持下，由国家出版基金资助完成的。在研究过程中，得到国家自然科学基金项目"中国锦鸡儿属植物分子系统学研究"（项目号：30260010）、"蒙古高原维管植物多样性编目"（项目号：31670532）、"黄土丘陵沟壑区沟谷植被特性与沟谷稳定性关系研究"（项目号：30960067）、"脓疮草复合体的物种生物学研究"（项目号：39460007）、"绵刺属的系统位置研究"（项目号：39860008）等的资助。

　　全书共分六卷，第一卷包括序言、内蒙古植物区系研究历史、内蒙古植物区系概述、蕨类植物、裸子植物和被子植物的金粟兰科至马齿苋科，第二卷包括石竹科至蔷薇科，第三卷包括豆科至山茱萸科，第四卷包括鹿蹄草科至葫芦科，第五卷包括桔梗科至菊科，第六卷包括香蒲科至兰科。

　　本卷记载了内蒙古自治区被子植物的鹿蹄草科至葫芦科，计30科（其中包括杜鹃花科、报春花科、木樨科、龙胆科、萝藦科、紫草科、唇形科、茄科、玄参科、列当科、忍冬科等）、145属、390种，另有12栽培属、27栽培种。内容有科、属、种的各级检索表及科、属特征；每个种有中文名、别名、拉丁文名、蒙古文名、主要文献引证、特征记述、生活型、水分生态类群、生境、重要种的群落成员型及其群落学作用、产地（参考内蒙古植物分区图）、分布、区系地理分布类型、经济用途、彩色照片和黑白线条图等。在卷末附有植物的蒙古文名、中文名、拉丁文名对照名录及中文名索引和拉丁文名索引。

　　本卷由内蒙古大学赵一之、赵利清、曹瑞修订、主编，内蒙古师范大学哈斯巴根、乌吉斯古楞编写蒙古文名。

　　书中彩色照片除署名者外，其他均为赵利清在野外实地拍摄，黑白线条图主要引自第一、二版《内蒙古植物志》。此外还引用了《中国高等植物图鉴》《中国高等植物》《东北草本植物志》及 *Flora of China* 等有关植物志书和文献中的图片。

　　本书如有不妥之处敬请读者指正。

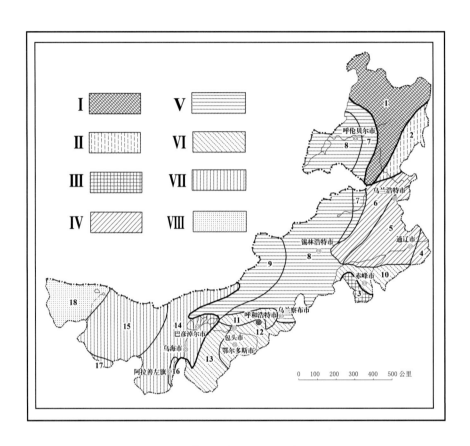

内蒙古植物分区图

Ⅰ. 兴安北部省　　　　6. 兴安南部州　　　　13. 鄂尔多斯州

　1. 兴安北部州　　Ⅴ. 蒙古高原东部省　Ⅶ. 阿拉善省

Ⅱ. 岭东省　　　　　　7. 岭西州　　　　　　14. 东阿拉善州

　2. 岭东州　　　　　8. 呼锡高原州　　　　15. 西阿拉善州

Ⅲ. 燕山北部省　　　　9. 乌兰察布州　　　　16. 贺兰山州

　3. 燕山北部州　　Ⅵ. 黄土丘陵省　　　　17. 龙首山州

Ⅳ. 科尔沁省　　　　　10. 赤峰丘陵州　　Ⅷ. 中央戈壁省

　4. 辽河平原州　　　11. 阴山州　　　　　18. 额济纳州

　5. 科尔沁州　　　　12. 阴南丘陵州

目 录

93. 鹿蹄草科 Pyrolaceae

多年生草本或半灌木，具细长的匍匐根状茎，或为多年生腐生肉质草本。单叶互生，有时基部簇生，少对生或轮生，全缘或有细锯齿，常绿或落叶，无托叶。花两性，辐射对称，生于花葶，单一或呈总状花序或伞房花序，常具膜质鳞片状的苞片；萼 5 深裂，宿存；花瓣 5，少 3～4，分离。雄蕊 10，少 6～8，花药顶孔开裂或纵缝开裂。雌蕊由 4～5 心皮合生，子房上位，不完全的 4～5 室，胚珠多数，肉质中轴胎座；花柱单一；柱头多少浅裂；下位花盘存在或无。蒴果扁球形，5 瓣裂，室背开裂，少浆果。种子多数，有 1 层宽松而透明且网纹非常明晰的种皮；幼胚仅由几个细胞组成，没有子叶的分化。

内蒙古有 4 属、10 种。

分属检索表

1a. 绿色有叶植物，花药顶孔开裂（**1. 鹿蹄草亚科 Pyroloideae**）。

  2a. 总状花序；花瓣非水平开展，呈钟状。蒴果裂缝边缘内有密蛛网状毛。

    3a. 花序光滑无毛，花药顶部裂孔有 2 短管，子房基部不具花盘，花粉为四分体型……………………………………………………………………………………**1. 鹿蹄草属 Pyrola**

    3b. 花序有细的乳头状突起；花药顶部裂孔不呈管状；子房基部具花盘，10 浅裂；花粉为单一型……………………………………………………………………**2. 单侧花属 Orthilia**

  2b. 花单生于花葶顶端，花瓣水平开展；蒴果裂缝边缘内无蛛网状毛…………**3. 独丽花属 Moneses**

1b. 腐生植物，具无色鳞片状退化叶，花药纵缝开裂（**2. 水晶兰亚科 Monotropoideae**）……………………………………………………………………………………**4. 水晶兰属 Monotropa**

1. 鹿蹄草属 Pyrola L.

常绿多年生草本。根状茎细长横生。叶于基部簇生。总状花序，着生于花葶顶部；花白色、淡蔷薇色、淡黄绿色、绿色或紫红色；花萼裂片 5，宿存；花瓣 5，早脱落；雄蕊 10，花药顶端孔裂，有 2 短管，花粉为四分体型；子房基部无花盘，花柱单生，柱头 5 浅裂。蒴果下垂，瓣裂，裂缝边缘内有密蛛网状毛。

内蒙古有 5 种。

分种检索表

1a. 叶肾形，基部心形；萼裂片半圆形或扁三角形，苞片披针形……………**1. 肾叶鹿蹄草 P. renifolia**

1b. 叶为其他形状，基部不为心形。

  2a. 花粉红色至紫红色，花药赤紫色。

    3a. 叶近圆形或卵状椭圆形，先端圆形……………**2a. 红花鹿蹄草 P. incarnata** var. **incarnata**

    3b. 叶卵形，先端锐尖……………**2b. 卵叶红花鹿蹄草 P. incarnata** var. **ovatifolia**

  2b. 花白色、绿色或黄绿色，花药黄色。

    4a. 叶较小，直径 0.5～1.5cm；萼裂片正三角形或三角状卵形，长约 1.5mm；花绿色……………………………………………………………………………………**3. 绿花鹿蹄草 P. chlorantha**

    4b. 萼裂片披针形、三角状披针形、舌形或卵状披针形，长 2.5～4mm。

5a. 萼裂片披针形或三角状披针形；花柱明显伸出花冠，长 7.5～10mm····················**4. 鹿蹄草 P. rotundifolia**

5b. 萼裂片舌形，稀披针形；花柱稍伸出花冠，长 6～7mm·······························**5. 兴安鹿蹄草 P. dahurica**

1. 肾叶鹿蹄草

Pyrola renifolia Maxim. in Mem. Acad. Imp. Sci. St.-Petersb. Div. Sav. 9(Prim. Fl. Amur.):190. 1859; Fl. China 14:253. 2005.

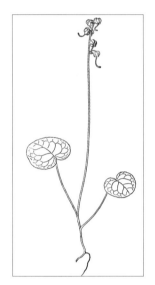

多年生常绿草本，高 10～25cm。全株无毛。根状茎极细长而横走。叶 2～4，生于花葶基部，薄革质，肾状圆形，长 1.5～3.5cm，宽 2～4cm，先端宽圆形，基部深心形，边缘有不明显的疏腺锯齿，叶柄长 2～7cm。花葶细长，花 3～9；苞片披针形，膜质，长约 2mm；花梗极短，果期可伸长至 5mm；花萼 5 裂，裂片半圆形或扁三角形，约为花瓣长度的 1/5。花瓣 5，白色或微带绿色，长约 8mm；花冠直径约 1cm。雄蕊 10，约与花瓣等长；花药孔裂，顶孔管状。子房扁球形；花柱长，基部外倾，上部斜上，明显外露；柱头稍加粗。蒴果扁圆球形，高约 4mm，直径约 5mm，宿存花柱长可达 1cm。花果期 6～8 月。

常绿耐阴中生草本。生于森林带落叶松林林下。产兴安北部（鄂伦春自治旗）。分布于我国黑龙江、吉林东部、辽宁东北部、河北北部，日本、朝鲜、俄罗斯（远东地区）。为东亚北部（满洲—日本）分布种。

2. 红花鹿蹄草

Pyrola incarnata (DC.) Freyn in Oesterr. Bot. Z. 52:401. 1902; Fl. Intramongol. ed. 2, 4:10. t.2. f.1-2. 1992.——*P. rotundifolia* L. var. *incarnata* DC. in Prodr. 7:773. 1839.

2a. 红花鹿蹄草

Pyrola incarnata (DC.) Freyn var. **incarnata**

多年生常绿草本，高 15～25cm。全株无毛。根状茎细长，斜升。基部簇生叶 1～5，革质，近圆形或卵状椭圆形，长、宽均为 2～4cm，先端和基部圆形，近全缘，叶脉两面隆起，叶柄长 2～5cm。花葶上有 1～2 苞片，宽披针形至狭矩圆形；总状花序，花 7～15；花开展且俯垂，

直径 10 ～ 15mm；小苞片披针形，长约 8mm，渐尖，膜质；花萼 5 深裂，萼裂片披针形至三角状宽披针形，粉红色至紫红色，长 3 ～ 4mm，宽约 2mm，渐尖头；花瓣 5，倒卵形，长 5 ～ 7mm，宽 3 ～ 5mm，粉红色至紫红色，先端圆形，基部狭窄。雄蕊 10，与花瓣近等长或稍短；花药粉红色至紫红色（干后赤紫色），椭圆形；花丝条状钻形，下部略宽。花柱超出花冠，基部下倾，上部又向上弯，顶端环状加粗成柱头盘。蒴果扁球形，直径 7 ～ 8mm。花期 6 ～ 7 月，果期 8 ～ 9 月。

耐阴中生草本。生于森林带的针阔混交林、阔叶林及灌丛下。产兴安北部及岭东和岭西（额尔古纳市、根河市、牙克石市、鄂伦春自治旗、东乌珠穆沁旗宝格达山、陈巴尔虎旗）、兴安南部（科尔沁右翼前旗、巴林右旗、克什克腾旗）、燕山北部（喀喇沁旗、兴和县苏木山）、阴山（大青山、蛮汗山）。分布于我国黑龙江西北部和北部、吉林东部、辽宁东部、河北北部、河南西部、山西北部、新疆北部，日本、朝鲜北部、蒙古国北部和西部及南部、俄罗斯（西伯利亚地区、远东地区）。为东古北极分布种。

药用同鹿蹄草。

2b. 卵叶红花鹿蹄草

Pyrola incarnata (DC.) Freyn var. **ovatifolia** Y. Z. Zhao in Fl. Intramongol. ed. 2, 4:12. 1992.

本变种与正种的区别在于：叶卵形，先端锐尖。

耐阴中生草本。生于森林带落叶松林林下。产兴安北部（根河市满归镇）。为大兴安岭分布变种。

3. 绿花鹿蹄草（索伦鹿蹄草）

Pyrola chlorantha Sw. in Kongl. Vet. Acad. Nya Handl. 190. t.5. 1810; Fl. Intramongol. ed. 2, 4:12. t.1. f.3-4. 1992.——*P. solunica* S. D. Zhao in Fl. Pl. Herb. Cbin. Bor. -Orient. 7:5. 1981.

多年生常绿草本，高 13 ～ 17cm。全株无毛。根状茎细长横走。叶 2 ～ 10 枚簇生于基部，革质，近圆形，长、宽均为 0.5 ～ 1.5cm，先端圆形，基部圆形或宽楔形，边缘有稀疏的腺圆齿，微外卷；叶柄约等长于叶片，稀可达叶片的 2 倍。总状花序，花 2 ～ 7；花葶细长，中部常有 1 枚膜质苞片，披针形，长约 4mm；花梗长 3 ～ 4mm，小苞片披针形；花萼 5 裂，裂片正三角形或三角状卵形，长约 1.5mm；花瓣 5，绿色，矩圆形，长约 4mm，宽约 1.5mm；雄蕊 10，花药黄色，孔裂，顶孔管状；子房扁球形，花柱长而弯曲，柱头下部环状加粗。蒴果扁球形，直径 4 ～ 6mm。花期 7 月，果期 8 月。

耐阴中生草本。生于森林带落叶松林林下。产岭西（鄂温克族自治旗红花尔基镇）。分布于俄罗斯（西伯利亚地区），欧洲、北美洲。为泛北极分布种。

4. 鹿蹄草（鹿衔草、鹿含草、圆叶鹿蹄草）

Pyrola rotundifolia L., Sp. Pl. 1:396. 1753; Fl. Intramongol. ed. 2, 4:9. t.1. f.1-2. 1992.——*P. japonica* Klenze ex Alef. in Linnaea 28:57. 1856; Fl. China 14:251. 2005.

多年生常绿草本，高 10～30cm。全株无毛。根状茎细长横走。叶于植株基部簇生，3～6，革质，卵形、宽卵形或近圆形，长 2～4cm，宽 1.2～3.5cm，先端圆形或钝，基部宽楔形至近圆形，边缘有不明显的疏圆齿或近全缘，上面暗绿色，下面带紫红色，两面叶脉清晰，尤以上面较显，叶柄长 2～6cm。花葶由叶丛中抽出，圆柱形，常有 1～2 枚膜质苞片；总状花序着生于花葶顶部，花 5～15，花开展且俯垂；具短梗；小苞片披针形，膜质，长等于或稍长于花梗；花萼 5 深裂，裂片披针形至三角状披针形，长 2.5～4mm，宽约 2mm，先端渐尖，常反折。花冠广展，直径 15～18mm，白色或稍带蔷薇色，有香味；花瓣 5，倒卵形或宽倒卵形，先端钝圆，内卷，长 5～7mm，宽 3～4mm。雄蕊内藏或与花瓣近等长；花药黄色，椭圆形；花丝条状钻形，下部略宽。花柱长 7.5～10mm，基部弯向下，上部又弯曲向上，顶端环状加粗；柱头 5 浅裂，头状。蒴果扁球形，直径 7～8mm；种子细小。花期 6～7 月，果期 8～9 月。

耐阴中生草本。生于森林带和森林草原带的针阔混交林、阔叶林及灌丛下。产兴安北部及岭东（额尔古纳市、鄂伦春自治旗、东乌珠穆沁旗宝格达山）、兴安南部（科尔沁右翼前旗、巴林右旗、克什克腾旗）、燕山北部（喀喇沁旗、宁城县、兴和县苏木山）、阴山（大青山、蛮汗山、乌拉山）、贺兰山。分布于我国黑龙江西北部和北部、吉林东部、辽宁东部、河北北部、河南西部、陕西南部、宁夏西北部、甘肃东部、四川西部、西藏、云南西北部、新疆中部和北部（天山、阿尔泰山），日本、朝鲜、蒙古国北部和西部、俄罗斯（西伯利亚地区），欧洲。为古北极分布种。

全草入药，能祛风除湿、强筋骨、止血、清热、消炎，主治风湿疼痛、肾虚腰痛、肺结核、咯血、衄血、慢性菌痢、急性扁桃体炎、上呼吸道感染等，外用治外伤出血。

5. 兴安鹿蹄草

Pyrola dahurica (Andr.) Kom. in Trudy Imp. St.-Petersb. Bot. Sada 39:96. 1923; Fl. China 14:251. 2005.——*P. americana* Sw. var. *dahurica* Andr. in Deutsche Bot. Monatsschr. 22:50. 1911.

多年生常绿草本，高 15～23cm。根状茎细长、分枝。叶 2～7 枚簇生于基部，叶片下面亮绿色，上面绿色，近圆形或宽卵形，长 2.5～5cm，宽 2.5～4cm，革质，基部宽楔形或圆形，边缘全缘或稍具圆齿，先端钝或圆形，叶柄长 2.8～4.5cm。总状花序具 5～10 花，长

4～10cm，花开展且俯垂，花直径约1cm；
花梗长4～5mm；苞片舌状或披针形，长
4～5mm；花萼舌状，稀披针形，长3～4mm，
宽约1.5mm，边缘具极稀疏的小齿，先端常
急尖；花瓣白色，倒卵形，长5～7mm，宽
4～5mm，先端圆形。花丝短，长约5mm，
光滑无毛；花药黄色，长2.5～2.7mm，宽
1～1.5mm，顶端具短管。花柱稍伸出花冠，
长6～7mm，上部向上弯曲，顶端环状加粗，
在果期尤为明显。蒴果直径约5mm。花期7月，
果期8月。

　　耐阴中生草本。生于森林带的山地林下。
产兴安北部（大兴安岭）、兴安南部（克什克腾旗）、燕山北部（兴和县苏木山）、贺兰山。
分布于我国黑龙江西北部和北部、吉林东部、辽宁东部，朝鲜、俄罗斯（远东地区）。为华北—
满洲分布种。

2. 单侧花属 Orthilia Rafin.

　　常绿多年生草本。叶常在茎下部，呈上、下2轮的轮生叶。花常排列成偏向一边的总状花序，
着生于花葶顶部，具细的乳头状突起；花绿白色；花萼裂片5；花瓣5。雄蕊10，花药顶孔不
呈管状，花粉粒单一型。子房基部有花盘，具10个小齿；花柱单生，柱头5浅裂。蒴果瓣裂，
裂缝边缘内有密蛛网状毛。

　　内蒙古有2种。

分种检索表

1a. 叶矩圆状卵形、宽卵形或椭圆形，先端锐尖，基部宽楔形；总状花序，花8～15··················
···**1.单侧花 O. secunda**
1b. 叶宽卵形或近圆形，先端钝或圆形，基部近圆形；总状花序，花2～8·········**2.钝叶单侧花 O. obtusata**

1. 单侧花

Orthilia secunda (L.) House in Amer. Midl. Nat. 7:134. 1921; Fl. Intramongol. ed. 2, 4:14. t.2. f.3.
1992.——*Pylora secunda* L., Sp. Pl. 1:396. 1753.

　　多年生常绿草本，高可达20cm。根状茎细长而分枝。叶在茎下部有1～2
轮，每轮3～4枚，矩圆状卵形、宽卵形或椭圆形，长1.5～3.5cm，
宽1～2cm，先端锐尖或微钝，基部宽楔形或近圆形，边缘具圆齿，上
面暗绿色，下面灰绿色，无毛。花葶细长，具细的乳头状突起；有1～3
枚鳞状苞片，卵状披针形，长约3mm；总状花序，花8～15，长3～5cm，
偏向一侧；小苞片短小，宽披针形，长约2mm；花梗比花短；萼裂片宽三角
形或扁圆形，长约0.8mm，边缘具小齿牙。花冠淡绿白色，半张开，直径约
5mm，近钟形；花瓣矩圆形，长约3.5mm，宽约2.2mm，边缘具小齿牙。雄

蕊 10，略长于花冠；花药矩圆形，具细小疣，成熟时顶端 2 孔裂；花丝丝形，基部略加宽。子房基部具花盘，10 浅齿裂；花柱直立，超出花冠；柱头盘状，5 浅裂。蒴果扁球形，直径约 5mm。花期 7 月，果期 8 月。

耐阴中生草本。生于森林带的落叶松林下。产兴安北部（额尔古纳市、根河市、牙克石市）。分布于我国黑龙江西北部和东部、吉林东部、辽宁南部、新疆北部、四川北部、云南西北部、西藏东南部，日本、朝鲜、蒙古国北部、俄罗斯（西伯利亚地区、远东地区），欧洲、北美洲。为泛北极（北极—高山）分布种。

2. 钝叶单侧花

Orthilia obtusata (Turcz.) H. Hara in J. Jap. Bot. 20:328. 1944; Fl. China 14:247. 2007.——*O. secunda* (L.) House var. *obtusata* Turcz. in Bull. Soc. Imp. Nat. Mosc. 21(4):507. 1848; Fl. Intramongol. ed. 2, 4:14. t.2. f.4-7. 1992.

多年生常绿草本，高约 15cm。地下茎细长横走。茎生叶 3～8，常排列成 1～3 轮，椭圆

形、广卵状椭圆形或近于圆形，长 1.3～2.4cm，宽 0.8～1.8cm，基部阔楔形或圆形，先端钝或近于圆形，边缘有不规则的细圆齿，叶柄长 0.5～1cm。花序总状，花 2～8，偏向花轴一侧；花葶细长，生有小的乳头状突起，有 3～5 枚鳞片状叶，狭卵形，长约 3mm；苞片长约 2mm；花萼 5 裂；花瓣 5，白色，微带绿色，花冠直径约 5mm。雄蕊 10，约等长或稍长于花瓣；花药顶孔开裂，无短管。花盘 10 浅裂。子房扁球形；花柱直，细长；柱头明显膨大，5 浅裂。蒴果近球形，直径约 4mm。花期 6～7 月，果期 8～9 月。

耐阴中生草本。生于森林带的落叶松或云杉林下。产兴安北部及岭东（根河市、牙克石市、鄂伦春自治旗）、兴安南部（科尔沁右翼前旗）、贺兰山。分布于我国黑龙江、吉林东部、辽宁东北部、河北西北部、山西北部、甘肃中部、青海东北部、四川北部、新疆中部和北部（天山、阿尔泰山）、西藏东南部，朝鲜、蒙古国北部、俄罗斯（西伯利亚地区）。为东古北极分布种。

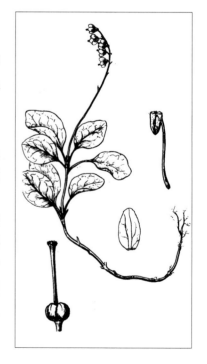

3. 独丽花属 Moneses Salisb. ex Gray

属的特征同种。

单种属。

1. 独丽花（独立花）

Moneses uniflora (L.) A. Gray in Man. Bot. 273. 1848; Fl. Intramongol. ed. 2, 4:14. t.2. f.8-9. 1992.——*Pyrola uniflora* L., Sp. Pl. 1:397. 1753.

多年生常绿小草本，高约 8cm。根状茎细长横走。叶于茎基部对生，卵圆形或近圆形，长 8～15mm，宽 6～13mm，基部楔状渐狭，先端圆钝，边缘具细锯齿，叶柄与叶片近等长或短。花葶细长，上部具细的乳头状突起；花单一，着生于花葶顶部，外倾；只具 1 苞片，卵状披针形，长约 3mm，内卷且常抱花梗，边缘有微睫毛；花梗果期伸长且下弯，长达 1.5cm，有细的乳头状突起；花萼裂片卵状椭圆形，长约 2.5mm，先端圆钝，边缘具微睫毛。花冠白色，直径约 18mm；花瓣平展，卵圆形，长约 8mm，宽约 6mm，边缘具微小齿牙。雄蕊花丝细长，基部略宽；花药直立，顶端有 2 个管状顶孔。花柱直立，5 裂，裂片矩圆形，先端尖或钝。蒴果下垂，近圆球形，直径约 5mm，花柱宿存。花期 7 月，果期 8 月。

耐阴中生草本。生于云杉林内潮湿地。产贺兰山。分布于我国黑龙江、吉林东部、河北西北部、山西北部、甘肃中部、四川西部、云南西北部、西藏东南部、新疆北部、台湾、日本、朝鲜北部、蒙古国东北部（蒙古—达乌里地区）、俄罗斯（西伯利亚地区）、欧洲、北美洲。为泛北极分布种。

4. 水晶兰属 Monotropa L.

多年生腐生寄生草本。肉质，无叶绿素。根多分枝，密集。茎直立，单一。叶互生，退化为鳞片状。花单一，或呈总状花序，顶生；白色或淡黄色，俯垂；有苞片；萼片 4～5，鳞片状，最后脱落；花瓣 5～6，矩圆形，基部稍呈囊。雄蕊 8～12；花药短，平生，纵缝开裂。花盘 8～10 裂。子房上位，4～5 室，中轴胎座，每室胚珠多数；花柱短；柱头漏斗形。蒴果，室背 4～5 瓣裂；种子小，近圆柱形。

内蒙古有 2 种。

分种检索表

1a. 花 3～10，在茎顶集成总状花序 ·····················1. 松下兰 M. hypopitys

1b. 花单朵顶生 ··2. 水晶兰 M. uniflora

1. 松下兰

Monotropa hypopitys L., Sp. Pl. 1:387. 1753; Fl. China 14:255. 2005.——*Hypopitys monotropa* Crantz in Inst. Rei Herb. 2:467. 1766; Fl. Intramongol. ed. 2, 4:15. t.3. f.1-4. 1992.

多年生腐生草本，高 10～20cm。肉质，白色或淡黄色，干后变黑。根多分枝，密集，外

蒋立宏／摄

面包被一层菌根。茎直立，无毛或稍被毛。叶互生，鳞片状，近直立，贴向茎，上部的排列稀疏，下部的较紧密，卵状矩圆形，长 5～12mm，宽 3～5mm，先端钝圆，基部略抱茎，全缘或上部叶边缘有不规则的锯齿，两面无毛，叶无柄。总状花序，花 3～10，常偏一侧，初俯垂，后渐直立；萼片 4～5，鳞片状，狭倒卵形，长 8～9mm，宽 3～4mm，顶端钝圆，边缘具不规则锯齿；花冠筒状钟形；花瓣 4～5，淡黄色，长约 1cm，宽约 3mm，先端圆形，有不规则的齿，基部囊状。雄蕊 8～10，短于花冠；花丝丝状；花药三角形。花盘贴连于子房基部，有 8～10 齿。子房 4～5 室；花柱粗壮；柱头明显膨大，漏斗状，具 4～5 圆齿。蒴果椭圆状球形，长 5～7mm，室背开裂为 4～5 瓣，花柱宿存；种子多数，细小，条形，长约 0.8mm，宽约 0.1mm，中部棕色，有光泽，两端淡黄白色。花果期 8～9 月。

中生草本。生于森林带的山地落叶松林下。产兴安北部和岭东（牙克石市乌尔其汉镇、阿尔山市白狼镇）、燕山北部（喀喇沁旗、宁城县、敖汉旗）。分布于我国黑龙江东南部、吉林东部、辽宁东部、河北西北部、山西北部、陕西南部、甘肃东部、青海东北部、四川西北部、安徽、江西、福建、台湾、湖南、云南、西藏、新疆，日本、朝鲜、蒙古国北部、俄罗斯（西伯利亚地区、远东地区），高加索地区，中亚、欧洲、北美洲。为泛北极分布种。

全草浸剂能镇静、解痉、止咳，用于治疗痉挛性咳嗽、气管炎，其地下部分可做利尿、催吐剂。

2. 水晶兰

Monotropa uniflora L., Sp. Pl. 1:387. 1753; Fl. Intramongol. ed. 2, 4:17. t.3. f.5-6. 1992.

多年生肉质腐物寄生草本。白色，干后变黑。根系细而分枝密，交织成鸟巢状团块。茎单一，直立，圆柱状，高 10～15cm。叶互生，鳞片状，狭矩圆形至披针形，近直立，茎下部较密集。花顶生，单一，俯垂；白色，筒状钟形，长约 1.2cm；萼片鳞片状，最后脱落；花瓣 5～6，分离，肉质，楔形或倒卵状矩圆形，直立，上部有不整齐的牙齿，里面通常被长糙毛，基部稍呈囊状。雄蕊 10～12，约与雌蕊等长；花丝下部稍加宽，被糙毛；花药橙黄色。花盘有 10 裂齿。子房 5 室，中轴胎座，胚珠多数；柱头膨大成漏斗状。蒴果椭圆状球形，5 瓣裂。

中生草本。生于森林带的山地落叶松林下。产兴安北部（牙克石市库都尔镇）。分布于我国山西南部、陕西南部、甘肃东南部、青海东部、四川、安徽南部、浙江、江西、湖北、贵州、云南、西藏南部，日本、朝鲜、俄罗斯（远东地区）、印度、不丹、尼泊尔、缅甸，北美洲。为东亚—北美分布种。

可供观赏。根入药，补虚弱，主治虚咳。

94. 杜鹃花科 Ericaceae

灌木或小乔木，多常绿，少半常绿或落叶。单叶，多革质，少纸质，互生，极少对生和轮生，全缘，少有细锯齿，无托叶。花两性，单生或为总状、伞形及圆锥花序，顶生或腋生；有苞片；花萼 4～5 裂，宿存；花冠辐射对称或稍两侧对称，合瓣，极少离瓣，常呈坛状、钟状、漏斗状和高脚碟状，4～5 裂，裂片常覆瓦状排列；雄蕊与花冠裂片同数或为其 2 倍，着生于花盘的基部，花药常顶孔开裂；子房上位或下位，2～5 室，每室有胚珠 1 至多粒，花柱和柱头单一。蒴果，少浆果或核果；种子小，具丰富的胚乳。

内蒙古有 7 属、12 种。

分属检索表

1a. 子房上位；果实多为蒴果，少浆果。

  2a. 蒴果。

    3a. 花瓣离生，多花组成伞房花序；叶披针形至狭条形，下面密被红棕色柔毛…**1. 杜香属 Ledum**

    3b. 花瓣合生，2 至多花簇生或组成伞形、伞房花序，或为单生；叶下面常无毛。

      4a. 蒴果室间开裂，花不组成偏侧性的总状花序。

        5a. 叶较宽，非条形；雄蕊常露出·············**2. 杜鹃花属 Rhododendron**

        5b. 叶狭窄，条形；雄蕊内藏·················**3. 松毛翠属 Phyllodoce**

      4b. 蒴果室背开裂；花顶生枝端，组成偏侧性的总状花序·········**4. 甸杜属 Chamaedaphne**

  2b. 浆果，茎平卧地面的小灌木，叶集生于枝顶·················**5. 天栌属 Arctous**

1b. 子房下位，浆果。

  6a. 细弱蔓生半灌木；花冠 4 深裂，裂片极度反折；雄蕊外露·········**6. 毛蒿豆属 Oxycoccus**

  6b. 直立灌木，少为乔木；花冠 4～5 浅裂，裂片直立或微外卷；雄蕊内藏·······**7. 越橘属 Vaccinium**

1. 杜香属 Ledum L.

常绿直立小灌木。多分枝。单叶互生，全缘，常外卷，下面密被红棕色柔毛，具短柄。数花于去年枝顶形成总状伞房花序；花梗下方是苞片，早落；萼小，具 5 齿；花冠白色，花瓣 5，离生；雄蕊 5～10，花药钝，顶孔开裂；子房 5 室，花柱单一，细长。蒴果椭圆形，下垂，熟时由基部 5 瓣开裂；种子多数，细小。

内蒙古有 1 种。

分变种检索表

1a. 叶披针形或条状披针形，宽 5～10mm，叶缘稍外卷；蒴果长 4～5mm。

  2a. 直立小灌木；叶片下面密被褐色柔毛，无白色短毛 ·············**1a. 杜香 L. palustre** var. **palustre**

  2b. 匍匐小灌木；叶片下面密被褐色绵毛和白色短毛···········**1c. 宽叶杜香 L. palustre** var. **dilatatum**

1b. 叶狭条形或条形，宽 1.5～4mm，叶缘明显向下反卷；蒴果长 3～4mm·············

  ·····························**1b. 狭叶杜香 L. palustre** var. **decumbens**

1. 杜香（喇叭茶、绊脚丝）

Ledum palustre L., Sp. Pl. 1:391. 1753; Fl. China 14:259. 2005.

1a. 杜香

Ledum palustre L. var. **palustre**

常绿小灌木，高约40cm。多分枝，有香味。嫩枝密被红棕色柔毛，后渐脱落，老枝深灰色或灰褐色。单叶互生，革质，披针形或条状披针形，长1～3cm，宽5～10mm，先端钝或微尖，基部楔形或钝圆，全缘，边缘稍外卷，上面深绿色，多皱纹，中脉下陷，下面密被褐色柔毛，无柄或具短柄。多花组成顶生伞房花序，花小型，直径约1cm；花梗细长，长1～1.5cm，具腺毛；萼片5，分离，宿存；花瓣5，矩圆状卵形；雄蕊10，与花瓣近等长；花柱长约0.5cm，宿存。蒴果卵形，紫褐色，长4～5mm，有褐色细毛，由基部向上5瓣开裂。花期6～7月，果期7～8月。

耐阴中生小灌木。生于森林带的山地针叶林下及水藓沼泽中。产兴安北部（大兴安岭）。分布于我国黑龙江（大兴安岭、小兴安岭），蒙古国北部，东北亚，欧洲、北美洲。为泛北极（环北极）分布种。

枝、叶、花、果均可提取芳香油。枝、叶及树皮含鞣质，可提制栲胶。

1b. 狭叶杜香（细叶杜香）

Ledum palustre L. var. **decumbens** Ait. in Hort. Kew. 2:65. 1789; Fl. China 14:260. 2007.——*L. palustre* L. var. *angustum* E. A. Busch in Fl. Sib. et Orient. 2:8. 1915; Fl. Intramongol. ed. 2, 4:18. t.4. f.1-4. 1992.

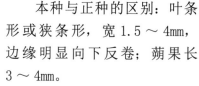
本种与正种的区别：叶条形或狭条形，宽1.5～4mm，边缘明显向下反卷；蒴果长3～4mm。

耐阴中生小灌木。生于森林带的山地针叶林下及水藓沼泽中。产兴安北部及岭东（额尔古纳市、根河市、牙克石市、鄂伦春自治旗）。分布于我国黑龙江（大兴安岭、小兴安岭）、吉林东部，蒙古国北部，东北亚，欧洲、北美洲。为泛北极（环北极）分布变种。

用途同杜香。

1c. 宽叶杜香（杜香）

Ledum palustre L. var. **dilatatum** Wahl. in Fl. Lapp. 103. 1812; Fl. Intramongol. ed. 2, 4:18. t.4. f.5-6. 1992.

本变种与正种的区别：匍匐小灌木，叶片下面密被褐色绵毛和白色短毛。

常绿耐阴中生小灌木。生于森林带的山地针叶林下及水藓沼泽中。产兴安北部（额尔古纳市、根河市、牙克石市）。分布于我国黑龙江、吉林东部，朝鲜北部、俄罗斯，东北亚、北欧，北美洲。为泛北极（环北极）分布变种。

用途同杜香。

2. 杜鹃花属 Rhododendron L.

常绿或落叶灌木，很少为乔木。植株有或无鳞斑。单叶互生，全缘，少数具细齿。花为顶生或腋生的总状及伞形花序，或 1 至数朵单生及簇生；萼小型，5 裂；花冠漏斗状、辐状或筒状，常稍两侧对称；雄蕊 5 ～ 20，常外露，花药顶孔开裂；子房上位，5 ～ 10 室，每室具多数胚珠。蒴果，室间开裂；种子小，多数。

内蒙古有 4 种。

分种检索表

1a. 花白色；花冠小，6 ～ 8mm；总状花序，多花，顶生枝端；叶长 2 ～ 4cm······**1. 照山白 R. micranthum**
1b. 花粉红色、淡紫红色、紫红色或蔷薇色；花冠大，长 10mm 以上。
  2a. 叶较小，长 1 ～ 1.5cm，宽 3 ～ 6mm；2 ～ 4 花组成顶生伞形花序，花冠长 1 ～ 1.3cm············
  ···**2. 小叶杜鹃 R. lapponicum**
  2b. 叶较大，长 1.5cm 以上，宽 10mm 以上；花大，花冠长超过 1.5cm。
    3a. 半常绿灌木；1 ～ 4 花侧生于枝端，花冠长 1.3 ～ 2.3cm，花梗长 2 ～ 8mm；叶两端钝圆，有
      时基部宽楔形，长 1.5 ～ 4cm·····················**3. 兴安杜鹃 R. dauricum**
    3b. 落叶灌木；1 ～ 5 花簇生于枝端，花冠长 3 ～ 4cm，花梗长 5 ～ 10mm；叶基部楔形，先端锐尖，
      长 3 ～ 7cm·····································**4. 迎红杜鹃 R. mucronulatum**

1. 照山白（照白杜鹃、小花杜鹃）

Rhododendron micranthum Turcz. in Bull. Soc. Imp. Nat. Mosc. 10(7):155. 1837; Fl. Intramongol. ed. 2, 4:20. t.5. f.1-3. 1992.

常绿灌木，高 100 ～ 200cm。幼枝黄褐色，被短柔毛及稀疏鳞斑，后渐光滑，老枝深灰色或灰褐色。叶多集生于枝端，长椭圆形或倒披针形，长 2 ～ 4cm，宽 6 ～ 12mm，先端具一短尖头或微钝，基部楔形，全缘，上面深绿色，疏生鳞斑，沿中脉具短柔毛，下面淡绿色或褐色，密被褐色鳞斑，叶柄长 0.5 ～ 1cm。多花组成顶生总状花序，花小型；花梗细长，0.8 ～ 1.2cm，被稀疏鳞斑；萼 5 深裂，

裂片三角状披针形，长约2mm，具缘毛。花冠钟状，白色，长6～8mm，直径约1cm，5深裂；裂片矩圆形，外面被鳞斑。雄蕊10，比花冠稍长或近等长。子房卵形，5室；花柱细长，长约

5mm。蒴果矩圆形，长6～8mm，深褐色，被较密的鳞斑，先端5瓣开裂，具宿存的花柱与花萼。花期6～8月，果熟期8～9月。

中生灌木。生于森林带和森林草原带的山地林缘及林间，为山地林缘灌丛的建群种，组成茂密的照山白灌丛。产兴安南部（科尔沁右翼前旗、阿鲁科尔沁旗、巴林左旗、巴林右旗、克什克腾旗、西乌珠穆沁旗）、辽河平原（大青沟）、赤峰丘陵（松山区、翁牛特旗）、燕山北部（宁城县、喀喇沁旗、敖汉旗）。分布于我国吉林北部、辽宁、河北、河南西部和东南部、山东中部、山西、湖北西部、湖南西北部、四川、陕西南部、甘肃东南部，朝鲜。为华北—满洲分布种。

叶入蒙药（蒙药名：哈日布日），能温中、开胃、祛"巴达干"、止咳祛痰、调元、滋补，主治消化不良、脘痞、胃痛、不思饮食、阵咳、气喘、肺气肿、营养不良、身体发僵、"奇哈"病。叶及花可提取芳香油。叶有杀虫功效，可制土农药；有毒，牲畜误食后易中毒死亡。可供观赏。

2. 小叶杜鹃 （高山杜鹃）

Rhododendron lapponicum (L.) Wahl. in Fl. Lapp. 104. 1812; Fl. China 14:291. 2005.——*Azalea lapponica* L., Sp. Pl. 1:151. 1753.——*R. parvifolium* Adams in Nouv. Mem. Soc. Imp. Nat. Mosc. 9:237. 1834; Fl. Intramongol. ed. 2, 4:21. t.5. f.4-6. 1992.

常绿小灌木，高50～100cm。多分枝，枝细长，幼时密生锈褐色鳞斑，后脱落，老枝灰色或灰白色，稍剥裂。叶互生或集生于枝顶，革质，椭圆形或卵状椭圆形，长1～1.5cm，宽3～6mm，先端钝或微尖，基部钝圆或宽楔形，全缘，稍反卷，上下两面密被鳞斑，叶柄长1～1.5cm。2～4花生于枝顶，组成伞形花序；花梗短，果期长达4～8mm；萼小，先端5裂，具鳞斑；花冠辐状漏斗形，蔷薇色或紫蔷薇色，长1～1.3cm，直径约1.5cm，先端5裂，内面

基部被毛。雄蕊 10，约与花冠等长；花丝基部具柔毛。子房椭圆形，5 室，外被鳞斑；花柱长于雄蕊，宿存。蒴果长 3～5mm，先端 5 瓣开裂，被鳞斑。花期 6 月，果期 7 月。

中生灌木。生于森林带的山地或亚高山灌丛、矮桦林及石质坡地。产兴安北部及岭东（额尔古纳市、根河市、牙克石市、鄂伦春自治旗、东乌珠穆沁旗宝格达山）。分布于我国黑龙江西北部、吉林东部（长白山）、辽宁，日本、朝鲜、蒙古国北部、俄罗斯（西伯利亚地区、远东地区），北欧，北美洲。为泛北极分布种。

叶可提取芳香油，可供观赏。

3. 兴安杜鹃（达乌里杜鹃）

Rhododendron dauricum L., Sp. Pl. 392. 1753; Fl. Intramongol. ed. 2, 4:21. t.6. f.4-6. 1992.

半常绿多分枝的灌木，高 50～150cm。幼枝细，常几个集生于前年生枝的顶端，被柔毛和鳞斑，后渐脱落，一年生枝黄褐色，老枝浅灰色或灰褐色。叶近革质，椭圆形或卵状椭圆形，

长 1.5～4cm，宽 1～1.5cm，两端钝圆，有时基部楔形，边缘具细钝齿或近全缘，上面深绿色，疏生鳞斑，下面淡绿色，密被鳞斑，幼叶尤密；叶柄长 3～6mm，被短毛及疏生鳞斑。1～4 花侧生于枝端或近于顶生；花梗长 2～8mm，被芽鳞覆盖，先叶开放；花萼短，被鳞斑。花冠宽漏斗状，粉红色，长 1.3～2.3cm，先端 5 裂；裂片倒卵形或椭圆形，长 5～8mm，外面被柔毛。雄蕊 10，花丝下部有柔毛，花药紫红色。子房密生鳞斑；花柱紫红色，长约 2cm，宿存。蒴果长圆柱形，长 1～1.3cm，直径约 5mm，被鳞斑，先端 5 瓣开裂，果柄长约 5mm。花期 5～6 月，果期 7 月。

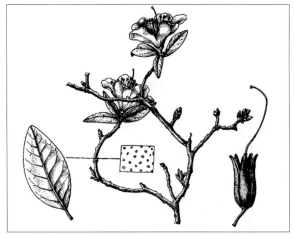

中生灌木。生于森林带和森林草原带的山地落叶松林、桦木林下及林缘。产兴安北部及岭东和岭西（额尔古纳市、根河市、牙克石市、阿荣旗）、兴安南部（阿鲁科尔沁旗、巴林左旗、巴林右旗、克什克腾旗、西乌珠穆沁旗）。分布于我国黑龙江、吉林东部、辽宁东北部和西北部，日本、朝鲜、蒙古国东部和北部、俄罗斯（东西伯利亚地区、远东地区）。为东西伯利亚—东亚北部分布种。

叶可提制芳香油，供配制香精用。茎、叶、果含鞣质，可做栲胶原料。可供观赏。叶入蒙药（蒙药名：冬青叶），功能、主治同照山白。

本种与迎红杜鹃 *R. mucronulatum* Turcz. 相似，但本种为半常绿，大部分叶到冬季脱落，少数叶保留到第二年花期，并多卷为管状，春天再张开。叶先端钝圆，花冠长不超过 2.3cm，果上的宿存花柱长约 2cm。

4. 迎红杜鹃（迎山红、尖叶杜鹃）

Rhododendron mucronulatum Turcz. in Bull. Soc. Imp. Nat. Mosc. 10(7):155. 1837; Fl. Intramongol. ed. 2, 4:23. t.6. f.1-3. 1992.

落叶小灌木，高 100～200cm。多分枝。小枝淡绿色，有散生鳞斑，老枝深灰色、灰色或灰白色。叶互生或集生于枝端，椭圆形或长椭圆状卵形，长 3～7cm，宽 1～2cm，先端锐尖或有短尖头，基部宽楔形或钝圆，边缘有细密圆齿或近于全缘，上面亮绿色，有散生鳞斑，下面淡绿色，鳞斑稍密；叶柄长 3～5mm，具鳞斑。花单一或数朵簇生于去年枝的上部；花梗长 5～10mm，疏生鳞斑；花萼极短，5 浅裂，被鳞斑。花冠较大，漏斗状，直径 3～4cm，淡紫红色；裂片 5，宽卵形，边缘波状。雄蕊 10，稍短于花冠；花丝中部以下被密柔毛。子房 5 室，密被鳞斑；花柱细长，长 3～4cm，宿存。蒴果矩圆形，暗褐色，长 1～1.5cm，被鳞斑，先端开裂，具宿存的花柱。花期 5～6 月，果期 6～7 月。

中生灌木。生于森林带和森林草原带的山地灌丛。产岭西（鄂温克族自治旗）、兴安南部（扎鲁特旗、巴林右旗、西乌珠穆沁旗）、燕山北部（喀喇沁旗、宁城县、敖汉旗）。分布于我国辽宁、河北、山东、山西东北部、江苏，日本、朝鲜、俄罗斯（远东地区）。为东亚北部分布种。

可供观赏。

本种在只有枝叶而没有花果的情况下，易与照山白 *R. micranthum* Turcz. 相混。但照山白为常绿灌木，去年枝上仍保留有叶片；叶为长椭圆形或倒披针状长椭圆形，最宽处为 6～12（～15）mm，先端有一短尖头或微钝。

3. 松毛翠属 Phyllodoce Salisb.

常绿灌木。叶互生或交互对生，密集，条形，边缘常外卷，有细锯齿。花顶生，伞形花序；具苞片；花梗俯垂；花萼小，4 或 5 裂，宿存；花冠整齐，花瓣合生，球状钟形，坛状或壶状，檐部 5 裂；雄蕊 8～10（～12），内藏，花药顶孔开裂；子房上位，近球形，5 室，柱头不明显的 5 裂或头状。蒴果室间开裂，蒴果壁开裂成 1 层；种子小，多数，无翅。

内蒙古有 1 种。

1. 松毛翠

Phyllodoce caerulea (L.) Bab. in Man. Brit. Bot. 194. 1843; Fl. China 14:259. 2005.——*Andromeda caerulea* L., Sp. Pl. 393. 1753.

常绿小灌木。茎平卧或斜升，多分枝，地面上直立枝条高 10～30（～40）cm，当年生枝黄褐色或紫褐色，无毛。叶互生，密集，近无柄，革质，条形，长 5～7（～14）mm，宽 1～2mm，顶端钝，基部近截形或宽楔形，边缘有尖而小的细锯齿，常外卷，两面深绿色，光滑，上面中

脉明显，下面中脉凹陷。伞形花序顶生，花（1～）2～5（～6）；苞片 2，宿存；花梗细长，线状，花期长约 2cm，果期伸长可达 4cm，稍下弯，常红色，密被长腺毛。萼卵状长圆状，5 深裂至近基部，紫红色；萼片披针形，长 3～4（～5.5）mm，被腺毛，开花时不反折。花冠卵状壶形，长 7～8（～11）mm，红色或紫堇色，口部稍缩小，檐部 5 裂；裂片小，齿状三角形，边缘疏生短腺毛。雄蕊 10，内藏；花丝线状，中下部有腺毛；花药紫色，顶孔开裂。子房密被腺毛；花柱线形，长不超出花冠口部；柱头头状。蒴果近球形，长 3～4mm；种子广椭圆形，黄色，有光泽，长约 1mm。花期 6～7 月，果期 8 月。

中生小灌木。生于森林带的亚高山灌丛、草甸。产兴安北部及岭东（大兴安岭）。分布于我国黑龙江西北部、吉林东部和东南部、新疆北部，日本、朝鲜、俄罗斯，欧洲、北美洲。为泛北极（环北极）分布种。

4. 甸杜属 Chamaedaphne Moench

常绿小灌木。叶互生，全缘或具波状细齿，具短柄。花具短梗，下垂；顶生总状花序；每花基部的苞片呈叶状；花萼 5 深裂，裂片覆瓦状排列，基部有 2 小苞片；花冠坛状，先端 5 裂；雄蕊 10，内藏，花药顶孔开裂。蒴果熟时果皮开裂为 2 层，内层分为 10 瓣；种子小，无翅，多数。

单种属。

1. 甸杜（湿原踯躅）

Chamaedaphne calyculata(L.) Moench in Meth. 457. 1794; Fl. Intramongol. ed. 2, 4:23. t.1. f.5-8. 1992.——*Andromeda calyculata* L., Sp. Pl. 1:394. 1753.

直立灌木，高 30～100cm。小枝黄褐色，密生鳞斑及短柔毛，二年生枝皮呈纤维状剥落，老枝紫褐色，具光泽。叶革质，矩圆状倒披针形或矩圆形，长 1.5～4cm，宽 0.6～1cm，先端钝或有短尖头，基部楔形或钝圆，近全缘，微反卷，上面深绿色，中脉凹入，背面色淡，两面具鳞斑。总状花序顶生，长 4～12cm；花轴上的叶状苞片矩圆形，长 6～12mm；花生于苞叶腋内，具短梗，稍下垂，偏向一侧；花萼 5 裂，裂片三角形，长约 2mm，背面有淡褐色绒毛及鳞斑；花冠钟状，白色，长约 5mm，先端具 5 齿；雄蕊 10，着生于花盘上，花丝基部膨大，花药顶孔开裂；子房 5 室，花柱与花冠近等长。蒴果扁球形，直径 3～4mm，室背开裂。花期 6 月，果期 7 月。

耐阴中生灌木。生于森林带针叶林下、落叶松林下及水藓沼泽中，可成为林下优势种。产兴安北部（根河市满归镇）。分布于黑龙江西北部和北部（大兴安岭、小兴安岭）、吉林东部，日本、俄罗斯（西伯利亚地区），欧洲、北美洲。为泛北极（环北极）分布种。

5. 天栌属（北极果属）Arctous (A. Gray) Nied.

落叶半灌木，茎常平卧，多分枝。冬芽外具几枚深褐色芽鳞。叶互生或簇生于枝顶，不脱落而枯死。花 2～5 朵顶生，组成短总状花序或簇生；花萼小型，4～5 裂，宿存；花冠坛状，先端 4～5 浅裂；雄蕊 8～10，比花冠短，花药背部有 2 凸起；子房上位，4～5 室，每室具一胚珠。浆果，熟时黑色或红色。

内蒙古有 2 种。

分种检索表

1a. 叶纸质，果红色···**1. 天栌 A. ruber**
1b. 叶厚纸质；果初为红色，熟时黑紫色·······················**2. 黑果天栌 A. alpinus**

1. 天栌（红北极果）

Arctous ruber (Rehd. et Wils.) Nakai in Trees Shrubs Jap. 1:156. 1922; Fl. Intramongol. ed. 2, 4:25. t.7. f.1-2. 1992.——*A. alpinus* (L.) Nied. var. *ruber* Rehd. et Wils. in Pl. Wilson 1:556. 1913.

矮小落叶灌木。茎匍匐于地面，地上部分高不超过 10cm，深褐色，有残留的叶柄和枯叶。

  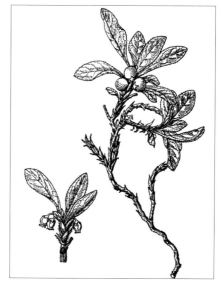

枝黄褐色或紫褐色。叶簇生枝顶，倒披针形或狭倒卵状披针形，长 2～4cm，宽 0.8～1.5cm，纸质，先端钝圆或微尖，基部楔形，边缘有细密钝齿，中下部有稀疏缘毛，上面深绿色，下面苍白色，均无毛，网脉较明显，叶柄长 5～8mm。花 2～3 朵组成短总状花序或单一腋生；苞片披针形，有睫毛；花萼小，5 裂；花冠坛状，淡黄绿色，长 4～5mm，先端 5 浅裂。雄蕊 10，花丝具柔毛，花药背部有 2 小凸起。子房上位；花柱短于花冠，长于雄蕊。浆果砖红色或鲜红色，球形，直径 6～10mm。花期 7 月，果期 8 月。

耐寒中生矮小灌木。生于高山灌丛中。产贺兰山。分布于我国吉林、宁夏、甘肃，日本、朝鲜，北美洲。为泛北极（北极—高山）分布种。

果可食用。

2. 黑果天栌（黑北极果）

Arctous alpinus (L.) Nied. in Bot. Jahrb. Syst. 11:180. 1889; Fl. China 14:257. 2005.——*Arbutus alpins* L., Sp. Pl. 1:359. 1753.——*A. alpinus* (L.) Nied. var. *japonicus* (Nakai) Ohwi in Fl. Jap. 905. 1953; Fl. Intramongol. ed. 2, 4:25. 1992.——*A. japonicus* Nakai in Bot. Mag. Tokyo 35:134. 1921.

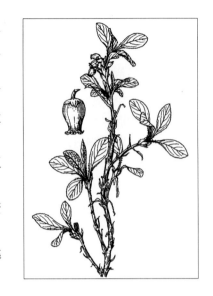

矮小落叶灌木，高3～6cm。地下茎匍匐，多分枝；地上枝纤细，暗褐色，高3～8cm，覆盖有密的残留叶柄。叶簇生于枝顶，倒卵形或宽倒卵形，连柄长3.5～6cm，宽1.5～2cm，叶厚纸质，先端钝圆，基部楔形，边缘有细密钝齿，无毛，两面网脉显著，上面稍粗糙。花2～5朵出自叶丛，组成短总状花序；苞片宽披针形，有缘毛；坛状花冠淡黄绿色，内部有毛；雄蕊10，短于花冠，花丝基部有茸毛，花药背部有2长距。浆果初为红色，熟时黑紫色，有宿存花柱。花期7月，果期8月。

耐寒中生矮小灌木。生于高山冻原或高山灌丛中。产兴安北部（大兴安岭白蛤蜊山）。分布于我国陕西、甘肃、青海、四川西北部、新疆（天山），日本、朝鲜、蒙古国、俄罗斯（远东地区），欧洲、北美洲。为泛北极（北极—高山）分布种。

果可食用。

6. 毛蒿豆属 Oxycoccus Adans.

常绿柔弱蔓生半灌木。叶互生，全缘或有细齿。花腋生或2～3朵组成顶生总状花序，基部有宿存的牙鳞；花梗细长，下端向下弯曲，花及花梗之间具关节，梗上有2小苞片；萼小，先端4齿裂，宿存；花冠4深裂，裂片覆瓦状排列，极度反折；雄蕊8，花药粘合，先端孔裂；子房下位，4室，花柱宿存。浆果球形，红色；种子有胚乳。

内蒙古有1种。

1. 毛蒿豆（小果红莓苔子）

Oxycoccus microcarpus Turcz. ex Rupr. in Beitr. Pflanzenk. Russ. Reich. 4:56. 1845; Fl. Intramongol. ed. 2, 4:26. t.7. f.3. 1992.

匍匐性常绿半灌木，大部埋在苔藓植物中，仅上部露出，高5～10cm。枝细如线状，直径不及0.5mm，幼枝褐色，被短柔毛。叶互生，卵状椭圆形，长3～6mm，宽约2mm，先端锐尖，

基部钝圆，全缘，稍反卷，上面深绿色，下面色稍浅，中脉明显凸起，两面光滑无毛，具短柄或近无柄。花单一，生于枝顶；花梗长1.5～2.5cm，细弱，稍下弯，基部有鳞片状苞片，中下部有2苞片；萼裂片4，宿存。花冠淡红色，4深裂；裂片三角状披针形，反折，长约5mm。雄蕊8，花药矩圆形，顶孔开裂。子房下位，4室；花柱较雄蕊长，宿存。浆果球形，直径约6mm，红色。花期6～7月，果期7～8月。

耐寒湿中生半灌木。生于森林带的水藓类沼泽及疏林内。产兴安北部（根河市满归镇）。分布于我国黑龙江西北部，日本、朝鲜、蒙古国北部（肯特地区）、俄罗斯（西伯利亚地区），北欧，北美洲。为泛北极（环北极）分布种。

供观赏，果可食用。

7. 越橘属 Vaccinium L.

常绿或落叶灌木。叶互生、对生或轮生，全缘或有锯齿。花白色或紫红色，组成短总状花序，稀单生；花梗中间具关节；苞片脱落或宿存；萼 4～5 裂。雄蕊 8～10，内藏；花药有时背部具芒刺，顶孔开裂。子房下位，4～5 室，稀 8～10 室；花柱丝状。浆果，顶端冠以宿存的萼齿；种子多数。

内蒙古有 2 种。

分种检索表

1a. 常绿灌木；叶革质，下面有腺点；浆果红色··**1. 越橘 V. vitis–idaea**
1b. 落叶灌木；叶纸质，下面无腺点；浆果蓝紫色··**2. 笃斯越橘 V. uliginosum**

1. 越橘 （红豆、牙疙瘩）

Vaccinium vitis–idaea L., Sp. Pl. 1:351. 1753; Fl. Intramongol. ed. 2, 4:27. t.8. f.1-3. 1992.——*V. vitis-idaea* L. var. *alashanicum* Z. Y. Chu et C. Z. Liang in Fl. Helan Mount. 403, 797. 2011. syn. nov.

常绿矮小灌木。地下茎匍匐；地上小枝细，高约 10cm，灰褐色，被短柔毛。叶互生，革质，椭圆形或倒卵形，长 1～2cm，宽 8～10mm，先端钝圆或微凹，基部宽楔形，边缘有细睫毛，中上部有微波状锯齿或近全缘，稍反卷，上面深绿色，有光泽，下面淡绿色，散生腺点，有短的叶柄。花 2～8 朵组成短总状花序，生于去年生枝顶；花轴及花梗上密被细毛；小苞片 2，脱落；花萼短钟状，先端 4 裂；花冠钟状，白色或淡粉红色，直径约 5mm，4 裂；雄蕊 8，内藏，

花丝有毛；子房下位，花柱超出花冠之外。浆果球形，直径 5～7mm，红色。花期 6～7 月，果熟期 8 月。

中生矮小灌木。生于寒温性针叶林带的落叶松或白桦林下，也见于亚高山带。产兴安北部及岭东和岭西（额尔古纳市、根河市、牙克石市、鄂伦春自治旗）、兴安南部（科尔沁右翼前旗）、贺兰山。分布于我国黑龙江、吉林东部、山西、新疆北部，日本、

朝鲜、蒙古国东部和北部、俄罗斯（西伯利亚地区、远东地区），北欧，北美洲。为泛北极（北极—高山）分布种。

果可食用及制作果酱。叶入药，做尿道消毒剂，又可代茶饮用。

2. 笃斯越橘（笃斯、甸果）

Vaccinium uliginosum L., Sp. Pl. 1:350. 1753; Fl. Intramongol. ed. 2, 4:27. t.8. f.4-6. 1992.

落叶灌木，高 50 ～ 80cm。多分枝，枝纤细；当年枝黄褐色，无毛；老枝紫褐色，有光泽，丝状剥裂。叶互生，纸质，倒卵形、椭圆形或矩圆状卵形，长 1 ～ 2.5cm，宽 0.5 ～ 1.5cm，先端钝圆或微凹，基部宽楔形或近圆形，全缘，两面网脉明显，下面稍凸起，并沿脉被短柔毛，叶柄长 1 ～ 2mm。1 ～ 3 花生于去年生枝先端，下垂；花梗长 5 ～ 10mm，中部有关节；花萼 4 ～ 5 裂，裂片三角状卵形；花冠坛状或宽筒状，绿白色，先端 4 ～ 5 浅裂，裂片直立或稍外卷。雄蕊 10，短于花冠，花药背部有 2 芒刺。子房下位，4 ～ 5 室；花柱长 2 ～ 3mm，宿存。浆果蓝紫色，具

白粉，近球形或倒卵形，直径约 1cm。花期 6 月，果期 7 月。

耐阴中生灌木。生于森林带的山地针叶林下、林缘、沼泽湿地上。产兴安北部及岭东和岭西（额尔古纳市、根河市、牙克石市）。分布于我国黑龙江中北部（小兴安岭）、吉林东部（长白山）、新疆北部，日本、朝鲜、蒙古国、俄罗斯（西伯利亚地区）、欧洲、北美洲。为泛北极（北极—高山）分布种。

果味酸甜，可食，并可酿酒及做果酱。

95. 报春花科 Primulaceae

一年生或多年生草本，稀小灌木。叶全部基生或有时茎生，互生、对生或轮生，单叶，全缘或浅裂，常有腺点或粉状物，无托叶。花两性，辐射对称，单生或组成伞形花序、圆锥花序或穗状花序；具苞片；萼通常5裂，稀4或6～9裂，宿存；花冠管状、辐状或高脚碟状，通常5裂，稀4或6～9裂，有的深裂几达基部，稀无花冠。雄蕊1轮，着生于花冠筒的周围或基部，与花冠裂片同数而对生，稀具互生的鳞片状退化雄蕊；花药2室，内向，纵裂；花丝分离或基部连合成筒。子房上位，稀半下位，1室，特立中央胎座；胚珠多数，大多为半倒生，具2层珠被；花柱单生，通常异长；柱头常为头状。蒴果，瓣裂，通常具多数种子；种子小，有棱角，胚小而直生，藏于丰富而半透明的胚乳中。

内蒙古有6属、22种。

分属检索表

1a. 叶通常全部基生，莲座状；花在花葶顶端组成伞形花序或单生，花冠裂片在花蕾中覆瓦状排列或镊合状排列。

  2a. 雄蕊生于花冠筒周围，花药钝形、圆形或心形。

    3a. 花冠筒长于花冠裂片和花萼，花冠喉部不紧缩······················**1. 报春花属 Primula**

    3b. 花冠筒短于花冠裂片和花萼，花冠喉部紧缩·························**2. 点地梅属 Androsace**

  2b. 雄蕊生于花冠筒基部，花药渐尖·····································**3. 假报春属 Cortusa**

1b. 叶全部茎生；花组成总状花序、圆锥花序或单生叶腋，花冠裂片在花蕾中旋转状排列，或无花冠。

  4a. 花单生叶腋，花冠无，花萼花冠状，粉白色或蔷薇色；叶肉质··············**4. 海乳草属 Glaux**

  4b. 花组成总状花序、圆锥花序或花少数，花冠存在，花萼绿色；叶非肉质。

    5a. 花5～6基数；叶互生、对生或轮生；种子多数，表皮坚硬·········**5. 珍珠菜属 Lysimachia**

    5b. 花7基数；叶在茎顶近轮生；种子数粒，具疏松的白色网络状表皮层···**6. 七瓣莲属 Trientalis**

1. 报春花属 Primula L.

多年生草本。叶全部基生，全缘或浅裂，有柄或无柄。花在花葶顶端组成伞形或层叠式伞形花序；花萼管状、钟状或漏斗状，5裂。花冠通常紫红色，稀淡紫红色至白色，漏斗状或高脚碟状，长于花萼；裂片5，全缘或2裂；花冠喉部不紧缩，常有附属体。雄蕊5，内藏。蒴果近球形或圆柱形，5～10瓣裂；种子多数，盾状着生。

内蒙古有6种。

分种检索表

1a. 伞形花序；花冠裂片通常倒心形，顶端2裂，平展，淡红色或紫红色；植株通常被毛或被粉状物。

  2a. 苞片基部稍膨胀成浅囊状或下延成耳状附属物，叶近全缘或具牙齿。

    3a. 叶倒卵状矩圆形、近匙形或矩圆状披针形，无柄或基部渐狭下延成翅状柄；苞片基部无耳状附属物，有时呈浅囊状。

      4a. 花葶纤细，直径1.5～2mm；花序较疏松，不呈球状，花3～10。叶下面有或无粉状物，花萼里面常有粉状物。

        5a. 叶全缘或具稀疏钝齿；花萼裂片通常绿色，苞片果期不反折······**1. 粉报春 P. farinosa**

5b. 叶缘具不整齐尖细齿；花萼裂片暗紫色，苞片果期反折············**2. 冷地报春 P. algida**

4b. 花葶粗壮，直径可达 4mm，管状中空；花序紧密，呈球状伞形；花多，20 朵以上；叶及花萼里面不具粉状物，或叶微被细粉状物············**3. 箭报春 P. fistulosa**

3b. 叶通常近圆形、圆状卵形至椭圆形，具明显叶柄；苞片基部有耳状附属物············
···············**4. 天山报春 P. nutans**

2b. 苞片基部无浅囊或耳状附属物；叶片卵形、卵状矩圆形或矩圆形，边缘浅裂，基部心形或圆形······
···············**5. 翠南报春 P. sieboldii**

1b. 1～3 轮层叠式伞形花序；花冠裂片矩圆形，全缘，通常反折，暗红色；全株无毛············
···············**6. 段报春 P. maximowiczii**

1. 粉报春（黄报春、红花粉叶报春）

Primula farinosa L., Sp. Pl. 1:143. 1753; Fl. Intramongol. ed. 2, 4:31. t.9. f.1-4. 1992.

多年生草本。根状茎极短，须根多数。叶倒卵状矩圆形、近匙形或矩圆状披针形，长 2～7cm，

宽 4～10(～14)mm，无毛，先端钝或锐尖，边缘具稀疏钝齿或近全缘，叶下面有或无白色或淡黄色粉状物，基部渐狭，下延成柄或无柄。花葶高 3.5～27.5cm，较纤细，直径约 1.5mm，无毛，近顶部有时有短腺毛或有粉状物；伞形花序 1 轮，有花 3 至 10 余朵；苞片多数，果期不反折，狭披针形，先端尖，基部膨大呈

浅囊状；花梗长 3～12mm，花后果梗长达 2.5cm，有时具短腺毛或粉状物。花萼绿色，钟形，长 4～5mm，里面常有粉状物；裂片矩圆形或狭三角形，长约 1.5mm，边缘有短腺毛。花冠淡紫红色，喉部黄色，高脚碟状，直径 8～10mm；花冠筒长 5～6mm；裂片楔状倒心形，长约 3.5mm，先端深 2 裂。雄蕊 5，花药背部着生。子房卵圆形；长柱花花柱长约 3mm，短柱花花柱长约 1.2mm；柱头头状。蒴果圆柱形，超出花萼，长 7～8mm，直径约 2mm，棕色；种子多数，细小，直径约 0.2mm，褐色，多面体形，种皮有细小蜂窝状凹眼。花期 5～6 月，果期 7～8 月。

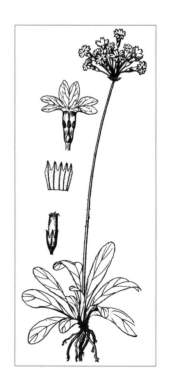

中生草本。生于森林带和草原带的低湿地草甸、沼泽化草甸、亚高山草甸、沟谷灌丛中，也进入稀疏落叶松林下，在许多草甸群落中可达中等多度，或次优势种，开花时形成季相。产兴安北部及岭东和岭西（额尔古纳市、鄂伦春自治旗、鄂温克族自治旗、海拉尔区、东乌珠穆沁旗宝格达山）、兴安南部（扎赉特旗、科尔沁右翼前旗、阿鲁科尔沁旗、巴林右旗、克什克腾旗）、辽河平原（科尔沁左翼后旗）、赤峰丘陵（翁牛特旗）、锡林郭勒（锡林浩特市、东乌珠穆沁旗、正

蓝旗）、阴山（大青山）、鄂尔多斯（伊金霍洛旗、乌审旗）、贺兰山。分布于我国黑龙江西北部、吉林东部、河北西北部、新疆（天山），蒙古国北部和西部及南部、俄罗斯（西伯利亚地区、远东地区）、哈萨克斯坦，欧洲。为古北极分布种。

全草入蒙药（蒙药名：叶拉莫唐），能消肿愈创、解毒，主治疔痛、创伤、热性黄水病，多外用。

2. 冷地报春

Primula algida Adams in Beitr. Naturk. 1:46. 1805; Fl. Intramongol. ed. 2, 4:33. t.9. f.5-6. 1992.

多年生草本。根状茎极短，须根多数。叶矩圆形或近倒卵形，长 2.5～4.5cm（连叶柄），

宽 6～15mm，先端钝或急尖，边缘具不整齐尖细齿，上面有时有稀疏粉状物，下面常被淡黄色薄粉层，基部渐狭，下延成翅状柄。花葶高 3～12cm，纤细，直径 1.5～2.5cm，近顶部被淡黄色薄粉层；伞形花序 1 轮，花 4～12；苞片多数，狭披针形，常有暗紫色细条，先端尖，基部浅囊不明显，果期反折；花柄短，长 2～8mm，或近无柄。花萼钟形，长约 7mm，具粉状物；裂片矩圆形或披针形，长约 3mm，呈暗紫色。花冠紫红色，高脚碟状，直径约 10mm；喉部黄色；花冠筒长约 8mm；裂片倒心形，长约 4mm，先端深 2 裂。子房倒卵圆形，花柱长为花筒的 1/3（短柱花）～2/3（长柱花）。蒴果矩圆形，与花萼近等长。花期 6～7 月。

中生草本。生于荒漠带海拔 2500～2900m 的山地沟谷草甸及沟谷灌丛。产贺兰山。分布于我国新疆东部，蒙古国北部和西部、俄罗斯（西伯利亚地区）、阿富汗，高加索地区，中亚、西南亚。为东古北极分布种。

3. 箭报春

Primula fistulosa Turkev. in Fl. Asiat. Ross. 2(1):23. 1923; Fl. Intramongol. ed. 2, 4:33. t.9. f.7. 1992.

多年生草本。植株无或略被粉状物。具多数须根。叶矩圆形或矩圆状倒披针形，长 2～4cm，宽 0.7～1.3cm，先端渐尖，稀钝，基部下延成宽翅状柄，边缘具不整齐浅齿。花葶顶端、苞片外面及萼裂片边缘常具短腺毛；花葶粗壮，直径约 4mm，管状中空，高 10～17cm，果期可伸长达 28cm，顶端骤细，具细棱；花序通常有花 20 朵以上，密集成球状伞形；苞片多数，卵状披针形，长 3～4（～6.5）mm，先端尖，基部呈浅囊状；花梗等长，被腺毛，部分花梗向下弯曲。花萼长 4～5（～6）mm，钟状或杯状，5 裂至近中部；裂片矩圆形，长约 2mm，

暗绿色，里面无粉状物。花冠蔷薇色或带红紫色，高脚碟状，直径约 8～11mm；花冠筒长约 6mm；裂片倒卵形，先端深 2 裂，长约 4.2mm。子房近球形；长柱花花柱长达筒口，短柱花花柱长约 1.5mm。蒴果近球形，与花萼近等长，顶端 5 瓣裂；种子黑褐色，较大，长可达 2mm，种皮具细小蜂窝状凹眼。花期 5～6 月，果期 6～7 月。

中生草本。生于森林带的低湿地草甸及富含腐殖质的沙质草甸，在草甸群落中可形成春季开花季相。产兴安北部（牙克石市）、岭东（扎兰屯市）、兴安南部（科尔沁右翼前旗、巴林右旗、克什克腾旗）。分布于我国黑龙江（北安市），俄罗斯（远东地区）。为满洲分布种。

4. 天山报春

Primula nutans Georgi in Bemerk. Reise Russ. Reich. 1:200. 1775; Fl. Intramongol. ed. 2, 4:34. t.10. f.1-3. 1992.

多年生草本。全株不被粉状物。具多数须根。叶质薄，叶片圆形、圆状卵形至椭圆形，长 0.5～2.3cm，宽 0.4～1.2cm，先端钝圆，基部圆形或宽楔形，全缘或微有浅齿，两面无毛；具明显叶柄，叶柄细弱，长 0.6～2.8cm，无毛。花葶高 10～23cm，纤细，直径约 1.5mm，无毛，花后伸长；伞形花序 1 轮，具 2～6 花；苞片少数，边缘交叠，矩圆状倒卵形，长 5～8mm，先端渐尖，边缘密生短腺毛，外面有时有黑色小腺点，基部有耳状附属物，紧贴花葶；花梗不等长，长 1～2.2cm。花萼筒状钟

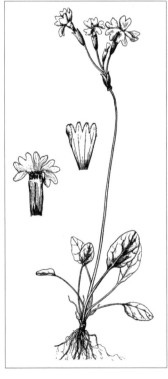

形，长 6～9mm；裂片短，矩圆状卵形，顶端钝尖，边缘密生短腺毛，外面常有黑色小腺点。花冠淡紫红色，高脚碟状，直径 12～15mm；花冠筒细长，长 10～11mm，直径 1～2mm；喉部具小舌状凸起；花冠裂片倒心形，长约 4mm，顶端深 2 裂。子房椭圆形，长约 2mm，直径约 1mm。蒴果圆柱形，稍长于花萼。花期 5～7 月。

中生草本。生于森林带和草原带的山地草甸、河谷草甸、碱化草甸。产兴安北部（阿尔山市）、呼伦贝尔（海拉尔区）、兴安南部（科尔沁右翼前旗、阿鲁科尔沁旗、巴林右旗、克什克腾旗）、科尔沁、锡林郭勒（锡林浩特市、苏尼特右旗）、阴山（大青山）。

分布于我国山西东北部、甘肃西南部、青海东部和南部、四川北部、新疆西部和中部，蒙古国东部和北部、俄罗斯（西伯利亚地区、远东地区）、巴基斯坦、哈萨克斯坦，欧洲、北美洲。为泛北极分布种。

5. 翠南报春（樱草）

Primula sieboldii E. Morren in Belg. Hort. 23:97. t.6. 1873; Fl. Intramongol. ed. 2, 4:34. t.10. f.4-9. 1992.

多年生草本。根状茎短，偏斜生长，被膜质残存叶柄，自根状茎生出多数细根。基生叶 3～8，叶卵形、卵状矩圆形至矩圆形，长 2～9cm，宽 1.2～6cm，先端钝圆，基部心形至圆形，两面被贴伏的多细胞长柔毛，边缘具不整齐的圆缺刻及牙齿；叶柄与叶片近等长或为其 2～3(～4) 倍，纤细，具狭翅及密生浅棕色多细胞长柔毛。花葶高 15～23(～34)cm，疏被柔毛；伞形花序 1 轮，花 2～9；苞片条状披针形，先端尖，常短于花梗，基部无浅囊或耳状附属物；花梗长 0.5～1.5cm，果期长达 2～2.5cm，无毛或被短腺毛。花萼长 6～8mm，钟状，果期开展为漏斗状，近中裂；裂片三角状披针形，先端锐尖，外面及边缘均被短腺毛。花冠紫红色至淡红色、稀白色，高脚碟状，冠檐开展，直径 14～18(～22)mm；裂片倒心形，长 5～6mm，顶端深 2 裂；花冠筒长 8～11mm，几为花萼的一倍；

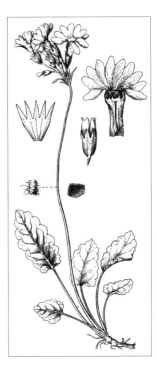

喉部有环状凸起或无凸起。雄蕊 5，花药基部着生。短柱花花柱长约 2.3mm，长柱花花柱长约 7mm；子房球形，直径约 1mm。蒴果圆筒形至椭圆形，长 8～10mm，直径 4～5mm，长于

花萼；种子多数，棕色，细小，不整齐多面体，长约 0.8mm，种皮具无数蜂窝状凹眼而呈网纹状。花期 5～6 月，果期 7 月。

湿中生草本。生于森林带的山地林下、林缘、草甸化沼泽。产兴安北部及岭东（额尔古纳市、牙克石市、鄂伦春自治旗）、兴安南部（科尔沁右翼前旗）、辽河平原（大青沟）、贺兰山。分布于我国黑龙江、吉林北部、辽宁东部、河北北部、宁夏西北部，日本、朝鲜、俄罗斯（东西伯利亚地区、远东地区）。

可供观赏。根入药，能止咳、化痰、平喘，主治上呼吸道感染、咽炎、支气管炎、寒喘咳嗽。

6. 段报春（胭脂花、胭脂报春）

Primula maximowiczii Regel in Trudy Imp. St.-Petersb. Bot. Sada. 3:139. 1874; Fl. Intramongol. ed. 2, 4:36. t.11. f.1-5. 1992.

多年生草本。全株无毛，亦无粉状物。须根多而粗壮，黄白色。叶大，矩圆状倒披针形、倒卵状披针形或椭圆形，连叶柄长 6～21（～34）cm，宽 2～4（～6）cm，先端钝圆，叶缘有细三角状牙齿，基部渐狭下延成宽翅状柄，或近无柄。花葶粗壮，高 22～76cm，直径 3～7mm；层叠式伞形花序，1～3 轮，每轮有花 4～16；苞片多数，披针形，长 3～6mm，先端长渐尖，基部连合；花梗长 1～5cm；花萼钟状，萼筒长 7～10mm，裂片宽三角形，长 2～2.5mm，顶端渐尖。花冠暗红紫色，花冠筒长 10～12mm，喉部有环状凸起，冠檐直径约 1.5cm；裂片矩圆形，全缘，长 5～6mm，先端常反折。子房矩圆形，长约 2mm；花柱长约 7mm。蒴果圆柱形，长 9～22mm，常比花萼长 1～1.5 倍，直径 3.5～6mm；种子黑褐色，不整齐多面体，长约 0.8mm，宽约 0.5mm，种皮具网纹。花期 6 月，果期 7～8 月。

耐阴中生草本。生于森林带和森林草原带的山地林下、林缘、山地草甸等腐殖质较丰富的潮湿生境。产兴安北部和岭东（鄂伦春自治旗、东乌珠穆沁旗宝格达山）、兴安南部（科尔沁右翼前旗、巴林右旗、克什克腾旗）、燕山北部（喀喇沁旗、宁城县、兴和县苏木山）、锡林郭勒（西乌珠穆沁旗、苏尼特左旗南部）。分布于我国吉林西北部、河北北部、山西、陕西南部、宁夏南部、甘肃东部。为华北—兴安分布种。

可供观赏。全草有些地方做蒙药（蒙药名：萨都克纳克福）用，能止痛、祛风。

2. 点地梅属 Androsace L.

多年生或一、二年生矮小草本。叶一型至三型，全部基生，呈莲座状，极少茎生。花小，花萼5裂；花冠白色或淡红色，漏斗状或坛状，花冠筒短，喉部常紧缩，花冠裂片5。雄蕊着生于花冠筒的周围，内藏。子房上位，球形或倒卵状球形；花柱短柱头头状或稍膨大。蒴果矩圆形或近球形，成熟时顶端5瓣裂；种子通常少数。

内蒙古有9种。

分种检索表

1a. 一或二年生草本，具纤细直根或须根，植株一般单生，叶缘具齿。

  2a. 叶圆形或肾形，有明显叶柄。

    3a. 叶缘有多数三角状钝牙齿；花萼深裂几达基部，果期萼裂片呈星状水平开展；花冠较大，显著超出花萼·····························1. 点地梅 A. umbellata

    3b. 叶缘有7～11个圆齿；花萼中裂，果期萼裂片略开展或稍反折；花冠较小，与花萼近等长或稍超出花萼·····························2. 小点地梅 A. gmelinii

  2b. 叶卵形、矩圆形或披针形，无叶柄，或基部下延渐狭成柄状。

    4a. 苞片小，披针形或条状披针形；花梗长于苞片5倍以上；植株不被糙伏毛。

      5a. 须根；叶基部下延成柄状；花萼杯状，中脉不隆起；植株无毛或花葶上部被短腺毛··3. 东北点地梅 A. filiformis

      5b. 直根；叶无柄；花萼钟状，中脉隆起；植株被分叉毛·······4. 北点地梅 A. septentrionalis

    4b. 苞片大，椭圆形或倒卵状矩圆形；花梗长于苞片1～3倍；植株被糙伏毛及腺毛··5. 大苞点地梅 A. maxima

1b. 多年生草本。具根状茎、匍匐茎或分枝，由少数或多数莲座丛形成疏丛、密丛或垫状；叶全缘。

  6a. 叶片被绢毛，叶缘非软骨质·····························6. 白花点地梅 A. incana

  6b. 叶片通常光滑或稀被短柔毛，叶缘或仅上部边缘为软骨质。

    7a. 植株为疏丛或密丛，地上分枝草质；伞形花序通常有花4朵以上。

      8a. 花葶明显，花淡紫红色·····························7. 西藏点地梅 A. mariae

      8b. 花葶不明显，藏于叶丛中；花白色或带粉红色·····8. 长叶点地梅 A. longifolia

    7b. 垫状植物，主根及地上分枝的下部木质化；伞形花序，花1～2，花葶极短或无花葶··9. 阿拉善点地梅 A. alaschanica

1. 点地梅（喉咙草、铜钱草）

Androsace umbellata (Lour.) Merr. in Philip. J. Sci. 15:237. 1919(1920); Fl. Intramongol. ed. 2, 4:38. t.12. f.1-3. 1992.——*Drosera umbellata* Lour. in Fl. Cochinch. 1:186. 1790.

一年生草本。全株被长柔毛。须根纤细。叶近圆形或卵圆形，直径5～15mm，先端钝圆，基部微凹或呈不明显的截形，边缘有多数三角状钝牙齿，叶质稍厚，叶柄长(0.5～)1～2cm。花葶通常数条自基部抽出，直立，高5～15cm；伞形花序，有花4～10余朵；苞片数枚，卵形至披针形，长约4mm，宽0.5～1.5mm，先端渐尖；花梗纤细，近等长，长1～3cm，花后常伸长达6cm，开展，混生腺毛。花萼杯状，5深裂几达基部；裂片卵形，长2～3.5mm，果期增大，长4～5mm，星状水平开展，具3～6条明显纵脉。花冠白色或淡黄色；漏斗状喉部黄色，

27

直径 4～6mm；筒部短于花萼；裂片倒卵状矩圆形，长 2.5～3mm，宽 1.5～2mm。蒴果圆球形，直径 2.5～3mm，顶端 5 瓣裂；种子小，棕褐色，矩圆状多面体形，直径 0.6～0.8mm。花期 4～5 月，果期 6 月。

中生矮小草本。生于森林带和森林草原带的山地林下、林缘、灌丛、草甸。产岭东（扎兰屯市）、兴安南部（扎赉特旗、科尔沁右翼前旗、科尔沁右翼中旗）、辽河平原（科尔沁左翼后旗）。分布于我国黑龙江西南部、吉林西南部、辽宁中部、河北北部和西部、河南西部和东南部、山东东南部、山西、陕西中部和南部、安徽东部、江苏南部、江西、浙江、福建、台湾、湖北、湖南西部、广东北部、广西北部、海南西北部、贵州、四川、云南、西藏东南部，日本、朝鲜、俄罗斯（远东地区）、印度（锡金）、缅甸、越南、巴基斯坦、菲律宾、新几内亚，克什米尔地区。为东亚分布种。

全草入药，能清凉解毒、消肿止痛，主治扁桃体炎、咽喉炎、口腔炎、急性结膜炎、跌打损伤。全草也入蒙药，效用同北点地梅。

2. 小点地梅（高山点地梅、兴安点地梅）

Androsace gmelinii (Gaertn.) Roem. et Schult. in Syst. Veg. 4:165. 1819; Fl. Intramongol. ed. 2, 4:40. t.12. f.4-6. 1992.——*Cortusa gmelinii* L., Sp. Pl. 1:144. 1753.

一年生矮小草本。全株被长柔毛。直根细长，支根少。叶心状卵形、心状圆形或心状肾形，直径 7～11mm，基部心形或深心形，边缘具 7～11 个圆齿，叶柄长 1～2cm。花葶数个，通常长于叶，高 3～6cm，柔弱，花葶、花梗与花萼均被长柔毛和腺毛；苞片 3～5，披针形或卵状披针形，长 2～3.5mm，顶端尖；伞形花序，花 2～4；花梗短于花葶，紧缩或略开展，

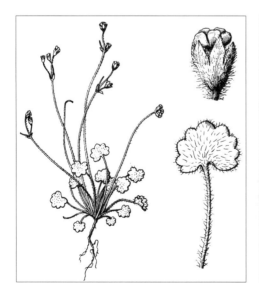

不等长，长 0.3 ～ 1.5cm。花萼小，宽钟形或钟形，长约 3.5mm，5 中裂；裂片卵形或卵状三角形，长约 1.6mm，顶端尖。花冠小，白色，与萼近等长或稍超出；花冠筒长约 2mm；裂片矩圆形，长约 1mm，宽约 0.5mm，顶端钝或微凹。蒴果圆球形；种子褐色，卵圆形，直径约 1mm。花期 6 月，果期 6 ～ 7 月。

　　中生矮小草本。生于草原带的山地沟谷、林缘草甸、河岸草甸。产呼伦贝尔（海拉尔区）、兴安南部（巴林右旗、西乌珠穆沁旗迪彦林场）、阴山（大青山、乌拉山）。分布于我国河北北部、山西、甘肃、青海、四川、新疆，蒙古国北部、俄罗斯（西伯利亚地区、远东地区）。为东古北极分布种。

3. 东北点地梅（丝点地梅）

Androsace filiformis Retz. in Observ. Bot. 2:10. 1784; Fl. Intramongol. ed. 2, 4:40. t.13. f.1-2. 1992.

　　一年生草本。常呈亮绿色，全株近无毛，或花葶上部、花梗、花萼等疏被短腺毛。须根多数

丛生，黄白色，纤细。叶质薄，矩圆形、矩圆状卵形或倒披针形，连叶柄长 2 ～ 5cm，宽 5 ～ 12mm，先端钝尖或急尖，边缘上部具浅缺刻状牙齿，下部全缘，两面无毛，基部下延成狭翅状柄，叶柄与叶片近等长。花葶多数，纤细，高 8 ～ 17(～ 27)cm，直径 1 ～ 2mm；苞片多数，披针形，长 2 ～ 4mm；伞形花序有多数花；花梗细长，不等长，长达 2.5cm，果期伸长达 8cm。花萼小，杯状或近半球形，长 1.5 ～ 2mm，5 中裂；裂片卵状三角形，顶端急尖，边缘狭膜质，萼裂片与萼筒花后不增大。花冠白色，直径约 3mm，筒部与花萼近等长，喉部紧缩；裂片椭圆形，长约 1.2mm，宽约 0.8mm。花丝长约 0.4mm；花药矩圆状三角形，长约 0.3mm。子房球形。蒴果近球形，直径 2.8 ～ 3mm；外被宿存花冠，果皮膜质，5 瓣裂。种子细小，多数，棕褐色，近矩圆形，直径约 0.3mm，种皮有网纹。花期 5 ～ 6 月，果期 6 ～ 7 月。

　　中生草本。生于森林带和森林草原带的山地林缘、低湿草甸、沼泽草甸、沟谷。产兴安北部及岭西（额尔古纳市、根河市、牙克石市、鄂温克族自治旗、海拉尔区）、兴安南部（科尔沁右翼前旗、阿鲁科尔沁旗、巴林右旗、克什克腾旗）、燕

山北部（喀喇沁旗、敖汉旗）、锡林郭勒（锡林浩特市）。分布于我国黑龙江、吉林、河北北部、山西北部、新疆北部，朝鲜、蒙古国北部、俄罗斯（西伯利亚地区、远东地区），中亚，欧洲、北美洲。为泛北极分布种。

全草入药，效用同点地梅。

4. 北点地梅（雪山点地梅）

Androsace septentrionalis L., Sp. Pl. 1:142. 1753; Fl. Intramongol. ed. 2, 4:42. t.13. f.3-6. 1992.

一年生草本。直根系，主根细长，支根较少。叶倒披针形、条状倒披针形至狭菱形，长 (0.4～)1～2(～4)cm，宽 (1.5～)3～6(～8)mm，先端渐尖，通常中部以上叶缘具稀疏锯齿或近全缘，上面及边缘被短毛及 2～4 分叉毛，下面近无毛，基部渐狭，无柄或下延成宽翅状柄。花葶 1 至多数，直立，高 7～25(～30)cm，黄绿色，下部略呈紫红色。花葶与花梗都被 2～4 分叉毛和短腺毛。伞形花序具多数花；苞片细小，条状披针形，长 2～3mm；花梗细，不等长，长 1.5～6.7cm，中间花梗直立，外围的微向内弧曲。萼钟形，果期稍增大，长 3～3.5mm，外面无毛，中脉隆起，5 浅裂；裂片狭三角形，质厚，长约 1mm，先端急尖。花冠白色，坛状，直径 3～3.5mm；花冠筒短于花萼，长约 1.5mm；喉部紧缩，有 5 凸起且与花冠裂片对生；裂片倒卵状矩圆形，长约 1.2mm，宽约 0.6mm，先端近全缘。子房倒圆锥形，花柱长约 0.3mm，柱头头状。蒴果倒卵状球形，顶端 5 瓣裂；种子多数，多面体形，长约 0.6mm，宽约 0.4mm，棕褐色，种皮粗糙，具蜂窝状凹眼。花期 6 月，果期 7 月。

中生草本。生于森林带、草原带和荒漠带的山地草甸、林缘、沟谷、草甸草原、砾石质草原。产兴安北部及岭东和岭西（额尔古纳市、牙克石市、鄂伦春自治旗、鄂温克族自治旗、海拉尔区、扎兰屯市、东乌珠穆沁旗宝格达山）、兴安南部及科尔沁（扎赉特旗、科尔沁右翼前旗、阿鲁科尔沁旗、巴林右旗、翁牛特旗、克什克腾旗、西乌珠穆沁旗）、燕山北部（喀喇沁旗）、锡林郭勒（锡林浩特市）、阴山（大青山、乌拉山）、阴南丘陵（准格尔旗）、鄂尔多斯、贺兰山、龙首山。分布于我国河北西北部、山西北部、新疆北部，蒙古国、俄罗斯（西伯利亚地区、远东地区），高加索地区，中亚，欧洲、北美洲。为泛北极分布种。

全草入蒙药（蒙药名：叶拉莫唐），能消肿愈创、解毒，主治疗痈、创伤、热性黄水病。

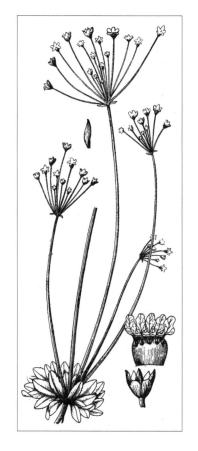

5. 大苞点地梅

Androsace maxima L., Sp. Pl. 1:141. 1753; Fl. Intramongol. ed. 2, 4:43. t.14. f.1-2. 1992.

二年生矮小草本。全株被糙伏毛。主根细长，淡褐色，稍有分枝。叶质较厚，倒披针形、矩圆状披针形或椭圆形，长（0.5～）5～15（～20）mm，宽 1～3（～6）mm，先端急尖，基部

渐狭下延成宽柄状。花葶 3 至多数，直立或斜升，高 1.5～7.5cm，常带红褐色。花葶、苞片、花梗和花萼都被糙伏毛并混生短腺毛。伞形花序，有花 2～10 余朵；苞片大，椭圆形或倒卵状矩圆形，长（3～）5～6mm，宽约 12.5mm；花梗长 5～12mm，超过苞片 1～3 倍。花萼漏斗状，长 3～4mm，裂达中部以下；裂片三角状披针形或矩圆状披针形，长 2～2.5mm，宽约 1mm，先端锐尖，花后花萼略增大成杯状；萼筒光滑带白色，近壳质，直径 3～4mm。花冠白色或淡粉红色，直径 3～4mm；花冠筒长约为花萼的 2/3；喉部有环状凸起；裂片矩圆形，长 1.2～1.8mm，先端钝圆。子房球形，直径约1mm，花柱长约 0.3mm，柱头头状。蒴果球形，直径 3～4mm，光滑，外被宿存膜质花冠，5 瓣裂；种子小，多面体形，背面较宽，长约 1.2mm，宽约 0.8mm，10 余粒，黑褐色，种皮具蜂窝状凹眼。花期 5 月，果期 5～6 月。

旱中生矮小草本。生于草原带和荒漠带的山地砾石质坡地、固定沙地、丘间低地、撂荒地。产呼伦贝尔（新巴尔虎左旗）、锡林郭勒（镶黄旗、苏尼特左旗、苏尼特右旗）、阴山（大青山、乌拉山）、阴南丘陵（准格尔旗）、鄂尔多斯（乌审旗）、贺兰山、龙首山。分布于我国山东、山西、陕西南部、宁夏西北部、甘肃东南部、青海东部、新疆北部，蒙古国、俄罗斯（西伯利亚地区）、阿富汗、中亚、西南亚、北非、欧洲。为古北极分布种。

6. 白花点地梅

Androsace incana Lam. in Tabl. Encycl. 1:432. 1792; Fl. Intramongol. ed. 2, 4:43. t.14. f.3-4. 1992.

多年生银灰绿色丛生矮小草本。全株密被绢毛。根细，棕黄色或褐色。匍匐茎暗褐色，纵横交织如网状。当年新枝 1～3(～4) 枚，赤褐色，长 1～2cm，近直立。叶质厚，叶束生成

半球形或卵形的小莲座丛，老叶残存于莲座丛下部；叶片狭披针形、矩圆形、狭矩圆形或狭倒披针形，直立，长 (3.5～)5～7(～10)mm，宽 1～2mm，先端锐尖，基部渐狭或略宽，无柄。花葶通常 1 个，或几乎不发育，长 (0.2～)1.2～3(～4.7)cm；伞形花序，花 1～3(～4)；苞片披针形或条形，长 4～5mm；花梗短于苞片，长 1～2.5mm。花萼钟状，长 3～4mm，5 裂至近中部；裂片卵状三角形，长约 2mm，宽约 1mm。花冠白色、淡黄白色或淡红色，直径 0.6～0.8cm；花冠筒长约 3mm，直径约 2mm；喉部紧缩，紫红色或黄色，有环状凸起；花冠裂片楔状倒卵形，长约 3.5mm，宽约 3mm，先端稍具波状齿。花药卵形，钝头。子房倒圆锥形，长约 1mm，直径约 0.8mm；花柱长约 1mm；柱头略膨大。蒴果矩圆形，超出宿存花萼，顶端 5 瓣裂；种子大，2 粒，卵圆形，压扁，棱角不明显，黑褐色，长约 2.2mm，宽约 1.5mm，种皮密被蜂窝状凹眼。花期 5～6 月，果期 6～7 月。

砾石生旱生草本。生于草原带的山地羊茅草原及其它矮草草原，成为伴生种，也常在石质丘陵顶部及石质山坡上聚生成丛，在山地草原群落中可形成春季开花季相。产兴安南部（阿鲁科尔沁旗、巴林左旗、巴林右旗）、赤峰丘陵（红山区、松山区、翁牛特旗）、锡林郭勒（西乌珠穆沁旗、阿巴嘎旗、镶黄旗、察哈尔右翼后旗）、乌兰察布（达尔罕茂明安联合旗南部、乌拉特前旗）、阴山（大青山、乌拉山）。分布于我国河北北部、山西北部、新疆北部，蒙古国、俄罗斯（西伯利亚地区）。为蒙古高原草原分布种。

7. 西藏点地梅

Androsace mariae Kanitz in Wiss. Erg. Reise Graften Bela Szechenyi 2:714. 1891; Fl. China 15:89. 1996.——*A. mariae* Kanitz var. *tibetica* (Maxim.) Hand.-Mazz. in Act. Hort. Gothob. 2:114. 1926; Fl. Intramongol. ed. 2, 4:45. t.15. f.1-4. 1992.——*A. sempervivoides* Jacq. var. *tibetica* Maxim. in Bull. Acad. Imp. Sci. St.-Petersb. 32:502. 1888.

多年生草本。主根暗褐色，具多数纤细支根。匍匐茎纵横蔓延，暗褐色，莲座丛常集生成疏丛或密丛，基部有宿存老叶。新枝红褐色，长 1～3cm，顶端束生新叶。叶灰蓝绿色，矩

圆形、匙形或倒披针形，长 1～2(～3)cm，宽 2～4(～5)mm，先端急尖或渐尖，有软骨质锐尖头，基部渐狭或下延成柄，两面无毛，边缘软骨质，具明显缘毛。花葶 1～2，直立，高 2～8(～12)cm，被柔毛和短腺毛；伞形花序，花 (2～)4～10；苞片披针形至条形，长 4～5mm，被柔毛，边缘软骨质，有缘毛；花梗直立或略弯曲，长 (2～)5～8mm，果期可延伸至 1.2cm。花萼钟状，长约 3mm，外面密被柔毛和短腺毛，5 中裂；裂片三角形，先端尖。花冠淡紫红色，直径 8～10mm；喉部黄色，有绛红色环状凸起，边缘微缺；花冠裂片宽倒卵形，长约 4mm，宽约 3.5mm，边缘微波状。子房倒圆锥形，长约 1mm，直径约 1.1mm；花柱长约 1mm；柱头稍膨大。蒴果倒卵形，顶端 5～7 裂，稍超出花萼；种子数枚，小，褐色，近矩圆形，背腹压扁，种皮有蜂窝状凹眼。花期 5～6 月，果期 6～7 月。

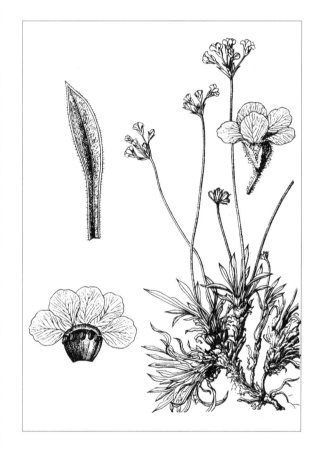

耐寒中生草本。生于草原带和荒漠带海拔 1600～2900m 的山地草甸及亚高山草甸，适应于砂砾质土壤。产锡林郭勒（西乌珠穆沁旗、锡林浩特市）、乌兰察布（达尔罕茂明安联合旗南部）、阴山（大青山）、贺兰山、龙首山。分布于我国山西、甘肃东部、青海东部和南部、四川西部、云南西北部、西藏东部。为华北—横断山脉分布种。

全草入蒙药（蒙药名：嘎地格），能利尿、消肿，主治热性水肿、肾炎、淋病。

8. 长叶点地梅（矮葶点地梅）

Androsace longifolia Turcz. in Bull. Soc. Imp. Nat. Mosc. 5:202. 1832; Fl. Intramongol. ed. 2, 4:45. t.15. f.5-9. 1992.

多年生矮小草本，高 1.5～2.5(～5.5)cm。叶、苞片及萼裂片边缘都具软骨质与缘毛。主根暗褐色，支根橘黄色，具劲直向上并被有棕褐色鳞片的根状茎。莲座丛常数个丛生，基

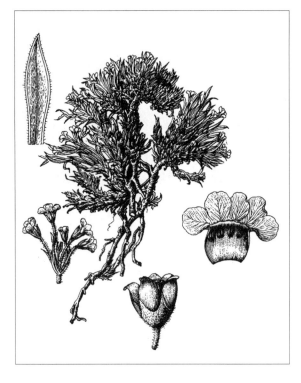

部紧包有多层暗褐色老叶。叶灰蓝绿色。外层叶较短，近披针形，扁平，长约 1cm，宽约 2.5mm，先端尖；内层叶较长，条形或条状披针形，长 2～2.5(～5.3)cm，宽 1～2mm，上部质厚常呈舟形不能平展。花葶 1，极短，长仅(0.2～)0.4～1cm，藏于叶丛中；苞片条形，长约 0.8mm；伞形花序，花 5～8；花梗显著短于叶片，长 0.5～1cm，密被柔毛及稀疏短腺毛。花萼钟状，长 4～5mm，近中裂；裂片三角状披针形，先端锐尖，被疏短柔毛及腺毛。花冠白色或带粉红色，直径 5～7mm；花冠筒长约 2.5mm，宽约 1.7mm；喉部紫红色；裂片倒卵状椭圆形，长约 2.2mm，宽约 1.5mm，先端近全缘。子房倒锥形，长、宽约 1mm；花柱长约 1mm；柱头稍膨大。蒴果倒卵圆形，长于宿存花萼，长约 2.5mm，直径约 1.7mm，棕色，顶端 5 瓣裂，

裂片反折；种子 5～10，长 1.5～2mm，宽 1.3～1.5mm，近椭圆形，压扁，腹面有棱，种皮具蜂窝状凹眼。花期 5 月，果期 6～8 月。

旱生草本。生于草原带的砾石质草原、山地砾石质坡地、石质丘陵岗顶。产兴安南部（扎赉特旗、乌兰浩特市、阿鲁科尔沁旗、克什克腾旗）、锡林郭勒（东乌珠穆沁旗、锡林浩特市、镶黄旗、集宁区、卓资县、察哈尔右翼前旗）。分布于我国黑龙江西南部、河北西北部、山西东北部、陕西、宁夏北部，蒙古国东部。为华北—东蒙古分布种。

9. 阿拉善点地梅

Androsace alaschanica Maxim. in Bull. Acad. Imp. Sci. St.-Petersb. 32:503. 1888; Fl. Intramongol. ed. 2, 4:47. t.14. f.5-6. 1992.

多年生垫状植物，呈小半灌木状，高 2.5～4cm。直根粗壮，暗褐色，木质，直径达 6mm。

地上茎反复叉状分枝，直径 3 ～ 6mm。老叶基部宿存，暗棕褐色，鳞片状重叠覆盖于分枝上。当年新叶丛生于分枝顶端呈莲座状，灰绿色，革质，条状披针形，长 0.5 ～ 1.1cm，宽 1 ～ 2mm，

叶片中部以上平展或外反，先端渐尖或急尖，具软骨质尖头，边缘软骨质并疏具短腺毛，下部渐狭，或在外层叶则下延部分较上部更宽，两面无毛或稍被短腺毛。每一莲座丛有 1 个花葶，含 1 ～ 2 花，花葶极短，长约 5mm，密被长柔毛，或无花葶；苞片 2 ～ 3，与花萼近等长，条形或条状披针形，先端渐尖，与萼裂片均具软骨质边缘及缘毛；花梗极短，长 1 ～ 1.5mm。花萼倒圆锥状或钟状，长 3.5 ～ 4mm，疏被柔毛，5 中裂或 5 深裂；裂片三角形或披针形，质较厚，先端渐尖。花冠白色，直径约 7mm；筒部与花萼近等长；喉部有短管状凸起，长约 0.4mm；裂片倒卵形，长约 3mm，宽约 2.5mm，全缘，先端微波状。花药卵形；子房卵圆形，长宽均为 1 ～ 1.3mm，花柱长约 1.5mm，柱头稍膨大，胚珠少数。蒴果倒卵圆形，白色，顶端棕色，短于萼，长约 3mm，直径约 2mm，顶端 5 瓣裂；种子大，1 枚，红棕色，近矩圆形，长约 2.3mm，宽约 1.3mm，种皮密被蜂窝状凹眼。花期 6 月，果期 6 ～ 8 月。

旱生草本。生于荒漠带的山地草原、山地石质坡地、干旱沙地上。产东阿拉善（桌子山）、贺兰山。分布于我国宁夏西北部、甘肃中北部。为东阿拉善山地分布种。

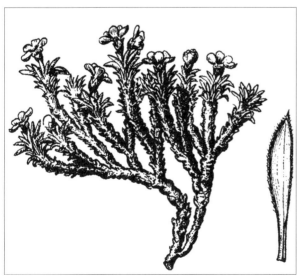

3. 假报春属 Cortusa L.

多年生草本。通常被毛。叶全部基生，叶片心状圆形或肾形，掌状 7～9 裂，裂片有粗齿及缺刻，具长叶柄。花在花葶顶端组成伞形花序，花梗不等长，基部有苞片；花萼钟状，宿存，中裂至深裂，裂片 5，披针形；花冠紫红色，花冠筒短，喉部无附属物，裂片 5，钝或稍尖，在花蕾中覆瓦状排列。雄蕊 5，着生于花冠筒基部；花丝短，下部连合成膜质短筒；花药顶端渐尖。子房上位，卵形；花柱丝状；柱头小，无毛；胚珠多数。蒴果卵形，5 瓣裂；种子多数。

内蒙古有 2 种。

分种检索表

1a. 叶两面疏被短毛，有时背面被白色绵毛；叶柄两侧具膜质狭翅，被长柔毛。

  2a. 叶片裂达叶长的 1/4，裂片具钝圆的牙齿；植株被白色绵毛 ··**1a. 假报春 C. matthioli** subsp. **matthioli**

  2b. 叶片裂达叶长的 1/2～1/3，裂片具锐尖的牙齿；植株被淡棕色绵毛 ··**1b. 河北假报春 C. matthioli** subsp. **pekinensis**

1b. 叶两面无毛；叶柄两侧无膜质狭翅，无毛 ··················**2. 阿尔泰假报春 C. altaica**

1. 假报春

Cortusa matthioli L., Sp. Pl. 1:144. 1753; Fl. Intramongol. ed. 2, 4:48. t.16. f.1-4. 1992.

1a. 假报春

Cortusa matthioli L. subsp. **matthioli**

多年生草本。叶质薄，心状圆形，长 3.5～7.5cm，宽 4～10cm，基部深心形，掌状浅裂，裂片具钝圆或稍尖的牙齿，长达叶的 1/4，两面被稀疏短毛，有时背面被白色绵毛或短腺毛；叶柄长 6.5～12(～15)cm，细弱，两侧具膜质狭翅，被长柔毛。花葶高 24～30cm，疏被长柔毛和腺毛；伞形花序，花 6～11，侧偏排列；花梗柔弱不等长，被短腺毛；苞片数枚，倒披针形，上缘有缺刻及尖齿。花萼钟状，5 深裂；萼筒长 1.5～2mm；裂片披针形，

长 2.5～3.2mm，先端尖，有短缘毛。花冠漏斗状钟形，紫红色，直径约 1cm；裂片矩圆形，长约 5mm，宽约 4mm，先端钝圆或 2～3 裂。花药露出于花冠筒外，矩圆形，长约 3.5mm，顶端渐尖；花丝长约 2.2mm，下部连合成膜质短筒。子房卵形；花柱长约 8mm，伸出于花冠筒外。蒴果椭圆形，长约 8mm，宽约 0.8mm，光滑；种子 10 余枚，不整齐多面体，背腹稍压扁，棕褐色，长约 1.8mm，宽约 0.8mm，表面具点状皱纹。花期 6～7 月，果期 8 月。

耐阴中生草本。生于森林带山地林下或蔽阴的含腐殖质较多的土壤上。产兴安北部（额尔古纳市、阿尔山市伊尔施林场）、兴安南部（巴林右旗）、贺兰山。分布于我国新疆北部，俄罗斯（西伯利亚地区），欧洲。为古北极分布种。

1b. 河北假报春（假报春、京报春）

Cortusa matthioli L. subsp. **pekinensis** (V. Richt.) Kitag. in Lin. Fl. Manshur. 351. 1939; Fl. Intramongol. ed. 2, 4:48. t.16. f.5. 1992.——*C. matthioli* L. f. *pekinensis* V. Richt. in Termeszettud. Fuz. 17:190. 1894.

本亚种与正种的区别是：叶片裂达叶长的 1/3～1/2，裂片具有不整齐而较尖的牙齿；全株被淡棕色绵毛。

耐阴中生草本。生于森林带和草原带的山地林下及阴湿生境中。产兴安北部（牙克石市）、燕山北部（喀喇沁旗、兴和县苏木山）、阴山（大青山、蛮汗山、乌拉山）。分布于我国河北北部、山西、陕西西南部、甘肃中部，朝鲜、俄罗斯（远东地区）。为华北—满洲分布种。

2. 阿尔泰假报春

Cortusa altaica Losinsk. in Trudy Bot. Inst. Akad. Nauk S.S.S.R. Ser. 1, 3:243. 1937; Fl. Intramongol. ed. 2, 4:48. t.16. f.6-8. 1992.

多年生草本。植株细弱。叶基生，叶质薄，圆状肾形，长4.5～5.5cm，宽5～7cm，基部深心形，掌状深裂，裂达叶长的1/3，裂片圆状三角形，具不整齐三角状齿，两面无毛；叶柄长7～19cm，细弱，两侧无膜质狭翅，无毛。花葶高20～30cm，平滑，直径约1mm；伞形花序，花3～8(～9)；花梗柔弱，不等长，长2～4cm，平滑；苞片数枚，矩圆形，长6～9mm，上缘常有3～4尖裂，缘毛不明显。花萼宽漏斗状；萼筒长约2mm；裂片披针状三角形，带紫色，先端尖。花冠漏斗状钟形，粉红紫色，直径约1cm；裂片倒卵形，先端近尖。蒴果卵形，长7～9mm。花期6～7月，果期7～8月。

耐阴中生草本。生于草原带的山地林下。产阴山（乌拉山）。分布于蒙古国北部和南部、俄罗斯（西伯利亚地区），欧洲。为古北极分布种。

4. 海乳草属 Glaux L.

属的特征同种。

单种属。

1. 海乳草

Glaux maritima L., Sp. Pl. 1:207. 1753; Fl. Intramongol. ed. 2, 4:50. t.17. f.1-3. 1992.

多年生小草本，高4～25(～40)cm。根常数条束生，粗壮，有少数纤细支根，根状茎横走，节上有对生的卵状膜质鳞片。茎直立或斜升，通常单一或下部分枝，基部茎节明显，节上有对生的淡褐色卵状膜质鳞片。叶密集，肉质，交互对生，近互生，偶3叶轮生；叶片条形、矩圆状披针形至卵状披针形，长(3～)7～12(～30)mm，宽(1～)1.8～3.5(～8)mm，先端稍尖，基部楔形，全缘，无柄或有长约1mm的短柄。花小，直径约6mm，单生于叶腋；花梗长约1mm，或近无梗。花萼宽钟状，粉白色至蔷薇色，5裂至近中部；裂片卵形至矩圆状卵形，长约2.5mm，宽约2mm，全缘。雄蕊5，与萼近等长；花丝基部宽扁，长约4mm；花药心形，背部着生。子房球形，长约1.3mm；花柱细长，长约2.5mm；胚珠8～9。蒴果近球形，长约2mm，直径约2.5mm，顶端5瓣裂；种子6～8，棕褐色，近椭圆形，长约1mm，宽约0.8mm，背面宽平，腹面凸出，有2～4条棱，种皮具网纹。花期6月，果期7～8月。

耐盐中生草本。生于低湿地矮草草甸、轻度盐化草甸，可成为草甸优势成分之一。产内蒙古各地。分布于我国黑龙江南部、吉林西南部、辽宁西北部、河北西北部、山东西部、山西北部、安徽、陕西北部、宁夏东部、甘肃西南部和西部、青海、四川北部、西藏、新疆，日本、蒙古国、俄罗斯、巴基斯坦，中亚，欧洲、北美洲。为泛北极分布种。

5. 珍珠菜属 Lysimachia L.

一年生或多年生草本。通常有腺状斑点。茎直立或匍匐。单叶互生、对生或轮生，全缘。花通常组成顶生或腋生的总状花序、穗状花序或圆锥花序，稀单生于叶腋；花萼 4～7 裂，通常 5 裂至中部；花冠白色或黄色，辐状或钟状，4～7 裂，通常 5 深裂；雄蕊 4～7，通常 5，花药孔裂或纵裂；子房近球形，花柱丝状，柱头钝，胚珠少数或多数，半倒生。蒴果卵形或球形，通常 5 瓣裂；种子多数，种皮坚硬。

内蒙古有 3 种。

分种检索表

1a. 花序顶生，花冠裂片宽 1mm 以上，雄蕊不伸出花冠之外。

  2a. 叶对生或 3～4 叶轮生；顶生圆锥花序或复伞房状圆锥花序，花黄色·········**1. 黄莲花 L. davurica**

  2b. 叶互生；顶生总状花序，常弯向一侧，花白色·············**2. 狼尾花 L. barystachys**

1b. 总状花序于茎中部腋生，花密集；花冠裂片狭长，宽约 0.8mm；雄蕊伸出花冠之外··············

  ···**3. 球尾花 L. thyrsiflora**

1. 黄莲花

Lysimachia davurica Ledeb. in Mem. Acad. Imp. Sci. St.-Petersb. Hist. Acad. 5:523. 1814; Fl. Intramongol. ed. 2, 4:52. t.18. f.1-4. 1992.

多年生草本。根较粗，根状茎横走。茎直立，高 40～82cm，不分枝或略有短分枝，上部被短腺毛，下部无毛，基部茎节明显，节上具对生红棕色鳞片状叶。叶对生，或 3～4 叶轮生；叶片条状披针形、披针形、矩圆状披针形至矩圆状卵形，长 4～8cm，宽 4～12mm，先端尖，基部渐狭或圆形，上面密布黑褐色腺状斑点，近边缘及下面沿主脉被疏短腺毛，边缘向外反卷。顶生圆锥花序或复伞房状圆锥花序，花多数。花序轴及花梗均密被锈色腺毛。花梗基部有苞片 1，

条形至条状披针形，长 3～5mm，疏被腺毛。花萼深 5 裂；裂片狭卵状三角形，长约 3mm，先端尖，沿边缘内侧有黑褐色腺带及短腺毛。花冠黄色，直径 12～15mm，5 深裂；裂片矩圆形或广椭圆形，长 7～10mm，宽约 4mm，其内侧及花丝基部均有淡黄色粒状微细腺毛。雄蕊 5；花丝不等长，基部合生成短筒；花药矩圆状倒心形，基部着生。子房球形，直径约 1.5mm，基上部及花柱中下部疏生短腺毛；花柱长约 4mm；胚珠多数。蒴果球形，直径约 4mm，5 裂；种子多数，为近球形的多面体，背部宽平，长不及 1mm，宽约 0.7mm，红棕色，种皮密布微细蜂窝状凹眼。花期 7～8 月，果期 8～9 月。

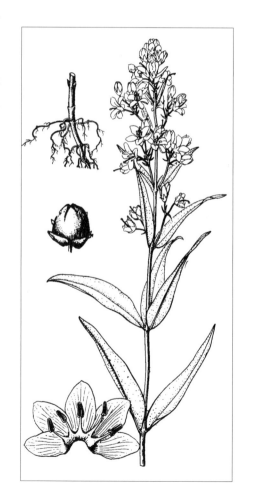

中生草本。生于森林带和草原带的山地林缘、灌丛、草甸、路旁。产兴安北部及岭东和岭西（额尔古纳市、根河市、牙克石市、鄂伦春自治旗、鄂温克族自治旗、新巴尔虎左旗、海拉尔区、扎兰屯市）、兴安南部及科尔沁（扎赉特旗、科尔沁右翼前旗、科尔沁右翼中旗、乌兰浩特市、扎鲁特旗、阿鲁科尔沁旗、巴林左旗、巴林右旗、翁牛特旗、克什克腾旗）、燕山北部（喀喇沁旗、宁城县、敖汉旗）、辽河平原（大青沟）、锡林郭勒（东乌珠穆沁旗、西乌珠穆沁旗）、鄂尔多斯（乌审旗）。分布于我国黑龙江、吉林、辽宁、河北、山东、山西中部、江苏、浙江、云南，日本、朝鲜、蒙古国东部和北部、俄罗斯（东西伯利亚地区、远东地区）。为东古北极分布种。

带根全草入药，能镇静、降压，主治高血压、失眠。

2. 狼尾花（重穗珍珠菜）

Lysimachia barystachys Bunge in Mem. Acad. Imp. Sci. St.-Petersb. Div. Sav. 2:127. 1835; Fl. Intramongol. ed. 2, 4:52. t.18. f.5-7. 1992.

多年生草本。根状茎横走，红棕色，节上有红棕色鳞片。茎直立，高 35～70cm，单一或有短分枝，上部被密长柔毛。叶互生，条状倒披针形、披针形至矩圆状披针形，长 4～11cm，

宽 (4～)8～13mm，先端尖，基部渐狭，边缘多少向外卷折，两面及边缘疏被短柔毛，通常无腺状斑点，无柄或近无柄。总状花序顶生，花密集，常向一侧弯曲成狼尾状，长 4～6cm，果期伸直，长可达 25cm。花轴及花梗均被长柔毛。花梗长 4～6mm；苞片条形或条状披针形，长约 6mm。萼近钟状，基部疏被柔毛，长约 3.5mm，5 深裂；裂片矩圆形，长约 2.2mm，边缘宽膜质，外缘呈小流苏状。花冠白色；裂片长卵形，长约

5.5mm，宽约 1.5mm；花冠筒长约 1.2mm。雄蕊 5；花丝等长，贴生于花冠上，长约 1.8mm，基部宽扁；花药狭心形，顶端尖，长约 1mm，背部着生。子房近球形，长约 1mm，直径约 1.1mm；花柱较短，直径约 0.6mm，长约 2mm；柱头膨大。蒴果近球形，直径约 2.5mm，长约 2mm；种子多数，红棕色。花期 6～7 月，果期 7～9 月。

中生草本。生于森林带和草原带的山地灌丛、草甸、沙地、路旁。产兴安北部及岭东和岭西（额尔古纳市、根河市、鄂伦春自治旗、鄂温克族自治旗、海拉尔区）、兴安南部及科尔沁（扎赉特旗、科尔沁右翼前旗、科尔沁右翼中旗、突泉县、扎鲁特旗、阿鲁科尔沁旗、巴林左旗、翁牛特旗、克什克腾旗）、辽河平原（大青沟）、燕山北部（喀喇沁旗、宁城县）、阴山（大青山）。分布于我国黑龙江、吉林东部、辽宁、河北、山东、山西西部、陕西中部和南部、宁夏南部、甘肃东部、四川中部和西南部、江苏南部、浙江北部、福建、贵州东部和南部、云南西北部、日本、朝鲜、俄罗斯（远东地区）。为东亚分布种。

全草入药，能活血调经、散瘀消肿、利尿，主治月经不调、白带、小便不利、跌打损伤、痈疮肿毒。

3. 球尾花

Lysimachia thyrsiflora L., Sp. Pl. 1:147. 1753; Fl. Intramongol. ed. 2, 4:54. t.18. f.8-10. 1992.

多年生草本。根状茎粗壮，横走，直径约3mm，节上有对生鳞片。茎直立，高（10～）25～75cm，上部被长柔毛，下部常呈红色，节上着生宽卵形对生的鳞片状叶，自基部数节生出多数长须根。

叶交互对生，披针形至矩圆状披针形，长（4.5～）6～9.8cm，宽（6～）1.2～20mm，先端渐尖，基部渐狭，近楔形或圆形，边缘向外卷折，上面绿色，密生红黑色圆腺点，下面沿脉被淡棕色曲柔毛，无叶柄。总状花序生于茎中部叶腋，花多数密集，花序短，长1.5～2cm，宽1～1.2cm；花序柄长1.5～1.8cm，被淡棕色曲柔毛。花序柄、花序轴、花梗、苞片、花萼、花冠裂片及子房均散生红褐色圆腺点。花梗长约3mm，基部有条形苞片1，长约1mm。萼长约3.2mm，6深裂；裂片披针状条形至狭卵形，长2.2～2.5mm，宽约0.8mm，先端钝尖。

花冠淡黄色，6深裂；裂片条形，长约3.5mm，宽约0.8mm，先端钝，裂片间常有形状不规则的短条状小鳞片。雄蕊通常6；花丝伸长花冠外，长约4.5mm；花药背部着生，矩圆形，长约0.8～1mm，顶端具短尖。子房球形，直径0.6～1.1mm；花柱伸出花冠之外，长约5mm，宿存；柱头稍膨大。蒴果广椭圆形，长约2.5mm，宽约1.8mm，5瓣裂；种子通常3粒，较大，长约1.7mm，直径约1.2mm，背面扁平，淡褐色。花果期6～8月。

湿生草本。生于森林带和森林草原带的沼泽、沼泽化草甸。产兴安北部及岭东和岭西（额尔古纳市、根河市、牙克石市、鄂伦春自治旗、阿尔山市、鄂温克族自治旗、海拉尔区）、兴安南部（扎赉特旗、科尔沁右翼前旗、克什克腾旗）、辽河平原（科尔沁左翼后旗、大青沟）、锡林郭勒（锡林浩特市、苏尼特左旗）。分布于我国黑龙江、吉林东南部、山西北部、云南中东部，日本、朝鲜、俄罗斯（西伯利亚地区），欧洲、北美洲。为泛北极分布种。

6. 七瓣莲属 Trientalis L.

多年生草本。植株无毛。有根状茎。茎不分枝，直立。中、下部叶较小，互生，上部叶较大，集生于顶端，近轮生，全缘。花1～2，生于茎顶叶腋；无苞片；花萼5～9深裂，开展，宿存；花冠辐状，7(5～9)深裂，裂片于花蕾中旋转状排列；雄蕊5～9，着生于花冠基部；子房球形，花柱丝状，胚珠多数，半倒生。蒴果近球形，5瓣裂；种子数粒，种皮宽松，有细网纹。

内蒙古有1种。

1. 七瓣莲

Trientalis europaea L., Sp. Pl. 1:344. 1753; Fl. Intramongol. ed. 2, 4:55. t.17. f.4-6. 1992.

多年生小草本。须根多数，细长。根状茎细长，横走。茎直立，较纤细，不分枝，无毛或上部微有红棕色小腺毛。叶质薄。下部茎生叶1～4，较小，互生；顶生叶5～7(～8)，

呈轮生状，叶较大，矩圆状披针形、矩圆形至狭倒卵形，长(1.2～)3.3～5.5cm，宽(0.6～)1.1～2.3cm，先端尖或稍钝，基部楔形，全缘，或有不明显的稀疏浅锯齿，两面无毛，下面侧脉内曲而相连；叶近无柄。花1～2，生于茎顶叶腋，直径约1.5cm；花梗长2.5～3.5cm，无毛或疏被红棕色短腺毛。花萼钟状，分裂至基部；裂片7，条状披针形，长约5mm，宽约0.7mm，先端渐尖，基部稍狭。花冠白色，7裂至基部；裂片卵状倒披针形，先端渐尖，长6～7mm，宽约3mm。雄蕊着生于花冠基部，花药顶端内卷；子房球形，花柱长，柱头不膨大。蒴果近球形，直径2.5～3mm，比宿存萼短，5瓣裂。种子约8粒，近圆形，背面宽平，直径1.2～1.5mm；外种皮宽松，呈白色网络状，内层黑褐色，具蜂窝状凹眼。花期7月，果期8月。

耐阴中生草本。生于森林带和草原带的山地阴湿林下，较密集的灌丛中。产兴安北部及岭东和岭西（额尔古纳市、牙克石市、鄂伦春自治旗、东乌珠穆沁旗宝格达山）、兴安南部（科尔沁右翼前旗、巴林右旗）、燕山北部（喀喇沁旗、宁城县）、阴山（大青山）。分布于我国黑龙江、吉林东部、辽宁东部、河北北部、山西中部，日本、朝鲜、蒙古国东部和北部、俄罗斯（西伯利亚地区、远东地区），欧洲、北美洲。为泛北极分布种。

96. 白花丹科 Plumbaginaceae

草本、小灌木或半灌木，有时为攀援植物。茎、叶表面常被钙质颗粒。单叶，互生或基生，全缘，无托叶。花两性，辐射对称，通常（1～）2～5朵集为一簇状小聚伞花序（在本科称为"小穗"），小穗常偏于穗轴一侧排列成穗状花序，再由穗状花序组成聚伞圆锥花序或头状的团伞花序；小穗基部有苞片（在补血草族称外苞片）1，每花基部有小苞片1～2（在补血草族，小穗外部的1枚小苞片称第一内苞片），宿存；花萼5裂，具5～10棱，干膜质，宿存；花冠通常合瓣，筒状，或深裂达基部，裂片5，旋转状排列，花后扭曲而萎缩于萼内。雄蕊5，多少贴生于花冠筒上，与花冠裂片对生；花丝扁，基部多少扩张；花药2室，纵裂。雌蕊1，由5心皮合生而成；子房上位，1室，具倒生胚珠1，悬垂于基生的细长珠柄上，珠被2层；花柱5，离生或作不同程度合生；柱头5，扁头状或圆柱状。蒴果包藏于宿存花萼内，果皮近膜质或近革质，常迟裂，开裂时通常先沿基部不规则环裂，然后向上沿棱裂成顶端相连或分离的5瓣；种子1，具直而大的胚，胚乳有或无。

内蒙古有3属、8种。

分属检索表

1a. 花柱5，萼裂片无具柄的腺体。

 2a. 柱头扁头状；外苞片长于第一内苞片，顶端有草质硬尖·················**1. 驼舌草属 Goniolimon**

 2b. 柱头圆柱形至丝状圆柱形；外苞片短于第一内苞片，顶端无硬尖··········**2. 补血草属 Limonium**

1b. 花柱1，萼裂片有具柄的腺体·······································**3. 鸡娃草属 Plumbagella**

1. 驼舌草属 Goniolimon Boiss.

多年生草本。根颈大呈多头状。叶基生，莲座状，常宽阔而质硬，全缘，先端常有短尖。圆锥花序具二至三回分枝，在各级分枝的上部和顶端具穗状花序，穗状花序由2至多个小穗组成，小穗含2～5花；外苞片长于第一内苞片，顶端具草质硬尖，都有宽膜质边缘；萼漏斗状或狭漏斗状，干膜质，有5脉，被毛，顶端有5裂片，有时具间生小裂片；花冠淡紫红色，5深裂。雄蕊5，着生于花冠基部。子房矩圆形或卵状矩圆形；花柱5，分离，下半部具乳头状突起；柱头扁头状。蒴果矩圆形或卵状矩圆形。

内蒙古有1种。

1. 驼舌草（棱枝草、刺叶矶松）

Goniolimon speciosum (L.) Boiss. in Prodr. 12:634. 1848; Fl. Intramongol. ed. 2, 4:56. t.19. f.1-5. 1992.——*Statice speciosa* L., Sp. Pl. 1:275. 1753.

多年生草本，高16～30cm。直根粗壮，深褐色，直径0.5～1cm。木质根颈常具2～4个极短的粗分枝，枝端有基生叶组成的莲座叶丛。叶灰绿色或上面绿色，质硬，倒卵形，矩圆状倒卵形至披针形，长2～6(～9.5)cm（连下延的柄），宽1～3cm，先端短渐尖或急尖，有细长刺尖，两面显著被灰白色细小钙质颗粒，下面更密而呈白霜

状，基部渐狭下延为宽扁叶柄。花 2～4(～5) 朵组成小穗，5～9(～11) 个小穗紧密排列成 2 列，外苞顺序覆盖如覆瓦状而组成穗状花序，多数穗状花序再组成伞房状或圆锥状复花序；花序轴直立，沿节多少呈"之"字形曲折，二至三回分枝，下部圆柱形，分枝以上主轴及分枝上有明显的棱或狭翼而呈二棱形或三棱形，密被短硬毛。外苞片宽卵圆形至椭圆状倒卵形，长 7～8mm，宽 1～6mm，先端具草质硬尖，两侧有宽膜质边缘；第一内苞片形状与外苞片相似而较小，先端常具 2～3 个硬尖。花萼漏斗状，长 7～8mm；萼筒直径约 1mm，具 5～10 条褐色脉棱，沿脉与下部被毛；萼檐具 5 裂片，裂片先端钝，无明显齿牙，有不明显的间生小裂片。花冠淡紫红色，较萼长。雄蕊 5；花丝长约 6mm；花药背部近中央着生，长约 0.8mm。子房矩圆形，具棱，顶端骤细；花柱 5，离生，丝状，长约 2.5mm；柱头扁头状。蒴果矩圆状卵形。花期 6～7 月，果期 7～8 月。

中旱生草本。生于草原带和森林草原带的石质丘陵山坡或平原。产呼伦贝尔（满洲里市、新巴尔虎右旗）、锡林郭勒（东乌珠穆沁旗、阿巴嘎旗）。分布于我国新疆中部和北部，蒙古国、俄罗斯（西伯利亚地区）、哈萨克斯坦。为哈萨克斯坦—蒙古草原分布种。

2. 补血草属 Limonium Mill.

多年生草本，稀一年生或半灌木。叶基生，呈莲座状，在半灌木种类则互生或簇集于枝端。花序通常为伞房状或圆锥状。花序轴 1 至数个，直立，常作数回分枝，有时有不育枝；穗状花序（含 2 至多个小穗）着生于分枝的上部和顶端，小穗含 1 至多数花。外苞片显然短于第一内苞片，有较狭的膜质边缘，或几全为膜质，先端无或有小短尖；第一内苞片与外苞片相似而有宽膜质边缘，并包裹花的大部或局部。花萼漏斗状、倒圆锥状或管状，干膜质，有 5 脉；萼檐具颜色；5 裂，有时具间生小裂片，或裂片不明显而呈齿状。花冠裂片 5，仅于基部合生，下部以内曲的边缘密接成筒，上端分离而多少外展，花后卷缩于萼内。雄蕊 5。子房倒卵圆形；花柱 5，分离，光滑；柱头伸长，丝状圆柱形或圆柱形。蒴果倒卵圆形，包藏于萼筒内。

内蒙古有 6 种。

分种检索表

1a. 花萼与花冠均为黄色。

  2a. 茎多数，大部分平卧，从基部叉状分枝，呈"之"字形曲折；花序轴和嫩枝密被疣状凸起⋯⋯⋯⋯⋯⋯⋯⋯⋯⋯⋯⋯⋯⋯⋯⋯⋯⋯⋯⋯⋯⋯⋯⋯⋯⋯⋯⋯⋯**1. 黄花补血草 L. aureum**

  2b. 茎少数，单一或 2～3，直立，不曲折，上半部叉状分枝⋯⋯⋯⋯**2. 格鲁包夫补血草 L. grubovii**

1b. 花萼紫红色、粉红色、淡紫色或白色。

  3a. 茎基部具白色膜质鳞片，叶狭小，萼淡紫色，根皮破裂成纤维状⋯⋯⋯**3. 细枝补血草 L. tenellum**

  3b. 茎基部无白色膜质鳞片，叶较宽大，萼紫红色、粉红色或白色，根皮不破裂成纤维状。

    4a. 花冠淡紫红色，穗状花序在每一枝端集成一紧密近球形的复花序，花序轴 1～5 节上有叶⋯⋯⋯⋯⋯⋯⋯⋯⋯⋯⋯⋯⋯⋯⋯⋯⋯⋯⋯⋯⋯⋯⋯⋯⋯⋯⋯**4. 曲枝补血草 L. flexuosum**

    4b. 花冠黄色；穗状花序排列在小枝上部至顶端，彼此多少离开或靠近，不在每一枝端集成近球形的复花序；花序轴通常无叶。

      5a. 根皮暗褐色；基生叶大，长 1.4～15cm，宽 0.5～3cm；花萼淡紫色、粉红色或白色⋯⋯⋯⋯⋯⋯⋯⋯⋯⋯⋯⋯⋯⋯⋯⋯⋯⋯⋯⋯⋯⋯⋯⋯**5. 二色补血草 L. bicolor**

      5b. 根皮暗红色；基生叶小，长 1～2cm，宽 4～7mm；花萼白色，有时干后变为淡黄色⋯⋯⋯⋯⋯⋯⋯⋯⋯⋯⋯⋯⋯⋯⋯⋯⋯⋯⋯⋯⋯⋯**6. 红根补血草 L. erythrorrhizum**

1. 黄花补血草（黄花苍蝇架、金匙叶草、金色补血草）

Limonium aureum (L.) Hill in Veg. Syst. 12:37. 1767; Fl. Intramongol. ed. 2, 4:58. t.20. f.1-4. 1992.——*Statice aurea* L. in Sp. Pl. 1:276. 1753.

多年生草本，高 9～30cm。全株除萼外均无毛。根皮红褐色至黄褐色。根颈逐年增大而木质化并变为多头，常被有残存叶柄和红褐色芽鳞。叶灰绿色，花期常凋落，矩圆状匙形至倒披针形，长 1～3.5(～6.5)cm，宽 5～8(～22)mm，顶端圆钝而有短凸尖，两面被钙质颗粒，基部渐狭下延为扁平的叶柄。花序为伞房状圆锥花序。花序轴(1～)2 至多数，绿色，密被疣状凸起（有时稀疏或仅上部嫩枝具疣），自下部作数回叉状分枝，常呈"之"字形曲折，下部具多数不育枝，最终不育枝短而弯曲；穗状花序位于上部分枝顶端，由 3～5(～7) 个小穗组成，小穗含 2～3(～5) 花。外苞片宽卵形，长 1.5～2mm，顶端钝，有窄膜质边缘；第一内苞片倒宽卵圆形，长 4～5.5mm，具宽膜质边缘而包裹花的大部，先端 2 裂。萼漏斗状，长 5～7mm；萼筒基部偏斜，密被细硬毛；萼檐金黄色，直径约 5mm；裂片近正三角形，脉伸出裂片顶端成一芒尖，沿脉常疏被微柔毛。花冠橙黄色，长约 6.5mm，常超出花萼。雄蕊 5，花丝长约 4.5mm，花药矩圆形；子房狭倒卵形，柱头丝状圆柱形，与花柱共长约 5mm。蒴果倒卵状矩圆形，长约 2.2mm，具 5 棱。花期 6～8 月，果期 7～8 月。

        耐盐旱生草本。散生于草原带和荒漠草原带的盐化低

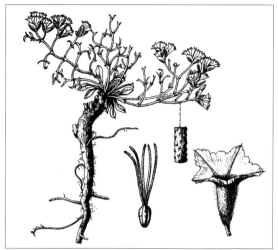

地上，适应于轻度盐化的土壤及砂砾质、砂质土壤，常见于芨芨草草甸群落，芨芨草加白刺群落。产岭西及呼伦贝尔（额尔古纳市、鄂温克族自治旗、海拉尔区、满洲里市、新巴尔虎左旗、新巴尔虎右旗）、科尔沁（科尔沁右翼中旗）、锡林郭勒（东乌珠穆沁旗、西乌珠穆沁旗、锡林浩特市、苏尼特左旗、苏尼特右旗、镶黄旗）、乌兰察布（二连浩特市、达尔罕茂明安联合旗、固阳县）、阴山（大青山、乌拉山）、阴南平原（呼和浩特市、包头市）、鄂尔多斯、东阿拉善（磴口县、临河区、乌拉特后旗、鄂托克旗西部、乌海市、阿拉善左旗）、西阿拉善（阿拉善右旗）、额济纳。分布于我国河北北部、山西北部、陕西北部、宁夏、甘肃（河西走廊）、青海、新疆南部，蒙古国东部和南部及西部、俄罗斯（东西伯利亚地区）。为戈壁—蒙古分布种。

花入药，能止痛、消炎、补血，主治各种炎症，内服治神经痛、月经少、耳鸣、乳汁少、牙痛、齿槽脓肿（煎水含漱）、感冒、发烧，外用治疮疖痈肿。

2. 格鲁包夫补血草

Limonium grubovii Lincz. in Bot. Zhurn. 56 (11): 1635. 1971; Key Vascul. Pl. Mongol. 199. 1982.

多年生草本，高 10～30cm。全株除花萼外均无毛。根皮灰红褐色，根状茎略肥大。茎单一或 2～3 个，直立，上半部分枝。基生叶匙形，长 1.5～4cm，先端圆钝，具短尖头，基部渐狭成柄。花序轴数个，至中上部作数回分枝，下部为不育枝；花 1～5 朵集成小穗，2～5 个小穗组成具柄的穗状花序，由穗状花序再在花序分枝的上部组成伞房状花序。外苞片宽卵形，长 2～2.5mm，具膜质边缘；第一内苞片与外苞片相似，长 4～5mm，具宽膜质边缘。萼长 5～6mm；萼筒沿脉密被长柔毛；萼檐直径约 5mm，金黄色；裂片先端钝尖，脉上光滑无毛。花冠黄色，与花萼近等长。花果期 6～8 月。

耐盐旱生草本。生于荒漠带的盐碱地。产东阿拉善（阿拉善左旗巴彦浩特镇）。分布于蒙古国东部。为戈壁—蒙古分布种。

3. 细枝补血草（纤叶匙叶草、纤叶矶松）

Limonium tenellum (Turcz.) Kuntze in Revis. Gen. Pl. 2:396. 1891; Fl. Intramongol. ed. 2, 4:60. t.20. f.5-6. 1992.——*Statice tenella* Turcz. in Bull. Soc. Imp. Nat. Mosc. 5:203. 1832.

多年生草本，高 9～30cm。全株除萼及第一内苞片外均无毛。根粗壮，直径可达 2.5cm；

根皮红褐色至黑褐色，易开裂脱落，内层纤维发状，常扭转如绳索。根颈木质，肥大而多头，常被残余叶基及白色膜质芽鳞；芽鳞披针形，长约 7mm，先端长渐尖。叶小，质厚，矩圆状匙形或条状倒披针形，长 5 ～ 15mm，宽 1 ～ 3mm，先端圆或急尖，具短尖，嫩叶先端具白色膜质长软尖，后脱落，基部渐狭成柄。花序伞房状。

花序轴直立，多数，纤细而疏展，自下部作数回分枝，呈"之"字形曲折，具多数不育枝；穗状花序位于小枝顶端，小穗（1～）2～4（～5）个，每小穗含 2～3（～4）花。外苞片宽卵形，长 2.5～3.2mm，先端圆或钝，边缘膜质；第一内苞片与外苞片相似，长约 8.5mm，具宽膜质边缘，草质部分被细硬毛。萼长约 9mm，漏斗状；萼筒直径 1.8～2mm，沿脉密被细硬毛；萼檐直径约 10mm，长 5～6mm，淡紫色，干后变白；裂片三角形，先端急尖，边缘具不整齐细锯齿，脉伸出裂片顶端成一短芒尖，沿脉疏被细硬毛，有间生的小裂片。花冠淡紫红色，长 5～7mm。雄蕊 5，花丝长约 2.3mm，花药矩圆形。子房倒卵圆形，长约 1mm，具棱，顶端细缩；花柱与丝状圆柱形的柱头共长约 5mm。花期 6～7 月，果期 7～8（～9）月。

强旱生草本。生于荒漠带和荒漠草原带的干燥石质坡地、石质残丘。产乌兰察布（苏尼特左旗北部、苏尼特右旗、二连浩特市、四子王旗北部、达尔罕茂明安联合旗北部）、东阿拉善（狼山、乌拉特后旗、鄂托克旗西部、乌海市、阿拉善左旗）、西阿拉善（阿拉善右旗）、额济纳。分布于我国宁夏西北部，蒙古国西部和南部及西南部。为戈壁—蒙古分布种。

4. 曲枝补血草

Limonium flexuosum (L.) Kuntze in Revis. Gen. Pl. 2:395. 1891; Fl. Intramongol. ed. 2, 4:61. t.21. f.5-6. 1992.——*Statice flexuosa* L., Sp. Pl. 1:276. 1753.

多年生草本，高 10 ～ 30（～ 45）cm。全株除萼外均无毛。根皮红褐色至黑褐色，根颈常略肥大。基生叶倒卵状矩圆形至矩圆状倒披针形，稀披针形，长 4 ～ 8（～ 12）cm，宽 0.6 ～ 1.5cm，先端急尖或钝，常具短尖，基部渐狭下延成扁平的叶柄。花序轴 1 至数枚，

略呈"之"字形曲折，微具棱槽，自中下部或上部作数回分枝，小枝有疣状凸起，下部1～5节上有叶片，不育枝很少；小穗含2～4花，7～9(～13)个小穗组成一穗状花序，每2～3个穗状花序集生于花序分枝的顶端呈紧密的头状，再组成伞房状圆锥花序。外苞片宽倒卵形；第一内苞片与外苞片相似，长4.5～5mm，具极宽的膜质边缘，几完全包裹花

部。萼长5～6mm，漏斗状；萼筒直径约1mm，沿脉密被细硬毛，脉红紫色；萼檐近白色，常褶叠而不完全开展，开张时直径3～4mm；5浅裂，裂片略呈三角形，脉不达于萼檐顶缘。花冠淡紫红色，长4.5～5mm，比萼短。雄蕊5。子房倒卵形，长约1.2mm，直径约0.4mm，具棱；花柱与柱头共长约4.5mm。花期6月下旬至8月上旬，果期7～8月。

旱生草本。散生于草原。产呼伦贝尔（满洲里市、新巴尔虎右旗）、科尔沁（科尔沁右翼中旗）。分布于蒙古国北部、俄罗斯（东西伯利亚地区）。为北蒙古分布种。

5. 二色补血草（苍蝇架、落蝇子花）

Limonium bicolor (Bunge) Kuntze in Revis. Gen. Pl. 2:395. 1891; Fl. Intramongol. ed. 2, 4:61. t.21. f.1-4. 1992.——*Statice bicolor* Bunge in Enum. Pl. China Bor. 55. 1833.

多年生草本，高 (6.5～)20～50cm。全株除萼外均无毛。根皮红褐色至黑褐色；根颈略

肥大，单头或具2～5个头。基生叶匙形、倒卵状匙形至矩圆状匙形，长1.4～11cm（连下延的叶柄），宽0.5～2cm，先端圆或钝，有时具短尖，全缘，基部渐狭下延成扁平的叶柄。花序轴1～5个，有棱角或沟槽，少圆柱状，自中下部以上作数回分枝，最终小枝（指单个穗状花序的轴）常为二棱形，不育枝少；(1～)2～4(～6)花集成小穗，3～5(～11)个小穗组成有柄或无柄的穗状花序，由穗状花序再在花序分枝的顶端或

上部组成或疏或密的圆锥花序。外苞片矩圆状宽卵形，长 2.5～3.5mm，有狭膜质边缘；第一内苞片与外苞片相似，长 6～6.5mm，有宽膜质边缘，草质部分无毛，紫红色、栗褐色或绿色。萼长 6～7mm，漏斗状；萼筒直径 1～1.2mm，沿脉密被细硬毛；萼檐宽阔，长 3～3.5mm，约为花萼全长的一半，开放时直径与萼长相等，在花蕾中或展开前呈紫红或粉红色，后变白色；萼檐裂片明显，为宽短的三角形，先端圆钝或脉伸出裂片前端成一易落的短软尖，间生小裂片明显，沿脉下部被微短硬毛。花冠黄色，与萼近等长；裂片 5，顶端微凹，中脉有时紫红色。雄蕊 5；子房倒卵圆形，具棱，花柱及柱头共长 5mm。花期 5 月下旬至 7 月，果期 6～8 月。

　　旱生草本。散生于草原、草甸草原及山地，能适应于沙质土、砂砾质土及轻度盐化土壤，也偶见于旱化的草甸群落中。产呼伦贝尔（海拉尔区、新巴尔虎左旗、新巴尔虎右旗）、兴安南部及科尔沁（扎赉特旗、科尔沁右翼中旗、阿鲁科尔沁旗、巴林右旗、克什克腾旗）、辽河平原（科尔沁左翼中旗、科尔沁左翼后旗）、赤峰丘陵（松山区、翁牛特旗）、锡林郭勒（锡

林浩特市、阿巴嘎旗、苏尼特左旗、多伦县、镶黄旗、太仆寺旗、正蓝旗、兴和县）、乌兰察布（达尔罕茂明安联合旗南部、固阳县）、阴山（大青山）、阴南平原（凉城县、托克托县）、阴南丘陵（准格尔旗）、鄂尔多斯、东阿拉善（乌拉特后旗、阿拉善左旗）、贺兰山、额济纳。分布于我国黑龙江西南部、吉林西南部、辽宁西北部、河北、河南西部、山东西部、江苏北部、山西、陕西、宁夏、甘肃东部、青海东部，蒙古国、俄罗斯（东西伯利亚地区）。为黄土高原—蒙古高原分布种。

　　带根全草入药，能活血、止血、温中健脾、滋补强壮，主治月经不调、功能性子宫出血、痔疮出血、胃溃疡、诸虚体弱。

　　据《东北草本植物志》（7:47.1981.）记载，内蒙古科尔沁左翼后旗尚有中华补血草 *L. sinense* (Girard.) Kuntze 与本种相近，但植株无或极少不育枝而有别。仅记于此，有待研究。

6. 红根补血草

Limonium erythrorrhizum Ikonn.-Gal. ex Lincz. in Nov. Sist. Vyssh. Rast. 8:211. 1971; Key Vasc. Pl. Mongol. 200. 1982.

　　多年生草本，高 5～20cm。全株除萼脉上被长柔毛外，均无毛而具疣状凸起。幼嫩的主根根皮红色，老根根皮灰红褐色。茎基多头，常被有残存的叶柄；茎多数，直立或匍匐斜升，从基部强烈二叉状分枝，下部具多数不育枝，最终不育枝短而弯曲。叶基生，果期常枯萎，匙形，长 1～2cm，宽 4～7mm，先端钝圆，具小尖头，基部渐狭成柄。花序轴多数，叉状分枝，具多数不育枝，最终不育枝短而弯曲；穗状花序位于上部分枝顶端，由 1～3 个小穗组成，小穗含 2～5 小花。外苞片宽卵形，长约 2.5mm，顶端具短凸尖，边缘具膜质边缘；第一内苞片长 3～4mm，具宽膜质边缘。花萼漏斗状，长 5～8mm；萼筒基部偏斜，沿棱密被长柔毛；萼檐新鲜状态下白色，干后逐渐变为淡黄色，脉明显，先端呈芒尖状。花冠黄色，长于萼，裂片先端微凹。花果期 7～10 月。

　　旱生草本。生于荒漠带的疏松盐土、盐化河岸沙地。产东阿拉善（乌拉特中旗甘其毛都镇）、额济纳（额济纳旗赛汉陶来苏木）。分布于蒙古国（东戈壁西南部、戈壁—阿尔泰地区、阿拉善戈壁）。为戈壁分布种。

　　红根补血草 *L. erythrorrhizum* 是 Ikonnikov-Galitzky 根据采自蒙古国的标本命名的，1971 年，由 Linczevski 代替其正式发表于 *Novosti Sist. Vyssh. Rast* 第 8 期。由于其仅局限分布于蒙古高原的荒漠草原区和荒漠区，所以没有引起人们的足够注意。Grubov 在《蒙古人民共和国维管植物检索表》中收录了该种。《中国植物志》（1987）未收录或处理该种。*Flora of China*（1996）将其作为黄花补血草 *L. aureum* (L.) Hill 的

异名。

据我们野外实地考察发现，红根补血草 *L. erythrorrhizum* 和黄花补血草 *L. aureum* 共同的特征是根颈顶端常被有残存的叶柄，茎多数，直立或匍匐斜升，从基部强烈分枝，常呈"之"字形曲折，下部具多数不育枝，最终不育枝短而弯曲。二者的区别是：红根补血草 *L. erythrorrhizum* 花萼新鲜状态下为白色（而非金黄色或橘黄色），花冠黄色（而非橙黄色）；幼嫩的根皮为红色（而非红褐色或黄褐色）。所以二者的差异是明显的，应该为两个独立的种。红根补血草花萼在干燥的状态下（台纸上）有时会局部变为淡黄色，这也许是其被认为与黄花补血草为同一种的重要原因。

3. 鸡娃草属 Plumbagella Spach

属的特征同种。

单种属。

1. 鸡娃草（小蓝雪花）

Plumbagella micrantha (Ledeb.) Spach in Hist. Nat. Veg. 10:333. 1841; Fl. Intramongol. ed. 2, 4:63. t.22. f.1-5. 1992.——*Plumbago micrantha* Ledeb. in Fl. Alt. 1: 171. 1829.

一年生草本，高 10～30cm。茎直立，多分枝，具纵棱，沿棱有小皮刺。叶披针形、倒卵状披针形、卵状披针形或狭披针形，长 2～5cm，宽 5～12mm，先端锐尖至渐尖，基部有耳抱茎而沿棱下延，边缘有细小皮刺，茎下部叶的基部无耳而渐狭下延成叶柄状。花序长 6～15mm，含 4～10 小穗；穗轴密被褐色多细胞腺毛；小穗含 2～3 花。苞片 1，叶状，宽卵形，长 3～5mm；小苞片 2，膜质，矩圆状披针形，长 2～3mm。

花小，具短梗。花萼长约 4mm，筒部有 5 棱角，先端有 5 裂片；裂片狭长三角形，长约 2mm，边缘有具柄的腺，结果时萼增大而变坚硬。花冠淡蓝紫色，狭钟状，长约 5mm，先端 5 裂；裂片卵状三角形，长约 1mm。雄蕊 5，长为花冠筒的一半；花丝贴生于花冠筒。子房卵形；花柱 1 条；柱头 5，伸长，指状，内侧有钉状腺质凸起。蒴果褐色，尖卵形，有 5 条纵纹；种子尖卵形，黄色，有 5 条纵棱。花期 7～8 月，果期 8～9 月。

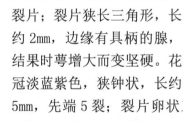

中生草本。生于荒漠带海拔 2000～2800m 的山谷河沟。产贺兰山。分布于我国宁夏西北部和南部、甘肃中部和东部、青海、四川西部和北部、西藏东部和南部、新疆（天山），蒙古国、俄罗斯、中亚。为中亚—亚洲中部亚高山分布种。

全草入药，有杀虫、解毒作用，外用可治疗各种皮肤癣。

97. 木樨科 Oleaceae

　　直立灌木或乔木，少藤本。单叶或复叶，对生，少互生，无托叶。花辐射对称，两性或单性，常多花组成顶生或腋生的圆锥花序、聚伞花序或簇生，稀单生；萼多4裂，稀5～15裂或先端平截；花冠合瓣，少离瓣，4～6裂，有时无花冠；雄蕊2，稀3～5；子房上位，2室，每室有胚珠1～3粒，花柱单一或缺。果实为蒴果、翅果、核果及浆果。

　　内蒙古有2属、7种，另有3栽培属、7栽培种。

分属检索表

1a. 果实为翅果或蒴果。

　2a. 翅果。

　　3a. 翅果周围具翅，倒卵形或宽椭圆形；花两性；单叶…………………………**1. 雪柳属 Fontanesia**

　　3b. 翅果先端具翅，矩圆形、匙形或倒披针形；花两性或单性；单数羽状复叶…………

　　…………………………………………………………………………………………**2. 白蜡树属 Fraxinus**

　2b. 蒴果。

　　4a. 枝条空心或有片状髓；叶缘具齿；花黄色，1～3（～6）朵腋生，花冠裂片覆瓦状排列…………

　　…………………………………………………………………………………………**3. 连翘属 Forsythia**

　　4b. 枝条实心；叶全缘；花紫色或红色，少白色，多花组成顶生或侧生的圆锥花序，花冠裂片花

　　　蕾时呈镊合状排列…………………………………………………………………**4. 丁香属 Syringa**

1b. 果实为浆果状核果；单叶全缘；花白色，多花组成顶生圆锥花序，花冠裂片花蕾时呈镊合状排列……

　…………………………………………………………………………………………**5. 女贞属 Ligustrum**

1. 雪柳属 Fontanesia Labill.

　　落叶灌木或小乔木。冬芽球状卵形，外被2～3对鳞片。单叶对生，全缘或有细锯齿。花小型，两性，多花组成腋生总状花序或顶生圆锥花序；萼4深裂，宿存；花瓣4，基部合生；雄蕊2，着生在花冠的基部，伸出于花冠外；子房上位，2室，柱头2裂。翅果扁平，周围具翅，顶端常有宿存的花柱；种子有胚乳。

　　内蒙古有1栽培种。

1. 雪柳（过街柳）

Fontanesia fortunei Carr. in Rev. Hort. 8:43. f.9. 1859; Fl. Intramongol. ed. 2, 4:65. t.23. f.1-3. 1992.

　　落叶灌木或小乔木，高可达5m。幼枝四棱形，绿色或黄绿色，无毛或近于无毛，去年枝浅灰色，有光泽。单叶对生，披针形、卵状披针形或狭卵形，长2.5～10cm，宽0.7～1.5（～2）cm，先端渐尖，基部钝圆，全缘，两面均光滑无

毛，叶柄长 2～5mm。花小，多花组成顶生的圆锥花序或数花组成腋生的总状花序；萼 4 裂，宿存；花瓣 4，条状矩圆形，长约 2mm，仅在基部连合，绿白色或粉红色；雄蕊 2，伸出花冠；子房上位，2 室，花柱长约 2mm，柱头 2 裂。翅果周围具翅，倒卵形或宽椭圆形，扁平，长 6～9mm，宽 3～5mm，具宿存花柱。花期 5～6 月，果期 7 月。

中生灌木。原产我国山东、山西、陕西南部、河南西部、安徽南部、江苏南部、浙江、江西北部。为东亚（华北—华中—华东）分布种。内蒙古呼和浩特市、包头市、赤峰市有栽培。

供观赏，可做绿篱。枝可编筐、篮，茎皮可制人造棉。

2. 白蜡树属 Fraxinus L.

落叶乔木，稀灌木。树皮沟裂，稀片状剥裂。单数羽状复叶，对生。花两性或单性，多花组成圆锥花序，出自当年枝或去年枝上；花萼钟状，4 裂，脱落或宿存，也有无花萼者；花冠 2～6 裂或无花冠；雄蕊通常 2，着生于花冠基部；子房 2 室，常退化为 1 室，柱头 2 裂。翅果，先端具翅，矩圆形、匙形或倒披针形。

内蒙古有 3 种，另有 2 栽培种。

分种检索表

1a. 圆锥花序出自当年生枝上，花与叶同时开放或叶后开放。

  2a. 无花冠，复叶长 10cm 以上，乔木。

    3a. 小叶 5～9，多为 7，顶生小叶宽 2～4（～6）cm，卵形、卵状披针形至披针形或椭圆形至卵状矩圆形，先端短或长渐尖，叶缘明显具齿；翅果菱状倒披针形或倒披针形。栽培·············

      ···**1. 中国白蜡 F. chinensis**

    3b. 小叶 3～7，多为 5，顶生小叶宽（2.5～）3.5～5（～7）cm，宽卵形至椭圆形，有时稀为披针形，先端为短渐尖至渐尖或尾状，边缘齿圆钝；翅果倒披针形或倒披针状条形···········

      ···**2. 花曲柳 F. rhynchophylla**

  2b. 具花冠，复叶长 4～10cm，小乔木或灌木··············**3. 小叶白蜡 F. bungeana**

1b. 圆锥花序出自去年生枝上，花先叶开放。

  4a. 小叶 5～9，通常为 7，小叶柄基部不密生黄褐色绒毛；果体近圆柱形，翅果不扭曲。栽培·········

    ···**4. 洋白蜡 F. pennsylvanica**

  4b. 小叶 7～11，近无柄，小叶柄基部围绕叶轴密生黄褐色绒毛；果体扁平，翅果常扭曲··············

    ···**5. 水曲柳 F. mandschurica**

1. 中国白蜡（白蜡树）

Fraxinus chinensis Roxb. in Fl. Ind. 1:150. 1820; Fl. Intramongol. ed. 2, 4:66. t.24. f.1-2. 1992.

乔木，高可达 25m。去年枝淡灰色或微带黄色，无毛，散生点状皮孔；当年枝幼时具柔毛，后渐光滑。单数羽状复叶，对生；小叶 5～9，常 7，卵形、卵状披针形至披针形或椭圆形或倒卵状矩圆形，顶端小叶长（4～）7～10（～12）cm，宽 2～4（～6）cm，先端渐尖，基部楔形或圆形，边缘有锯齿或波状齿，上面无毛，下面沿脉具柔毛，无柄或有短柄。圆锥花序出自当年枝叶腋或枝顶；花单性，雌雄异株；花萼钟状，先端不规则 4 裂；无花冠；雄花具 2 雄蕊，花药卵状椭圆形，约与花丝等长。翅果菱状倒披针形或倒披针形，长 3～4cm，宽 4～6mm。花期 5 月，果熟期 10 月。

中生乔木。原产我国吉林东部、辽宁东南部、河北、河南西部、山东、山西、陕西南部、宁夏南部、甘肃东部、四川中东部、云南中部和东北部、贵州、江苏西北部、安徽、湖北北部、湖南东部和南部、江西西部、浙江、福建、广东、广西北部和西部、朝鲜、越南。为东亚分布种。内蒙古呼和浩特市、赤峰市及乌兰察布市有栽培。

枝皮或干皮入药（药材名：秦皮），能清热燥湿，主治痢疾、白带、目赤肿痛、结膜炎、角膜翳、关节酸痛。枝叶茂密，为营造防护林的良好树种。木材坚韧有弹性，可供建筑及做农具用。

2. 花曲柳（大叶白蜡树、大叶梣、苦枥白蜡树）

Fraxinus rhynchophylla Hance in J. Bot. 7:164. 1869; Fl. Intramongol. ed. 2, 4:68. t.24. f.3. 1992.——*F. chinensis* Roxb. subsp. *rhynchophylla* (Hance) E. Murray in Kalmia 13:6. 1983; Fl. China 15:278. 1996. syn. nov.

乔木，高可达 10m。树皮深灰色或灰褐色，光滑，老时浅裂。一年枝黄褐色，老枝灰褐色，散生点状皮孔；冬芽卵圆形，深褐色，芽鳞具黄褐色缘毛。单数羽状复叶，对生；小叶 3～7，常 5，宽卵形、卵形或倒卵形；顶生小叶常明显地较基部的一对小叶大，长（4～）5～12cm，宽（2.5～）3.5～5（～7）cm，先端长渐尖或尾状尖，稀短尖，基部宽楔形或圆形，边缘有钝锯齿，稀钝齿不明显，上下两面光滑无毛或下面主脉的中下部有黄色柔毛；侧生小叶的叶柄长 0.3～1cm，顶生的小叶柄可长达 3cm，有毛或无毛。圆锥

花序顶生于当年枝顶或叶腋，花单性，雌雄异株；花萼钟状，4 裂或先端近截形；无花冠。翅果，倒披针形或倒披针状条形，长 3～4cm，宽 4～6mm，果体微扁，翅下延至果体中下部，先端钝，稍尖或微凹。

中生乔木。山地阔叶林的混生树种，稍耐阴。产兴安南部（巴林右旗）、科尔沁（扎赉特旗）、辽河平原（大青沟）、燕山北部（喀喇沁旗、宁城县、敖汉旗）。分布于我国黑龙江南部、吉林北部、辽宁、河北、河南、山东、山西、陕西南部、甘肃东南部，日本、朝鲜、俄罗斯（远东地区）。为东亚北部分布种。

木材坚硬致密，可供建筑及车辆用材。树皮和干皮入药（药材名：秦皮），效用同中国白蜡。

3. 小叶白蜡

Fraxinus bungeana A. DC. in Prodr. 8:275. 1844; Fl. China 15:277. 1996.

小乔木或灌木，高 3～5m。树皮黑灰色，光滑，老时浅裂。小枝暗灰色，幼时淡灰褐色，有细短柔毛；冬芽卵圆形，近黑色，密被褐色短绒毛。复叶长 4～11cm；小叶 5(3～7)，菱状卵形、圆卵形或倒卵形，长 2～4.5cm，宽 1.5～2.5cm，先端钝尖、短渐尖或尾尖，基部宽楔形，钝锯齿，两面无毛，侧脉约 4 对，在两面隆起，光滑无毛；小叶柄短，长约 5mm。圆锥花序，长 5～8cm，微被短柔毛；萼小，裂片尖；花瓣白色带绿色，条形，长约 4mm；雄蕊比花瓣长；柱头 2。果狭矩圆形，长 2.5～3cm，先端钝或微凹。花期 4～5 月，果期 9 月。

中生小乔木或灌木。生于落叶阔叶林带的山地阳坡。产燕山北部（敖汉旗大黑山）。分布于我国辽宁西部、河北、河南、山东、山西、安徽。为华北分布种。

木材坚硬，有弹性，耐久，可供家具、农具等用。树皮药用，即"秦皮"，有消炎解热、清肠止痢、收敛止泻、健胃明目之效，能退热、镇痛，治流行性感冒、风湿性关节炎、热性下痢等，亦可做兽药。树皮还可做青色染料。种子含油15.8%，供制肥皂。可做园林绿化树种。

4. 洋白蜡

Fraxinus pennsylvanica Marsh. in Arb. Amer. 51. 1785; Fl. Reip. Pop. Sin. 61:35. 1992; Fl. Intramongol. ed. 2, 4:68. t.25. f.1. 1992.

乔木，高可达20m。枝细长开展，淡黄褐色，被柔毛，散生点状皮孔。芽鳞深褐色，被柔

毛。单数羽状复叶；小叶5～9，卵状披针形、卵状矩圆形或椭圆形，长5～12cm，宽1.8～4cm，先端长渐尖，基部楔形、偏楔形或圆形，边缘有较尖锐的锯齿，上面光滑无毛，下面在中脉中下部的两侧具柔毛，有时近无毛，叶轴光滑无毛，叶柄短或近无柄。圆锥花序出自去年枝的腋芽，花序轴无毛；花单性，雌雄异株。翅果倒披针形或矩圆状倒披针形，长2.5～4cm，果体近圆柱形，果翅下延至果体的中部或中下部。花期5月，果期6～7月。

中生乔木。原产北美洲，为北美分布种。内蒙古呼和浩特市、包头市及赤峰市等地有栽培。

绿化树种，播种繁殖。

5. 水曲柳

Fraxinus mandschurica Rupr. in Bull. Phys.-Math. Acad. Sci. St.-Petersb. 15:371. 1857; Fl. Intramongol. ed. 2, 4:71. t.25. f.2. 1992.

乔木，高可达30m。树干通直，树皮灰褐色或浅灰色，浅纵裂。幼枝常呈四棱形，无毛，散生黄褐色皮孔。芽鳞深褐色或黑褐色，边缘有黄褐色柔毛。单数羽状复叶。小叶5～13，通常为7～11，长椭圆形或矩圆状披针形，长7～15cm，宽2～4cm，先端长渐尖，基部楔形或宽楔形，边缘有锐锯齿，上面无毛或疏生硬毛，下面沿脉具黄褐色绒毛；叶轴常有狭翅，长约20cm；小叶近无柄，基部常具密的黄褐色绒毛，围绕叶轴。圆锥花序出自去年枝叶腋，花单性，雌雄异株，无花被；雄花具2雄蕊；雌花子房上位，柱头2裂。翅果矩圆形或矩圆状披针形，常扭曲，长2.5～3.5cm，宽5～8mm，果体扁平，先端的翅一直下延到果体的下部，翅顶部钝圆或微凹。花期5～6月，果期9月。

中生乔木。生于海拔不高的沟谷和坡地。产辽河平原（大青沟）、燕山北部（敖汉旗大黑山）。分布于我国黑龙江南部、吉林中东部、辽宁中部、河北中部和东北部、河南西部、山西西南部、陕西南部、甘肃东南部、湖北，日本、朝鲜、俄罗斯（远东地区）。为东亚北部分布种。是国家二级重点保护植物。

木材坚韧，纹理通直，花纹美观，是做木器家具的优良材料，并可供建筑、造船、车辆、枕木、枪托等用。树皮在个别地方当"秦皮"用。

3. 连翘属 Forsythia Vahl

落叶灌木。枝空心或具片状髓。叶对生，全缘或有锯齿，有时 3 深裂或具 3 小叶，有柄。花两性；1～3（～6）朵腋生，先叶开放；萼 4 裂；花冠黄色，钟状，4 深裂，裂片矩圆形，覆瓦状排列，比花冠筒长；雄蕊 2，着生于花冠基部；子房上位，花柱细长，柱头 2 裂。蒴果 2室，具多数有翅的种子。

内蒙古有 1 栽培种。

1. 连翘（黄绶丹）

Forsythia suspensa (Thunb.) Vahl. in Enum. Pl. 1:39. 1804; Fl. Intramongol. ed. 2, 4:71. t.23. f.4-7. 1992.——*Ligustrum suspensum* Thunb. in Nov. Act. Regi. Soc. Sci. Upsal. 3:209. 1780.

灌木，高 100～200cm，最高可达 4m，直立。枝中空，开展或下垂，老枝黄褐色，具较密而突起的皮孔。单叶或三出复叶（有时为 3 深裂），对生，卵形或卵状椭圆形，长 3～10cm，

宽 2～5cm，先端渐尖或锐尖，基部宽楔形或圆形，中上部边缘有粗锯齿，中下部常全缘，两面无毛或疏被柔毛，叶柄长 0.8～1.5cm。花 1～3(～6)，腋生，先叶开放；萼裂片 4，矩圆形，长 5～7mm，与花冠筒约相等。花冠黄色；花冠筒内侧有橘红色条纹，先端 4 深裂；裂片椭圆形或倒卵状椭圆形，长约 2cm。蒴果卵圆形，先端尖，长 1.5～2cm，2 室，表面散生瘤状突起，熟时 2 瓣开裂；果梗长约 1cm。种子有翅。花期 5 月，秋季果熟。

　　中生灌木。原产我国河北、河南、山东中西部、山西南部、陕西中部和西南部、安徽西部、湖北西部、四川东北部。为华北分布种。内蒙古呼和浩特市、包头市及赤峰市等地有栽培。

　　果实入药（药材名：连翘），能清热解毒，散结消肿，主治热病、发热、心烦、咽喉肿痛、发斑发疹、疮疡、丹毒、淋巴结结核、尿路感染。也入蒙药（蒙药名：杜格么宁），能利胆、退黄、止泻，主治热性腹泻、痢疾、发烧。

4. 丁香属 Syringa L.

　　落叶灌木或小乔木。腋芽卵形，顶芽常缺。单叶，稀单数羽状复叶，对生，全缘，有柄。花两性，多花组成顶生或侧生的圆锥花序；萼小，钟形，先端 4 齿裂，有时近截形；花冠辐状、漏斗状或高脚碟状，先端 4 裂，裂片开展，花蕾时呈镊合状排列；雄蕊 2，藏于花冠筒内或伸出；子房 2 室，花柱 2 裂，高不超过雄蕊。蒴果长椭圆形，果皮革质，熟时室背开裂；每室有 2 具翅的种子。

　　内蒙古有 4 种，另有 2 栽培种。

分种检索表

1a. 单叶。

　　2a. 花冠筒明显长于花萼，雄蕊不伸出花冠外。

　　　　3a. 叶脉在上面凹入和下面突出明显，表面呈皱缩状；叶宽椭圆形倒卵状矩圆形或卵形，基部楔形或近圆形；花药黄色，位于花冠管喉部 0～1mm 处；灌木。栽培………**1.红丁香 S. villosa**

　　　　3b. 叶脉上面凹入和下面突出不明显，表面平滑。

　　　　　　4a. 花直径约 6mm，花药紫色；果较狭，长椭圆形至披针形，宽 3～5mm；叶较小，卵形或椭圆状卵形，长大于宽，长 1.5～8cm，宽 1～5cm，基部楔形或宽楔形。

　　　　　　　　5a. 花梗无毛，小枝和花序轴近四棱形，花冠长 1～1.5cm，花药位于花冠筒中部略上；小乔木或灌木……………………………………**2.巧玲花 S. pubescens**

　　　　　　　　5b. 花梗、花萼被毛且为紫色，小枝和花序轴近圆柱形，花冠长约 1cm，花药位于花冠筒喉部 0 ～ 3mm 处；小灌木。栽培 ·· **3. 小叶丁香 S. microphylla**

    4b. 花直径 10 ～ 15mm，花药黄色；果稍扁，矩圆形，宽 4 ～ 8mm；叶较大，宽卵形或肾形，宽通
        常超过长，长 4 ～ 14cm，宽 5 ～ 15cm，基部心形或截形；灌木或小乔木 ···· **4. 紫丁香 S. oblata**

2b. 花冠筒比花萼稍长或近等长，雄蕊伸出花冠外，花白色；叶卵形或宽卵形，两面光滑无毛；灌木
   或小乔木 ·· **5. 暴马丁香 S. reticulata** subsp. **amurensis**

1b. 单数羽状复叶，小叶 5 ～ 7，矩圆形或矩圆状卵形，先端多数钝圆，少数锐尖或凸尖；落叶灌木 ······
·· **6. 贺兰山丁香 S. pinnatifolia** var. **alashanensis**

1. 红丁香

Syringa villosa Vahl. in Enum. Pl. 1:38. 1804; Fl. Intramongol. ed. 2, 4:72. t.26. f.1-2. 1992.

    灌木，高 150 ～ 300cm。枝丛生，光滑无毛或疏生短柔毛，散生皮孔。单叶对生，卵形、宽椭圆形或倒卵状矩圆形，长 4 ～ 10cm，宽 2 ～ 5cm，先端锐尖或钝圆，基部宽楔形或近圆形，全缘，上面深绿色，无毛，下面淡绿色，沿脉被短柔毛，稀光滑无毛，叶脉在上面凹入，叶表面呈皱缩状，下面叶脉明显突出；叶柄长 0.8 ～ 2cm，稀被柔毛或近无毛。圆锥花序顶生，长 8 ～ 15cm，花密集；花萼钟状，长约 3mm，先端 4 齿裂。花冠高脚碟状，紫色或白色；筒部长 0.8 ～ 1.2cm；先端 4 裂，裂片矩圆形，长 3mm 左右，开展。雄蕊 2，不伸出花冠筒或稍外露；花药黄色。蒴果矩圆形，直或稍弯曲，长 1 ～ 1.5cm，先端钝或尖，平滑或有散生瘤状突起。花期 5 ～ 6 月。

    中生灌木。原产我国辽宁西部和南部、河北、山西。为华北分布种。内蒙古呼和浩特市、包头市和赤峰市有栽培。

    供观赏。

    《内蒙古植物志》第二版中图版
26 图 1 的叶片没有绘出叶脉明显上面凹入、下面突出成皱缩状。

2. 巧玲花

Syringa pubescens Turcz. in Bull. Soc. Imp. Nat. Mosc. 13:73. 1840; Fl. China 15:283. 1996.

    灌木或小乔木，高 200 ～ 400cm。树皮暗灰褐色。小枝细长，微四棱，无毛，或有短柔毛。芽小，卵形或卵圆形，有小尖头，暗紫褐色，被短柔毛。叶卵圆形、菱状卵圆形或椭圆状卵形，长 3 ～ 8cm，先端短渐尖，基部宽楔形或近圆形，边缘有细毛，上面深绿色，无毛，下面有短柔毛，脉上尤密，侧脉 3 ～ 5 对，下方两对侧脉分离；叶柄长 5 ～ 12mm，有柔毛。花序长 7 ～ 16cm，侧生，紧密，无毛，直立；花淡紫色，有香气；萼光滑；花冠筒细长，长 1.2 ～ 1.5cm，

赵一之／摄

裂片狭，向外开展，直径约 6mm；花药紫色，着生于花冠筒中部稍上，离筒口稍远，长等于筒长的 1/5～1/4。果长约 1cm，先端钝，有疣状凸起。花期 4～6 月，果期 8～9 月。

中生小乔木。生于落叶阔叶林带的山地灌丛。产燕山北部（喀喇沁旗旺业甸林场），内蒙古呼和浩特市有栽培。分布于我国河北、河南西部和北部、山东西部、山西、陕西南部。为华北分布种。

可选作园林绿化树种。

3. 小叶丁香（四季丁香）

Syringa microphylla Diels in Bot. Jahrb. Syst. 29:531. 1900.——*S. pubescens* Turcz. subsp. *microphylla* (Diels) M. C. Chang et X. L. Chen in Invest. Stud. Nat. 10:34. 1990; Fl. China 15:284. 1996. syn. nov.

小灌木。树皮灰褐色。枝条细弱。小枝无棱，灰褐色；芽卵形，先端尖，黄褐色，被短柔毛。叶卵圆形或椭圆状卵形，较小，长 1～4cm，先端钝尖或突渐尖，基部宽楔形至圆形，全缘，边缘有细毛，上面微有疏柔毛或无毛，下面带灰绿色，有短柔毛，老叶仅在脉上及基部有短细毛，或近无毛，叶柄长 3～10mm。花序长 3～7cm，疏松，有短柔毛；花较小，暗紫红色或

赵一之／摄

淡紫色；萼有短柔毛或近光滑；花冠筒细长，长 1cm，裂片卵状披针形，先端尖；花药紫色，着生于花冠筒中部稍上，离筒口稍远，长为花冠筒的 1/5～1/4。果细长，长 1～1.5cm，先端渐尖，常弯曲，有疣状凸起；有时不结种子。花期 4 月下旬与 8 月中旬。

中生灌木。原产我国河北西南部、河南西部、山西、陕西南部、宁夏南部、甘肃东部、青海东部、四川东北部、湖北西部。为华北分布种。内蒙古呼和浩特市有栽培。

花可提芳香油。因每年开花两次，绿化价值较高，适栽于庭园绿地、草地边缘，高接丁香可做小型行道树，为园林绿化树种。

4. 紫丁香（丁香、华北紫丁香）

Syringa oblata Lindl. in Gard. Chron. 1859:868. 1859; Fl. Intramongol. ed. 2, 4:73. t.27. f.3-4. 1992.——*S. oblata* Lindl. var. *affinis* (Henry) Lingelsh. in Pflanzenr. 2(IV, 243):88. 1920; Fl. Intramongol. ed. 2, 4:73. 1992. syn. nov.

灌木或小乔木，高可达 400cm。枝粗壮，光滑无毛，二年枝黄褐色或灰褐色，散生皮孔。

单叶对生，宽卵形或肾形，宽常超过长，宽 5～15cm，先端渐尖，基部心形或截形，边缘全缘，两面无毛，叶柄长 1～2cm。圆锥花序出自枝条先端的侧芽，长 6～12cm；萼钟状，长 1～2mm，先端有 4 小齿，无毛。花冠紫红色，高脚碟状；花冠筒长 1～1.5cm，直径约 1.5mm；先端裂片 4，开展，矩圆形，长约 0.5cm。雄蕊 2，着生于花冠筒的中部或中上部；花药黄色。蒴果矩圆形，稍扁，先端尖，2瓣开裂，长1～1.5cm，具宿存花萼。花期4～5月。

中生灌木。生于阔叶林带的山地及荒漠带海拔约2000m的山地阴坡山麓。产燕山北部（敖汉旗大黑山）、贺兰山。内蒙古其他地区均有栽培。分布于我国吉林、辽宁、河北、河南北部、山东西部、山西、陕西、宁夏、甘肃东部、青海东部、四川北部。为华北分布种。

花可提制芳香油，嫩叶可代茶用，可供观赏。

5. 暴马丁香（暴马子）

Syringa reticulata (Blume) H. Hara subsp. **amurensis** (Rupr.) P. S. Green et M. C. Chang in Novon 5:329. 1995.——*S. amurensis* Rupr. in Bull. Cl. Phys.-Math. Acad. Imp. Sci. St.-Petersb. 15:371. 1857.——*S. reticulata* (Blume) H. Hara var. *mandshurica* (Maxim.) H. Hara in J. Jap. Bot. 17:22. 1941; Fl. Intramongol. ed. 2, 4:73. t.26. f.3-5. 1992.——*Ligustrina amurensis* Rupr. var. *mandshurica* Maxim. in Bull. Acad. Sci. St.-Petersb. 20:432. 1875.

灌木或小乔木，高达600cm。具直立或开展的枝。单叶，宽卵形或卵形，长5～12cm，宽3.5～6.5cm，先端骤尖或渐尖，基部圆形或截形，上面亮绿色，下面灰绿色，无毛或疏生短柔毛，叶柄长1～2cm。圆锥花序长10～15cm，花较稀疏；花萼钟状，长约1.5mm；花冠白色，筒部比花萼稍长，先端4裂，裂片椭圆形，与筒部近等长；雄蕊2，明显伸出花冠外。蒴果矩圆形，

长 1.5～2cm，先端稍尖或钝，果皮光滑或有小瘤。花期 6 月，果期 7 月。

中生小乔木或灌木。生于阔叶林带的山地河岸及河谷灌丛。产燕山北部（喀喇沁旗、宁城县黑里河林场、敖汉旗）、阴南丘陵（准格尔旗）。内蒙古其他地区均有栽培。分布于我国黑龙江东半部、吉林东部、辽宁、河北，日本、朝鲜、俄罗斯（远东地区）。为东亚北部（满洲—日本）分布种。

木材坚实、致密，可供建筑及做家具用材。花可提制芳香油，供调制化妆品。可做庭园绿化树种，供观赏。

6. 贺兰山丁香

Syringa pinnatifolia Hemsl. var. **alashanensis** Y. C. Ma et S. Q. Zhou in Fl. Intramongol. 5:412. 1980; Fl. Intramongol. ed. 2, 4:76. t.28. f.5. 1992.

落叶灌木，高可达 300cm。树皮薄纸质片状剥裂，内皮紫褐色，老枝黑褐色。单数羽状复叶，

长 3～6cm；小叶 5～7，矩圆形或矩圆状卵形，稀倒卵形或狭卵形，长 0.8～2cm，宽 0.5～1cm，先端通常钝圆，或有 1 小刺尖，稀锐尖，基部多偏斜，一侧下延，全缘，两面光滑无毛，近无柄。花序侧生，出自去年枝的叶腋，长 2～4cm，光滑无毛；花萼长约 2.5mm，萼片三角形，先端锐尖；花冠淡紫红色，长 1～1.5cm，花冠管略呈漏斗状，先端 4 裂，裂片卵形；雄蕊 2，花药黄色，着生于花冠管喉部。蒴果披针状矩圆形，先端尖，长 1～1.5cm。

中生灌木或小乔木。生于荒漠带的山地杂木林及灌丛。产贺兰山。为贺兰山分布变种。是国家二级重点保护植物。

根入蒙药（蒙药名：山沉香），能清热、镇静，主治心热、头晕、失眠。

本变种与正种的区别：本种小叶 5～7，矩圆形或矩圆状卵形，先端通常钝圆；而正种的小叶多为 7～9，披针形或狭卵形，先端锐尖或渐尖。

5. 女贞属 Ligustrum L.

落叶或常绿灌木，稀小乔木。冬芽卵圆形，外具 2 鳞片。单叶对生，全缘。花两性，白色，多花组成顶生圆锥花序；萼钟形，先端 4 裂；花冠高脚碟状，先端有 4 开展的裂片，花蕾期呈镊合状排列；雄蕊 2；子房上位，2 室。浆果状核果，黑色或蓝黑色，内具 1～4 粒种子。

内蒙古有 1 栽培种。

1. 小叶女贞（小叶水蜡树）

Ligustrum quihoui Carr. in Rev. Hort. 1869:377. 1869; Fl. Intramongol. ed. 2, 4:76. t.27. f.1-2. 1992.

落叶或半常绿小灌木，高 200～300cm。枝条密被短柔毛，黄褐色，散生皮孔。叶矩圆形或卵状矩圆形，长 2～5(～6)cm，宽 1～2.5cm，先端钝圆，有时微凹，基部楔形或钝，全缘，

两面光滑无毛，具短柄。圆锥花序生于侧枝的顶端，花序轴被短柔毛；花萼钟状，长约 2mm，先端 4 裂；花冠白色，筒部与裂片几相等；雄蕊 2。核果球形，黑色，有白粉，直径约 6mm。花期 8～9 月，果熟期 10 月。

中生小灌木。原产我国河南、山东、安徽、江苏、浙江、江西北部、湖北、贵州、陕西、四川、云南、西藏东南部。为东亚中部（亚热带地区）分布种。内蒙古呼和浩特市和包头市等地有栽培。

供观赏，常植为绿篱。

98. 马钱科 Loganiaceae

灌木或乔木，少草本。单叶对生，少互生及轮生，全缘或有齿，托叶极退化。花两性，辐射对称，常组成聚伞花序、圆锥花序及穗状花序，有时单生；花萼 4～5 裂；花冠合瓣，先端 4～5 裂，裂片在芽中为覆瓦状或旋转状排列；雄蕊 4～5，与花冠裂片互生。雌蕊含 2～5 合生心皮；子房上位，通常 2 室，胚珠多数，很少 1 粒；花柱单一或 2 裂。果为蒴果、浆果或核果；种子含胚乳，有时具翅。

内蒙古有 1 属、1 种。

1. 醉鱼草属 Buddleja L.

植株常被星状毛或腺毛。冬芽先端尖，外面常具 2 芽鳞。单叶对生，少互生，具短柄。花萼钟形，4 裂；花冠筒状或钟状，先端 4 裂；雄蕊 4；柱头 2 裂。蒴果熟时 2 瓣开裂，花萼、花冠常宿存；种子多数，小型。

内蒙古有 1 种。

1. 互叶醉鱼草（白其稍）

Buddleja alternifolia Maxim. in Bull. Acad. Imp. Sci. St.-Petersb. 26:494. 1880; Fl. Intramongol. ed. 2, 4:77. t.28. f.1-4. 1992.

小灌木，最高可达 300cm。多分枝，枝幼时灰绿色，被较密的星状毛，后渐脱落，老枝灰黄色。单叶互生，披针形或条状披针形，长 3～6cm，宽 4～6mm，先端渐尖或钝，基部楔形，全缘，上面暗绿色，具稀疏的星状毛，下面密被灰白色柔毛及星状毛，具短柄或近无柄。花多出自去年生枝上，数花簇生或形成圆锥状花序；花萼筒状，外面密被灰白色柔毛，长约 4mm，先端 4 齿裂。花冠紫堇色；筒部长约 6mm，直径约 1mm，外面疏被星状毛或近于光滑；先端 4 裂，裂片卵形或宽椭圆形，长约 2mm。雄蕊 4，无花丝，着生于花冠筒中部；子房上位，光滑。蒴果矩圆状卵形，长约 4mm，深褐色，2 瓣开裂；种子多数，有短翅。花期 5～6 月。

旱中生小灌木。生于荒漠带的山地干山坡、固定沙地。产鄂尔多斯（乌审旗）、东阿拉善（桌子山、阿拉善左旗腾格里沙漠三道湖）、贺兰山。分布于我国河北中北部、河南西部、山西西部、陕西、宁夏、甘肃东部、青海东部、四川东南部、西藏南部。为华北—横断山脉分布种。

花可提取芳香油。

99. 龙胆科 Gentianaceae

一年生或多年生草本。常有苦味。叶对生，稀互生，全缘，基部常合生抱茎，无托叶。花两性，辐射对称，常组成聚伞花序或单花；花萼合生，具 4～5 裂片，宿存；花冠合生，呈辐状、钟状或管状，具 4～5 裂片，裂片间有时具褶，花冠管内有时具腺洼或蜜腺，稀基部具距；雄蕊 4～5，贴生在花冠上而与裂片互生；雌蕊 1，由 2 心皮合生，子房上位，1 室，侧膜胎座，具多数胚珠。蒴果室间开裂；种子小，具丰富的胚乳。

内蒙古有 10 属、37 种。

分 属 检 索 表

1a. 茎缠绕；花 4 基数，花冠裂片间无褶 ······························1. **翼萼蔓属 Pterygocalyx**

1b. 茎直立或斜升。

  2a. 花药开裂后卷旋，花冠管细长；一年生或二年生草本 ················2. **百金花属 Centaurium**

  2b. 花药开裂后不卷旋。

    3a. 花冠裂片间有褶，蜜腺着生在子房基部 ························3. **龙胆属 Gentiana**

    3b. 花冠裂片间无褶，蜜腺着生在花冠基部。

      4a. 花冠基部有小腺体，无腺洼和花距。

        5a. 花 4 基数；萼裂片有薄膜质边缘，1 对较宽而短与 1 对较狭而长的裂片相间············

        ··4. **扁蕾属 Gentianopsis**

        5b. 花 4～5 基数，萼裂片无膜质边缘。

          6a. 花冠喉部无流苏状鳞片 ··························5. **假龙胆属 Gentianella**

          6b. 花冠喉部具流苏状鳞片 ··························6. **喉毛花属 Comastoma**

      4b. 花冠基部有明显的腺洼和花距。

        7a. 花冠辐状，无花距。

          8a. 无花柱，柱头沿子房缝线下延 ··············7. **肋柱花属 Lomatogonium**

          8b. 柱头位于花柱顶端，不沿子房缝线下延。

            9a. 花萼裂片在基部两侧凹缺，腺窝外侧边缘具鳞片，雄蕊花丝基部背面具流苏状毛 ······························8. **腺鳞草属 Anagallidium**

            9b. 花萼裂片在基部两侧无凹缺，腺窝边缘具流苏状毛或无毛，雄蕊花丝基部无毛

            ··9. **獐牙菜属 Swertia**

        7b. 花冠钟状，基部有 4 个锚状花距 ················10. **花锚属 Halenia**

1. 翼萼蔓属 Pterygocalyx Maxim.

属的特征同种。

单种属。

1. 翼萼蔓（翼萼蔓龙胆）

Pterygocalyx volubilis Maxim. in Mem. Acad. Imp. Sci. St.-Petersb. Div. Sav. 9:198. t.9. 1859; Fl. Intramongol. ed. 2, 4:79. t.29. f.5-8. 1992.

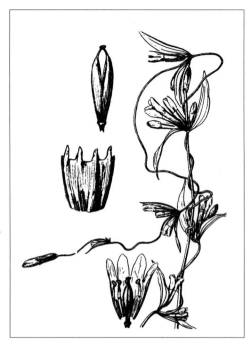

一年生草本。茎缠绕，纤细，具纵条棱，无毛，上部分枝。叶膜质，披针形或条状披针形，长 2～4cm，宽 5～15mm，先端渐尖或尾尖，基部渐狭，全缘，三出脉，具短叶柄。花序顶生或腋生，单生或数朵簇生；花具短梗。花萼钟状管状，膜质，具 4 条翼状凸起，向前引伸为 4 裂片；裂片披针形，长 4～6mm。花冠管状钟形，长 2～2.5cm，蓝色，具 4 裂片；裂片近椭圆形，长 5～7mm。雄蕊 4，着生在花冠管的中部，内藏。子房狭椭圆形，压扁，具柄；花柱短；柱头 2 裂，裂片圆形。蒴果椭圆形，压扁，长约 15mm，包藏在宿存花冠内；种子扁椭圆形，棕色，长约 0.5mm，边缘具宽翅，翅宽 0.2～0.3mm。花果期 8～9 月。

耐阴中生缠绕草本。生于草原带和荒漠带的山地白桦、山杨林下。产燕山北部（喀喇沁旗、宁城县）、阴山（大青山、蛮汗山）、贺兰山。分布于我国黑龙江、吉林东部、辽宁东部、河北、河南西部、山西、陕西南部、宁夏西北部、青海东部、甘肃东部、四川西部、湖北西部、西藏东南部、云南，日本、朝鲜、俄罗斯（远东地区）。为东亚分布种。

2. 百金花属 Centaurium Hill

一年生或二年生草本。密集或疏松的聚伞花序；花 5（稀 4）基数；花萼管状，具棱，裂片狭披针形；花冠漏斗状，有细长的管与展开的裂片，裂片披针形至椭圆形；雄蕊着生于花冠喉部，花丝短，花药矩圆形，开裂后螺旋状卷旋。蒴果矩圆形；种子多数，近球形。

内蒙古有 1 种。

1. 百金花（麦氏埃蕾）

Centaurium pulchellum (Sw.) Druce var. **altaicum** (Griseb.) Kitag. et H. Hara in J. Jap. Bot. 13:26. 1937; Fl. China 16:4. 1995.——*Erythraea ramosissima* Pers. var. *altaica* Griseb. in Prodr. 9:57. 1845.——*C. meyeri* (Bunge) Druce in Rep. Bot. Exch. Cl. Brit. Is. 4:613. 1917; Fl. Intramongol. ed. 2, 4:80. t.29. f.1-4. 1992.——*Erythraea meyeri* Bunge in Fl. Alt. 1:220. 1829.

一年生草本，高 6～25cm。根纤细，淡褐黄色。茎纤细，直立，分枝，具 4 条纵棱，光滑无毛。叶椭圆形至披针形，长 8～15mm，宽 3～6mm，先端锐尖，基部宽楔形，全缘，三出脉，两面平滑无毛，无叶柄。花序为疏散的二歧聚伞花序；花长 10～15mm，具细短梗，梗长 2～5mm。花萼管状；管长约 4mm，直径 1～1.5mm；具 5 裂片，裂片狭条形，长 3～4mm，先端渐尖。花冠近高脚碟状；管部长约 8mm，白色；顶端具 5 裂片，裂片白色或淡红色，矩圆形，长约 4mm。蒴果狭矩圆形，长 6～8mm；种子近球形，直径 0.2～0.3mm，棕褐色，表面具皱纹。花果期 7～8 月。

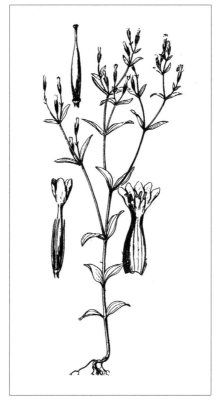

湿中生草本。生于草原带的低湿草甸、水边。产呼伦贝尔（新巴尔虎右旗）、科尔沁（科尔沁右翼中旗、扎鲁特旗、阿鲁科尔沁旗、巴林左旗、巴林右旗、翁牛特旗）、燕山北部（喀喇沁旗、宁城县、敖汉旗）、阴南丘陵（准格尔旗）、鄂尔多斯（达拉特旗、鄂托克旗、伊金霍洛旗、乌审旗）、阴山（大青山）、贺兰山。分布于我国黑龙江、吉林、辽宁、河北、河南、山东西部、山西、陕西北部、宁夏西北部、甘肃、青海东部、安徽、江苏、浙江、福建、台湾、江西、湖南、广东、广西、海南、新疆，蒙古国、俄罗斯、印度，中亚。为东古北极分布种。

蒙医有时把带花的全草作为一种"地格达（地丁）"入药，能清热、消炎、退黄，主治肝炎、胆囊炎、头痛、发烧、牙痛、扁桃腺炎。

3. 龙胆属 Gentiana L.

一年生或多年生草本。茎直立或斜升。叶对生，无柄。聚伞花序或单花，顶生或腋生；花无梗或具梗；花萼管状至钟状，通常具 5 裂片；花冠管状钟形，通常具 5 裂片，裂片间具褶；雄蕊 5，内藏；子房基部具蜜腺，花柱短或无，柱头 2 裂。蒴果无柄，包藏在宿存花冠内，或具长梗伸出花冠外。

内蒙古有 12 种。

分种检索表

1a. 一、二年生矮小草本。

  2a. 茎生叶披针状条形或条形，花白色或稍带浅紫色················**1. 白花龙胆 G. thunbergii** var. **minor**

  2b. 茎生叶心形、卵形、倒卵形或倒披针形，花蓝色。

    3a. 茎从基部多分枝，似丛生状，主茎不明显；茎生叶卵形、倒卵形或倒披针形；叶及萼裂片边缘无乳突。

      4a. 萼裂片卵形，顶端反折 ·······························**2. 鳞叶龙胆 G. squarrosa**

      4b. 萼裂片披针形，顶端直立。

        5a. 花萼管状钟形，长为花冠之半，萼筒绿色，无膜质纵纹·······················

        ·······························**3. 假水生龙胆 G. pseudoaquatica**

        5b. 花萼筒形，稍短于花冠，具 5 条宽的白色膜质纵纹 ········**4. 白条纹龙胆 G. burkillii**

    3b. 茎直立或斜升，上部多分枝，主茎明显；茎生叶心形；萼裂片卵形或披针形，顶端开展；叶及萼裂片边缘具乳突··················**5. 心叶灰绿龙胆 G. yokusai** var. **cordifolia**

1b. 多年生草本。

  6a. 茎基部包被发状残叶纤维，基生叶呈莲座状。

    7a. 聚伞花序具少数花，疏松，不呈头状；花具梗，不等长。

      8a. 花萼不开裂或一侧稍开裂，萼齿条形；叶条状披针形，先端锐尖，三至五出脉··········

      ·······························**6. 达乌里龙胆 G. dahurica**

      8b. 花萼一侧开裂，萼齿钻形；叶条形或披针状条形，先端渐尖，一至三出脉··················

      ·······························**7. 斜升龙胆 G. decumbens**

    7b. 聚伞花序具多数花，簇生呈头状或腋生呈轮状；花无梗；花萼一侧开裂，萼齿三角状卵形。叶披针形或倒披针形，先端钝尖，五至七出脉··················**8. 秦艽 G. macrophylla**

  6b. 茎基部无残叶纤维，无莲座状基生叶。

    9a. 叶对生。

      10a. 叶卵形或卵状披针形，叶缘及下面主脉粗糙··················**9. 龙胆 G. scabra**

      10b. 叶条形或披针形，叶缘及下面主脉不粗糙。

        11a. 花冠裂片先端钝或圆，叶披针形··················**10. 三花龙胆 G. triflora**

        11b. 花冠裂片先端渐尖，叶条形··················**11. 条叶龙胆 G. manshurica**

    9b. 叶 3 枚轮生，条形··················**12. 兴安龙胆 G. hsinganica**

1. 白花龙胆（小丛生龙胆）

Gentiana thunbergii (G. Don) Griseb. var. **minor** Maxim. in Melanges Biol. Bull. Phys.-Math. Acad. Imp. Sci. St.-Petersb. 12:758. 1888; Fl. Intramongol. ed. 2, 4:82. t.43. f.7-9. 1992.

二年生草本，高 4 ～ 12cm。茎自基部分枝或单一，纤细，无毛。基生叶莲座状，圆卵形，长约 5mm，先端圆形，具短尖，全缘，边缘软骨质，两面无毛，下面中脉龙骨状凸起；茎生叶对生，披针状条形或条形，长 4 ～ 6mm，宽约 1mm，先端锐尖，基部合生成筒，抱茎，全缘，边缘软骨质。花单生于小枝顶端，长 12 ～ 15mm；花梗长 10 ～ 15mm。花萼筒狭漏斗状，长 5 ～ 7mm；裂片 5，条状披针形，长约 3mm，外面有龙骨状凸起。花冠白色或稍带浅紫色，比花萼长 1/3；裂片 5，三角状卵形，先端锐尖，褶近半圆形，边缘有疏齿。蒴果倒卵形，具长柄，伸出花冠外。花果期 6 ～ 8 月。

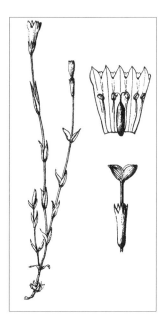

中生小草本。生于森林带的山地草甸或岩石处。产兴安北部（额尔古纳市）、阴山（察哈尔右翼中旗辉腾梁）。分布于我国黑龙江、吉林东部（长白山）、辽宁，日本、朝鲜。为东亚北部分布种。

2. 鳞叶龙胆（小龙胆、石龙胆）

Gentiana squarrosa Ledeb. in Mem. Acad. Imp. Sci. St.-Ptersb. Ser. 6, Sci. Math., Second Pt. Sci. Nat. 5:520. 1812; Fl. Intramongol. ed. 2, 4:84. t.30. f.1-6. 1992.

一年生草本，高 2 ～ 7cm。茎纤细，近四棱形，通常多分枝，密被短腺毛。叶边缘软骨质，稍粗糙或被短腺毛，先端反卷，具芒刺。基生叶较大，卵圆形或倒卵状椭圆形，长 5 ～ 8mm，

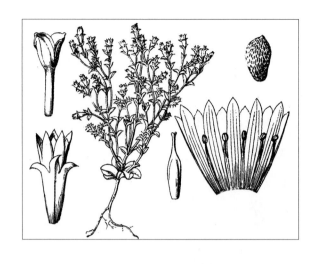

宽3～6mm；茎生叶较小，倒卵形至倒披针形，长2～4mm，宽1～1.5mm；对生叶基部合生成筒，抱茎。花单顶生。花萼管状钟形，长约5mm，具5裂片；裂片卵形，长约1.5mm，先端反折，具芒刺，边缘软骨质，粗糙。花冠管状钟形，长7～9mm，蓝色；裂片5，卵形，长约2mm，宽约1.5mm，先端锐尖；褶三角形，长约1mm，宽约1.5mm，顶端2裂或不裂。蒴果倒卵形或短圆状倒卵形，长约5mm，淡黄褐色，2瓣开裂；果柄在果期延长，通常伸出宿存花冠外。种子多数，扁椭圆形，长约0.5mm，

宽约0.3mm，棕褐色，表面具细网纹。花果期6～8月。

中生小草本。散生于山地草甸、旱化草甸、草甸草原。产内蒙古各地。分布于我国吉林、辽宁、河北、河南西部和北部、山东西部、山西、陕西、宁夏、甘肃东南部、青海东北部、四川西南部、云南西北部、新疆北部，日本、朝鲜、蒙古国、俄罗斯（西伯利亚地区、远东地区）、印度西北部、尼泊尔、巴基斯坦，中亚。为东古北极分布种。

全草入药，能清热利湿、解毒消痈，主治咽喉肿痛、阑尾炎、白带、尿血，外用治疮疡肿毒、淋巴结结核。

3. 假水生龙胆

Gentiana pseudoaquatica Kusn. in Trudy Imp. St.-Petersb. Bot. Sada 13:63. 1893; Fl. Intramongol. ed. 2, 4:84. t.30. f.7-11. 1992.

一年生草本，高2～4(～6)cm。茎纤细，近四棱形，分枝或不分枝，被微短腺毛。叶边缘软骨质，稍粗糙，先端稍反卷，具芒刺，下面中脉软骨质。基生叶较大，卵形或近圆形，长5～12mm，宽4～7mm；茎生叶较小，近卵形，长3～7mm，宽2～5mm，对生叶基部合生成筒，

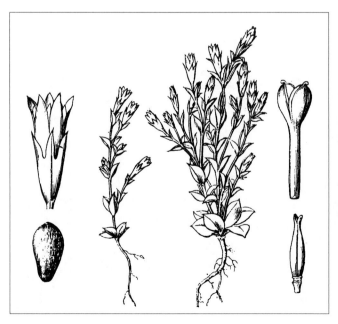

抱茎；无叶柄。花单生枝顶。花萼具5条软骨质凸起，管状钟形，长5～8mm，具5裂片；裂片直立，披针形，长2～3mm，边缘软骨质，稍粗糙。花冠管状钟形，长7～10mm；裂片5，蓝色，卵圆形，长约2mm，先端锐尖；褶近三角形，蓝色，长约1mm。蒴果倒卵形或椭圆状倒卵形，长约5mm，顶端具狭翅，淡黄褐色，具长柄，外露；种子多数，椭圆形，长约0.4mm，表面细网状。花果期6～9月。

中生小草本。生于森林带和草原带的山地灌丛、草甸、沟谷。产岭东（扎兰屯市）、兴安南部（科尔沁右翼前旗、科尔沁右翼中旗、巴林右旗、克什克腾旗）、辽河平原（科尔沁左翼后旗）、燕山北部（喀喇沁旗）、锡林郭勒（四子王旗乌兰花镇）、阴山（大青山、察哈尔右翼中旗辉腾梁）、阴南丘陵（准格尔旗）、鄂尔多斯（伊金霍洛旗）、贺兰山。分布于我国辽宁中部和东北部、河北北部、河南西部、山东、山西、陕西南部、宁夏、甘肃东部、青海东部和西南部、四川西部、西藏东部和东北部，朝鲜、蒙古国北部和西部及南部、俄罗斯（西伯利亚地区）、克什米尔地区。为东古北极分布种。

4. 白条纹龙胆

Gentiana burkillii H. Smith in Symb. Sin. 7:953. 1936; Fl. China 16:87. 1995.

一年生草本，高2～8cm。茎从基部多分枝，枝斜升或铺散。基生叶大，卵形，长3～6mm，宽2～3mm，先端外反，有小尖头，边缘软骨质；茎生叶倒卵形，长3～5mm，宽1.5～3mm，先端外翻，有小尖头，边缘软骨质不明显或极窄。花单生于分枝顶端；花梗有细乳突。花萼筒形；萼筒长4～9mm，具相间的5条白色膜质条纹与5条绿色条纹；裂片短，内拱，三角形，长约2mm。花冠蓝色，下部黄绿色，长7～15mm；裂片卵形，长可至2.5mm；褶卵形，先端钝。蒴果外露，长圆形，先端及边缘具翅；种子表面具细网纹。花果期5～8月。

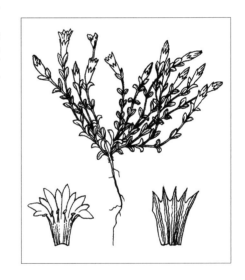

中生小草本。生于荒漠带的高山草甸。产贺兰山。分布于我国河北、山东、山西、陕西、宁夏、青海、西藏，俄罗斯（西伯利亚地区）、尼泊尔、印度西北部、阿富汗，克什米尔地区。为东古北极分布种。

5. 心叶灰绿龙胆

Gentiana yokusai Burkill var. **cordifolia** T. N. Ho in Act. Biol. Plateau Sin. 3(3):42. 1984; Fl. China. 16:78. 1995.

一年生草本，高2.5～14cm。茎直立或斜升，黄绿色或紫红色，密被黄绿色乳突，自基部起多分枝，稀不分枝。叶略肉质，灰绿色，心形，先端钝，具长至0.7mm的小尖头，基部钝，边缘软骨质，下缘具短睫毛，上缘疏生乳突，上面光滑，稀具极细乳突，中脉在背面凸起，光滑；叶柄边缘具睫毛，背面光滑，长1～2mm。基生叶在花期不枯萎，常与下部叶等大，稀更大，长7～22mm，宽4.5～8mm；茎生叶开展，淡绿色，心形，常疏离，短于节间，稀密集，长于节间，长4～12mm，宽3～6mm。花多数，单生于小枝顶端，小枝常2～5个密集成头状；花梗黄绿色或紫红色，具乳突，长1.2～5mm，藏于最上部叶中。花萼狭倒圆锥形，长5～8mm。

花萼裂片开展，稍不整齐，卵形或披针形，长 2～3mm；先端钝或渐尖，具长小尖头，基部常微收缩，边缘软骨质，疏生乳突，腹面具细乳突，背面光滑；中脉白色软骨质，在背面凸起，并向萼筒下延成脊；弯缺较宽，截形。花冠蓝色、紫色或白色，漏斗形，长 7～12mm；裂片卵形，长 2～2.5mm，先端钝，无小尖头；褶整齐，卵形，长 1～2mm，先端钝，边缘有不整齐细齿或全缘。雄蕊着生于冠筒中下部，整齐；花丝丝状，长 2～2.5mm；花药椭圆形，长 0.5～0.8mm。子房椭圆形，长 2.5～3.5mm，两端渐狭；花柱线形，连柱头长 1.5～2mm；柱头 2 裂，裂片外反，线形。蒴果外露或内藏，卵圆形或倒卵状矩圆形，长 3～6.5mm；先端钝圆，有宽翅，两侧边缘具狭翅，基部钝，柄粗壮，长可至 13mm。种子淡褐色，椭圆形或矩圆形，长 0.7～1mm，表面具致密的细网纹。花果期 3～9 月。

　　中生小草本。生于山丘、沟谷。产内蒙古南部。分布于我国河北、山西、陕西。为华北分布变种。

6. 达乌里龙胆（小秦艽、达乌里秦艽）

Gentiana dahurica Fisch. in Mem. Soc. Imp. Nat. Mosc. 3:63. 1812; Fl. Intramongol. ed. 2, 4:86. t.31. f.1-5. 1992.

　　多年生草本，高 10～30cm。直根圆柱形，深入地下，有时稍分枝，黄褐色。茎斜升，基部为纤维状的残叶基所包围。基生叶较大，条状披针形，长达 20cm，宽达 2cm，先端锐尖，

全缘，平滑无毛，五出脉，主脉在下面明显凸起；茎生叶较小，2～3 对，条状披针形或条形，长 3～7cm，宽 4～8mm，三出脉。聚伞花序顶生或腋生。花萼管状钟形；管部膜质，有时一侧纵裂；具 5 裂片，裂片狭条形，不等长。花冠管状钟形，长 3.5～4.5cm，具 5 裂片；裂片展开，卵圆形，先端尖，蓝色；褶三角形，对称，比裂片短一半。蒴果条状倒披针形，长 2.5～3cm，宽约 3mm，稍扁，具极短的柄，包藏在宿存花冠内；种子多数，狭椭圆形，长 1～1.3mm，宽约 0.4mm，淡棕褐色，表面细网状。花果期 7～8 月。

　　中旱生草本。生于草原、草甸、山地草原。产内蒙古各地。分布于我国黑龙江西部、辽宁西北部、河北西北部、河南北部、山东、山西、陕西北部、宁夏、甘肃中部、青海东部、四川西北部和北部、蒙古国东部和东北部、俄罗斯（东西伯利亚

地区、远东地区）。为东古北极分布种。

根入药（药材名：秦艽），能祛风湿、退虚热、止痛，主治风湿性关节炎、低热、小儿疳积发热。花入蒙药（蒙药名：呼和棒仗），能清肺、止咳、解毒，主治肺热咳嗽、支气管炎、天花、咽喉肿痛。

7. 斜升龙胆

Gentiana decumbens L. f. in Suppl. Pl. 174. 1781; Fl. Reip. Pop. Sin. 62:61. 1988; Fl. China 16:34. 1995.

多年生草本植物，高 10～30cm。全株光滑无毛，基部被枯存的纤维状叶鞘包裹。须根多条，粘结或扭结成一个圆锥形的根。枝少数丛生，斜升，黄绿色，近圆形。莲座丛叶宽条形或条状椭圆形，长 3～20cm，宽 1.2～1.8cm，先端渐尖，基部渐狭，边缘粗糙；叶脉 1～5，细，在两面均明显，并下面凸起；叶柄膜质，长 1～3cm，包被于枯存的纤维状叶鞘中。茎生叶披针形至条形，长 2～9cm，宽 3～6m，2～3 对，先端渐尖，基部钝，边缘粗糙；叶脉 1～3，细，在两面均明显，中脉在下面凸起；叶柄长 1～1.5cm，愈向茎上部叶愈小，柄愈短。聚伞花序顶生及腋生，排列成疏松的花序；花梗斜升，黄绿色，不等长，总花梗长达 5cm，小花梗长 1cm。花萼筒膜质，黄绿色，长 1～1.6cm，一侧开裂成佛焰苞状；萼齿 1～5，钻形，长 0.5～1mm。花冠蓝紫色，筒状钟形，长 3～3.5cm；裂片卵圆形，长 4～5mm，先端钝圆，全缘；褶偏斜，截形或卵状三角形，长 1～1.5mm，全缘。雄蕊着生于冠筒中下部，整齐；花丝线状钻形，长 10～13mm；花药矩圆形，长 2～3mm。子房条形，长 15～18mm，两端渐狭，柄长 3～5mm；花柱线形，连柱头长 1.5～2mm。蒴果内藏或先端外露，椭圆形或卵状椭圆形，长 2～2.5cm，先端钝，基部渐狭，柄长约 2.2cm；种子褐色，光滑，卵状椭圆形，长 1.2～1.5mm，表面具细网纹。花果期 8 月。

中生草本。生于森林带的山地林间草地。产兴安北部（大兴安岭）。分布于我国新疆北部，蒙古国北部、俄罗斯（西伯利亚地区）、哈萨克斯坦北部。为欧洲—西伯利亚分布种。

地下根入药，祛风湿、退虚热、舒筋止疼，主治风湿性关节痛、结核病潮热、小儿疳热、黄疸、小便不利等。

8. 秦艽（大叶龙胆、萝卜艽、西秦艽）

Gentiana macrophylla Pall. in Fl. Ross. 1(2):108. t.96. 1789; Fl. Intramongol. ed. 2, 4:86. t.32. f.1-5. 1992.

多年生草本，高 30～60cm。根粗壮，稍呈圆锥形，黄棕色。茎单一斜升或直立，圆柱形，基部被纤维状残叶基所包围。基生叶较大，狭披针形至狭倒披针形，少椭圆形，长 15～30cm，宽 1～5cm，先端钝尖，全缘，平滑无毛，五至七出脉，主脉在下面明显凸起；茎

生叶较小，3～5 对，披针形，长 5～10cm，宽 1～2cm，三至五出脉。聚伞花序由数朵至多数花簇生枝顶，呈头状或腋生作轮状；花萼膜质，一侧裂开，长 3～9mm，具大小不等的萼齿 3～5，三角状卵形。花冠管状钟形，长 16～27mm，具 5 裂片；裂片直立，蓝色或蓝紫色，卵圆形；褶常三角形，比裂片短一半。蒴果长椭圆形，长 15～20mm，近无柄，包藏在宿存花冠内；种子矩圆形，长 1～1.3mm，

宽约 0.5mm，棕色，具光泽，表面细网状。花果期 7～10 月。

中生草本。生于森林带和草原带的山地草甸、林缘、灌丛、沟谷。产兴安北部及岭东和岭西（额尔古纳市、根河市、牙克石市、鄂伦春自治旗、鄂温克族自治旗、新巴尔虎左旗、扎兰屯市、海拉尔区）、兴安南部和科尔沁（科尔沁右翼前旗、科尔沁右翼中旗、阿鲁科尔沁旗、巴林左旗、巴林右旗、克什克腾旗）、赤峰丘陵（松山区、翁牛特旗）、燕山北部（喀喇沁旗、宁城县、敖汉旗、兴和县苏木山）、锡林郭勒东部和南部、阴山（大青山、蛮汗山、乌拉山）、贺兰山。分布于我国黑龙江、吉林北部、辽宁西部、河北北部、河南西部、山东、山西、陕西、宁夏、甘肃东南部，蒙古国北部和西部、俄罗斯（西伯利亚地区、远东地区）。为东古北极分布种。

根入药（药材名：秦艽），功能、主治同达乌里龙胆。花入蒙药（蒙药名：呼和基力吉），能清热、消炎，主治热性黄水病、炭疽、扁桃腺炎。

9. 龙胆（龙胆草、胆草、粗糙龙胆）

Gentiana scabra Bunge in Mem. Acad. Imp. Sci. St.-Petersb. Ser. 6, Sci. Math., Second Pt. Sci. Nat. 2:543. 1835; Fl. Intramongol. ed. 2, 4:88. t.33. f.1-7. 1992.

多年生草本，高 30～60cm。根状茎短，簇生多数细长的绳索状根，根黄棕色或淡黄色。茎直立，常单一，稍粗糙。叶卵形或卵状披针形，长 3～8cm，宽 1～3cm，先端渐尖或锐尖，全缘，基部合生而抱茎，三出脉，上面暗绿色，通常粗糙，下面淡绿色，边缘及叶脉粗糙；茎基部叶 2～3 对，较小，或呈鳞片状。花 1 至数朵簇生枝顶或上部叶腋，

无梗。花萼管状钟形，管部长 1～1.5cm，具 5 裂片；裂片条状披针形，长 1～1.5cm，边缘粗糙。花冠管状钟形，蓝色，长 4～5cm，具 5 裂片；裂片开展，卵圆形，先端锐尖；褶三角形，全缘或具齿。蒴果狭椭圆形，具短柄，包藏在宿存花冠内；种子多数，条形，稍扁，长约 2mm，边缘具翅，表面细网状。花果期 9～10 月。

 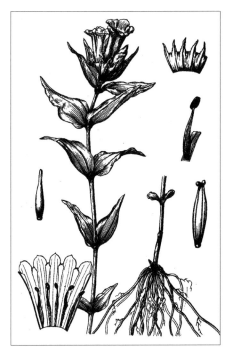

中生草本。生于森林带的山地林缘、灌丛、草甸。产兴安北部（额尔古纳市、阿尔山市）、岭东（扎兰屯市）。分布于我国黑龙江、吉林、辽宁东半部、山东东部、山西北部、河南西部和南部、安徽、江苏、江西、浙江、福建、湖北、湖南、广东北部、广西北部，日本、朝鲜、俄罗斯（西伯利亚地区、远东地区）。为西伯利亚—东亚分布种。

根入药（药材名：龙胆），能清利肝胆湿热、健胃，主治黄疸、胁痛、肝炎、胆囊炎、食欲不振、目赤、中耳炎、尿路感染、带状疱疹、急性湿疹、阴部湿痒。

10. 三花龙胆

Gentiana triflora Pall. in Fl. Ross. 1(2):105. t.93. 1789; Fl. Intramongol. ed. 2, 4:88. t.34. f.1-4. 1992.

多年生草本，高 30～60cm。根状茎短，簇生多数绳索状根，根淡棕黄色。茎直立，单一，光滑无毛。叶条状披针形，稀披针形，长 5～10cm，宽 5～15(～20)mm，先端渐尖，全缘，基部合生且抱茎，三出脉，两面平滑无毛；茎下部叶较小，鳞片状。花 1～3(～5) 朵簇生枝顶及上部叶腋；无梗；苞片条状披针形，与花萼近等长。花萼管状钟形，长 2～2.5cm，具 5 裂片；裂片条状三角形，长 5～12mm。花冠管状钟形，蓝色，长 3.5～4cm，具 5 裂片；裂片卵圆形，先端钝或近圆形；褶极短，宽三角形或平截。

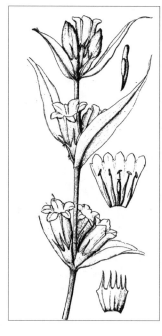

蒴果矩圆形，长 1.5～2cm，具柄，包藏在宿存花冠内；种子多数，长椭圆形，长 1.5～2mm，压扁，两端具翅，淡棕褐色，表面细网状。花果期 8～10 月。

中生草本。生于森林带的山地林缘、灌丛、草甸。产兴安北部（额尔古纳市、根河市、牙克石市、阿尔山市）、兴安南部（巴林右旗、克什克腾旗、东乌珠穆沁旗、西乌珠穆沁旗）、燕山北部（喀喇沁旗、宁城县）。分布于我国黑龙江、吉林东北部、辽宁中北部、河北北部，日本、朝鲜、俄罗斯（西伯利亚地区、远东地区）。为西伯利亚—东亚北部分布种。

根入药，功能、主治同龙胆。

11. 条叶龙胆（东北龙胆）

Gentiana manshurica Kitag. in Bot. Mag. Tokyo 48:103. 1934; Fl. Intramongol. ed. 2, 4:91. t.34. f.5-9. 1992.

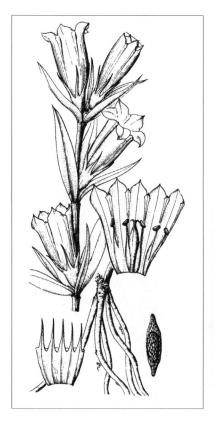

多年生草本，高 30～60cm。根状茎短，簇生数条至多条绳索状长根，淡棕黄色。茎直立，常单一，不分枝，有时 2～3 枝自根状茎生出。叶条形或条状披针形，长 5～10cm，宽 3～12mm，先端渐尖，全缘，基部合生且抱茎，三出脉，上面绿色，下面淡绿色，主脉明显凸起，两面平滑无毛；茎下部数对叶，较小，鳞片状。花无梗或梗极短，1～3(～5) 朵簇生枝顶及上部叶腋；苞片条形，长 2～3cm，宽 3～4mm。花萼管状钟形，长 1.5～2cm，膜质，具 5 裂片；裂片条形，长短不一，长 6～12mm。花冠管状钟形，长 4～5cm，蓝色或蓝紫色，具 5 裂片；裂片卵圆形，先端渐尖；褶极短，近三角形，边缘有时具不整齐的齿。蒴果狭矩圆形，长 1.5～2cm，压扁，具有长约 1cm 的柄；种子多数，矩圆形，两端具翅，淡棕褐色。花果期 8～10 月。

中生草本。生于森林带的山地林缘、灌丛、草甸。产兴安北部及岭东和岭西（大兴安岭）、兴安南部及科尔沁（扎赉特旗、科尔沁右翼前旗、科尔沁右翼中旗、突泉县、克什克腾旗、西乌珠穆沁旗）。分布于我国黑龙江、吉林、辽宁中部和西北部、河北、河南东部、山东、山西、陕西、宁夏、湖北西部和南部、湖南、江苏、安徽、浙江、福建、台湾、江西东部、广东西北部、广西东北部、海南，朝鲜。为东亚分布种。

根入药，功能、主治同龙胆。

12. 兴安龙胆

Gentiana hsinganica J. H. Yu in Bull. Bot. Res. Harbin 32(1):1-3. f.1. 2012.

多年生草本，高 30～70cm。茎直立，光滑。茎生叶 3 枚轮生。茎下部叶较小，呈鳞片状，长 1～1.5cm，基部连合成短鞘；中部及上部的叶条状披针形，长 3～10cm，宽 4～13mm，先端渐尖，边缘稍反卷，三出脉。花序下有苞叶数枚，长 6～8cm。聚伞花序生于茎顶，小花多数；苞片长于花萼。花萼钟形；萼筒长 4～6mm；裂片 5，三角形，长 1～2mm。花冠蓝紫色，管状钟形，长 3～4cm；裂片 5，卵状三角形，先端渐尖；褶片三角形，长仅 0.8～2mm。雄蕊 5，着生于冠筒下部，花丝基部翅状变宽；柱头 2 裂，裂片稍反卷。

中生草本。生于森林带的山地林下、林缘。产兴安北部（牙克石市乌尔其汉镇）。为大兴安岭分布种。

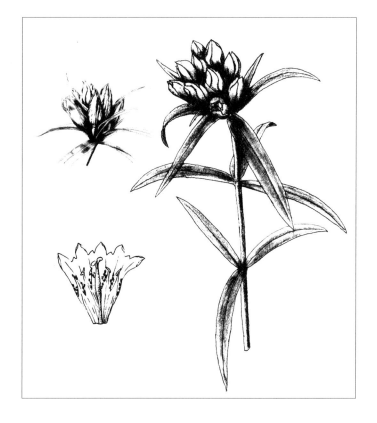

4. 扁蕾属 Gentianopsis Y. C. Ma

一年生或二年生草本。花具长梗，单生于枝顶或叶腋；花蕾椭圆形，稍扁，具四棱；花4基数；花萼钟状管形，裂片2对，内对较宽而短，外对较狭而长，边缘膜质，裂片间基部具三角形萼内膜；花冠管状钟形，基部具4腺体且与雄蕊互生，裂片卵圆形、椭圆形或矩圆形；雄蕊贴生于花冠管的中部。蒴果具柄，2瓣开裂；种子表面具小瘤状突起。

内蒙古有3种。

分种检索表

1a. 花萼明显短于花冠筒，2对裂片近等长，内对稍短。

  2a. 花萼内对裂片先端钝尖；茎生叶矩圆形或矩圆状披针形，先端钝尖······**1. 湿生扁蕾 G. paludosa**

  2b. 花萼内对裂片先端渐尖；茎生叶卵状三角形或三角状披针形，先端锐尖···········
···**2. 宽叶扁蕾 G. ovatodeltoidea**

1b. 花萼长于或近等长于花冠筒，2对裂片极不等长，内对裂片先端长渐尖，明显短于外对；茎生叶条形或狭披针形，先端长渐尖···**3. 扁蕾 G. barbata**

1. 湿生扁蕾

Gentianopsis paludosa (Munro ex J. D. Hook.) Y. C. Ma in Act. Phytotax. Sin. 1(1):11. t.3. f.1. 1951; Fl. China 16:130. 1995.——*Gentiana detonsa* Rottb. var. *paludosa* Munro ex J. D. Hook. in Hook. Icon. Pl. 9:t.857. 1852.

二年生草本，高3.5～4.5cm。主根明显。茎直立，通常从基部分枝，分枝不等长，下部节间短缩，上部花葶状；有时主枝中部有分枝或完全不分枝则茎单生。基部叶3～5对，匙形，长0.3～4.5cm，宽1.5～14mm，先端圆形，基部渐狭成短而扁平的柄；茎生叶矩圆形或矩圆状披针形，长0.5～4cm，宽1.5～10mm，先端钝尖，无柄。花4基数，单生茎及分枝顶端。花萼

筒状钟形，长为花冠筒之半，长0.8～2.8cm；裂片2对，近等长，内对卵形，外对披针形，先端钝尖。花冠蓝色或上部蓝色，下部黄白色，长1～5.5cm；裂片4，长圆形，长至2cm，先端圆形，两侧有细条裂齿。花丝线形，花药黄色。蒴果与花冠等长或外露，具柄；种子褐色，表面密生指状凸起。花果期7～8月。

中生草本。生于荒漠带的高山草甸或灌丛。产贺兰山。分布于我国山西、陕西西南部、宁夏西北部和南部、甘肃西南部、青海东部和南部、湖北西部、四川西北部、云南西北部、西藏东部和南部及西部，尼泊尔、不丹、印度。为横断山脉—喜马拉雅分布种。

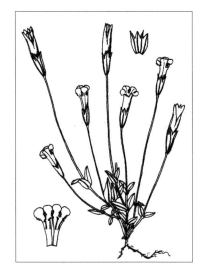

2. 宽叶扁蕾（卵叶扁蕾）

Gentianopsis ovatodeltoidea (Burk.) Y. Z. Zhao in Cl. Fl. Ecolog. Geogr. Distr. Vasc. Pl. Inn. Mongol. 406. 2012.——*Gentiana detonsa* Rottb. var. *ovatodeltoidea* Burk. in J. Proc. Asiat. Soc. Bengal. 2:319. 1906.——*G. barbata* (Froel.) Y. C. Ma var. *ovatodeltoidea* (Burk.) Y. C. Ma in Fl. Intramongol. 5:80. t.33. f.6. 1980; Fl. Intramongol. ed. 2, 4:92. t.35. f.6. 1992.

一年生直立草本，高 20 ～ 50cm。根细长圆锥形，稍分枝。茎具 4 纵棱，光滑无毛，有分枝，节部膨大。茎生叶对生，卵状三角形或三角状披针形，长 3 ～ 5cm，宽 1 ～ 2cm，先端锐尖，基部 2 枚对生叶几相连，全缘，下部 1 条主脉明显凸起；基生叶匙形或条状倒披针形，长 1 ～ 2cm，宽 2 ～ 5mm，早枯落。单花生于分枝的顶端，直立；花梗长 5 ～ 12cm。花萼管状钟形，明显短于花冠筒，具 4 棱；萼筒长 12 ～ 20mm。内对萼裂片披针形，先端渐尖，与萼筒近等长；外对萼裂片条状披针形，比内对裂片稍长。花冠管状钟形，长 3 ～ 5cm；裂片矩圆形，蓝色或蓝紫色，两旁边缘剪割状；无褶；蜜腺 4，着生于花冠管近基部，近球形而下垂。蒴果狭矩圆形，长 2 ～ 3cm，具柄，2 瓣裂开；种子椭圆形，长约 1mm，棕褐色，密被小瘤状突起。花果期 7 ～ 9 月。

中生草本。生于阔叶林带和草原带的山地林缘、沟谷、山坡。产燕山北部（兴和县苏木山）、阴山（大青山、蛮汗山）。分布于我国河北、山西、陕西、甘肃、青海、四川、湖北西部、云南西北部。为华北—横断山脉分布种。

3. 扁蕾（剪割龙胆）

Gentianopsis barbata (Froel.) Y. C. Ma in Act. Phytotax. Sin. 1(1):8. 1951; Fl. Intramongol. ed. 2, 4:91. t.35. f.1-5. 1992.——*Gentiana barbata* Froel. in Gent. 114. 1796.——*G. barbata* (Froel.) Y. C. Ma var. *sinensis* Y. C. Ma in Act. Phytotax. Sin. 1(1):9. 1951; Fl. Intramongol. ed. 2, 4:91. t.35. f.7. 1992.

一年生直立草本，高 20 ～ 50cm。根细长圆锥形，稍分枝。茎具 4 纵棱，光滑无毛，有分枝，节部膨大。叶对生，条形，长 2 ～ 6cm，宽 2 ～ 4mm，先端渐尖，基部 2 对生叶几相连，全缘，下部 1 条主脉明显凸起。基生叶匙形或条状倒披针形，长 1 ～ 2cm，宽 2 ～ 5mm，早枯落；茎生叶条形或狭披针形，先端长渐尖。单花生于分枝的顶端，直立；花梗长 5 ～ 12cm。花萼管

状钟形，长于或近等长于花冠筒，具4棱；萼筒长12～20mm。内对萼裂片披针形，先端长渐尖，与萼筒近等长；外对萼裂片条状披针形，比内对裂片长。花冠管状钟形，长3～5cm；裂片矩圆形，蓝色或蓝紫色，两旁边缘剪割状；无褶；蜜腺4，着生于花冠管近基部，近球形而下垂。蒴果狭矩圆形，长2～3cm，具柄，2瓣裂开；种子椭圆形，长约1mm，棕褐色，密被小瘤状突起。花果期7～9月。

中生草本。生于森林带和草原带的山地林缘、灌丛、低湿草甸、沟谷、河滩砾石处。产兴安北部及岭东和岭西（额尔古纳市、根河市、牙克石市、扎兰屯市、陈巴尔虎旗、海拉尔区、鄂温克族自治旗）、兴安南部（科尔沁右翼前旗、突泉县、扎鲁特旗、阿鲁科尔沁旗、巴林右旗、克什克腾旗）、燕山北部（喀喇沁旗、宁城县、敖汉旗）、锡林郭勒（东乌珠穆沁旗、西乌珠穆沁旗、锡林浩特市、多伦县、正蓝旗）、阴山（大青山、蛮汗山）、贺兰山。分布于我国黑龙江西南部、吉林北部、辽宁西北部、河北西北部、河南西部、山东、山西、陕西北部、宁夏西北部和南部、甘肃东部、青海东北部和南部、四川西部、贵州、云南北部、西藏东部和西部、新疆，日本、蒙古国、俄罗斯，中亚。为东古北极分布种。

全草入蒙药（蒙药名：特木日-地格达），能清热、利胆、退黄，主治肝炎、胆囊炎、头痛、发烧。

5. 假龙胆属 Gentianella Moench

一年生或二年生草本。单花或聚伞花序，顶生或腋生；花 5 基数，稀 4 基数；花梗明显短于它所对的节间；花萼合生，具 4 或 5 裂片；花冠管状钟形至高脚碟状，具 4 或 5 开展的裂片，裂片基部光裸，裂片间无褶；雌蕊无花柱，柱头椭圆形或矩圆形。蒴果无柄或具柄；种子多数，近平滑。

内蒙古有 1 种。

1. 黑边假龙胆

Gentianella azurea (Bunge) Holub in Folia Geobot. Phytotax. 2(1):116.1967; Fl. Reip. Pop. Sin. 62:317. 1988; Fl. China 16:138. 1995.——*Gentiana azurea* Bunge in Nouv. Mem. Soc. Imp. Nat. Mosc. 1:230. 1829.

一年生草本，高 2～30cm。茎直立，常紫红色，有棱，分枝或不分枝。茎生叶椭圆形、长圆形或狭披针形，稀卵状长圆形，长 3～17mm，宽 1.5～6mm，先端钝或急尖，基部略狭，无柄。聚伞花序顶生和腋生，稀花单生；花梗长短不等，通常紫色；花 5 基数，稀 4 基数。花萼长为花冠 1/2～2/3，长 3～8mm；裂片卵状长圆形、椭圆形或线状披针形，先端钝或急尖，边缘及背部中脉常黑色（果期更明显）。花冠蓝色，筒状，长 6～13mm，中裂；裂片长圆形或椭圆形，先端钝或急尖，冠筒基部具 10 个小腺体。雄蕊着生冠筒中部；花丝线形，长至 4mm；花药蓝色，长圆形，长约 1mm。子房先端渐尖，与花柱界线不明显。蒴果稍长于花冠；种子褐色，表面有极细网纹。花果期 8～9 月。

中生草本。生于荒漠带海拔约 3500m 的高山草甸。产贺兰山。分布于我国甘肃中部、青海、四川西北部、西藏东部和南部、云南西北部、新疆（天山），不丹、蒙古国北部和西部及南部、俄罗斯（西伯利亚地区），中亚。为中亚—亚洲中部高山分布种。

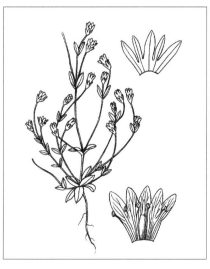

6. 喉毛花属 Comastoma (Wettstein) Toyokuni

一年生或二年生草本。花单生枝顶；花梗极长；花萼 4～5 深裂，萼管短；花冠钟状或漏斗状，裂片 4～5，每裂片基部（花冠喉部）具 2 白色流苏状鳞片，花冠近基部具腺体 8～10；雌蕊无花柱或不明显，柱头椭圆形或矩圆形。蒴果无柄；种子无翅。

内蒙古有 5 种。

分种检索表

1a. 茎由基部或茎上多长分枝，花单生于茎顶。

  2a. 花冠 5 中裂。

    3a. 花冠较大，长 (9～)12～27mm；萼片边缘平展或稍呈波状，基部内弯稍呈镰状；茎由基部多分枝；叶多数为基生，茎生叶很少 ·······**1. 镰萼喉毛花 C. falcatum**

    3b. 花冠较小，长 7～14mm；萼片边缘全部或部分皱缩；茎上多长分枝；叶多数为茎生，基生叶早落 ·······**2. 皱萼喉毛花 C. polycladum**

  2b. 花冠 4～5 浅裂，萼片边缘平展；茎由基部分枝；叶多数为茎生 ·······**3. 柔弱喉毛花 C. tenellum**

1b. 茎不由基部分枝，茎上具短分枝；短聚伞花序顶生和腋生，花长 10～12mm，浅裂；基生叶早落。

  4a. 花蓝色或蓝紫色；花冠裂片矩圆形，先端圆钝；花萼裂片长为花冠的 1/2～2/3；雄蕊着生于花冠筒的中部 ·······**4. 尖叶喉毛花 C. acutum**

  4b. 花黄色；花冠裂片三角形，先端锐尖；花萼裂片与花冠近等长；雄蕊着生于花冠筒的下部 ·······**5. 阿拉善喉毛花 C. alashanicum**

1. 镰萼喉毛花（镰萼龙胆、镰萼假龙胆）

Comastoma falcatum (Turcz. ex Kar. et Kir.) Toyokuni in Bot. Mag. Tokyo 74:198. 1961; Fl. Intramongol. ed. 2, 4:94. t.36. f.1-4. 1992.——*Gentiana falcata* Turcz. ex Kar. et Kir. in Bull. Soc. Imp. Nat. Mosc. 15:404. 1842.

一年生草本，高 (3～)5～12cm，无毛。茎斜升，少直立，近四棱形，沿棱具翅，纤细，

自基部多分枝。基生叶莲座状，矩圆状倒披针形，长 1～2cm，宽 3～6mm，先端圆形，全缘，基部渐狭成短柄；茎生叶通常 1 对，少 2 对，矩圆形成倒披针形，先端钝，基部稍合生而抱茎，具 1～3 脉。单花生枝顶；花梗细长而稍弯曲，长 1.5～8cm，近四棱形。花萼宽钟状，深绿色；萼片 5，不等形，披针形至卵形，长 10～12mm，宽 3～6mm，先端锐尖，基部内弯稍呈镰形，边缘平展或稍呈波状。花冠管状钟形，淡蓝色或淡紫色，长 (9～)12～27mm，在喉管直径 5～7mm，5 中裂；裂片矩圆形，长 5～6mm；在花冠喉部具 10 个流苏状鳞片，鳞片（带流苏）长 3～4mm。蒴果狭矩圆形，无柄，稍外露；种子椭圆形，近平滑。花果期 7～9 月。

中生草本。生于荒漠带的高山或亚高山草甸。产贺兰山。分布于我国河北西部、山西东部、甘肃西南部、青海东北部和西北部、四川西北部、西藏、新疆西部和中部（阿尔泰山、天山、喀喇昆仑山），印度、尼泊尔、蒙古国西部和北部、俄罗斯（西伯利亚南部地区），克什米尔地区，中亚。为东古北极分布种。

2. 皱萼喉毛花（皱边喉毛花）

Comastoma polycladum (Diels et Gilg) T. N. Ho in Act. Biol. Plateau Sin. 1:39. 1982; Fl. Intramongol. ed. 2, 4:97. t.37. f.1-4. 1992.——*Gentiana polyclada* Diels et Gilg in Bot. Repr. 3:16. 1903.

一年生草本，高（5～）10～30cm。无毛。茎纤细，近四棱形，沿棱稍粗糙，自下部分枝，

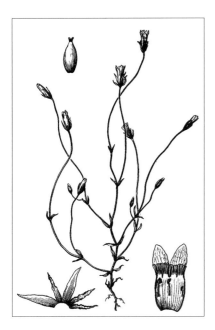

枝细长而斜升。叶对生，条状披针形至条状倒披针形，长 6～12mm，宽 1～2mm，先端锐尖或钝，基部楔形，边缘（干时）卷折与皱缩，具 1 脉，无叶柄。单花，顶生；花梗细长、柔弱，梗长 4～8cm；萼片 5，披针状条形或条形，先端骤尖，不等形，通常 2 长、3 短，长萼片长 8～10mm，短萼片长 5～7mm，边缘

全部或部分皱缩且为黑色。花冠管状钟形，长 7～14mm，蓝色，5 中裂；裂片矩圆状卵形，先端钝尖，长 5～7mm；花冠管长 5～7mm；花冠喉部具 10 枚流苏状鳞片，鳞片（带流苏）长 2.5～3mm。雄蕊 5，不等长，内藏，着生在花冠管中部。花期 8 月。

中生草本。生于荒漠带的海拔 2400m 左右的山坡。产贺兰山。分布于我国山西北部、宁夏西北部（贺兰山）、甘肃中部和西南部、青海东部和南部。为华北西部分布种。

3. 柔弱喉毛花

Comastoma tenellum (Rottb.) Toyokuni in Bot. Mag. Tokyo 74:198. 1961; For. Stud. China 9(2):149. 2007.——*Gentiana tenella* Rottb. in Skr. Naturhist.-Selsk. 10:436. 1770.

一年生草本，高 5～12cm。主根纤细。茎由基部多分枝至不分枝，分枝纤细，斜升。基生叶少，匙状矩圆形，长 5～8mm，宽 2～3mm，先端圆形，全缘，基部楔形；茎生叶无柄，矩圆形或卵状矩圆形，长 4～11mm，宽 2～4mm，先端急尖，全缘，基部略狭缩，叶质薄，干时有明显网脉。花常 4～5 基数，单生枝顶；花梗长达 8cm；花萼深裂，裂片 4～5。花冠淡蓝色，筒形，长 7～11mm，宽约 3mm，浅裂；裂片 4～5，矩圆形，长 2～3mm，先端稍钝，呈覆瓦状排列，互相覆盖；喉部具一圈白色副冠，长约 1.5mm，冠筒基部具小腺体。雄蕊 4～5，着生于冠筒中下部；花药黄色，卵形，长 0.5～0.7mm；花丝钻形，长约 2mm，基部宽约 1mm，向上略

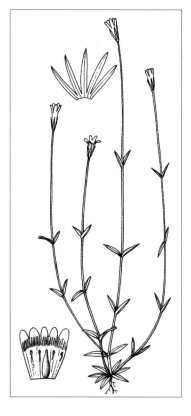

狭。子房狭卵形，长约 7mm，先端渐狭；无明显的花柱；柱头 2 裂，裂片长圆形。蒴果略长于花冠，先端 2 裂；种子（未成熟）多数，卵球形，扁平，表面光滑，边缘有乳突。花果期 6 月。

中生草本。生于荒漠带的亚高山草甸。产贺兰山（哈拉乌沟）。分布于我国青海、甘肃、西藏、新疆，蒙古国北部和西部、俄罗斯、亚洲、欧洲、北美洲。为泛北极分布种。

4. 尖叶喉毛花（尖叶假龙胆、苦龙胆）

Comastoma acutum (Michx.) Y. Z. Zhao et X. Zhang in For. Stud. China 9(2):149. 2007.——
Gentianella acuta (Michx.) Hiiltonen in Mem. Soc. Faun. Fl. Fenn. 25:76. 1950; Fl. Intramongol. ed. 2,
4:92. t.36. f.5-10. 1992.——*Gentiana acuta* Michx. in Fl. Bor.-Amer. 1:177. 1803.

一年生草本，高 10～30cm。全株无毛。茎直立，四棱形，多分枝。叶对生，披针形，长 1～3cm，
宽 3～7mm，先端钝尖，全缘，基部近圆形，稍抱茎，三至五出脉，无叶柄。基部叶倒披针形

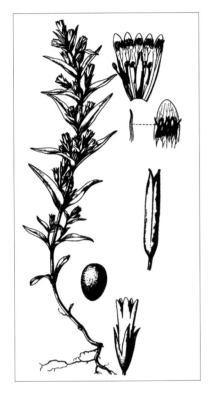

或匙形，较小，花期常早枯落。聚伞花序顶生或腋生；花蓝色或蓝紫色；花梗长 2～8mm；
花 4～5 基数。花萼管长 1.5～2mm；裂片条形或条状披针形，长 3.5～5mm，先端渐尖。花冠
全长 10～12mm，管状钟形，管长 6～8mm，5 浅裂；裂片矩圆形，长约 3.5mm，宽约 1.5mm；
喉部鳞片的流苏长 1.5～2.5mm。雄蕊着生于花冠筒的中部；子房条状矩圆形，无柄；无花柱；
柱头 2 裂。蒴果长矩圆形，长约 1cm，无柄，稍外露；种子多数，近球形，直径约 0.5mm，表面
细网状，淡棕褐色。花果期 7～9 月。

中生草本。生于森林带和草原带的山地林下、灌丛、低湿草甸。产兴安北部（额尔古纳市、
根河市、鄂伦春自治旗）、兴安南部（科尔沁右翼前旗、巴林右旗、克什克腾旗、西乌珠穆沁
旗）、阴山（大青山、蛮汗山、乌拉山）、贺兰山。分布于我国黑龙江、吉林北部、辽宁西北部、
河北北部、山东、山西北部、陕西、宁夏西北部，蒙古国北部和西部及南部、俄罗斯（西伯利
亚地区），北美洲。为亚洲—北美分布种。

5. 阿拉善喉毛花

Comastoma alashanicum Y. Z. Zhao et Z. Y. Chu sp. nov.;Key Vasc. Pl. Inn. Mongol. 186. 2014.
nom. nud.

一年生草本，高约15cm。全株无毛。主根细长。茎直立，单一，近四棱形。茎生叶披针形，长1～2cm，宽3～4mm，全缘，先端渐尖或锐尖，基部近圆形，叶脉1，无柄。聚伞花序顶生和腋生，花梗长2～10mm。花萼长10～12mm，与花冠近等长，5深裂；裂片条形，先端长渐尖。花冠黄色，长10～12mm，5浅裂；裂片三角形，长约3mm，先端锐尖；喉部具黄色流苏状长柔毛。雄蕊5，着生于花冠筒下部；花丝长约4mm；花药蓝色，矩圆形，长约1mm。子房无柄，圆柱形，长约6mm；花柱不明显。蒴果未见。花期8～9月。

中生草本。生于荒漠带的山地云杉林下。产贺兰山。为贺兰山分布种。

本种与尖叶喉毛花 *C. acutum* (Michx.) Y. Z. Zhao et X. Zhang 相近，但花冠黄色（非蓝色），花萼与花冠近等长（非花萼为花冠的1/2～2/3），花冠裂片三角形（非矩圆形），先端锐尖（非钝圆）。

Haec species C.acutis (Michx.) Y. Z. Zhao et X. Zhang affinis，sed corallis flavis，calycibus corollis subaequilongioribus， lobis corollarum triangulatis differ.

Annual herb. Taproot slender. Stem erect，ca.14cm，simple，tetragonal， glabrous. Leaves opposite，entire at margins，sessile，lanceolate or ovate-lanceolate，15-20×3-5mm，acuminate at apex，little wide at base，nerves 3-5；basal leaves small，oblanceolate or spatulate. Inflorescence terminal and axillary；flower pentamerous；pedicel 2-11mm long；calyx and corolla subequal long. parted；calyx tube ca.2mm long，lobes linear-lanceolate，8-10×1-1.5mm，long acuminate at apex；corolla yellow，tubular-campanulate，10-12mm long，5lobate，lobes triangular, 3-4×1.5mm, acute at apex，with 4-5 fimbriae at base；stamens attached at lower part of corolla tube，filaments linear，ca.4 mm，anthers oblong，ca.0.6mm；ovary sessile，terete，ca.5-6mm，style not distinct，stigma bifid. Capsule not seen.

Ning Xia （宁夏）：Helan Mount.（贺兰山），Suyoukougou（苏峪口沟），in sylva， 25-08-2004，Z. Y. Chu（朱宗元）124（holotypus，HIMC）。

7. 肋柱花属 Lomatogonium A. Br.

一年生草木。花序为疏散少数花的聚伞花序，顶生或腋生；花5（稀4）基数；萼片条形，披针形或卵形，仅基部稍连合；花冠辐状，具4～5裂片，在每裂片的基部（雄蕊着生处的两侧）具2囊状腺洼，其边缘具流苏；雄蕊着生于花冠基部；雌蕊无花柱，柱头向两侧沿子房缝线下延，形成2条粗糙且具槽的带（即柱头面）。蒴果2瓣开裂；种子近球形，平滑。

内蒙古有3种。

分种检索表

1a. 花萼裂片椭圆形至卵形，稀披针形，长为花冠的2/3；叶卵状披针形或椭圆形…………………………………………………………………………………………**1. 肋柱花 L. carinthiacum**

1b. 花萼裂片狭条形，叶条形、条状披针形或披针形。

  2a. 花萼裂片与花冠近等长或明显长，花冠裂片椭圆状披针形或椭圆形；叶通常条形或条状披针形。

    3a. 花冠淡蓝色，花萼裂片与花冠近等长…………………**2a. 辐状肋柱花 L. rotatum** var. **rotatum**

    3b. 花冠白色，干后变橙黄色；花萼裂片明显比花冠长…………………………………………**2b. 橙黄肋柱花 L. rotatum** var. **aurantiacum**

  2b. 花萼裂片长为花冠的1/2～2/3，花冠裂片宽卵状披针形；叶通常披针形或狭披针形…………………………………………………………………………………………**3. 短萼肋柱花 L. floribundum**

1. 肋柱花（加地侧蕊、加地肋柱花）

Lomatogonium carinthiacum (Wulf.) Rchb. in Flora 13:221. 1830; Fl. Reip. Pop. Sin. 62:333. t.54. f.5-7. 1988; Fl. Intramongol. ed. 2, 4:98. t.39. f.4-6. 1992.——*Swertia carinthiaca* Wulf. in Misc. Ausriac. 2:53. 1781.

一年生草本，高6～16cm。全株无毛。茎直立，近四棱形，多分枝。叶卵状披针形或椭圆形，长10～15mm，宽3～6mm，先端钝或锐尖，基部近圆形或宽楔形，无叶柄。花序生于分枝顶端；花具纤细的长梗；萼片5，椭圆形至卵形，稀披针形，长6～8mm，宽2～3mm，先端锐尖。花冠淡蓝色，有脉纹，分裂至基部成5裂片；裂片卵形，长7～10mm，先端渐尖。花药矩圆形，蓝色，长约3mm；子房狭矩圆形，枯黄色。蒴果棕褐色，顶端2裂，长约15mm。花果期8～10月。

湿中生草本。生于森林草原带和草原带的亚高山低湿草甸。产兴安南部（巴林右旗、克什克腾旗黄岗梁）、阴山（察哈尔右翼中旗辉腾梁）。分布于我国河北西北部、河南西部、山西北部、甘肃东南部、青海东部和南部、四川西部、云南西北部、西藏、新疆中部，日本、蒙古国北部和西部、俄罗斯、印度、巴基斯坦、阿富汗，中亚，欧洲。为古北极分布种。

2. 辐状肋柱花（小花肋柱花、辐花侧蕊、肋柱花）

Lomatogonium rotatum (L.) Fries ex Nyman in Consp. Fl. Eur. 3:500. 1881; Fl. Intramongol. ed. 2, 4:98. t.38. f.6-10. 1992.——*Swertia rotata* L., Sp. Pl. 1:226. 1753.

2a. 辐状肋柱花

Lomatogonium rotatum (L.) Fries ex Nyman var. **rotatum**

一年生草本，高（5～）10～30cm。全株无毛。茎直立，近四棱形，有分枝。叶条形或条状披针形，长1～4cm，宽2～5mm，先端尖，全缘，基部分离，具1脉。花序顶生或腋生

由聚伞花序组成复总状；花具长梗，直立，梗四棱形；萼片5，狭条形，长6～15mm，宽1～2mm，先端尖，不等长，花萼裂片与花冠近等长。花冠淡蓝紫色，开花时直径1.5～2.5cm；裂片矩圆状椭圆形，长8～15mm，宽3～6mm，先端渐尖，具7条深色脉纹；囊状腺洼白色，其边缘具白色不整齐的流苏。花药狭矩圆形，长2～3mm，蓝色；子房狭矩圆形，橘黄色，先端钝。蒴果条形，长1.5～2cm，浅棕褐色，顶端2裂，压扁，紧包在宿存花冠内，顶端稍外露；种子近椭圆形，长约0.5mm，淡棕色，具光泽，近光滑。花果期8～9月。

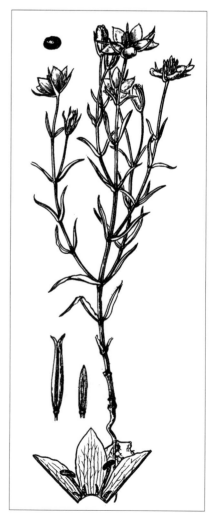

湿中生草本。生于森林带和草原带的低湿草甸、沟谷溪边、林缘草甸。产兴安北部（牙克石市）、兴安南部（阿鲁科尔沁旗、巴林右旗、克什克腾旗）、锡林郭勒（东乌珠穆沁旗、西乌珠穆沁旗、锡林浩特市、苏尼特左旗、正蓝旗、多伦县）、阴山（察哈尔右翼中旗辉腾梁）。分布于我国黑龙江西北部、吉林、辽宁、河北北部、山东、山西北部、陕西、宁夏、甘肃、青海东北部、四川北部、贵州、云南、新疆，日本、蒙古国东部和北部及西部、俄罗斯、哈萨克斯坦、欧洲北部、北美洲北部。为泛北极分布种。

全草入蒙药（蒙药名：地格达），能清热、利湿，主治黄疸、发烧、头痛、肝炎。

2b. 橙黄肋柱花

Lomatogonium rotatum (L.) Fries ex Nyman var. **aurantiacum** Y. Z. Zhao in Bull. Bot. Res. Harbin 24(1):8. 2004.

本变种与正种的区别是：花冠白色，干后变橙黄色；花萼裂片明显比花冠长。

一年生湿中生草本。生于草原带的低湿草甸。产兴安南部（巴林左旗）、科尔沁（突泉县）。为科尔沁分布变种。

3. 短萼肋柱花 （密序肋柱花）

Lomatogonium floribundum (Franch.) Y. Z. Zhao in Bull. Bot. Res. Harbin 24(1):8. 2004.——*Pleurogyne rotata* (L.) Fries ex Nyman var. *floribunda* Franch. in Bull. Soc. Bot. France 46:309. 1899. p. p.——*L. rotatum* (L.) Fries ex Nyman var. *floribundum* (Franch.) T. N. Ho in Fl. Reip. Pop. Sin. 62:336. 1988; Fl. China 16:127. 1995.

一年生草本，高（5～）10～30cm。全株无毛。茎直立，近四棱形，有分枝。叶通常披针形或狭披针形，长1～4cm，宽2～5mm，先端尖，全缘，基部分离，具1脉。花序顶生或腋生由聚伞花序组成复总状；花具长梗，直立，梗四棱形；萼片5，狭条形，长6～15mm，宽1～2mm，先端尖，不等长，萼裂片长为花冠的1/2～2/3。花冠淡蓝紫色，开花时直径1.5～2.5cm；裂片宽卵状披针形，长8～15mm，宽3～6mm，先端渐尖，具7条深色脉纹；囊状腺洼白色，其边缘具白色不整齐的流苏。花药狭矩圆形，长2～3mm，蓝色；子房狭矩圆形，橘黄色，先端钝。蒴果条形，长1.5～2cm，浅棕褐色，顶端2裂，压扁，紧包在宿存花冠内，顶端稍外露；种子近椭圆形，长约0.5mm，淡棕色，具光泽，近光滑。花果期8～9月。

湿中生草本。生于森林草原带和草原带的低湿草甸及亚高山低湿草甸。产兴安南部（克什克腾旗）、锡林郭勒（西乌珠穆沁旗、锡林浩特市）、阴山（察哈尔右翼中旗辉腾梁、蛮汗山）、鄂尔多斯（伊金霍洛旗、乌审旗、鄂托克旗）。分布于我国河北北部、山西、甘肃、青海东北部。为华北分布种。

8. 腺鳞草属 **Anagallidium** Griseb.

一年生草本。全株无毛。茎纤弱，斜升，四棱形，沿棱具狭翅，自基部多分枝。基部叶匙形，全缘，基部渐狭成叶柄。聚伞花序（通常具3花）或单花，顶生或腋生；花萼4深裂达基部，萼裂片在基部两侧凹缺。花冠4深裂，裂片卵形，白色、淡绿色或橙黄色；腺洼圆形，黄色，外侧边缘具鳞片。雄蕊4，花丝基部背面具流苏状毛，花药蓝绿色；子房1室，花柱短，柱头2裂。蒴果卵圆形，含种子10余粒；种子宽卵形或近球形。

内蒙古有2种。

分种检索表

1a. 花瓣无红色脉纹，叶具5脉 ·· **1. 腺鳞草 A. dichotomum**
1b. 花瓣具红色脉纹，叶具3脉 ·· **2. 红纹腺鳞草 A. rubrostriatum**

1. 腺鳞草 （歧伞獐牙菜、歧伞当药）

Anagallidium dichotomum (L.) Griseb. in Gen. Sp. Gent. 312. 1839; Fl. Pl. Herb. Chin. Bor.-Orient. 7:81. t.45. f.1-4. 1981.——*Swertia dichotoma* L., Sp. Pl. 1:227. 1753; Fl. Intramongol. ed. 2, 4:101. t.38. f.1-5. 1992; Fl. China 16:114. 1995.

一年生草本，高5～20cm。全株无毛。茎纤弱，斜升，四棱形，沿棱具狭翅，自基部多分枝，上部两歧式分枝。基部叶匙形，长8～15mm，宽5～8mm，先端圆钝，全缘，基部渐狭成叶柄，具5脉；茎部叶卵形成卵状披针形，长5～20mm，宽4～10mm，无柄或具短柄。聚伞

花序（通常具3花）或单花，顶生或腋生；花梗细长，花后伸长而弯垂；花4基数；萼裂片宽卵形或卵形，长约3mm，宽约2mm，先端渐尖，具7脉。花冠白色或淡绿色；管部长约1mm；裂片卵形或卵圆形，长5～7mm，宽3～4mm，先端圆钝，花后增大，宿存；腺洼圆形，黄色。花药蓝绿色。蒴果卵圆形，长约5mm，淡黄褐色，含种子10余粒；种子宽卵形或近球形，直径约1mm，淡黄色，近平滑。花果期7～9月。

中生草本。生于森林草原带和草原带的河谷草甸。产呼伦贝尔（海拉尔区）、兴安南部（巴林右旗、克什克腾旗）、锡林郭勒（正蓝旗、兴和县）、阴山（大青山、

乌拉山）、贺兰山。分布于我国河北西北部、河南西部、山东、山西、陕西南部、宁夏、甘肃东部、青海东部、四川北部、湖北西部、新疆中部，日本、蒙古国北部、俄罗斯（西伯利亚地区）、哈萨克斯坦。为东古北极分布种。

2. 红纹腺鳞草

Anagallidium rubrostriatum Y. Z. Zhao, Zong Y. Zhu et L. Q. Zhao in Act. Phytotax. Sin. 42(1):83. f.1. 2004.

一年生草本，高 5～20cm。全株无毛。茎纤弱，斜升，四棱形，沿棱具狭翅，自基部多分枝，上部两歧式分枝。基部叶匙形，长 8～15mm，宽 5～8mm，先端圆钝，全缘，边缘皱波状，基部渐狭成叶柄，具 3 脉；茎部叶卵

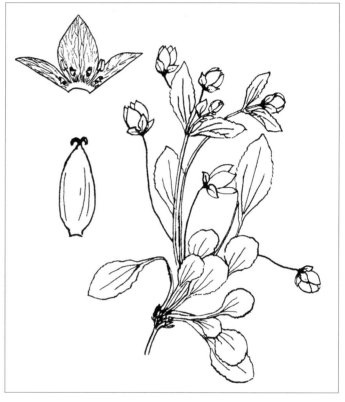

形或卵状披针形，长 5～20mm，宽 4～10mm，无柄或具短柄。聚伞花序（通常具 3 花）或单花，顶生或腋生；花梗细长，花后伸长而弯垂；花 4 基数；萼裂片宽卵形或卵形，长约 3mm，宽约 2mm，先端渐尖，具 7 脉。花冠淡紫褐色，干后橙黄色，具红色脉纹；管部长约 1mm；裂片卵形或卵圆形，长 5～7mm，宽 3～4mm，先端圆钝，花后增大，宿存；腺洼圆形，黄色。花药蓝绿色。蒴果卵圆形，长约 5mm，淡黄褐色，含种子 10 余粒；种子宽卵形或近球形，直径约 1mm，淡黄色，近平滑。花果期 7～9 月。

中生草本。生于草原带的山地溪边草甸。产阴山（和林格尔县、蛮汗山、辉腾梁）。为阴山分布种。

9. 獐牙菜属 Swertia L.

一年生或多年生草本。茎直立。叶对生，稀互生。聚伞花序，稀单花，顶生或腋生；花4～5基数；花萼深裂几乎达基部，裂片条形、披针形或卵形；花冠辐状，具4～5裂片，每裂片具1～2腺洼，腺洼边缘具流苏状毛或裸露；雄蕊着生在花冠基部，花丝基部无毛；花柱短或缺，柱头2、片状。蒴果卵圆形或矩圆形，2瓣开裂，无柄；种子无翅或具翅，表面网状或近平滑。

内蒙古有7种。

分种检索表

1a. 多年生草本，花5基数。

  2a. 花冠淡黄绿色，具红褐色斑点，裂片基部有1个褐色腺窝…………**1. 红直獐牙菜 S. erythrosticta**

  2b. 花冠白色或绿白色，具暗紫色斑点，裂片基部有2个腺窝…………**2. 藜芦獐牙菜 S. veratroides**

1b. 一年生草本。

  3a. 花4基数。

    4a. 叶矩圆形或狭卵状披针形；花冠黄绿色，有时带紫色，无斑点，裂片下部具2个长圆形沟状腺窝，内侧边缘具短裂片状流苏…………………………**3. 四数獐牙菜 S. tetraptera**

    4b. 叶三角状卵形；花冠蓝紫色，具暗紫色斑点，裂片中部具2排短鸡冠状凸起……………………………………………………………………………………**4. 卵叶獐牙菜 S. tetrapetala**

  3b. 花5基数。

    5a. 叶条形、条状披针形或披针形，宽2～6mm，具1脉；花冠裂片基部具腺洼，上部无斑点。

      6a. 花较小，直径10～15mm；腺洼边缘流苏状毛，表面光滑…………**5. 北方獐牙菜 S. diluta**

      6b. 花较大，直径20～25mm；腺洼边缘流苏状毛，表面具小瘤状突起……………………………………………………………………………………**6. 瘤毛獐牙菜 S. pseudochinensis**

    5b. 叶椭圆状披针形，宽10～30mm，具3脉；花冠裂片基部无腺洼，中部具2个黏性的大斑点，上部有紫色斑点…………………………………………………**7. 獐牙菜 S. bimaculata**

1. 红直獐牙菜（红直当药）

Swertia erythrosticta Maxim. in Bull. Acad. Imp. Sci. St.-Petersb. 27:503. 1881; Fl. Reip. Pop. Sin. 62:355. t.57. f.1-5. 1988; Fl. Intramongol. ed. 2, 4:104. t.41. f.1-6. 1992.

多年生草本，高30～70cm。具短的根状茎。茎直立，常带紫色，圆柱形，不分枝。基生叶花期枯萎与凋落。茎生叶对生，矩圆形、椭圆形或卵形，长4～10cm，宽1～3cm，先端钝或渐尖，基部渐狭成柄，叶脉3～5；叶柄扁平，长0.5～3cm，下部连生成筒状抱茎。圆锥状复聚伞花序，长10～25cm，具多花；花梗常弯垂，长1～2cm；花5基数；萼片狭披针形，长4～5mm。花冠淡黄绿色，具红褐色斑点；裂片矩圆形或卵状矩圆形，长6～10mm，先端钝，基部具1个腺窝；腺窝褐色，圆形，边缘具柔毛状流苏。花丝扁条形，花药矩圆

94

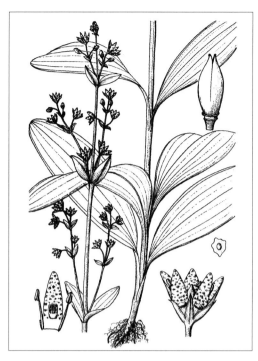

形；子房椭圆形，花柱短圆柱形，柱头2裂。蒴果卵状椭圆形，长8～10mm；种子黄褐色，椭圆形，长约1mm，周缘具宽翅。花期8月，果期9月。

　　湿中生草本。生于草原带的山地草甸、溪边。产兴安南部（克什克腾旗）、阴山（大青山、蛮汗山南天门）。分布于我国河北北部、河南西部、山西北部、甘肃西南部、青海东部、四川西部、湖北西部，朝鲜。为华北—满洲（朝鲜）分布种。

2. 藜芦獐牙菜

Swertia veratroides Maxim. ex Kom. in Fl. Manshur. 3:276. 1907; Fl. Pl. Herb. China Bor.-Orient. 7:78. t.43. f.1-3. 1981.

　　多年生草本，高50～65cm。茎直立，粗壮，通常单一，稀上部稍分枝。叶对生。基生叶和下部茎生叶椭圆形或椭圆状卵形，长7～12cm，宽4～6cm，先端稍尖或钝，基部渐狭，下延成长柄，柄长5～11cm；中上部茎生叶渐小，椭圆形或卵形，先端钝，基部连合成叶鞘或无柄抱茎。聚伞状圆锥花序顶生和腋生形成圆锥状，长约20cm，多花；下部的花梗长2～4cm，上部的花梗较短，具翼；花萼5深裂几达基部，裂片条状披针形，长8～12mm，先端渐尖，边缘膜质。花冠5深裂几达基部，

陈宝瑞／摄

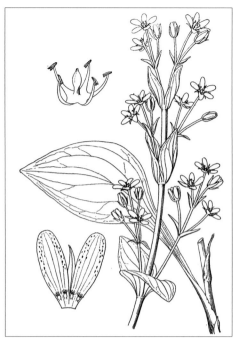

裂片长圆形或长圆状披针形，长 12～15mm，宽约 5mm，具 5 脉，先端钝，具小齿，白色或绿白色，具暗紫色斑点；每个裂片基部具 2 圆形腺窝，边缘具流苏状毛。雄蕊 5，与花冠裂片互生，花丝基部连合，花药丁字形着生；柱头近无柄，2 裂。蒴果卵状长圆形，长 12～15mm，2 裂；种子扁圆形，具宽翼。花期 8～9 月，果期 9～10 月。

　　湿中生草本。生于森林带的林缘草甸、湿草甸。产兴安北部（牙克石市伊列克得村）、岭东。分布于我国黑龙江（宁安市）、吉林（安图县）、辽宁，朝鲜、俄罗斯（远东地区）。为满洲分布种。

3. 四数獐牙菜

Swertia tetraptera Maxim. in Bull. Acad. Imp. Sci. St.-Petersb. 27:503. 1881; Fl. Reip. Pop. Sin. 62:405. t.66. f.1-7. 1988.——*S. pusilla* Diels. in Notizbl. Bot. Gart. Berlin 11:215. 1931.

　　一年生草本，高 5～20cm。主根直伸，褐色。茎直立，四棱形，棱上具翅，从基部分枝，分枝多，长短不一，纤细，铺散或斜升；主茎直立，上部分枝近等长。基生叶（花期枯萎）与茎下部叶矩圆形或椭圆形，长 1～2.5cm，宽 0.7～1.5cm，先端钝，基部渐狭成柄，具 3 脉；具长柄，叶柄长 1～3cm。茎中上部叶较大，狭卵状披针形，长 1.5～4cm，先端急尖，基部近圆形，半抱茎，叶脉 3～5，分枝的叶较小，无柄。聚伞花序圆锥状，多花，稀单花顶生；花梗细长，长 1～4cm；花 4 基数，异型，主茎上面的花比基部分枝上的花大 2～3 倍。大花的花萼叶状；裂片披针形或卵状披针形，长 5～7mm，先端急尖，基部稍狭缩，具 3 脉。花冠黄绿色，有时带蓝紫色，开展，异花传粉；裂片卵形，长 8～10mm，先端钝，齿蚀状，下部具 2 个长圆形沟状腺窝，仅内侧边缘具短流苏。花丝扁平，基部略扩大，

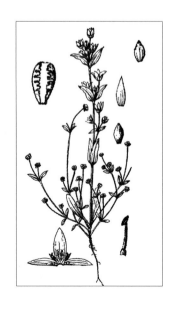

花药黄色；子房披针形，花柱明显，柱头裂片半圆形。大花蒴果卵状矩圆形，长约 10mm；种子矩圆形，长约 1.2mm，表面光滑。小花的花萼裂片宽卵形，长 2 ～ 4mm，先端钝，具小尖头。花冠黄绿色，常闭合，闭花授粉；裂片卵形，长 2 ～ 4mm，先端钝圆，齿蚀状，腺窝常不明显。小花蒴果卵圆形，长 4 ～ 5mm；种子小，长不足 1mm。花果期 5 ～ 7 月。

湿中生草本。生于荒漠带的沟谷湿草甸。产贺兰山。分布于我国甘肃西南部、青海东部和南部、四川西北部和西南部、西藏东北部。为横断山脉分布种。

S. pusilla Diels. 的模式——秦仁昌 70，产于贺兰山。

4. 卵叶獐牙菜（伞花獐牙菜）

Swertia tetrapetala Pall. in Fl. Ross. 1(2):99. t.90. f.2. 1789; Fl. China 16:118. 1995.

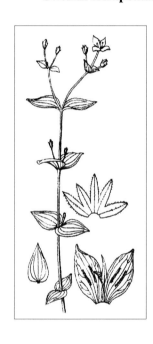

一年生草本，高约 20cm。植株无毛。根单一，细长。茎直立，单一或分枝，直径 1 ～ 2mm，四棱形。叶对生，三角状卵形，长 1.2 ～ 2.7cm，宽 3 ～ 10mm，基部稍狭，先端钝或稍尖，全缘，三出脉，近无柄或无柄。伞状聚伞花序顶生和腋生；花梗细，不等长，长 1 ～ 4cm，近四棱形，稍具翼；多花，花小，直径约 10mm；花萼 4 深裂，裂片条状披针形，长 4 ～ 5mm，宽约 1mm。花冠蓝紫色，4 深裂；裂片长圆状卵形，长 4 ～ 7mm，宽 2 ～ 2.5mm，具紫色斑点，稀无斑点，先端稍尖或钝，具小齿；每个裂片基部具 2 腺窝，中部具 2 排白色短鸡冠状凸起。雄蕊 4，花丝扁宽，着生于裂片基部；子房长圆形，花柱明显，柱头头状。蒴果长 6 ～ 8mm，2 裂；种子椭圆形或近圆形，长约 1.5mm，淡褐色。花期 7 ～ 8 月，果期 8 ～ 9 月。

中生草本。生于森林带的林下、林缘草甸。产兴安北部（牙克石市乌尔其汉镇约里安林场）。分布于我国黑龙江南部、吉林东南部，日本、朝鲜、俄罗斯（远东地区）。为东亚北部（满洲—日本）分布种。

5. 北方獐牙菜（当药、淡味獐牙菜）

Swertia diluta (Turcz.) Benth. et (J. D.) Hook. in Gen. Pl. 2:817. 1876; Fl. Intramongol. ed. 2, 4:103. t.40. f.9-11. 1992.——*Sczukinia diluta* Turcz. in Bull. Soc. Imp. Nat. Mosc. 13:166. 1840.——*Gentiana diluta* in Bull. Soc. Imp. Nat. Mosc. 11:97. 1838.——*S. diluta* Turcz. var. *tosaensis* (Makino) H. Hara in J. Jap. Bot. 25:89. 1950; Fl. China 16:120. 1995. syn. nov.——*S. tosaensis* Makino in Bot. Mag. Tokyo 17:54. 1903.

一年生草本，高 20 ～ 40cm。全株无毛。茎直立，多分枝，近四棱形，棱上通常具狭翅。叶对生，条状披针形或披针形，长 (1 ～)2 ～ 4.5(～ 6)cm，宽 2 ～ 6(～ 9)mm，先端长渐尖，全缘，基部渐狭，分离，具 1(稀 3) 脉，无柄。无基生叶。聚伞花序，具少数花，顶生或腋生；花梗纤细，长 4 ～ 8mm；萼片 5，狭条形，长 6 ～ 10mm，宽 1 ～ 1.5mm，先端锐尖或渐尖，具 1 脉。花冠淡紫白色，直径 10 ～ 15mm，辐状；管部长约 1mm；裂片狭卵形，长 5 ～ 8mm，先端渐尖；基部具 2 条状矩圆形的腺注，其边缘具白色流苏状毛，毛表面光滑。花药狭

矩圆形，蓝色。子房无柄；无花柱；柱头明显，2，圆片状。蒴果卵状矩圆形，长约1cm，压扁，淡棕褐色，具横皱纹，顶部2瓣开裂，外露；种子近球形或宽椭圆形，直径0.4～0.5mm，棕褐色，表面细网状。花果期8～9月。

中生草本。生于森林草原带的山地沟谷草甸、低湿草甸。产岭西（鄂温克族自治旗）、兴安南部（科尔沁右翼前旗、阿鲁科尔沁旗）、辽河平原（大青沟）、赤峰丘陵（红山区）、燕山北部（喀喇沁旗、敖汉旗）、锡林郭勒（正蓝旗）、阴山（蛮汗山、乌拉山哈德门沟）、阴南丘陵（和林格尔县、准格尔旗）、鄂尔多斯（伊金霍洛旗）。分布于我国黑龙江西南部、吉林、辽宁、河北西北部、河南西部、山东西部、山西、陕西、宁夏、甘肃东部、青海东北部、四川北部、新疆，日本、朝鲜、俄罗斯（西伯利亚地区、远东地区）。为东古北极分布种。

本种花色不稳定，既有淡紫色的，又有黄白色的花朵。

6. 瘤毛獐牙菜（紫花当药）

Swertia pseudochinensis H. Hara in J. Jap. Bot. 25:89. 1950; Fl. Intramongol. ed. 2, 4:103. t.40. f.1-8. 1992.

一年生草本，高15～30cm。根通常黄色，主根细瘦，有少数支根，味苦。茎直立，四棱形，沿棱具狭翅，有时具细微点状凸起，稍带污紫色，通常多分枝。叶对生，条状披针形或条形，长1.5～4cm，宽2～6mm，先端长渐尖，全缘，基部渐狭，分离，具1脉，无柄。无基生莲座状叶。聚伞花序通常具3花，稀单花，顶生或腋生；花梗直立，长10～25mm；花5基数；萼片狭长形，长10～15mm，宽约1.5mm，先端锐尖或渐尖，具1脉。花冠淡蓝紫色，辐状；

管部长约 1.5mm；裂片狭卵形，长 10～14mm，宽 4～6mm，先端渐尖，具紫色脉 5～7 条，基部具 2 囊状淡黄色腺洼，其边缘具白色流苏状长毛，表面具小瘤状突起。花药狭矩圆形，长约 3mm，蓝色；子房椭圆状披针形，枯黄色或淡紫色。蒴果矩圆形，长约 1.2cm，宽约 4mm，棕褐色；种子近球形，直径 0.3～0.4mm，棕褐色，表面细网状。花果期 9～10 月。

中生草本。生于森林带和草原带的林缘草甸、草甸。产兴安北部及岭东岭西（额尔古纳市、牙克石市、鄂伦春自治旗、海拉尔区）、兴安南部（扎赉特旗、巴林右旗、克什克腾旗）、燕山北部（宁城县、敖汉旗）、锡林浩特（太仆寺旗、多伦县）、鄂尔多斯（乌审旗）。分布于我国黑龙江、吉林、辽宁、河北、河南、山东、山西、陕西、宁夏，日本、朝鲜、俄罗斯（远东地区）。为东亚北部分布种。

全草入药，能清湿热，健胃，主治黄疸型肝炎、急性细菌性痢疾、消化不良。也入蒙药，功能、主治同肋柱花。

7. 獐牙菜

Swertia bimaculata (Sieb. et Zucc.) J. D. Hook. et Thoms. ex C. B. Clarke in J. Linn. Soc. Bot. 14:449. 1875; Fl. Intramongol. ed. 2, 4:104. t.39. f.1-3. 1992.——*Ophelia bimaculata* Sieb. et Zucc. in Abh. Math.-Phys. Cl. Konigl. Bayer. Akad. Wiss. 4(3):159. 1846.

一年生草本，高 30～80cm。茎直立，多分枝，带四棱。叶对生，椭圆状披针形，长 3～6cm，宽 1～3cm，先端长渐尖，基部近圆形，全缘，三出脉，无柄或具短柄。聚伞花序顶生或腋生；花直径 1.5～2cm，具长梗；花萼 5 深裂，裂片披针形，长 4～5mm。花冠辐状，浅黄绿色，5 深裂；裂片矩圆形，长 7～9mm，上半部有紫色小斑点，中部有 2 个黏性的、稍凹陷的圆形大斑点，基部无蜜腺洼。雄蕊 5，长 3～4mm。蒴果卵形或矩圆形，长 8～10mm；种子近扁球形，直径约 1mm，褐色，表面具网纹。花果期 8～10 月。

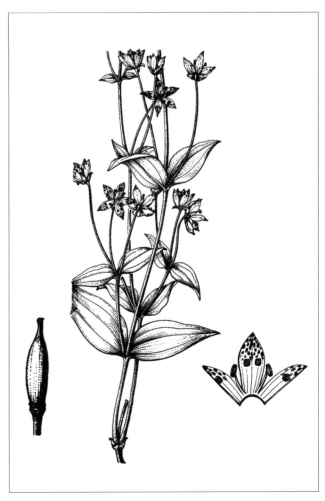

中生草本。生于草原带的山地林下、林缘。产阴南丘陵（准格尔旗）。分布于我国河北西部、河南、山西西部、陕西南部、甘肃东南部、安徽南部、江苏南部、浙江、福建、江西、湖北、湖南东部、广东北部、广西北部、海南、贵州、四川中部、西藏、云南，印度、不丹、尼泊尔、缅甸、越南、马来西亚、日本。为东亚分布种。

用途同瘤毛獐牙菜。

10. 花锚属 Halenia Borkh.

一年生草本。叶对生。聚伞花序顶生或腋生；花萼4深裂，几乎达基部；花冠钟状，稀近辐状，具4直立的裂片，每裂片基部具蜜腺的距；雄蕊4，着生在花冠管的上部，花药卵圆形或矩圆形；子房1室，花柱短或缺，柱头2，片状。蒴果椭圆形；种子多数，近球形，近平滑。

内蒙古有2种。

分种检索表

1a. 花冠黄白色或淡绿色，萼裂片条形或条状披针形·····················**1. 花锚 H. corniculata**
1b. 花冠蓝色或蓝紫色，萼裂片卵形或椭圆形····························**2. 椭圆叶花锚 H. elliptica**

1. 花锚（西伯利亚花锚）

Halenia corniculata (L.) Cornaz in Bull. Soc. Neuch. Sci. Nat. 25:171. 1897; Fl. Intramongol. ed. 2, 4:106. t.42. f.1-5. 1992.——*Swertia corniculata* L., Sp. Pl. 1:227. 1753.

一年生草本，高15～45cm。茎直立，近四棱形，具分枝，节间比叶长。叶对生，椭圆状

披针形，长2～5cm，宽1～10mm，先端渐尖，全缘，基部渐狭，具3～5脉，有时边缘与下面叶脉被微短硬毛，无叶柄。基生叶倒披针形，先端钝，基部渐狭成叶柄，花期早枯落。聚伞花序顶生或腋生；花梗纤细，长5～10mm，果期延长达25mm；萼裂片条形或条状披针形，长1～6mm，宽

1～1.5mm，先端长渐尖，边缘稍膜质，被微短硬毛，具1脉。花冠黄白色或淡绿色，8～10mm，钟状，4裂达2/3处；裂片卵形或椭圆状卵形，先端渐尖，花冠基部具4个斜向的长矩。雄蕊长2～3mm，内藏；子房近披针形。蒴果矩圆状披针形，长11～13mm，棕褐色；种子扁球形，直径约1mm，棕色，表面近光滑或细网状。花果期7～8月。

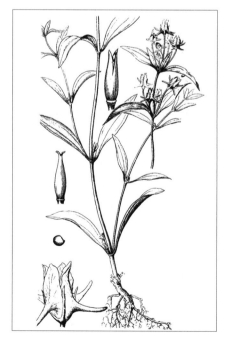

中生草本。生于森林带和草原带的林缘草甸及低湿草甸。产兴安北部及岭东和岭西（额尔古纳市、根河市、牙克石市、鄂伦春自治旗、鄂温克族自治旗）、兴安南部（科尔沁右翼前旗、阿鲁科尔沁旗、巴林左旗、巴林右旗、克什克腾旗）、辽河平原（大青沟）、燕山北部（喀喇沁旗、宁城县、敖汉旗、兴和县苏木山）、锡林郭勒（东乌珠穆沁旗、

西乌珠穆沁旗、锡林浩特市）、阴山（大青山、蛮汗山、察哈尔右翼中旗辉腾梁）。分布于我国黑龙江北部和东南部、吉林东部、辽宁东部、河北、河南西部、山西、陕西，日本、朝鲜、蒙古国东部和北部、俄罗斯（西伯利亚地区、远东地区），欧洲。为古北极分布种。

全草入药，能清热解毒，凉血止血，主治肝炎、脉管炎、外伤感染发烧、外伤出血。又入蒙药（蒙药名：希给拉－地格达），能清热、解毒、利胆、退黄，主治黄疸型肝炎、感冒、发烧、外伤感染、胆囊炎。

2. 椭圆叶花锚（椭叶花锚、卵萼花锚）

Halenia elliptica D. Don in London Edinb. Philos. Mag. et J. Sci. 8:77. 1836; High. Pl. China 9:60. f.101. 1999; Fl. Intramongol. ed. 2, 4:106. t.42. f.6-10. 1992.

一年生草本，高 15～30cm。茎直立，近四棱形，沿棱具狭翅，分枝，节间比叶长数倍。叶对生，椭圆形或卵形，长 1～3cm，宽 5～12mm，先端锐尖或钝，全缘，基部常近心形，具 5 脉，无柄。基生叶花期早枯落。聚伞花序顶生或腋生；花梗纤细，长 4～10mm，果期延长达 3cm；花萼 4 裂，裂片椭圆形或卵形，长 2～3mm，先端锐尖，具 3 脉。花冠蓝色或蓝紫色，长约 8mm，钟状，4 裂达 2/3 处；裂片椭圆形，先端尖，基部具平展的长距，较花冠长。蒴果卵形，长 8～10mm，淡棕褐色；种子矩圆形，长 1.5～2mm，棕色，近平滑或细网状。花果期 7～9 月。

中生草本。生于草原带的山地阔叶林下及灌丛。产阴山（大青山、蛮汗山、乌拉山）、阴南丘陵（和林格尔县羊群沟乡后三波罗村）。分布于我国河南西部、山西、陕西、宁夏、甘肃东部、青海东部和南部、四川西部、云南北部、西藏东部、贵州、湖北西部、湖南、新疆（天山），印度、尼泊尔、不丹、缅甸、吉尔吉斯斯坦。为东古北极分布种。

全草入药，能清热利湿、平肝利胆，主治急性黄疸型肝炎、胆囊炎、胃炎、头晕头痛、牙痛。

100. 睡菜科 Menyanthaceae

多年生水生或沼生草本。根状茎匍匐状，具节，节上具不定根或枯叶鞘。单叶或三出复叶，具长叶柄。花序总状或伞形状；花萼5裂；花冠白色、淡红紫色或黄色，具5裂片；雄蕊5，贴生于花冠管上；花柱异长。蒴果开裂，种子多数或少数。

内蒙古有2属、2种。

分属检索表

1a. 三出复叶，花白色或淡红紫色……………………………………………**1. 睡菜属 Menyanthes**

1b. 单叶，花黄色……………………………………………………**2. 荇菜属 Nymphoides**

1. 睡菜属 Menyanthes L.

属的特征同种。

单种属。

1. 睡菜

Menyanthes trifoliata L., Sp. Pl. 1:145. 1753; Fl. Intramongol. ed. 2, 4:108. t.43. f.1-5. 1992.

多年生沼生草本，高15～35cm。全株无毛。根状茎匍匐状，粗而长，黄色，具节，节部生不定根与枯叶鞘。三出复叶，基生；具长叶柄，柄长10～25cm，下部增宽，鞘状。小叶3，椭圆形或矩圆状倒卵形，长3～6cm，宽1～1.5cm，先端钝，基部楔形，边缘微波状，无小叶柄。花葶由叶丛旁侧抽出；总状花序具多数花；苞片近卵形，长3～5mm。花萼钟状，5深裂；裂片卵状披针形，长2～3mm，先端钝。花冠白色或淡红紫色，长9～12mm，5中裂；裂片披针形，长4～5mm，宽约2mm，先端锐尖，里面被白色流苏状毛。雌雄蕊异长。蒴果近球形，直径5～7mm；种子椭圆形，稍扁，平滑，黄褐色。花果期6～8月。

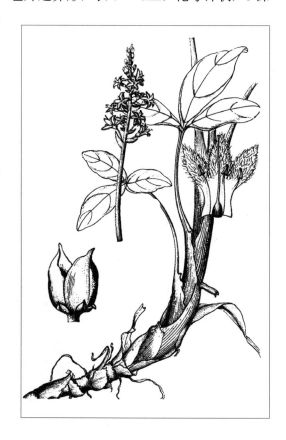

沼生草本。生于森林带和森林草原带的河滩草甸、湖泊边缘、山地藓类沼泽中，多零星散生。产兴安北部（阿尔山市）、岭西（新巴尔虎左旗）、辽河平原（大青沟）、兴安南部（科尔沁右翼前旗、西乌珠穆沁旗）。分布于我国黑龙江、吉林北部、辽宁北部、河北北部、河南北部、四川南部和西南部、贵州、云南、西藏东南部、浙江东北部、新疆北部、日本、蒙古国、俄罗斯、尼泊尔、克什米尔地区、中亚、西南亚、北非，欧洲、北美洲。为泛北极分布种。

全草入药，能清热利尿、健胃、安神，主治胃炎、消化不良、胆囊炎、黄疸、高血压、心悸、失眠。

2. 荇菜属（莕菜属）**Nymphoides** Seguier

多年生水生草本。叶互生或近花下的对生，卵形或圆形，基部心形。花序簇生叶腋；花萼5深裂，几达基部。花冠辐状或钟状，白色或黄色，花后早落，具5裂片；裂片在花蕾时内向镊合状，具流苏状或齿形的边缘。雄蕊5，贴生于花冠管；蜜腺5，位于子房基部；子房1室，花柱长或短，柱头2片状。蒴果不开裂或不规则开裂；种子多数或少数。

内蒙古有1种。

1. 荇菜（莕菜、莲叶荇菜、水葵）

Nymphoides peltata (S. G. Gmel.) Kuntze in Revis. Gen. Pl. 2:429. 1891; Fl. Intramongol. ed. 2, 4:110. t.44. f.1-3. 1992.——*Limnanthemum peltatum* S. G. Gmel. in Nov. Comm. Acad. Sci. Imp. Petrop. 14(1):527. 1770.

多年生水生植物。地下茎生于水底泥中，横走匍匐状。茎圆柱形，多分枝，生水中，节部有时具不定根。叶漂浮水面，对生或互生，近革质，叶片圆形或宽椭圆形，长 2～7cm，宽 2～6cm，先端圆形，基部深心形，全缘或微波状，上面绿色，具粗糙状凸起，下面密被褐紫色的小腺点；叶柄长5～10cm，基部变宽，抱茎。花序伞形状簇生叶腋；花梗比叶长，长短不等，被腺点；萼裂片披针形，长7～9mm，先端钝，边缘膜质，被褐紫色腺点。花冠长15～22mm，黄色，管长5～7mm；喉部具毛；裂片卵圆形，长10～14mm，先端凹缺，边缘具齿状毛。假雄蕊5，密被白色长毛，位于花冠管中部。蒴果卵形，长18～22mm；种子宽椭圆形，稍扁，边缘具翅，褐色。花果期7～9月。

水生草本。生于池塘或湖泊中。产内蒙古各地。分布于我国黑龙江、吉林东北部、辽宁中北部、河北中部和东部、河南、山西、陕西、江苏西南部、江西北部、湖北、湖南北部、贵州南部、云南北部、西藏、新疆中部和北部，日本、朝鲜、蒙古国东部和北部及西部、俄罗斯，中亚、西南亚，欧洲。为古北极分布种。

全草入药，能发汗、透疹、清热、利尿，主治感冒发热无汗、麻疹透发不畅、荨麻疹、水肿、小便不利，外用治毒蛇咬伤。

101. 夹竹桃科 Apocynaceae

草本、灌木或乔木。具乳汁或水液。单叶，对生或轮生，稀互生，多为全缘，托叶常缺。花两性，辐射对称，单花或呈聚伞花序，顶生或腋生；花萼（4～）5裂；花冠合瓣，先端常5裂，裂片覆瓦状排列，少镊合状排列，花冠喉部常有副花冠或鳞片等附属物。雄蕊5，着生于花冠上，内藏或伸出。花盘环状、杯状或舌状，稀无花盘。雌蕊常由2离生或合生心皮组成；子房上位，稀半下位；花柱1或基部裂开；柱头头状、环状或棍棒状，先端常2裂；胚珠1至多数。果实多为蓇葖，少为浆果、核果及蒴果；种子通常一端被毛。

内蒙古有1属、2种。

1. 罗布麻属 Apocynum L.

直立草本或半灌木。枝、叶对生或互生。聚伞花序顶生或腋生，花小，萼5裂；花冠钟状，在其基部有副花冠。雄蕊5，着生于花冠管的近基部，内藏；花药箭头状，先端尖，基部具耳。花盘肉质，5裂。心皮2，分离。蓇葖果2，细长；种子多数，顶端具簇生种毛。

内蒙古有2种。

分种检索表

1a. 枝、叶通常对生，花冠筒状钟形 ·· **1. 罗布麻 A. venetum**
1b. 枝、叶通常互生，花冠辐状 ·· **2. 白麻 A. pictum**

1. 罗布麻（茶叶花、野麻、红麻）

Apocynum venetum L., Sp. Pl. 1:213. 1753; Fl. Intramongol. ed. 2, 4:112. t.45. f.1-6. 1992.

直立半灌木或草本，高100～300cm。具乳汁。枝条圆筒形，对生或互生，光滑无毛，紫红色或淡红色。单叶对生，分枝处的叶常为互生，椭圆状披针形至矩圆状卵形，长1～5cm，宽0.5～1.5cm，先端钝，中脉延长成短尖头，基部圆形，边缘具细齿，两面光滑无毛；叶柄长3～6mm，柄间具腺体，老时脱落。聚伞花序多生于枝顶；花梗长约4mm，被短柔毛；花萼5深裂，裂片长约1.5mm，边缘膜质，两面被柔毛。花冠紫红色或粉红色，钟形；花冠筒长6～8mm，直径2～3mm；花冠裂片较花冠筒稍短，基部向右覆盖，每裂片具3条紫红色的脉纹，花冠里面基部具副花冠及环状肉质花盘。雄蕊5，着生于花冠筒基部，与副花冠裂片互生，长2～3mm，花药箭头形；雌蕊长2～2.5mm，花柱短，柱头2裂。蓇葖2，平行或叉生，筷状圆筒形，长8～15cm，直径2～3mm；种子多数，卵状矩圆形，长2～3mm，顶端有一簇长1.5～2.5cm的白色绢毛。花期6～7月，果期8月。

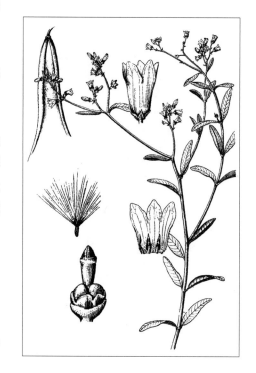

耐盐中生半灌木或草本。生于草原带和荒漠带的沙

漠边缘、河漫滩、湖泊周围、盐碱地、沟谷、河岸沙地。产科尔沁（扎赉特旗、科尔沁右翼中旗、阿鲁科尔沁旗、巴林右旗、扎鲁特旗）、辽河平原、鄂尔多斯（鄂托克旗、达拉特旗）、东阿拉善（库布齐沙漠西部）、西阿拉善（阿拉善右旗）、龙首山、额济纳。分布于我国辽宁、河北中部和东部、河南、山东、山西、陕西南部、甘肃（河西走廊）、青海中部和东南部、西藏、新疆北部和南部、江苏北部，日本、蒙古国西南部、俄罗斯、印度、巴基斯坦，西南亚，欧洲。为古北极分布种。

　　茎皮纤维柔韧，细长，富有光泽，并耐腐耐磨，为纺织及高级用纸的原料。叶含胶量达4%～5%，可做轮胎的原料。叶还可入药（药材名：罗布麻叶），能清热利水、平肝安神，主治高血压、头晕、心悸、失眠。嫩叶蒸炒后可代茶用。本种花多而芳香，花期长，并有发达的腺体，是良好的蜜源植物。

2. 白麻

Apocynum pictum Schrenk in Bull. Cl. Phys.-Math. Acad. Imp. Sci. St.-Petersb. 2:115. 1844; Fl. China 16:181. 1995; High. Pl. China 9:125. f.199. 1999.——*Poacynum pictum* (Schrenk) Baill. in Bull. Mens. Soc. Linn. Paris 1:757. 1888; Fl. Intramongol. ed. 2, 4:114. t.46. f.1-5. 1992.

　　直立半灌木，高 50～100cm。具乳汁。根状茎粗壮，棕褐色，直径约 1cm，具纵沟纹。叶硬纸质，常互生，条状披针形或条形，长 1.5～4cm，宽 3～8mm，先端渐尖，具小尖头，基部楔形，全缘，两面皆呈灰绿色，上面近无毛，下面和边缘被糙硬毛；叶柄长 1～4mm，叶柄基部及腋间具腺体，老时脱落。圆锥状聚伞花序顶生；苞片条状披针形，长约 4mm，宽约 1mm；花梗长 4～7mm，被糙硬毛；花萼 5 裂，裂片卵状三角形，长约 1mm，密被糙硬毛。花冠辐状，粉红色，具紫色脉纹，直径约 1cm；花冠筒长 1～6mm；花冠裂片 5，宽三角形，先端钝，长约 3mm，宽约 5mm；副花冠着生在花冠筒的基部，裂片 5，宽三角形，先端具长尖。雄蕊 5，与副花冠裂片互生；花丝短，长约 1.5mm，腹面密被微毛；花药箭头状，长约 3.5mm，先端长渐尖，背部具凸起物，腹部黏生在柱头的基部，基部具耳。花盘肉质环状，5 浅裂。雌蕊长 3～4mm；花柱长约 2mm；柱头 2 裂，基部盘状；子房密被微毛。蓇葖果 2，

倒垂，圆筒状，长约 20cm，直径约 3mm；种子矩圆形，长约 3mm，顶端具一簇白色绢质种毛。花期 6～7 月，果期 8～9 月。

耐盐中生半灌木或草本。生于荒漠带的盐碱地、河漫滩、沙漠边缘、沟谷。产东阿拉善（阿拉善左旗）、西阿拉善（阿拉善右旗）、龙首山、额济纳。分布于我国宁夏西部、甘肃东部和东南部、青海、新疆，蒙古国西南部、哈萨克斯坦。为戈壁分布种。

本种茎皮纤维柔韧，细长，耐腐耐磨、富有光泽，为纺织及高级用纸的原料。花较大而芳香，腺体发达，也是良好的蜜源植物。

102. 萝藦科 Asclepiadaceae

草本、藤本或灌木。有乳汁。叶对生或轮生，全缘，无托叶。聚伞花序通常呈伞状，有时呈伞房状或总状；花萼5裂。花冠5裂；副花冠5至多枚，离生或合生，着生于花冠或雄蕊。雄蕊5，与雌蕊粘生成中心柱，称合蕊柱；花药连生成环而贴生于柱头；花丝合生成筒包围雌蕊，称合蕊冠，稀花丝离生；花粉粒粘合成花粉块或四合花粉，有时形成载粉器。无花盘。雌蕊1；子房上位，由2离生心皮组成；花柱2，合生成1盘状柱头；胚珠多数。果为2个蓇葖果，有时只1个发育。种子顶端具种缨；胚直立，子叶扁平。

内蒙古有3属、14种。

分属检索表

1a. 四合花粉，承载在匙形的、基部有一粘盘的载粉器上；花丝离生 ···1. 杠柳属 **Periploca**
1b. 花粉粒连合成花粉块，通过花粉块柄系结于着粉腺上；花丝合生成筒状。
  2a. 副花冠杯状或筒状；花较小，直径在1cm以下；柱头不延长 ·······················2. 鹅绒藤属 **Cynanchum**
  2b. 副花冠环状；花较大，直径在1cm以上；柱头延长成一长喙 ·······················3. 萝藦属 **Metaplexis**

1. 杠柳属 Periploca L.

藤状灌木。具乳汁。叶对生，全缘。聚伞花序顶生或腋生；花萼5深裂，里面基部具5腺体。花冠辐状，5裂，通常被柔毛；副花冠环状，着生于花冠的基部，5～10裂，被毛。花丝短，离生；花药背面具髯毛，与柱头粘连；四合花粉藏在载粉器内，基部的粘盘粘在柱头上。花柱极短；柱头盘状，顶端凸起，2裂。

内蒙古有1种。

1. 杠柳（北五加皮、羊奶子、羊奶条）

Periploca sepium Bunge in Enum. Pl. China Bor. 43. 1833; Fl. Intramongol. ed. 2, 4:116. t.47. f.1-7. 1992.

蔓性灌木，长达100cm左右。除花外全株无毛。主根圆柱形，外皮灰棕色，片状剥裂；

树皮灰褐色。小枝对生，黄褐色。叶革质，披针形或矩圆状披针形，长 5～8cm，宽 1～2.5cm，先端长渐尖，基部楔形或宽楔形，全缘，上面深绿色，下面淡绿色，叶脉在下面微凸起，叶柄长 2～5mm。二歧聚伞花序腋生或顶生，着花数朵；总花梗与花梗纤细；花萼裂片卵圆形，长约 3mm，先端圆钝，边缘膜质，里面基部具 5～10 小腺体。花冠辐状，紫红色，5 裂，裂片矩圆形，长约 7mm，宽约 3mm，中央加厚部分呈纺锤形，反折，里

面被长柔毛，外面无毛；副花冠环状，10 裂，其中 5 裂延伸成丝状，顶端弯钩状，被柔毛。雄蕊着生在副花冠里面；花药粘连，包围柱头。蓇葖果 2，常弯曲而顶端相连，近圆柱形，长 8～11cm，直径 4～5mm，具纵纹，稍具光泽；种子狭矩圆形，长约 7mm，顶端具种缨。花期 6～7 月，果期 8～9 月。

　　蔓性中生灌木。散生于草原带和荒漠带的黄土丘陵、固定或不固定沙丘及其它沙质地。产辽河平原（大青沟）、科尔沁（科尔沁右翼中旗、科尔沁区、阿鲁科尔沁旗、翁牛特旗）、阴南丘陵（准格尔旗）、鄂尔多斯（乌审旗、杭锦旗）、东阿拉善（阿拉善左旗南部）。分布于除广东、广西、海南、台湾、新疆外我国各地，俄罗斯（远东地区）。为东亚分布种。

　　根、皮入药（药材名：香加皮、北五加皮），

能祛风湿、强筋骨、强心，主治风寒湿痹、关节炎、腰膝酸软、轻度心力衰竭、心慌、气短、脚肿。茎叶乳汁含弹性橡胶。茎及根皮可制杀虫药。茎皮纤维为人造棉原料，还可制绳和造纸。

2. 鹅绒藤属 Cynanchum L.

　　灌木或多年生草本。茎直立或缠绕。叶对生，稀轮生。聚伞花序多数呈伞状；花萼 5 深裂，基部里面通常有小腺。花冠辐状，5 深裂；副花冠膜质或肉质，5 裂，杯状或筒状，其顶端具各式浅裂或锯齿，在裂片里面有时具小舌状片。花粉块每药室 1 个，下垂，通过花粉块柄而系结于着粉腺上；柱头基部膨大，五角形，顶端全缘或 2 裂。

　　内蒙古有 12 种。

分 种 检 索 表

1a. 须根。

  2a. 叶基部半抱茎，花黄绿色或紫色……………………………………………**1. 合掌消 C. amplexicaule**

  2b. 叶基部不抱茎。

    3a. 花黑紫色或红紫色。

      4a. 叶基部圆形、截形或近心形，叶两面均有白色绒毛………………………**2. 白薇 C. atratum**

      4b. 叶基部楔形，叶无毛或有短柔毛。

        5a. 叶卵状披针形或披针形，薄纸质；幼茎与叶常被短柔毛…**3. 华北白前 C. hancockianum**

        5b. 叶狭椭圆形或狭披针形，革质；茎与叶通常无毛…………**4. 牛心朴子 C. mongolicum**

    3b. 花淡绿黄色或黄色。

      6a. 叶条形至披针形，基部渐狭………………………………………**5. 徐长卿 C. paniculatum**

      6b. 叶卵形或矩圆状卵形，基部圆形或近心形…………………………**6. 竹灵消 C. inamoenum**

1b. 根非须根。

  7a. 花紫色或淡红色。

    8a. 茎直立；叶条形；花较大，直径约 15mm………………………**7. 紫花杯冠藤 C. purpureum**

    8b. 茎缠绕；叶戟形；花较小，直径约 4mm……………………………**8. 羊角子草 C. cathayense**

  7b. 花白色或绿白色。

    9a. 叶条形，副花冠单轮。

      10a. 茎直立………………………………………………**9a. 地梢瓜 C. thesioides** var. **thesioides**

      10b. 茎缠绕………………………………………………**9b. 雀瓢 C. thesioides** var. **australe**

    9b. 叶心形或戟形，副花冠双轮。

      11a. 副花冠 5 浅裂，上端裂成 10 条丝状体；无块根，主根圆柱形。

        12a. 副花冠筒包被合蕊冠；叶戟形或戟状心形，基部两耳近圆形………………………

          …………………………………………………………**10. 戟叶鹅绒藤 C. sibiricum**

        12b. 副花冠高不及合蕊冠；叶宽三角状心形，基部不呈耳形……**11. 鹅绒藤 C. chinense**

      11b. 副花冠 5 深裂，裂片披针形，里面中间有舌状片；叶戟形；具块根…**12. 白首乌 C. bungei**

1. 合掌消 （紫花合掌消）

Cynanchum amplexicaule (Sieb. et Zucc.) Hemsl. in J. Linn. Soc. Bot. 26:104. 1889; Fl. Intramongol. ed. 2, 4:118. t.48. f.1-7. 1992.——*Vincetoxicum amplexicaule* Sieb. et Zucc. in Abh. Akad. Muench 4(3):162. 1846.——*C. amplexicaule* (Sieb. et Zucc.) Hemsl. var. *castaneum* Makino in Bot. Mag. Tokyo 23:22. 1909; Fl. Intramongol. ed. 2, 4:118. 1992.

多年生草本，高 30 ～ 50cm。根须状，淡褐黄色。茎直立，上部分枝，圆柱形，具纵细棱，无毛。叶对生，倒卵状椭圆形，先端锐尖，基部心形，半抱茎，上面灰绿色，下面淡灰绿色，侧脉 6 ～ 10 对，在下面隆起。中、下部叶较大，长 4 ～ 7cm，宽 2 ～ 4cm；上部叶较小，长 1.5 ～ 2.5cm，宽 5 ～ 8mm。聚伞花序伞房状，腋生或顶生，着生多数花；总花梗长 1.5 ～ 2.5cm，花梗不等长；苞片条状披针形，长 1 ～ 1.5mm；花萼裂片卵形或三

角状卵形，长约 1.5mm，宽约 1mm，外面被短柔毛。花冠黄绿色或紫色，裂片卵状披针形，长约 4mm，宽约 2mm，具 7～9 脉；副花冠肉质，5 裂，裂片卵圆形，比合蕊柱稍短。蓇葖果狭披针形，长 4～5cm，直径 5～7mm，先端长渐尖，表面具纵细纹，无毛。种子卵状矩圆形，扁平，长 6～7mm，宽约 3mm，棕褐色；种缨白色，绢状，长 2～3cm。花期 7～8 月，果期 8～9 月。

中生草本。生于森林带和森林草原带的山坡草甸、沟谷低湿草甸、沙质地、沙滩草丛。产岭东（莫力达瓦达斡尔族自治旗）、兴安南部及科尔沁（扎赉特旗、科尔沁右翼中旗）、赤峰丘陵（翁牛特旗、敖汉旗）、鄂尔多斯（达拉特旗、乌审旗）。分布于我国黑龙江、吉林西北部、辽宁、河北、河南、山东东北部、陕西北部和西南部、江苏、江西西北部、湖北东部、湖南东北部、广西，日本、朝鲜、俄罗斯（远东地区）。为东亚分布种。

根入药，能祛风、行气、消肿、解毒，主治风湿性关节炎、腰痛、偏头痛、跌打损伤、月经不调、乳腺炎，外用治疗疮肿毒。

2. 白薇（白前、老君须）

Cynanchum atratum Bunge in Enum. Pl. China Bor. 45. 1833(1831); Fl. Intramongol. ed. 2, 4:120. t.48. f.8-9. 1992.

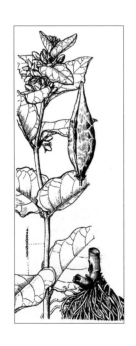

多年生草本，高 40～60cm。根须状，有浓香气味。茎直立。叶卵形或卵状矩圆形，长 5～10cm，宽 3～6cm，先端骤尖，基部圆形、截形或近心形，全缘或浅波状，两面均被白色绒毛，特别以下面和脉上为密。聚伞花序呈伞形，无花序梗，花 8～10；花萼 5 齿裂，裂片披针形，外面被绒毛。花冠深紫红色，5 裂至中部，裂片卵状矩圆形，外面被绒毛；副花冠 5 裂，裂片盾状圆形，与合蕊柱等长。花药顶端具圆形膜片；花粉块每室 1 个，下垂。子房有疏柔毛，柱头扁平。蓇葖果单生，披针状纺锤形，长 7～9cm，直径 15～20mm。种子卵状矩圆形，长约 6mm，褐色，扁平；顶端种缨白色，长约 3cm。花期 6 月，果期 8～9 月。

中生草本。生于森林带和森林草原带的山坡草甸、林缘、河边。产岭东（扎兰屯市）、兴安南部（扎赉特旗、科尔沁右翼前旗）、燕山北部（宁城县、敖汉旗）。分布于我国黑龙江、吉林、辽宁、河北、河南、山东、山西、陕西南部、江苏、江西、安徽、福建、湖北、湖南、广东、广西、贵州、四川、云南，日本、朝鲜、俄罗斯（远东地区）。为东亚分布种。

根及根状茎入药,能清热凉血、利尿通淋、解毒疗疮,主治温邪伤营发热、阴虚发热、骨黄发热、骨蒸劳热、产后血虚发热、热淋、血淋、痈疽肿毒。

3. 华北白前

Cynanchum hancockianum (Maxim.) Iljinski in Bot. Mater. Gerb. Glavn. Bot. Sada R.S.F.S.R. 2:18. 1921; Fl. Intramongol. ed. 2, 4:122. t.49. f.12-13. 1992.——*Vincetoxicum mongolicum* Maxim. var. *hancockianum* Maxim. in Bull. Acad. Imp. Sci. St.-Petersb. 23:356. 1877.

多年生草本,高 30～50cm。根须状,淡褐黄色。茎直立,自基部丛生,不分枝,圆柱形,具纵细棱,被单列短柔毛,幼嫩部分被短柔毛,其余无毛。叶对生,薄纸质,卵状披针形或披针形,

长 3～9cm,宽 1～3cm,先端长渐尖,全缘,基部宽楔形,上面绿色,下面淡绿色,主脉与 3 或 4 对侧脉凸起,两面沿脉与边缘被短柔毛;叶柄长 3～5mm,被短柔毛,顶端具多数腺体。伞形聚伞花序腋生,着花 3～7;总花梗长 3～5mm;花萼 5 深裂,裂片近卵形,长约 1mm,先端锐尖,无毛。花冠紫色,辐状,5 深裂,裂片卵形,长 2～3mm;副花冠肉质,5 深裂,与合蕊柱等长。花粉块每药室 1 个,椭圆形,下垂。蓇葖果单生或双生,条状披针形,长 4～6cm,直径约 5mm,表面具细直纹,向顶部喙状长渐尖。种子矩圆形,扁平,长 4～5mm,黄棕色;顶端种缨白色,绢状,长 1～2cm。花期 6 月,果期 7～8 月。

旱中生草本。生于草原带的山地草甸、沟谷草甸。产燕山北部(喀喇沁旗、宁城县)、阴山(大青山)。分布于我国河北西北部、山东、山西中部和北部、陕西南部、宁夏、甘肃中东部、青海东部、四川南部。为华北分布种。

根或带根全草入药,有毒,能活血、止痛、消炎,多外用,煎水熬敷治关节疼痛、含嗽治牙痛、外洗治秃疮。

4. 牛心朴子（黑心朴子、黑老鸦脖子、老瓜头）

Cynanchum mongolicum (Maxim.) Hemsl. in J. Linn. Soc. Bot. 26:107. 1889; Fl. China 16:219. 1995; High. Pl. China 9:160. f.255. 1999.——*Vincetoxicum mongolicum* Maxim. in Melanges Biol. Bull. Phys.-Math. Acad. Imp. Sci. St.-Petersb. 9:780. 1876.——*C. komarovii* Iljinski in Act. Hort. Petrop. 34:54. 1920; Fl. Intramongol. ed. 2, 4:122. t.49. f.1-11. 1992.

多年生草本,高 30～50cm。根丛须状,黄色。茎自基部密丛生,直立,不分枝或上部稍分枝,圆柱形,具纵细棱,基部常带红紫色。叶带革质,无毛,对生,狭椭圆形或挟披针形,长 3～5(～7)cm,宽 4～14mm,先端锐尖或渐尖,全缘,基部楔形,主脉在下面明显隆起,侧脉不明显,具短叶柄。伞状聚伞花序腋生,着花 10 余朵;总花梗长 4～8mm;花萼 5 深裂,

裂片近卵形，长约1mm，先端锐尖，两面无毛。花冠黑紫色或红紫色，辐状，5深裂，裂片卵形，长2～3mm，宽1.5～1.8mm，先端钝或渐尖；副花冠黑紫色，肉质，5深裂，裂片椭圆形，背部龙骨状凸起，与合蕊柱等长。花粉块每药室1个，椭圆形，长约0.2mm，下垂。蓇葖果单生，纺锤状，长5～6.5cm，直径约1cm，向先端喙状渐尖。种子椭圆形或矩圆形，7～9mm，扁平，棕褐色；种缨白色，绢状，长1～2cm。花期6～7月，果期8～9月。

旱生沙生草本。生于荒漠草原带和荒漠带的半固定沙丘、沙质草原、干河床，常大量散生，在某些沙生植物群落中可聚生成丛。产阴南丘陵（准格尔旗）、鄂尔多斯、东阿拉善（阿拉善左旗）。分布于我国河北、山西、陕西、宁夏、甘肃、青海。为华北分布种。

全草可做绿肥与杀虫药。宁夏回族自治区的农民于秋季常来鄂尔多斯市收割大量干草，切碎后撒在水稻田中，可使水稻增产并减少病虫害。茎叶青嫩时有毒，牲畜不吃，秋冬可做干草。种子可榨工业用油，含油量达30％。6～7月间花期时为良好的蜜源植物。

5. 徐长卿（了刁竹、土细辛）

Cynanchum paniculatum (Bunge) Kitag. in J. Jap. Bot. 16:20. 1940; Fl. Intramongol. ed. 2, 4:124. t.50. f.1-5. 1992.——*Asclepias paniculata* Bunge in Enum. Pl. China Bor. 43. 1833.

多年生草本，高40～60cm。根须状，淡褐黄色。茎直立，不分枝，有时自基部丛生数条，圆柱形，具纵细棱，无毛或被微毛。叶对生，纸质，披针形至条形，长6～9cm，宽3～10mm，先端长渐尖，边缘向下反卷，被微柔毛，基部渐狭，上面绿色，无毛或被疏微柔毛，下面淡绿色，中脉明显隆起，侧脉不明显；叶柄长1～2mm，有时被微柔毛。伞状聚伞花序生于茎顶部叶腋内，着花10余朵；总花梗长2～3.5cm；花萼5深裂，裂片披针形，长2～2.5mm，先端尖，被微柔毛。花冠黄绿色，辐状，5深裂，裂片宽卵形，长4～5mm，宽3～4mm，先端钝；副花冠肉质，裂片5，矩圆形，长约2mm，顶端钝，与合

蒋立宏／摄

蒋立宏／摄

蕊柱等长。花粉块每药室 1 个，矩圆形，下垂。蓇葖果单生，披针形或狭披针形，长 3～7cm，直径 6～8mm，向顶端喙状长渐尖，表面具细直纹。种子矩圆形，扁平，长 4～5mm，黄棕色；顶端种缨白色，绢状，长 1.5～3cm。花期 7 月，果期 8～9 月。

中生草本。多散生在草甸草原及灌丛中，生于石质山坡及丘陵阳坡。产兴安北部及岭东和岭西（额尔古纳市、鄂伦春自治旗、阿荣旗）、兴安南部及科尔沁（扎赉特旗、科尔沁右翼前旗、科尔沁右翼中旗、扎鲁特旗、阿鲁科尔沁旗、巴林右旗）、辽河平原（科尔沁左翼中旗、科尔沁左翼后旗）、燕山北部（宁城县、敖汉旗）、锡林郭勒（锡林浩特市、西乌珠穆沁旗、正镶白旗）。分布于我国黑龙江东北部、吉林西部、辽宁、河北北部、河南、山东、山西中部和东北部、陕西南部、甘肃东南部、四川西南部和东部、云南东南部、贵州南部和东部、安徽南部和西南部、江西、江苏、浙江、福建、台湾北部、湖北、湖南、广东北部和东部、广西东北部、贵州，日本、朝鲜、俄罗斯（东西伯利亚地区、远东地区）。为东西伯利亚—东亚分布种。

根和根状茎入药（药材名：徐长卿），能解毒消肿、通经活络、止痛，主治风湿关节痛、腰痛、牙痛、胃痛、痛经、毒蛇咬伤、跌打损伤，外用治神经性皮炎、荨麻疹、带状疱疹。

6. 竹灵消

Cynanchum inamoenum (Maxim.) Loes. in Bot. Jahrb. Syst. 34(Beibl. 75):60. 1904; Fl. China 16:217. 1995.——*Vincetoxicum inamoenum* Maxim. in Melanges Biol. Bull. Phys.-Math. Acad. Imp. Sci. St.-Petersb. 9:787. 1876.

多年生草本。根须状。茎直立，由基部分枝，干后中空，被单列柔毛。叶对生，叶片卵形或矩圆状卵形，长 7～9.5cm，宽 1.5～5cm，基部圆形近心形，仅叶脉上被微毛，叶缘具缘毛，柄长 5～7mm。伞状聚伞花序于茎上部腋生；花萼 5 裂，裂片披针形，近无毛。花冠黄色，裂片卵状长圆形，钝头；副花冠较厚，5 裂，裂片三角形。花药顶端具圆形膜片；花粉块每室 1 个，下垂。柱头扁平。蓇葖果双生，稀单生，狭披针形，先端渐尖，长约 6cm，直径约 5mm。花期 6～7 月，果期 7～9 月。

中生草本。生于落叶阔叶林带的山地疏林林下、沟谷草甸。产燕山北部（宁城县黑里河镇大坝沟）。分布于我国辽宁中北部、河北、河南、山东、山西东部和南部、陕西南部、甘肃东部、青海、四川西半部和北部、西藏

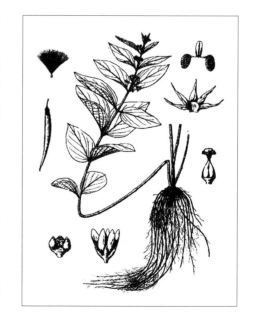

东部和南部、贵州北部、安徽西南部和南部、浙江西北部、湖北、湖南，日本、朝鲜、俄罗斯（远东地区）。为东亚分布种。

根可药用，有除烦清热、散毒、通疝气效能，民间用其治疗妇女血厥、产后虚烦、妊娠遗尿、疥疮及淋巴炎等。

7. 紫花杯冠藤（紫花白前、紫花牛皮消）

Cynanchum purpureum (Pall.) K. Schum. in Nat. Pflanzenfam. 4(2):253. 1895; Fl. Intramongol. ed. 2, 4:124. t.50. f.6-12. 1992.——*Asclepias purpurea* Pall. in Reise Russ. Reich. 3:260. 1776.

多年生草本，高 20～40cm。根颈部粗大；根木质，暗棕褐色，垂直生长的粗根直径 5～10mm，有时具水平方向的粗根。茎直立，自基部抽出数条，上部分枝，被疏长柔毛，干时中空。叶对生，纸质，集生于分枝的上部，条形，下垂，长 1～3.5cm，宽 1～2mm，先端渐尖，全缘，基部渐狭，上面绿色，下面淡绿色，中脉明显隆起，两面被柔毛，边缘较密，有时下面无毛，叶柄长 1～2mm。聚伞花序伞状，腋生或顶生，呈半球形。总花梗长 1～5cm；花梗纤细，长 5～15mm。苞片条状披针形，长 1～2mm。总花梗、花梗、苞片、花萼均被长柔毛。萼裂片狭长三角形，长约 5mm，宽约 1mm。花冠紫色，裂片条状矩圆形，长约 10mm，宽约 3mm；副花冠黄色，圆筒形，长 5～6mm，具 10 条纵皱褶，顶端具 5 裂片，裂片椭圆形，长约 1mm，比合蕊柱高 1 倍。蓇葖果纺锤形，长 6～8cm，

直径 1.5～2cm，顶端长渐尖。

中生草本。生于森林带和森林草原带的石质山地、丘陵阳坡、山地灌丛、林缘草甸、草甸草原。产兴安北部（额尔古纳市、牙克石市）、呼伦贝尔（海拉尔区、新巴尔虎左旗、满洲里市）、兴安南部（扎赉特旗、科尔沁右翼前旗、科尔沁右翼中旗、扎鲁特旗、阿鲁科尔沁旗、巴林右旗）、燕山北部（喀喇沁旗、宁城县、敖汉旗）、锡林郭勒（锡林浩特市、阿巴嘎旗）、阴山（大青山）。分布于我国黑龙江、吉林、河北，朝鲜、蒙古国东部和东北部、俄罗斯（东西伯利亚地区、远东地区）。为东西伯利亚—满洲分布种。

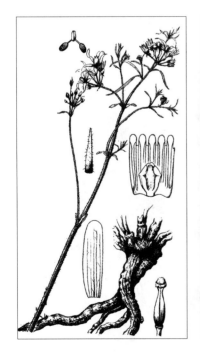

蒋立宏／摄

8. 羊角子草

Cynanchum cathayense Tsiang et Zhang in Act. Phytotax. Sin. 12:110. t.24. 1974; Fl. Intramongol. ed. 2, 4:126. t.51. f.1-10. 1992.

草质藤本。根木质，灰黄色。茎缠绕，下部多分枝，疏被短柔毛，节部较密，具纵细棱。叶对生，纸质，矩圆状戟形或三角状戟形，长 1～4cm，宽 8～25mm，先端渐尖或锐尖，基部心状戟形，两耳近圆形，上面灰绿色，下面浅灰绿色，掌状 5～6 脉在下面隆起，两面被短柔毛；叶柄长

1～2cm，被短柔毛。聚伞花序伞状或伞房状，腋生，着花数朵至 10 余朵。总花梗长 1～2cm；花梗纤细，长短不一。苞片条状披针形，长 1～2mm。总花梗、花梗、苞片、花萼均被短柔毛。萼裂片卵形，长 1～5mm，宽约 1mm，先端渐尖。花冠淡红色，裂片矩圆形或狭卵形，长约 4mm，宽约 2mm，先端钝；副花冠杯状，具纵皱褶，顶部 5 浅裂，每裂片 3 裂，中央小裂片锐尖或尾尖，且比合蕊柱长。蓇葖果披针形或条形，长 6.5～8.5cm，直径约 1cm，表面被柔毛。种子矩圆状卵形，长约 6mm，宽约 2mm；种缨白色，绢状，长约 2cm。花期 6～7 月，果期 8～10 月。

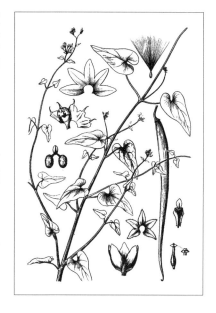

多年生中生缠绕草本。生于荒漠带的绿洲芦苇草甸、干湖盆、沙丘、低湿沙地。产东阿拉善（乌拉特后旗、阿拉善左旗）、龙首山。分布于我国宁夏、甘肃、新疆。为戈壁分布种。

9. 地梢瓜（沙奶草、地瓜瓢、沙奶奶、老瓜瓢）

Cynanchum thesioides (Freyn) K. Schum. in Nat. Pflanzenfam. 4(2):252. 1895; Fl. Intramongol. ed. 2, 4:126. t.52. f.1-11. 1992.——*Vincetoxicum thesioides* Freyn in Oesterr. Bot. Z. 40:124. 1890.

9a. 地梢瓜

Cynanchum thesioides (Freyn) K. Schum. var. **thesioides**

多年生草本，高 15～30cm。根细长，褐色，具横行绳状的支根。茎自基部多分枝，直立，圆柱形，具纵细棱，密被短硬毛。叶对生，条形，长 2～5cm，宽 2～5mm，先端渐尖，全缘，基部楔形，上面绿色，下面淡绿色，中脉明显隆起，两面被短硬毛，边缘常向下反折，近无柄。伞状聚伞花序腋生，着花 3～7 朵；总花梗长 2～3(～5)cm，花梗长短不一。花萼 5 深裂，

裂片披针形，长约 2mm，外面被短硬毛，先端锐尖。
花冠白色，辐状，5 深裂，裂片矩圆状披针形，
长 3～3.5mm，外面有时被短硬毛；副花冠杯状，
5 深裂，裂片三角形，长约 1.2mm，与合蕊柱近
等长。花粉块每药室 1 个，矩圆形，下垂。蓇葖
果单生，纺锤形，长 4～6cm，直径 1.5～2cm，
先端渐尖，表面具纵细纹。种子近矩圆形，扁平，
长 6～8mm，宽 4～5mm，棕色；顶端种缨白色，

绢状，长 1～2cm。花期 6～7 月，果期 7～8 月。

中旱生直立草本。生于干草原、丘陵坡
地、沙丘、撂荒地、田埂。产内蒙古各地。
分布于我国黑龙江、吉林、辽宁、河北、河
南、山东、山西、陕西、宁夏、甘肃、青海、
新疆、江苏、湖南，朝鲜、蒙古国、俄罗斯
（西伯利亚地区、远东地区）、哈萨克斯坦。
为东古北极分布种。

带果实的全草入药，能益气、通乳、清
热降火、消炎止痛、生津止渴，主治乳汁不
通、气血两虚、咽喉疼痛，外用治瘊子。种
子做蒙药（蒙药名：脱莫根-呼呼-都格木宁）
用，主治、功用同连翘。全株含橡胶 1.5%，
树脂 3.6%，可做工业原料。幼果可食。种
缨可做填充料。

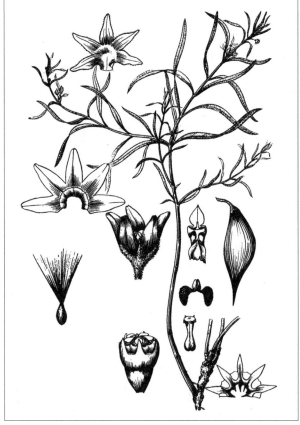

9b. 雀瓢

Cynanchum thesioides (Freyn) K. Schum. var. **australe** (Maxim.) Tsiang et P. T. Li in Act. Phytotax. Sin. 12:101. 1974; Fl. Intramongol. ed. 2, 4:128. t.52. f.12. 1992.——*Vincetoxicum sibiricum* Decne. var. *australe* Maxim. in Bull. Acad. Sci. St.-Petersb. 23:355. 1877.

本变种与正种的区别在于：茎缠绕。

中旱生缠绕草本。生境、分布同正种，长达50cm。

用途同正种。

10. 戟叶鹅绒藤

Cynanchum sibiricum Willd. in Neue Schr. Ges. Naturf. Fr. Berlin 124. 1799; Fl. Reip. Pop. Sin. 63:311. t.107. 1977.——*C. acutum* L. subsp. *sibiricum* (Willd.) K. H. Rech. in Fl. Iran. 73:9. 1970; Fl. China 16:210. 1995.

多年生缠绕藤本。根粗壮，圆柱形，粗约2cm。茎被短柔毛。叶对生，长戟形或戟状心形，长4～6cm，基部宽2～5cm，先端长渐尖，基部具2个矩圆状平行或叉开的叶耳，两面均被短疏柔毛，脉及边缘毛较密。花序腋生，聚伞花序伞房状；总花梗长3～5cm；花萼裂片披针形，长约1.5mm，外面被柔毛。花冠裂片窄卵形或宽披针形，长约4mm，宽约1.3mm；副花冠2轮，包被合蕊冠，外轮筒状，顶端具5枚丝状舌片，内轮5枚裂片较短。花粉块矩圆形，下垂；子房平滑，柱头隆起，顶端微2裂。蓇葖果单生或双生，窄披针形，长9～12cm，直径9～12mm。种子矩圆形，长5～7mm，宽2～2.5mm；种缨白色绢质，长2～33mm。花期5～7月，果期7～9月。

旱生缠绕草本。生于干旱荒漠。产东阿拉善（阿拉善左旗）。分布于我国河北中北部、宁夏西北部、甘肃东南部、西藏西部、新疆，蒙古国西部和南部、俄罗斯（西伯利亚地区）、巴基斯坦、阿富汗，克什米尔地区，中亚、西南亚。为古地中海分布种。

植株含甾体牛皮消毒甙、皂甙、有机酸等。根、茎、叶均可入药，可化湿利水、

祛风止痛，主治痈肿、胃溃疡、十二指肠溃疡、慢性胃炎、急慢性肾炎、水肿、白带过多、风湿痛等。

11. 鹅绒藤（祖子花）

Cynanchum chinense R. Br. in Mem. Wern. Nat. Hist. Soc. 1:44. 1810; Fl. Intramongol. ed. 2, 4:128. t.53. f.1-9. 1992.

多年生草本。根圆柱形，长约 20cm，直径 5～8mm，灰黄色。茎缠绕，多分枝，稍具纵棱，被短柔毛。叶对生，薄纸质，宽三角状心形，长 3～7cm，宽 3～6cm，先端渐尖，全缘，基部心形，上面绿色，下面灰绿色，两面均被短柔毛；叶柄长 2～5cm，被短柔毛。伞状二歧聚伞花序腋生，着花约 20 朵；总花梗长 3～5cm；花萼 5 深裂，裂片披针形，长约 1.5mm，先端锐尖，外面被短柔毛。花冠辐状，白色，裂片条状披针形，长 4～5mm，宽约 1.5mm，先端钝；副花冠高不及合蕊冠，杯状，膜质，外轮顶端 5 浅裂，裂片三角形，裂片间具 5 条稍弯曲的丝状体，内轮具 5 条较短的丝状体，外轮丝状体与花冠近等长。花粉块每药室 1 个，椭圆形，长约 0.2mm，下垂；柱头近五角形，稍凸起，顶端 2 裂。蓇葖果通常 1 个发育，少双生，

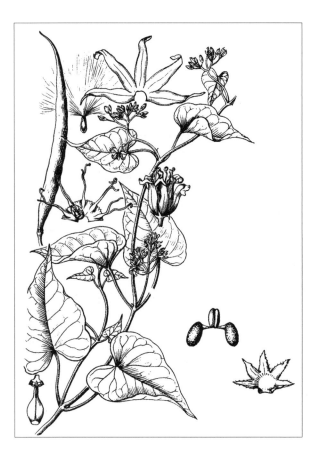

圆柱形，长 8～12cm，直径 5～7mm，平滑无毛。种子矩圆形，压扁，长约 5mm，宽约 2mm，黄棕色；顶端种缨长约 3cm，白色绢状。花期 6～7 月，果期 8～9 月。

中生缠绕草本。生于草原带的沙地、河滩地、田埂。产科尔沁（科尔沁右翼中旗、翁牛特旗白音套海苏木、开鲁县、阿鲁科尔沁旗、巴林右旗、敖汉旗、科尔沁区）、乌兰察布（乌拉特前旗、乌拉特中旗）、阴山（大青山）、阴南平原（包头市）、阴南丘陵（准格尔旗）、鄂尔多斯（达拉特旗、乌审旗、鄂托克旗）、东阿拉善（磴口县、阿拉善左旗）。分布于我国吉林西部、辽宁、河北、河南、山东、山西、陕西、宁夏、甘肃中部、青海东部、安徽南部和西南部、江苏东部、浙江，朝鲜。为东亚分布种。

根及茎的乳汁入药。根能祛风解毒、健胃止痛，主治小儿食积。茎乳汁外敷，治性疣赘。

12. 白首乌（何首乌、柏氏白前、野山药）

Cynanchum bungei Decne. in Prodr. 8:549. 1844; Fl. Intramongol. ed. 2, 4:128. t.53. f.10-14. 1992.

多年生草本。块根肉质肥厚，圆柱形或近球形，直径 10～15mm，褐色。茎缠绕，纤细而韧，无毛。叶对生，薄纸质，戟形或矩圆状戟形，长 3～8cm，宽 2～6cm，先端渐尖，全缘，

基部心形，两侧裂片近圆形，上面绿色，被短硬毛，下面淡绿色，仅在凸起的脉上有短硬毛；叶柄长 1～3cm，被短硬毛，其顶端具数腺体。聚伞花序伞状，腋生，着花 10～20 余朵。总花梗长 2～3.5cm，顶端具披针形的极小的苞片；花梗纤细如丝状，长 1.5～2cm。花萼裂片卵形或披针形，长约 2mm，外面被疏短硬毛，先端尖。花冠白色或淡绿色，裂片披针形，长约

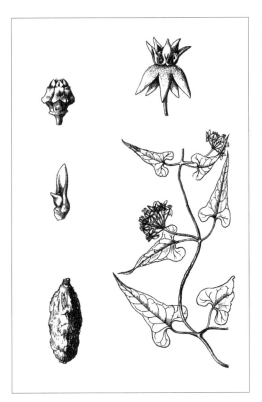

5mm，宽约 2.5mm，向下反折；副花冠淡黄色，肉质，5 深裂，裂片披针形，长约 3mm，内面中央有舌状片。花粉块每药室 1 个，椭圆形，下垂。蓇葖果单生或双生，狭披针形，顶部长渐尖，长 8～10cm，直径约 1cm，淡褐色，表面纵细纹。种子倒卵形，扁平，长约 9mm，宽约 4mm，暗褐色；顶端种缨白色，绢状，长达 4mm。花期 6～7 月，果期 8～9 月。

中生缠绕草本。生于草原带的山地灌丛、林缘草甸、沟谷、田间、撂荒地。产兴安南部（科尔沁右翼前旗、科尔沁右翼中旗、阿鲁科尔沁旗、巴林右旗）、燕山北部（喀喇沁旗、敖汉旗）、阴山（大青山的九峰山）、贺兰山。分布于我国辽宁西部、河北、河南西部、山东西部、山西东部和南部、陕西、宁夏北部、甘肃东部、四川北部、云南西北部、西藏东南部，朝鲜。为东亚（满洲—华北—横断山脉）分布种。

块根入药（药材名：白首乌），能补肝肾、强筋骨、益精血，主治肝肾不足、腰膝酸软、失眠、健忘。

3. 萝藦属 Metaplexis R. Br.

草质藤本或藤状半灌木。具乳汁。叶对生，心形。聚伞花序呈总状排列；花萼5深裂，里面基部具小腺体5。花冠近辐状，裂片5；副花冠环状，着生于合蕊冠上，5短裂，裂片兜状。雄蕊着生在花冠基部；花丝合生成短管；花药顶端具内弯的膜片；花粉块每药室1个，下垂。花柱短，柱头延长成一长喙，顶端2裂。

内蒙古有1种。

1. 萝藦（癞瓜瓢、婆婆针线包）

Metaplexis japonica (Thunb.) Makino in Bot. Mag. Tokyo 17:87. 1903; Fl. Intramongol. ed. 2, 4:130. t.54. f.1-8. 1992.——*Pergularia japonica* Thunb. in Fl. Jap. 1:11. 1784.

多年生草质藤本。具乳汁。茎缠绕，圆柱形，具纵棱，被短柔毛。叶卵状心形，少披针状心形，长5～11cm，宽3～10cm，顶端渐尖或骤尖，全缘，基部心形，两面被短柔毛，老时毛常脱落；叶柄长2～6cm，顶端具丛生腺体。花序腋生，着花10余朵。总花梗长7～12cm；花梗长3～6mm，被短柔毛。花蕾圆锥形，顶端锐尖；萼裂片条状披针形，长6～8mm，被短柔毛；花冠白色，近辐状，条状披针形，长约10mm，张开，里面被柔毛。蓇葖果叉生，纺锤形，长6～8cm，被短柔毛；种子扁卵圆形，顶端具1簇白色绢质长种毛。花果期7～9月。

中生缠绕草本。生于草原带的河边沙质坡地。产兴安南部（扎赉特旗、科尔沁右翼前旗、扎鲁特旗、阿鲁科尔沁旗）、辽河平原（大青沟）、赤峰丘陵（红山区、敖汉旗）。分布于我国黑龙江、吉林东部、辽宁、河北、河南西部、山东、山西南部、陕西中部和南部、甘肃东南部、四川中西部和北部、贵州东部、安徽、江西北部、江苏、浙江、湖北、湖南北部和西部，日本、朝鲜、俄罗斯（远东地区）。为东亚分布种。

全株可药用。果可治劳伤，根可治跌打损伤，茎叶可治小儿疳积等。茎皮纤维可制人造棉。

103. 旋花科 Convolvulaceae

一年生或多年生草本或矮灌木。具肉质块根或无。茎平卧、缠绕或攀援，有时直立。单叶互生，全缘或具不同深度的掌状或羽状分裂，或有时形成复叶，具柄。花单生于叶腋，或少数至多花组成腋生聚伞花序，有时为总状；花两性，辐射对称，5基数；苞片成对，通常很小，有时呈叶状或总苞状；萼片通常分离或仅基部连合；花冠合瓣，大都呈漏斗状、钟状、管状或高脚碟状，花冠外常有 5 条明显被毛或无毛的瓣中带。雄蕊着生于花冠筒部的基底或中部稍下，且与花冠裂片同数而互生；花丝丝状，有时基部稍扩大。花盘环状或杯状。子房上位，由 2（稀 3～5）心皮合生，1～2 室，稀 3～5 室，每室有 2 胚珠，中轴胎座。蒴果，或为多少肉质的浆果。

内蒙古有 3 属、9 种，另有 1 栽培属、1 栽培种。

分 属 检 索 表

1a. 花萼为 2 个大的叶状苞片所包围；子房 1 室或不完全的 2 室；柱头矩圆形或椭圆形，扁平⋯⋯⋯⋯⋯⋯⋯⋯⋯⋯⋯⋯⋯⋯⋯⋯⋯⋯⋯⋯⋯⋯⋯⋯⋯⋯⋯⋯⋯⋯⋯⋯⋯⋯⋯**1. 打碗花属 Calystegia**
1b. 花萼不为苞片所包；苞片小，条形。
    2a. 柱头 2，裂片线形、圆柱形或近棒状⋯⋯⋯⋯⋯⋯⋯⋯⋯⋯⋯**2. 旋花属 Convolvulus**
    2b. 柱头头状，或呈 2 瘤状突起，或呈 2 球状。
        3a. 花冠瓣中带通常有 5 条明显的脉，花粉粒无刺⋯⋯⋯⋯⋯**3. 鱼黄草属 Merremia**
        3b. 花冠瓣中带有 2 条脉，花粉粒有刺⋯⋯⋯⋯⋯⋯⋯⋯⋯⋯**4. 番薯属 Ipomoea**

1. 打碗花属 Calystegia R. Br.

一年生或多年生草本。叶全缘或分裂。花单生于叶腋，具长花梗；苞片 2，大型，叶状，包围花萼，宿存；萼片卵形或长椭圆形，宿存；花冠漏斗状或钟状，白色或粉红色。雄蕊 5，内藏，贴生于花冠管；花丝基部扩大。花盘环状。子房 1 室或为不完全的 2 室，胚珠 4；花柱 1；柱头 2 裂，裂片矩圆形或椭圆形，扁平。蒴果球形或卵形；种子 4，光滑或具小瘤。

内蒙古有 4 种。

分 种 检 索 表

1a. 植株无毛。
    2a. 苞片较小，长 0.6～1.6cm；宿萼及苞片与果近等长或稍短⋯⋯⋯⋯⋯**1. 打碗花 C. hederacea**
    2b. 苞片较大，长 1.7～2.7cm；宿萼及苞片增大包藏果实⋯⋯**2. 宽叶打碗花 C. silvatica** subsp. **orientalis**
1b. 植株被毛。
    3a. 叶卵状矩圆形或卵状三角形，基部心形或戟形，叶柄长 1～2cm⋯⋯⋯⋯**3. 毛打碗花 C. dahurica**
    3b. 叶矩圆形或矩圆状条形，基部平截或微呈戟形，叶柄长 2～5mm⋯⋯⋯⋯⋯⋯**4. 藤长苗 C. pellita**

1. 打碗花（小旋花）

Calystegia hederacea Wall. ex Roxb. in Fl. Ind. 2:94. 1824; Fl. Intramongol. ed. 2, 4:133. t.55. f.5. 1992.

多年生缠绕或平卧草本。全体无毛，具细长白色的根状茎。茎具细棱，通常由基部分枝。

叶片三角状卵形、戟形或箭形，侧面裂片尖锐，近三角形，或2～3裂，中裂片矩圆形或矩圆状披针形，长2～4.5（～5）cm，基部（最宽处）宽（1.7～）3.5～4.8cm，先端渐尖，基部微心形，全缘，两面通常无毛。花单生叶腋；花梗长于叶柄，有细棱；苞片宽卵形，长6～11（～16）mm；花冠漏斗状，淡粉红色或淡紫色，直径2～3cm；雄蕊花丝基部扩大，有细鳞毛；子房无毛，柱头2裂，裂片矩圆形、扁平。蒴果卵圆形，微尖，光滑无毛。花期7～9月，果期8～10月。

中生杂草。生于耕地、撂荒地、路旁，在溪边或潮湿生境中生长最好，并可聚生成丛。产内蒙古各地。分布于我国各地，蒙古国南部（戈壁—阿尔泰地区）、俄罗斯，东亚、南亚、东南亚、中亚、东非。为东古北极分布种。

根状茎含淀粉，可造酒，也可制饴糖，又是优良的猪饲料。根状茎及花入药。根状茎能健脾益气、利尿、调经活血，主治脾虚、消化不良、月经不调、白带、乳汁稀少，亦可促进骨折和创伤的愈合。花外用治牙痛。

2. 宽叶打碗花（篱天剑、旋花、鼓子花）

Calystegia silvatica (Kit.) Griseb. subsp. **orientalis** Brummit. in Kew Bull. 35:332. 1980; Fl. China 16:288. 1995.——*C. sepium* auct. non (L.) R. Br.: Fl. Intramongol. ed. 2, 4:133. t.55. f.6. 1992.

多年生草本。全株无毛。茎缠绕或平卧，伸长，有细棱，具分枝。叶三角状卵形或宽卵形，

122

长5～9cm，基部（最宽处）宽3.5～5.5cm或更宽；先端急尖，基部心形、箭形或戟形，两侧具浅裂或全缘。叶柄长2.5～5cm。花单生叶腋；花梗通常长于叶柄，长6～7(～10)cm，具细棱或有时具狭翼；苞片卵状心形，长1.7～2.7cm，先端钝尖或尖；萼片卵圆状披针形，先端尖；花冠白色或有时粉红色，长4～5cm；雄蕊花丝基部有细鳞毛；子房无毛，2室，柱头2裂，裂片卵形、扁平。蒴果球形，被苞片和宿萼包藏着。

缠绕或平卧草甸中生杂类草。生于森林带和森林草原带的撂荒地、农田、路旁、溪边草丛、山地林缘草甸。产兴安北部、岭东、岭西、呼伦贝尔、兴安南部、燕山北部。分布于我国大部分地区，且仅产我国。为东亚分布亚种。

根入药，能清热利湿、理气健脾，主治急性结膜炎、咽喉炎、白带、疝气。

3. 毛打碗花

Calystegia dahurica (Herb.) Choisy in Prodr. 9:433. 1845; Fl. Intramongol. ed. 2, 4:135. t.55. f.4. 1993.——*Convolvulus dahuricus* Herb. in Bot. Mag. 53:t.2609. 1826.

多年生草本。茎缠绕，先端密被粗硬毛，至茎基部毛渐稀疏。叶通常卵状矩圆形或卵状三角形，长2.5～5cm，宽1.5～2.8cm，幼叶密被粗硬毛，茎基部叶毛渐稀疏，先端渐尖，基部心形或戟形；叶柄长1～2cm，被毛。花单生叶腋；花梗长于叶片，被毛，或在茎基部的花梗稀疏被毛或近于无毛；花大，长4～4.5cm；苞片狭卵形，长1.5～2cm，先端稍钝，具缘毛；花冠淡红色。

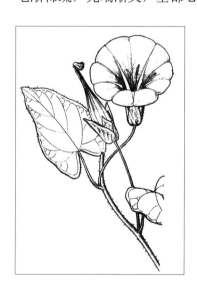

缠绕中生杂草。生于森林带和森林草原带的撂荒地、农田、路旁。产兴安北部及岭东和岭西、呼伦贝尔、兴安南部（科尔沁右翼前旗）。分布于我国黑龙江、吉林、辽宁、河北、河南、山东、山西、陕西、甘肃、江苏、安徽、湖北、湖南、四川，蒙古国北部、俄罗斯（西伯利亚地区），高加索地区，中亚。为东古北极分布种。

4. 藤长苗（缠绕天剑）

Calystegia pellita (Ledeb.) G. Don in Gen. Hist. 4:296. 1837; Fl. Intramongol. ed. 2, 4:135. t.55. f.1-3. 1992.——*Convolvulus pellitus* Ledeb. in Fl. Alt. 1:223. 1829.

多年生草本。茎缠绕，圆柱形，少分枝，密被柔毛。叶互生，矩圆形或矩圆状条形，长3～5.5cm，宽0.5～2.2cm，两面被柔毛，或通常背面沿中脉密被长柔毛，全缘，先端锐尖，有小尖头，基部平截或微呈戟形；叶柄短，长约0.5cm，被毛。花单生叶腋；花梗远长于叶，密被柔毛；

苞片卵圆形，长 1.2～2cm，外面密被褐黄色短柔毛，有时毛较少；萼片矩圆状卵形，几无毛；花冠粉红色，光滑，长 4～5cm，5 浅裂；雄蕊长为花冠的一半，花丝基部扩大，被小鳞毛；子房无毛，2 室，柱头 2 裂，裂片长圆形、扁平。蒴果球形。

缠绕中生杂草。生于森林带和草原带的耕地、撂荒地、路旁、山地草甸。产兴安北部、岭东、岭西、呼伦贝尔、兴安南部、科尔沁、辽河平原（大青沟）、赤峰丘陵（红山区、松山区）、燕山北部（喀喇沁旗、宁城县、敖汉旗）、阴南丘陵。分布于我国黑龙江、吉林、辽宁、河北、河南、山东、山西、陕西、甘肃、江苏、安徽、湖北、湖南、四川、新疆，日本、朝鲜、蒙古国北部（杭爱地区）、俄罗斯（西伯利亚地区、远东地区）。为东古北极分布种。

2. 旋花属 Convolvulus L.

一年生或多年生直立、缠绕或平卧草本，或为直立半灌木或有刺灌木。单叶互生，矩圆形、心状卵形、披针形至条形，或狭长箭头形，全缘，稀具浅波状至皱波状圆齿或浅裂，具长柄。花大，漏斗状，白色或粉红色；苞片 2，小型，不包萼而位于花梗上方。雄蕊着生于花冠基部，花丝通常基部稍扩大；花粉粒无刺。花盘环状或杯状。子房 2 室；花柱 1，细长；柱头 2，裂片线形、圆柱形或近棒状。蒴果球形。

内蒙古有 4 种。

分种检索表

1b. 植株为草本，茎缠绕、平卧或直立，小枝末端无刺。

  2a. 缠绕草本；茎、叶无毛或疏被柔毛；叶卵状矩圆形或椭圆形，基部戟形、心形或箭形，具柄；花冠长 15～26mm ·················· **1. 田旋花 C. arvensis**

  2b. 直立矮小草本；茎、叶、萼片均密被贴生银色绢毛；叶条形或狭披针形，基部渐狭，无柄；花冠长 8～15mm ·················· **2. 银灰旋花 C. ammannii**

1a. 植株为坚硬多分枝的灌木或半灌木，小枝末端具刺。

  3a. 分枝不呈直角开展；花 2～6 朵密集生于枝端，花枝伸长而无刺；内、外萼片近等大 ·················· **3. 刺旋花 C. tragacanthoides**

3b. 分枝多少呈直角开展；花单生于短的侧枝上，侧枝末端常具2个小刺；萼片不等大，2枚外萼片宽卵圆形，显著宽于3个内萼片⋯⋯⋯⋯⋯⋯⋯⋯⋯⋯⋯**4. 鹰爪柴 C. gortschakovii**

1. 田旋花（箭叶旋花、中国旋花）

Convolvulus arvensis L., Sp. Pl. 1:153. 1753; Fl. Intramongol. ed. 2, 4:136. t.56. f.1. 1992.

细弱蔓生或微缠绕的多年生草本，常形成缠结的密丛。茎有条纹及棱角，无毛或上部被疏柔毛。叶形变化很大，三角状卵形至卵状矩圆形，或为狭披针形，长2.8～7.5cm，宽0.4～3cm，先端微圆，具小尖头，基部戟形、心形或箭形，叶柄长0.5～2cm。花序腋生，

有1～3花；花梗细弱；苞片2，细小，条形，长2～5mm，生于花下3～10mm处。萼片有毛，长3～6mm，稍不等；外萼片稍短，矩圆状椭圆形，钝，具短缘毛；内萼片椭圆形或近于圆形，钝或微凹，或多少具小短尖头，边缘膜质。花冠宽漏斗状，长15～26mm，直径18～30mm，白色或粉红色，或白色具粉红或红色的瓣中带，或粉红色具红色或白色的瓣中带；雄蕊花丝基部扩大，具小鳞毛；子房有毛。蒴果卵状球形或圆锥形，无毛。花期6～8月，果期7～9月。

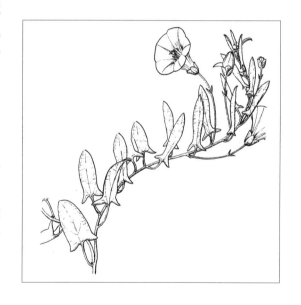

中生杂草。生于田间、撂荒地、村舍、路旁，并可见于轻度盐化的草甸中。产内蒙古各地。分布于世界各地。为世界分布种。

全草、花和根入药，能活血调红、止痒、祛风。全草主治神经性皮炎，花主治牙痛，根主治风湿性关节痛。全草各种牲畜均喜食，鲜时绵羊、骆驼采食差，干时各种家畜采食。

2. 银灰旋花（阿氏旋花）

Convolvulus ammannii Desr. in Encycl. 3:549. 1789; Fl. Intramongol. ed. 2, 4:136. t.56. f.2. 1992.

多年生矮小草本植物。全株密生银灰色绢毛。茎少数或多数，平卧或上升，高2～11.5cm。叶互生，条形或狭披针形，长6～22(～60)mm，宽1～2.5(～6)mm，先端锐尖，基部狭，无叶柄。花小，单生枝端，具细花梗。萼片5，长3～6mm，不等大；外萼片矩圆形或矩圆状椭圆形；内萼片较宽，卵圆形，顶端具尾尖，密被贴生银色毛。花冠小，长0.8～1.5cm，

直径 8～20mm，白色、淡玫瑰色或白色带紫红色条纹，外被毛；雄蕊 5，基部稍扩大；子房无毛或上半部被毛，2 室，柱头 2，条形。蒴果球形，2 裂；种子卵圆形，淡褐红色，光滑。花期 7～9 月，果期 9～10 月。

典型旱生草本。是荒漠草原和典型草原群落常见的伴生植物，在荒漠草原中是植被放牧退化演替的指示种，草原上的畜群点、饮水点附近因强烈放牧践踏，常形成银灰旋花占优势的次生群落，也见于山地阳坡及石质丘陵等干旱生境。产内蒙古各地。分布于我国黑龙江西部、吉林西部、辽宁西北部、河北西北部、河南西部、山西北部、陕西北部、宁夏北部、甘肃中部、青海东部及东北部、四川西部、西藏东部、新疆，朝鲜、蒙古国、俄罗斯（西伯利亚地区），中亚。为东古北极分布种。

全草入药，能解表、止咳，主治感冒、咳嗽。小牲畜在新鲜状态时喜食，干枯时乐食。

3. 刺旋花（木旋花）

Convolvulus tragacanthoides Turcz. in Bull. Soc. Imp. Nat. Mosc. 5:201. 1832; Fl. Intramongol. ed. 2, 4:137. t.56. f.3. 1992.

半灌木，高 5～15cm。全株被银灰色绢毛。茎密集分枝，铺散成垫状；小枝坚硬，具刺；节间短。叶互生，狭倒披针状条形，长 0.6～2.2cm，宽 0.5～1.5mm，先端圆形，基部渐狭，无叶柄。花单生或 2～6 朵集生于枝端，枝端无刺；花梗短；萼片卵圆形，外萼片稍区别于内萼片，长 5～7mm，顶端具小尖凸，外被棕黄色毛；花冠漏斗状，长 1.2～2.2cm，粉红色，稀白色，瓣中带密生毛，顶端 5 浅裂；雄蕊 5，不等长，长为花冠的 1/2，基部扩大，无毛；子房有毛，2 室，柱头

2 裂，裂片狭长。蒴果近球形，有毛；种子卵圆形，无毛。花期 7～9 月，果期 8～10 月。

强旱生具刺半灌木。主要见于我区半荒漠地带，常在干沟、干河床及砾石质丘陵坡地上，形成小片群落，或散生于山坡石隙间。在贺兰山南部平缓坡地上可形成大面积的刺旋花荒漠群落，每当春季盛开的粉红色花朵，形成荒漠中十分亮丽的风景，也见于鄂尔多斯半日花荒漠群落中，并可成为优势种。产乌兰察布（达尔罕茂明安联合旗北部）、阴山西部（乌拉山、大青山西部）、东阿拉善（乌拉特后旗、狼山、桌子山、鄂托克旗西部、乌海市、杭锦旗西部、阿拉善左旗）、贺兰山。分布于我国陕西西北部、宁夏北部、甘肃、四川西北部、青海东部、新疆（天山），蒙古国东南部，中亚。为戈壁—蒙古分布种。

4. 鹰爪柴（郭氏木旋花）

Convolvulus gortschakovii Schrenk in Enum. Pl. Nov. 1:18. 1841; Fl. Intramongol. ed. 2, 4:137. t.56. f.4. 1992.

半灌木或近于垫状小灌木，高 10～20(～30) cm。具多少呈直角开展而密集的分枝，小枝具单一、短而坚硬的刺，全株密被贴生银色绢毛。叶倒披针形、披针形或条状披针形，长 0.5～2.2cm，宽 0.5～4mm，先端锐尖或钝，基部渐狭。花单生于短的侧枝上，侧枝末端常具 2 个对生的小刺；花梗短，

长 1～2mm；萼片被散生柔毛，长 5～9mm，2 枚外萼片呈宽卵形，显著宽于 3 枚内萼片；花冠玫瑰色，长 1.3～2cm；雄蕊稍不等长，短于花冠；花盘环状；雌蕊稍长过雄蕊，子房被长毛。蒴果宽椭圆形。花期 7～8 月，果期 8～9 月。

强旱生具刺半灌木。分布于半荒漠地带，可成为荒漠建群植物，多生于砾石性基质上，组成小片荒漠群落，也是鄂尔多斯半日花荒漠群落的优势种。产东阿拉善（乌拉特后旗、桌子山、阿拉善左旗）、西阿拉善（阿拉善右旗、巴丹吉林沙漠）、贺兰山、龙首山。分布于我国

宁夏西北部、甘肃（河西走廊）、新疆西部，蒙古国西部和南部、俄罗斯（西伯利亚地区），中亚。为戈壁分布种。

骆驼在夏、秋、冬季乐食其叶，绵羊、山羊喜食其叶。

3. 鱼黄草属 **Merremia** Dennst. ex Endl.

草本或灌木，缠绕或匍匐，也有直立者。叶具柄，大小形状多变。花腋生，单生或 2 至多数花形成各式分枝的聚伞花序；苞片通常小；萼片 5，近等长或外侧 2 枚稍短；花冠白色、黄色至淡红色，通常具 5 条明显的瓣中带；雄蕊 5，内藏，花药通常旋扭，花丝不等长，基部扩大，花粉粒无刺；花盘环状；子房 2 或 4 室，罕为不完全的 2 室，胚珠 4，花柱 1，丝状，柱头头状，2 裂。蒴果 4 瓣裂或多少不规则开裂，种子 4 或因败育而较少。

内蒙古有 1 种。

1. 北鱼黄草（囊毛鱼黄草）

Merremia sibirica (L.) H. Hall. in Bot. Jahrb. Syst. 16:552. 1893; Fl. China 16:295. 1995; High. Pl. China 9:255. 1999.——*Convolvulus sibiricus* L., Mant. Pl. 2:203. 1771.——*M. sibirica* (L.) H. Hall. var. *macrosperma* C. C. Huang in Report Stud. Pl. Trop. Subtrop. Yunnan 1:112. 1965. syn. nov.——*M. sibirica* (L.) H. Hall. var. *tricosperma* C. C. Huang in Report Stud. Pl. Trop. Subtrop. Yunnan 1:112. 1965. syn. nov.——*M. sibirica* (L.) H. Hall. var. *vesiculosa* C. Y. Wu in Report Stud. Trop. Subtrop. Yunnan 1:111. 1965; Fl. Intramongol. ed. 2, 4:141. t.57. f.2-3. 1992. syn. nov.

一年生缠绕草本。全株无毛。茎多分枝，具细棱。叶狭卵状心形，长 3.5～9cm，宽 1.5～4.5cm，顶端尾状长渐尖，基部心形，边缘稍波状。花序腋生，1～2 至数朵形成聚伞花序；总梗通常短于叶柄，明显具棱；苞片 2，小，条形；萼片 5，近相等，长 0.5～0.6cm，顶端具短尖头，无毛；花冠小，漏斗状，淡红色，长约 1.5cm，无毛，冠檐具浅三角形裂片；花药不扭曲；雌蕊与雄蕊几等长或稍短，子房 2 室，每室具 2 胚珠。蒴果圆锥状卵形，顶端钝尖，直径 5～10(～12)mm；种子黑色，密被囊状毛。

中生草本。生于田边、路边、山地草丛或山地灌丛。产

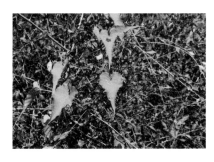 

兴安北部（阿尔山市明水河镇）、兴安南部及科尔沁（乌兰浩特市、科尔沁右翼前旗、科尔沁右翼中旗、扎赉特旗、阿鲁科尔沁旗、科尔沁区、巴林右旗、克什克腾旗）、赤峰丘陵（红山区）、燕山北部（宁城县、敖汉旗）、鄂尔多斯（达拉特旗）、东阿拉善（五原县）。分布于我国黑龙江西南部、吉林西部、辽宁中部、河北北部、河南西部、山东西部、山西东北部、陕西南部、甘肃东南部、安徽南部、浙江西北部、江西东部、湖北、湖南南部和西部、广西西北部、四川西部、贵州西南部、云南西北部，蒙古国、俄罗斯（西伯利亚地区）。为西伯利亚—东亚分布种。

4. 番薯属 Ipomoea L.

草本或亚灌木，通常匍匐或缠绕。叶通常具柄，全缘或有分裂。花序腋生，具1至数花；苞片细长；萼片5，等长或稍不等长，宿存；花冠漏斗状或钟状，瓣中带具2明显的脉。雄蕊5，不等长，生于花冠基部；花丝基部常扩大且稍被毛；花粉粒有刺。雌蕊比雄蕊稍长或近于等长；子房2～4室，胚珠4；花柱线形；柱头头状或为2瘤状突起，或裂成2球状；花盘环状。蒴果球形或卵形，通常4瓣裂；种子4或较少，三棱状椭圆形，无毛或被毛。

内蒙古有1栽培种。

1. 番薯（红薯、白薯、地瓜）

Ipomoea batatas (L.) Lam. in Encycl. 2:465. 1793; Fl. Intramongol. ed. 2, 4:141. 1992.——
Convolvulus batatas L., Sp. Pl. 1:154. 1753.

一年生草本。地下具圆形、椭圆形或纺锤形的块根（形状常因品种而有差异）。茎平卧或上升，偶有缠绕，被柔毛或无毛，茎节易生不定根。叶片通常广卵形至三角状卵形（常因品种不同而异），长4～13cm，宽3～13cm，全缘或3～5（～7）裂，基部心形，先端尖或钝，两面被疏柔毛或无毛。聚伞花序，花1～3（～7），腋生；花序梗与叶柄等长；苞片披针形，长2～4mm，早落；萼片不等长，外萼片稍短，顶端呈芒尖，无毛；花冠白色、粉红色、淡紫色或紫红；雄蕊和雌蕊内藏，花丝基部被小鳞毛；子房2室，每室2胚珠。开花习性随品种、气温高低、日照长短而异。

平卧或缠绕中生草本。原产南美洲及大、小安的列斯群岛。为南美分布种。内蒙古南部有少量栽培，我国及世界的热带和亚热带地区广泛栽培。

块根可供食用。茎叶可做饲料。

104. 菟丝子科 Cuscutaceae

一年生寄生蔓草。茎呈丝状，黄色、棕色或橘红色，光滑无毛。叶退化成小鳞片。花小，黄色、淡红色或白色，聚成无柄的小花束；苞片小，或无；花（3～）4～5基数；萼片近等大，基部多少连合；花冠钟状或壶状，浅5裂，芽内覆瓦状排列。雄蕊5，着生于花冠喉部或花冠裂片相邻处，通常稍微伸出；花丝短、与花冠裂片互生，在花冠管基部具5枚与雄蕊相对的、边缘流苏状或具细齿的鳞片。花柱2，完全分离或多少连合为一；柱头条形棒状或头状；子房2室，每室2胚珠。蒴果。

内蒙古有1属、7种。

1. 菟丝子属 Cuscuta L.

属的特征同科。

内蒙古有7种。

分种检索表

1a. 花柱单一，穗状或穗状总状花序；植株较粗。

 2a. 花柱远长于柱头。

  3a. 柱头明显有2裂片·······················**1. 日本菟丝子 C. japonica**

  3b. 柱头头状，微2裂·······················**2. 啤酒花菟丝子 C. lupuliformis**

 2b. 花柱短，几与头状柱头等长·······················**3. 单柱菟丝子 C. monogyna**

1b. 花柱2，离生；花通常簇生成团伞花序；茎纤细。

 4a. 柱头头状，不伸长。

  5a. 蒴果被凋谢的花冠完全围着，盖裂；花冠裂片具龙骨状凸起·············**4. 菟丝子 C. chinensis**

  5b. 蒴果下半部被凋谢的花冠包住，不规则开裂；花冠裂片平坦。

   6a. 花冠裂片卵形或长圆形，顶端钝或圆形，直立·················**5. 南方菟丝子 C. australis**

   6b. 花冠裂片矩圆状披针形或宽三角形，顶端锐尖，反折·········**6. 原野菟丝子 C. campestris**

 4b. 柱头伸长，条形棒状·······················**7. 大菟丝子 C. europaea**

1. 日本菟丝子（金灯藤）

Cuscuta japonica Choisy in Zoll. Syst. Verz. Ind. Arch. Pflanz. 2:130,134. 1854; Fl. Intramongol. ed. 2, 4:142. t.58. f.6-8. 1992.

一年生寄生草本。茎较粗壮，直径1～2mm，黄色，常带紫红色疣状斑点，多分枝。无叶。花序穗状或穗状总状；苞片及小苞片鳞片状，卵圆形，先端尖；花萼碗状，长约2mm，5裂，裂片几达基部，卵圆形，相等或不相等，先端尖，常有紫红色疣状凸起；

花冠白色、绿白色或淡红色，钟状，长 3～5mm，先端 5 浅裂，裂片卵状三角形；雄蕊着生于花冠喉部裂片之间，花丝无或几乎无，花药卵圆形；鳞片矩圆形，边缘流苏状；花柱长，合生为一，柱头 2 裂。蒴果卵圆形，近基部盖裂，长约 5mm；种子 1～2，光滑，褐色。花期 7～8 月，果期 8～9 月。

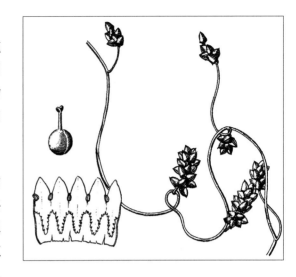

缠绕寄生草本。常见寄生于草原植物和草甸植物。产兴安北部、岭东、岭西、呼伦贝尔、兴安南部及科尔沁（科尔沁右翼前旗、科尔沁右翼中旗、巴林左旗、克什克腾旗）、赤峰丘陵（红山区）、燕山北部（喀喇沁旗、宁城县、敖汉旗）、阴山（大青山）、阴南丘陵。分布于我国除广东、广西、海南外的各省区，日本、朝鲜、越南。为东亚分布种。

种子入药，功效与菟丝子同。

2. 啤酒花菟丝子

Cuscuta lupuliformis Krock. in Fl. Siles. 1:261. t.36. 1787; Fl. Intramongol. ed. 2, 4:143. t.58. f.9-10. 1992.

这一种植株外形与日本菟丝子 *Cuscuta japonica* Choisy 很相似，两者主要区别在于本种的柱头头状，微 2 裂。

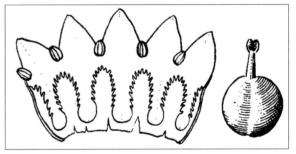

一年生缠绕寄生草本。常见寄生于草原植物。产呼伦贝尔（满洲里市）。分布于我国吉林、辽宁、河北、山东、山西、甘肃、新疆，亚洲、欧洲。为古北极分布种。

本种未采到标本。根据文献资料记载，以供参考。

3. 单柱菟丝子

Cuscuta monogyna Vahl. in Symb. Bot. 2:32. 1791; Fl. Intramongol. ed. 2, 4:145. t.58. f.13. 1992.

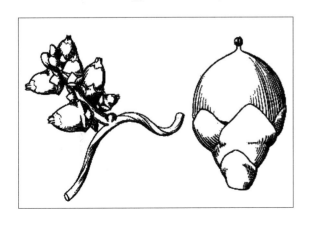

一年生寄生草本。茎粗糙，多分枝，直径 1～2mm，微红色，有深紫色瘤状突起。无叶。花序腋生；苞片小，卵圆形或卵状三角形。花萼碗形，长不及 2mm；萼裂片 5，卵圆形，常有紫红色瘤状突起。花冠紫色，壶形；裂片 5，卵圆形，短于冠筒一半。雄蕊的花丝与花药等长，着生于花冠喉部；鳞片矩圆形，顶端多少 2 裂，边缘具不等的流苏状缝。花柱很短，长约 0.5mm；柱头头状，中央有浅裂缝，几与花柱等长。蒴果卵圆形或近球形，周裂。花果期 7 ～ 9 月。

缠绕寄生草本。寄生于多年生草本植物上。产兴安南部（扎赉特旗）、燕山北部（敖汉旗大黑山）。分布于我国新疆，蒙古国东部和东北部、俄罗斯（西伯利亚地区）、阿富汗，高加索地区，南亚、中亚，欧洲。为古北极分布种。

4. 菟丝子（豆寄生、无根草、金丝藤）

Cuscuta chinensis Lam. in Encycl. 2:229. 1786; Fl. Intramongol. ed. 2, 4:143. t.58. f.1-5. 1992.

一年生寄生草本。茎细，缠绕，黄色。无叶。花多数，近于无总花序梗，形成簇生状；苞片 2，与小苞片均呈鳞片状；花萼杯状，中部以下连合，长约 2mm，先端 5 裂，裂片卵圆形或

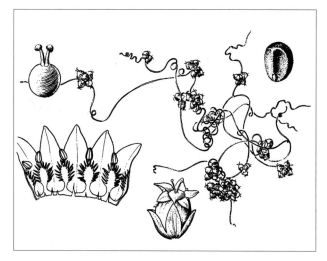

矩圆形；花冠白色，壶状或钟状，长为花萼的 2 倍，先端 5 裂，裂片向外反曲，具龙骨状凸起，宿存。雄蕊花丝短；鳞片近矩圆形，边缘流苏状。子房近球形；花柱 2，直立；柱头头状，宿存。蒴果近球形，稍扁，成熟时被宿存花冠全部包住，长约 3mm，盖裂；种子 2 ～ 4，淡褐色，表面粗糙。花期 7 ～ 8 月，果期 8 ～ 10 月。

缠绕寄生草本。多寄生在豆科植物上，故有"豆寄生"之名，对胡麻、马铃薯等农作物也有危害。产除荒漠区外的内蒙古各地。分布于我国除广东、广西、海南、台湾以外的各省区，日本、朝鲜、蒙古国东部、俄罗斯，南亚、西亚，非洲、大洋洲。为世界分布种。

种子入药（药材名：菟丝子），能补阳肝肾、益精明目、安胎，主治腰膝酸软、阳痿、遗精、头晕、目眩、视力减退、胎动不安。也入蒙药（蒙药名：希拉-乌日阳古），能清热、解毒、止咳，主治肺炎、肝炎、中毒性发烧。

5. 南方菟丝子

Cuscuta australis R. Br. in Prodr. 491. 1810; Fl. China 16:322. 1995.

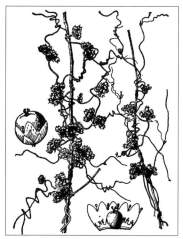

一年生寄生草本。茎纤细，金黄色，直径约 1mm。无叶。花序侧生，少花或多花簇生成小伞形或小团伞花序；近无总花梗或极短；苞片及小苞片均小，鳞片状；花梗长 1～2.5mm；花萼杯状，基部连合，裂片 4～5，矩圆形，稍不等大，钝。花冠淡黄色或乳白色，杯状，长约 2mm；裂片卵形或矩圆形，顶端钝或圆形，约与花冠管近等长，宿存。雄蕊着生于花冠裂片弯缺处，稍短于花冠裂片；鳞片小，先端 2 裂或短流苏状。子房扁球形；花柱 2，等长或稍不等长；柱头头状。蒴果扁球形，直径 3～4mm，下半部为宿存花冠所包围，成熟时不规则开裂；种子卵形，淡褐色，长约 1.5mm，表面粗糙。花期 5～7 月，果期 7～8 月。

缠绕寄生草本。多寄生在豆科、蒿属、牡荆属植物上。产内蒙古各地。分布于我国各地，亚洲、欧洲、大洋洲。为世界分布种。

6. 原野菟丝子

Cuscuta campestris Yunck. in Mem. Torrey Bot. Club 18:138. 1932; Fl. China 16:323. 1995.

一年生寄生草本。茎纤细，金黄色。无叶。花长 2～3mm（有些标本稍大），通常有腺体；有短花梗；聚集成头状的团伞花序；花萼包藏着花冠管，裂片卵形或圆形，或有时宽过于长，幼时基部覆瓦状，但不凸出形成角状；花冠裂片矩圆状披针形或宽三角状，锐尖，顶端常反折，约与短而钟状的花冠管等长；雄蕊比裂片短，花丝比花药长或与之相等，鳞片卵状，边缘流苏状；子房球形，花柱细弱或有时钻状，柱头球形，基部具凋存的花冠。

缠绕寄生草本。生于农田水渠边，寄生在西伯利亚滨藜上。产额济纳（额济纳旗达来呼布镇）。分布于我国福建、新疆，欧洲、亚洲、南美洲、北美洲、非洲、大洋洲。为世界分布种。

7. 大菟丝子（欧洲菟丝子）

Cuscuta europaea L., Sp. Pl. 1:124. 1753; Fl. Intramongol. ed. 2, 4:143. t.58. f.11-12. 1992.

一年生寄生草本。茎纤细，直径不超过 1mm，淡黄色或淡红色，缠绕。无叶。花序球状或头状；花梗无或几乎无；苞片矩圆形，顶端尖；花萼杯状，长约 2mm，4～5 裂，裂片卵状矩

圆形，先端尖；花冠淡红色，壶形，裂片矩圆状披针形或三角状卵形，通常向外反折，宿存。雄蕊的花丝与花药近等长，着生于花冠中部；鳞片倒卵圆形，顶端 2 裂或不分裂，边缘细齿

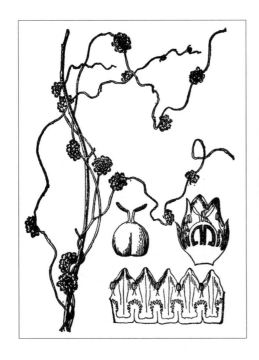

状或流苏状。花柱 2，叉分；柱头条形棒状。蒴果球形，成熟时稍扁，直径约 3mm；种子淡褐色，表面粗糙。花期 7～8 月，果期 8～9 月。

　　缠绕寄生草本。寄生于多种草本植物上，但多以豆科、菊科、藜科为甚。产兴安北部（阿尔山市五岔沟镇和阿尔山、东乌珠穆沁旗宝格达山）、兴安南部（巴林右旗、克什克腾旗）、燕山北部（喀喇沁旗、宁城县）、阴山（乌拉山）、鄂尔多斯、贺兰山。分布于我国黑龙江、河北、山西、陕西、甘肃、青海、四川、云南、西藏、新疆，日本、蒙古国北部和南部，克什米尔地区，西亚、北非，欧洲。为古北极分布种。

134

105. 花荵科 Polemoniaceae

一年生、二年生或多年生草本，少灌木或藤本。叶常互生，或下部对生，全缘，分裂或羽状复叶，无托叶。花序常呈聚伞状、伞房状至头状，稀单生叶腋；花两性，辐射对称至稍两侧对称；花萼5裂，宿存；花冠合瓣，高脚碟状、钟状至漏斗状，5裂。雄蕊5，常以不同高度着生在花管上；花丝丝状，基部扩大并被毛；花药2室，纵裂。花盘显著，位于雄蕊内。雌蕊1，常由3心皮组成；子房上位，3室，中轴胎座，每室有胚珠1至多数；花柱1，丝状；柱头3裂。蒴果室背开裂，稀室间开裂或不裂；种子常具棱或翅，具丰富的肉质胚乳。

内蒙古有1属、2种。

1. 花荵属 Polemonium L.

多年生或一年生草本。叶互生，羽状复叶。顶生聚伞圆锥花序；花蓝色或白色；花萼钟状5裂；花冠钟状、辐状或漏斗状，5裂；雄蕊基部着生位置相等；花盘具圆齿；子房3室，每室有2～12胚珠。蒴果3瓣裂。

内蒙古有2种。

分种检索表

1a. 茎上部、总花梗、花梗、花萼均被多细胞长腺毛····················**1. 柔毛花荵 P. villosum**
1b. 茎上部、总花梗、花梗、花萼均被短腺毛和柔毛····················**2. 花荵 P. caeruleum**

1. 柔毛花荵

Polemonium villosum Rud. ex Georgi in Beschr. Russ. Reich. 3(4):771. 1800; Fl. Intramongol. ed. 2, 4:146. t.59. f.8-9. 1992.

多年生草本，高50～90cm。根状茎横生。茎单一，不分枝，直立，中部以上密被长柔毛和长腺毛，稀短柔毛，中部以下无毛。奇数羽状复叶，长3～17cm，向上渐小；小叶19～25，卵形至卵状披针形，长9～25mm，宽3～8mm，先端渐尖或锐尖，基部圆形至楔形，全缘，无毛，叶柄两侧连同叶轴具柔毛。聚伞圆锥花序顶生或上部叶腋生；花序总梗、花梗和花萼密被长柔毛和长腺毛，稀短柔毛，花后期花萼的毛渐小；花梗纤细，长3～7mm。花萼钟状，长5～7.5mm，5深裂；裂片披针形或卵状披针形，先端尖，明显长于萼筒。花冠蓝紫色或蓝色，

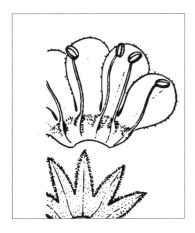

辐状或广钟状，长12～16mm；裂片倒卵圆形，先端稍尖，边缘具稀疏的短睫毛。雄蕊近等长或稍短于花冠；子房卵球形，柱头伸出花冠之外。蒴果长卵球形，长4～6mm；种子棕色，长3～4mm。花期6～7月，果期7～8月。

湿中生草本。生于森林带的林缘湿草甸。产兴安北部（根河市得耳布尔镇）。分布于俄罗斯（东西伯利亚地区南部）。为东西伯利亚南部分布种。

2. 花荵（中华花荵、小花荵、毛茎花荵、苏木山花荵）

Polemonium caeruleum L., Sp. Pl. 1:162. 1753; Fl. Intramongol. ed. 2, 4:146. t.59. f.6-7. 1992.——*P. chinense* (Brand) Brand in Repert. Spec. Nov. Regni Veg. 17:316. 1921; Fl. Intramongol. ed. 2, 4:147. t.59. f.1-5. 1992.——*P. caeruleum* L. var. *chinense* Brand in Ann. Conserv. Jard. Bot. Geneve 15-16:324. 1913; Fl. Reip. Pop. Sin. 64(1):157. 1979.——*P. laxiflorum* (Regel) Kitam. in Act. Phytotax. Geobot. 10:182. 1941.——*P. liniflorum* V. Vassil. in Bot. Mater. Gerb. Bot. Inst. Kom. Acad. Nauk S.S.S.R. 15:218. 1953; Fl. Reip. Pop. Sin. 64(1):158. 1979.——*P. sumushanense* G. H. Liu et Y. C. Ma in Act. Sci. Nat. Univ. Intramongol. 20(3):392. t.1. f.1-4. 1989; Fl. Intramongol. ed. 2, 4:147. t.59. f.10-11. 1992.——*P. chinense* (Brand) Brand var. *hirticaulum* G. H. Liu et Y. C. Ma in Act. Sci. Nat. Univ. Intramongol. 20(3):392. 1989; Fl. Intramongol. ed. 2, 4:147. 1992.——*P. villosum* auct. non Rud. ex Georgi: Fl. Pl. Herb. Chin. Bor.-Orient. 7:130. t.70. f.4-5. 1981.

多年生草本，高 40～80cm。具根状茎和多数纤维状须根。茎单一，不分枝，上部被短腺毛，中部以下无毛。奇数羽状复叶，长 7～20cm；小叶 11～23，卵状披针形至披针形，长

15～35mm，宽 5～10mm，先端锐尖或渐尖，基部近圆形，偏斜，全缘，无毛，无小叶柄。聚伞圆锥花序顶生或上部叶腋生，疏生多花；总花梗、花梗和花萼均被短腺毛，有时花梗和花萼具疏柔毛；花梗长 3～6mm；花萼钟状，长 4～6mm，裂片长卵形或卵状披针形，顶端钝或微尖，稍短或等于萼筒；花冠蓝紫色，钟状，长 9～15mm，裂片倒卵形，顶端圆形或微尖，边缘无睫毛或偶有极稀的睫毛；雄蕊 5，稍短于花冠或与之近等长；子房卵圆形，柱头稍伸出花冠之外。蒴果卵球形，长约 5mm；种子褐色，纺锤形，长约 3mm，种皮具膨胀性黏液细胞，干后膜质似种子有翅。花期 6～7 月，果期 7～8 月。

中生草本。生于森林带和森林草原带的山地林下、林缘草甸、低湿地。产兴安北部及岭东和岭西

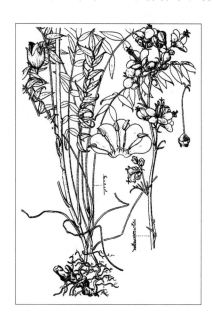

（大兴安岭、额尔古纳市、鄂伦春自治旗阿里河镇及大杨树镇、陈巴尔虎旗鄂温克民族苏木、扎兰屯市、牙克石市、鄂温克族自治旗维纳河林场、根河市得耳布尔镇、阿尔山市白狼镇、东乌珠穆沁旗宝格达山）、兴安南部（科尔沁右翼前旗乌兰河流域、阿鲁科尔沁旗罕山林场大西沟、巴林右旗、克什克腾旗红山子乡和黄岗梁、西乌珠穆沁旗迪彦林场、锡林浩特市白音锡勒牧场）、辽河平原（大青沟）、赤峰丘陵（翁牛特旗）、燕山北部（喀喇沁旗旺业甸林场、敖汉旗、兴和县苏木山）、阴山（大青山、察哈尔右翼中旗辉腾梁、蛮汗山、乌拉山）。分布于我国黑龙江、吉林、辽宁、河北北部、山西、陕西南部、宁夏南部、甘肃南部、河南西部、湖北西部（巴东县）、四川西部、云南西北部（香格里拉市）、新疆中部和北部，亚洲、欧洲、北美洲。为泛北极分布种。

106. 紫草科 Boraginaceae

草本、灌木或乔木。单叶互生，稀对生或轮生，常全缘，无托叶。花两性，辐射对称，组成蝎尾状聚伞花序，有时呈总状花序状，稀单生或腋生；花萼 5 裂，稀具 6～8 齿或裂片，在果期常宿存；花冠 5 裂，呈覆瓦状，稀为镊合状排列，管状或漏斗状，喉部常具鳞片（附属物）。雄蕊 5，与花冠互生，着生于花冠筒上。子房上位，由 2 心皮组成，常 4 裂，每一心皮有胚珠 2 粒；花柱着生子房基部或顶生，长或短；柱头头状或 2 裂。果常为 4 个小坚果，稀为核果；种子直立或偏斜，胚直或弯曲。

内蒙古有 17 属、40 种。

分属检索表

1a. 子房不分裂，花柱自子房顶端生出；果实成熟时有明显的中果皮，中果皮多泡，围绕内果皮形成木栓组织 ···**1. 紫丹属 Tournefortia**

1b. 子房 4 裂，花柱生于子房裂片间的基部；成熟时子房 4 裂片发育成 4 个小坚果，有时 1～3 个不发育。

  2a. 花冠辐状或钟状，萼筒短或几乎不存在 ·······················**2. 琉璃苣属 Borago**

  2b. 花冠筒状或钟状。

    3a. 花冠喉部或筒部无附属物。

      4a. 雄蕊伸出花冠筒之外；小坚果背面有碗状凸起，着生面位于果的腹面中部以下；雌蕊基狭金字塔形；花柱不裂，柱头头状或点状 ·············**3. 颅果草属 Craniospermum**

      4b. 雄蕊内藏，小坚果着生面位于果的基部，雌蕊基平。

        5a. 雄蕊螺旋状排列，花柱 2 裂 ·····················**4. 紫筒草属 Stenosolenium**

        5b. 雄蕊轮生，生于同一平面上；小坚果无柄。

          6a. 花柱丝状，不分裂，柱头头状，2 裂；小坚果光滑，着生面内凹，周围环状凸起·······································**5. 肺草属 Pulmonaria**

          6b. 花柱 2 或 4 分枝，每一分枝顶端具 1 柱头；小坚果具瘤状突起，着生面平·······································**6. 软紫草属 Arnebia**

    3b. 花冠喉部或筒部有 5 个内向突出且与花冠裂片对生的附属物。

      7a. 花萼裂片不等大，结果时强烈增大，扁，呈蚌壳状，边缘有不整齐的齿，网脉隆起·······································**7. 糙草属 Asperugo**

      7b. 花萼裂片近等大，结果时稍增大，不呈蚌壳状，边缘无齿，脉不隆起。

        8a. 小坚果着生面内凹，周围有环状凸起；雌蕊基平；花冠筒弯曲，具 5 个明显的位于喉部的附属物；花萼 5 裂至近基部 ·····················**8. 牛舌草属 Anchusa**

        8b. 小坚果着生面不内凹，周围无环状凸起；花冠筒直。

          9a. 花药先端有小尖头；小坚果卵球形，乳白色，平滑·········**9. 紫草属 Lithospermum**

          9b. 花药先端无小尖头，小坚果非桃形。

            10a. 小坚果有锚状刺。

              11a. 小坚果着生面位于果的近顶部；雌蕊基金字塔形或圆锥形；叶宽，椭圆形、卵形或披针形 ·····················**10. 琉璃草属 Cynoglossum**

              11b. 小坚果着生面位于果腹面中部或中部之下。

                12a. 雌蕊基锥状，与小坚果近等长或比小坚果长；叶条形或披针状条形

·························**11. 鹤虱属 Lappula**

12b. 雌蕊基金字塔状或半球形，比小坚果短；叶条形或卵形··············**12. 齿缘草属 Eritrichium**

10b. 小坚果无锚状刺。

13a. 雄蕊伸出花冠之外，花冠筒比花萼长3倍以上··············**13. 滨紫草属 Mertensia**

13b. 雄蕊内藏。

14a. 小坚果肾形，密生小瘤状突起，腹面中部有凹陷，着生面位于基部··············

·························**14. 斑种草属 Bothriospermum**

14b. 小坚果无小瘤状突起，腹面无凹陷。

15a. 小坚果四面体形或透镜状，多少背腹扁。

16a. 小坚果四面体形，着生面位于果的腹面基部之上；花冠裂片覆瓦状排列·······

·························**15. 附地菜属 Trigonotis**

16b. 小坚果透镜状，多少背腹扁，着生面与雌蕊基相连；花冠裂片螺旋状排列······

·························**16. 勿忘草属 Myosotis**

15b. 小坚果卵形，非背腹扁，光滑··············**17. 钝背草属 Amblynotus**

1. 紫丹属 Tournefortia L.

—— 砂引草属 *Messerschmidia* L.

木本或草本。叶基部常狭窄。花序伞房状，无苞片，2叉分枝；花萼5深裂；花冠白色，钟状或管状，裂片5，钝；雄蕊5，着生于花冠筒上，花丝极短，花药顶端凸尖；柱头平截形，高和厚相等，基部有一环。果成熟时干燥，中果皮小泡状，木栓质，内果皮分为2部，每一部有2个产种子的腔，腔为一个深槽所分隔。

内蒙古有1种。

分变种检索表

1a. 叶椭圆形或披针形··············**1a. 砂引草 T. sibirica var. sibirica**

1b. 叶条形或条状披针形··············**1b. 细叶砂引草 T. sibirica var. angustior**

1. 砂引草

Tournefortia sibirica L., Sp. Pl. 1:141. 1753; High. Pl. China 9:289. f.450. 1999; Fl. China 16:342. 1995.

1a. 砂引草

Tournefortia sibirica L. var. **sibirica**

多年生草本，高10～25cm。根状茎细长，匍匐或斜升。茎通常分枝，被有灰白色长柔毛。叶片倒披针形或长圆状披针形，长2～4cm，宽0.5～2cm，基部楔形或圆形，先端通常钝圆，稀微尖，两面密生紧贴的灰白色长柔毛，长柔毛基部有疣状凸起，无柄或近无柄。伞房状聚伞花序，顶生，近2叉状分枝；花白色；萼长约3mm，密生白色柔

毛，5 裂近基部，萼片披针形；花冠漏斗状，裂片 5，花冠筒长 6～7mm；雄蕊 5，内藏；子房 4 室，每室有 1 胚珠，柱头 2 浅裂，下部呈环状膨大。果实有 4 钝棱，广椭圆形，长约 8mm，宽约 5mm，先端凹入，顶有宿存短花柱。花期 5 月，果期 6～7 月。

中旱生草本。生于草原带和荒漠带的沙地、山坡。产赤峰丘陵（翁牛特旗）、东阿拉善（阿拉善左旗巴彦浩特镇）。分布于我国辽宁西部、河北、山东、山西北部、宁夏北部、陕西北部、甘肃中部，日本、朝鲜、蒙古国东部和南部及西部、俄罗斯，西南亚、欧洲东南部。为古北极分布种。

花可提取香料。全株又可供固定沙丘用，为良好的固沙植物。

1b. 细叶砂引草（紫丹草、挠挠糖）

Tournefortia sibirica L. var. **angustior** (A. DC.) G. L. Chu et M. G. Gilbert in Novon 5:17. 1995; Fl. China 16:342. 1995; High. Pl. China 9:290. 1999.——*Messerschmidia sibirica* L. var. *angustior* (A. DC.) W. T. Wang in Fl. Reip. Pop. Sin. 64(2):34. 1989; Fl. Intramongol. ed. 2, 4:150. t.60. f.1-4. 1992.——*T. arguzia* Roem. et Schul. var. *angustior* A. DC. in Prodr. 9:514. 1845.

本变种与正种的区别是：叶披针形或条状倒披针形，长 0.6～2.0cm，宽 1～2.5mm。

中旱生草本。生于草原带和荒漠带的沙地、沙漠边缘、盐生草甸、干河沟边。产呼伦贝尔

（新巴尔虎左旗、新巴尔虎右旗）、兴安南部和科尔沁（扎赉特旗、科尔沁右翼中旗、扎鲁特旗、阿鲁科尔沁旗、克什克腾旗）、辽河平原（科尔沁左翼后旗、大青沟）、赤峰丘陵（红山区、松山区、翁牛特旗）、锡林郭勒（苏尼特左旗、正蓝旗、镶黄旗）、乌兰察布（四子王旗、达尔罕茂明安联合旗、固阳县、乌拉特前旗、乌拉特中旗）、阴山（大青山）、阴南平原（呼和浩特市、包头市）、阴南丘陵（准格尔旗）、鄂尔多斯（伊金霍洛旗、鄂托克旗、乌审旗）、东阿拉善（磴口县、阿拉善左旗）、西阿拉善（阿拉善右旗、巴丹吉林沙漠）。分布于我国黑龙江、辽宁、河北、河南、山东、山西、陕西、宁夏、甘肃，蒙古国、俄罗斯（西伯利亚地区）、哈萨克斯坦。为东古北极分布种。

2. 琉璃苣属 Borago L.

一年生或多年生草本。花在花序分枝上稀疏排列，具苞片，聚伞花序；花萼通常全裂，果期增大；花冠蓝色、粉红色或白色，花冠辐状至钟状；萼筒短或几乎不明显，具有短的、光滑的、微凹的、外露的花盘。雄蕊外露，贴生在花冠近基部；花药相互靠合，具短尖；花丝顶端具有一个狭长的附属物。花柱内藏，柱头头状。小坚果倒卵球形，直立，表面具皱褶，腹面凹陷，在基部具有一厚的衣领状的环。

内蒙古有 1 种。

1. 琉璃苣

Borago officinalis L., Sp. Pl. 1:137. 1753; Fl. China 16:329. 1995.

一年生草本，高 15 ～ 70cm。植株具糙硬毛。茎直立、粗壮，常分枝。基生叶卵形或披针形，长 5 ～ 20cm，具柄；茎生叶无柄，抱茎。花梗长 5 ～ 30cm；花萼花期长 8 ～ 15mm，果期可达 20mm；花冠淡蓝色，稀白色，花冠筒非常短或几乎不存在，花瓣边缘具微齿；花药靠合，先端尖，花丝顶端有 1 个狭长的淡紫色附属物；花盘短，光滑无毛，顶端微凹。小坚果 7 ～ 10mm，椭圆状倒卵球形，基部具一厚的衣领状的环。

中生杂草。逸生于路边、洪水冲沟。产东阿拉善（阿拉善左旗）、西阿拉善（阿拉善右旗）。外来种。原产地中海地区，为地中海地区分布种。中国有栽培，北美洲、欧洲也有栽培。

叶片和花为消解心理压力的益肾药，能治疗干咳，促进母乳分泌，并在初期胸膜炎、百日咳的治疗处方中采用。新鲜的叶与花加入色拉和果汁混合等饮料，花还可以做糖果，并有镇痛的药效。从种子中提炼的精油可作为"月见草油"的代用物，用于治疗风湿、月经不调，外用可治疗湿疹。生叶可食用。本种可做观赏植物。

3. 颅果草属 Craniospermum Lehmann

多年生或二年生草本。叶互生。镰状聚伞花序；无苞片或下部有苞片；花无花梗或有短花梗；花萼 5 深裂，裂片披针状条形，具长硬毛，果期稍增大，直伸并包住果实。花冠长筒形，向上部稍加粗，花冠檐 5 裂；裂片三角形或卵形，直伸或开展；喉部无附属物，有时有与花冠裂片互生的皱褶状凸起。雄蕊 5，着生花冠筒近中部；有长花丝，外伸；花药线状长圆形。子房 4 裂；花柱长，伸出花冠，先端不裂；柱头头状或点状。雌蕊基狭金字塔形。小坚果长圆形，无毛，背面有碗状凸起，凸起的边缘狭翅状，全缘或有齿，着生面位于腹面中部之下；种子背腹扁平，卵形。

内蒙古有 1 种。

1. 颅果草

Craniospermum mongolicum I. M. Johnst. in J. Arnold Arbor. 33:74. 1952; Fl. China 16:414. 1995.

多年生草本。根皮棕褐色。茎通常 1 ～ 3，直立，高约 20cm，上部分枝，有长硬毛和短伏毛。叶匙状条形或狭披针形，长 2 ～ 6cm，宽 6 ～ 10mm，先端钝或微钝，两面均有短伏毛，背面和边缘兼有少数长硬毛，无柄。镰状聚伞花序集中在茎的上部，花密集；有短花梗；苞片钻形，与萼近等长；萼裂至基部，裂片条形，长约 5mm，果期长约 1cm，有长硬毛和短伏毛。花冠蓝色，长约 1cm；冠檐部裂片卵形到长圆形，长约 3mm，开展；喉部无附属物。雄蕊 5，着生花冠筒中部稍上，花丝长约 7mm，远伸出花冠，花丝基部与花冠筒贴生处向内呈皱褶状膨胀，花药长约 2mm；子房 4 裂，花柱内藏或稍伸出花冠外，柱头不明显。小坚果长约 4.5mm，宽约 2.5mm，着生面位于腹面中部之下，背面碗状凸起的长度与果近相等，边缘翅有细齿；种子长约 3mm。花期 6 月。

旱生草本。生于荒漠带的干旱山沟。产内蒙古西部。分布于我国新疆北部，蒙古国西部和南部，中亚。为戈壁分布种。

4. 紫筒草属 Stenosolenium Turcz.

多年生草本。全株被硬毛。根具紫色物质。叶互生。花序顶生；具苞片；花萼 5 深裂。花冠筒细长，紫色、青紫色或白色，高脚碟状，里面基部具毛环；冠檐 5 裂，裂片圆形，钝，稍开展。雄蕊 5，内藏，着生花冠筒中上部，呈螺旋状排列；花柱 2 裂，柱头头状，雌蕊基平。小坚果，卵球状三角形，背部凸起，腹部具龙骨，具光泽，具不规则小瘤状突起，着生面周围具膜质缘。

内蒙古有 1 种。

1. 紫筒草（紫根根）

Stenosolenium saxatile (Pall.) Turcz. in Bull. Soc. Imp. Nat. Mosc. 13:253. 1840; Fl. Intramongol. ed. 2, 4:152. t.60. f.5-7. 1992. ——*Anchusa saxatile* Pall. in Reise Russ. Reich. 3:718. 1776.

多年生草本。根细长，有紫红色物质。茎高 6 ～ 20cm，多分枝，直立或斜升，被密粗硬毛并混生短柔毛，较开展。基生叶和下部叶倒披针状条形，近上部叶为披针状条形，长 1.5 ～ 3cm，宽 2 ～ 4mm，两面密生糙毛及混生短柔毛。顶生总状花序，逐渐延长，长 3 ～ 12cm，密生糙毛；苞片叶状；花具短梗；花萼 5 深裂，裂片狭卵状披针形，长约 6mm；花冠紫色、青紫色或白色，筒细，长 6 ～ 9mm，基部有具毛的环，裂片 5，圆钝，比花冠筒短得多；子房 4 裂，花柱顶部

2裂，柱头2，头状。小坚果4，三角状卵形，长约2mm，着生面在基部，具短柄。花期5～6月，果期6～8月。

旱生草本。生于草原带的干草原、沙地、低山丘陵的石质坡地和路旁。产兴安南部和科尔沁（科尔沁右翼中旗、扎鲁特旗、阿鲁科尔沁旗、巴林左旗、巴林右旗、克什克腾旗）、辽河平原（科尔沁左翼后旗、大青沟）、赤峰丘陵（红山区、松山区、翁牛特旗、敖汉旗）、锡林郭勒（苏尼特左旗、兴和县）、乌兰察布（达尔罕茂明安联合旗）、阴山（大青山、蛮汗山）、阴南平原（呼和浩特市、包头市）、阴南丘陵（准格尔旗）、鄂尔多斯、东阿拉善（桌子山）。分布于我国黑龙江西南部、吉林西部、辽宁西北部、河北西北部、河南西部、山东北部、山西北部、陕西北部、宁夏北部、甘肃西北部、青海东部，蒙古国、俄罗斯（西伯利亚地区）、哈萨克斯坦。为东古北极分布种。

全草入药，能祛风除湿，主治小关节疼痛。根入蒙药（蒙药名：敏吉尔-扫日），功能、主治同紫草。

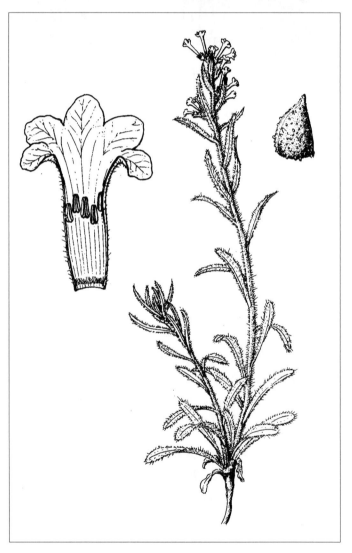

5. 肺草属 Pulmonaria L.

多年生草本。全株被腺毛或硬毛。叶互生。花萼近 5 裂，基部五棱角柱状，花后呈钟状，裂片直立。花冠漏斗状，蓝色，5 裂；喉部具 5 束画笔状毛，且与雄蕊互生，无附属物。雄蕊 5，生于花冠喉部之下，花药近内藏；花柱丝状，柱头头状，2 裂，雌蕊基平。小坚果 4，近陀螺状，平滑，基部截形，着生面位于小坚果基部，内凹，周围环状凸起。

内蒙古有 1 种。

1. 肺草（腺毛肺草）

Pulmonaria mollissima A. Kern. in Monogr. Pulmon. 47. 1878; Fl. Intramongol. ed. 2, 4:154. t.61. f.1-4. 1992.

多年生草本。根绳索状。茎高 20 ～ 55cm，被密短硬毛混生短腺毛，上部少分枝或不分枝。基生叶数片，矩圆形或倒披针形，长 16 ～ 20cm，宽 3.5 ～ 6.0cm，先端尖，基部渐狭下延成狭翅，两面密被短柔毛及疏生硬毛，具长达 15cm 的柄；

茎生叶矩圆状披针形或矩圆状倒披针形，先端渐尖，基部宽楔形或圆形，两面被密短硬毛，无柄。花序长达 8cm。总花轴、总花梗、花梗与苞片均被密短硬毛。苞片披针形或条状披针形，长 0.7 ～ 1.4cm；花有细梗，长约 5mm。花萼钟状，具 5 棱，长约 9mm，5 裂；裂片长三角形，长约 3mm，宽约 2mm，两面被短硬毛。花冠紫蓝色，稀白色，筒状，长约 9mm；裂片近圆形，长约 2.5mm，宽约 3mm，两面被短硬毛，无附属物。雄蕊 5，着生于花冠喉部之下；花药矩圆形，长约 1mm，宽约 0.7mm；花丝长约 1mm。子房 4 裂；花柱圆柱状，长约 4mm；柱头球状。小坚果，黑色，卵形，长约 3mm，宽约 2mm，稍两侧扁，被密短柔毛，着生面位于小坚果基部。花期 5 ～ 6 月，果期 9 月。

中生草本。生于草原带的山地杂木林下、林缘草甸、沟谷溪水边。产阴山（大青山、蛮汗山）。分布于我国山西西北部、新疆北部，蒙古国北部、俄罗斯（西伯利亚地区），中亚、西南亚，欧洲。为古北极分布种。

6. 软紫草属 Arnebia Forsk.

一年生或多年生草本。全株被糙硬毛。根常含紫色物质。叶互生。延长的单歧聚伞花序，顶生；具苞片；花近无梗，黄色、蓝色、蓝紫色、红色或粉红色；花萼5裂，裂片条形，在果期不延长或稍延长。花冠筒细，长于花萼片；喉部无附属物；裂片5，钝头，开展。雄蕊5，生于喉部以下（为长柱花），半突出喉部时有短花柱（为短柱花）；花药小，矩圆形，钝。子房深4裂；花柱异长，2或4裂，每个分枝顶端具1柱头；雌蕊基平。小坚果4，斜卵形，表面具小瘤，着生面平。

内蒙古有3种。

分种检索表

1a. 花冠黄色；小坚果卵形，长约2.5mm。

　　2a. 花密集，上部叶与苞片条状披针形·····································**1. 黄花软紫草 A. guttata**

　　2b. 花疏生，上部叶与苞片窄椭圆形·····································**2. 疏花软紫草 A. szechenyi**

1b. 花蓝紫色、红色、白色或粉色，2～5朵疏生一侧；苞片条形；小坚果卵状三角形，长约2.2mm；上部叶矩圆状披针形或狭披针形·····································**3. 灰毛软紫草 A. fimbriata**

1. 黄花软紫草（假紫草）

Arnebia guttata Bunge in Index. Sem. Hort. Petrop. 7. 1840; Fl. Intramongol. ed. 2, 4:155. t.62. f.1-3. 1992.

多年生草本。根细长，含紫色物质。茎高8～12cm，从基部分枝，被有开展的刚毛且混生短柔毛。茎下部叶窄倒披针形或长匙形，长1.5～2cm，宽3～10mm，先端钝或尖，基部渐狭；上部叶条状披针形，长1.5～3cm，宽3～8mm，先端尖，基部渐狭下延，两面均被硬毛且混生短柔毛。花序长2～5cm，密集。总花梗、苞片与花萼都被密硬毛。苞片条状披针形，长约1cm，宽约1.5mm；花萼5裂，裂片裂至基部，细条状披针形，长约8mm，宽约1mm；花冠黄色，被密短柔毛，筒细，长约1cm。花柱异长，在长柱花雄蕊生于花冠筒中部或以上，在短柱花则生于花冠筒喉部，花柱稍超过喉部或较低，顶部2裂；柱头头状。小坚果4，卵形，长约2.5mm，有小瘤状突起，着生面于果基部。花期6～7月，果期8～9月。

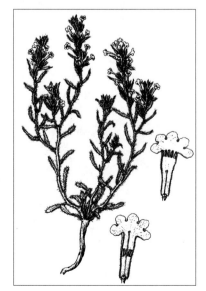

旱生草本。生于荒漠化小针茅草原及猪毛菜类荒漠中，喜生于砂砾质及砾石质土壤。产东阿拉善（乌拉特后旗、临河区、磴口县、桌子山、阿拉善左旗）、西阿拉善（阿拉善右旗）、贺兰山、额济纳。分布于我国河北北部、宁夏、甘肃（河西走廊）、西藏、新疆，蒙古国西部和南部、俄罗斯（西伯利亚地区）、印度西北部、巴基斯坦、阿富汗、克什米尔地区，中亚。为古地中海分布种。

根入药，为内蒙古习用紫草，能清热凉血、消肿解毒、透疹、润燥通便。也入蒙药（蒙药名：巴力木格），功能、主治同紫草。

2. 疏花软紫草（疏花假紫草）

Arnebia szechenyi Kanitz in Pl. Exped. Szechenyi, As. Centr. Coll. 42. t.5. 1891; Fl. Intramongol. ed. 2, 4:155. t.62. f.4. 1992.

多年生草本。根含紫色物质。茎高 8～15cm，分枝，密被开展的刚毛，混生少数糙毛。上部叶为矩圆形，下部叶较窄，长

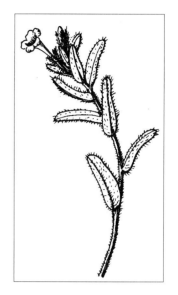

1～2cm，宽 4～8mm，先端尖或钝，基部宽楔形或楔形，两面被密刚毛及短硬毛，几无柄。花序长约 2.5cm，花疏生。总花梗、苞片和花萼被密硬毛与短硬毛。苞片窄椭圆形；花萼长约 1cm，5 裂近基部，裂片条形。花冠黄色，喉部具紫红色斑纹，长约 1.7cm；筒长约 1cm，外被短柔毛；裂片 5，矩圆形，带紫色斑纹，钝，外被短柔毛。雄蕊 5，在短柱花内着生于花冠筒喉部，在长柱花内着生于花冠筒中部或以上；花柱稍超过花冠筒中部以上；柱头稍扁。小坚果 4，卵形，长约 2.5mm，有小瘤状突起。花期 6～9月，果期 8～9月。

砾石生旱生草本。生于荒漠带的石质山坡、沟谷坡地。产东阿拉善（狼山、桌子山、鄂托克旗西部）、贺兰山、西阿拉善（雅布赖山）。分布于我国宁夏北部、甘肃（河西走廊）、青海东部（循化撒拉族自治县）。为南阿拉善山地分布种。

3. 灰毛软紫草（灰毛假紫草）

Arnebia fimbriata Maxim. in Bull. Acad. Imp. Sci. St.-Petersb. 27:507. 1881; Fl. Intramongol. ed. 2, 4:157. t.62. f.5. 1992.

多年生草本，高约 15cm。全株被密灰白色长刚毛。直根粗壮，直径达 1cm，暗褐色。茎多条自基部生出，上部稍分枝。叶矩圆状披针形或窄披针形，长 0.7～1.5cm，宽 2～5mm，两面被密灰白色长硬毛。花 2～5 朵疏生一侧，被长硬毛；苞片条形；花萼长 8～10mm，裂片 5，窄条形；花冠蓝紫色、红色、白色或粉色，外被短柔毛，5 裂，钝圆，裂片边缘具不规则小齿，

花冠筒长约 15mm。雄蕊 5，在短柱花着生于花冠筒喉部，在长柱花生于花冠筒中部或以上；花药矩圆形；花丝极短。花柱稍超过花冠筒中部，或稍伸出花冠筒的喉部之外；柱头头状，2 裂。小坚果 4，卵状三角形，长约 2.2mm，有不规则的小瘤状突起。花期 5～6 月。

旱生草本。生于荒漠带及荒漠草原带的沙地、砾石质山坡、干河谷。产东阿拉善（乌拉特后旗、阿拉善左旗）、西阿拉善（阿拉善右旗、巴丹吉林沙漠）、贺兰山、额济纳。分布于我国宁夏北部、甘肃（河西走廊）、青海（柴达木盆地），蒙古国西部和南部。为戈壁分布种。

7. 糙草属 Asperugo L.

一年生草本。叶互生。花小，腋生，具极短的柄，单生或双生；萼几乎分裂达基部，果期压扁，大，呈蚌壳状，2 裂，裂片对生，网脉隆起，具波状牙齿；花冠近漏斗状，深裂，裂片圆形，喉部有半圆形凸起的附属物。雄蕊内藏。柱头近头状，花柱短；雌蕊基柱状，于花柱着生处有 4 个凸起体。小坚果 4，侧扁平，具小瘤，卵形，基部圆形，顶部近锐尖，自中部以上着生于雌蕊基的凸起体上。

内蒙古有 1 种。

1. 糙草

Asperugo procumbens L., Sp. Pl. 1:138. 1753; Fl. Intramongol. ed. 2, 4:160. t.61. f.5-7. 1992.

一年生蔓性草本。茎淡褐色，长达 80cm，中空，具 4～6 纵棱，沿棱具弯曲的短刚毛，自下部分枝。茎下部叶矩圆形，长 4～7cm，宽 0.5～1.5cm，先端微尖或钝，基部渐狭下延，两面被硬毛，具柄；茎中部以上叶较小，狭矩圆形，长 0.7～2.5cm，宽 3～17mm，先端尖，基部楔形，两面被短刚毛，近对生，无柄。花小，单生叶腋；具短梗。花萼长约 1.5mm，深 5 裂；裂片条状披针形，略等大，果期 2 裂片增大，

长达 1cm，掌状分裂；具不规则大牙齿状裂片，裂片长 2～4mm，具明显脉纹，被伏细刚毛。花冠紫色；裂片 5，钝圆，长约 0.8mm；筒长约 1mm；喉部具 5 半圆形的凸起体。小坚果 4，具小瘤状突起，长卵形，长约 3.5mm，宽约 2mm，生于圆锥状雌蕊基上，着生面于果之中上部。花期 5 月，果期 8 月。

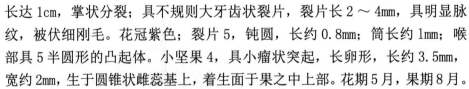

蔓性中生草本。生于荒漠带的山地林缘、草甸、沟谷，也见于田边、路旁。产东阿拉善（狼山）、贺兰山。分布于我国河北西北部、山西东北部、陕西北部、宁夏、甘肃东部、青海东部和东北部、四川西部、西藏东北部、新疆中部，蒙古国北部和西部、俄罗斯、印度北部、尼泊尔，克什米尔地区，中亚、亚洲西部、北非，欧洲。为古北极分布种。

8. 牛舌草属 Anchusa L.

——狼紫草属 *Lycopsis* L.

一年生草本，具糙硬毛。叶互生。花小，蓝紫色或白色；单歧聚伞花序总状排列，顶生；具苞片；花萼5裂。花冠筒中部弯曲；喉部有隆起的附属物，比花萼稍长；花冠裂片5，在芽内呈覆瓦状排列，钝，开展。雄蕊5，内藏，花药卵形、钝；子房4裂，花柱丝状，柱头头状。小坚果4，近直立，具网状皱纹，着生面在腹面近中部，纵向凸起，周围具边。

内蒙古有1种。

1. 狼紫草（野旱烟）

Anchusa ovata Lehm. in Pl. Asperif. Nucif. 1:122. 1818; Fl. China 16:358. 1995.——*Lycopsis orientalis* L., Sp. Pl. 1:199. 1753; Fl. Intramongol. ed. 2, 4:160. t.64. f.1-5. 1992.

一年生草本。茎高13～45cm，常自基部分枝，被开展的疏刚毛。基生叶匙形、倒卵形或倒披针形，长3.5～6cm，宽0.5～2cm，先端钝圆或尖，基部渐狭下延，边缘具微波状小牙齿，两面被疏硬毛；具长柄，被刚毛。茎上部叶卵状矩圆形、卵状披针形或狭椭圆形，先端尖或钝圆，基部偏斜，稍半抱茎，边缘具不规则波状牙齿，两面被疏刚毛。花序顶生，长达26cm；具苞片，苞片卵状披针形或狭卵形，长2～5.5cm，宽4～10mm，两面被疏刚毛。花萼5深裂；裂片狭披针形，长约6mm，果期伸长至1.5cm，被疏刚毛。花冠蓝紫色，稀白色，5裂；裂片宽圆形，长约1mm，宽约1.8mm，先端钝圆，开展；筒长约6mm，中部以下弯曲；喉部有5附属物。花柱长约2mm，柱头头状。小坚果4，长卵形，长约4mm，宽约2mm，具网状皱纹，密被小瘤状突起；着生面位于腹面近中部，纵椭圆形凸起，周围具褐色边缘。花期5～6月，果期6～8月。

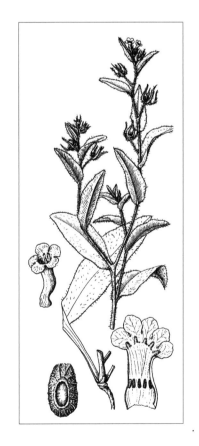

中生杂草。生于草原带和荒漠带的砾石质坡地、沟谷、田间、村旁。产乌兰察布（固阳县）、阴山（大青山、蛮汗山）、阴南丘陵（准格尔旗）、贺兰山、西阿拉善（阿拉善右旗）、龙首山。分布于我国河北西部、河南西部、山西北部、陕西北部和中部、宁夏、甘肃中部和东部、青海东部、西藏西南部、新疆中部和北部，蒙古国西部和西南部、俄罗斯、印度北部、尼泊尔、巴基斯坦、阿富汗、中亚、西南亚、非洲东北部、欧洲。为古地中海分布种。

叶可入药，将叶捣烂敷患处，能消炎止痛，主治疮肿。

9. 紫草属 Lithospermum L.

一年生或多年生草本或亚灌木。被粗硬毛或粗糙。叶互生。花白色、黄色或青紫色，单歧聚伞花序总状排列，单生叶腋或顶生；具苞片；花萼5裂，裂片条形。花冠漏斗状或高脚碟状；

喉部无附属物或具 5 纵褶；裂片 5，覆瓦状排列，钝，开展。雄蕊 5，内藏；花药矩圆形，钝或细尖。子房深 4 裂，花柱丝状或圆柱状，柱头常 2 裂。小坚果，直立，卵球形，石质光滑或粗糙，或有小瘤体，着生面位于基部。

内蒙古有 2 种。

分种检索表

1a. 根具紫色物质；茎被开展的刚毛；叶披针形或矩圆状披针形；花冠裂片宽椭圆形，长约 3.8mm，宽约 2.5mm；花萼裂片条形；坚果白色带褐色 ··· **1. 紫草 L. erythrorhizon**

1b. 根不含紫色物质；茎密被伏刚毛；叶卵状披针形或矩圆状披针形；花冠裂片矩圆形，长约 2mm，宽约 1.5mm；花萼裂片披针形；坚果常为白色，有时稍带褐色 ·························· **2. 小花紫草 L. officinale**

1. 紫草（紫丹、地血）

Lithospermum erythrorhizon Sieb. et Zucc. in Abh. Math.-Phys. Cl. Konigl. Bayer. Akad. Wiss. 4(3):149. 1846; Fl. Intramongol. ed. 2, 4:157. t.63. f.1-4. 1992.

多年生草本。根含紫色物质。茎高 20 ～ 50cm，被开展的刚毛，混杂有弯曲的细硬毛，常

在上部分枝。叶披针形或矩圆状披针形，长 2.5 ～ 7.5cm，宽 0.8 ～ 1.8cm，先端锐尖或渐尖，基部楔形，两面被短毛，近无柄。花序长达 21cm。总花梗、苞片与花萼都被刚毛。苞片狭披针形，长达 2.8cm；花萼长约 3.2mm，宽约 0.7mm，5 深裂，裂片条形。花冠白色，筒长约 3mm，基部有环状附属物，5 裂；裂片宽椭圆形，长约 3.8mm，宽约 2.5mm，先端钝圆；喉部具 5 个馒头状附属物。花柱长约 1.8mm，柱头扁球形。小坚果，卵形，长约 3mm，宽约 2mm，平滑，光亮，白色带褐色；着生面位于果基部，扁三角状卵形。花期 6 ～ 7 月，果期 8 ～ 9 月。

中生草本。生于森林带和草原带的山地林缘、灌丛，也散生于路边。产兴安北部及岭东（牙克石市、鄂伦春自治旗）、兴安南部（巴林右旗、克什克腾旗、西乌珠穆沁旗）、燕山

北部（喀喇沁旗）、阴山（大青山、蛮汗山）。分布于我国吉林、辽宁、河北西部、河南、山东西部、山西东北部、陕西南部、甘肃东南部、安徽西南部、江苏、浙江、福建西部、江西北部、湖北、湖南西北部、广西北部、贵州、四川北部，日本、朝鲜、俄罗斯（远东地区）。为东亚分布种。

根入药（药材名：紫草），能清热、凉血、透疹、化斑、解毒，主治发斑发疹、肝炎、痈肿、烫火伤、湿疹、冻疮、大便燥结。也入蒙药（蒙药名：巴力木格），能清热、止血、透疹，主治预防麻疹、肾炎、急性膀胱炎、尿道炎、肺热咳嗽、肺脓、各种出血、血尿、淋病。

2. 小花紫草（白果紫草）

Lithospermum officinale L., Sp. Pl. 1:132. 1753; Fl. Intramongol. ed. 2, 4:159. 1992.

多年生草本。根不含紫色物质。茎高 30 ～ 70cm，密被伏刚毛，常于基部分枝。叶矩圆状披针形或卵状披针形，长 4 ～ 9cm，宽 0.5 ～ 1.5cm，先端渐尖，基部楔形，两面被伏短硬

毛，近无柄。花序长达 30cm；具苞片，苞片披针形，长达 2cm，两面密被短刚毛；花萼长约 5mm，宽约 0.6mm，被短刚毛，5 深裂，裂片披针形。花冠白色，筒长约 3mm，基部有环状附属物；5 裂，裂片矩圆形，长约 2mm，宽约 1.5mm，先端钝；喉部具 5 附属物。子房 4 裂，花柱长约 1.5mm，柱头扁球形。小坚果 4，卵形，长约 3.5mm，宽约 2.5mm，平滑，光亮，常为白色，有时稍带有褐色；着生面位于果基部，卵圆形。花期 6 ～ 7 月，果期 8 ～ 9 月。

中生草本。生于森林草原带的山地草甸、林缘、路边。产兴安南部（锡林浩特市、西乌珠穆沁旗）、阴山（大青山）。分布于我国宁夏、甘肃中部、新疆中部和北部，俄罗斯（西伯利亚地区）、印度西北部、尼泊尔、不丹、阿富汗，西亚，欧洲。为古北极分布种。

10. 琉璃草属 Cynoglossum L.

二年生或多年生草本。直立，被毛。叶互生，基生叶具长柄。花序伸长；具苞片；花蓝色、紫色或白色，偏生于花序一侧；花萼深 5 裂。花冠筒短；喉部具 5 附属物；裂片 5，钝，在芽

内呈覆瓦状排列，果期开展，不（或稍）扩大。雄蕊 5，内藏，位于鳞片下面；花药小，卵形，其顶部稍超出花冠筒部。子房 4 裂，花柱短或稍长，柱头小，雌蕊基圆锥形或金字塔形。小坚果 4，种脐以上顶部稍凸出，往下凸出圆形的基部，背部凸起或扁平，有或无边，具锚状刺，着生面位于腹面近顶端；果瓣柄条形，基部短，圆锥状。

内蒙古有 2 种。

分种检索表

1a. 小坚果长 5～6mm，背盘不明显；果柄长 5～25mm··························**1. 大果琉璃草 C. divaricatum**
1b. 小坚果长 3～4mm，背盘明显；果柄长 2～3mm······························**2. 倒提壶 C. amabile**

1. 大果琉璃草（大赖鸡毛子、展枝倒提壶、粘染子）

Cynoglossum divaricatum Steph. ex Lehm. in Pl. Asperifol. Nucif. 1:161. 1818; Fl. Intramongol. ed. 2, 4:162. t.64. f.6-9. 1992.

二年生或多年生草本。根垂直，单一或稍分枝。茎高 30～65cm，密被贴伏的短硬毛，上部多分枝。基生叶和下部叶矩圆状披针形或披针形，长 4～9cm，宽 1～3cm，先端尖，基部渐狭下延成长柄，两面密被贴伏的短硬毛，具长柄；上部叶披针形，长 5～8cm，宽 7～10mm，先端渐尖，基部渐狭，两面密被贴伏的短硬毛，无柄。花序长达 15cm，有稀疏的花；具苞片，苞片狭披针形或条形，长 2～4cm，宽 5～7mm，密被伏毛；花梗长 5～8mm，果期伸长，可达 2.5cm。花萼长约 4mm，5 裂；裂片卵形，长约 2mm，宽约 1.5mm，两面密被贴伏的短硬毛，果期向外反折。花冠蓝色或红紫色，5 裂；裂片近方形，长约 1mm，宽约 1.2mm，先端平截，具细脉纹，具 5 个梯形附属物，位于喉部以下。花药椭圆形，长约 0.5mm；花丝短，内藏。子房 4 裂；花柱圆锥状，果期宿存，常超出于果；柱头头状。小坚果 4，扁卵形，长约 5mm，宽约 4mm，密生锚状刺，着生面位于腹面上部。花期 6～7 月，果期 9 月。

旱中生草本。生于森林草原带和草原带的沙地、干河谷的砂砾质冲积物上、田边、路边、村旁，为常见的农田杂草。产岭西（额尔古纳市、陈巴尔虎旗）、兴安南部及科尔沁（科尔沁右翼前旗、科尔沁右翼中旗、扎鲁特旗、巴林右旗、克什克腾旗）、辽河平原（科尔沁左翼后旗、大青沟）、赤峰丘陵、燕山北部、锡林郭勒（西乌珠穆沁旗、苏尼特左旗、正蓝旗）、乌兰察布（四子王旗、达尔罕茂明安联合旗、固阳县、乌拉特中旗）、阴山（大青山、蛮汗山）、阴南平原（呼和浩特市、包头市）、阴南丘陵（准格尔旗）、鄂尔多斯、东阿拉善（狼山）。分布于我国黑龙江南部、吉林西南部、辽宁西北部、河北西北部、河南西部、山东、山西北部、陕西北部、宁夏、甘肃东部、新疆北部和中部，蒙古国北部、俄罗斯（西伯利亚地区）、哈萨克斯坦。为东古北极分布种。

果和根入药。果能收敛、止泻，主治小儿腹泻。根能清热解毒，主治扁桃体炎、疮疖痈肿。

2. 倒提壶

Cynoglossum amabile Stapf et J. R. Drumm. in Bull. Misc. Infom. Kew 1906:202. 1906; High. Pl. China 9:342. f.533. 1999; Fl. China 16:423. 1995.

多年生草本，高 40～60cm。全株被灰白色柔毛。茎直立。基生叶莲座状，叶片长圆状披针形至卵状披针形，长达 10cm，宽达 1.4cm，基部下延，具长达 4cm 的柄；茎上叶形同基生叶，先端常急尖，全缘，基部卵形，略抱茎，脉因毛被较厚而明显。花序顶生或腋生，分枝；除基部具苞片外，花下无苞片；花梗长 2～3mm，果期稍增长；花萼裂片倒卵状长圆形至近圆形，长约 2mm，果期增大至 4mm，背面及边缘被柔毛。花冠天蓝色；筒部长约 2mm；檐部深裂，裂片圆形或宽倒卵形，长约 3.5mm；附属物梯形，顶端增厚，微凹，边缘密生短毛。雄蕊及花柱内藏。小坚果长约 3.5mm，密生锚状刺，边缘锚状刺基部略联合，着生面位于腹面顶端。花果期 6～8 月。

中生草本。生于公园水边湿草地。外来种。产锡林郭勒（集宁区）。分布于我国河南西部、甘肃东南部、青海东部、四川西半部、西藏东部和南部、云南、贵州西部，不丹。为华北—横断山脉—喜马拉雅分布种。

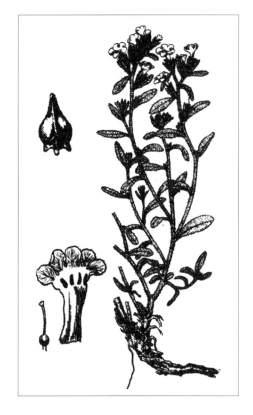

11. 鹤虱属 Lappula Moench

一年生，稀二年生或多年生草本。叶互生，狭窄。花小，无柄或具柄，单歧聚伞花序总状排列；具苞片；花萼 5 裂，裂片卵形或狭窄，在花期后不扩展或稍扩展。花冠蓝色或白色，漏斗状至高脚碟状；喉部具 5 附属物；裂片 5，覆瓦状排列，钝。雄蕊 5，着生于花冠筒上，内藏；花丝极短；花药钝形。雌蕊基窄圆锥体形，花柱稍超出或不超出坚果顶部，柱头头状。小坚果 4，直立，平滑或有小瘤体，有时在腹面顶部分离，背部有角或有边，沿角或边有锚状刺；种子直立。

内蒙古有 10 种。

分种检索表

1a. 植株矮小，呈密丛状；茎高 3～7cm；小坚果三角状卵形，长 2.5～3mm，背面棱缘每侧具 4～5 个刺，下面一对刺较长，长 1.5～2mm ··· **1. 沙生鹤虱 L. deserticola**

1b. 植株高大，不呈密丛状；茎高 9cm 以上。

2a. 花序上、下部果实全为同形小坚果。

3a. 小坚果背面棱缘具 1 行锚状刺。

4a. 小坚果长 2～2.5mm，背面棱缘每侧 10～12 个刺，基部 3～4 对，刺长 1～1.5mm ··············· ·· **2. 蒙古鹤虱 L. intermedia**

4b. 小坚果长约 3mm，背面棱缘每侧 4～7 个刺，基部 3～4 对，刺长约 2mm ··················· ·· **3. 劲直鹤虱 L. stricta**

3b. 小坚果背面棱缘具 2～3 行锚状刺。

5a. 小坚果背面棱缘具 2 行锚状刺。

6a. 2 行锚状刺长短几相等，内行刺长 1.5～2mm，外行刺稍短 ········ **4. 鹤虱 L. myosotis**

6b. 2 行锚状刺长短不等，内行刺长，外行刺极短。

7a. 小坚果背面棱缘具翅，内行刺间无小刺。

8a. 小坚果背面棱缘的内行刺扁而宽，基部连合成宽翅；外行刺长 0.2～0.5mm，仅生于小坚果基部 ····················· **5. 宽刺鹤虱 L. granulata**

8b. 小坚果背面棱缘的内行刺细而窄，基部连合成狭翅；外行刺长 0.5～1mm ······ ·· **6. 异刺鹤虱 L. heteracantha**

7b. 小坚果背面棱缘无翅，内行刺间常生细而短的小刺 ····························· ·· **7. 山西鹤虱 L. shanhsiensis**

5b. 小坚果背面棱缘具 3 行锚状刺，最外方的一行（第三行）锚状刺仅生于小坚果下部最宽处 ·· **8. 蓝刺鹤虱 L. consanguinea**

2b. 小坚果异形。

9a. 花序上部具异形小坚果，2 个小坚果具翅，另外 2 个小坚果无翅；花序下部小坚果无翅，背部边缘具 2 行近等长刺，内行刺长 1～2.5mm，每侧 9～11 个，外行刺稍短，长 1～1.2mm··· ·· **9. 异形鹤虱 L. heteromorpha**

9b. 花序上部具畸形小坚果，其中 2 个小坚果具宽翅；花序下部小坚果无翅，背部边缘具 2 行不等长刺，内行刺长 1.5～2mm，外行刺极短，长约 0.5mm ············ **10. 畸形果鹤虱 L. anocarpa**

1. 沙生鹤虱

Lappula deserticola C. J. Wang in Bull. Bot. Res. Harbin 1(4):81. 1981; Fl. Intramongol. ed. 2, 4:163. t.65. f.1-2. 1992.

一年生密丛草本，呈扁球状，直径 4 ～ 10cm。茎高 3 ～ 7cm，通常数条丛生，中上部多分枝，全株（茎、叶、苞片、花萼）均密被开展的白色细刚毛。基生叶簇生，呈莲座状，匙形，长 1 ～ 1.3cm（包括叶柄）；茎生叶条形，长 1 ～ 1.5cm，宽约 2.5mm，

沿中肋对折，稀平展，先端钝，基部渐狭。花序生小枝顶端，果期略伸长，长 1.5 ～ 3cm；苞片矩圆形，长 3 ～ 5mm；果梗直立，长 1 ～ 1.5mm；花萼 5 深裂，裂片条状矩圆形，长约 1.5mm，果期增大，长 2 ～ 2.5mm，直立，比果实短 1/2 ～ 2/3。花冠淡蓝色，钟形，长约 2.5mm，直径 1 ～ 1.5mm，5裂；裂片矩圆形；喉部具 5 附属物，梯形，高约 0.2mm。小坚果三角状卵形，长 2.5 ～ 3mm；背面狭窄，散生颗粒状凸起；边缘增厚成狭棱状翅，翅缘弯向背面且常将其上部遮盖，边缘有单行锚状刺，每侧 4 ～ 5，刺基部略增宽但相互远离，下方的一对较长，长 1.5 ～ 2mm，上方者逐渐短缩；小坚果侧面平滑有光泽；腹面沿棱脊 1/2 与棱锥状雌蕊基相结合。雌蕊基顶端有长约 0.3mm 的花柱及头状柱头，均隐藏于小坚果之间不外露。花果期 5 月中旬至 6 月上旬。

密丛旱生草本。生于荒漠带的砾质戈壁或沙地上。产东阿拉善（杭锦旗西部、鄂托克旗西部、乌海市、阿拉善左旗）、额济纳。分布于我国甘肃河西走廊西部。为南阿拉善分布种。

2. 蒙古鹤虱（卵盘鹤虱、小粘染子）

Lappula intermedia (Ledeb.) Popov in Fl. U.R.S.S. 19:440. 1953; Fl. China 16:406. 1995.——*Echinospermum intermedium* Ledeb. in Fl. Alt. 1:199. 1829.——*L. redowskii* auct. non (Horn.) Greene: Fl. Intramongol. ed. 2, 4:165. t.65. f.4. 1992.

一年生草本。茎高 10 ～ 30（～ 40）cm，常单生，直立，中部以上分枝，全株（茎、叶、苞片、花梗，花萼）均密被白色细刚毛。茎下部叶条状倒披针形，长 2 ～ 4cm，宽 3 ～ 4mm，先端圆钝，基部渐狭，具柄；茎上部叶狭披针形或条形，愈向上渐缩小，长 1.5 ～ 3cm，宽 1 ～ 5mm，先端渐尖，尖头稍弯，基部渐狭，无柄。花序顶生，花期长 2 ～ 4cm，果期伸长达 10cm；苞片狭披针形，在果期伸长；花具短梗，果期伸长达 3mm。花萼 5 裂至基部；裂片条状披针形，果期长约 3mm，宽约 0.7mm，开展，先端尖。花冠蓝

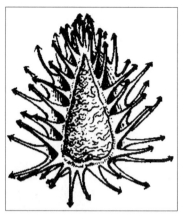

色，漏斗状，长约 3mm，5 裂；裂片近方形，长宽皆约 1mm；喉部具 5 附属物。花药矩圆形，长约 0.5mm，宽约 0.3mm；子房 4 裂，花柱长约 0.5mm，柱头头状。小坚果 4，三角状卵形，长 2 ～ 2.5mm，基部宽 1 ～ 2mm；背面中部具小瘤状凸起；两侧具颗粒状凸起；边缘弯向背面，具 1 行锚状刺，每侧 10 ～ 12 个，长短不等，基部 3 ～ 4 对较长，长 1 ～ 1.5mm，彼此分离；腹面具龙骨状凸起、两侧具皱纹及小瘤状突起。花果期 5 ～ 8 月。

中旱生草本。生于山麓砾石质坡地、河岸、湖边沙地，也常生于村旁路边。产兴安北部及岭东和岭西（大兴安岭、鄂伦春自治旗、海拉尔区）、兴安南部（科尔沁右翼前旗、科尔沁右翼中旗、阿鲁科尔沁旗、巴林左旗、巴林右旗、克什克腾旗）、辽河平原（科尔沁左翼后旗）、赤峰丘陵（红山区、翁牛特旗、敖汉旗）、燕山北部（喀喇沁旗、宁城县）、锡林郭勒（锡林浩特市、苏尼特左旗）、阴山（大青山）、阴南平原（呼和浩特市、包头市）、西阿拉善（阿拉善右旗）、龙首山。分布于我国黑龙江南部、吉林北部、辽宁西北部、河北北部、山东、山西、陕西北部、宁夏、甘肃东部、青海东部、四川西北部、西藏东南部、新疆（天山），蒙古国、俄罗斯（西伯利亚地区），中亚。为东古北极分布种。

有的地方用果实代"鹤虱"用，能驱虫、止痒，主治蛔虫病、蛲虫病、虫积腹痛。也入蒙药（蒙药名：囊给 - 章古），功能、主治相同。

3. 劲直鹤虱（小粘染子）

Lappula stricta (Ledeb.) Gurke in Nat. Pflanzenfam. 4(3a):107. 1897; Fl. Intramongol. ed. 2, 4:166. t.65. f.3. 1992.——*Echinospermum strictum* Ledeb. in Fl. Alt. 1:200. 1829.

一年生草本。茎高 25 ～ 40cm，常多分枝，斜升，全株（茎、叶、苞片、花梗、花萼）密被灰白色刚毛，开展或贴伏。基生叶狭倒披针形，长 3 ～ 5.5cm，宽 4 ～ 17mm，先端钝或锐尖，基部渐狭下延成柄，具柄；茎生叶披针状条形，长 2 ～ 4cm，宽 1 ～ 3mm，先端尖，基部渐狭，无柄。由多数花序组成圆锥花序，花序长达 18cm；苞片披针形；花具短梗，果期伸长达 4mm，稍开展；花萼 5 深裂，裂至基部，裂片披针状条形或披针形，长约 2.5mm，宽约 0.5mm，先端尖。花冠蓝色，5 裂；裂片近圆形，长约 1.5mm，宽约 1.2mm；筒长 2mm；喉部具 5 附属物。花药短圆形，长约 0.5mm，宽约 0.3mm；子房 4 裂，花柱长约 0.7mm，柱头扁球形。小坚果 4，球状卵形或卵形，长约 3mm，宽约 1.1mm；果背面狭披针形，具

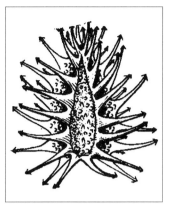

小瘤状突起，具光泽，无毛，略具棱缘，内卷；自其内生单行锚状刺，长 1.5～2.1mm，基部分离，彼此平行，每侧有 4～7 个，基部 3～4 对刺，刺长约 2mm；腹面两侧具小瘤状突起，基部圆形，具皱棱，无毛；着生面在最下面，具硬边缘，有短果瓣柄。花果期 5～6 月。

旱中生草本。生于草原带和荒漠带的山地草甸、沟谷。产锡林郭勒（西乌珠穆沁旗、苏尼特左旗、苏尼特右旗）、阴山（大青山）、东阿拉善（阿拉善左旗）、西阿拉善（阿拉善右旗）。分布于我国甘肃、新疆，蒙古国西部和南部，中亚。为中亚—亚洲中部分布种。

4. 鹤虱（小粘染子）

Lappula myosotis Moench in Meth. 417. 1794; Fl. China 16:409. 1995; Fl. Intramongol. ed. 2, 4:166. t.65. f.5. 1992.

一年生或二年生草本。茎直立，高 20～35cm，中部以上多分枝，全株（茎、叶、苞片、花梗、花萼）均密被白色细刚毛。基生叶矩圆状匙形，全缘，先端钝，基部渐狭下延，长达 7cm（包括叶柄在内），宽 3～9mm；茎生叶较短而狭，披针形或条形，长 3～4cm，宽 15～40mm，扁平或沿中肋纵折，先端尖，基部渐狭，无叶柄。花序在花期较短，果期则伸长，长 5～12cm；苞片条形；花梗果期伸长，长约 2mm，直立。花萼 5 深裂至基部，裂片条形，锐尖，花期长可达 2mm，果期增大成狭披针形，长约 3mm，宽约 0.7mm，星状开展或反折。花冠浅蓝色，漏斗状至钟状，长约 3mm；裂片矩圆形，长约 1.2.mm，宽约 1.1mm；喉部具 5 矩圆形附属物。花药矩圆形，长约 0.5mm，宽约 0.3mm；花柱长 0.5mm，柱头扁球形。小坚果卵形，长 3～3.5mm，基部宽约 0.8mm；背面狭卵形或矩圆状披针形，通常有颗粒状瘤凸，稀平滑或沿中线龙骨状凸起，上有小棘突；背面边缘有 2 行近等长的锚状刺，内行刺长 1.5～2mm，基部不互相汇合，外行刺较内行刺稍短或近等长，通常直立；小坚果侧面通常具皱纹或小瘤状突起，花柱高出小坚果但不超出小坚果上方之刺。花果期 6～8 月。

旱中生草本。生于森林带、草原带和荒漠带的河谷草甸、山地草甸、路边。产兴安北部及岭东和岭西（额尔古纳市、牙克石市、鄂伦春自治旗、陈巴尔虎旗、新巴尔虎左旗）、兴安南部及科尔沁（科尔沁右翼中旗、阿鲁科尔沁旗、巴林右旗、克什克腾旗）、燕山北部（喀喇沁旗、宁城县）、锡林郭勒（锡林浩特市、苏尼特左旗）、乌兰察布（四子王旗、武川县、达尔罕茂明安联合旗）、阴山（大青山、蛮汗山）、阴南平原（呼和浩特市、包头市）、阴南丘陵（准格尔旗）、鄂尔多斯、东阿拉善（阿拉善左旗巴彦浩特镇）、贺兰山。分布于我国辽宁、河北、河南、山东西部、山西、陕西北部、宁夏、甘肃东部、青海、新疆西北部、江苏，蒙古国东部和北部、俄罗斯、巴基斯坦、阿富汗，中亚、西南亚、欧洲、非洲、北美洲。为泛北极分布种。

果实入药，有消炎杀虫之效。

5. 宽刺鹤虱（粒状鹤虱）

Lappula granulata (Krylov) Popov in Fl. U.R.S.S. 19:426. 1953; Fl. China 16:409. 1995.——*L. marginata* (M. Bieb.) Gurke var. *granulata* Krylov in Fl. Zap.West Sib. 9:2248. 1937.——*L. platyacantha* W. T. Wang ex C. J. Wang in Bull. Bot. Res. Harbin 1(4):89. 1981.

一年生草本。主根单一，圆锥状，直生，自根颈发出少数基生叶。茎高约30cm，幼时密被开展的灰色糙毛，后渐脱落而变稀疏，中部以上多分枝，小枝开展。基生叶簇生，匙形，长1～3.5cm，宽4～8mm，两面被灰白色长糙毛（长0.5～2mm），上面较稀疏，先端钝圆，基部渐狭，无叶柄，果期枯萎；茎生叶条状披针形或条形，长3～4cm，宽4～6mm，毛被物与基

生叶相似。花序顶生，果期伸长，长达15cm。苞片下部者叶状，狭披针形，比果实长1倍；上部者条形与果实近等长，被长糙毛和缘毛。花萼5深裂，裂片条形，长2～2.5mm，被长糙毛，果期增大，长约6mm，呈星状开展；花小；花冠淡蓝色，长2.5～3mm，筒部与花萼几等长，檐部直径约2mm，裂片近直展、矩圆形。

果实呈球形，直径约6mm（包括刺）；果柄短，长0.5～1.5mm。小坚果宽卵形，长3～3.5mm，平滑或仅下部疏生小瘤状突起，背盘卵形，散生颗粒状凸起；边缘有2行锚状刺，内行刺扁平，长1～1.8mm，基部结合成宽0.5～1mm的宽翅，翅通常平展，外行刺短而少，呈瘤突状，长0.2～0.5mm，生于小坚果基部。雌蕊基锥状，2/3与小坚果腹面棱脊相结合；宿存花柱高出小坚果之上约0.5mm，但不超出果实上部之刺。花果期6～9月。

旱中生草本。生于田间、地旁。产内蒙古中部和东部。分布于我国黑龙江、吉林、辽宁、河北、山东、山西、陕西、宁夏、甘肃，蒙古国东部和东南部、哈萨克斯坦。为东古北极分布种。

6. 异刺鹤虱（小粘染子）

Lappula heteracantha (Ledeb.) Gurke in Nat. Pflanzenfam. 4(3a):107. 1897; Fl. Intramongol. ed. 2, 4:167. t.65. f.6-8. 1992.——*Echinospermum heteracanthum* Ledeb. in Suppl. Ind. Sem. Hort. Dorp. 3. 1823.

一、二年生草本。全株（茎、叶、苞片、花梗、花萼）均被刚毛。茎高20～40(～50)cm，

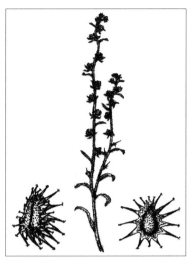

茎1至数条，单生或多分枝，分枝长，中上部分叉。基生叶常莲座状，条状倒披针形或倒披针形，长2～3cm，宽3～5mm，先端锐尖或钝，基部渐狭；具柄，柄长2～4cm。茎生叶条形或狭倒披针形，长2.5～3.5(～5)cm，宽2～4(～6)mm，越向上逐渐缩小，先端弯尖，基部渐狭；无柄。花序稀疏，果期伸长达12cm；苞片条状披针形，果期伸长；花具短梗，果期长达3mm；花萼5深裂，裂至基部，裂片条状披针形，花期长约2.5mm，果期长约3.5mm，宽约0.6mm，开展，先端尖。花冠淡蓝色，有时稍带白色或淡黄色斑，漏斗状，长3～4mm，5裂；裂片近圆形，长约1.1mm，宽约1mm；喉部具5个矩圆形附属物。花药三棱状矩圆形，长约0.4mm，宽约0.2mm；子房4裂，花柱长约0.3mm，柱头扁球状。小坚果4，长卵形，长约3mm，基部宽约1mm；背面较狭，中部具龙骨状凸起，且带小瘤状突起，两侧为小瘤状突起；边缘弯向背面，具2行锚状刺，内行刺每侧6～7个，刺长约2mm，基宽约0.5mm，连合成狭翅，外行刺短，长0.5～1mm；腹面具龙骨状凸起，两侧上部光滑，下部具皱棱及瘤状突起。花果期5～8月。

旱中生草本。生于草原带和荒漠带的山地草甸、河谷草甸、田野、村旁、路边，为常见的农田杂草。产辽河平原（科尔沁左翼后旗、大青沟）、赤峰丘陵（红山区）、锡林郭勒（锡林浩特市、苏尼特左旗、苏尼特右旗）、乌兰察布（达尔罕茂明安联合旗南部）、阴南平原（土默特右旗）、鄂尔多斯（乌审旗）、西阿拉善（阿拉善右旗）。分布于我国黑龙江、吉林、辽宁、河北、山东、山西、陕西南部、甘肃东部、青海、新疆西北部，俄罗斯，欧洲东部。为古北极分布种。

种子可榨油，其含油率为19.43％。

7. 山西鹤虱

Lappula shanhsiensis Kitag. in Act. Phytotax. Geobot. 20:48. 1962; Fl. China 16:409. 1995.

一年生草本。主根单生，圆柱状，伸长，暗褐色。茎直立或下部斜升，高15～45cm，自基部或上部多分枝，密被贴伏的白短毛和较稀疏而开展的白色长柔毛，小枝上通常均生花。叶条状匙形或条状长圆形，长2～4(～5)cm，宽2～5mm，先端钝，基部渐狭，具1条中脉，两面密被贴伏的白色长柔毛，毛基部有膨大的软骨质基盘，全缘，边缘具长柔毛，无柄。花序占据整个小枝，伸长，长达20～25cm；苞片明显，呈叶状，线状披针形或狭披针形，长0.8～2(～2.5)cm，宽1.5～6mm，先端微尖，基部渐狭或近圆形，与花对生；花梗长1.5～2mm，果期伸长，长3～4(～5)mm；花萼长2～2.5mm，5裂几达基部，裂片线状披针形，外面密被长柔毛，内面疏被短毛，在果期稍增大，长达5mm，呈星状开展。花冠蓝色，长2.5～3mm；筒部长约2mm，与花萼近等长；檐部 5 裂；裂片椭圆形，长约 1mm；喉部附属物梯形，高约 0.3mm。花药宽卵形，长约 0.3mm。小坚果宽卵形，长约 3mm，有乳白色瘤状突起；背面卵状三角形；边缘有 2 行（稀 1 行）锚状刺，内行刺长 0.4～2mm，基部稍增宽，通常相互合生，稀离生，常于刺间生细而短的小刺，外行刺极短，长仅 0.2～0.5mm。花柱短，伸出小坚果约 0.3mm。花果期 6～9 月。

旱中生草本。生于山坡草地、田间、村边。产内蒙古南部。分布于我国河北、山西、甘肃、西藏。为华北—横断山脉分布种。

8. 蓝刺鹤虱（小粘染子）

Lappula consanguinea（Fisch. et C. A. Mey.）Gurke in Nat. Pflanzenfam. 4(3a):107. 1897; Fl. Intramongol. ed. 2, 4:168. t.65. f.9. 1992.——*Echinospermum consanguineum* Fisch. et C. A. Mey. in Index. Sem. Hort. Petrop. 5:35. 1838.

一年生或二年生草本。全株（茎、叶、苞片、花梗、花萼）均密被开展和贴伏的刚毛。茎高约 60cm，直立，通常上部分枝，斜升。基生叶条状披针形，长达 8cm，宽约 8mm，先端钝，基部渐狭，上面脉下陷，下面脉隆起，较开展，具长柄；茎生叶披针形或条状披针形，长达 9cm，宽 7～9mm，向上逐渐缩小，先端尖，基部渐狭，无柄。花序果期伸长达 18cm；苞片披针形；花梗很短，果期伸长达 2mm。花萼 5 裂，裂至基部；裂片条状披针形，在花期长 2.5～3mm，宽约 0.5mm，在果期扩大，长 3.5～4mm，宽约 0.7mm。花冠蓝色，稍带白色，漏斗状，长 3.5～4mm，5 裂；裂片矩圆形，长约 0.9mm；喉部具 5 凸起的附属物。子房 4 裂，花柱长约 1mm，柱头扁球形。小坚果 4，尖卵形，长 2.5～3mm，基部宽约 1mm，背面稍平，具小瘤状突起，腹面具龙骨状凸起，两侧具小瘤状突起。果棱缘具 3 行锚状刺：内行刺长约 1.5mm，每侧 8～10 个；中行的刺稍短；外行刺极短，仅生于小坚果下部最宽处。花果期 6～8 月。

中旱生草本。常生于山地灌丛、草原及田野，亦为常见杂草。产兴安北部（东乌珠穆沁旗宝格达山）、燕山北部（喀喇沁旗）、阴山（乌拉山）。分布于我国河北北部、山西东北部、宁夏、甘肃东部、青海中北部和东部、四川西部、新疆中部和北部，蒙古国北部和西部及南部、俄罗斯（西伯利亚地区）、印度北部、巴基斯坦，克什米尔地区，中亚，欧洲。为古北极分布种。

9. 异形鹤虱

Lappula heteromorpha C. J. Wang in Bull. Bot. Res. Harbin 1(4):95. 1981; Fl. Intramongol. ed. 2, 4:168. 1992.

一年生草本。茎高达 65cm，中部以上多分枝；小枝斜升，被开展的糙毛。茎生叶狭匙形或条状披针形，长 4～6cm，宽 3～5mm，先端钝，基部渐狭，两面均被糙伏毛，但上面毛较稀疏。花序生于小枝顶部，果期伸长，长可达 20cm，疏生果实。苞片下部者叶状，比果实长 1 倍多；上部者条形，比果实稍长。花萼 5 深裂，裂片条形，长约 4mm，果期增大，长达 6mm，呈星状开展或反折，先端尖，被糙毛。花冠蓝紫色，长约 4.5mm；筒部长约 3mm；檐部直径 4mm；裂片矩圆形，直展，长 1～1.5mm；附属物梯形，高约 0.6mm。果实宽卵形，直径 4～4.5mm。花序下部的果实皆为同形小坚果，均无翅，狭卵状，长 4～4.5mm，密生颗粒状凸起，背面沿中线龙骨凸起上具短的锚状刺，

边缘具2行近等长的锚状刺，内行刺长1～2.5mm，基部略增宽，但彼此远离，每侧有9～11个，外行刺稍短，长1～1.2mm。花序上部果实具异形小坚果。2个小坚果具宽翅：其背面边缘的内行刺长1.5～2mm，基部强烈增宽且联合成宽翅，翅平展；外行刺稍短，长1～1.8mm。另外2个小坚果无翅，与同形小坚果的形状和构造相似。花柱稍稍高出小坚果。花果期7～8月。

旱中生草本。生于草原带的干沙地。产乌兰察布（四子王旗）、阴南丘陵（准格尔旗）、鄂尔多斯（达拉特旗、鄂托克旗）。分布于我国山西（五台山）。为华北北部分布种。

10. 畸形果鹤虱

Lappula anocarpa C. J. Wang in Bull. Bot. Res. Harbin 1(4):93. 1981; Fl. Intramongol. ed. 2, 4:169. 1992.

一年生草本。根粗壮，单一，圆锥状，直生。茎高35～48cm，中部以上多分枝；小枝斜升，被略开展及贴伏的糙毛。基生叶少数，在果期枯萎；茎生叶绿色，披针形，长3～5cm，

宽4～6mm，先端急尖，基部渐狭，两面被开展或贴伏的糙毛，但上面较稀疏，无叶柄。花序生于小枝顶端，在果期长达20cm，疏生果实；苞片条状披针形，较果实更长；花萼5深裂，裂片条形，长3～3.5mm，在果期增大，长达5～6mm，呈星状开展，被长糙毛。花冠淡蓝色；筒部稍短于花萼；檐部直径2.5～3mm；裂片直展，矩圆形；喉部附属物梯形，高约0.8mm。果实呈宽卵状；果梗长2.5～3.5mm。花序下部的果实皆为无翅的小坚果，狭卵形，密生小瘤状突起，背面狭卵形，边缘有2行锚状刺，内行刺长1.5～2mm，基部略增宽但彼此远离，外行刺极短，长仅0.5mm，通常仅生于小坚果基部。花序上部的果实为畸形小坚果。2个小坚果具宽翅：背面边缘的内行刺长1～2mm，基部强烈增宽且连合成宽0.6～1mm的宽翅，翅通常平展；外行刺极短，长仅0.5mm，仅生于小坚果基部。其余2个小坚果无翅，宿存花柱高出小坚果约0.5mm。

旱生草本。生于荒漠带的干沙地。产东阿拉善（乌拉特后旗）、额济纳（六道口）。分布于我国甘肃（河西走廊）、新疆中部。为戈壁分布种。

内蒙古虽然收载10种，但在野外实践中却难以区分，很可能是：沙生鹤虱 *L. deserticola*、蒙古鹤虱 *L. intermedia* 和劲直鹤虱 *L. stricta* 同为一种，鹤虱 *L. myosotis*、异刺鹤虱 *L. heteracantha*、山西鹤虱 *L. shanhsiensis* 和蓝刺鹤虱 *L. consanguinea* 同为一种，畸形鹤虱 *L. heteromorpha* 和异形果鹤虱 *L. anocarpa* 同为一种，宽刺鹤虱 *L. granulata* 为单独一种。这样合并后内蒙古有4种（合法学名）：劲直鹤虱 *L. stricta*、鹤虱 *L. myosotis*、畸形果鹤虱 *L. anocarpa* 和宽刺鹤虱 *L. granulata*。

12. 齿缘草属 Eritrichium Schrad. ex Gaudin

一年生或多年生草本。植物体被刚毛、绢毛或柔毛。单叶互生。顶生单歧聚伞花序总状排列，不分枝或分枝而呈圆锥状，稀花单生；花萼 5 裂，在果期不扩展或稍扩展，直立至反折；花冠蓝色、淡蓝色或淡紫色，稀为黄色或白色；花冠筒短；裂片 5，钟状辐形或钟状筒形，花期直立或平展；喉部具 5 附属物，明显而形状多样，稀不明显。冠生雄蕊 5，内藏；花药卵圆形、圆形或长圆形。花柱和柱头单一，通常不高出小坚果；雌蕊基金字塔状或半球状，高等于或小于宽。小坚果 4，直立，陀螺状，或呈卵状、三角卵状和背腹压扁的两面体型；着生面位于果的中部、中部以下或近基部；棱缘具翅、齿、刺或锚状刺，稀毛。

内蒙古有 6 种。

分种检索表

1a. 多年生草本。

  2a. 小坚果棱缘具三角形齿或锚状齿，背面平或微凸，具小瘤状突起和短硬毛。

    3a. 基生叶匙形或狭匙状倒披针形，长 1.5～6cm，宽 1～5mm；茎生叶狭倒披针形至条形，长 1～2cm，宽 2～4mm；小坚果腹面两侧光滑，棱缘具三角形小齿，齿端无锚状刺⋯⋯⋯⋯⋯⋯⋯⋯⋯⋯⋯⋯⋯⋯⋯⋯⋯⋯⋯⋯⋯⋯⋯⋯⋯⋯⋯⋯**1. 少花齿缘草 E. pauciflorum**

    3b. 基生叶倒披针形或倒披针状条形，长 3～8cm，宽 3～8mm；茎生叶倒披针形至披针形，长 1.5～3cm，宽 3～8mm；小坚果腹面两侧具皱棱及短硬毛，中部具龙骨状凸起，棱缘具三角状锚状刺，刺上具微毛⋯⋯⋯⋯⋯⋯⋯⋯⋯⋯⋯**2. 北齿缘草 E. borealisinense**

  2b. 小坚果棱缘通常平滑无刺，稀有小齿状微凸起，背面具小瘤状突起。

    4a. 基生叶和茎生叶均为细条形，长 3～7cm，宽约 1mm；小坚果背面长卵形，光滑无毛，中肋明显，具皱棱或小瘤状突起，果边缘无锚状刺，稀有少数小齿状微凸起⋯⋯⋯⋯⋯⋯⋯⋯⋯⋯⋯⋯⋯⋯⋯⋯⋯⋯⋯⋯⋯⋯⋯⋯⋯⋯⋯⋯**3. 东北齿缘草 E. mandshuricum**

    4b. 基生叶披针形或倒卵状披针形，长 1.5～3.5cm，宽 2～7mm；茎生叶倒披针形或倒披针状条形，长 0.7～3cm，宽 1～2.5mm；小坚果背面卵形，稍平，具小瘤状突起，被短毛，果边缘平滑，腹面两侧光滑，具光泽⋯⋯⋯⋯⋯⋯⋯⋯**4. 灰白齿缘草 E. incanum**

1b. 一年生草本。

  5a. 花冠钟状筒形，长约 2mm；小坚果长约 1.5mm，宽约 1mm，锚状刺长约 0.5mm，基部分离或连合成翅⋯⋯⋯⋯⋯⋯⋯⋯⋯⋯⋯⋯⋯⋯⋯⋯⋯⋯⋯⋯**5. 百里香叶齿缘草 E. thymifolium**

  5b. 花冠钟状辐形，长 3～4mm；小坚果长约 2mm，宽约 1.2mm，锚状刺长约 0.9mm，基部分生⋯⋯⋯⋯⋯⋯⋯⋯⋯⋯⋯⋯⋯⋯⋯⋯⋯⋯⋯⋯⋯⋯⋯⋯⋯⋯⋯⋯**6. 反折齿缘草 E. deflexum**

1. 少花齿缘草（石生齿缘草、蓝梅）

Eritrichium pauciflorum (Ledeb.) A. DC. in Prodr. 10:127. 1846; Fl. China 16:389. 1995.——*Myosotis pauciflora* Ledeb. in Mem. Acad. Imp. Sci. St.-Petersb. Hist. Acad. 5:517. 1812.——*E. rupestre* (Pall. ex Georgi) Bunge in Suppl. Fl. Alt. 14. 1836; Fl. Intramongol. ed. 2, 4:170. t.66. f.1-4. 1992.——*Myosotis rupestris* Pall. ex Georgi in Reise Russ. Reich. 3:app. 716. 1776.

多年生草本，高 10～18（～25）cm。全株（茎、叶、苞片、花梗、花萼）密被绢状细刚毛，呈灰白色。茎数条丛生，基部有短分枝和基生叶片及宿存的枯叶，常簇生，较密，上部不分枝

或近顶部形成花序分枝。基生叶狭匙形或狭匙状倒披针形，长 1.5～6cm，宽 1～5mm，先端锐尖或钝圆，基部渐狭下延成柄，具长柄；茎生叶狭倒披针形至条形，长 1～1.5(～2)cm，宽 2～4mm，先端尖或钝圆，基部渐狭，无柄。花序顶生，有 2～3(～4) 个花序分枝，花序长 1～2cm，花期后花序轴渐延伸，果期长可达 5(～6)cm，每花序分枝有花 10 余朵，花生苞片腋外；苞片条状披针形，长 3～5(～9)mm；花梗长 3～4mm，直立或稍开展；花萼长约 3mm，裂片 5，披针状条形，长约 2mm，宽约 0.5mm，先端尖或钝圆，花期直立，果期开展。花冠蓝色，辐状；筒长约 2mm，远较裂片短；裂片 5，矩圆形或近圆形，长约 2.5mm，宽约 2mm；喉部具 5 个附属物，半月形或矮梯形，明显伸出喉部，高约 0.8mm，宽约 1mm。花药矩圆形，长约 0.8mm，宽约 0.4mm；子房 4 裂，花柱长约 1mm，柱头头状。小坚果陀螺形，背面平或微凸，长约 2mm，宽约 1mm，具瘤状突起和毛；着生面宽卵形，位于基部；棱缘有三角形小齿，齿端无锚状刺，少有小短齿或长锚状刺。花果期 7～8 月。

中旱生草本。生于草原带的山地草原、羊茅草原、砾石质草原、砾石质山坡，也可进入亚高山带。产兴安南部（阿鲁科尔沁旗、巴林右旗、克什克腾旗）、燕山北部（喀喇沁旗）、锡

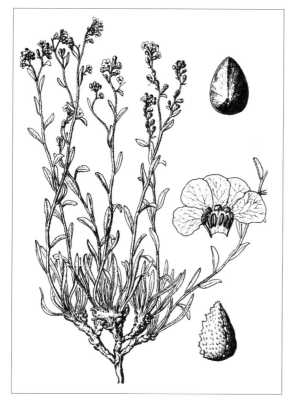

林郭勒（镶黄旗）、乌兰察布（白云鄂博矿区、固阳县）、阴山（大青山、蛮汗山、乌拉山）、阴南丘陵（准格尔旗）、东阿拉善（桌子山）、贺兰山、龙首山。分布于我国辽宁西部、河北西部、山西、宁夏、甘肃东北部，蒙古国、俄罗斯（西伯利亚地区）。为华北—蒙古高原山地草原分布种。

带花全草入蒙药（蒙药名：额布斯-德瓦），能清温解热，治发烧、流感、瘟疫。

2. 北齿缘草（大叶蓝梅）

Eritrichium borealisinense Kitag. in J. Jap. Bot. 38(10):301. t.1. 1963; Fl. Intramongol. ed. 2, 4:172. t.66. f.5-8. 1992.

多年生草本。全株（茎、叶、苞片、花梗、花萼）均密被绢状细刚毛，混生刚毛，呈灰白

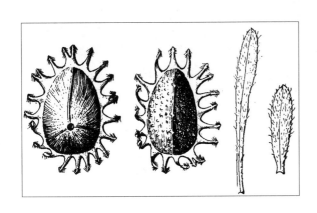

色。根粗壮，直径达 1cm。茎高 15～40cm，数条，常密集成簇，较粗壮，不分枝或在顶端分枝组成复花序。基生叶丛生，倒披针形或倒披针状条形，长 3～6（～8）cm，宽（3～）4～8mm，先端锐尖，基部楔形，具长柄；茎生叶倒披针形或披针形，长 1.5～3cm，宽（3～）4～8mm，先端锐尖，基部渐狭，无柄。花序分枝 3（～4）个，每花序分枝具花数朵至 10 余朵，花序长 1～2cm，花后花序轴渐延伸，至果期长 2～5（～15）cm，花生苞片腋外；

苞片条状披针形，长 3～5mm；花期花密集；花梗长 2～5（～7）mm，直立或稍开展。花萼长约 3mm；裂片 5，矩圆状披针形至矩圆状条形，长约 2.5mm，宽 1～1.6mm，先端渐尖至锐尖，花期直立，果期多斜展，少直立。花冠蓝色，辐状；筒长 1.2～1.5mm，5 裂；裂片倒卵形或近圆形，长 3～3.5mm，宽 2.5～3mm；附属物半月形至矮梯形，伸出喉部外，高 0.5～0.8mm，下底宽约 1mm，中部生 1 乳头状突起。雌蕊基高约 0.5mm；花柱长约 1.5mm。小坚果背腹压扁，除缘刺外长 2～2.5mm，宽约 1.5mm；背面卵形或宽卵形，微凸，密被小瘤状突起和短硬毛，具明显中肋；腹面两侧具皱棱及短硬毛，中部具龙骨状棱脊；着生面三角形，位于腹面中部或中下部；果边缘具三角形锚状刺，刺基部微连合，近分生，刺上有微毛。花果期 7～9 月。

中旱生草本。生于森林带的山地林缘、山地草原、路边。产兴安北部及岭东（额尔古纳市、鄂伦春自治旗）。分布于我国辽宁西部、河北北部、山西北部。为华北—兴安分布种。

3. 东北齿缘草（细叶蓝梅）

Eritrichium mandshuricum Popov in Fl. U.R.S.S. 19:505. 711. 1953; Fl. Intramongol. ed. 2, 4:172. t.66. f.9-12. 1992.

多年生草本。全株（茎、叶及花萼等）密被绢毛，呈灰色。茎高 9～20cm，基部分枝短而密，呈丛簇状，茎数条，直立或稍斜升。基生叶和茎生叶均为细条形；茎

生叶长 3～7cm，宽约 1mm；基生叶长 1～2cm，宽约 1mm；叶片先端渐尖，基部渐狭，无叶柄。花序顶生，长达 8(～10)cm，具花 10 余朵，叶状苞片向上渐变小；花梗较粗，花期直立，果期直立或斜展，长 0.5～1cm。花萼长约 2mm；萼裂片条状倒披针形，长约 1.5mm，宽约 0.5mm，直立或稍斜展。花冠淡蓝色，辐状；筒长 1.5～2.5mm；裂片 5，近圆形，长约 2mm；附属物拱形或矮梯形，稍伸出喉部，具乳头状突起及曲柔毛。花药矩圆形，长约 0.8mm；子房 4 裂，花柱长 0.8mm，柱头扁球形。小坚果斜陀螺形，长约 2.1mm，宽约 1.1mm；背面长卵形，微凸，光滑无毛，具皱棱及小瘤状突起，中肋明显；腹面具龙骨状凸起；着生面矩圆形，位下部或近基部；边缘无锚状刺，常无毛，稀有少数小齿状微凸起。

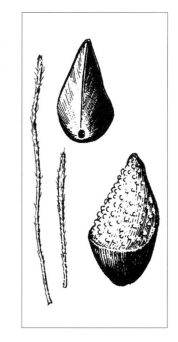

中旱生草本。生于森林带和草原带的山地草原，也见于村旁路边。产兴安北部及岭东（鄂伦春自治旗、牙克石市、扎兰屯市）、兴安南部（科尔沁右翼前旗、科尔沁右翼中旗、乌兰浩特市、扎鲁特旗、阿鲁科尔沁旗、巴林左旗、巴林右旗、林西县、西乌珠穆沁旗）、锡林郭勒（集宁区老虎山）。分布于我国黑龙江、河北东北部，日本、俄罗斯（远东地区）。为东亚北部分布种。

4. 灰白齿缘草（钝叶齿缘草）

Eritrichium incanum (Turcz.) A. DC. in Prodr. 10:127. 1846; Fl. Intramongol. ed. 2, 4:173. t.66. f.13-16. 1992.——*Myosotis incana* Turcz. in Mem. Soc. Imp. Nat. Mosc. 11:97. 1838.

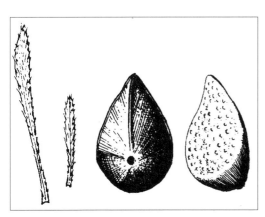

多年生草本。全株（茎、叶、萼等）密被绢状细刚毛、混生刚毛，呈灰白色。茎高 9～25cm，常自基部分枝，地上茎数条。基生叶丛生，披针形或倒卵状披针形，长 1.5～3.5cm，宽 2～7mm，先端尖或钝圆，基部渐狭，无柄；茎生叶倒披针形或倒披针状条形，长 0.7～3cm，宽 1～2.5mm，先端钝尖，基部渐狭，无柄。花序长达 13cm；苞片卵状披针形，长 2～6mm；花梗长约 5mm。花萼长约 3mm，5 裂；裂片披针状条形，长约 2.5mm，宽约 0.8mm。花冠淡蓝色，筒长约 2mm，5 裂；裂片近圆形，长约 3mm；喉部具 5 梯形乳头状突起的附属物。花药三棱状矩圆形，长约 0.5mm，宽约 0.3mm；花丝长约 0.3mm，扁平。子房 4 裂，花柱长约 1mm，柱头扁球形。小坚果 4，卵状斜陀螺形，长约 2mm，宽约 1.5mm；背面稍平，具小瘤状突起，被短毛；腹面具龙骨状凸起，两侧光滑，具光泽；果棱缘平滑；着生面位于最基部，不规则的四角状卵形。花期 6 月，果期 8～9 月。

中旱生草本。生于森林带和草原带的山地草原、林缘灌丛间。产兴安北部（阿尔山市）、科尔沁（科尔沁右翼中旗）。分布于我国黑龙江，朝鲜、俄罗斯（东西伯利亚地区、远东地区）。为东西伯利亚—满洲分布种。

5. 百里香叶齿缘草（假鹤虱）

Eritrichium thymifolium (A. DC.) Y. S. Lian et J. Q. Wang in Bull. Bot. Lab. N.-E. Forest. Inst., Harbin 9:46. 1980; Fl. Intramongol. ed. 2, 4:173. t.67. f.4-5. 1992.——*Echinospermum thymifolium* A. DC. in Prodr. 10:136. 1846.

一年生草本，高10～35cm。全株（茎、叶、萼等）密被细刚毛，呈灰白色。茎多分枝，被伏毛。基生叶匙形或倒披针形，长1～3cm，宽3～4mm，先端钝圆，基部楔形，向下渐狭成柄，花期常枯萎；茎生叶条形，长0.5～2cm，宽1～3mm，先端钝圆，基部楔形，下延成短柄或无柄。

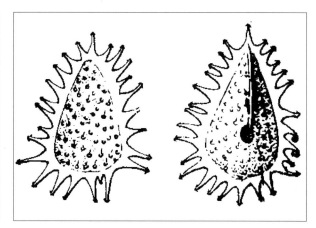

花序生于分枝顶端，花数朵至10余朵，常腋外生；花梗长2～5mm，花期直立或斜展，果期常下弯；萼裂片5，条状披针形或披针状矩圆形，花期直立，果期平展或多反折，长约2mm，宽约0.5mm。花冠蓝色或淡紫色，钟状筒形；筒长约1.3mm；裂片5，矩圆形，长约0.7mm，宽约0.5mm；附属物小，乳头状突起。花药卵状三角形，长约0.3mm。小坚果无毛或被微毛，除缘齿外，长约1.5mm，宽约1mm；背面微凸；腹面龙骨状凸起；着生面卵形，位腹面中部或中部以下；缘锚刺状，长约0.5mm，下部三角形，分离或联合成翅。花果期6～8月。

砾石生旱生草本。生于草原带的山地石质、砾石质坡地、岩石露头及石隙间。产呼伦贝尔（满洲里市）、科尔沁（巴林右旗、克什克腾旗）、锡林郭勒（苏尼特左旗、达尔罕茂明安联合旗）、阴山（大青山、蛮汗山）。分布于我国黑龙江、宁夏北部、甘肃中部、西藏西部、新疆，日本、俄罗斯（东西伯利亚地区、远东地区）、印度北部、哈萨克斯坦。为东古北极分布种。

6. 反折齿缘草（反折假鹤虱）

Eritrichium deflexum (Wahl.) Lian et J. Q. Wang in Bull. Bot. Lab. N.-E. Forest. Inst. Harbin 9:45. 1980; Fl. Intramongol. ed. 2, 4:174. t.67. f.1-3. 1992.——*Myosotis deflexa* Wahl. in Kongl. Vet. Acad. Handl. 31:113. 1810.

一年生草本。茎高 20 ～ 60cm，密被弯曲长柔毛，常自中部以上分枝。基生叶匙形，倒卵状披针形，长 1.5 ～ 3cm，宽 0.5 ～ 1cm，先端钝圆，基部渐狭成长柄，柄长约 1.6cm，两面及柄均被细刚毛；茎上部叶条状披针形、狭倒披针形或狭披针形，长 2.5 ～ 6cm，宽 0.5 ～ 1cm，先端渐尖，基部渐狭，无柄。叶两面、苞片、花梗与花萼均密被细刚毛。花序顶生，长 10 ～ 22cm，花偏一侧；仅基部有几枚苞片，苞片披针形；花梗长约 5mm。花萼 5 裂；裂片卵状披针形，长约 1.1mm，宽约 0.7mm，果期向外反折。花

冠蓝色，钟状辐形；裂片 5，近圆形，直径约 1mm；筒部长约 2mm；喉部具 5 个凸起的附属物。子房 4 裂，花柱短，柱头扁球形。小坚果 4，卵形，长约 2mm（除缘齿外），宽约 1.2mm，边缘的锚状刺长约 0.9mm，基部分生，背面微凸，腹面龙骨状凸起，两面均具小瘤状突起及微硬毛，着生面卵形，位腹面中部以下。花果期 6 ～ 8 月。

中旱生草本。生于山地林缘、沙丘阴坡、沙地。产兴安北部及岭东和岭西（鄂伦春自治旗、阿尔山市五岔沟镇和白狼镇、海拉尔区）、锡林郭勒（锡林浩特市、西乌珠穆沁旗）、阴山（大青山、乌拉山）、龙首山。分布于我国黑龙江、吉林、河北、新疆中部和北部，北半球温带地区广布。为泛北极分布种。

13. 滨紫草属 Mertensia Roth

多年生草本。叶互生，全缘，常有透明的斑点。花序顶生，聚伞蝎尾状，常单生，密或疏；无苞片；花蓝色或紫色；具花梗；花萼5裂，裂片窄，果期稍扩展。花冠管下部圆柱状，上部多少钟状，与花萼等长或比其长多倍；喉部有或无附属物；裂片5，短而宽，在芽内呈覆瓦状排列。雄蕊5，内藏或近伸出；花丝短，条形；花药矩圆形，钝。子房4裂；花柱丝状，通常较长；柱头小。小坚果4，直立，卵圆状矩圆形；背部稍扁，光滑或多少有皱纹，稍具棱；着生面小，三角形，位于腹面的最基部，无强硬的边。

内蒙古有1种。

1. 长筒滨紫草

Mertensia davurica (Sims) G. Don. in Gen. Hist. 4:318. 1837; Fl. Intramongol. ed. 2, 4:176. t.67. f.6-10. 1992.——*Pulmonaria davurica* Sims in Bot. Mag. 42:t.1743. 1814.

多年生草本。茎高 20～50cm，常自下部分枝或不分枝，茎上部被细硬毛，下部较稀。茎下部叶匙形或条状披针形，长 2～4cm，宽 0.4～1cm，先端尖或钝，基部渐狭下延成柄，上面

暗绿色，密被伏生细刚毛，下面灰绿色近无毛；叶柄长 1.5～4cm，被疏短毛。茎上部叶披针状条形、矩圆状披针形或倒披针形，长 2～5cm，宽 5～1.2cm，先端渐尖或钝尖，基部宽楔形或楔形，无柄。花序顶生，长达 10cm；无苞片；花萼长约 4mm，裂片狭披针形，长约 2.5mm，宽约 1.1mm，果期稍扩大，密被短柔毛。花冠蓝紫色；裂片钝圆，长约 1.7mm，宽约 2.8mm；花冠筒长约 2.1cm，具褐色纵条纹；喉部有附属物。花药矩圆形，

长约 2mm，宽约 0.5mm；花丝长约 2mm，具翅，翅宽约 0.8mm。子房4裂；花柱丝状，长约 2.6cm，伸出花冠外；柱头扁球形。小坚果卵圆形，长约 2mm，宽约 1.5mm；背部稍扁，被短毛，稍具皱棱；腹面具棱；着生面位于腹面的最基部。花期 6～7 月，果期 8～9 月。

旱中生草本。生于森林带和森林草原带的山地草甸、林缘。产兴安北部（额尔古纳市、根河市）、兴安南部（阿鲁科尔沁旗、巴林右旗、克什克腾旗、西乌珠穆沁旗）。分布于我国河北中北部，蒙古国、俄罗斯（东西伯利亚地区）。为华北—蒙古分布种。

14. 斑种草属 **Bothriospermum** Bunge

一年生或二年生草本。被粗伏毛或硬毛。叶互生。花小，蓝色或白色，腋生；具花梗，多上部花从苞片内伸出，呈总状排列；花萼深 5 裂，裂片狭，在果期不扩展或稍扩展。花冠筒短；喉部具 5 个鳞片状附属物；花冠裂片 5，在芽内呈覆瓦状排列，钝，开展。雄蕊 5，内藏；花药卵形，钝。子房 4 裂，花柱短，柱头头状。小坚果 4，椭圆形，无棱，背面具小瘤状突起，腹面近中部有凹陷，光滑，边缘内折或较平，着生面位于基部，果瓣柄矩圆形。

内蒙古有 2 种。

分种检索表

1a. 苞片条形或条状披针形，小坚果腹面的环状凹陷近圆形，茎被开展的硬毛⋯⋯⋯⋯⋯⋯⋯⋯
⋯⋯⋯⋯⋯⋯⋯⋯⋯⋯⋯⋯⋯⋯⋯⋯⋯⋯⋯⋯⋯**1. 狭苞斑种草 B. kusnezowii**
1b. 苞片椭圆形或狭卵形，小坚果腹面的环状凹陷纵椭圆形，茎被向上贴伏的伏毛⋯⋯⋯⋯⋯
⋯⋯⋯⋯⋯⋯⋯⋯⋯⋯⋯⋯⋯⋯⋯⋯⋯⋯⋯⋯**2. 柔弱斑种草 B. zeylanicum**

1. 狭苞斑种草（细叠子草）

Bothriospermum kusnezowii Bunge in Del. Sem. Coll. Anni 7. 1840; Fl. Intramongol. ed. 2, 4:176. t.68. f.1-4. 1992.

一年生草本。全株（茎、叶、苞片、花萼等）均密被刚毛。茎高 13 ～ 35cm，斜升，自基部分枝，茎数条。叶倒披针形，稀匙形或条形，长 3 ～ 8cm，宽 4 ～ 8cm，先端钝或微尖，基部渐狭，下延成长柄。花

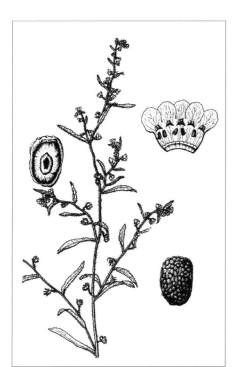

序长 5 ～ 15cm，果期延长达 45cm；叶状苞片，条形或披针状条形，长 1.5 ～ 3.5cm，宽 3 ～ 7mm，先端尖，无柄；花梗长 1 ～ 3.5mm；花萼裂片长约 4mm，狭披针形，果期内弯。花冠蓝色，花冠筒短，喉部具 5 附属物；裂片 5，钝，

开展。雌蕊基较平。小坚果肾形，长约 2.2mm；着生面在果最下部，密被小瘤状突起；腹面有近圆形凹陷。花期 5 月，果期 8 月。

中生草本。生于草原带的山地草原、河谷、草甸、路边。产科尔沁（科尔沁右翼前旗、科尔沁右翼中旗、阿鲁科尔沁旗、巴林右旗、翁牛特旗）、乌兰察布（达尔罕茂明安联合旗）、阴山（大青山、蛮汗山）、阴南平原（呼和浩特市）、鄂尔多斯（达拉特旗、伊金霍洛旗、乌审旗、鄂托克旗）、贺兰山。分布于我国黑龙江南部、吉林北部、辽宁、河北西部、河南西部、山西、陕西、宁夏、甘肃东部、青海东部。为华北—满洲分布种。

2. 柔弱斑种草

Bothriospermum zeylanicum (J. Jacq.) Druce in Bot. Exch. Cl. Brit. Is. 4:610. 1917; Fl. China 16:420. 1995.——*Anchusa zeylanica* J. Jacq. in Ecl. Pl. Rar. 1:47. t.29. 1812.

一年生草本，高 15 ～ 30cm。茎细弱，丛生，直立或平卧，多分枝，被向上贴伏的糙伏毛。叶椭圆形或狭椭圆形，长 1 ～ 2.5cm，宽 0.5 ～ 1cm，先端钝，具小尖，基部宽楔形，上、下两面被向上贴伏的糙伏毛或短硬毛。花序柔弱，细长，长 10 ～ 20cm；苞片椭圆形或狭卵形，长 0.5 ～ 1cm，宽 3 ～ 8mm，被伏毛或硬毛；花梗短，长 1 ～ 2mm，果期不增长或稍增长；花萼长 1 ～ 1.5mm，果期增大，长约 3mm，外面密生向上的伏毛，内面无毛或中部以上散生伏毛，裂片披针形或卵状披针形，裂至近基部。花冠蓝色或淡蓝色，长 1.5 ～ 1.8mm，基部直径约 1mm，檐部直径约 2.5 ～ 3mm；裂片圆形，裂片长宽约 1mm；喉部有 5 个梯形的附属物，附属物高约 0.2mm。花柱圆柱形，极短，长约 0.5mm，约为花萼 1/3 或不及。小坚果肾形，长 1 ～ 1.2mm，腹面具纵椭圆形的环状凹陷。果果期 4 ～ 10 月。

中生草本。生于草原带的山地路边、田间草丛、溪边。产内蒙古东部。分布于我国黑龙江东部和南部、吉林、辽宁东南部、河北、山东、山西、陕西南部、宁夏、浙江、福建、台湾、湖南、广东、广西、海南、贵州、云南东部、日本、朝鲜、俄罗斯、越南、印度、印度尼西亚、巴基斯坦、阿富汗，中亚。为东古北极分布种。

15. 附地菜属 Trigonotis Stev.

一年生或多年生草本。纤弱或铺散，多少被毛。叶互生，卵形或披针形。花序疏散；具多数腋生的花梗；无苞片或下部的花梗有苞片；花萼5裂或5深裂，果期不扩大或稍扩大。花冠小，蓝色或白色；管短于花萼；喉部具小片状附属物5；裂片5，钝头，开展。雄蕊5，内藏；花药矩圆形，钝。子房深4裂；花柱丝状，不伸长；柱头头状。小坚果4，四面体形，具锐棱，着生面小，基生，无柄或具短柄。

内蒙古有4种。

分种检索表

1a. 花萼裂片倒卵状矩圆形，先端钝圆；叶匙形、椭圆形、卵形、椭圆状倒卵形或宽矩圆形⋯⋯⋯⋯⋯⋯⋯⋯⋯⋯⋯⋯⋯⋯⋯⋯⋯⋯⋯⋯⋯⋯⋯⋯⋯⋯⋯⋯**1. 钝萼附地菜 T. amblyosepala**

1b. 花萼裂片先端尖。

  2a. 多年生草本；叶卵形或椭圆状卵形，基部圆形或宽楔形，不下延⋯⋯⋯⋯⋯⋯⋯⋯⋯⋯⋯⋯⋯⋯⋯⋯⋯⋯⋯⋯⋯⋯⋯⋯⋯⋯**2. 北附地菜 T. radicans** subsp. **sericea**

  2b. 一年生草本；叶椭圆状披针形或披针形，基部楔形，渐狭下延。

    3a. 茎生叶椭圆状披针形，长0.5～1.2cm，宽3～6mm⋯⋯⋯**3. 附地菜 T. peduncularis**

    3b. 茎生叶披针形，长2.5～6cm，宽5～15mm⋯⋯⋯**4. 勿忘草状附地菜 T. myosotidea**

1. 钝萼附地菜

Trigonotis amblyosepala Nakai et Kitag. in Rep. Exped. Manch. Sect. 4. 1:44. t.14. 1934; Fl. Intramongol. ed. 2, 4:178. 1992.

一年生草本。茎数条，直立或斜升，高10～20cm，自基部多分枝，被伏生细硬毛。茎下部叶匙形、椭圆形、卵形、椭圆状倒卵形或宽矩圆形，长0.8～1.5cm，宽0.3～0.5cm，先端稍钝，基部楔形，两面被伏硬毛。花序长达18cm；仅在基部有苞片，椭圆形，长约7mm，宽约4mm，两面被伏硬毛；花具细梗，长3～5cm，密被短伏毛；花萼裂片倒卵状矩圆形，长约1.5mm，先端钝圆，被短伏毛。花冠无毛；裂片宽倒卵形，长约1.8mm，先端钝圆，具细脉纹，蓝色；喉部黄色，具5附属物；花冠筒长约1.5mm，具白色5脉。花药黄色，椭圆形，长约0.6mm；花柱长约0.6mm。小坚果卵状四面体形，长约1mm，有短毛，腹面近基部具细小短柄。花期5月，果期9月。

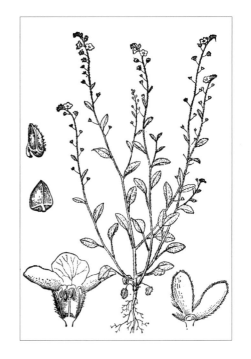

旱中生草本。生于阔叶林带的山地灌丛、草甸、林缘。产燕山北部（喀喇沁旗、宁城县、兴和县苏木山）。分布于我国河北北部、河南西北部、山东西部、山西北部、陕西、宁夏、甘肃东部。为华北分布种。

2. 北附地菜（朝鲜附地菜、森林附地菜）

Trigonotis radicans (Turcz.) Steven subsp. **sericea** (Maxim.) Riedl. in Linzer Biol. Beitr. 25:94. 1993; Fl. China 16:369. 1995.——*T. coreana* Nakai in Bot. Mag. Tokyo 31:218. 1917; Fl. Intramongol. ed. 2, 4:180. 1992.——*Omphalodes sericea* Maxim. in Bull. Acad. Imp. Sci. St.-Petersb. 17(4): 453. 1872.

多年生草本。根状茎短，粗壮，暗褐色。茎数条丛生，高 20～30cm，不分枝或上部分枝，疏被贴伏的短糙毛或近无毛，秋季在茎上部叶腋内常发出丝状匐匍枝，其上常生根。基生叶和

茎下部叶卵形、椭圆形或椭圆状卵形，长 2～4.5cm，宽 1～2cm，秋季增大，先端具短尖头或钝，基部楔形或圆形，两面被短伏毛；叶柄长 3～5cm，较细或基部略扩张，光滑或被短糙毛。茎上部叶和基生叶相似，但叶片较小；叶柄较短。花序顶生；有叶状苞片；花单生腋外；花梗细，斜伸，长 0.8～1.5mm，密被贴伏毛；花萼裂片长圆状披针形，长约 2mm，宽约 0.6mm，先端稍尖，边缘具糙毛。花冠淡蓝色，筒部长约 2mm，檐部 5 裂；裂片宽倒卵形，长约 2mm，宽约 1.2mm；喉部黄色，具 5 个附属物，厚，梯形，高约 0.5mm，宽约 0.8mm，顶端凹缺，有短柔毛。花药矩圆形，长约 1mm，宽约 0.4mm，先端钝；花丝长约 1mm。花柱长约 0.7mm。小坚果 4，幼果暗褐色，斜三棱锥状四面体形，有短毛，背面三角状卵形，顶端尖，具短柄。花期 6～7 月。

中生草本。生于森林带的山地林缘、灌丛、沟谷、溪边湿润处。产岭东（扎赉特旗杨树沟林场）。分布于我国黑龙江东部和东南部、吉林东部、辽宁东部，日本、朝鲜、俄罗斯（远东地区）。为东亚北部（满洲—日本）分布种。

3. 附地菜

Trigonotis peduncularis (Trev.) Benth. ex S. Baker et Moore in J. Linn. Soc. Bot. 17:384. 1879; Fl. Intramongol. ed. 2, 4:178. t.69. f.1-5. 1992.——*Myosotis peduncularis* Trev. in Mag. Neue. Entdeck. Gesammten Naturk. Ges. Naturf. Freunde Berlin 7:147. 1813.

一年生草本。茎 1 至数条，从基部分枝，直立或斜升，高 8～18cm，被伏短硬毛。基生叶倒卵状椭圆形、椭圆形或匙形，长 0.5～3.5cm，宽 3～8mm，先端钝圆，两面被伏细硬毛或细刚毛，基部渐狭，下延成长柄。茎下部叶与基生叶相似；茎上部叶椭圆状披针形，长 0.5～1.2cm，宽 3～6mm，先端钝尖，基部楔形，两面被伏细硬毛，无柄。花序长达 16cm；仅在基部有

2～4苞片，被短伏细硬毛；花具细梗，梗长1～5mm，被短伏毛；花萼裂片椭圆状披针形，长1.1～1.5mm，被短伏毛，先端尖；花冠蓝色，裂片钝，开展，喉部黄色，具5附属物。小坚果四面体形，长约0.8mm，被有疏短毛或有时无毛，具细短柄，棱尖锐。花期5月，果期8月。

旱中生草本。生于森林带和草原带的山地林缘、草甸、沙地。产兴安北部及岭东和岭西（额尔古纳市、牙克石市、鄂伦春自治旗、鄂温克族自治旗）、兴安南部（科尔沁右翼前旗、阿鲁科尔沁旗、克什克腾旗）、辽河平原（科尔沁左翼后旗、大青沟）、燕山北部（喀喇沁旗、宁城县）、锡林郭勒（西乌珠穆沁旗）、阴山（大青山）、鄂尔多斯（乌审旗）、贺兰山。分布于我国黑龙江西北部、吉林西南部、辽宁北部、河北、河南、山东、山西、陕西、宁夏、甘肃东部、青海东部、四川、西藏东南部、云南、贵州、安徽、江西、江苏、福建、浙江、湖北、湖南、广东北部、广西北部、新疆中部，日本、俄罗斯（远东地区），中亚，欧洲。为古北极分布种。

全草入药，能清热、消炎、止痛、止痢，主治热毒疮疡、赤白痢疾、跌打损伤。

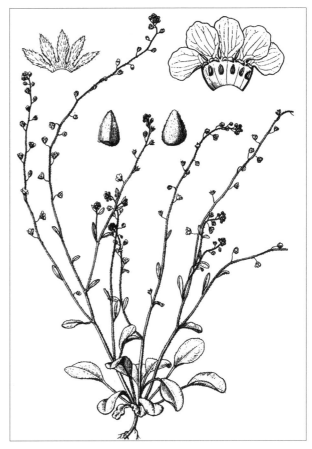

4. 勿忘草状附地菜（水甸附地菜）

Trigonotis myosotidea (Maxim.) Maxim. in Bull. Acad. Imp. Sci. St.-Petersb. 27:506. 1881; Fl. Intramongol. ed. 2, 4:180. 1992.——*Eritrichium myosotideum* Maxim. in Prim. Fl. Amur. 203. 1859.

一年生细弱草本。全株（茎、叶、花萼等）均被伏短硬毛。根细，纤维状。茎单生，直立或斜升，高20～35cm，具纵棱。基生叶矩圆形、卵形或椭圆形，先端钝或稍尖，具长柄；茎

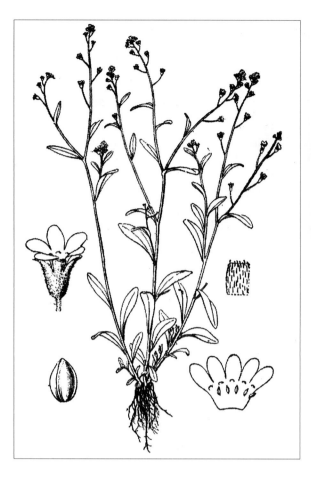

生叶宽披针形，长 2.5～6cm，宽 0.5～1.5cm，先端渐尖，基部楔形，渐狭下延成柄，无叶柄。花序仅在基部具苞片，苞片与叶同形；花梗细长，长 0.5～3cm；花萼裂片披针形，长约 1.5mm，宽约 0.5mm，萼筒长约 1mm；花冠淡蓝色，裂片矩圆形，长约 0.8mm，宽约 0.6mm，先端钝圆，喉部具 5 附属物；花药矩圆形，长约 0.5mm，宽约 0.3mm。小坚果四面体形，平滑无毛。花期 7 月，果期 9 月。

　　中生草本。生于森林带的山地林下、林缘、山地草甸。产兴安北部（根河市、牙克石市）。分布于黑龙江、吉林、辽宁、河北，俄罗斯（远东地区）。为满洲分布种。

16. 勿忘草属 Myosotis L.

　　一年生或多年生草本。叶互生，全缘。花序伸长，无苞片，或花近无柄，最下部花为单生；花萼短或深 5 裂。花冠蓝色、玫瑰红色或白色；花冠筒短，高脚碟状；裂片 5，钝，开展；喉部常具附属物。雄蕊 5，内藏；花药卵形，钝。子房深 4 裂，花柱丝状，柱头小；雌蕊基扁平。小坚果 4，卵球状矩圆形，像凸透镜状，长大于宽，具光泽，光滑或上部被毛，着生面与雌蕊基相连。

　　内蒙古有 2 种。

分种检索表

1a. 花萼近中裂，裂片三角形；全株被糙伏毛……………………………………………**1. 湿地勿忘草 M. caespitosa**

1b. 花萼深裂，裂片披针形；全株被开展毛及弯曲毛……………………………………**2. 勿忘草 M. alpestris**

1. 湿地勿忘草

Myosotis caespitosa C. F. Schultz in Prodr. Fl. Starg. Suppl. 1:11. 1819; Fl. Intramongol. ed. 2, 4:183. t.70. f.6-7. 1992.

二年生或多年生草本。全株（茎、叶、花萼等）均被疏伏短硬毛。茎高 19～28cm，疏生伏硬毛，常多分枝。茎下部叶矩圆形或倒卵状矩圆形，长 2～3cm，宽 3～7mm，先端圆或钝尖，基部渐

狭下延成长柄；茎上部叶倒披针形或条状倒披针形，长 2～3.5cm，宽 4～9mm，先端钝，基部楔形，两面疏生短硬毛，无柄。花序长达 18cm；通常无苞片，或仅在下部有几枚苞片，苞片条形；花梗在果期长 4～7mm，平展。花萼长约 2.8mm，5 裂近中部；裂片三角形，长约 1mm，宽约 1mm，花冠淡蓝色；喉部黄色，具 5 个附属物；裂片长约 1mm，宽约 0.8mm，先端钝圆，旋转状排列。小坚果宽卵形，长约 1.5mm，宽约 1.1mm，扁，光滑。花期 5～6 月，果期 8 月。

湿中生草本。生于森林带和森林草原带的河滩沼泽草甸、低湿沙地。产兴安北部及岭东和岭西（额尔古纳市、牙克石市、鄂伦春自治旗、阿尔山市伊尔施林场）、兴安南部（巴林右旗、克什克腾旗）、锡林郭勒（锡林浩特市、苏尼特左旗）、鄂尔多斯南部（乌审旗无定河镇萨拉乌苏村）。分布于我国黑龙江西部、吉林东部、辽宁北部、河北西北部、山西北部、陕西南部、甘肃东南部、新疆北部、四川西部、云南西北部、北非、亚洲、欧洲、北美洲。为泛北极分布种。

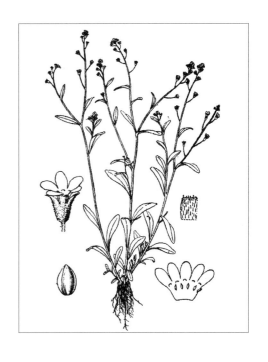

2. 勿忘草（草原勿忘草）

Myosotis alpestris F. W. Schmidt in Fl. Boem. Cent. 3:26. 1794; Fl. China 16:361. 1995.——*M. sylvatica* auct. non. Ehrh. ex Hoffm.: Fl. Intramongol. ed. 2, 4:181. t.70. f.1-5. 1992.——*M. suaveolens* Wald. et Kit. ex Willd. in Enum. Pl. 176. 1809; Fl. Intramongol. ed. 2, 4:183. 1992.

多年生草本，高 15～40cm。根状茎短缩，须根较发达。全株紧密丛生。茎数条，有时单一，直立，稀稍弯曲，稍有棱，被开展或半伏生的糙硬毛，上部有分枝。茎下部叶为倒披针形或椭圆形，长 2～4.5cm，宽 0.5～1cm，两面密被硬毛，后变稀疏，先端圆或钝尖，基部渐狭下延成长柄；茎上部叶为披针形，有时为披针状条形，长 2～5.5cm，宽 0.3～0.7cm，通常向上贴茎生长，先端急尖，基部楔形，两面疏生短硬毛，无柄。总状花序长 4～5cm，果期长达 10(～12)cm，无叶，被镰状糙伏毛；花梗在果期长达 10mm，密被短伏硬毛。花萼果期不落，5 深裂；裂片披

针形，长约 3mm，宽约 1mm，被硬糙毛；萼筒长约 2mm，被钩状开展毛。花淡蓝色，花冠檐部直径 5～6mm；裂片 5，卵圆形，长约 4mm，宽约 3mm，先端圆，旋转状排列；喉部黄色，具 5 个附属物。雄蕊 5，内藏；子房 4 裂。小坚果卵形，长约 1.7mm，顶端钝，稍扁，光滑，深灰色，具光泽，周围有边。

中生草本。生于森林带和森林草原带的山地落叶松林、桦木林下、山地灌丛、山地草甸，并可进入亚高山地带。产兴安北部及岭东和岭西（额尔古纳市、牙克石市、鄂伦春自治旗、根河市、陈巴尔虎旗、海拉尔区、扎兰屯市、阿尔山、阿尔山市五岔沟镇及伊尔施林场、东乌珠穆沁旗宝格达山）、呼伦贝尔（满洲里市）、兴安南部（科尔沁右翼前旗索伦镇、阿鲁科尔沁旗、巴林右旗、克什克腾旗、西乌珠穆沁旗、锡林浩特市）、燕山北部（喀喇沁旗）、阴山（大青山）。分布于我国黑龙江东南部、吉林东北部、辽宁西北部、河北西北部、河南西南部和南部、山东、山西北部、陕西南部、宁夏、甘肃东南部、青海、江苏、四川西部、云南北部和西北部、新疆中部和北部、蒙古国北部和西部及南部、俄罗斯（西伯利亚地区、远东地区）、印度北部、巴基斯坦，克什米尔地区，中亚、西南亚，欧洲、北美洲。为泛北极分布种。

174

17. 钝背草属 Amblynotus(A. DC.) Johnst.

多年生草本。丛生，被粗伏毛。叶互生。花序具苞片；花萼 5 裂，裂片狭，果期稍增长。花冠蓝色，高脚碟状；花冠筒比萼短；喉部具 5 个小片状附属物；花冠裂片 5，覆瓦状排列，钝，开展。雄蕊 5，着生于花冠筒上，内藏；花丝短；花药矩圆形，钝。子房 4 裂；雌蕊基金字塔形，直立；花柱短；柱头扁球形。小坚果 4，直立；背面凸起，无毛，具光泽；着生面在腹面基部，三角形，歪斜，着生面上部沿棱有沟槽。

内蒙古有 1 种。

1. 钝背草

Amblynotus rupestris (Pall. ex Georgi) Popov ex L. Sergiev. in Fl. W. Sib. 12(2):3423. 1934; Fl. China 16:377. 1995.——*Myosotis rupestris* Pall. ex Georgi in Bemerk. Reise Russ. Reich. 1:200. 1775.——*A. obovatus* (Ledeb.) I. M. Johnst. in Contrib. Gray Herb. 73:64. 1924; Fl. Intramongol. ed. 2, 4:184. t.68. f.5-7. 1992.——*Myosotis obovata* Ledeb. in Fl. Alt. 1:190. 1829.

多年生丛生小草本。全株（茎、叶、花序、花萼）均密被伏硬毛，呈灰白色。茎高 2～8cm，数条，直立或斜升，中部以上分枝。基生叶窄匙形，长 5～20mm，宽 2～3mm，基部渐狭成细

长柄；下部的茎生叶与基生叶相似，但较小，狭倒披针形，中部以上的叶几无柄。花序长达 2.5cm；具苞片，苞片条形；花梗细，长 2～5mm；花萼裂片窄披针形，先端尖，长约 1.8mm；花冠蓝色，稀粉红色，裂片钝圆、开展，筒长约 1.5mm，喉部具黄色附属物 5，组成圆环；有时花药稍外露；雌蕊基金字塔形，直立。小坚果卵形直立，无毛，具光泽，长 1.5～2mm。花果期 6～8 月。

旱生草本。生于草原、砾石质草原、沙质草原。产兴安北部及岭东和岭西（额尔古纳市、鄂伦春自治旗、牙克石市、鄂温克族自治旗）、呼伦贝尔（满洲里市）、兴安南部（阿鲁科尔沁旗、巴林右旗、克什克腾旗）、锡林郭勒（锡林浩特市、苏尼特左旗、镶黄旗）、阴山（大青山的九峰山）。分布于我国黑龙江西部、新疆西部，蒙古国、俄罗斯（西伯利亚地区）、哈萨克斯坦。为哈萨克斯坦—蒙古分布种。

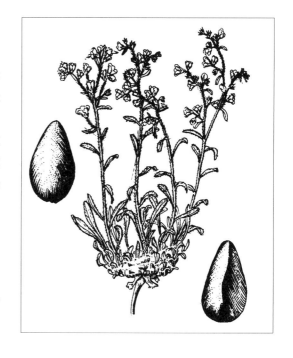

107. 马鞭草科 Verbenaceae

草本、灌木或乔木。单叶或复叶，对生，少轮生及互生，无托叶。花两性，两侧对称，常偏斜或呈唇形，少辐射对称；常多花组成聚伞花序、穗状花序或再由聚伞花序组成圆锥状及伞房状花序；萼通常4～5裂，多宿存；花冠合瓣，通常4～5裂，裂片在芽中为覆瓦状排列。雄蕊4，二强，稀2或5～6，着生于花冠筒上。花盘小，不显著。雌蕊常由2枚心皮组成，4室，少2～10室，每室有1～2胚珠；子房上位；柱头分裂或不裂。果为核果或蒴果状，熟时分裂为数个小坚果。

内蒙古有2属、2种。

分属检索表

1a. 单叶；果为蒴果状，熟时裂为4个小坚果 ⋯⋯⋯⋯⋯⋯⋯⋯⋯⋯⋯⋯⋯⋯⋯⋯**1. 莸属 Caryopteris**
1b. 掌状复叶，果为核果 ⋯⋯⋯⋯⋯⋯⋯⋯⋯⋯⋯⋯⋯⋯⋯⋯⋯⋯⋯⋯⋯⋯⋯⋯⋯**2. 牡荆属 Vitex**

1. 莸属 Caryopteris Bunge

小灌木或半灌木。直立，少攀援。单叶对生，全缘或有锯齿，有短柄。花两性；聚伞花序腋生或顶生；萼钟状，5深裂；花冠两侧对称，裂片5，其中1枚较大，全缘或先端撕裂；雄蕊4，二强，伸出于花冠外；子房上位，花柱细长。果实蒴果状，熟时裂成4个带翅的小坚果。

内蒙古有1种。

1. 蒙古莸（白蒿）

Caryopteris mongholica Bunge in Pl. Mongh.-Chin. 28. 1835; Fl. Intramongol. ed. 2, 4:186. t.71. f.4-6. 1992.

小灌木，高15～40cm。老枝灰褐色，有纵裂纹；幼枝常为紫褐色，初时密被灰白色柔毛，后渐脱落。单叶对生，披针形、条状披针形或条形，长1.5～6cm，宽3～10mm，先端渐尖或钝，基部楔形，全缘，上面淡绿色，下面灰色，均被较密的短柔毛，具短柄。聚伞花序顶生或腋生；

花萼钟状，先端5裂，长约3mm，外被短柔毛，果熟时可达1cm长，宿存；花冠蓝紫色，筒状，外被短柔毛，长6～8mm，先端5裂，其中1枚裂片较大且顶端撕裂，其余裂片先端钝圆或微尖；雄蕊4，二强，长约为花冠的2倍；花柱细长，柱头2裂。果实球形，成熟时裂为4个小坚果；小坚果矩圆状扁三棱形，边缘具窄翅，褐色，长4～6mm，宽约3mm。花期7～8月，果熟期8～9月。

旱生小灌木。生于草原带和荒漠带的石质山坡、沙地、干河床、

沟谷。产呼伦贝尔（新巴尔虎右旗）、锡林郭勒（苏尼特左旗、苏尼特右旗）、乌兰察布（四子王旗、达尔罕茂明安联合旗、乌拉特前旗）、阴山（大青山）、阴南丘陵（准格尔旗）、鄂尔多斯（达拉特旗、乌审旗、鄂托克旗、鄂托克前旗）、东阿拉善（乌拉特后旗、阿拉善左旗）、贺兰山、西阿拉善（阿拉善右旗）、龙首山、额济纳。分布于我国河北西北部、山西北部、陕西北部、甘肃（北部及河西走廊）、青海东北部（青海湖南部地区），蒙古国。为黄土—蒙古高原分布种。

花、叶、枝入蒙药（蒙药名：伊曼额布热），能祛寒、燥湿、健胃、壮身、止咳，主治消化不良、胃下垂、慢性气管炎及浮肿等。叶及花可提取芳香油。本种还可做护坡树种。

2. 牡荆属 Vitex L.

灌木或小乔木。叶通常掌状复叶，稀单叶，对生。花小，两性，蓝紫色、蓝色、黄色或白色；常组成圆锥花序或聚伞花序，顶生或腋生；萼钟状，顶端具 5 齿或平截；花冠漏斗形，具5 个不等形的裂片，常呈二唇形，下唇中裂片常较大；雄蕊 4，二强，常伸出于花冠外；子房 2 ～ 4

室，胚珠 4，花柱先端 2 裂。核果球形或倒卵形，为宿存花萼所包；种子无胚乳。

内蒙古有 1 种。

1. 荆条

Vitex negundo L. var. **heterophylla** (Franch.) Rehd. in J. Arnold. Arbor. 28:258. 1947; Fl. Intramongol. ed. 2, 4:185. t.71. f.1-3. 1992.——*V. incisa* Lam. var. *heterophylla* Franch. in Nouv. Arch. Mus. Hist. Nat. Ser.2, 6:112. 1883.

灌木，高 100～200cm。幼枝四方形，老枝圆筒形，幼时有微柔毛。掌状复叶，具小叶 5，有时 3，矩圆状卵形至披针形，长 3～7cm，宽 0.7～2.5cm，先端渐尖，基部楔形，边缘有缺刻状锯齿，浅裂或羽状深裂，上面绿色光滑，下面有灰色绒毛，叶柄长 1.5～5cm。顶生圆锥花序，长 8～12cm；花小，蓝紫色，具短梗；花冠二唇形，长 8～10mm；花萼钟状，长约 2mm，先端

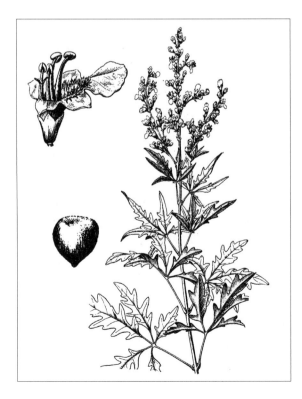

具 5 齿，外被柔毛；雄蕊 4，二强，伸出花冠；子房上位，4 室，柱头顶端 2 裂。核果，直径 3～4mm，包于宿存花萼内。花期 7～8 月，果熟期 9 月。

中生灌木。多生于阔叶林带的山地阳坡、林缘，为华北山地中生灌丛的建群种或优势种。产科尔沁（库伦旗、巴林右旗、翁牛特旗）、燕山北部（喀喇沁旗、宁城县、敖汉旗、兴和县苏木山）、阴山（大青山）、阴南丘陵（准格尔旗）、鄂尔多斯（伊金霍洛旗）。分布于我国辽宁、河北、河南、山东、山西、陕西、宁夏、甘肃、四川、安徽、江苏、江西、湖北、湖南、贵州，日本、印度、东南亚。为东亚分布变种。

根、茎、叶、果实有的地区代"黄荆"入药，能清热、止咳、化痰。枝条可编筐、篓等。本种为蜜源植物，亦做水土保持树种。

108. 唇形科 Labiatae

草本、半灌木或灌木。植株常含芳香油。茎常四棱形。叶对生或轮生，无托叶。聚伞花序通常着生在对生叶的叶腋内，呈轮伞花序，此花序再组成总状、穗状或圆锥状花序，极少单花；花两性，两侧对称，通常二唇形；花萼合生，宿存，5 裂或二唇形；花冠合生，具 4～5 裂，呈各式二唇形，稀单唇。雄蕊 4，二强，稀 2，着生在花冠上；花药 2 室，纵裂，稀贯通为 1 室或退化为半药。花盘下位，肉质。雌蕊 1，由 2 心皮合生；子房上位，4 深裂，稀 4 浅裂，4 室，每室具 1 胚珠；花柱 1，生于子房基部，稀高于基部；柱头常 2 裂。果为 4 个小坚果，包在宿存花萼内；种子具薄种皮，胚乳不存在或稀少。

内蒙古有 25 属、57 种，另有 2 栽培属、4 栽培种。

分属检索表

1a. 子房浅 4 裂或深 4 裂；花冠单唇或假单唇，如为二唇时则上唇非外凸。

　　2a. 花冠单唇或假单唇；雄蕊 4，二强，均能育。单叶，不分裂。

　　　　3a. 花冠单唇，上唇缺如，下唇 5 裂……………………………**1. 香科科属 Teucrium**

　　　　3b. 花冠二唇，上唇极短，下唇 3 裂……………………………**2. 筋骨草属 Ajuga**

　　2b. 花冠假单唇；雄蕊 4，前对能育，后对退化；叶掌状 3 全裂…………**3. 水棘针属 Amethystea**

1b. 子房全 4 裂，花冠二唇形。

　　4a. 花萼 2 裂，上裂片背部具盾片；子房有柄……………………………**4. 黄芩属 Scutellaria**

　　4b. 花萼上裂片背部无盾片，子房通常无柄。

　　　　5a. 雄蕊上升或平展而直伸向前。

　　　　　　6a. 雄蕊藏于花冠筒内，叶掌状 3 浅裂至深裂……………………**5. 夏至草属 Lagopsis**

　　　　　　6b. 雄蕊不藏于花冠筒内。

　　　　　　　　7a. 花药非球形，药室顶端不贯通。

　　　　　　　　　　8a. 药隔与花丝无关节相连，雄蕊 4 或 2，萼齿 5。

　　　　　　　　　　　　9a. 花冠明显二唇形，具不相似的唇片，上唇外凸，呈弧状、镰状或盔状。

　　　　　　　　　　　　　　10a. 雄蕊 4。

　　　　　　　　　　　　　　　　11a. 后对雄蕊长于前对雄蕊。

　　　　　　　　　　　　　　　　　　12a. 花冠筒倒扭（即上下唇交换位置），萼筒内中部或中部以上有毛环（即果盖）………………………**6. 扭藿香属 Lophanthus**

　　　　　　　　　　　　　　　　　　12b. 花冠筒不倒扭，萼筒内中部无毛环。

　　　　　　　　　　　　　　　　　　　　13a. 两对雄蕊不互相平行，多轮的轮伞花序密集成顶生的穗状花序。

　　　　　　　　　　　　　　　　　　　　　　14a. 后对雄蕊前倾，前对雄蕊上升；花盘裂片相等；花冠下唇中裂片无爪状狭柄；叶不分裂………………………………………**7. 藿香属 Agastache**

　　　　　　　　　　　　　　　　　　　　　　14b. 后对雄蕊上升，前对雄蕊多少向前直伸；花盘前裂片发育较好；花冠下唇中裂片从基部爪状狭柄；叶常分裂………………**8. 裂叶荆芥属 Schizonepeta**

　　　　　　　　　　　　　　　　　　　　13b. 两对雄蕊互相平行，皆向花冠上唇下面弧状上升；轮伞花序腋生，排列稀疏。

15a. 萼齿间具小瘤状胼胝体，雄蕊与花冠等长或稍伸出……………………………………………………………………………………**9. 青兰属 Dracocephalum**

15b. 萼齿间不具小瘤状胼胝体，雄蕊伸出花冠……………**10. 荆芥属 Nepeta**

11b. 后对雄蕊短于前对雄蕊。

16a. 花柱裂片不等长，后对花丝基部常具附属物，轮伞花序腋生且密集多花………………………………………………………………………………………**11. 糙苏属 Phlomis**

16b. 花柱裂片近等长或等长。

17a. 药室在花期横裂为两瓣，内瓣较小而有纤毛，外瓣较大而无毛；花冠下唇侧裂片与中裂片相交处有向上的齿状凸起（盾片）……………………………………………………………………………………………**12. 鼬瓣花属 Galeopsis**

17b. 药室平行或展开，花冠下唇侧裂片与中裂片相交处无齿状凸起。

18a. 小坚果多少呈尖三棱形，顶端平截。

19a. 花冠喉部膨大，萼齿非针刺状………**13. 野芝麻属 Lamium**

19b. 花冠喉部不甚膨大，萼齿多少呈针状或刺状。

20a. 萼齿顶端刺状，叶缘无刺。

21a. 花萼具 5 脉；花冠紫红色或白色，筒内被柔毛或具毛环；植株绿色……**14. 益母草属 Leonurus**

21b. 花萼具 10 脉；花冠乳白色，筒内无毛环；植株密被白色绒毛而呈灰绿色……………………………………………………………………**15. 脓疮草属 Panzerina**

20b. 萼齿顶端针状，从轮伞花序基部及叶腋生出针刺；叶缘亦多有刺……………………**16. 兔唇花属 Lagochilus**

18b. 小坚果卵形，无 3 棱，顶端截平或圆钝……**17. 水苏属 Stachys**

10b. 雄蕊 4，后对雄蕊可育，前雄蕊退化…………………………**18. 石荠苎属 Mosla**

9b. 花冠近于辐射对称，有近于相似或略为分化的裂片，上唇如分化，则扁平或外凸。

22a. 小半灌木或小灌木，叶全缘；植丛铺地，呈垫状…………**19. 百里香属 Thymus**

22b. 草本植物，叶缘具齿或羽状分裂，植株不呈垫状。

23a. 花萼里面有毛环或毛茸，雄蕊内藏。

24a. 花萼喉部里面疏生毛茸，但不形成毛环………**20. 风轮菜属 Clinopodium**

24b. 花萼喉部里面有疏柔毛环。栽培…………**21. 紫苏属 Perilla**

23b. 花萼里面无毛，雄蕊伸出花冠。

25a. 雄蕊 4，均能育；小坚果顶端圆钝…………**22. 薄荷属 Mentha**

25b. 雄蕊 4，前对能育，后对退化；小坚果顶端截平………**23. 地笋属 Lycopus**

8b. 药隔与花丝有关节相连；雄蕊 2；花萼二唇形，萼齿 3～5…………**24. 鼠尾草属 Salvia**

7b. 花药球形，药室顶端贯通………………………………………**25. 香薷属 Elsholtzia**

5b. 雄蕊下倾，平卧于花冠下唇之上或包于其内。

26a. 花萼 5 齿近等大或呈二唇形，上唇之中齿边缘无翅状下延；花冠筒伸出于花萼；花盘环状，近全缘或具齿，前方 1 齿有时呈指状膨大，但不超过子房…………………**26. 香茶菜属 Isodon**

26b. 花萼上唇之中齿边缘呈翅状下延至筒部；花冠筒稍短于花萼；花盘具齿，齿不超过子房或前方 1 齿呈指状膨大而超过子房。栽培…………………………**27. 罗勒属 Ocimum**

1. 香科科属 Teucrium L.

草本或半灌木。轮伞花序，具 2～3 花，排列成假穗状花序；花萼筒形或钟形，具 10 脉，萼齿 5，近相等或呈二唇形；花冠单唇，具 5 裂片，前方中裂片极发达，圆形或匙形，两侧的两对裂片较小；雄蕊 4，二强，前对稍长，均自花冠后方的弯缺处伸出；花盘不发达；子房浅 4 裂，花柱着生于子房近顶部。小坚果倒卵形，无毛。

内蒙古有 1 种。

1. 黑龙江香科科（东北石蚕）

Teucrium ussuriense Kom. in Izv. Bot. Sada Akad. Nauk S.S.S.R. 30:208. 1932; Fl. Intramongol. ed. 2, 4:191. t.72. f.5-8. 1992.

多年生草本，高 25～50cm。具根状茎。茎直立，不分枝或稀具极短的分枝，被白色绵毛。叶卵状矩圆形，长 2.5～4.5cm，宽 1～2cm，先端渐尖或锐尖，基部微心形或截平，边缘具不规则的细锯齿，上面被柔毛、绿色，下面被绵毛、灰白色，叶柄长 4～7mm。轮伞花序，具 2～4 花，生于叶腋内；苞片披针形，长 3～4mm，被柔毛；花梗长 1～3mm，密被柔毛；花萼钟形，长 5～6mm，外面被柔毛及腺毛，具 10 脉，网脉明显，萼齿 5，约为萼长的 1/4，近二唇形：上唇 3 齿，卵圆状三角形，先端钝圆，中齿较大；下唇 2 齿，狭三角形，先端渐尖。花冠紫红色，单唇形，展开时长 12～15mm，外面疏被白色柔毛，里面在喉部被白色短柔毛；冠筒长为花冠的 1/3 或稍长，与花萼近等长；前方中裂片菱状倒卵形，为唇片长的 2/5，侧裂片狭三角形，后方一对侧裂片先端具腺毛。雄蕊 4，前对短于唇片，后对约与侧裂片等长；花丝下部被柔毛；花药平叉开，花后贯通为 1 室。花盘微小，边缘波状浅裂。子房短圆状球形，花柱先端具相等的 2 浅裂。小坚果近球形，不等大，浅棕色，平滑，具腺点。花期 8 月，果期 9 月。

中生杂类草。生于草原带的山间谷地及河滩草甸，喜沙质土。产锡林郭勒（多伦县）。分布于我国黑龙江东南部、辽宁南部、河北北部、山东中部、山西东北部，俄罗斯（远东地区）。为华北—满洲分布种。

2. 筋骨草属 Ajuga L.

一年生或多年生草本。轮伞花序，具 2 至多数花，组成间断或密集的穗状花序。花萼钟状或漏斗状，具 10 脉；萼齿 5，近整齐。花冠假单唇：上唇直立，极短；下唇宽大，伸长，3 裂。雄蕊 4，二强，前对较长；花药 2 室，其后横裂并贯通为 1 室。子房浅 4 裂；花柱细长，先端近相等 2 浅裂。小坚果通常为倒卵状三棱形，侧腹面具宽大果脐。

内蒙古有 1 种。

1. 多花筋骨草

Ajuga multiflora Bunge in Mem. Acad. Imp. Sci. St.-Petersb. Div. Sav. 2:125. 1835; Fl. Intramongol. ed. 2, 4:191. t.73. f.1-4. 1992.

多年生草本，高 6～20cm。茎直立，单生，密被白色绵毛状长柔毛。叶椭圆状卵圆形或卵圆形，长 1～4cm，宽 1～1.5cm，先端钝，叶基楔状下延，抱茎，叶缘具不明显的波状圆齿，上面密被绵毛状长柔毛，下面疏被柔毛；基生叶具柄，柄长 7～20mm。轮伞花序，由 6 朵或更多的花组成，密集成穗状花序。花萼宽钟形，长 5～7mm，外面被绵毛，里面无毛；萼齿 5，狭三角形，先端锐尖。花冠蓝紫色或蓝色，长 10～12mm，外面被长柔毛，里面近基部有毛环。花冠二唇形：上唇短，直立，先端 2 裂，中裂片扇形，侧裂片椭圆形；下唇伸长，宽大。雄蕊 4，二强，伸出，微弯；花丝粗壮，具长柔毛。花盘环状，裂片不明显。子房顶端被微毛；花柱细长，超出雄蕊，上部被疏柔毛，先端具不相等的 2 浅裂。小坚果倒卵状三角形，背部具网状皱纹，腹部中间隆起，果脐大，边缘被微柔毛。花期 4～5 月，果期 5～6 月。

中生杂类草。生于山地森林带及森林草原带的山地草甸、河谷草甸、林缘及灌丛中。产兴安北部及岭西（额尔古纳市、牙克石市）、兴安南部（科尔沁右翼前旗）、燕山北部（喀喇沁旗）。分布于我国黑龙江、辽宁中部和南部、河北北部、山东、安徽中部和南部、江苏西南部，朝鲜、俄罗斯（远东地区）。为东亚（华东—华北—满洲）分布种。

3. 水棘针属 Amethystea L.

属的特征同种。

单种属。

1. 水棘针

Amethystea caerulea L., Sp. Pl. 1:21. 1753; Fl. Intramongol. ed. 2, 4:194. t.73. f.5-7. 1992.

一年生草本，高 15～40cm。茎被疏柔毛或微柔毛，以节上较密，多分枝。叶纸质，三角形或近卵形，3 全裂，稀 5 裂或不裂。裂片披针形，边缘具粗锯齿或重锯齿；中裂片较宽大，长 2～4.5cm，宽 6～15mm；两侧裂片较窄小，长 1～2cm，宽 3～6mm。叶先端钝尖，基部渐狭，上面被短柔毛，下面沿叶脉疏被短柔毛；叶柄长 3～20mm，疏被柔毛。花序为由松散具长梗的聚伞花序所组成的圆锥花序；苞叶与茎生叶同形，向上渐变小；小苞片微小，条形，长约 1mm；花梗长 2～5mm，疏被腺毛。花萼钟状，连齿长约 4mm，具 10 脉，外面被乳头状突起及腺毛；齿 5，近整齐，三角形，与萼筒等长。花冠略长于花萼，蓝色或蓝紫色。冠檐二唇形：上唇 2 裂，卵形；下唇 3 裂，中裂片较大，近圆形。雄蕊 4：前对能育，着生于下唇基部，花期自上唇裂片间伸出；后对为退化雄蕊，着生于上唇基部。花柱略超出雄蕊，先端不相等 2 浅裂。小坚果倒卵状三棱形，长约 1.5mm，宽约 1mm。

中生草本。生于森林带和草原带的河滩沙地、田边路旁、溪旁、居民点附近，散生或形成小群聚。产兴安北部及岭东和岭西（额尔古纳市、根河市、牙克石市、鄂伦春自治旗、扎兰屯市）、呼伦贝尔（新巴尔虎左旗、新巴尔虎右旗、满洲里市）、兴安南部和科尔沁（科尔沁右翼前旗、科尔沁右翼中旗、扎鲁特旗、阿鲁科尔沁旗、巴林左旗、巴林右旗、林西县、克什克腾旗）、辽河平原（科尔沁左翼后旗）、赤峰丘陵（红山区）、燕山北部（喀喇沁旗、宁城县、敖汉旗）、锡林郭勒（东乌珠穆沁旗、西乌珠穆沁旗、锡林浩特市、正蓝旗、镶黄旗、多伦县、察哈尔右翼中旗）、阴山（大青山）、阴南丘陵（准格尔旗）、鄂尔多斯（达拉特旗、鄂托克旗）。分布于我国黑龙江、吉林、辽宁、河北、河南西部和东南部、山东、山西、陕西、宁夏、甘肃东部、安徽西南部、湖北西北部和东北部、四川西南部、云南东北部、贵州、西藏东南部、新疆北部，日本、朝鲜、蒙古国东部和北部及西部、俄罗斯（西伯利亚地区、远东地区）、伊朗，中亚、西南亚。为东古北极分布种。

新鲜状态下，骆驼和绵羊乐食；开花以后变粗老，牲畜不吃。

4. 黄芩属 Scutellaria L.

草本或半灌木。花腋生、对生，组成顶生或侧生总状或穗状花序。花萼钟状，二唇形；唇片短而宽，全缘，果期闭合；上裂片在背上有盾片或无盾片而明显呈囊状凸起。花冠筒伸出于萼筒，背面近直立，前方基部膝曲成囊状；冠檐二唇形，上唇盔状，下唇常 3 裂，中裂片宽大。雄蕊 4，二强，延伸至上唇片之下；后对花药具 2 室，前对花药不育而退化为 1 室，药室裂口具髯毛。子房 4 裂，花柱着生于子房基部。小坚果扁球形或卵圆形，背面具瘤，果脐小，高度不超过果轴的一半。

内蒙古有 8 种。

分种检索表

1a. 主根粗壮，花组成顶生间有腋生背腹向的总状花序。

  2a. 花蓝色或蓝紫色。

    3a. 植株被短柔毛；叶披针形或条状披针形，全缘，下面有凹腺点，叶柄长约 1mm ···**1. 黄芩 S. baicalensis**

    3b. 植株被腺毛；叶卵形、卵状披针形或披针形，中部以下每侧有 2～5 个不规则的浅裂齿，下面无凹腺点，叶柄长 1～4mm ·······················**2. 甘肃黄芩 S. rehderiana**

  2b. 花黄色或乳白色，花序轴被腺毛；叶全缘，叶柄极短·············**3. 粘毛黄芩 S. viscidula**

1b. 根状茎细长。

  4a. 一年生草本；叶卵形，具细长柄，长 1～2cm；花组成顶生间有腋生背腹向的总状花序···**4. 京黄芩 S. pekinensis**

  4b. 多年生草本；叶三角状卵形、矩圆状披针形、披针形、条状披针形或条形，具短柄或几无柄，柄长不超过 5mm；花腋生。

    5a. 叶全缘。

      6a. 叶三角状卵形，边缘不向下反卷；花较小，长 3～4mm，白色或淡蓝紫色···**5. 纤弱黄芩 S. dependens**

      6b. 叶披针形、条状披针形或条形，边缘向下反卷；花较大，长 15～20mm，蓝紫色···**6. 狭叶黄芩 S. regeliana**

    5b. 叶缘具疏锯齿。

      7a. 叶上面无毛，下面近无毛或沿脉疏被柔毛且具凹腺点；花较大，长 18～24mm···**7. 并头黄芩 S. scordifolia**

      7b. 叶两面被短柔毛，下面无凹腺点；花较小，长 14～18mm·······**8. 盔状黄芩 S. galericulata**

1. 黄芩（黄芩茶）

Scutellaria baicalensis Georgi in Bemerk. Reise Russ. Reich. 1:223. 1775; Fl. Intramongol. ed. 2, 4:197. t.74. f.1-6. 1992.

多年生草本，高 20～35cm。主根粗壮，圆锥形。茎直立或斜升，被稀疏短柔毛，多分枝。叶披针形或条状披针形，长 1.5～3.5cm，宽 3～7mm，先端钝或稍尖，基部圆形，全缘，上面无毛或疏被贴生的短柔毛，下面无毛或沿中脉疏被贴生微柔毛，密被下陷的腺点，叶柄长约 1mm。花序顶生，总状，常偏一侧；花梗长约 3mm，与花序轴被短柔毛；苞片向上渐变小，披针形，具稀疏睫毛；果期花萼长达 6mm，盾片高约 4mm。花冠紫色、紫红色或蓝色，长 2.2～3cm，外面被具腺短柔毛。冠筒基部膝曲，里面在此处被短柔毛。冠檐二唇形：上唇盔状，先端微裂，里面被短柔毛；下唇 3 裂，中裂片近圆形，两侧裂片向上唇靠拢，矩圆形。雄蕊稍伸出花冠；花丝

扁平，后对花丝中部被短柔毛。花盘环状。子房 4 裂，光滑，褐色。小坚果卵圆形，直径约 1.5mm，具瘤，腹部近基部具果脐。花期 7～8 月，果期 8～9 月。

广幅中旱生草本。生于森林带和草原带的山地和丘陵的砾石质坡地及沙质地上，为草甸草原及山地草原的常见种，在线叶菊草原中可成为优势种。产兴安北部及岭东和岭西（额尔古纳市、根河市、牙克石市、鄂伦春自治旗、鄂温克族自治旗、阿尔山市五岔沟镇）、呼伦贝尔（海拉尔区、满洲里市）、兴安南部及科尔沁（扎赉特旗、科尔沁右翼前旗、科尔沁右翼中旗、扎鲁特旗、阿鲁科尔沁旗、巴林左旗、巴林右旗、克什克腾旗）、赤峰丘陵（红山区）、燕山北部（喀喇沁旗、宁城县、兴和县苏木山）、锡林郭勒（东乌珠穆沁旗、西乌珠穆沁旗、锡林浩特市、太仆寺旗、多伦县）、阴山（大青山、蛮汗山）、阴南丘陵（清水河县、准格尔旗）、鄂尔多斯（达拉特旗、东胜区、鄂托克旗）、贺兰山。分布于我国黑龙江西南部、辽宁、河北、河南西部、山东、山西、陕西、甘肃东南部、江苏、湖北，日本、朝鲜、蒙古国东部和北部、俄罗斯（东西伯利亚达乌里地区、远东地区）。为东古北极分布种。

2. 甘肃黄芩（阿拉善黄芩）

Scutellaria rehderiana Diels in Notizbl. Bot. Gart. Berlin-Dahlem 10:889. 1930; Fl. Intramongol. 5:174. t.71. f.1-5. 1992；Fl. China 17:93. 1994.——*S. alaschanica* Tschern. in Nov. Syst. Vyssh. Rast. 1965:220. 1965; Fl. Intramongol. ed. 2, 4:197. t.75. f.1-5. 1992.

多年生草本，高 12～30cm。主根木质，圆柱形，直径达 2cm。茎弧曲上升，被下向的疏或密的短柔毛，有时混生腺毛。叶片草质，卵形、卵状披针形或披针形，长 1～3cm，宽 3～11mm，先端圆或钝，基部宽楔形至圆形，全缘或中部以下每侧有 2～5 个不规则的浅牙齿，中部以上常全缘，两面被短毛或短柔毛，两面几无腺粒或具黄色腺粒，叶柄长 1～4mm。花序总状，顶生，长 3～10cm；小苞片条形，长约 1mm；花梗长约 2mm，与花序轴被腺毛；花萼开花时长约 2.5mm，盾片高约 1mm，被腺毛。花冠粉红、淡紫至紫蓝色，长 2.2～2.9cm，外面被腺毛。冠筒近基部膝曲。冠檐二唇形：上唇盔状，先端微缺，里面在基部被腺毛；下唇中裂片近圆形。花丝中部以下被疏柔毛；花盘肥厚，平顶；子房 4 裂，表面瘤状突起。花期 6～8 月。

旱中生草本。生于草原化荒漠带海拔 1300～2900m 的石质山坡或沟谷。产乌兰察布（乌拉特中旗巴音哈太山）、东阿拉善（狼山、桌子山）、贺兰山。分布于我国山西（介休市、沁县）、陕西中北部、宁夏（贺兰山、六盘山）、甘肃东部、青海（循化撒拉族自治县）。为华北西部山地分布种。

根也可做黄芩入药。

3. 粘毛黄芩（黄花黄芩、腺毛黄芩）

Scutellaria viscidula Bunge in Mem. Acad. Imp. Sci. St.-Petersb. Div. Sav. 2:126. 1833; Fl. Intramongol. ed. 2, 4:199. t.75. f.6-9. 1992.

多年生草本，高 7～20cm。主根粗壮，直径 5～15mm。茎直立或斜升，多分枝，密被短柔毛且混生具腺短柔毛。叶条状披针形、披针形或条形，长 8～25mm，宽 2～7mm，先端稍尖或钝，基部楔形或近圆形，全缘，上面被极疏贴生的短柔毛，下面密被短柔毛，两面均具多数黄色腺点，叶柄极短。花序顶生，总状；花梗长约 1mm，与花序轴被腺毛；苞片同叶形，向上变小，卵形至椭圆形，长 3～5mm，被腺毛。花萼在开花时长 3～4mm，盾片高约 1mm；果期长达 5mm，盾片高达 3mm，被腺毛。花冠黄色或乳白色，长 1.8～2.4cm，外面被腺毛，里面被长柔毛。冠筒基部明显膝曲。冠檐二唇形：上唇盔状，先端微缺；下唇中裂片宽大，近圆形。两侧裂片靠拢上唇，卵圆形。雄蕊伸出花冠，后对内藏；花丝扁平，中部以下具短柔毛或无。花盘肥厚。小坚果卵圆形，褐色，长约 8mm，宽约 4mm，腹部近基部具果脐。花期 6～8月，果期 8～9月。

中旱生草本。生于草原带的沙质干草原群落中，亦见于农田、撂荒地、路旁，为锡林郭勒沙质草原退化后的建群种或优势种。产兴安南部和科尔沁（扎赉特旗、科尔沁右翼中旗、扎鲁特旗、阿鲁科尔沁旗、巴林右旗、克什克腾旗）、赤峰丘陵（红山区、翁牛特旗）、锡林郭勒（东乌珠穆沁旗、西乌珠穆沁旗、锡林浩特市、正蓝旗、集宁区、丰镇市）、乌兰察布（四子王旗、达尔罕茂明安联合旗）、阴山（大青山、蛮汗山）、阴南丘陵、鄂尔多斯（东胜区、鄂托克旗）。分布于我国河北西北部、山西北部、山东。为华北—东蒙古分布种。

药用同黄芩。

4. 京黄芩

Scutellaria pekinensis Maxim. in Prim. Fl. Amur. 476. 1859; Fl. China 17:98. 1994.——*S. pekinensis* Maxim. var. *ussuriensis* auct. non (Regel) Hand.-Mazz.: Fl. Intramongol. ed. 2, 4:195. t.77. f.6. 1992.

一年生草本，高 15～35cm。根状茎细长。茎直立，单生，纤细，几无毛或被极疏的短柔毛。叶纸质，卵形，长 1.5～3.5cm，宽 1～2cm，先端锐尖或钝，基部宽楔形或截形，边缘有钝的粗牙齿，两面极疏被伏贴的短柔毛；叶柄长 1～2cm，被短柔毛。花对生，排列成顶生总状花序；花梗长约 3mm，与花序轴被白色短柔毛；苞片卵圆形至狭披针形，长 3～7mm，全缘，疏被短柔毛；花萼开花时长 2.5～3mm，密被短柔毛，盾片高约 2mm。花冠蓝紫色，长约 18mm，外被具腺毛，里面无毛。冠筒前方基部膝曲。冠檐二唇形：上唇盔状，内凹，顶端微缺；下唇中裂片卵圆形，两侧裂片卵圆形。花丝扁平，中部以下被柔毛；花盘肥厚，后方延伸为极短的子房柄。

中生草本。生于夏绿阔叶林林下、林缘、林间草甸与低湿地。产兴安北部（牙克石市）、辽河平原（大青沟）。分布于我国黑龙江、吉林，朝鲜、俄罗斯（远东地区）。为满洲分布变种。

5. 纤弱黄芩

Scutellaria dependens Maxim. in Prim. Fl. Amur. 219. 1859; Fl. Intramongol. ed. 2, 4:199. t.76. f.5-6. 1992.

多年生草本，高 5 ～ 35cm。根状茎细长，在节上生纤维状须根。茎纤细，直立、斜升或斜倚，沿棱被极疏的短柔毛。叶膜质，三角状卵形或卵形，长 6 ～ 15mm，宽 5 ～ 8mm，先端圆钝，基部心形至浅心形，全缘，两面无毛或被稀疏微柔毛，叶柄长 1.5 ～ 5mm。花单生于叶腋，下垂；花梗长 2 ～ 3mm。花萼在开花时长 1.8 ～ 2mm，盾片高约 1mm；果后萼长达 3mm，盾片高约 2mm。花冠白色或淡蓝紫色，长 3 ～ 4mm，外面被微柔毛，里面仅在下唇中部具疏柔毛，上唇短，与下唇侧裂片相等。子房 4 裂，等大，光滑无毛，浅黄色；花盘厚，扁圆形，褐色，平顶。花果期 6 ～ 8 月。

耐阴中生草本。生于森林带和森林草原带的山地林下、林间草甸、沟谷沼泽草甸。产兴安北部及岭东和岭西（额尔古纳市、鄂伦春自治旗、扎兰屯市）、兴安南部（扎赉特旗保安沼农场、克什克腾旗）、辽河平原（科尔沁左翼后旗）、锡林郭勒（多伦县）。分布于我国黑龙江、吉林东部、辽宁北部、河北北部、山东南部，日本、朝鲜、俄罗斯（西伯利亚地区、远东地区）。为西伯利亚—东亚北部分布种。

6. 狭叶黄芩（塔头黄芩、香水水草）

Scutellaria regeliana Nakai in Bot. Mag. Tokyo 35:197. 1921; Fl. China 17:98. 1994.——*S. regeliana* Nakai var. *ikonnikovii* (Juz.) C. Y. Wu et H. W. Li in Fl. Reip. Pop. Sin. 65(2):226. 1977; Fl. Intramongol. ed. 2, 4:201. t.77. f.1-3. 1992; Fl. China 17:99. 1994.——*S. ikonnikovii* Juz. in Bot. Mater. Gerb. Bot. Inst. Kom. Akad. Nauk S.S.S.R. 14:358. 1951.

多年生草本，高 15 ～ 30cm。根状茎细长，黄白色。茎直立，常不分枝，被微柔毛。叶披针形、条状披针形或条形，长 1 ～ 3cm，宽 2 ～ 8mm，先端钝或稍尖，基部浅心形至截形，全缘，边缘向下面反卷，上面被微糙毛，下面被微糙毛或微柔毛，混生细粒状腺点；叶柄长 0.5 ～ 1mm，被微柔毛。花单生于中部以上的叶腋内，少数偏向一侧；花梗长约 3mm，密被微柔毛，基部有一对长约 1.5mm 被微柔毛的针状小苞片。花萼花期长约 4mm，盾片高约 0.5mm；果期花萼长约 6mm，盾片高约 1mm，外面被微柔毛。花冠蓝紫色，长 15 ～ 20mm，外面被短柔毛，里面在冠筒弯曲上方疏被柔毛。花盘环状。子房 4 裂，裂片等大，光滑无毛，褐色；花柱先端锐尖、微裂。小坚果卵圆形，长约 1.5mm，宽约 1mm，表面粗糙，黄褐色。花期 6 ～ 7 月，果期 7 ～ 8 月。

中生草本。生于森林带和森林草原带的林缘草甸、沟谷沼泽草甸、河滩草甸。产兴安北部及岭东

和岭西（额尔古纳市、牙克石市、鄂伦春自治旗、海拉尔区）、兴安南部（扎赉特旗保安沼农场、科尔沁右翼中旗、扎鲁特旗、阿鲁科尔沁旗、巴林右旗）、燕山北部（宁城县、敖汉旗）、锡林郭勒（东乌珠穆沁旗、西乌珠穆沁旗、锡林浩特市、多伦县、苏尼特左旗）、阴山（大青山、乌拉山）。分布于我国黑龙江、吉林东部、辽宁、河北，朝鲜、俄罗斯（远东地区）。为华北—满洲分布种。

7. 并头黄芩（头巾草）

Scutellaria scordifolia Fisch. ex Schrank in Denkschr. Bot. Ges. Regensb. 2:55. 1822; Fl. Intramongol. ed. 2, 4:201. t.76. f.1-4. 1992.——*S. scordifolia* Fisch. ex Schrank var. *puberula* Regel ex Kom. in Mem. Acad. Imp. Sci. St.-Petersb. 25:344. 1907; Fl. China 17:100. 1994. syn. nov.——*S. scordifolia* Fisch. ex Schrank var. *ammophyla* (Kitag.) C. Y. Wu et W. T. Wang in Fl. Reip. Pop. Sin. 65(2):234. 1977. syn. nov.——*S. scordifolia* Fisch. ex Schrank var. *subglabra* Kom. f. *ammophyla* Kitag. in Linn. Fl. Manshur. 386. 1939.

多年生草本，高 10～30cm。根状茎细长，淡黄白色。茎直立或斜升，四棱形，沿棱疏被微柔毛或近几无毛，单生或分枝。叶三角状披针形、条状披针形或披针形，长 1.7～3.3cm，宽 3～11mm，先端钝或稀微尖，基部圆形、浅心形、心形或截形，边缘具疏锯齿或全缘，上面被短柔毛或无毛，下面沿脉被微柔毛，具多数凹腺点，叶柄短或几无柄。花单生于茎上部叶腋内，偏向一侧；花梗长 3～4mm，近基部有 1 对长约 1mm 的针状小苞片；花萼疏被短柔毛，果后花萼长达 4～5mm，盾片高约 2mm。花冠蓝色或蓝紫色，长 1.8～2.4cm，外面被短柔毛；冠筒基部浅囊状膝曲；上唇盔状、内凹，下唇 3 裂。子房裂片等大，黄色；花柱细长，先端锐尖，微裂。小坚果近圆形或椭圆形，长 0.9～1mm，宽约 0.6mm，褐色，具瘤状突起，腹部中间具果脐，隆起。花期 6～8 月，果期 8～9 月。

中生草本。生于森林带和草原带的山地林下、林缘、河滩草甸、山地草甸、撂荒地、路旁、村边。产兴安北部及岭东和岭西（额尔古纳市、根河市、牙克石市、鄂伦春自治旗、扎兰屯市、阿荣旗）、呼伦贝尔（海拉尔区、满洲里市、陈巴尔虎旗、鄂温克族自治旗、新巴尔虎左旗）、兴安南部及科尔沁（扎赉特旗、科尔沁右翼前旗、扎鲁特旗、阿鲁科尔沁旗、巴林右旗、克什克腾旗）、辽河平原（科尔沁左翼后旗）、赤峰丘陵（红山区、翁牛特旗）、燕山北部（喀

喇沁旗、宁城县、敖汉旗）、锡林郭勒（东乌珠穆沁旗、西乌珠穆沁旗、锡林浩特市、苏尼特左旗、正蓝旗、多伦县、化德县、兴和县、察哈尔右翼中旗、察哈尔右翼后旗）、乌兰察布（四子王旗、固阳县、乌拉特中旗、乌拉特后旗）、阴山（大青山、蛮汗山、乌拉山）、阴南丘陵（和林格尔县、凉城县）、鄂尔多斯（达拉特旗、伊金霍洛旗、乌审旗）。分布于我国黑龙江、吉林、辽宁、河北、河南、山东、山西、陕西北部、甘肃东部、青海东部，日本、蒙古国东部和北部、俄罗斯（西伯利亚地区、远东地区）。为东古北极分布种。

8. 盔状黄芩

Scutellaria galericulata L., Sp. Pl. 2:599. 1753; Fl. Intramongol. ed. 2, 4:203. t.77. f.4-5. 1992.

多年生草本，高 10～30cm。根状茎细长，黄白色。茎直立，被短柔毛，中部以上多分枝。叶矩圆状披针形，长 1.5～4cm，宽 8～13mm，先端钝或稍尖，基部浅心形，边缘具圆齿状锯齿，上面疏或密被短柔毛，下面密被短柔毛，叶柄长 2～4mm。花单生于茎中部以上叶腋内，一侧向；花梗长约 2mm。花萼钟状，开花时长约 4mm，盾片高约 0.75mm；果期花萼长约 5mm，盾片高约 1.5mm。花冠紫色、紫蓝色至蓝色，长 1.4～1.8cm，外密被短柔毛且混生腺毛，里面在上唇片下部疏被微柔毛。冠檐二唇形：上唇半圆形，宽约 2.5mm，盔状，内凹；下唇中裂片三角状卵圆形。两侧裂片矩圆形，靠拢上唇。子房裂片等大，圆柱形，花柱细长，先端锐尖，微裂。

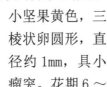

小坚果黄色，三棱状卵圆形，直径约 1mm，具小瘤突。花期 6～7 月，果期 7～8 月。

中生草本。生于森林带和草原带的河滩草甸、沟谷湿地。产兴安北部及岭西（根河市、鄂温克族自治旗、新巴尔虎左旗、海拉尔区）、兴安南部（克什克腾旗）、锡林郭勒（锡林浩特市、苏尼特左旗）。分布于我国陕西北部、新疆北部，日本、蒙古国东部和北部及西部、俄罗斯（远东地区），中亚、西南亚、欧洲、北美洲。为泛北极分布种。

民间用其全草治出血，也可做染料。

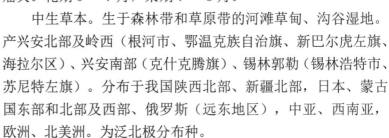

5. 夏至草属 Lagopsis (Bunge ex Benth.) Bunge

多年生草本。叶掌状分裂。轮伞花序腋生；小苞片针刺状；花小，白色、黄色至褐紫色；花萼管状或管状钟形，具 10 脉，5 齿。花冠二唇形：上唇直伸，全缘或间有微缺；下唇 3 裂、展开。雄蕊 4，前对较长，内藏，花药 2 室、叉开；花盘平顶。小坚果卵圆状三棱形，光滑，或具鳞秕，或具细网纹。

内蒙古有 1 种。

1. 夏至草

Lagopsis supina (Steph. ex Willd.) Ikoon.-Gal. ex Knorr. in Fl. U.R.S.S. 20:250. 1954; Fl. Intramongol. ed. 2, 4:203. t.78. f.6-10. 1992.

多年生草本，高 15 ～ 30cm。茎密被微柔毛，分枝。叶半圆形、圆形或倒卵形，3 浅裂或 3 深裂，裂片有疏圆齿，两面密被微柔毛；

叶柄明显，长 1 ～ 2cm，密被微柔毛。轮伞花序具疏花，直径约 1cm；小苞片长约 3mm，弯曲，刺状，密被微柔毛。花萼管状钟形，连齿长 4 ～ 5mm，外面密被微柔毛，里面中部以上具微柔毛，具 5 脉；齿近整齐，三角形，先端具浅黄色刺尖。花冠白色，稍伸出

于萼筒，长约 6mm，外面密被长柔毛，上唇尤密，里面与花丝基部扩大处被微柔毛。冠筒基部靠上处内缢。冠檐二唇形：上唇矩圆形，全绿；下唇中裂片圆形，侧裂片椭圆形。雄蕊着生于管筒内缢处，不伸出，后对较短；花药卵圆形，后对较大。花柱先端 2 浅裂，与雄蕊等长。小坚果长卵状三棱形，长约 1.5mm，褐色，有鳞秕。

旱中生杂草。生于森林带和草原带的田野、路旁、撂荒地，为农田杂草，常在撂荒地上形成小群聚。产兴安南部及科尔沁（扎赉特旗、科尔沁右翼中旗、科尔沁区、阿鲁科尔沁旗）、赤峰丘陵（红山区、翁牛特旗）、燕山北部（喀喇沁旗、宁城县）、锡林郭勒（锡林浩特市、苏尼特右旗、集宁区）、乌兰察布（达尔罕茂明安联合旗南部、固阳县）、阴山（大青山）、阴南平原（呼和浩特市、包头市）、阴南丘陵（准格尔旗）、鄂尔多斯（伊金霍洛旗）、东阿拉善（狼山）、贺兰山。分布于我国黑龙江南部、吉林、辽宁、河北、河南、山东、山西、陕西、甘肃东部、青海东部和北部、四川北部、西藏东部、云南、贵州北部、安徽、江苏、浙江南部、湖北、新疆中部和北部，日本、朝鲜、蒙古国东北部、俄罗斯（西伯利亚地区）。为东古北极分布种。

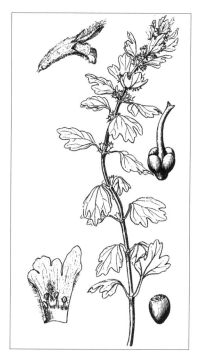

全草入药，能养血调经，主治贫血性头晕、半身不遂、月经不调。也入蒙药（蒙药名：查干西莫体格），能消炎、利尿，主治沙眼、结膜炎、遗尿。

6. 扭藿香属 Lophanthus Adans.

多年生草本。聚伞花序腋生；花萼管状或管状钟形，萼齿5，具15脉，里面有毛环。花冠直立或弯曲，冠筒扭转90°～180°。冠檐二唇形：上唇（转至下面）3裂，中裂片较大；下唇（转至上面）2裂。雄蕊4，伸出花冠外；花盘前面隆起。小坚果，光滑。

内蒙古有1种。

1. 扭藿香

Lophanthus chinensis Benth. in Edward's Bot. Reg. 15:t.1282. 1829; Fl. Intramongol. ed. 2, 4:207. t.79. f.1-7. 1992.

多年生草本，高35～55cm。茎四棱形，被柔毛。叶宽卵形、三角状卵形或矩圆状卵形，长1～3.5cm，宽6～30mm，先端钝，基部浅心形或截形，边缘具圆齿，两面被短柔毛，叶柄长4～10mm。聚伞花序腋生，有3～7花；总花梗长5～25mm，被密柔毛；花萼管状钟形，

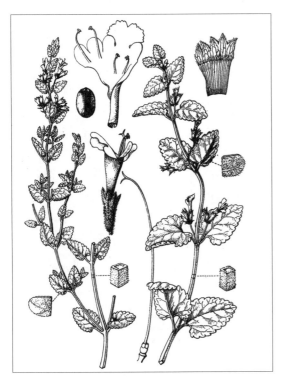

长8～10mm，具15脉，外被柔毛，里面在中部具毛环。萼齿5，二唇形：上唇较长，3中裂，裂片三角状卵形；下唇较短，2深裂，裂片披针形或卵状披针形。花冠蓝色，长12～15mm，二唇形：上唇3裂，中裂片较大，扇形，先端浅2裂，边缘有啮蚀状牙齿或浅波状齿，侧裂较小、近圆形；下唇2深裂，裂片近圆形。雄蕊4，前对外伸；花柱外伸，柱头2裂。小坚果矩圆状卵形或矩圆形，长约2mm，光滑。花期8月，果期9月。

中生草本。生于森林草原带的山地阴坡石崖下。产兴安南部（巴林右旗、林西县、克什克腾旗、东乌珠穆沁旗、西乌珠穆沁旗）、阴山（大青山）。分布于我国新疆（北天山），蒙古国东部和北部及西部、俄罗斯（东西伯利亚地区）。为亚洲中部山地分布种。

7. 藿香属 Agastache Clayt.

多年生草本。叶具柄,边缘具齿。轮伞花序多花,聚集成顶生穗状花序;花萼管状,有脉15条,5齿裂。花冠二唇形:上唇直伸,2裂;下唇开展,3裂,中裂片宽大但无爪状狭柄。雄蕊4,伸出花冠,后对较长前倾,前对雄蕊上升;花盘裂片相等。小坚果光滑,顶部被毛。

内蒙古有 1 种。

1. 藿香

Agastache rugosa (Fisch. et C. A. Mey.) Kuntze in Revis. Gen. Pl. 2:511. 1891; Fl. Intramongol. ed. 2, 4:204. t.78. f.1-5. 1992.——*Lophanthus rugosus* Fisch. et C. A. Mey. in Index. Sem. Hort. Petrop. 1:31. 1835.

多年生草本,高约 100cm。茎直立,四棱形,上部分枝。叶卵形至披针状卵形,长 4～10cm,

宽 2～6cm,先端尾状长渐尖,基部浅心形或近截形,边缘具粗牙齿,上面被微毛,下面被微柔毛及腺点。轮伞花序具多花,在主茎或分枝上组成顶生密集的圆柱形穗状花序;花萼管状钟形,长 5～7mm,被微柔毛及黄色小腺体,多少染成浅紫色,萼齿三角状披针形。花冠浅紫蓝色,长 8～9mm,外面被微柔毛,二唇形:上唇直立,先端微缺;下唇 3 裂,中裂片较大,平展,边缘波状。雄蕊伸出花冠;花柱与雄蕊近等长,顶端等 2 裂。

小坚果卵状矩圆形,腹面具棱,先端具短硬毛,褐色。花期 6～9 月,果期 9～11 月。

中生草本。原产日本、朝鲜、俄罗斯(远东地区),北美洲。为东北亚—北美分布种。内蒙古及我国各地有栽培。在内蒙古亦逸生于山地林缘草甸,产兴安南部(巴林左旗、巴林右旗)、燕山北部(喀喇沁旗、宁城县)、阴山(九峰山)。

地上部分入药(药材名:土藿香、藿香),能祛暑解表、化湿和胃,主治暑湿感冒、胸闷、腹痛吐泻。也入蒙药(蒙药名:昆都桑布),能解表、祛暑,主治感冒、发烧、头痛。

果可做香料,叶及茎为芳香油原料。

8. 裂叶荆芥属 Schizonepeta Briq.

多年生或一年生草本。叶分裂。轮伞花序组成顶生穗状花序；花萼具 15 脉，5 齿裂。花冠略超出萼，二唇形：上唇直立，先端 2 裂；下唇平伸，3 深裂。雄蕊 4，后对上升至上唇片之下或超过之，前对向前面直伸，长于后对，药室水平叉开；花盘 4 浅裂。小坚果平滑，无毛。

Flora of China（17:107. 1994.）将本属并入荆芥属 *Nepeta*。但是，本属两对雄蕊不互相平行，多轮的轮伞花序密集成顶生的穗状花序；而与荆芥属两对雄蕊互相平行，皆向花冠上唇下面弧状上升，轮伞花序腋生，排列稀疏，明显不同，故还是保留该属为好。

内蒙古有 2 种，另有 1 栽培种。

分种检索表

1a. 叶一回羽状分裂或指状 3 裂，或 5 裂。

  2a. 植株单一或稍分枝；苞叶卵形，先端骤尖；花萼长 4～5mm；花冠长 6～7mm··········
    ···**1. 多裂叶荆芥 S. multifida**

  2b. 植株多分枝；苞叶披针状条形，渐尖；花萼长 2～3mm；花冠长 3～4.5mm。栽培··········
    ···**2. 裂叶荆芥 S. tenuifolia**

1b. 叶一至二回羽状分裂，裂片狭细，条形或条状披针形···········**3. 小裂叶荆芥 S. annua**

1. 多裂叶荆芥（东北裂叶荆芥）

Schizonepeta multifida (L.) Briq. in Nat. Pflanzenfam. 4(3a):235. 1897; Fl. Intramongol. ed. 2, 4:207. t.80. f.5-9. 1992.——*Nepeta multifida* L., Sp. Pl. 2:572. 1753.

多年生草本，高 30～40cm。主根粗壮，暗褐色。茎坚硬，被白色长柔毛，侧枝通常极短，有时上部的侧枝发育，并有花序。叶卵形，羽状深裂或全裂，有时浅裂至全缘，长 2.1～2.8cm，宽 1.6～2.1cm，先端锐尖，基部楔形至心形，裂片条状披针形，全缘或具疏齿，上面疏被微柔毛，

下面沿叶脉及边缘被短硬毛，具腺点；叶柄长 1～1.5cm，向上渐变短以至无柄。花序为由多数轮伞花序组成的顶生穗状花序，下部一轮远离；苞叶深裂或全缘，向上渐变小，呈紫色，被微柔毛先端聚尖；小苞片卵状披针形，呈紫色，比花短。花萼紫色，长约 5mm，宽约 2mm，外面被短柔毛；萼齿为三角形，长约 1mm，里面被微柔毛。花冠蓝紫色，长 6～7mm，冠筒外面被短柔毛，冠檐外面被长柔毛，下唇中裂片大，肾形。雄蕊前对较上唇短，后对略超出上唇，花药褐色；花柱伸出花冠，顶端等 2 裂，暗褐色。小坚果扁，倒卵状矩圆形，腹面略具棱，长约 1.2mm，宽约 0.6mm，褐色，平滑。

中旱生杂类草。生于草原带的沙质平原、丘陵坡地、石质山坡，也见于森林带的林缘及灌丛，是草甸草原和典型草原常见的伴生种。产兴安北部（额尔古纳市、根河市、牙克石市）、岭西及呼伦贝尔（陈巴尔虎旗、海拉尔区、鄂温克族自治旗、新巴尔虎右旗）、兴安南部及科尔沁（扎赉特旗、科尔沁右翼中旗、扎鲁特旗、阿鲁科尔沁旗、巴林左旗、巴林右旗、克什克腾旗）、赤峰丘陵（松山区、翁牛特旗）、燕山北部（喀喇沁旗、宁城县、敖汉旗）、锡林郭勒（东乌珠穆沁旗、西乌珠穆沁旗、锡林浩特市、阿巴嘎旗、苏尼特左旗、多伦县、正蓝旗、太仆寺旗、兴和县、察哈尔右翼中旗）、乌兰察布（四子王旗）、阴山（大青山、蛮汗山、乌拉山）、贺兰山。分布于我国黑龙江、辽宁、河北西北部、河南、山西北部、陕西西北部、甘肃东部，蒙古国北部和东部及南部、俄罗斯（西伯利亚地区、远东地区）。为华北—满洲—蒙古高原分布种。

2. 裂叶荆芥

Schizonepeta tenuifolia (Benth.) Briq. in Nat. Pflanzenfam. 4(3a):235. 1896; Fl. Intramongol. ed. 2, 4:209. t.80. f.1-4. 1992.——*Nepeta tenuifolia* Benth. in Labiat. Gen. Spec. 468. 1834.

一年生草本，高 30～100cm。茎多分枝，密被白色短柔毛，带紫红色。叶通常指状 3 全裂，小裂片披针状条形，中间的裂片较大，全缘，上面被柔毛，下面被短柔毛，脉及边缘上较密，具黄色腺点，叶柄长 2～7mm。多数轮伞花序组成顶生穗状花序，较细弱，长 2～7cm；小苞片条形，极小；花萼管状钟形，长 2～3mm，被灰色短柔毛，萼齿为三角状披针形；花冠淡红色，稍伸出花萼，长 3～4.5mm，外面被短柔毛，上唇全缘或先端微凹；雄蕊后对较长，均内藏，花药蓝色；花柱先端近等 2 裂。小坚果卵状三棱形，光滑，褐色，长约 1.3mm，宽约 0.8mm。花果期 7～9 月。

中生草本。产阴山（大青山）。分布于黑龙江西南部、辽宁中部、河北、河南西北部和北部、山东、山西中部、陕西南部、甘肃东南部、四川中部和东北部、贵州、江苏、浙江、

福建，朝鲜。为东亚分布种。另外，内蒙古赤峰市、呼和浩特市、包头市有栽培。

地上部分入药（药材名：荆芥），生用能解表散风、透疹，主治感冒、头痛、麻疹不透、荨麻疹初期、疮疖；炒炭能止血，主治便血、崩漏。地上部分也入蒙药（蒙药名：哈嘎日海－吉如格巴），能健胃、止痒、愈创、祛巴达干，主治皮肤瘙痒、阴道滴虫病、外伤、巴达干病。全草富含芳香油，可提取制芳香油。

3. 小裂叶荆芥

Schizonepeta annua (Pall.) Schischk. in Sched. Herb. Fl. U.R.S.S. 10:72. 1936; Fl. Intramongol. ed. 2, 4:209. t.81. f.1-7. 1992.——*Nepeta annua* Pall. in Act. Acad. Imp. Sci. Petrop. 2:263. 1779.

一年生草本，高约30cm。根较粗壮，圆锥形，木质，深褐色。由基部分出具花序分枝的主茎数条，斜升或直立，基部近圆柱形，木质化，上部四棱形，深褐色、绿褐色或暗紫色，被白色柔毛。叶卵形或宽卵形，长0.5～1.5cm，宽0.3～1cm，一至二回羽状深裂；裂片条形或

倒披针状条形，宽0.3～1mm；叶全缘或具1～2齿，先端钝或尖，两面被白色疏短柔毛和少数黄色树脂腺点。花序为多数轮伞花序组成的顶生穗状花序，被白色疏短柔毛，长（1～）2～15cm，直径5～10mm；生于主茎上的较长，生于侧枝上的较短；位于穗状花序上部的轮伞花序连续，下部的间断。具2～6花。苞片叶状，深裂或全缘，下部的较大，上部的变小；小苞片条状钻形，小，花梗长1.5～2mm。花萼管状钟形，长4～4.5mm，直径约1.5mm，外面被白色疏柔毛及黄色树脂腺点，里面

被疏短柔毛，具15脉；萼齿5，三角状披针形，先端渐尖，后3齿长约1.5mm，前2齿较小，长约1mm。花冠蓝紫色，长约5mm，外面被具节长柔毛，里面无毛；冠筒向喉部渐宽；冠檐二唇形，上唇先端浅2圆裂，下唇3裂，中裂片较大，先端微凹，基部爪状变狭，边缘具浅齿缺，侧裂片较小。雄蕊4，后对较长，均内藏，花药蓝色；花柱先端近相等2裂。小坚果倒长卵状三棱形，长1.7～2mm，宽约0.7mm，黑褐色，顶端圆形，基部楔形。花期7月。

中旱生草本。生于荒漠带的丘陵坡地及干谷。产东阿拉善（狼山）、贺兰山。分布于我国新疆中部和北部、西藏西北部，蒙古国西部及南部、俄罗斯（西伯利亚地区）。为戈壁－蒙古分布种。

9. 青兰属 Dracocephalum L.

多年生草本，稀一年生或小半灌木。轮伞花序密集成头状或穗状，或稀疏排列。花萼管形或钟状管形，直或稍弯，具 15 脉；萼齿 5，有时呈二唇形，齿间具瘤状的胼胝体。花冠筒下部细，从中部以上渐宽。冠檐二唇形：上唇直或微弯，顶端 2 裂或微凹；下唇 3 裂，中裂片最大。雄蕊 4，后对较前对长，通常与花冠等长或稍伸出；花药无毛或稀被毛，近 180° 叉开，药隔常突出成附属器而使花药侧生。子房 4 裂，花柱细长，柱头 2 等裂。小坚果矩圆形，光滑。

内蒙古有 9 种。

分种检索表

1a. 草本植物；叶较大，通常长 10mm 以上。

  2a. 叶全缘，条形或披针状条形。

    3a. 萼齿狭长，先端渐尖；花冠长 3～4cm；花药密被长柔毛·············**1. 光萼青兰 D. argunense**

    3b. 萼齿短宽，先端锐尖；花冠长 1.7～2.4cm；花药疏被短柔毛·············**2. 青兰 D. ruyschiana**

  2b. 叶具锯齿或牙齿，卵形或披针形。

    4a. 一年生草本；花蓝紫色，长 2～2.5cm；叶长圆状披针形·············**3. 香青兰 D. moldavica**

    4b. 多年生草本。

      5a. 萼明显呈二唇形，花冠淡黄色或白色·············**4. 白花枝子花 D. heterophyllum**

      5b. 萼不明显二唇形，花冠蓝色或蓝紫色。

        6a. 萼上唇中齿与二侧齿近相等；苞片边缘具长齿；花较小，长 2～2.5cm；叶较小，长 8～18mm·············**5. 微硬毛建草 D. rigidulum**

        6b. 萼上唇中齿较侧齿宽 2 倍以上。

          7a. 苞片全缘；花较小，长 1.2～1.8cm；叶较小，长 8～20mm···**6. 垂花青兰 D. nutans**

          7b. 苞片边缘具长齿；花较大，长 3～4cm；叶较大，长 15～60mm。

            8a. 中部茎生叶叶柄长 3～8cm，叶片三角状卵形；花萼具黄色腺点·······················**7. 毛建草 D. rupestre**

            8b. 中部茎生叶叶柄长 4～7mm 或近无柄，叶片长圆形；花萼无黄色腺点·······················**8. 大花毛建草 D. grandiflorum**

1b. 小半灌木；叶较小，长 5～10mm，全缘或每侧边缘具 1～3 齿，齿端具刺或无，叶片狭椭圆形、椭圆形、卵状椭圆形或矩圆形·············**9. 灌木青兰 D. fruticulosum**

1. 光萼青兰

Dracocephalum argunense Fisch. ex Link in Enum. Hort. Berol. Alt. 2:118. 1822; Fl. Intramongol. ed. 2, 4:215. t.83. f.1-5. 1992.

多年生草本，高 35～50cm。数茎自根状茎生出，直立，不分枝，近四棱形，疏被倒向微柔毛。叶条状披针形或条形，长 2～5cm，宽 2～5mm，先端尖，基部楔形，全缘，边缘向下反卷，上面绿色，近无毛，下面淡绿色，中脉明显凸起，沿脉被短毛，无叶柄或具短柄。轮伞花序生于茎顶 2～4 节上，多少密集；

苞片椭圆形，长 8～12mm，全缘，先端锐尖，边缘被睫毛，外面密被微毛。花萼长 15～18mm，外面下部密被倒向的微柔毛，中部变稀疏，上部几无毛，里面下部疏被短柔毛，2 裂近中部，萼齿锐尖，常带紫色，二唇形：上唇 3 裂至本身 2/3 处，中齿披针状卵形，侧齿披针形；下唇 2 裂几至本身基部，齿披针形。花冠蓝紫色，长 3～4cm，外面被长柔毛；花药密被柔毛，花丝疏被毛。花果期 7～9 月。

中生草本。生于森林带和森林草原带的山地草甸、山地草原、林缘灌丛，也散见于沟谷及河滩沙地。产兴安北部及岭东和岭西（额尔古纳市、牙克石市、扎兰屯市）、兴安南部（科尔沁右翼前旗、扎赉特旗、扎鲁特旗、巴林右旗、克什克腾旗、西乌珠穆沁旗）、燕山北部（喀喇沁旗、宁城县）。分布于我国黑龙江、吉林中南部、辽宁北部、河北北部，朝鲜、俄罗斯（东西伯利亚地区、远东地区）。为东西伯利亚—满洲分布种。

2. 青兰

Dracocephalum ruyschiana L., Sp. Pl. 2:595. 1753; Fl. Intramongol. ed. 2, 4:215. t.83. f.6-8. 1992.

多年生草本，高 40～50cm。数茎自根状茎生出，直立，钝四棱形，被倒向短柔毛。叶条形或披针状条形，长 2.5～4cm，先端尖，基部渐狭，全缘，边缘向下略反卷，两面疏被短柔毛或变无毛，具腺点，无叶柄或几无柄。轮伞花序生于茎上部 3～5 节，多少密集；苞片卵状椭圆形，全缘，长 5～6mm，先端锐尖，密被睫毛。花萼长 10～12mm，外面密被短毛，里面疏被短毛，2 裂至 2/5 处，二唇形：上唇 3 裂至本身 2/3～3/4 处，中齿卵状椭圆形，较侧齿宽，侧齿宽披针形；下唇 2 裂至本身基部，齿披针形，先端均锐尖，被睫毛，常带紫色。花冠蓝紫色，长 1.7～2.4cm，外面被短柔毛；花药被短柔毛。小坚果黑褐色，长约 2.5mm，宽约 1.5mm，略呈三棱形。花期 7 月。

中生草本。生于森林带和森林草原带的山地草甸、林缘灌丛及石质山坡。产岭西（额尔古纳市）、兴安南部（科尔沁右翼前旗、阿鲁科尔沁旗、巴林右旗、克什克腾旗）。分布于我国黑龙江北部、新疆北部，蒙古国北部、俄罗斯（西伯利亚地区），中亚，欧洲。为古北极分布种。

3. 香青兰（山薄荷）

Dracocephalum moldavica L., Sp. Pl. 2:595. 1753; Fl. Intramongol. ed. 2, 4:217. t.84. f.1-6. 1992.

一年生草本，高 15～40cm。茎直立，被短柔毛，钝四棱形，常在中部以下对生分枝。叶披针形至披针状条形，长 1.5～4cm，宽 0.5～1cm，先端钝，基部圆形或宽楔形，边缘具疏牙齿，有时基部的牙齿齿尖常具长刺，两面均被微毛及黄色小腺点。轮伞花序生于茎或分枝上部，每节通常具 4 花；花梗长 3～5mm；苞片狭椭圆形，疏被微毛，每侧具 3～5 齿，齿尖具长 2.5～3.5mm 的长刺。花萼长 1～1.2cm，具金黄色腺点，密被微柔毛，常带紫色，2 裂近中部，二唇形：上唇 3 裂至本身长度的 1/4～1/3 处，3 齿近等大，三角状卵形，先端锐尖成长约 1mm 的短刺；下唇 2 裂至本身基部，斜披针形，先端具短刺。花冠淡蓝紫色、蓝紫色或稀白色，长 2～2.5cm，喉部以上宽展，外面密被白色短柔毛。冠檐二唇形：上唇短舟形，先端微凹；下唇 3 裂，中裂片 2 裂，基部有 2 小凸起。雄蕊微伸出，花丝无毛，花药平叉开；花柱无毛，先端 2 等裂。小坚果长 2.5～3mm，矩圆形，顶端平截。

中生杂草。生于山坡、沟谷、河谷砾石质地。产内蒙古各地。分布于我国黑龙江西部、吉林西部、辽宁西北部、河北西部和北部、河南西北部、山西中部和北部、陕西中部和北部、甘肃东部、青海东部，蒙古国北部和东南部及南部、俄罗斯（西伯利亚地区）、印度，中亚，欧洲。为古北极分布种。

全株含芳香油，据国外报道，含油量在 0.01%～0.17%，油的主要成分为柠檬醛 25%～68%、牻牛儿苗醇 30%、橙花醇 7%，可做香料植物。地上部分入蒙药（蒙药名：昂凯鲁莫勒－比日羊古），能泻肝炎、清胃热、止血，主治黄疸、吐血、衄血、胃炎、头痛、咽痛。

4. 白花枝子花（异叶青兰）

Dracocephalum heterophyllum Benth. in Labiat. Gen. Spec. 738. 1835; Fl. Intramongol. ed. 2, 4:217. t.84. f.7-10. 1992.

多年生草本，高 10～25cm。根粗壮。茎多数，倾卧或有时平铺地面，四棱形，密被倒向柔毛。茎下部叶宽卵形至长卵形，长 1.5～3.5cm，宽 0.7～2cm，先端钝或圆形，基部心形或截平，边缘具浅圆齿，上面疏被微柔毛，下面密被短柔毛，叶柄长 2～4cm；茎中部叶与茎下部叶同形，边缘具浅圆齿或尖锯齿，具等长或较短于叶片的

叶柄；茎上部叶变小，锯齿齿尖常具刺，叶柄变短。轮伞花序生于茎上部叶腋，长 3～6cm；苞片倒卵形或倒披针形，长 10～12mm，被短柔毛，边缘具小齿，齿尖具 2～4mm 的长刺，刺的边缘具短睫毛；花具短梗。花萼长 13～15mm，外面疏被短柔毛，边缘具短睫毛，2 裂几至中部，呈明显二唇形：上唇 3 裂至本身长度的 1/3～1/4 处，齿几等大，三角状卵形，先端具长约 1mm 的短刺；下唇 2 裂至本

身长度的 2/3 处，齿披针形，先端具刺。花冠淡黄色或白色，长 2～2.5cm，外面密被短柔毛，二唇近等长。雄蕊无毛。花期 7～8 月。

　　中旱生草本。生于草原带的石质山坡、丘陵坡地，常为砾石质草原群落的伴生成分。产锡林郭勒（察哈尔右翼中旗）、阴山（大青山、乌拉山）、乌兰察布（达尔罕茂明安联合旗石宝镇）、贺兰山、龙首山。分布于我国山西北部、宁夏、甘肃、青海东部和北部、四川北部、西藏、新疆中部、蒙古国北部（杭爱地区）、俄罗斯（西伯利亚地区），中亚。为东古北极分布种。

　　全草入药，能止咳、清肝火、散郁结，主治支气管炎、高血压、甲状腺肿大、淋巴结结核、淋巴结炎。

5. 微硬毛建草

Dracocephalum rigidulum Hand.-Mazz. in Oesterr. Bot. Z. 88:306. 1939; Fl. Intramongol. ed. 2, 4:219. t.85. f.1-3. 1992.

　　多年生草本，高 15～25cm。根状茎多头分枝，木质化，丛生，密被枯茎及残余褐色三角形叶柄基部。茎直立或斜升，四棱形，被极短而稀疏的毛。叶三角状卵形或卵圆形，长 8～18mm，宽 5～15mm，先端钝至近锐尖，基部平截或浅心形，边缘具尖或圆的牙齿，两面近无毛或被稀疏而短的糙毛，沿脉及边缘较密。基生叶具长柄，基部鞘抱茎；茎生叶具短柄。轮伞花序 1～2 轮，密集成顶生近球形的穗状花序。苞片叶状，宽卵形，近无柄，长 5～10mm；小苞片钻形，先端具芒刺。花萼长 10～13mm，被极微细硬毛及腺体；5 齿近相等，较筒短约 2 倍，狭三角状披

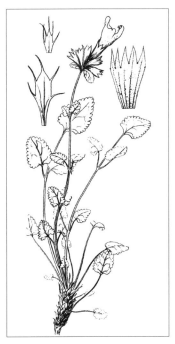

针形，渐尖，先端具芒刺。花冠长 20～25mm，蓝紫色，冠筒狭而在萼以上渐扩大并密被白柔毛。冠檐被白柔毛，二唇形：上唇微弯，2 浅裂；下唇 3 浅裂，中裂片大，反折，宽倒卵形，侧裂片半圆形。花丝下部具疏长毛；花药叉开，无毛。花柱 2 浅裂。小坚果长约 3mm，深褐色。花期 7 月，果期 8 月。

　　中生草本。生于荒漠带的山地阴坡、沟谷及低湿地。产东阿拉善（狼山）。为狼山分布种。

6. 垂花青兰

Dracocephalum nutans L., Sp. Pl. 2:596. 1753; Fl. China 17:129. 1994.

　　多年生草本，高约 40cm。茎从基部多数分枝，被倒向短柔毛，上部毛密，下部毛稀疏。茎下部叶三角状卵形或广卵形，长 0.8～2cm，宽 0.8～1.5cm，边缘具钝齿及睫毛，具长柄；茎中部叶卵形或长圆状卵形，基部宽楔形，边缘有疏小齿，具短柄；茎上部叶渐小，边缘具疏齿或近全缘。轮伞花序，生于中部以上的叶腋；花具短梗；苞片全缘，椭圆形或卵形，先端锐尖，边缘被睫毛，比萼短。花萼长 0.9～1cm，脉上被短毛，呈不明显二唇形：上唇 3 齿，中齿倒卵圆形，先端具短刺，比侧齿宽 2～3 倍；侧齿与下唇二齿披针形，先端渐尖成刺状。花冠蓝紫色，长 1.2～1.8cm，外被短柔毛，上唇稍短于下唇，下唇中裂片具蓝紫色斑点。雄蕊与花冠近等长，无毛；花柱伸出花冠。花期 7～8 月。

　　中生草本。生于森林带的山地阴坡。产兴安北部（牙克石市）。分布于我国新疆北部，蒙古国北部、俄罗斯、印度，中亚，欧洲。为古北极分布种。

7. 毛建草（岩青兰）

Dracocephalum rupestre Hance in J. Bot. 7:166. 1869; Fl. Intramongol. ed. 2, 4:219. t.85. f.4-8. 1992.

多年生草本，高 15～30cm。根状茎直，粗约 10mm，生出多数茎。茎不分枝，斜升，四棱形，疏被倒向的短柔毛，带紫色。茎生叶多数，叶片三角状卵形，先端钝，基部深心形或浅心形，长 15～55mm，宽 10～50mm，边缘具圆齿，上面略被微柔毛，下面被短柔毛；叶柄长 3～8cm，疏被伸展白色长柔毛。茎生叶与基生叶同形但较小，且叶柄较短。轮伞花序密集，常呈头状，稀呈穗状；花具短梗。苞片倒卵形，长 7～10mm，每侧具 2～3 齿，齿尖具 2～5mm 长的刺；

小苞片倒披针形，齿具刺，疏被短柔毛及睫毛。花萼长约 15mm，常带紫色，被短柔毛及睫毛，具黄色腺点，2 裂至 2/5 处，二唇形：上唇 3 裂至本身基部，中齿倒卵状椭圆形，先端渐尖；下唇 2 裂稍超过本身基部，齿狭披针形。花冠紫蓝色，长 3.5～4cm，最宽处直径达 10mm，外面被短柔毛，里面略被疏短柔毛，下唇中裂片较小。花丝疏被柔毛，顶端具尖的凸起。花期 7～9 月。

中生草本。生于阔叶林带、森林草原带及草原带山地的草甸、疏林、山地草原。产燕山北部（喀喇沁旗、宁城县、敖汉旗）、阴山（大青山、乌拉山）、东阿拉善（桌子山）。分布于我国辽宁中东部和西部、河北、河南北部、山西、宁夏、甘肃东部、青海东北部。为华北分布种。

花紫蓝而大，可供观赏。全草有香气，可代茶用。全草入药，能解热、消炎，主治风湿头痛、喉痛咳嗽、胸膈胀满。也入蒙药（蒙药名：哈丹－比日羊古），效果同香青兰。

8. 大花毛建草（大花青兰）

Dracocephalum grandiflorum L., Sp. Pl. 2:595. 1753; Fl. China 17:132. 1994.

多年生草本，高 15～40cm。根状茎顶部生数茎，不分枝，四棱形，密被倒向短柔毛，具 2～3 个节。基生叶和营养枝叶长圆状卵形或长圆形，长 3～7cm，宽 2.5～3.5cm，顶端钝，叶基心形，边缘具圆齿，两面被疏短柔毛，沿脉叶具长柔毛，具长于叶片 1.5～2 倍的叶柄；茎生叶 3～4 对，叶片长圆形或卵形，比基生叶小，叶柄长 4～7mm 或上部叶近无柄。花假轮生于茎上部叶腋，集成头状花序，具不明显短柄；苞叶具粗牙齿。苞片倒卵形，紫红色，被短柔毛及长睫毛，每侧具 4 锯齿，齿披针形或狭披针形，先端锐渐尖；小苞片长约 1.5cm，倒披针形，每侧具 1～2

锯齿，先端渐狭成刺，刺尖 2～3mm。花萼长 1.5～2cm，具不明显二唇，外被小毛及长柔毛，上部紫色，上唇 3 裂，中萼齿阔卵形，下唇 2 裂至基部；萼齿披针形，萼齿长度几相等（一般长约 10mm），上下唇萼齿皆具不明显短芒。花冠蓝紫色，外被短柔毛，长 2.5～5cm。冠檐二唇形：上唇盔瓣状，先端 2 裂，裂片圆形，长约 4mm，里面具白绵毛；下唇宽大，肾形，长约 8mm，颚上有深色斑点及白色长柔毛，两侧裂片较小。雄蕊 4 个，后对雄蕊不伸出花冠；花丝疏被毛，顶端具钝的凸起。小坚果卵形。花期 7～8 月，果期 9 月。

旱中生草本。生于荒漠带海拔 2200～2900m 的山坡草地。产贺兰山、龙首山。分布于我国新疆北部和西北部，蒙古国北部和西部及南部、俄罗斯（西伯利亚地区），中亚。为亚洲中部山地分布种。

9. 灌木青兰（沙地青兰、线叶青兰）

Dracocephalum fruticulosum Steph. ex Willd. in Sp. Pl. 3:152. 1800; Fl. Intramongol. ed. 2, 4:221. t.86. f.1-8. 1992.——*D. fruticulosum* Steph. ex Willd. subsp. *psammophillum* (C. Y. Wu et W. T. Wang) H. C. Fu et Sh. Chen in Fl. Intramongol. ed. 5:195. 1980.——*D. psammophillum* C. Y. Wu et W. T. Wang in Fl. Reip. Pop. Sin. 65(2):363,592. 1977.——*D. linearifolium* C. H. Hu in J. Univ. Nanjing 1:125. 1984.

小半灌木，高可达 20cm。根粗壮，直径 10～15mm。树皮灰褐色，不整齐剥裂。小枝近圆柱形或呈不明显的四棱形，略带紫色，密被倒向白色短毛。叶片椭圆形、狭椭圆形、卵状椭圆形或矩圆形，长 5～10mm，宽 2～4mm，先端钝或圆，基部宽楔形或圆形，全缘或每侧边缘具 1～3

齿、小牙齿或锯齿，齿端具刺或无，两面密被短毛及腺点；近花序处的叶变小，苞片状；叶柄极短，长约 0.5mm。轮伞花序生于茎顶，多少密集，长 1～4cm；花具短梗，长 1.5～2mm，密被倒向白色短毛；苞片长椭圆形，长 3～8mm，边缘每侧有 1～3 具长刺（刺长 1～5mm）的小齿，密被微毛及腺点，边缘具短睫毛。萼钟状管形，长 10～12mm，外面密被微毛及腺点，里面疏被微毛，2 裂至 1/3 处。花萼上唇 3 裂至本身的 2/3～3/4 处；齿长 2.5～3.5mm，长三角形，先端锐尖，中齿较侧齿稍宽。花萼下唇 2 裂至本身基部或稍过之；齿长 3～4mm，披针状三角形，先端渐尖。花萼筒长约 8mm，干时紫色。花冠淡紫色，长 15～20mm，外面密被短柔毛，冠筒里面中下部具 2 行白色短柔毛。冠檐二唇形：上唇长 3～3.5mm，宽椭圆形，先端 2 浅裂；下唇长 5～5.5mm，中裂片宽约 7mm，中间 2 浅裂，侧裂片最小。雄蕊稍伸出，花丝被疏毛，花药深紫色。花期 8 月，果期 9 月。

旱生小半灌木。生于荒漠带海拔 1700～2100m 的干旱砾石质山坡、低山丘陵坡地。产东阿拉善（鄂托克旗西部、桌子山）、贺兰山。分布于我国宁夏（贺兰山），蒙古国北部和西部及南部和东南部、俄罗斯（东西伯利亚地区南部）。为蒙古高原分布种。

10. 荆芥属 Nepeta L.

草本，稀半灌木。轮伞花序或聚伞花序；花萼管状，具15脉，有不等形5齿，二唇形。花冠管长于萼，冠檐二唇形：上唇直立，2裂或微缺；下唇3裂，广展。雄蕊4，近平行，沿花冠上唇上升，后对雄蕊较长；药室2，椭圆状，通常水平叉开。雄蕊及花柱伸出花冠，花盘裂片与子房裂片互生，花柱着生于子房基部。小坚果平滑或具凸起。

内蒙古有2种。

分种检索表

1a. 下部叶具长柄，柄长1.5～1.7cm；苞片钻形，长为花萼的1/3～1/4···········**1. 大花荆芥 N. sibirica**
1b. 下部叶具短柄，柄长3～6mm；苞片条形或条状披针形，长与花萼近等长或稍短·····················
··**2. 康藏荆芥 N. prattii**

1. 大花荆芥

Nepeta sibirica L., Sp. Pl. 2:572. 1753; Fl. Intramongol. ed. 2, 4:211. t.72. f.1-4. 1992.

多年生草本，高20～70cm。茎多数，直立或斜升，被微柔毛，老时脱落。叶披针形、矩圆状披针形或三角状披针形，长1.5～8cm，宽1～2cm，先端锐尖或渐尖，基部截形或浅心形，边缘具锯齿，上面疏被微柔毛，下面密被黄色腺点和微柔毛；叶柄长5～18mm，下部叶柄较长，向上变短。轮伞花序疏松排列于茎顶部，长4～13cm，下部具明显的总花梗，上部渐短；苞叶向上变小，披针形；苞片钻形，长约1mm，被微柔毛；花梗长约1mm，被微柔毛。花萼长9～10mm，外面被短腺毛及黄色腺点，喉部极斜；上唇3裂，裂至本身长度的1/2，裂片三角形，先端渐尖；下唇2裂至基部，披针形，先端渐尖。花冠蓝色或淡紫色，长2.3～3cm，外

面被短柔毛与腺点，冠筒直立。冠檐二唇形：上唇 2 裂，裂片椭圆形；下唇 3 裂，中裂片肾形，先端具弯缺，侧裂片矩圆形。雄蕊后对略长于上唇。小坚果倒卵形，腹部略具棱，长约 2.3mm，宽约 1.5mm，光滑，褐色。花期 8～9 月。

多年生中生草本。生于荒漠带和草原带的山地林缘、沟谷草甸。产阴山（乌拉山）、阴南丘陵（准格尔旗）、贺兰山。分布于我国宁夏西北部、甘肃中部、青海东部、新疆北部，蒙古国北部和西部及南部、俄罗斯（西伯利亚地区），中亚。为中亚—亚洲中部山地分布种。

地上部分中可提取芳香油，做香料。

2. 康藏荆芥

Nepeta prattii H. Lev. in Repert. Spec. Nov. Regni Veg. 9:245. 1911; Fl. Intramongol. ed. 2, 4:212. t.82. f.1-2. 1992.

多年生草本，高 30～50cm。茎不分枝或上部具少数分枝，直立或斜升，被倒向短硬毛，老时脱落。叶卵圆状披针形、宽披针形至披针形，长 5～6cm，宽 1.8～2cm，向上渐变小，先端急尖，基部浅心形，边缘具密的牙齿状锯齿，上面疏被微柔毛，下面密被黄色腺点和微柔毛；下部叶具短柄，柄长 3～6mm，中部以上的叶无柄。轮伞花序疏松排列于茎顶部，长 3～6cm；苞叶与茎叶同形，向上渐变小，披针形，具细齿或全缘；苞片较萼短或等长，条形或条状披针形，被腺微毛及黄色小腺点；花梗长 1～2mm，被微柔毛。花萼长约 12mm，疏被短柔毛及白色小腺点，喉部极斜；上唇 3 齿裂，裂至本身长度的 1/3，裂片宽披针形或披针状三角形，先端渐尖；下唇 2 裂至基部，裂片两边不等长，条状披针形，先端渐尖。花冠蓝色或淡紫色，长 2.5～3.5cm，外面被短柔毛及腺点，冠筒微弯。冠檐二唇形：上唇 2 裂，裂片椭圆形；下唇 3 裂，中裂片肾形，先端微凹，侧裂片半圆形。雄蕊后对略伸出。小坚果倒卵状矩圆形，长约 2.5mm，宽约 1.5mm，腹面具棱，基部渐狭，褐色，光滑。花期 7～8 月。

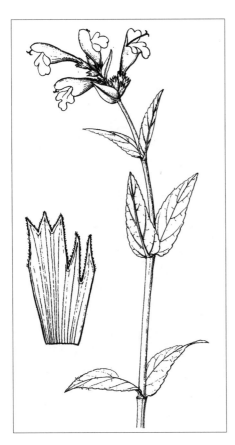

中生草本。生于阔叶林带的山地林缘、沟谷草甸。产燕山北部（喀喇沁旗、宁城县）。分布于我国河北北部、河南西部、山西北部、陕西中部、甘肃东部、青海东北部、四川西部、西藏东北部。为华北—横断山脉分布种。

11. 糙苏属 Phlomis L.

多年生草本。叶常具皱纹。轮伞花序腋生，常多花密集。花萼管状或管状钟形，具 5 或 10 脉；喉部不倾斜，具相等的 5 齿。花冠二唇形：上唇直伸或盔状，被绒毛或长柔毛；下唇平展，3 圆裂。雄蕊 4，二强，前对较长，上升至上唇下，后对花丝基部通常突出成附属器；花药卵形，2 室。花盘近全缘。子房全 4 裂；花柱着生于子房基部，先端 2 裂。小坚果无毛或顶端被毛。

内蒙古有 6 种。

分种检索表

1a. 叶卵状三角形或三角形，先端钝或钝尖；后对雄蕊具矩状附属器。
　　2a. 花冠较大，长在 16mm 以上；小坚果顶端被柔毛；根呈块根状增粗。
　　　　3a. 植株被毛但无星状毛，茎无毛或仅棱上疏被微柔毛；叶片上面被极疏的刚毛或近无毛，下面
　　　　　　无毛或仅脉上被极短的刚毛；花萼管状钟形，长 8～10mm····················**1. 块根糙苏 P. tuberosa**
　　　　3b. 植株被毛有星状毛，茎被刚毛及星状毛，棱上被毛尤密；叶片上面被星状毛及单毛，或疏被
　　　　　　刚毛，稀近无毛，下面密被星状毛及刚毛；花萼筒状，长 10～14mm····**2. 串铃草 P. mongolica**
　　2b. 花冠较小，长 14～16mm；小坚果顶端无毛；植株被毛有星状毛·············**3. 尖齿糙苏 P. dentosa**
1b. 叶近圆形、宽卵形或卵形，先端渐尖、急尖或锐尖；小坚果顶端无毛。
　　4a. 苞裂片条状钻形或狭条形。
　　　　5a. 植株被毛有星状毛和短硬毛或短伏毛；叶近圆形或卵圆形，先端锐尖；后对雄蕊无矩状附
　　　　　　属器··**4. 糙苏 P. umbrosa**
　　　　5b. 植株被毛无星状毛，仅被平展长刚毛；叶宽卵形或卵形，先端渐尖或急尖；后对雄蕊具矩状
　　　　　　附属器···**5. 口外糙苏 P. jeholensis**
　　4b. 苞裂片披针形，后对雄蕊具矩状附属器，植株疏被短硬毛，叶背面疏被单毛及星状毛·············
　　　　···**6. 大叶糙苏 P. maximowiczii**

1. 块根糙苏

Phlomis tuberosa L., Sp. Pl. 2:586. 1753; Fl. Intramongol. ed. 2, 4:223. t.87. f.8. 1992.

多年生草本，高 40～110cm。根呈块根状增粗。茎单生或分枝，紫红色、暗紫色或绿色，无毛或仅棱上疏被柔毛，但无星状毛。叶三角形，长 5～19cm，宽 2～13cm，先端钝圆或锐尖，基部心形或深心形，边缘具不整齐粗圆牙齿；苞叶卵圆状披针形，向上变小；叶片上面被极疏具节刚毛或近无毛，下面无毛或仅脉上被极疏刚毛；叶具柄，向上渐短至近无柄。轮伞花序,花3～10，多花密集；苞片条状钻形，长约

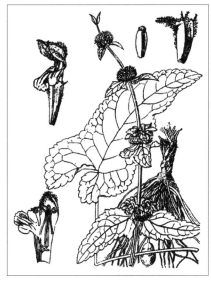

10mm，被具节长缘毛。花萼筒状钟形，长 8～10mm，仅靠近萼齿部分疏被刚毛，其余部分无毛；萼齿 5，相等，半圆形，先端微凹，具长 1.5～2.5mm 的刺尖。花冠紫红色，长 1.6～2.5cm；冠筒外面无毛，里面具毛环。花冠二唇形：上唇盔状，外面密被星状绒毛，边缘具流苏状小齿，内面被髯毛；下唇 3 圆裂，中裂片倒心形、较大，侧裂片卵形、较小。雄蕊 4，内藏；花丝下部被毛，后对雄蕊在基部近毛环处具反折的短距状附属器；花柱顶端不等的 2 裂。小坚果先端被柔毛。花期 7～8 月，果期 8～9 月。

旱中生草本。生于森林草原带和草原带的山地沟谷草甸、山地灌丛、林缘，也见于草甸化杂类草草原。产岭西及呼伦贝尔（额尔古纳市、陈巴尔虎旗、新巴尔虎左旗、新巴尔虎右旗、海拉尔区、鄂温克族自治旗、满洲里市）、兴安南部（科尔沁右翼前旗、克什克腾旗）、燕山北部（喀喇沁旗）、锡林郭勒（东乌珠穆沁旗、锡林浩特市）、乌兰察布（白云鄂博矿区、固阳县）、阴山（大青山）。分布于我国黑龙江西南部、新疆中部和北部，蒙古国东部和北部、俄罗斯（西伯利亚地区、远东地区）、伊朗，中亚、西南亚，欧洲。为古北极分布种。

块根入蒙药（蒙药名：露格莫尔 - 奥古乐今 - 土古日爱），能祛风清热、止咳化痰、生肌敛疮，主治感冒咳嗽、支气管炎、疮疡火不愈合。

2. 串铃草（蒙古糙苏、毛尖茶、野洋芋）

Phlomis mongolica Turcz. in Bull. Soc. Imp. Nat. Mosc. 24(2): 406. 1851; Fl. Intramongol. ed. 2, 4:223. t.87. f.1-7. 1992.——*P. mongolica* Turcz. var. *macrocephala* C. Y. Wu in Fl. Reip. Pop. Sin. 65(2):595. 1977. syn. nov.

多年生草本，高（15～）30～60cm。根粗壮，木质，须根常作圆形、矩圆形或纺锤形的块根状增粗。茎单生或少分枝，被具节刚毛及星状柔毛，棱上被毛尤密。叶卵状三角形或三角状披针形，长 4～13cm，宽 2～7cm，先端钝，基部深心形，边缘有粗圆齿；苞叶三角形或三角状披针形，叶片上面被星状毛及单毛或疏被刚毛，稀近无毛，下面密被星状毛及刚毛；叶具柄，向上渐短或近无柄。轮伞花序，腋生（偶有单一、顶生），多花密集；苞片条状钻形，长 8～12mm，先端刺尖状，被具节缘毛。花萼筒状，长 10～14mm，外面被具节刚毛及尘状微柔毛；刺尖萼齿 5，相等，圆形，长约 1mm，先端微凹，具硬刺尖，刺尖长 2～3mm。

花冠紫色（偶有白色），长约 2.2cm；冠筒外面在中下部无毛，里面具毛环。花冠二唇形：上唇盔状，外面被星状短柔毛，边缘具流苏状小齿，里面被髯毛；下唇 3 圆裂，中裂片倒卵形、较大，侧裂片心形、较小。雄蕊 4，内藏；花丝下部被毛，后对花丝基部在毛环稍上处具反折的短距状附属器。花柱先端为不等的 2 裂。小坚果顶端密被柔毛。花期 6～8 月，果期 8～9 月。

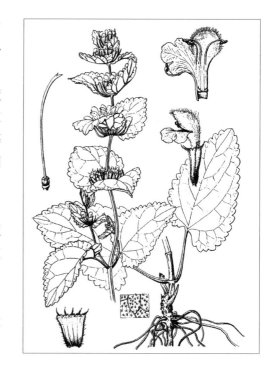

旱中生草本。生于森林草原带和草原带的草甸、草甸草原、山地沟谷草甸、撂荒地、路边，也见于荒漠区的山地。产兴安南部（科尔沁右翼前旗、克什克腾旗）、燕山北部（喀喇沁旗、敖汉旗）、锡林郭勒（东乌珠穆沁旗、锡林浩特市）、乌兰察布（四子王旗、达尔罕茂明安联合旗、固阳县、乌拉特中旗）、阴山（大青山、乌拉山）、阴南平原（呼和浩特市、包头市）、阴南丘陵（准格尔旗）、东阿拉善（狼山、桌子山、鄂托克旗）。分布于我国河北西北部、山西东北部、陕西北部、甘肃东部。为华北—东蒙古分布种。

块根入药，功能、主治同块根糙苏。在青嫩时为羊、牛、骆驼所乐食。

3. 尖齿糙苏

Phlomis dentosa Franch. in Nouv. Arch. Mus. Hist. Nat. Ser. 2, 6:123. 1883; Fl. Intramongol. ed. 2, 4:225. t.88. f.6-11. 1992.——*P. dentosa* Franch. var. *glabrescens* Danguy in Bull. Mus. Hist. Nat. Paris 17:345. 1911. syn. nov.

多年生草本，高 20～40cm。根粗壮。茎直立，多分枝，茎下部疏被具节刚毛，花序下部的茎及上部分枝被星状毛。叶三角形或三角状卵形，长 4～10cm，宽 2.5～6cm，先端圆或钝，基部心形或近截形，边缘具不整齐的圆齿，上面被单毛和星状毛或近无毛，下面近无毛或仅脉上被极疏的星状柔毛。基生叶具长柄，柄长 4～7cm；茎生叶具短柄；苞叶近无柄。轮伞花序，具多数花；苞片针刺状，略坚硬，长 8～12mm，密被星状柔毛及星状毛。花萼筒状钟形，长 7～10mm，外面密被星状毛，脉上被星状毛；萼齿 5，相等，齿长约 1mm，顶端具长 3～5mm 的钻状刺尖。花冠粉红色，长 14～16mm；冠筒外面近喉部被短柔毛，里面有间断的毛环。花冠二唇形：上唇盔状，外面密被星状柔毛及长柔毛，边

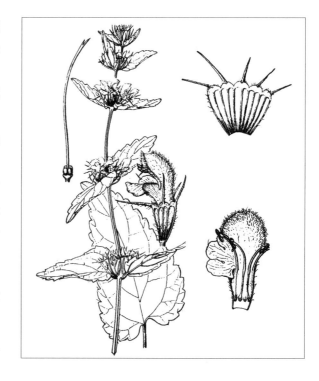

缘具不整齐的小齿；下唇 3 圆裂，中裂片宽倒卵形、较大，侧裂片卵形、较小，外面密被星状短柔毛及具节长柔毛。雄蕊 4，常因上唇外反而露出；花丝被毛，后对花丝基部在毛环上具反折的距状附属器。花柱先端具不等的 2 裂。小坚果顶端无毛。花期 6～8 月，果期 8～9 月。

　　中生杂类草。生于草原带和荒漠带的山地草甸、沟谷草甸，也见于草甸化草原。产科尔沁（突泉县、阿鲁科尔沁旗、巴林右旗、翁牛特旗、林西县、克什克腾旗）、燕山北部（喀喇沁旗、敖汉旗）、锡林郭勒（东乌珠穆沁旗、西乌珠穆沁旗、锡林浩特市、太仆寺旗）、阴山（大青山）、阴南丘陵（准格尔旗）、贺兰山、龙首山。分布于我国河北北部、宁夏西北部和南部、甘肃西南部、青海东部。为华北—东蒙古分布种。

　　青嫩时牛和羊乐食其花和叶。

4. 糙苏

Phlomis umbrosa Turcz. in Bull. Soc. Imp. Nat. Mosc. 13:76. 1840; Fl. Intramongol. ed. 2, 4:225. t.88. f.1-5. 1992.

　　多年生草本，高 60～110cm。根粗壮，须根呈圆锥状或纺锤状肉质增粗。茎多分枝，疏被短硬毛或星状柔毛。叶近圆形、卵形至卵状长圆形，长 5～12cm，宽 2.5～12cm，先端锐尖，基部浅心形或圆形，边缘具锯齿状圆齿，两面疏被伏毛或星状柔毛；叶具柄，长 2～10cm，向上渐短。轮伞花序，花 4～8，腋生；苞叶长卵形，超出花序；苞片条状钻形，较坚硬，长 8～12mm，疏被具节缘毛及星状微柔毛；花萼筒状，长 8～10mm，外面近无毛或被极疏的

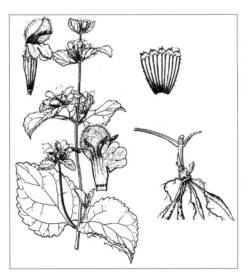

柔毛及具节刚毛，小刺尖短，长约 1mm。花冠通常粉红色，长约 1.7cm；冠筒外面除上方被短柔毛外，余部无毛，里面近基部具间断毛环。花冠上唇外面被柔毛，边缘具不整齐小齿，里面被髯毛；下唇具 3 圆齿，中裂片近圆形、较大，侧裂片较小。雄蕊 4，内藏；花丝无毛，无附属器。小坚果无毛。花期 6～8 月，果期 8～9 月。

中生草本。生于阔叶林下及山地草甸。产兴安南部（科尔沁右翼前旗、阿鲁科尔沁旗、巴林左旗、巴林右旗、林西县、克什克腾旗、西乌珠穆沁旗、锡林浩特市）、赤峰丘陵（翁牛特旗）、燕山北部（喀喇沁旗、宁城县、敖汉旗）、阴山（大青山、蛮汗山、乌拉山）。分布于我国辽宁、河北、河南西部、山东、山西、陕西中部和南部、甘肃东部、四川北部和东部、湖北西部、贵州、广东北部。为东亚（华北—华南）分布种。

全草和根入药。全草（药材名：糙苏）能散风、解毒、止咳、祛痰，主治感冒、慢性支气管炎、疖肿。根能清热、消肿，主治疮痈肿毒、跌打损伤。根也入蒙药，功能、主治同块根糙苏。

5. 口外糙苏（热河糙苏）

Phlomis jeholensis Nakai et Kitag. in Rep. Exped. Manch. Sect. 4, 1:48. 1934.

多年生草本。茎高约75cm，四棱形，具浅槽，被平展具节刚毛，上部多分枝。茎生叶卵形，长2～12cm，宽1.2～7.5cm，先端渐尖或急尖，基部浅心形至圆形，边缘为具胼胝尖的粗牙齿状锯齿，腹凹背凸，被下展具节刚毛；苞叶卵形至卵状披针形，长2.1～13cm，宽1～8cm；叶片上面橄榄绿色，疏被具节或单节短刚毛，下面颜色较淡，被疏柔毛；茎生叶叶柄长0.3～4cm，苞叶叶柄近无。轮伞花序，花6～16，生于主茎及分枝上；苞片线状钻形，坚硬，长9～15mm，与萼近等长，背部具肋，密被平展具节刚毛。花萼管状，长约11mm，宽约6mm，外面沿脉疏被平展具节刚毛，其余部分近无毛；齿端具长约1.5mm的坚硬小刺尖，齿间形成端具丛毛的宽三角形二小齿。花冠白色，长约1.9cm，冠筒长约1.1cm，外面无毛，内面近中部具斜向间断小疏柔毛环。冠檐二唇形：上唇长约8mm，外面密被绢毛状绒毛，边缘小齿状，内面被髯毛；下唇长约7mm，宽约8mm，3圆裂，中裂片倒卵形（长约5mm，宽约3.5mm），侧裂片卵形、较小。雄蕊内藏，后对花丝远在毛环以上有短距状附属器。花柱先端极不等的2裂。小坚果无毛。花期8～9月。

中生草本。生于阔叶林带的山地林缘、沟边。产燕山北部（喀喇沁旗旺业甸林场）。分布于我国河北北部。为燕山山脉分布种。

6. 大叶糙苏

Phlomis maximowiczii Regel in Trudy Imp. St.-Petersb. Bot. Sada 9:594. 1886; Fl. China 17:149. 1994.

多年生草本，高可达100cm。茎直立，上部分枝，近无毛，有时疏被倒向短硬毛。茎下部叶薄纸质，广卵形，长10～18cm，宽10～13cm，基部浅心形，先端渐尖，边缘具圆齿或稍尖牙齿，表面绿色，疏被糙伏毛，背面色淡，疏被单毛及星状毛，有柄，花期枯萎；茎上部叶渐小，长圆形或卵状长圆形，柄亦渐短至近无柄。轮伞花序腋生，多花；苞片3全裂，裂片披针形，与花萼等长或稍长，被具节长毛，边缘有缘毛；花萼管状钟形，长约10mm，外面脉上疏生

具节长毛，萼齿截形，具5小刺尖，里面边缘被长毛。花冠粉红色，长约2cm，花冠筒里面中下部处有毛环。冠檐二唇形：上唇盔瓣状，外面密被具节长绵毛及星状短毛，边缘有不整齐的小齿，里面密生髯毛；下唇外面疏被柔毛，3裂，中裂片较大、广卵形，侧裂片较小、卵形。雄蕊4，不伸出花冠；花丝上部具长绵毛，后雄蕊花丝基部靠近毛环上面有矩状附属物。花柱先端裂片不相等。小坚果顶端无毛。花期7～8月，果期8～9月。

中生草本。生于阔叶林带的山地林下、林缘。产赤峰丘陵（敖汉旗）、燕山北部（喀喇沁旗旺业甸林场）。分布于我国吉林、辽宁、河北。为华北北部—满洲分布种。

12. 鼬瓣花属 Galeopsis L.

一年生草本。分枝开展。轮伞花序，具6至多数花，腋生，远离，于枝端聚集；花萼管状钟形，具5～10脉，萼齿5，齿大小相同。花冠二唇形：上唇直伸，卵圆形，全缘或具齿，外面被毛；下唇3裂，张开，中裂片较大，在下唇两侧裂片与中裂相交处有向上的齿状凸起（盾片）。雄蕊4，平行，均上升至上唇片之下；花药卵形，2室，背着，横向二瓣开裂，内瓣较小，有纤毛，外瓣较长而大，无毛。花盘平顶，略呈指状增大。子房全4裂，无柄；花柱着生于子房基部，先端2裂，近等长。小坚果先端钝，光滑。

内蒙古有1种。

1. 鼬瓣花

Galeopsis bifida Boenn. in Prodr. Fl. Monast. Westphal. 178. 1824; Fl. Intramongol. ed. 2, 4:227. t.89. f.1-5. 1992.

一年生草本，高20～60cm，有时可达100cm。茎直立，密被具节刚毛及腺毛，上部分枝。叶卵状披针形或披针形，长3～8cm，宽1.5～2cm，先端锐尖或渐尖，基部渐狭或宽楔形，边缘具整齐的圆齿状锯齿，上面贴生短柔毛，下面疏生微柔毛及脉上疏生长刚毛，叶柄长1～2.5cm。轮伞花序，腋生，多花密集；小苞片条形至披针形，长3～6mm，先端具刺尖，密生长刚毛。花萼管状钟形，连齿长

约 1cm，外面被刚毛，里面被微柔毛；萼齿 5，近等大，三角形，先端刺尖状，与萼筒近等长。花冠紫红色，长 10～14mm，外面密被刚毛。花冠二唇形：上唇卵圆形，先端具不等的数齿；下唇中裂片矩圆形，宽约 2mm，先端明显微凹，紫纹直达边缘，侧裂片短圆形。雄蕊花丝下部被柔毛，花药卵圆形。子房无毛，褐色。小坚果倒卵状三棱形，褐色。花果期 7～9 月。

中生草本。散生于山地针叶林区和森林草原带的林缘、草甸、田边、路旁。产兴安北部及岭东和岭西（额尔古纳市、牙克石市、鄂伦春自治旗、阿尔山市白狼镇、扎兰屯市）、燕山北部（宁城县）、阴山（辉腾梁）。分布于我国黑龙江、吉林东部、河北北部、山西东北部、陕西南部、甘肃东部、青海东部和南部、湖北西部、四川西部、贵州西部、云南北部、新疆中部和北部，日本、朝鲜、蒙古国北部、俄罗斯（西伯利亚地区、远东地区），中亚，欧洲、北美洲。为泛北极分布种。

13. 野芝麻属 Lamium L.

一年生或多年生草本。轮伞花序。花萼管状钟形至钟形；萼齿 5，近相等，等长于或长于萼筒。花冠二唇形：上唇直伸，矩圆形，多少盔状内弯；下唇向下伸展，3 裂，中裂片较大，倒心形，侧裂片不明显的浅半圆形或裂片状，边缘常有 1 至数个锐尖小齿。雄蕊 4，前对较长，均上升至上唇之下；花药被毛，2 室，水平叉开。花盘平顶，具圆齿。小坚果近三棱形。

内蒙古有 1 种。

1. 短柄野芝麻

Lamium album L., Sp. Pl. 2:579. 1753; Fl. Intramongol. ed. 2, 4:228. 1992.——*L. album* L. var. *barbatum* auct. non (Seib. et Zucc.) Franch. et Sav.: Fl. Intramongol. 5:203. 1980.——*L. barbatum* auct. non Seib. et Zucc.: Fl. China 17:157. 1994. p. p.

多年生草本，高 30～60cm。茎直立，单生，四棱形，中空，被柔毛或近无毛。叶卵形或卵状披针形，长 2～6cm，宽 1～4cm，基部心形，先端急尖或长尾状渐尖，边缘具牙齿状锯

齿，上面贴生短毛，下面被疏柔毛，叶柄长 1～6cm。轮伞花序，花 8～9，腋生；苞片条形，长约 2mm，具缘毛。花萼钟形，长于苞叶叶柄，长 9～13mm，宽 2～3mm，疏被短毛；萼齿披针形，长约为花萼长之半，被缘毛，常向外反折，不贴生于花冠。花冠浅黄色或污白色，长 20～25mm，外面被短柔毛，上部尤甚；冠筒等长或稍长于花萼；喉部膨大，内面近茎部具毛环。花冠上唇倒卵圆形，先端钝，长 7～10mm；下唇长 10～12mm，3 裂，中裂片倒肾形，先端深凹，侧裂片圆形，附一钻形小齿。花丝上部被柔毛；花药黑紫色，上被柔毛。小坚果长卵圆形，几呈三棱状，长 3～3.5mm，深灰色，无毛。花期 7～9 月，果期 8～10 月。

中生草本。生于森林带的山地林缘草甸。产兴安北部及岭东和岭西（额尔古纳市、根河市、

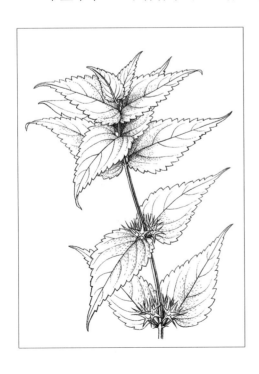

鄂伦春自治旗、牙克石市、鄂温克族自治旗、扎兰屯市、东乌珠穆沁旗宝格达山、扎赉特旗杨树沟林场、科尔沁右翼前旗乌兰河流域）、兴安南部（阿鲁科尔沁旗）、燕山北部（敖汉旗）。分布于我国辽宁东部、山西中西部、甘肃东北部、新疆北部，亚洲、欧洲、北美洲。为泛北极分布种。

全草和花入药。全草能散瘀、消积、调经、利湿，主治跌打损伤、小儿疳积、白带、痛经、月经不调、肾炎及膀胱炎。花能调经、利湿，主治月经不调、白带、宫颈炎及小便不利。

内蒙古的标本中没有花萼远短于苞叶叶柄的类型，因此内蒙古不产 *L. barbatum* Seib. et Zucc. 这个种。《内蒙古植物志》第一版（5:203. t.84. f.6-9. 1980.）和第二版（4:228. t.89. f.6-10. 1993.）的图版中其苞叶柄画得太长，是绘图之误。

14. 益母草属 Leonurus L.

一年生或多年生草本。茎直立。叶近掌状分裂。轮伞花序，腋生，多花密集；小苞片钻形或刺状。花萼倒圆锥形或管状钟形，具 5 脉；齿 5，近等大；不明显二唇形，上唇 3 齿直立，下唇 2 齿较长、靠合。花冠粉红色至淡紫色或白色；花冠筒里面被柔毛或具毛环；冠檐二唇形，上唇矩圆形或倒卵形、全缘，下唇直伸或开展、3 裂。雄蕊 4，花药 2 室，室平行；花柱先端相等的 2 裂。小坚果扁三棱形，顶端截平，基部楔形。

内蒙古有 6 种。

分种检索表

1a. 叶卵圆形至卵状披针形，3 裂或羽状缺刻；花序叶披针形，具齿或全缘。
    2a. 花大，长 20～30mm，淡紫色，萼齿长 5～8mm；叶表面平滑·········**1. 大花益母草 L. macranthus**
    2b. 花大，长 15～20mm，白色或粉白色，萼齿长 3～5mm；叶表面皱褶················
    ···**2. 錾菜 L. pseudomacranthus**
1b. 叶掌状分裂。花序叶条形或细裂；花较小，长 8～20mm。
    3a. 茎下部无毛，上部和花序被开展长柔毛；叶无毛；花冠小，长 8～10mm·············
    ··**3. 兴安益母草 L. deminutus**
    3b. 植株全部被贴伏短柔毛或极短的毛，仅茎节或花萼有时被开展长柔毛。
        4a. 花序上部叶全缘，花冠长 10～15mm；植株全部被贴伏短柔毛·········**4. 益母草 L. japonicus**
        4b. 花序叶上部叶分裂。
            5a. 花冠长 18～20mm；茎、叶和花序被极短的毛，花萼被短柔毛或开展的长柔毛；叶 3 全裂，
                小裂片宽 1～3mm·································**5. 细叶益母草 L. sibiricus**
            5b. 花冠长 10～12mm；植株全部被贴伏短柔毛；叶掌状 5 全裂，小裂片宽 3mm 以上············
            ·····································**6. 灰白益母草 L. glaucescens**

1. 大花益母草

Leonurus macranthus Maxim. in Prim. Fl. Amur. 9:476. 1859; Fl. Intramongol. ed. 2, 4:230. t. 90. f.1-5. 1992.

多年生草本，高 60～100cm。茎直立，钝四棱形，具槽，有贴生短而硬的倒向糙伏毛。叶形变化很大。茎下部叶心状圆形，长 7～12cm，宽 6～9cm，3 裂，裂片上有深缺刻，先端尖，基部楔形（稀心形），叶两面散生短伏毛，沿叶脉上较多。茎上部叶披针形或卵状披针形，长 4～8cm，宽 8～14mm，基部楔形，尖端渐尖，边缘中部以上有齿或全缘，叶两面散生短伏毛，近无柄。轮伞花序腋生，花 8～12，多数远离而组成长穗状；苞片针状，长约 1cm，被毛；无花梗。花萼管状钟形；萼筒长约 8mm，外面贴生微柔毛；齿 5，前 2 齿靠合、较长，后 3 齿等长、较短。花冠粉红色或淡紫色，长 2～3cm，伸出萼筒部分的外面被柔毛。冠檐二唇形：上唇直伸，长圆形，全缘，先端钝圆；下唇 3 裂，中裂片较大，倒心形，侧裂片矩圆形。雄蕊 4，前

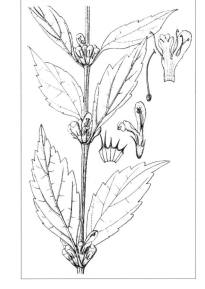

对较长，花丝丝状。花柱丝状，先端 2 浅裂。小坚果矩圆状三棱形，长约 2.5mm。花期 7 ～ 9 月，果期 9 月。

中生杂草。生于山地阔叶林林缘草甸、林下、山地灌丛。产燕山北部（喀喇沁旗旺业甸林场、宁城县黑里河林场）。分布于我国黑龙江、吉林、辽宁、河北北部，日本、朝鲜、俄罗斯（远东地区）。为东亚北部（满洲—日本）分布种。

2. 錾菜

Leonurus pseudomacranthus Kitag. in Bot. Mag. Tokyo 48:109. 1930; Fl. China 17:163. 1984.

多年生草本。主根圆锥形，其上密生须根。茎直立，高 60 ～ 100cm，单一，通常在茎的上部成对地分枝；茎及分枝钝四棱形，明显具槽，密被贴生倒向的微柔毛，在节间上尤为密集。叶片变化很大，最下部的叶通常脱落。近茎基部叶卵圆形，长 6 ～ 7cm，宽 4 ～ 5cm，3 裂，分裂达中部，裂片几相等，边缘疏生粗锯齿状牙齿，先端锐尖，基部宽楔形，近革质；叶片上面暗绿色，稍密被糙伏小硬毛，粗糙，叶脉下陷，具皱纹；下面淡绿色，沿主脉上有贴生的小硬毛，其间散生淡黄色腺点，叶脉明显凸起；叶柄长 1 ～ 2cm，多少具狭翅，腹面具槽，背面圆形，密被小硬毛。茎中部叶通常不裂，长圆形，边缘疏生 4 ～ 5 对齿，最下方的一对齿多少呈半裂片状，其余均为锯齿状牙齿；叶柄较短，长在 1cm 以下。花序上的苞叶较小，近于条状长圆形，长约 3cm，宽约 1cm，全缘，或于先端疏生 1 ～ 2 齿，无柄。轮伞花序腋生，多花远离而向顶端密集组成长穗状；小苞片少数，刺状，直伸，长 5 ～ 6mm，具糙硬毛，绿色；花梗无。花萼管状，

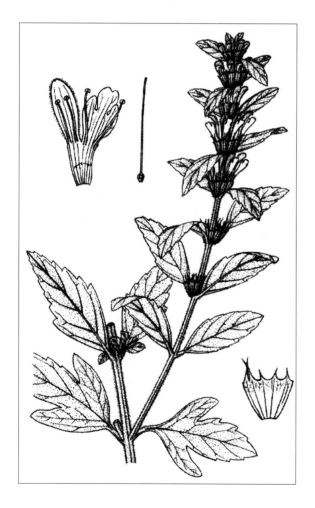

长 7 ～ 8mm，外面被微硬毛，沿脉上被长硬毛，其间混有淡黄色腺点。花萼齿 5：前 2 齿靠合，较大，长约 5mm，直伸，钻状，先端刺尖；后 3 齿较小，均等大，长约 3mm，直伸，三角状钻形，先端刺尖。花冠白色或粉白色，常带紫纹，长 15 ～ 20mm；冠筒长约 8mm；外面中部以下无毛，中部以上被疏柔毛；内面上部被短柔毛，中部具近水平向的鳞状毛毛环，其下方无毛。冠檐二唇形：上唇长圆状卵形，先端近圆形，基部略收缩，长达 1cm，直伸，稍内凹，全缘，白色，外被疏柔毛，内面无毛；下唇卵形，长约 8mm，宽约 5mm，白色，具紫纹，3 裂，外被疏柔毛，内面无毛，中裂片较大，倒心形，先端微凹，明显 2 浅裂，侧裂片卵圆形。雄蕊 4，均延伸至上唇片之下，前对较长；花丝丝状，扁平，具紫斑，中部以下或近基部有微柔毛；花药卵圆形，2 室。花盘平顶。花柱丝状，先端相等的 2 浅裂；子房褐色，无毛。小坚果长圆状三棱形，黑褐色。花期 8 ～ 9 月，果期 9 ～ 10 月。

中生草本。生于夏绿阔叶林带的山地林下、

林缘。产燕山北部（喀喇沁旗）。分布于我国辽宁、河北、河南、山东、山西、陕西、甘肃、安徽、江苏。为华北—华东分布种。

3. 兴安益母草

Leonurus deminutus V. I. Krecz. ex Kuprian. in Bot. Mater. Gerb. Bot. Inst. Kom. Akad. Nauk S.S.S.R. 1:134. 1949; Fl. China 17:164. 1994.——*L. tataricum* auct. non L.: Fl. Reip. Pop. Sin. 65(2):519. 1977.

二年生或多年生草本，高约50cm。茎直立，钝四棱形，下部无毛，上部及花序轴上均被白色近开展长柔毛。叶片无毛。茎下部叶早落；中部叶近圆形，基部宽楔形，5裂，分裂几达基部，裂片再分裂成条形的小裂片；茎最上部及花序上的叶菱形，长  2.5～3cm，深裂成3枚全缘或略有缺刻的条形裂片。轮伞花序腋生，小，圆球形，在茎上部排列成间断的穗状花序；小苞片刺状。花萼倒圆锥形，筒长约3mm，外面贴生短柔毛但沿肋上被长柔毛，里面无毛；齿5，均三角状钻形，前2齿稍靠合而开展。花冠淡紫色，长8～10mm，外面中部以上被长柔毛，里面中部稍下方被柔毛环。冠檐二唇形：上唇直伸，矩圆形，外面被长柔毛；下唇2裂，中裂片稍大。雄蕊4，前对较长，花丝扁平；花柱先端2浅裂。小坚果淡褐色，矩圆状三棱形，顶端截平，被微柔毛。花期7月，果期8月。

中生杂草。生于森林带的山地林下。产兴安北部（大兴安岭）。分布于我国黑龙江西北部（爱辉区），蒙古国东部和北部及西部、俄罗斯（西伯利亚地区）。为西伯利亚分布种。

《内蒙古植物志》第二版（4:233. 1993）中记载的依据标本（产呼伦贝尔市鄂伦春自治旗）系误定，应为 *L. glaucescens* Bunge。

4. 益母草（益母蒿、坤草、龙昌昌）

Leonurus japonicus Houtt. in Nat. Hist. 9:366. t.57. f.1. 1778; Fl. Intramongol. ed. 2, 4:230. t.90. f.6-10. 1992.

一年生或二年生草本，高30～80cm。茎直立，钝四棱形，微具槽，有倒向糙伏毛，棱上尤密，基部近于无毛，分枝。叶形变化较大。茎下部叶卵形，基部宽楔形，掌状3裂，裂片矩圆状卵形，长2.6～6cm，宽5～12mm，叶柄长2～3cm；中部叶菱形，基部狭楔形，掌状3半裂或3深裂，裂片矩圆状披针形；花序上部的苞叶条形或条状披针形，长2～7cm，宽2～8mm，全缘或具稀少缺刻。轮伞花序腋生，多花密集，圆球形，直径约2cm，多数远离而组成长穗状花序；小苞片刺状，比萼筒短；无花梗。花萼管状钟形，长4～8mm，外面贴生微柔毛，里面在离基部1/3处以上被微柔毛；齿5，前2齿靠合、较长，后3齿等长、较短。花冠粉红至淡紫红色，长10～15mm，伸出于萼筒部分的外面被柔毛；冠檐二唇形，上唇直伸，下唇与上唇等长且3裂。雄蕊4，前对较长，花丝丝状。花柱丝状，无毛。小坚果矩圆状三棱形，长约2.5mm。花期6～9月，果期9～10月。

中生杂草。生于森林草原带和草原带的田野、房舍附近。产岭西（额尔古纳市、鄂温克族自治旗、新巴尔虎左旗）、兴安南部（科尔沁右翼中旗、扎赉特旗、阿鲁科尔沁旗、巴林左旗、巴林右旗）、燕山北部（喀喇沁旗、宁城县）、阴南平原（呼和浩特市、包头市）。分布于我国东部，日本、朝鲜、俄罗斯（远东地区），东南亚，亦逸生于北美洲、南美洲和非洲。为东亚分布种。

用途同细叶益母草。

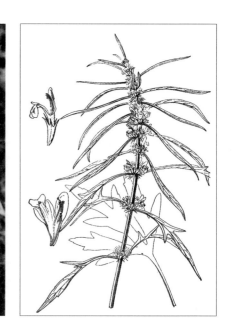

5. 细叶益母草（益母蒿、龙昌菜）

Leonurus sibiricus L., Sp. Pl. 2:584. 1753; Fl. Intramongol. ed. 2, 4:231. t.91. f.1-5. 1992.

一年生或二年生草本，高 30～75cm。茎钝四棱形，有短而贴生的糙伏毛，分枝或不分枝。叶形从下到上变化较大。下部叶早落；中部叶卵形，长 2.5～9cm，宽 3～4cm，叶柄长 1.5～2cm，掌状 3 全裂，裂片再羽状分裂（多 3 裂），小裂片条形，宽 1～3mm；最上部的苞叶近于菱形，3 全裂成细裂片，呈条形，宽 1～2mm。轮伞花序腋生，多花，圆球形，直径 2～4cm，向顶端逐渐密集组成长穗状；小苞片刺状，向下反折；无花梗。花萼管状钟形，长 6～10mm，外面在中部被疏柔毛，里面无毛；齿 5，前 2 齿长、稍开张，后 3 齿短。花冠粉红色，长 1.8～2cm。冠檐二唇形：上唇矩圆形，直伸，全缘，外面密被长柔毛，里面无毛；下唇比上唇短，外面密被长柔毛，里面无毛，3 裂。雄蕊 4，前对较长，花丝丝状。花柱丝状，先端 2 浅裂。小坚果矩圆状三棱形，长约 2.5mm，褐色。花期 7～9 月，果期 9 月。

中生杂草。生于草原区和荒漠区的石质丘陵、沙质草原、沙地、沙丘、山坡草地、沟谷、农田、村旁、路边。产岭西及呼伦贝尔（额尔古纳市、海拉尔区、满洲里市、陈巴尔虎旗、鄂温克族自治旗、新巴尔虎左旗、新巴尔虎右旗）、兴安南部及科尔沁（科尔沁右翼前旗、科尔沁右翼中旗、扎赉特旗、扎鲁特旗、阿鲁科尔沁旗、巴林左旗、巴林右旗、翁牛特旗、林西县、克什克腾旗）、辽河平原（科尔沁左翼后旗）、赤峰丘陵、燕山北部、锡林郭勒（西乌珠穆沁旗、锡林浩特市、阿巴嘎旗、苏尼特左旗、正

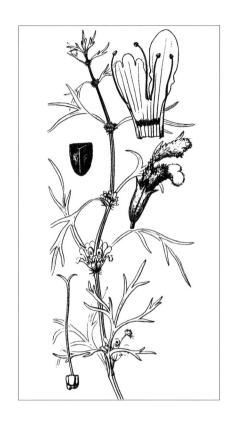

蓝旗、镶黄旗、正镶白旗、多伦县、兴和县、察哈尔右翼中旗、察哈尔右翼后旗、丰镇市、凉城县）、乌兰察布（四子王旗、达尔罕茂明安联合旗、固阳县、乌拉特中旗）、阴山（大青山）、阴南平原（呼和浩特市、包头市）、阴南丘陵（清水河县、准格尔旗）、鄂尔多斯（达拉特旗、伊金霍洛旗、乌审旗、鄂托克旗）、东阿拉善（狼山）、贺兰山、龙首山。分布于我国黑龙江西南部、吉林西部、辽宁、河北、河南西部、山西、陕西北部、宁夏、甘肃东部、青海东部，蒙古国北部和东部及东南部、俄罗斯（西伯利亚地区、远东地区）。为东古北极分布种。

全草入药（药材名：益母草），能活血调经、利尿消肿，主治月经不调、痛经、经闭、恶露不尽、急性肾炎水肿。也入蒙药（蒙药名：都日伯乐吉－额布斯－乌布其干），能活血、调经、利尿、降血压，主治高血压、肾炎、月经不调、火眼。果实入药（药材名：茺蔚子），能活血调经、清肝明目，主治月经不调、经闭、痛经、目赤肿痛、结膜炎、前房出血、头晕胀痛。

6. 灰白益母草

Leonurus glaucescens Bunge in Fl. Alt. 2:409. 1830; Fl. Reip. Pop. Sin. 65(2):518. 1977; Fl. China 17:164. 1994.——*L. tataricus* auct. non L.: Fl. Intramongol. 5:206. t.86. f.6-10. 1980; Fl. Intramongol. ed. 2, 4:233. t.91. f.6-10. 1992.

二年生或多年生草本。全株因被贴生短柔毛而呈灰白色。茎直立，高 50～100cm，少数，稀单一，通常分枝，茎、枝钝四棱形，微具槽。茎下部叶在开花时脱落；茎中上部叶圆形，直径约 5cm，基部近于截平，5 裂，分裂几达基部，裂片楔形或菱形，又羽状分裂成条形或条状披针形的小裂片，两面均被短平伏毛，叶脉在上面下陷，下面凸起，叶柄长约 1.5cm；花序上的苞叶菱形，长约 4cm，基部楔形，深裂成 3 个全缘或略有缺刻的条形裂片，叶柄长约 2cm。轮伞花序腋生，圆球形，小，开花时直径 1.5～1.8cm，多数密集组成长穗状花序；小苞片刺状，略向下弯曲，有贴生短柔毛，比萼筒短。花萼倒圆锥形，外面贴生短柔毛，内面无毛，具 5 脉，显著，萼筒长约 4mm。花萼齿 5：前 2 齿靠合，开展，长 3～3.5mm，钻形，先端刺尖；后 3 齿等大，钻形，长约 2.5mm，先端刺尖。花冠淡红紫色，长 1～1.2cm，冠筒长约 5mm，在毛环上膨大，外面在中部以上被长柔毛，内面在中部稍下处具柔毛环。冠檐二唇形：上唇直伸，内凹，外面被长柔毛，内面无毛，长卵圆形；下唇水平展开，长卵

圆形，3裂，中裂片稍大，卵圆形，侧裂片长圆形。雄蕊4，前对较长；花丝丝状，扁平，被微柔毛；花药卵圆形，2室。花盘平顶。花柱丝状，超出雄蕊之上，先端相等2浅裂；子房褐色，顶端截平，被微柔毛。花期7月。

中生杂草。生于阔叶林带的山地沟谷、路边、山坡石缝。产岭东（鄂伦春自治旗大杨树镇）、兴安南部（扎赉特旗）、燕山北部（喀喇沁旗）。分布于我国河北、新疆北部，蒙古国东部和西部、俄罗斯（西伯利亚地区）、哈萨克斯坦，高加索地区，欧洲。为古北极分布种。

15. 脓疮草属 Panzerina Sojak

多年生草本。叶掌状分裂，具长柄。轮伞花序，具多数花，腋生，并组成穗状花序；苞片针刺状；花萼管状钟形，具10脉，萼齿5。花冠乳白色，二唇形：上唇盔状，外面密被柔毛，里面无毛；下唇直伸，3裂。雄蕊4，上升至冠筒之外，近等长或前对稍长；花药卵圆形，2室，平行。花盘平顶。小坚果卵状三棱形，顶端圆形。

内蒙古有1种。

1. 脓疮草（阿拉善脓疮草、绒毛脓疮草、白龙昌菜）

Panzerina lanata (L.) Sojak in Cas. Nar. Muz. v Praze 150:216. 1981; Zhao Yi Zhi in Act. Phytotax. Sin. 36(3):202. 1998.——*Bollota lanata* L., Sp. Pl. 2:582. 1753.——*P. lanata* (L.) Bunge var. *alaschanica* (Kupr.) Tschern. in Pl. Asia Centr. 5:68(in nota). 1970; Fl. Intramongol. ed. 2, 4:233. t.92. f.1-4. 1992.——*P. alaschanica* Kupr. in Bot. Mater. Gerb. Bot. Inst. Kom. Acad. Nauk S.S.S.R. 15:363. t.6. 1953.——*P. albescens* Kupr. l.c. 15:362. 1953; Zhao Yi Zhi l.c. 36(3):202. 1998.——*P. argyracea* Kupr. l.c. 15:363. 1953; Zhao Yi Zhi l.c. 36(3):203. 1998.——*P. kansuensis* C. Y. Wu et H. W. Li in Act. Phytotax. Sin. 10(2):165. 1965; Zhao Yi Zhi l.c. 36(3):203. 1998.

多年生草本，高15～35cm。茎多分枝，从基部生出，密被白色短绒毛。叶宽卵形，长2～4cm，宽3～5（～8）mm。茎生叶掌状（3～）5深裂，裂片分裂常达基部，狭楔形，宽2～4（～6）mm，小裂片卵形至披针形，上面密被贴生短毛，下面密被绒毛，呈灰白色；叶具柄，细长，被绒毛。苞叶较小，3深裂。轮伞花序，具多数花，组成密集的穗状花序；小苞片钻形，先端具刺尖，被绒毛。花萼管状钟形，长12～15mm，外面密被绒毛，里面无毛；萼齿5，长2～3mm，

前2齿稍长，宽三角形，先端具短刺尖。花冠淡黄色或白色，长(25～)33～40mm，外面被丝状长柔毛，里面无毛，呈二唇形：上唇盔状，矩圆形，基部收缩；下唇3裂，中裂片较大，倒心形，侧裂片卵形。雄蕊4，前对稍长；花丝丝状，略被微柔毛；花药黄色，卵圆形，2室，室平行。花盘平顶。花柱略短于雄蕊，先端为相等2浅裂。小坚果卵圆状三棱形，具疣点，顶端圆，长约3mm。花期6～7月，果期7～8月。

旱生草本。生于草原带和草原化荒漠带的沙地、沙砾质平原、丘陵坡地、山麓、沟谷、干河床。产乌兰察布（苏尼特左旗北部、四子王旗北部卫境、乌拉特前旗）、阴山（乌拉山）、鄂尔多斯（乌审旗、达拉特旗、东胜区、伊金霍洛旗、杭锦旗、鄂托克旗、鄂托克前旗）、东阿拉善（五原县、磴口县、阿拉善左旗）、贺兰山。分布于我国宁夏北部、陕西北部、甘肃（古浪县、武威市），蒙古国、俄罗斯（阿尔泰地区、达乌里地区）。为蒙古高原分布种。

全草入药，能调经活血、清热利水，主治产后腹痛、月经不调、急性肾炎、子宫出血等。

221

16. 兔唇花属 **Lagochilus** Bunge

多年生草本或矮小半灌木。叶羽状分裂，裂片先端具刺状尖头。轮伞花序腋生，少花；苞片锥形，刺状。花萼管状钟形，具5脉，有相等或不相等的5齿，萼齿顶有刺。花冠里面有柔毛环，二唇形：上唇2裂；下唇3裂，中裂片较大，倒心形，先端2圆裂，侧裂片较小。雄蕊4，花丝有毛，花药2室，室平行或略叉开。小坚果三角形，顶端截平或圆形。

内蒙古有1种。

1. 冬青叶兔唇花

Lagochilus ilicifolius Bunge ex Benth. in Labiat. Gen. Spec. 641. 1834; Fl. Intramongol. ed. 2, 4:235. t.92. f.5-8. 1992.

多年生植物，高7～13cm。根木质。茎分枝，直立或斜升，基部木质化，密被短柔毛，混生疏长柔毛。叶楔状菱形，革质，灰绿色，长10～15mm，宽5～10mm，先端具5～8齿裂，齿端具短芒状刺尖，基部楔形，两面无毛，无柄。轮伞花序具2～4花，着生在茎上部叶腋

内；花基部两侧具2苞片，苞片针状，长8～10mm，无毛。花萼管状钟形，长13～15mm，宽约5mm，革质，无毛，具5裂片；裂片大小不相等，矩圆状披针形，长5～6mm，先端有刺尖。花冠淡黄色，外面密被短柔毛，里面无毛，长2.5～2.8cm，呈二唇形：上唇直立，2裂，边缘具长柔毛；下唇3裂，中裂片大，侧裂片小。雄蕊着生于冠筒，前对长，花丝扁平。花柱近方柱形。小坚果狭三角形，长约5mm，顶端截平。花期6～8月，果期9～10月。

旱生草本。生于荒漠草原地带，也较少量出现在荒漠区，是小针茅荒漠草原植被的重要特征种，一般为伴生种，但恒有度很高，尤其喜生于砾石质土壤和沙砾质土壤上。产锡林郭勒（镶黄旗、苏尼特左旗、苏尼特右旗、察哈尔右翼后旗）、乌兰察布（四子王旗、达尔罕茂明安联合旗、白云鄂博矿区、固阳县、乌拉特前旗）、鄂尔多斯（杭锦旗、鄂托克旗、鄂托克前旗）、东阿拉善（乌拉特后旗、狼山、阿拉善左旗）。分布于我国宁夏中部和北部、陕西西北部、甘肃中北部，蒙古国西部和南部、俄罗斯（西伯利亚地区）。为戈壁—蒙古分布种。

17. 水苏属 Stachys L.

多年生草本。轮伞花序多数组成顶生穗状花序；花萼管状钟形、倒圆锥形或管状，具 10 脉，5 齿裂。花冠筒圆锥形，里面近基部有疏柔毛环。冠檐二唇形：上唇直立，常微盔状；下唇 3 裂，中裂片大，侧裂片较短。雄蕊 4，前对较长；药室 2，平行或略叉开；花柱先端等 2 裂。小坚果卵球形或矩圆形，先端截平或圆形。

内蒙古有 3 种。

分种检索表

1a. 叶柄极短，长 1 ～ 3mm；叶片狭，矩圆状条形或披针状条形·····················**1. 华水苏 S. riederi**
1b. 叶明显具柄，长 5 ～ 20mm；叶片宽，卵形至矩圆状披针形。

  2a. 叶卵形或椭圆状卵形，根状茎顶端具螺蛳状的膨大肉质块茎·····················**2. 甘露子 S. sieboldii**
  2b. 叶矩圆状披针形；根状茎细长，顶端无块茎·····················**3. 水苏 S. japonica**

1. 华水苏（毛水苏）

Stachys riederi Cham. ex Benth. in Linnaea 6:570. 1831; Zhao Yi Zhi in Act. Sci. Nat. Univ. Intramongol. 18(1):152. 1987; Fl. Intramongol. ed. 2, 4:236. t.93. f.1-6. 1992.——*S. chinensis* Bunge ex Benth. in Labiat. Gen. Spec. 544. 1834; Fl. China 17:180. 1994.——*S. riederi* Cham. ex Benth. var. *hispidula* (Regel) H. Hara in Bot. Mag. Tokyo 51:144. 1937; Fl. Intramongol. 5:211. t.88. f.1-6. 1980.——*S. baicalensis* Fisch. ex Benth. in Labiat. Gen. Spec. 543. 1834; Fl. China 17:180. 1994.

多年生草本，高 20 ～ 50cm。根状茎伸长，节上生须根。茎直立，单一或分枝，沿棱及节具伸展的刚毛或倒生小刚毛，或疏被刚毛。叶矩圆状披针形、披针形或披针状条形，长 4 ～ 9cm，宽 5 ～ 15mm，先端钝或稍尖，基部近圆形或浅心形，叶两面被贴生的刚毛，或上面疏被小刚毛，下面几无毛，边缘有小的圆齿状锯齿，叶柄长 1 ～ 3mm。

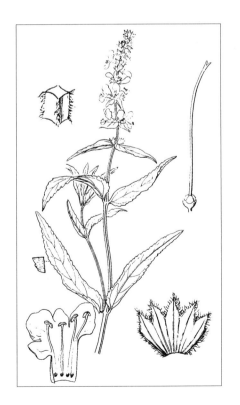

轮伞花序组成顶生穗状花序，基部 1 轮远离，其余密集；苞叶与叶同形，向上渐变小，卵状披针形或披针形；小苞片条形，被刚毛，早脱落；花梗长约 1mm，与花序轴密被柔毛状刚毛。花萼长约 7mm，外面沿肋及齿缘密被或疏被具节柔毛状刚毛；萼齿三角状披针形，长约 3mm，顶端具黄白色刺尖。花冠淡紫色至紫色，长约 1.2cm，二唇形：上唇直伸，卵圆形，长约 5mm，宽约 4mm，外面被柔毛状刚毛；下唇外面疏被微柔毛，中裂片倒肾形或圆形，长约 4.8mm，宽约 3mm，外面有白色花纹，侧裂片卵圆形，宽约 2.5mm。雄蕊均内藏，近等长；花丝扁平，被微柔毛；花药浅蓝色，卵圆形。花盘平顶。花柱与雄蕊近等长，先端呈等 2 裂，褐色。小坚果棕褐色，光滑无毛，近圆形，直径约 1.5mm。花期 7 ～ 8 月，果期 8 ～ 9 月。

湿中生草本。生于森林带、森林草原带及草原带的低湿草甸、河谷草甸、沼泽草甸。产兴安北部及岭西和岭东（额尔古纳市、根河市、鄂伦春自治旗、鄂温克族自治旗、东

乌珠穆沁旗宝格达山）、呼伦贝尔（海拉尔区、满洲里市）、兴安南部及科尔沁（科尔沁右翼前旗、科尔沁右翼中旗、阿鲁科尔沁旗、巴林左旗、巴林右旗、克什克腾旗）、燕山北部（喀喇沁旗、宁城县、敖汉旗）、锡林郭勒（苏尼特左旗、多伦县）、阴山（大青山）、阴南平原（呼和浩特市）、阴南丘陵（准格尔旗）、鄂尔多斯（乌审旗、鄂托克旗）。分布于我国黑龙江、吉林、辽宁、河北、山东西部和西北部、山西北部、陕西北部、甘肃东南部，日本、朝鲜、蒙古国东部和北部、俄罗斯（东西伯利亚地区、远东地区）。为东西伯利亚—东亚北部分布种。

全草入药，能止血、祛风解毒，主治吐血、衄血、血痢、崩中带下、感冒头痛、中暑目昏、跌打损伤。

2. 甘露子（宝塔菜、地蚕、螺丝菜、小地梨）

Stachys sieboldii Miq. in Ann. Mus. Bot. Lugd.-Bat. 2:112. 1865; Fl. Intramongol. ed. 2, 4:238. t.82. f.3-5. 1992. p.p.

多年生草本，高 15～50cm。根状茎白色，节上具有鳞片状叶及须根，顶端有螺蛳状的膨大块茎。茎直立，单一或多分枝，在棱及节上被硬毛。叶卵圆形或长椭圆状卵形，长 3～12cm，宽 1～5cm，先端微锐尖或渐尖，基部截形、浅心形或圆形，边缘具圆齿状锯齿，上面被密或疏的贴生硬毛，下面沿脉较密，叶柄长 5～20mm。轮伞花序组成顶生穗状花序；苞叶披针形，较叶小；花梗极短；花梗基部有一对小苞片，条形，长约 1mm。花萼狭钟状，长 6～9mm，外面被具腺柔毛；齿狭三角形，长约 3.5mm，先端具淡黄色刺尖头。花冠粉红色至紫红色，二唇形：上唇矩圆形，全缘；下唇有紫斑，长 1.3～1.4cm，3 裂，中裂片较大，近圆形，直径约为 2.5mm，侧裂片卵圆形且较短小。雄蕊前对略长，均内藏；花丝扁平，基部略膨大，被微柔毛；花药卵圆形。小坚果长约 2mm，宽约 1.5mm，暗褐色，表面

具小瘤。花期 7～8 月，果期 8～9 月。

中生草本。生于山地低湿草甸。产阴山（土默特右旗沟门镇后湾村）。分布于我国河北、山东、山西、宁夏、甘肃、青海。为华北分布种。我国其他省份多有栽培，亚洲（日本）、欧洲、北美洲也广为栽培。

块茎供食用，多用于制作酱菜。

全草或块茎入药，能祛风热利湿、活血散瘀，主治黄疸、尿路感染、风热感冒、肺结核，外用治疮毒肿痛、蛇虫咬伤。

3. 水苏

Stachys japonica Miq. in Ann. Mus. Bot. Lugd.-Bat. 2:111. 1865; Fl. China 17:181. 1994.——*S. sieboldii* auct. non Miq.: Fl. Intramongol. ed. 2, 4:238. 1992. p.p.

多年生草本，高 15～60(～80)cm。根状茎长，横走。茎直立，棱上疏生倒生刺毛或近无毛，基部毛较多。叶片卵状长圆形，长 4.5～12cm，宽 1.5～2cm，基部楔形、圆形或微心形，有时稍斜截形，先端钝尖至渐尖，边缘具圆锯齿，两面近无毛，叶柄长 1～2.5cm；下部苞叶与叶同形，向上渐小。轮伞花序每轮 6 花，花紫红色，于茎顶或分枝顶端集成穗状花序；苞线形，长约 3mm，边缘有纤毛；花萼钟形，长约 7mm，外被腺毛，萼齿 5，具刺尖。花冠长 1～1.2cm，二唇形：上唇较短，直伸，外密生腺毛；下唇 3 裂，中裂片较大。花冠筒稍超出花萼，里面有毛环。雄蕊 4，花丝中部有毛，花药药室平叉开。花柱先端 2 裂，裂片相等，钻形。小坚果卵形，无毛。

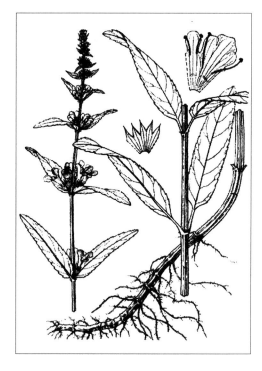

湿中生草本。生于草原带的沟谷水边、河谷岸边。产呼伦贝尔（海拉尔区）、乌兰察布（达尔罕茂明安联合旗巴音花镇红旗牧场）、阴山（大青山、蛮汗山）、阴南丘陵（清水河县）。分布于我国吉林东部、辽宁中部和南部、河北、河南、山东、山西、安徽、江西西北部、江苏、浙江、福建北部，日本、俄罗斯（远东地区）。为东亚分布种。

18. 石荠苎属 Mosla (Benth.) Buch.-Ham. ex Maxim.

一年生草本。揉之有强烈的香味。叶对生，背面有明显凹陷的腺点，叶缘有锯齿，具柄。总状花序生于主茎及分枝的顶部，苞小。花萼钟形；萼齿 5，近相等或二唇形，果期增大，表面被疏柔毛及黄色腺点，里面喉部被毛。花冠白色、粉红色至紫红色，冠筒内具毛环或无；冠檐二唇形，上唇微凹，下唇 3 裂。雄蕊 4，后雄蕊能育，前雄蕊退化；花柱先端呈近相等 2 浅裂。小坚果黄褐色至灰褐色，卵圆形或近球形，表面具疏网纹或深凹的雕纹。

内蒙古有 1 种。

1. 石荠苎

Mosla scabra (Thunb.) C. Y. Wu et H. W. Li in Act. Phytotax. Sin. 12(2):230. 1974; Fl China 17:244. 1994.——*Ocimum scabrum* Thunb. in Trans. Linn. Soc. Lodon 2:238. 1794.

一年生草本，高20～60cm。茎被短柔毛，多分枝。叶片卵形或卵状披针形，长2～4.5cm，宽1.5～2cm，基部宽楔形或稍圆，先端尖或稍钝，边缘锯齿状，表面被疏柔毛，背面密布凹陷的腺点，被疏柔毛，叶柄长1cm左右。总状花序生于主茎及分枝顶端；苞片披针形。花萼钟状，密被短柔毛，二唇形：上唇3齿，中齿略小；下唇2齿，条状披针形，果期萼伸长，毛渐少，有明显的腺点。花冠粉红色，表面被柔毛，里面基部具毛环。冠檐二唇形：上唇宽大，顶端微凹；下唇3裂，中裂片稍大。雄蕊4：前雄蕊退化，药室不明显；后雄蕊能育，药室叉开。花柱先端呈相等2裂。小坚果卵圆形或近圆形，表面具深雕纹。花期8～9月，果期9～10月。

中生草本。生于阔叶林带的山坡、灌丛、路边。产燕山北部（喀喇沁旗、敖汉旗）。分布于我国辽宁东部、河南、山东、陕西西南部、甘肃东南部、四川、安徽、江西、江苏、浙江、福建、湖北西部、湖南、广东、广西、台湾北部、日本、朝鲜、越南。为东亚分布种。

全草入药，可治感冒、中暑、高烧、痱子、皮肤瘙痒、疥疮、疟疾、便秘、内痔、便血、湿脚气、外伤出血、跌打损伤。全草又能杀虫。

19. 百里香属 Thymus L.

半灌木或小灌木。叶小，多全缘，苞片微小。轮伞花序紧密排成头状花序或疏松地排成穗状花序。花萼钟形或管形，具10～13脉；明显二唇形，上唇3裂，下唇2裂，里面喉部被白色毛环。花冠近于辐射对称，二唇形：上唇直伸，微凹；下唇开展，3裂，裂片近相等或中裂片较长。雄蕊4，伸出花冠外或内藏，前对较长；花药2室，药室平行或叉开。花盘平顶。小坚果卵球形，光滑。

内蒙古有1种。

1. 百里香（地椒）

Thymus serpyllum L., Sp. Pl. 2:590. 1753; Key High. Pl. Daqing Mount. Inn. Mongol. 123. 2005.——*T. quinquecostatus* Celak. in Oesterr. Bot. Z. 39:263. 1889; Fl. China 17:235. 1994.——*T. quinquecostatus* Celak. var. *przewalskii* (Kom.) Ronniger in Act. Hort. Gothob. 9:100. 1934; Fl. China

17:236. 1994.——*T. serpyllum* L. var. *przewalskii* Kom. in Trudy Imp. St.-Petersb. Bot. Sada 25:379. 1907.——*T. serpyllum* L. var. *asiaticus* Kitag. in Rep. First. Sci. Exped. Manch. Sect. 4, 4:92. 1936; Fl. Intramongol. ed. 2, 4:240. t.94. f.12. 1992.——*T. serpyllum* L. var. *mongolicus* Ronniger in Notizbl. Bot. Gart. Berl. 10:890. 1930; Fl. Intramongol. ed. 2, 4:241. t.94. f.6-11. 1992.

　　小半灌木。茎木质化，多分枝，匍匐或斜升。花枝高 (0.5～)2～8(～18)cm，在花序下

密被向下弯曲的柔毛，基部有脱落的先出叶；不育枝从茎的末端或基部生出。叶条状披针形、披针形、条状倒披针形、倒披针形或椭圆形，长 4～10mm，宽 0.7～2.5mm，先端钝或尖，基部楔形或渐狭，全缘，近基部边缘具少数睫毛，侧脉 2～3 对，在下面不明显凸起，有腺点，具短柄；下部叶变小；苞叶与叶同形。轮伞花序紧密排成头状；花梗长 1～2mm，密被微柔毛。花萼狭钟形，具 10～11 脉，开花时长 3～4mm，被疏柔毛或近无毛，具黄色腺点。萼上唇与下唇通常近相等；上唇有 3 齿，齿三角形，具睫毛或近无毛；下唇 2 裂片，钻形，被硬睫毛。

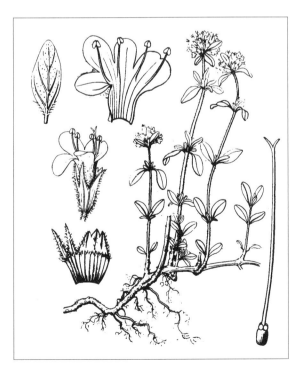

花冠紫红色、紫色或粉红色，稀白色，被短疏柔毛，长 4.5～5.1mm。小坚果近圆形，光滑。花期 7～8 月，果期 9 月。

　　旱生小半灌木。生于草原带和森林草原带的沙砾质平原、石质丘陵、山地阳坡，常成为草原群落的伴生种，在表土常态侵蚀较强烈的地段上往往形成以百里香为建群种的草原群落演替变型。在内蒙古鄂尔多斯市东部黄土区、赤峰市东部及南部的黄土丘陵上，百里香群落有大量分布，成为小畜放牧场。也见于荒漠区的山地砾石质坡地。产岭东（扎兰屯市、鄂伦春自治旗）、岭西及呼伦贝尔（额尔古纳市、陈巴尔虎旗、海拉尔区、新巴尔虎左旗）、兴安南部（扎赉特旗、科尔沁右翼中旗、阿鲁科尔沁旗、巴林右旗、克什克腾旗）、辽河平原（大青沟）、赤峰丘陵（红山区、松山区、翁牛特旗）、燕山北部（喀喇沁旗、宁

城县、敖汉旗)、锡林郭勒(东乌珠穆沁旗、西乌珠穆沁旗、锡林浩特市、阿巴嘎旗、苏尼特左旗、兴和县、丰镇市)、乌兰察布(四子王旗、达尔罕茂明安联合旗、白云鄂博矿区、固阳县)、阴山(大青山、蛮汗山)、阴南平原(呼和浩特市)、阴南丘陵(准格尔旗)、鄂尔多斯(东胜区、伊金霍洛旗、乌审旗、鄂托克旗)、贺兰山。分布于我国黑龙江、吉林、辽宁、河北、河南、山东、山西、陕西、甘肃、青海、日本、朝鲜、蒙古国、俄罗斯(西伯利亚地区)。为东古北极分布种。

全草入药(药材名:地椒),有小毒,能祛风解表、行气止痛,主治感冒、头痛、牙痛、遍身疼痛、腹胀冷痛,外用防腐杀虫。

百里香又是一种芳香油植物,茎叶含芳香油 0.5%左右,可分离芳柠醇、龙脑香,供香料、食品工业用。

为中等饲用植物。对小畜有一定的饲用价值,是黄土丘陵地区家畜主要的饲草。牛和骆驼不吃它,在幼嫩时羊和马乐食。夏季家畜不食;秋季当植株渐干时,又开始为家畜所采食;冬季植株残留较好时,绵羊、山羊、马喜食。

20. 风轮菜属 Clinopodium L.

多年生草本。叶具齿。轮伞花序,少花或多花;苞片长,条形或针状,疏被长柔毛。花萼管状,具 13 脉,基部常一边膨胀,喉部里面疏生毛茸,但不形成明显的毛环;二唇形,上唇 3 齿、较短,下唇 2 齿、较长。花冠近二唇形:上唇直伸,先端微缺;下唇 3 裂,中裂片较大,冠筒超过花萼。雄蕊 4,有时后对退化仅具前对,前对较长,上升至上唇片下;花药 2 室,室水平叉开。花盘平顶。小坚果极小,无毛。

内蒙古有 1 种。

1. 麻叶风轮菜 (风车草、风轮菜)

Clinopodium urticifolium (Hance) C. Y. Wu et Hsuan ex H. W. Li in Act. Phytotax. Sin. 12:219. 1974; Fl. China 17:229. 1994.——*Calamintha clinopodia* Benth. var. *urticifolia* Hance in Ann. Sci. Nat. Bot. Ser. 5, 5:235. 1866.——*C. chinense* (Benth.) Kuntze subsp. *grandiflorum* (Maxim.) H. Hara in J. Jap. Bot. 12:39. f.38. 1936; Fl. Intramongol. ed. 2, 4:238. t.94. f.1-5. 1992.——*Calamintha chinensis* Benth. var. *grandiflora* Maxim. in Mem. Acad. Imp. Sci. St.-Petersb. 9:217. 1859.

多年生草本,高 30～80cm。根状茎木质。茎直立,近四棱形,疏被短硬毛,基部稍木质,常紫红色。叶片卵圆形或卵状披针形,长 3～5.5cm,宽 1～3cm,先端钝,基部圆形,边缘具锯齿,上面被极疏的短硬毛,下面沿脉疏被贴生具节柔毛;叶具柄,下部者较长,长 10～12mm,上部者较短。轮伞花序,多花密集,半球形,常偏于一侧;苞叶叶状,常超出轮伞花序;苞片条形或针状,具肋,被白色缘毛。总花梗明显,长 3～5mm,多分枝;花梗长 1.5～2.5mm,与总花梗及序轴密被柔毛及微柔毛。花萼狭管形,长 6～8mm,上部染紫红色,外面沿脉疏被白色长纤毛,里面在齿上被疏柔毛。萼上唇齿近外反,长三角形,先端具短芒尖;下唇齿直伸,稍长,先端芒尖。花冠紫红色,长约

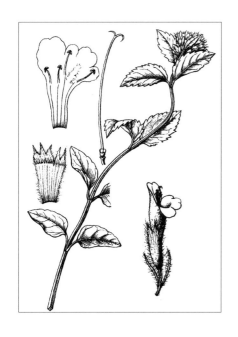

10mm，外被微柔毛，里面在下唇下方喉部具 2 列毛茸；冠筒伸出，向上渐宽大；冠檐近辐射对称，唇片略分化，上唇直伸，先端微缺，下唇中裂片较大。雄蕊 4，前对稍长；花药 2 室，室略叉开。花盘平顶。子房无毛；花柱微露出，先端呈不相等 2 浅裂。小坚果倒卵球形，无毛。花期 6～8 月，果期 8～10 月。

中生草本。生于山地森林带和森林草原带的林下、林缘、灌丛，也见于沟谷草甸及路旁。产兴安南部（科尔沁右翼前旗、巴林右旗）、辽河平原（大青沟）、燕山北部（喀喇沁旗、宁城县、敖汉旗）、阴山（大青山）。分布于我国黑龙江、吉林、辽宁、河北、河南、山东、山西、陕西、四川、江苏，朝鲜、俄罗斯（远东地区）。为华北—满洲分布种。

21. 紫苏属 Perilla L.

属的特征同种。

单种属。内蒙古栽培。

1. 紫苏

Perilla frutescens (L.) Britt. in Mem. Torr. Bot. Club 5:277 1894; Fl. Intramongol. ed. 2, 4:246. t.96. f.5-9. 1992.——*Ocimum frutescens* L., Sp. Pl. 2:597. 1753.

一年生草本，高 30～200cm。茎直立，绿色或紫色，密被长柔毛。叶宽卵形或圆形，长 7～13cm，宽 4.5～10cm，先端短尖或骤尖，基部圆形或宽楔形，边缘在基部以上有粗锯齿，两面绿色、紫色或仅下面紫色，上面被疏柔毛，叶柄长 3～7cm。轮伞花序，具 2 花，排列成偏于一侧的总状花序；苞片宽卵形或近圆形，长、宽约 4mm，先端具短尖；花梗长 2～5mm，密被柔毛。花萼钟状，长约 3mm，果期增长至 1.1cm，基部一边肿胀，下部外面被长柔毛；萼齿 5，上唇 3 齿，中唇较小，下唇 2 齿，较上唇齿稍长，披针形。花冠白色至紫红色，长 3～4mm，外面略被微柔毛；冠筒短，长 2～2.5mm；喉部斜钟形；冠檐二唇形，上唇微缺，下唇 3 裂，中裂片较大，侧裂片与上唇片相近似。雄蕊 4，几不伸出，前对稍长；花丝扁平；药室 2，室平行，其后略叉开或极叉开。花盘前方呈指状膨大。子房全 4 裂；花柱先端 2 浅裂，裂片近相等，钻形。小坚果近球形，灰褐色，直径约为 1.5mm。

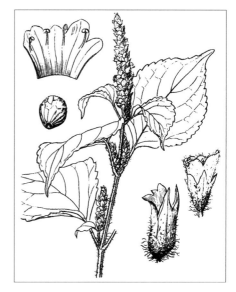

中生草本。原产日本、朝鲜、不丹、印度、印度尼西亚，中南半岛。为东亚分布种。内蒙古及我国其他省区有栽培。

叶（药材名：紫苏叶）、梗（药材名：紫苏梗）和种子（药材名：紫苏子）入药。紫苏叶能解表散寒、行气和胃，主治风寒感冒、咳嗽、胸腹胀满、恶心呕吐。紫苏梗能理气宽中，主治胸脘胀闷、嗳气呕吐、胎动不安。紫苏子能降气、消痰，主治咳逆上气、痰多喘急。地上部分（药材名：紫苏）入药，功能、主治同紫苏叶，但发散力稍缓。种子可榨油，供食用或工业用。

22. 薄荷属 Mentha L.

多年生草本，稀一年生草本。有香气。叶缘具牙齿、锯齿或圆齿。轮伞花序，密集，再排成穗状花序；花小；花萼钟形，具 10 ～ 13 脉，具 5 齿，喉部无毛或有毛。花冠钟形，近 4 裂：上裂片大都稍宽，全缘，先端 2 浅裂；其余 3 裂片等大，全缘。雄蕊 4，近等大，直立，通常伸出花冠；花药 2 室，室平行。花柱伸出，顶端 2 浅裂。小坚果平滑或有网状凸起。

内蒙古有 2 种。

分种检索表

1a. 轮伞花序多个，腋生，疏散；萼齿披针状钻形或狭三角形；叶先端长渐尖……**1. 薄荷 M. canadensis**
1b. 轮伞花序 2 个密集成头状，萼齿宽三角形；叶先端锐尖………………**2. 兴安薄荷 M. dahurica**

1. 薄荷（东北薄荷）

Mentha canadensis L., Sp. Pl. 2:577. 1753; Fl. China 17:237. 1994.——*M. haplocalyx* Briq. in Bull. Soc. Bot. Geneve 5:39. 1889; Fl. Intramongol. ed. 2, 4:242. t.95. f.1-6. 1992.——*M. sachalinensis* (Briq. ex Miyabe et Miyake) Kudo in J. Coll. Sci. Imp. Univ. Tokyo 43(10):47. 1921; Fl. China 17:237. 1994.——*M. arvensis* L. subsp. *haplocalyx* Briq. var. *sachalinensis* Briq. ex Miyabe et Miyake in Fl. Saghalin 361. 1916.

多年生草本，高 30 ～ 60cm。茎直立，具长根状茎，四棱形，被疏或密的柔毛，分枝或不分枝。叶矩圆状披针形、椭圆形、椭圆状披针形或卵状披针形，长 2 ～ 9cm，宽 1 ～ 3.5cm，先端渐尖或锐尖，基部楔形，边缘具锯齿或浅锯齿；叶柄长 2 ～ 15mm，被微柔毛。轮伞花序腋生，球形，花期直径 1 ～ 1.5cm；苞片条形。总花梗极短；花梗纤细，长 2 ～ 3mm。花萼管状钟形，长 2.5 ～ 3mm；萼齿狭三角状钻形，外面被疏或密的微柔毛与黄色腺点。花冠淡紫或淡红紫色，长 4 ～ 5mm，外面略被微柔毛或长疏柔毛，里面在喉部以下被微柔毛。冠檐 4 裂：上裂片先端微凹或 2 裂，较大；其余 3 裂片近等大，矩圆形，先端钝。雄蕊 4，前对较长，伸出花冠之外或与花冠近等长。花柱略超出雄蕊，先端为近相等 2 浅裂。小坚果卵球形，黄褐色。花期 7 ～ 8 月，果期 9 月。

湿中生草本。生于森林带和草原带的水旁低湿地、湖滨草甸、河滩沼泽草甸。产兴安北部及岭东和岭西（额尔古纳市、鄂伦春自治旗、牙克石市、陈巴尔虎旗、海拉尔区、鄂温克族自治旗、新巴尔虎左旗）、兴安南部及科尔沁（扎赉特旗、科尔沁右翼前旗、科尔沁右翼中旗、扎鲁特旗、阿鲁科尔沁旗、巴林左旗、巴林右旗、克什克腾旗）、辽河平原（大青沟）、赤峰丘陵、燕山北部（喀喇沁旗、宁城县）、锡林郭勒（西乌珠穆沁旗、苏尼特左旗、正蓝旗、多伦县、兴和县）、阴山（大青山、蛮汗山）、阴南平原（呼和浩特市、包头市）、阴南丘陵（准格尔旗）、鄂尔多斯（东胜区、乌审旗、杭锦旗、鄂托克旗、达拉特旗）、东阿拉善（乌拉特后旗）。分布于我国，日本、朝鲜、蒙古国东部和北部及西部、俄罗斯（远东地区），亚洲热带地区东部，北美洲。为东亚—北美分布种。

地上部分入药（药材名：薄荷），能祛风热、清头目，主治热感冒、头痛、目赤、咽喉肿痛、口舌生疮、牙痛、荨麻疹、风疹、麻疹初起。

2. 兴安薄荷

Mentha dahurica Fisch. ex Benth. in Labiat. Gen. Spec. 181. 1836; Fl. Intramongol. ed. 2, 4:242. t.95. f.7-10. 1992.

多年生草本，高 30～60cm。茎直立，稀分枝，沿棱被倒向微柔毛，四棱形。叶片卵形或卵状披针形，长 2～4cm，宽 8～14mm，先端锐尖，基部宽楔形，边缘在基部以上具浅圆齿状锯齿；叶柄长 7～10mm。轮伞花序，花 5～13，具长 2～10mm 的总花梗，通常茎顶 2 个轮伞

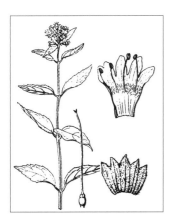

花序聚集成头状花序，其下方的 1～2 节的轮伞花序稍远离；小苞片条形，被微柔毛；花梗长 1～3mm，被微柔毛。花萼管状钟形，长约 2.5mm，外面沿脉上被微柔毛，里面无毛，具 10～13 脉，明显；萼齿 5，宽三角形。花冠浅红或粉紫色，长 4～5mm，外面无毛，里面在喉部被微柔毛；冠

檐 4 裂，上裂片 2 浅裂，其余 3 裂，矩圆形。雄蕊 4，前对较长。小坚果卵球形，长约 0.75mm，光滑。花期 7～8 月。

湿中生草本。生于山地森林带、森林草原带的河滩湿地及草甸。产兴安北部及岭东和岭西（额尔古纳市、鄂伦春自治旗、鄂温克族自治旗、扎赉特旗）。分布于我国黑龙江、吉林，日本、俄罗斯（远东地区）。为东亚北部（满洲—日本）分布种。

23. 地笋属 Lycopus L.

多年生草本，常具肥大的根状茎。叶具齿或羽状分裂，苞叶与叶同形。轮伞花序，多花密集，再排列成穗状，花小，无梗；苞片小；花萼钟形，萼齿 4～5，齿不等大。花冠钟状，近于辐射对称的二唇形；冠檐 4 裂，上唇全缘，下唇 3 裂，中裂片稍大。雄蕊 4，前对能育，上升，稍超出花冠；花药 2 室，室平行，顶端不贯通；后对雄蕊退化消失或呈丝状。花盘平顶。花柱先端 2 裂，裂片等大或后裂片较小。小坚果背腹扁平，腹面多少具棱，顶端截平。

内蒙古有 1 种。

分变种检索表

1a. 叶椭圆状披针形至条状披针形，边缘具锐尖粗牙状锯齿。

　　2a. 叶两面无毛，茎无毛或节疏被微硬毛⋯⋯⋯⋯⋯⋯⋯⋯**1a. 地笋 L. lucidus** var. **lucidus**

　　2b. 叶上面密被细刚毛状硬毛，下面沿主脉被刚毛状硬毛；茎棱上被向上的小硬毛⋯⋯⋯⋯⋯⋯
⋯⋯⋯⋯⋯⋯⋯⋯⋯⋯⋯⋯⋯⋯⋯⋯⋯⋯⋯⋯⋯⋯**1b. 硬毛地笋 L. lucidus** var. **hirtus**

1b. 茎下部叶椭圆形或披针形，近羽状深裂；中部叶有疏锯齿；上部叶条状披针形，近于全缘⋯⋯⋯⋯
⋯⋯⋯⋯⋯⋯⋯⋯⋯⋯⋯⋯⋯⋯⋯⋯⋯⋯⋯⋯**1c. 异叶地笋 L. lucidus** var. **maackianus**

1. 地笋（地瓜苗、泽兰）

Lycopus lucidus Turcz. ex Benth. in Prodr. 12:178. 1848; Fl. Intramongol. ed. 2, 4:244. t.96. f.1-4. 1992.

1a. 地笋

Lycopus lucidus Turcz. ex Benth. var. **lucidus**

多年生草本，高（30～）60～100cm。根状茎横走，先端肥大，呈圆柱状。茎直立，单生，四棱形，无毛或节疏被微硬毛。叶革质，椭圆状披针形至条状披针形，长 3～10cm，宽 1～3cm，

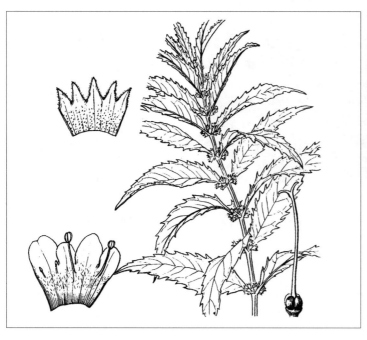

先端渐尖或尾尖，基部渐狭，边缘具锐尖粗牙齿状锯齿，上面具光泽，亮绿色，无毛，下面淡黄色，具凹陷的腺点。轮伞花序，多花密集成半球形；苞片卵圆形，长 2～3mm，具 1～3 脉。花萼钟形，长约 3mm，具腺点；萼齿 5，近相等，卵状披针形，长约 1mm，先端具刺尖头。花冠白色，长 4～5mm，外面具腺点，里面喉部有柔毛。冠檐呈不明显的二唇形：上唇近卵圆形，先端微凹；下唇 3 裂，中裂片大，侧裂片小。雄蕊 4，仅前对能育，超出花冠；花丝无毛；花药卵圆形，2 室，药室略叉开；后对雄蕊退化。花盘平顶。花柱伸出花冠，先端 2 浅裂，近相等。小坚果卵状三棱形，长约 1.5mm，褐色，边缘加厚，具腺点。花期 7～8 月，果期 8～9 月。

湿中生草本。生于森林带和草原带的河滩沼泽草甸、沼泽化草甸及其他低湿地。产岭西（额尔古纳市）、兴安南部（科尔沁右翼前旗、扎赉特旗、阿鲁科尔沁旗、巴林右旗）、燕山北部（宁城县、敖汉旗）、锡林郭勒（苏尼特左旗、多伦县）、鄂尔多斯（乌审旗、鄂托克旗）。分布于我国黑龙江、吉林、辽宁、河北、山东、山西、四川中部、贵州北部、云南西北部，日本、俄罗斯（远东地区）。为东亚分布种。

全草入药（药材名：泽兰），能活血化瘀、行水消肿，主治月经不调、经闭、水肿、产后瘀血腹痛。根状茎可食用。

1b. 硬毛地笋

Lycopus lucidus Turcz. ex Benth. var. **hirtus** Regel in Mem. Acad. Imp. Sci. St.-Petersb. 4:115. 1861; Fl. Intramongol. ed. 2, 4:244. 1992.

本变种与正种的区别在于：茎棱上被向上的小硬毛，节上被密集硬毛；叶片披针形，暗绿色，上面密被细刚毛状硬毛，下面沿主脉被刚毛状硬毛，两端渐狭。

湿中生草本。生于阔叶林带的低湿草甸及灌丛。产燕山北部（喀喇沁旗、多伦县）。分布于我国黑龙江、吉林、辽宁、河北、山东、山西、陕西、甘肃、四川、云南、贵州、安徽、江西、江苏、浙江、福建、台湾、湖北、湖南、广东、广西，日本、俄罗斯（远东地区）。为东亚分布变种。

全草与地笋同做泽兰入药。

1c. 异叶地笋

Lycopus lucidus Turcz. ex Benth. var. **maackianus** Maxim. ex Herd. in Bull. Soc. Imp. Nat. Mosc. 61(1):131. 1885; Fl. Intramongol. ed. 2, 4:246. 1992.

本变种与正种的区别在于：茎细弱，高 20～50cm；茎下部叶椭圆形或披针形，近羽状深裂，中部叶有疏锯齿，上部叶条状披针形，近于全缘。

湿中生草本。生于森林带的低湿草甸及沟谷。产岭东（阿荣旗）。分布于我国黑龙江，日本、朝鲜、俄罗斯（远东地区）。为东亚北部（满洲—日本）分布变种。

24. 鼠尾草属 Salvia L.

一、二年生或多年生草本，半灌木或灌木。叶为单叶或羽状复叶，全缘，具齿或深裂。轮伞花序 2 至多花，排成总状圆锥花序或穗状花序；花萼筒形或钟形，二唇形，上唇全缘或 3 齿裂，下唇 2 齿裂。花冠包于萼内或外伸，有时里面基部有斜生或横生、完全或不完全毛环，或具簇生的毛或无毛。冠檐二唇形：上唇直立；下唇 3 裂，中裂片最大，侧裂片长圆形或圆形，展开或反折。雄蕊着生于花冠的喉部，仅前雄蕊能育；花丝短；花药线形；药隔延长，线状丝形，与花丝顶端有关节相连，形成"丁"字形；后雄蕊退化，生于花冠筒喉部的后方，呈棍棒状或小点，或不存在。花柱顶端 2 浅裂，子房 4 全裂。小坚果卵状三棱形或长圆状三棱形，光滑无毛。

内蒙古有 1 种。

1. 荫生鼠尾草

Salvia umbratica Hance in J. Bot. 8:75. 1870; Fl. China 17:211. 1994.

一年生或二年生草本。根粗大，锥形，木质，褐色。茎直立，高可达 120cm，钝四棱形，被长柔毛，间有腺毛，分枝，枝锐四棱形。叶片三角形或卵圆状三角形，长 3～16cm，宽 2.3～16cm，先端渐尖或尾状渐尖，基部心形或戟形，有时近截形；基部两侧突出的叶片卵圆形，先端锐尖或钝，边缘具重圆齿或牙齿，上面绿色，被长柔毛或短硬毛，下面淡绿色，沿脉被长柔毛，余部散生黄褐色腺点。叶柄长 1～9cm，被疏或密的长柔毛。轮伞花序，花 2，疏离，组成顶生及腋生总状花序；下部苞片叶状，具齿，较上部的披针形，长 3～6mm，宽 1～3mm，先端渐尖，基部楔形，全缘，两面被短柔毛；花梗长约 2mm，与花序轴被长柔毛及腺短柔毛。花萼钟形，长 7～10mm，花后稍增大，外面被长柔毛，内面被微硬伏毛。花萼二唇形，唇裂至萼长 1/3：上唇宽卵状三角形，长约 3mm，宽约 6mm，先端有 3 个聚合的短尖头；下唇比上唇略长，半裂成 2 齿，齿斜三角形，先端锐尖。花冠蓝紫或紫色，长 2.3～2.8cm，外面略被短柔毛，内面离基部 3～3.5mm

处有斜向不完全的疏柔毛毛环；冠筒基部狭长，圆筒形，伸出萼外，向上突然膨大，并向上弯曲，呈喇叭状，宽达 7mm。冠檐二唇形：上唇长圆状倒心形，长约 8mm，宽 6～7mm，先端微缺；下唇较上唇短而宽，长约 7mm，宽达 12mm，3 裂。下唇中裂片阔扇形，长约 4mm，宽约 8mm；侧裂片新月形，宽约 3mm。能育雄蕊 2，伸至上唇片，不伸出；花丝长约 5mm，扁平，无毛；药隔长约 7.5mm，弧形，上臂长约 4mm，下臂长约 3.5mm，顶生横向的药室，药室先端联合；退化雄蕊短小，长约 1mm。花盘前方稍膨大。花柱外伸或与花冠上唇等长，先端

为不等 2 浅裂，后裂片较短。小坚果椭圆形。花期 8～10 月。

中生草本。生于阔叶林带和草原带的山谷灌丛。产兴安南部（克什克腾旗大青山）、燕山北部（喀喇沁旗旺业甸林场）、阴南丘陵（准格尔旗魏家峁镇）。分布于我国河北北部和西部、河南西部和北部、山西、陕西北部、宁夏、甘肃东北部、安徽北部、湖北西北部。为华北分布种。

25. 香薷属 Elsholtzia Willd.

草本、半灌木或灌木。叶缘具齿。轮伞花序组成穗状花序，花序圆柱形或偏向于一侧。花萼钟形或管形；萼齿 5，近等长；喉部无毛，果期稍膨大。花冠小，近二唇形：上唇直立；下唇开展，3 裂，中裂片常较大，全缘，里面具或无毛环。雄蕊 4，前对常较长，上升；花药球形，2 室，顶端贯通。花柱先端 2 裂。小坚果卵圆形或矩圆形，无毛。

内蒙古有 3 种，另有 1 栽培种。

分种检索表

1a. 半灌木，苞片披针形或条状披针形 ···**1. 木香薷 E. stauntoni**
1b. 一年生草本，苞片倒卵形、圆形至卵圆形。
  2a. 穗状花序圆柱形，多花密集，密被紫色串珠状长柔毛 ·······················**2. 密花香薷 E. densa**
  2b. 穗状花序偏于一侧。
    3a. 花萼长约 1.5mm；萼齿不等长，前 2 齿较长；花冠长约 4.5mm；叶卵形或椭圆状披针形，边缘
      具锯齿 ···**3. 香薷 E. ciliata**
    3b. 花萼长 2～2.5mm，萼齿近等长，花冠长 6～7mm；叶矩圆状披针形至披针形，边缘具疏而
      钝的锯齿。栽培 ···**4. 海州香薷 E. splendens**

1. 木香薷（柴荆芥）

Elsholtzia stauntoni Benth. in Labiat. Gen. Spec. 161. 1833; Fl. Intramongol. ed. 2, 4:248. t.97. f.1-5. 1992.

半灌木，高 20～50cm。茎直立，紫红色，被微柔毛，上部多分枝。叶披针形至椭圆状披针形，长 8～12cm，宽 2～4cm，先端渐尖，基部渐狭成叶柄，边缘具粗锯齿，上面边缘及中脉被微柔毛，下面中脉及侧脉略被微柔毛，密生凹腺点；叶具柄，长 4～6cm。轮伞花序，具 5～10

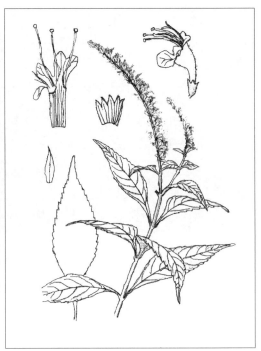

花，组成顶生的穗状花序，长 3 ～ 12cm，近偏向一侧；苞片披针形或条状披针形，长 2 ～ 3mm。花萼管状钟形，长 2 ～ 3mm，外面密被白色绒毛，里面仅萼齿上被灰白色绒毛；萼齿 5，近等大，卵状披针形。花冠淡红紫色，长 7 ～ 9mm；冠筒长约 6mm。花冠二唇形：上唇先端微缺；下唇 3 裂，中裂片近圆形，侧裂片近卵圆形，外面被白色柔毛及稀疏的腺点，里面具间断的髯毛毛环。雄蕊 4，前对较长，明显伸出。子房无毛，花柱与雄蕊等长或略超出。小坚果椭圆形，光滑。花果期 7 ～ 10 月。

旱中生半灌木。生于草原带的山地灌丛、沟谷、石质山坡。产燕山北部（喀喇沁旗、宁城县）、阴山（大青山）。分布于我国辽宁西部、河北、河南西部、山西、陕西中部和南部、甘肃东部。为华北分布种。

2. 密花香薷（细穗香薷）

Elsholtzia densa Benth. in Labiat. Gen. Spec. 714. 1835; Fl. China 17:252. 1994.——*E. densa* Benth. var. *ianthina* (Maxim. et Kanitz) C. Y. Wu et S. C. Huang in Act. Phytotax. Sin. 12(3):344. 1974; Fl. Intramongol. ed. 2, 4:248. t.97. f.6-9. 1992.——*Dysophylla ianthina* Maxim. et Kanitz in Novenyt. Gyujtesek Grof. Szechenyi 46. 1891.

一年生草本，高 20 ～ 80cm。侧根密集。茎直立，自基部多分枝，被短柔毛。叶条状披针形或披针形，长 1 ～ 4cm，宽 5 ～ 15mm，先端渐尖，基部宽楔形或楔形，边缘具锯齿，两面被短柔毛；叶具柄，长 3 ～ 13mm。轮伞花序，具多数花，并密集成穗状花序，圆柱形，长 2 ～ 6cm，宽

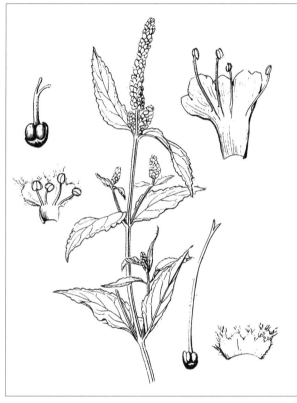

0.5～0.7cm，密被紫色串珠状长柔毛；苞片倒卵形，顶端钝，边缘被串珠状疏柔毛。花萼宽钟状，长约1.5mm，外面及边缘密被紫色串珠状长柔毛；萼齿5，近三角形，前2齿较短，果期花萼膨大，近球形，长约4mm，宽达3mm。花冠淡紫色，长约2.5mm，外面及边缘密被紫色串珠状长柔毛，里面有毛环。冠檐二唇形；上唇先端微缺；下唇3裂，中裂片较侧裂片短；雄蕊4，前对较长，微露出；花药近圆形。花柱微伸出。小坚果卵球形，长约2mm，暗褐色，被极细微柔毛。花果期7～10月。

中生草本。生于森林带和草原带的山地林缘、草甸、沟谷、撂荒地，也生于沙地。产兴安北部及岭东和岭西（额尔古纳市、牙克石市、鄂伦春自治旗、鄂温克族自治旗）、兴安南部（阿鲁科尔沁旗、巴林右旗、克什克腾旗）、燕山北部（喀喇沁旗、宁城县、敖汉旗）、锡林郭勒（西乌珠穆沁旗、锡林浩特市、太仆寺旗、多伦县）、乌兰察布（四子王旗、达尔罕茂明安联合旗）、阴山（大青山、蛮汗山、乌拉山）、贺兰山。分布于我国辽宁、河北、山西、陕西、甘肃东部、青海、四川、西藏东部和南部、云南西北部、新疆中部和北部，蒙古国南部（戈壁—阿尔泰地区）、尼泊尔、印度、巴基斯坦、塔吉克斯坦、阿富汗。为东古北极分布种。

3. 香薷（山苏子）

Elsholtzia ciliata (Thunb.) Hyl. in Bot. Not. 1941:129. 1941; Fl. Intramongol. ed. 2, 4:249. t.98. f.1-5. 1992.——*Sideritis ciliata* Thunb. in Syst. Veg. ed. 14, 532. 1784.

多年生草本，高30～50cm。侧根密集。茎通常自中部以上分枝，被疏柔毛。叶卵形或椭圆状披针形，长3～9cm，宽1～2.5cm，先端渐尖，基部楔形，边缘具钝锯齿，上面被疏柔毛，下面沿脉被疏柔毛，密被腺点；叶具柄，长5～35mm。轮伞花序，具多数花，并组成偏向一侧的穗状花序，长2～7cm；苞片卵圆形，长、宽约4mm，先端具芒状凸尖，具缘毛，上面近无毛但被腺点，下面无毛。

花萼钟状，长约 1.5mm，外面被柔毛，里面无毛；萼齿 5，三角形，前 2 齿较长，先端具针状尖头，具缘毛。花冠淡紫色，长约 4.5mm，外面被柔毛及腺点，里面无毛。花冠二唇形：上唇直立，先端微缺；下唇开展，3 裂，中裂片半圆形，侧裂片较短。雄蕊 4，前对较后对长 1 倍，外伸；花丝无毛；花药黑紫色。子房全 4 裂；花柱内藏，先端 2 裂，近等长。

小坚果矩圆形，长约 1mm，棕黄色，光滑。花果期 7～10 月。

中生草本。生于山地阔叶林林下、林缘、灌丛、山地草甸，也见于较湿润的田野、路边。产兴安北部及岭东（额尔古纳市、牙克石市、鄂伦春自治旗）、兴安南部（科尔沁右翼中旗、阿鲁科尔沁旗、巴林右旗、林西县、克什克腾旗、东乌珠穆沁旗）、赤峰丘陵（红山区、翁牛特旗）、燕山北部（喀喇沁旗、宁城县、敖汉旗、兴和县苏木山）、阴山（大青山、乌拉山）。分布于我国除青海外的其他省区，日本、朝鲜、蒙古国、俄罗斯（西伯利亚地区）、印度、中南半岛。为东古北极分布种。传入欧洲、北美洲。内蒙古呼和浩特市、鄂尔多斯市有栽培。

4. 海州香薷

Elsholtzia splendens Nakai ex F. Maek. in Bot. Mag. Tokyo 48:50. f.20. 1934; Fl. Intramongol. ed. 2, 4:249. t.98. f.6-9. 1992.

一年生草本，高 30～50cm。茎直立，被短柔毛，基部以上多分枝，分枝开展。叶矩圆状披针形至披针形，长 3～6cm，宽 0.8～2.5cm，先端渐尖，基部狭楔形，边缘具稀疏的钝锯齿，上面被疏柔毛，下面沿脉上被疏柔毛，密布凹陷腺点；叶具柄，长 5～15mm。轮伞花序，并由多数组成顶生的穗状花序，长（2～）3.5～4.5cm，偏向一侧；苞片近圆形或宽卵形，长约 5mm，宽 6～7mm，先端具尾状芒尖，除具缘毛外余部无毛，疏生腺点，紫色。花萼钟状，长 2～2.5mm，外面被灰白色短柔毛；萼齿 5，三角形，近相等，先端具刺芒状尖头，具缘毛。花冠玫瑰紫色，长 6～7mm，外面密被柔毛，里面有毛环。花期上唇

先端微缺；下唇开展，3 裂，中裂片圆形，侧裂片截形或近圆形。雄蕊 4，前对较长，均伸出，花丝无毛。花柱超出雄蕊。小坚果矩圆形，长约 1.5mm，黑棕色，具小疣。花果期 9～10 月。

中生草本。生于暖温带及亚热带的山地林缘灌丛，也散生于田野、路旁。内蒙古无野生分布，呼和浩特市和包头市有栽培。分布于我国辽宁、河北、山东、河南、江苏、江西、浙江、湖北、广东，朝鲜。为东亚分布种。

地上部分（药材名：香薷），能发汗解表、和中利湿，主治暑温感冒、恶寒发热无汗、腹痛、吐泻。也入蒙药（蒙药名：希拉 - 吉如格），功能、主治同裂叶荆芥。

26. 香茶菜属 Isodon (Schrad. ex Benth.) Spach

灌木、半灌木或多年生草本。叶大都具柄，具齿。聚伞花序，具 3 至多数花，常排列成总状或圆锥花序，稀密集成穗状花序；花具梗；花萼钟形或管状钟形，萼齿 5，齿近等大或二唇形。花冠筒伸出于花萼之外，下倾或下曲，基部上方浅囊状或呈短矩，至喉部等宽或略收缩。冠檐二唇形：上唇外翻，先端具 4 圆裂；下唇全缘，通常较上唇长，内凹，常呈舟状。雄蕊 4，二强，下倾；花药 1 室，贯通。花柱先端相等 2 浅裂。花盘环状，近全缘或具齿，前方有时呈指状膨大。小坚果圆球形，光滑或具小点。

内蒙古有 1 种。

1. 蓝萼香茶菜（山苏子）

Isodon japonicus (Burm. f.) H. Hara var. **glaucocalyx** (Maxim.) H. W. Li in J. Arnold Arbor. 69:307. 1988.——*Plectranthus glaucocalyx* Maxim. in Prim. Fl. Amur. 212. 1859.——*Rabdosia japonica* (Burm.f.) H. Hara var. *glaucocalyx* (Maxim.) H. Hara in J. Jap. Bot. 47(7):196. 1972; Fl. Intramongol. ed. 2, 4:251. t.99. f.6-9. 1992.

多年生草本，高 50～150cm。根状茎木质，粗大，侧根细长。茎直立，四棱形，具纵槽，下部被柔毛，上部近无毛。叶卵形或宽卵形，长（4～）6～12cm，宽 2～6cm，先端的顶齿尾状渐尖，基部楔形，边缘有粗大的钝锯齿，上面疏被短柔毛，下面仅脉上被短柔毛；叶具柄，柄长 1～3.5cm，上部有宽展的翅。圆锥花序顶生，由多数具（3～）5～7 朵花的聚伞花序组成；小苞片条形，长约 1mm。花萼钟状，长 2～3mm，通常蓝色，外面密被贴生微柔毛，里面无毛；萼齿 5，三角形，短于萼筒，近等长，前 2 齿稍宽且长。花冠淡紫色或紫蓝色，长约 5.5mm，外面被短柔毛，里面无毛；冠檐二唇形，上唇反折，先端具 4 圆裂，下唇卵圆形。雄蕊 4，伸出；花丝扁平，中部以下具髯毛。花柱伸出花冠之外，先端相等 2 浅裂。花盘环状。小坚果宽倒卵形，长约 1.5mm，黄褐色，无毛，顶端具疣状突起。花期 7～9 月，果期 9～10 月。

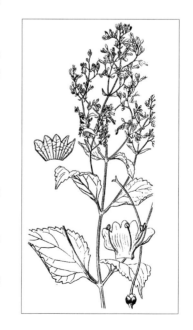

中生草本。生于山地阔叶林林下、林缘、灌丛，也见于山地沟谷及较湿润的撂荒地。产兴安北部（额尔古纳市、牙克石市）、兴安南部（阿鲁科尔沁旗、巴林左旗、巴林右旗、林西县）、赤峰丘陵（松山区、翁牛特旗）、燕山北部（喀喇沁旗、宁城县、

敖汉旗）、阴山（大青山）。分布于我国黑龙江、吉林、辽宁、河北、山东、山西，日本、朝鲜、俄罗斯（远东地区）。为东亚北部分布变种。

地上部分入药，能清热解毒、活血化瘀，主治感冒、咽喉肿痛、扁桃体炎、胃炎、肝炎、乳腺炎、癌症（食管癌、贲门癌、肝癌、乳腺癌）初期、闭经、跌打损伤、关节痛、蚊虫咬伤。

27. 罗勒属 Ocimum L.

草本，半灌木或灌木。极芳香。叶具柄。轮伞花序多数排列成圆锥状花序，花通常白色，花梗极短下弯。花萼卵球形或钟状，果期下倾；萼齿5，呈二唇形。花冠筒稍短于花萼，里面无毛环，喉部膨大成斜钟形。冠檐二唇形：上唇近相等4裂，稀3裂；下唇下倾，全缘。雄蕊4，伸出，前对较长，均下倾于花冠下唇；花药卵圆状肾形，汇合成一室。花盘具齿。花柱先端浅2等裂。小坚果卵球形，基部有1白色果脐。

内蒙古有1栽培种。

1. 罗勒（千层塔、家佩蓝、苏薄荷、省头草）

Ocimum basilicum L., Sp. Pl. 2:597. 1753; Fl. Intramongol. ed. 2, 4:253. t.99. f.1-5. 1992.

一年生草本，高20～70cm。茎直立，钝四棱形，具槽，被倒向微柔毛，常呈紫色，多分枝。叶卵形或卵状矩圆形，长2～5cm，宽1～3cm，先端钝尖，基部楔形，边缘近全缘或具不规则的微齿，两面无毛，下面具腺点，叶柄长5～15mm。轮伞花序顶生于茎枝上部；苞片倒披针形，边缘具纤毛，常具色泽。花萼宽钟状，长约4mm，外面被短柔毛，里面在喉部被疏柔毛；果期花萼宿存，增大。萼齿5，二唇形：上唇3齿（中齿最宽大，近圆形，长约2mm；侧齿宽卵圆形，长约1.5mm，先端锐尖）；下唇2齿，披针形，长约2mm，具刺尖头。花冠淡紫色，长约6mm，冠筒长约3mm。冠檐二唇形：上唇长约3mm，4裂，裂片近相等，近圆形；下唇矩圆形，长约3mm，下倾，全缘。雄蕊4，略超出花冠，插生于花冠筒中部；后对花丝基部具齿状附属物，其上被微柔毛。花柱超出雄蕊之上，先端相等2浅裂。小坚果卵球形，长约2.5mm，宽约1mm，黑褐色。花期7～8月。

中生草本。原产亚洲至非洲的温暖地带。为中亚—非洲分布种。内蒙古及我国其他省区有栽培。

茎、叶及花穗含芳香油、含挥发油0.02%～0.04%，其主要成分为罗勒烯、苏樟醇、牻牛儿苗醇、丁香油酚等，主要用于调香原料。嫩叶可食，亦可泡茶饮用。全草入药，能疏风行气、化湿消食、活血、解毒，主治外感头痛、食胀气滞、脘痛、泄泻、月经不调、跌打损伤、蛇虫咬伤、皮肤湿疮、瘾疹瘙痒等。

109. 茄科 Solanaceae

草本、灌木或小乔木，直立、匍匐或攀援状。有时具皮刺，稀具棘刺。单叶全缘，不分裂或分裂，或羽状复叶，无托叶。花单生或为蝎尾式、伞房式、总状式、圆锥式聚伞花序；花两性，稀杂性，通常 5 基数；花萼宿存，果期增大或几乎不增大；花冠具短筒或长筒，辐状、漏斗状、钟状、壶状或高脚碟状，先端 5 深裂、中裂或浅裂；雄蕊插生于花冠筒，与花冠裂片同数而互生，同形或异形；子房上位，通常由 2 心皮合生而成，心皮往往斜升，2 室或不完全 4 室，稀 3～5 室，胚珠多数或极稀少数至 1 枚。果为浆果或蒴果；种子圆盘形或肾形，胚乳丰富，胚直或弯曲成钩状、环状或螺旋状。

内蒙古有 6 属、14 种，另有 4 栽培属、10 栽培种。

分属检索表

1a. 多棘刺灌木，花冠漏斗状···**1. 枸杞属 Lycium**
1b. 草本或半灌木，常无棘刺；花冠钟状、辐状或漏斗状。
  2a. 浆果，花冠辐状或具短筒。
    3a. 花萼在花后显著膨大，完全包被果实。
      4a. 花萼浅裂或中裂，裂片基部常凹陷；浆果多汁。栽培··········**2. 酸浆属 Physalis**
      4b. 花萼深裂至基部，裂片基部心状箭形，具 2 尖耳片；浆果干燥······**3. 假酸浆属 Nicandra**
    3b. 花萼在花后不增大或不明显增大。
      5a. 花单生；果实为少汁浆果，内有空腔。栽培···················**4. 辣椒属 Capsicum**
      5b. 花集生成聚伞花序，顶生或腋生，极少单生；果实多汁，内无空腔。
        6a. 植株不具黏毛；花白色或淡紫色，花药顶孔开裂·················**5. 茄属 Solanum**
        6b. 植株全体被黏毛；花黄色，花药纵裂。栽培··········**6. 番茄属 Lycopersicon**
  2b. 蒴果，花冠通常具长筒。
    7a. 花冠漏斗状，蒴果盖裂。
      8a. 花集生成顶生无叶的聚伞花序；萼于果期膨大，几呈球状的囊（顶端不闭合），将蒴果包在里面，果萼的齿不具强壮的边缘脉，顶端无刚硬的针刺········**7. 泡囊草属 Physochlaina**
      8b. 花腋生，在植株顶端密集于有叶的花序轴上成总状，且常偏向一侧；萼于果期不膨大成囊状，在下部与蒴果贴近，果萼的齿有强壮的边缘脉，顶端有刚硬的针刺···**8. 天仙子属 Hyoscyamus**
    7b. 花冠长筒状漏斗形，蒴果 2～4 瓣裂。
      9a. 子房不完全 4 室；宿萼上部截断状脱落而仅基部宿存；蒴果通常具刺，4 瓣裂···**9. 曼陀罗属 Datura**
      9b. 子房 2 室；宿萼与果实近等长，不于上部截断状脱落；蒴果无刺，2 瓣裂。栽培··**10. 烟草属 Nicotiana**

1. 枸杞属 Lycium L.

落叶或常绿灌木。有刺或稀无刺。叶互生或因侧枝缩短而簇生，狭长。花淡绿色至青紫色，腋生、单生或丛生；萼钟状，2～5 齿裂；花冠漏斗状，先端 5 裂；雄蕊 5，花丝基部常有毛环。

果为浆果，有种子数粒。

内蒙古有 5 种。

分种检索表

1a. 果实成熟后紫黑色，叶条形、条状披针形或条状倒披针形，花冠筒部长于其裂片 2～3 倍…………
………………………………………………………………………………**1. 黑果枸杞 L. ruthenicum**

1b. 果实成熟后红色或橙黄色；叶狭披针形、披针形、卵形或椭圆形；花冠筒长于其裂片 2 倍，或稍长或稍短于其裂片。

　　2a. 花冠筒长于其裂片 2 倍，花丝基部稍上处疏被绒毛。

　　　　3a. 叶倒披针形或椭圆状倒披针形，稀宽披针形；花萼裂片宿存；花冠裂片边缘疏被缘毛………
　　　　……………………………………………………………………**2. 新疆枸杞 L. dasystemum**

　　　　3b. 叶窄披针形或披针形，花萼裂片有时因裂片脱落呈平截，花冠裂片边缘无毛…………
　　　　……………………………………………………………………**3. 截萼枸杞 L. truncatum**

　　2b. 花冠筒长于其裂片但不及 2 倍，或稍长或稍短于裂片；花丝基部稍上处密生一圈绒毛（毛环）；花萼裂片不断裂。

　　　　4a. 花萼通常 2 中裂，或有时其中 1 裂片再微 2 齿裂；花冠裂片边缘无缘毛，筒部明显长于裂片…
　　　　……………………………………………………………………**4. 宁夏枸杞 L. barbarum**

　　　　4b. 花萼通常 3 中裂，或 4～5 齿裂；花冠裂片边缘具缘毛，筒部明显短于裂片。

　　　　　　5a. 叶卵形、卵状菱形、长椭圆形或卵状披针形，花冠裂片边缘具密缘毛，雄蕊稍短于花冠…
　　　　　　……………………………………………………………**5a. 枸杞 L. chinense var. chinense**

　　　　　　5b. 叶披针形或条状披针形，花冠裂片边缘具稀缘毛，雄蕊稍长于花冠………………………
　　　　　　…………………………………………………**5b. 北方枸杞 L. chinense var. potaninii**

1. 黑果枸杞（苏枸杞、黑枸杞）

Lycium ruthenicum Murr. in Comment. Gott. 2:9. 1780; Fl. Intramongol. ed. 2, 4:256. t.100. f.3-4. 1992.

多棘刺灌木，高 20～60cm。多分枝，分枝斜升或横卧于地面，白色或灰白色，常成"之"字形曲折，有不规则的纵条纹，小枝顶端渐尖成棘刺状，节间短，每节有短棘刺，长 0.3～2.5cm。叶 2～6 枚簇生于短枝上（幼枝上则为单叶互生），肥厚肉质，条形、条状披针形或条状倒披

针形，长 0.5～3cm，宽 2～7mm，先端钝圆，基部渐狭，两侧有时稍向下卷，中脉不明显，近无柄。花 1～2 朵生于短枝上；花梗细，长 0.5～1cm。花萼狭钟状，不规则 2～4 浅裂；裂片膜质，边缘有稀疏缘毛。花冠漏斗状，浅紫色，长约 1.2cm，筒部向檐部稍扩大，先端 5 浅裂；裂片矩圆状卵形，长为筒部的 1/2～1/3，无缘毛。雄蕊稍伸出花冠，着生于花冠筒中部，花丝离基部稍上处有疏绒毛，花冠内壁与之等高处亦有稀疏绒毛。花柱与雄蕊近等长。浆果紫黑色，球形，有时顶端稍凹陷。花期 6～7 月。

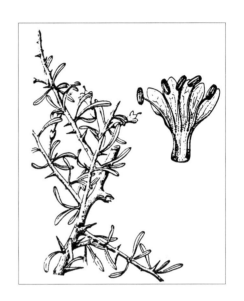

耐盐中生灌木。生于荒漠带的盐化低地、沙地、路旁、村舍附近。产东阿拉善（巴彦淖尔市、阿拉善左旗）、西阿拉善（阿拉善右旗）、额济纳。分布于我国陕西北部、宁夏、甘肃（河西走廊）、青海（柴达木盆地）、西藏北部、新疆，蒙古国西部和南部、俄罗斯、中亚、西南亚、欧洲。为古地中海分布种。

2. 新疆枸杞

Lycium dasystemum Pojark. in Bot. Mater. Gerb. Bot. Inst. Kom. Akad. Nauk S.S.S.R. 13:268. 1950; High. Pl. China 9:206. f.337. 1999; Fl. China 17:302. 1994.

灌木，高达 150cm。多分枝，枝条坚硬，淡黄色或淡灰色，具条纹，老枝具长 0.6～6cm

的硬棘刺，棘刺无叶或生叶和花。单叶互生或 2～5 枚簇生，叶形状多变化，倒披针形、椭圆状倒披针形或宽披针形，长 1.5～4cm，宽 0.5～1.5cm，通常中部较宽，先端锐尖或钝，基部下延成短柄。花在长枝上单生于叶腋，在短枝上 2～3 朵同叶簇生；花梗长 0.5～1.5（～1.8）cm；花萼钟状，长 3～4mm，2～3 裂；花冠漏斗状，长 0.8～1.3cm，筒部长约为檐部裂片的 2 倍，裂片边缘具疏缘毛，在花丝基部稍上处和花冠筒内壁同一水平上具极稀疏绒毛。浆果卵形或卵状球形，直径约 7mm，红色；种子 10～20，肾形或近圆形，长 1.5～2mm。花果期 6～7 月。

中生灌木。生于荒漠带的沙滩或绿洲。产西阿拉善（阿拉善右旗）、额济纳。分布于我国甘肃、青海、新疆，巴基斯坦、阿富汗，中亚。为古地中海分布种。

3. 截萼枸杞

Lycium truncatum Y. C. Wang in Contr. Inst. Bot. Natl. Acad. Peiping. 2(4):104. 1934; Fl. Intramongol. ed. 2, 4:256. t.100. f.1-2. 1992.

少棘刺灌木,高100～150cm。分枝圆柱状,灰白色或灰黄色。单叶互生,或在短枝上数枚簇生,条状披针形、披针形、椭圆状披针形或倒披针形,长1.2～4cm,宽1.5～6mm,先端锐尖,基

部狭楔形且下延成叶柄,全缘,中脉稍明显。花1～3(～4)朵生于短枝上同叶簇生;花梗纤细,于接近花萼处渐增粗,长1～2cm;花萼钟状,长3～4mm,2～3裂,裂片膜质,花后有

时断裂,使宿萼呈截头状。花冠漏斗状;筒部长8～10mm;檐部裂片卵形,长约为筒部的一半,无缘毛。雄蕊插生于花冠筒中部,伸出花冠,花丝基部稍上处被稀疏绒毛;花柱稍伸出花冠。浆果红色,矩圆状或卵状矩圆形,顶端有小尖头。花期5～7月,果期7～9月。

旱中生灌木。生于荒漠带和草原带的山地、丘陵坡地、路旁、田边。产锡林郭勒、乌兰察布、阴山(大青山)、阴南平原(呼和浩特市、包头市)、东阿拉善(磴口县)、西阿拉善(阿拉善右旗)。分布于我国山西北部、陕西北部、甘肃(河西走廊)、新疆(天山),蒙古国南部和东南部。为戈壁分布种。

4. 宁夏枸杞(山枸杞、白疙针)

Lycium barbarum L., Sp. Pl. 1:192. 1753; Fl. Intramongol. ed. 2, 4:257. t.100. f.5-6. 1992.

粗壮灌木,高可达250～300cm。分枝较密,披散或略斜升,有生叶和花的长刺及不生叶的短而细的棘刺,具纵棱纹,灰白色或灰黄色。单叶互生或数片簇生于短枝上,长椭圆状披针形、卵状矩圆形或披针形,长1.8～6(～8)cm,宽4～7mm,先端短渐尖或锐尖,基部楔形且下延成叶柄,全缘。花腋生,常1～2(～6)朵簇生于短枝上;花梗细,长4～15mm;花萼杯状,

长 3.5～5mm，先端通常 2 中裂，有时其中 1 裂片再微 2 齿裂。花冠漏斗状；花冠筒明显长于裂片，中部以下稍窄狭，长 1～1.5cm，粉红色或淡紫红色，具暗紫色条纹；先端 5 裂，裂片

无缘毛。花丝基部稍上处及花冠筒内壁密生一圈绒毛。浆果宽椭圆形，长 10～20mm，直径 5～10mm，红色。花期 6～8 月，果期 7～10 月。

中生灌木。生于草原带和荒漠带的河岸、山地、灌溉农田的地埂、水渠边。内蒙古西部地区广为栽培。产乌兰察布（达尔罕茂明安联合旗、固阳县）、阴南平原（托克托县、土默特右旗）、阴南丘陵（准格尔旗）、鄂尔多斯（达拉特旗、鄂托克旗）、东阿拉善（阿拉善左旗）、西阿拉善（阿拉善右旗）、贺兰山、额济纳。分布于我国河北北部、山西北部、陕西北部、宁夏、甘肃、青海、新疆（天山），中亚，欧洲。为古地中海分布种。

果实入药（药材名：枸杞子），能滋补肝肾、益精明目，主治目昏、眩晕、耳鸣、腰膝酸软、糖尿病。也入蒙药（蒙药名：旁米巴勒），能活血散瘀，主治乳腺炎、血痞、心热、阵热、血盛症。根皮入药（药材名：地骨皮），能清虚热、凉血，主治阴虚潮热、盗汗、心烦、口渴、咳嗽、咯血。

5. 枸杞（枸杞子、狗奶子）

Lycium chinense Mill. in Gard. Dict. ed. 8, no. 5. 1768; Fl. Intramongol. ed. 2, 4:257. t.100. f.7. 1992.

5a. 枸杞

Lycium chinense Mill. var. **chinense**

灌木，高达 100cm。多分枝，枝细长柔弱，常弯曲下垂，具棘刺，淡灰色，有纵条纹。单叶互生或于枝下部数叶簇生，卵状狭菱形至卵状披针形、卵形、长椭圆形，长 1.5～3.5(～6)cm，宽 5～10(～22)mm，先端锐尖，基部楔形，全缘，两面均无毛，叶柄长 3～10mm。花常 1～2(～5) 朵簇生于叶腋；花梗细，长 5～16mm；花萼钟状，长 3～4mm，先端 3～5 裂，裂片多少有缘毛。花冠漏斗状，紫色，先端 5 裂；裂片向外平展，与管部几等长或稍长，边缘具密的缘毛，基部耳显著。雄蕊花丝长短不一，稍短于花冠，基部密生一圈白色绒毛。浆果卵形或矩圆形，深红色或橘红色。花期 7～8 月，果期 8～10 月。

中生灌木。生于草原带的路边、村舍附近、田埂、山地丘陵灌丛。内蒙古通辽市科尔沁左翼中旗、赤峰市巴林左旗有栽培或逸生。广布于我国除新疆、青海、甘肃外的其他省区，亚洲（日本、朝鲜）、欧洲有栽培或野化。野生种产我国。为东亚分布种。

5b. 北方枸杞

Lycium chinense Mill. var. **potaninii** (Pojark.) A. M. Lu in Fl. Reip. Pop. Sin. 67(1):16. 1978; Fl. Intramongol. ed. 2, 4:258. 1992.——*L. potaninii* Pojark. in Bot. Mater. Gerb. Bot. Inst. Kom. Akad. Nauk S.S.S.R. 13:265. 1950.

本变种与正种的区别：叶通常较窄，为披针形至条状披针形。花冠裂片的边缘缘毛较稀疏，基部耳不显著；雄蕊稍长于花冠。

中生灌木。生于向阳山坡、沟旁。产燕山北部（兴和县苏木山）、阴南平原（呼和浩特市）、东阿拉善（桌子山）。分布于我国河北北部、山西北部、陕西北部、宁夏北部、甘肃西部、青海东部，蒙古国南部（阿拉善戈壁），西南亚。为古地中海分布种。

2. 酸浆属 Physalis L.

一年生或多年生草本。单叶互生，或在枝上端有大小不等的 2 叶聚生于同一节上。花通常单生于叶腋，蓝色、淡黄色或白色；花萼钟状，5 浅裂或中裂，结果时膨大成囊状，远较浆果大；花冠辐状。雄蕊 5，插生于花冠近基部；花盘不显著或不存在；子房 2 室，柱头不显著 2 浅裂。浆果球形，多汁，包藏于囊状的宿萼内；种子多数。

内蒙古有 2 栽培种。

分种检索表

1a. 花白色或黄白色；花药黄色；宿萼于果期橘红色，近革质；浆果橙红色⋯⋯⋯⋯⋯⋯⋯⋯⋯⋯⋯⋯⋯⋯⋯⋯⋯⋯⋯⋯⋯⋯⋯⋯⋯⋯⋯**1.酸浆 P. alkekengi** var. **franchetii**
1b. 花淡黄色，喉部具紫斑；花药淡紫色；宿萼于果期草黄色，纸质或膜质；浆果黄色或带紫色⋯⋯⋯⋯⋯⋯⋯⋯⋯⋯⋯⋯⋯⋯⋯⋯⋯⋯⋯⋯⋯⋯⋯⋯**2. 毛酸浆 P. philadelphica**

1. 酸浆（挂金灯、红姑娘、锦灯笼）

Physalis alkekengi L. var. **franchetii** (Mast.) Makino in Bot. Mag. Tokyo 22:34. 1908; Fl. Intramongol. ed. 2, 4:261. t.101. f.6. 1992.——*P. franchetii* Mast. in Gard. Chron. Ser. 3, 16:434. 1894.

多年生草本，高 (20 ～)40 ～ 60(～ 90)cm。具长而横行的地下茎。茎直立，节稍膨大。

单叶互生，在上部者呈假对生；叶片卵形，长 3.5 ～ 8.5cm，宽 2 ～ 6.5cm，先端渐尖或锐尖，基部偏斜，宽楔形或近圆形，近全缘或有疏波状齿，仅叶缘及脉上有短毛，其余叶的部分几无毛，叶柄长 1 ～ 4cm。花单生于叶腋；花梗近无毛或仅有稀疏柔毛，果期无毛；花萼长 6 ～ 8mm，裂片狭三角形，密被毛，筒部毛较稀疏，果期花萼呈橘红色，宿存，近革质；花冠白色或黄白色，直径 15 ～ 20mm，裂片宽三角形，外被短柔毛。雄蕊插生花冠筒上，花药黄色；子房卵形，花柱线形，柱头细小。浆

果球形，橙红色，直径 10 ～ 15mm，被膨大宿萼所包；宿萼光滑无毛，卵形，橘红色，远较浆果为大，长 3 ～ 4cm，直径 2.5 ～ 3.5cm，基部内凹。花期 6 ～ 8 月，果期 8 ～ 9 月。

中生草本。原产华北—满洲地区，为华北—满洲分布种。现内蒙古及我国其他省区广泛栽培。

宿萼或带果实的宿萼入药（药材名：锦灯笼），能清热解毒、利咽、化痰、利尿，主治咽喉肿痛、肺热咳嗽。

2. 毛酸浆（黄姑娘、洋姑娘）

Physalis philadelphica Lam. in Encycl. 2:101. 1786; Fl. China 17:312. 1994.——*P. pubescens* auct. non L.: Fl. Intramongol. ed. 2, 4:261. 1992.

一年生草本。茎生柔毛，常多分枝，分枝毛较密。叶阔卵形，长 3 ～ 8cm，宽 2 ～ 6cm，顶端急尖，基部歪斜心形，边缘通常有不等大的小牙齿，两面疏生毛但脉上毛较密；叶柄长

3～8cm，密生短柔毛。花单独腋生；花梗长5～10mm，密生短柔毛。花萼钟状，密生柔毛，5中裂；裂片披针形，急尖，边缘有缘毛。花冠淡黄色，喉部具紫色斑纹，直径6～10mm；雄蕊短于花冠，花药淡紫色，长1～2mm。果萼卵状，长2～3cm，直径2～2.5cm，具5棱角和10纵肋，顶端萼齿闭合，基部稍凹陷，草黄色，纸质或膜质；浆果球状，直径约1.2cm，黄色或有时带紫色；种子近圆盘状，直径约2mm。花果期5～11月。

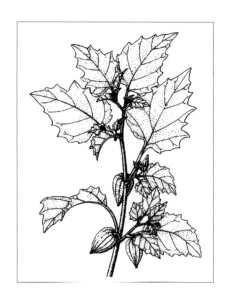

中生草本。原产墨西哥，为北美种。内蒙古呼伦贝尔市、赤峰市有栽培，我国黑龙江、吉林地区及世界其他国家和地区亦有栽培。

果可食。

3. 假酸浆属 Nicandra Adans.

一年生直立草本。多分枝。叶互生，具叶柄，叶片边缘有具圆缺的大齿或浅裂。花单独腋生，因花梗下弯成俯垂状。花萼球状，5深裂至近基部；裂片基部心状箭形，具2尖锐的耳片，在花蕾中外向镊合状排列，果期极度增大成五棱状，干膜质，有明显网脉。花冠钟状，檐部有折襞，不明显5浅裂，裂片阔而短，在花蕾中呈不明显的覆瓦状排列。雄蕊5，不伸出于花冠，插生在花冠筒近基部；花丝丝状，基部扩张；花药椭圆形，药室平行，纵缝裂开。子房3～5室，具极多数胚珠；花柱略粗，丝状；柱头近头状，3～5浅裂。浆果球状，干燥，较宿存花萼为小。种子扁压，肾状圆盘形，具多数小凹穴；胚极弯曲，近周边生；子叶半圆棒形。

内蒙古有1逸生种。

1. 假酸浆

Nicandra physalodes (L.) Gaertn. in Fruct. Sem. Pl. 2:237. 1791; Fl. China 17:301. 1994.——*Atropa physalodes* L., Sp. Pl. 1:181. 1753.

一年生草本。茎直立，有棱条，无毛，高40～150cm，上部交互不等的二歧分枝。叶卵形或椭圆形，草质，长4～12cm，宽2～8cm，顶端急尖或短渐尖，基部楔形，边缘有具圆缺的粗齿或浅裂，两面有稀疏毛，叶柄长约为叶片长的1/3～1/4。花单生于枝腋而与叶对生，通常具较叶柄长的花梗，俯垂；花萼5深裂，裂片顶端尖锐，基部心脏状箭形，有2尖锐的耳片，

果期包围果实，直径 2.5 ～ 4cm。花冠钟状，浅蓝色，直径达 4cm；檐部有折襞，5 浅裂。浆果球状，直径 1.5 ～ 2cm，黄色；种子淡褐色，直径约 1mm。花果期夏秋季。

中生草本。生于荒地。宅旁。为外来入侵种。阴南平原（呼和浩特市）、兴安北部（根河市阿龙山）有逸生。原产南美洲秘鲁，为南美种。我国河北、河南、山西、甘肃、四川、西藏、云南、贵州、新疆栽培且逸生。

4. 辣椒属 Capsicum L.

灌木，或一年生草本。单叶互生，卵形至狭披针形。花单生或有时数朵聚生于叶腋；花梗直立或下倾；花萼短，宽钟状至杯状，近于截平，有 5(～ 7) 短齿，果期稍增大，宿存；花冠辐状，5 裂，裂片镊合状；雄蕊 5，贴生于花冠筒基部，花药并行，纵缝裂开；子房 2 ～ 3 室（或在栽培种中常较多室），胚珠多数；花盘不显著。果为少汁液的浆果，内部有空腔。

内蒙古有 1 栽培种。

1. 辣椒

Capsicum annuum L., Sp. Pl. 1:188. 1753; Fl. Intramongol. ed. 2, 4:261. 1992.

一年生草本，高 40 ～ 80cm。单叶互生，卵形、矩圆状卵形或卵状披针形，长 3 ～ 10(～ 13)cm，宽 1.5 ～ 4cm，先端渐尖，基部狭楔形，全缘，叶柄长 4 ～ 7cm。花单生于叶腋；花梗俯垂；花萼杯状，有 5 ～ 7 浅裂；花冠白色，裂片 5 ～ 7；雄蕊着生于花冠筒的近基部，花药灰紫色，纵裂。果梗较粗壮，俯垂；果实长指状，先端渐尖且常弯曲（形状常因栽培品种不同而变异甚大），未熟时绿色，熟时通常红色，有辣味。

中生草本。原产南美洲，为南美种。内蒙古，我国其他省区，世界其他地区有栽培。

果实入药，能温中散寒、健胃消食，主治胃寒疼痛、胃肠胀气、消化不良，外用治冻疮、风湿痛、腰肌痛。根外洗治冻疮。

本种一般根据果实生长的状态、形状、大小、辣味的程度而划分为若干变种，我区常见栽培的有菜椒、朝天椒等。

5. 茄属 Solanum L.

草本或灌木，或有时为攀援性。植物体具刺或无，常被星状毛。单叶或为羽状复叶。花单生叶腋，或为顶生或侧生的聚伞花序；萼通常 4～5 齿裂；花冠辐状或浅钟状，白色、黄色、蓝色或紫色；雄蕊 5，花药侧面黏合成一圆锥体，顶孔开裂；子房 2 室，胚珠多数。浆果。

内蒙古有 5 种，另有 2 栽培种。

分种检索表

1a. 茎直立。

  2a. 单叶，植株地下无肥大块茎。

    3a. 叶全缘或具波状浅齿。

      4a. 浆果小，球形，直径在 1cm 以内；花序伞形，腋外生。

        5a. 浆果黑色；小枝无棱或不明显，无毛或微被毛·····················**1. 龙葵 S. nigrum**

        5b. 浆果红色、橘黄色或绿黄色；小枝具棱状窄翅，翅被瘤状突起，被糙伏短柔毛和腺毛

        ·······································**2. 红果龙葵 S. villosum**

      4b. 浆果大，紫色，直径在 10cm 以上；单花，腋生。栽培··············**3. 茄 S. melongena**

    3b. 叶羽状分裂。

      6a. 植株被短柔毛或近无毛，果实不为果萼包被，花冠紫色··············**4. 青杞 S. septemlobum**

      6b. 植株具刺毛或星状毛，果实完全被果萼包被，花冠黄色··········**5. 黄花刺茄 S. rostratum**

  2b. 羽状复叶，植株地下具肥大块茎。栽培·····························**6. 马铃薯 S. tuberosum**

1b. 茎蔓生，基部木质化；叶卵形或广卵形，全缘；花蓝紫色·····················**7. 光白英 S. kitagawae**

1. 龙葵（天茄子）

Solanum nigrum L., Sp. Pl. 1:186. 1753; Fl. Intramongol. ed. 2, 4:262. t.102. f.1-3. 1992.

一年生草本，高 20～100cm。茎直立，多分枝，小枝无棱或不明显，无毛或被短柔毛。叶卵形，

长 2.5～7(～10)cm，宽 1.5～5cm，有不规则的波状粗齿或全缘，两面光滑或有疏短柔毛，叶柄长 1～4cm。花序短蝎尾状，腋外生，下垂，花 4～10，总花梗长 1～2.5cm；花梗长约 5mm；花萼杯状，直径 1.5～2mm；花冠白色，辐状，裂片卵状三角形，长约 3mm；子房卵形，花柱中部以下有白色绒毛。浆果球形，直径约 8mm，熟时黑色；种子近卵形，压扁状。花期 7～9 月，果期 8～10 月。

中生杂草。生于草原带和荒漠带的山地路旁、村边、水沟边。产科尔沁（科尔沁右翼中旗、阿鲁科尔沁旗、巴林右旗）、赤峰丘陵（红山区、松山区、翁牛特旗）、燕山北部（喀喇沁旗、宁城县、敖汉旗）、乌兰察布、阴山（大青山、蛮汗山、乌拉山）、阴南平原（呼和浩特市、包头市）、阴南丘陵（准格尔旗）、鄂尔多斯、东阿拉善、西阿拉善。分布于我国各地，广布于世界温带和热带地区。为世界分布种。

全草药用，能清热解毒、利尿、止血、止咳，主治疔疮肿毒、气管炎、癌肿、膀胱炎、小便不利、痢疾、咽喉肿痛。

2. 红果龙葵

Solanum villosum Mill. in Gard. Dict. ed. 8, no. 2. 1768; Fl. China 17:318. 1994.

直立草本，高约 40cm。多分枝，小枝被糙伏毛状短柔毛并具有棱角状的狭翅，翅上具瘤状突起。叶卵形至椭圆形，长 2～5.5cm，宽 1～3cm，先端尖，基部楔形下延，边缘近全缘，浅

波状或基部有 1～2 齿，很少有 3～4 齿，两面均疏被短柔毛；叶柄具狭翅，长 5～8mm，被有与叶面相同的毛被。花序近伞形，腋外生，被微柔毛或近无毛，总花梗长约 1cm；花梗长约 5mm；花紫色，直径约 7mm。萼杯状，直径约 2mm，外面被微柔毛；萼齿 5，近三角形，长不及 1mm，先端钝，基部两萼齿间连接处呈弧形。花冠筒隐于萼内，长约 1mm；冠檐长约 5mm，5 裂；裂片卵状披针形，长约 3mm，边缘被绒毛。花丝长约 0.5mm；花药黄色，长约 1.5mm，顶孔向内。子房近圆形，直径约 0.5mm；花柱丝状，长约 3mm，中部以下被白色绒毛；柱头头状。浆果球状，朱红色，直径约 6mm；种子近卵形，两侧压扁，直径约 1mm。花果期在夏秋季。

中生杂草。生于草原带的丘陵沟谷。产阴南丘陵（准格尔旗魏家峁镇）。分布于我国山西、甘肃、青海、新疆，阿富汗、印度、尼泊尔，西南亚，欧洲。为古地中海分布种。

3. 茄

Solanum melongena L., Sp. Pl. 1:186. 1753;Fl. Intramongol. ed. 2, 4:262. t.102. f.5-6. 1992.

一年生草本，高 60～90cm。小枝多为紫色，幼枝、叶、花梗及花萼均被星状绒毛，渐老则毛逐渐脱落。叶卵形至矩圆状卵形，长 8～18cm，宽 5～10cm，顶端渐尖或钝圆，基部偏斜，边缘浅波状或深波状圆裂，叶柄长 1.5～4.5cm。能孕花单生，花梗长 1～2cm，花后下垂；不

孕花生于蝎尾状花序上与能孕花并出。花萼近钟形，直径 2～2.5cm，有小皮刺；裂片披针形，先端锐尖。花冠紫色，直径 2.5～3.5cm；裂片三角形，长约 1cm。雄蕊着生于花冠筒喉部，花药长约 7.5mm；子房圆形。浆果较大，圆形或圆柱形，紫色、淡绿色或白色，萼宿存。

中生草本。原产亚洲热带，为亚洲热带种。我国及世界其他地区均有栽培。

果做蔬菜。根入药，能祛风、散寒、止痛，外用治冻疮。

4. 青杞（草枸杞、野枸杞、红葵）

Solanum septemlobum Bunge in Enum. Pl. China Bor. 48. 1833; Fl. Intramongol. ed. 2, 4:263. t.102. f.4. 1992.

多年生草本，高 20～50cm。茎有棱，直立，多分枝，被白色弯曲的短柔毛至近无毛。叶卵形，长 2.5～7.5cm，宽 1.5～5.5cm，通常不整齐羽状 7 深裂，裂片宽条形或披针形，先端尖，两面均疏被短柔毛，叶脉及边缘毛较密；叶柄长 1～2cm，有短柔毛。二歧聚伞花序顶生或腋生，总花梗长 1～2cm；花梗纤细，长 5～10mm；花萼小，杯状，直径约 2mm，外面有疏柔毛，裂片三角形；花冠蓝紫色，直径约 1cm，裂片矩圆形；子房卵形。浆果近球状，直径约 8mm，熟时红色；种子扁圆形。花期 7～8

月，果期 8 ～ 9 月。

中生杂类草。生于路旁、林下、水边。产内蒙古各地。分布于我国黑龙江、吉林、辽宁、河北、河南、山东西部、山西、陕西、宁夏、甘肃东部、四川西北部、西藏、新疆、江苏北部、安徽北部、蒙古国东部和东南部、俄罗斯（西伯利亚地区）。为东古北极分布种。

地上部分入药，可清热解毒，主治咽喉肿痛。

5. 黄花刺茄（刺萼龙葵）

Solanum rostratum Dunal in Hist. Nat. Sol. 234. 1813; Fl. Liaoning 2:273. t.123. 1992.

一年生草本，高 30 ～ 70cm。茎直立，基部稍木质化，自中下部多分枝，密被长短不等带黄色的刺，刺长 0.5 ～ 0.8cm，并有带柄的星状毛。叶互生，叶片卵形或椭圆形，长 8 ～ 18cm，宽 4 ～ 9cm，不规则羽状深裂及部分裂片又羽状半裂，裂片椭圆形或近圆形，先端钝，表面疏被 5 ～ 7 分叉星状毛，背面密被 5 ～ 9 分叉星状毛，两面脉上疏具刺，刺长 3 ～ 5mm；叶柄长 0.5 ～ 5cm，密被刺及星状毛。蝎尾状聚伞花序腋生，花 3 ～ 10；花期花轴伸长变成总状，长 3 ～ 6cm，果期花轴长可达 16cm。萼筒钟状，长 7 ～ 8mm，宽 3 ～ 4mm，密被刺及星状毛；萼

裂片 5，条状披针形，长约 3mm，密被星状毛。花冠黄色，辐状，直径 2 ～ 3.5cm，5 裂，花瓣外面密被星状毛。雄蕊 5；下面 1 枚最长，长 9 ～ 10mm，后期常带紫色，内弯曲成弓形；其余 4 枚长 6 ～ 7mm；花药黄色，异形。浆果球形，直径 1 ～ 1.2cm，完全被增大的带刺及星状毛硬萼包被，萼裂片直立靠拢成鸟喙状；果皮薄，与萼合生，萼自顶端开裂后种子散出；种子多数，黑色，直径 2.5 ～ 3mm，具网状凹。花果期 6 ～ 9 月。

中生杂草。生于河边、路旁，外来入侵种。原产北美洲，为北美种。内蒙古兴安盟乌兰浩特市、赤峰市巴林右旗及我国吉林、辽宁、河北、新疆有逸生。

为一种有毒植物。

6. 马铃薯（土豆、山药蛋、洋芋）

Solanum tuberosum L., Sp. Pl. 1:185. 1753; Fl. Intramongol. ed. 2, 4:263. t.102. f.7-8. 1992.

一年生草本，高 60 ～ 90cm。无毛或有疏柔毛。地下茎块状，扁球形或矩圆状。单数羽状复叶，小叶 6 ～ 8 对，常大小相间，卵形或矩圆形，最大者长约 6cm，最小的长、宽均不及 1cm，基部

稍不等，两面有疏柔毛。伞房花序顶生；花萼直径约1cm，外面有疏柔毛；花冠白色或带蓝紫色，直径2.5～3cm，5浅裂；子房卵圆形。浆果圆球形，绿色，光滑，直径1.5～2cm。

旱中生草本。原产南美洲智利，为南美种。内蒙古，我国其他省区有栽培。广泛栽培于全世界温带地区。

块茎富含淀粉，食用，并可做工业的淀粉原料。

7. 光白英（木山茄）

Solanum kitagawae Schonb.-Tem. in Fl. Iran. 100:15. 1972; Fl. China 17:319. 1994.——*S. depilatum* Kitag. in Repert. Spec. Nov. Regni Veg. 12: 88. 1939, not Bitter, 1913.

攀援半灌木。基部木质化，少分枝。茎土黄带青白色，具纵条纹及分散凸起的皮孔，高

30～70cm。叶互生，薄膜质，卵形至广卵形，长达9cm，宽达6cm，先端渐尖，基部宽心形至圆形，下延到叶柄，边全缘，绝不分裂，上面绿色，光滑无毛，唯叶脉及边缘逐渐被微硬毛，边缘具细小而粗糙的缘毛，下面无毛；叶柄长约3cm，上部具狭翅，无毛。聚伞花序腋外生，多花，总花梗长达3cm；花柄长0.6～1cm，被微柔毛。萼杯状，直径约3mm，外面被毛；萼齿5，微呈方形，长约1mm，先端具短尖头。花冠紫色，直径1.5～2cm；花冠筒隐于萼内，长约1mm；冠檐长约10mm，先端5深裂，裂片披针形，长约7mm。雄蕊5，着生于花冠筒喉部；花丝长约1mm，分离；花药连合成筒，长约4.5mm，顶孔向上。子房卵形，直径约1mm；花柱丝状，长约6mm，柱头头状。浆果熟时红色，直径约0.8cm；种子卵形，两侧压扁，长约3mm，宽约2.3mm。花果期在秋季。

湿中生半灌木。生于林下或水边阴湿地。产岭东（鄂伦春自治旗）。分布于我国黑龙江、吉林、辽宁、青海、新疆，日本、蒙古国北部（杭爱地区）、俄罗斯、阿富汗，西南亚。为东古北极分布种。

6. 番茄属 Lycopersicon Mill.

一年生或多年生草本。植株被黏毛。叶互生，羽状复叶或羽状分裂。花数朵排成聚伞花序生于叶腋外；花萼辐状，5～7裂；花冠辐状，黄色，5～7裂。雄蕊5～7，插生于花冠喉部；花丝极短；花药伸长，纵裂，先端渐尖，靠合成一长圆锥体。浆果，种子多数。

内蒙古有1栽培种。

1. 番茄（西红柿、洋柿子）

Lycopersicon esculentum Mill. in Gard. Dict. ed. 8, no. 2. 1768; Fl. Intramongol. ed. 2, 4:265. 1992.

一年生草本，高60～150cm。茎长成后不能直立，而易倒伏（栽培时需搭架）。全株被柔毛和黏质腺毛，有强烈气味。叶为羽状复叶，小叶大小不等，常5～9，卵形或矩圆形，长7～12cm，

宽 2～5cm，顶端渐尖或钝，基部两侧不对称，叶柄长 2～3cm。花 3～7 朵成聚伞花序，腋外生；花萼裂片 5～7，条状披针形；花冠黄色，5～7 深裂；花药靠合成长圆锥状。浆果扁球状或近球形，肉质而多汁液，成熟后红色或黄色。

中生草本。原产南美洲，为南美种。内蒙古，我国其他省区，世界其他地区均有栽培。

生食可做果品，亦为蔬菜。

7. 泡囊草属 Physochlaina G. Don

多年生草本。根粗壮，肉质。茎直立，常多分枝。叶互生，叶片全缘而带波状或具少数三角形牙齿，具柄。伞房式或伞形式聚伞花序顶生；萼钟状，宿存，并于果期膨大，包围果实，但顶端不闭合，具 5 萼齿；花紫色、黄色或稀白色；花冠钟状或漏斗状，花冠管长于先端裂片；雄蕊插生于花冠管的中部或下部；花盘肉质，环状，围绕于子房基部，果期呈垫座状。子房 2 室；花柱丝状，伸长而向上弯；柱头头状，不明显 2 裂。蒴果，自中部稍上处盖裂；种子极多，肾状而稍侧扁。

内蒙古有 1 种。

1. 泡囊草

Physochlaina physaloides (L.) G. Don in Gen. Hist. 4:470. 1837; Fl. Intramongol. ed. 2, 4:258. t.101. f.5. 1992.——*Hyoscyamus physaloides* L., Sp. Pl. 1:180. 1753.

多年生草本，高 10～20（～40）cm。根肉质肥厚。茎直立，1 至数条自基部生出，被蛛丝状毛。叶在茎下部呈鳞片状；中、上部叶互生，卵形、椭圆状卵形或三角状宽卵形，长

1.5～6cm，宽1.2～4cm，先端渐尖或急尖、基部截形、心形或宽楔形，全缘或微波状，叶柄长1.5～4(～6)cm。花顶生，成伞房式聚伞花序；花梗细，长5～10mm，有长柔毛；花萼狭钟形，长6～10mm，密被毛，5浅裂。花冠漏斗状，长1.5～2.5cm，先端5浅裂，裂片紫堇色；筒部瘦细，黄白色。雄蕊插生于花冠筒近中部，微外露，长约10mm；花药矩圆形，长2～3mm。子房近圆形或卵圆形；花柱丝状，明显伸出花冠。蒴果近球形，直径约8mm，包藏在增大成宽卵形或近球形的宿萼内，种子扁肾形。花期5～6月，果期6～7月。

旱中生杂类草。生于草原带的山地、沟谷。产呼伦贝尔、锡林郭勒（锡林浩特市、阿巴嘎旗、苏尼特左旗）、乌兰察布（四子王旗中部）、阴山（大青山）。分布于我国黑龙江、吉林、辽宁中北部、河北中北部、新疆，蒙古国、俄罗斯（远东地区）、哈萨克斯坦。为东古北极分布种。

根和全草入蒙药（蒙药名：堂普伦－嘎拉步），能镇痛、解痉、杀虫、消炎，主治胃肠痉挛疼痛、白喉、炭疽，外治疮疡、皮肤瘙痒。

8. 天仙子属 Hyoscyamus L.

一年生或多年生草本。通常全株被柔毛和黏性腺毛。叶互生，有粗齿或羽状分裂，稀为全缘。花腋生，在茎顶形成一具叶的密集的总状花序；萼5齿裂，结果时扩大，但不呈囊状；花冠漏斗状，5裂。蒴果自中部稍上处盖裂，2室。

内蒙古有1种。

1. 天仙子（山烟子、薰牙子）

Hyoscyamus niger L., Sp. Pl. 1:179. 1753; Fl. Intramongol. ed. 2, 4:260. t.101. f.1-4. 1992.

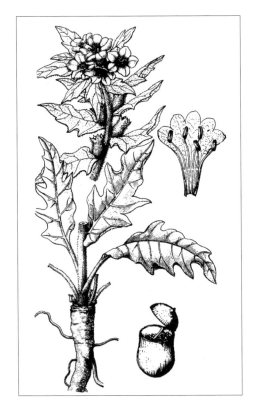

一、二年生草本，高 30 ～ 80cm。具纺锤状粗壮肉质根。全株密生黏性腺毛及柔毛，有臭气。叶在茎基部丛生，呈莲座状；茎生叶互生，长卵形或三角状卵形，长 3 ～ 14cm，宽 1 ～ 7cm，先端渐尖，基部宽楔形，无柄而半抱茎，或为楔形向下狭细呈长柄状，边缘羽状深裂或浅裂，或为疏牙齿，裂片呈三角状。花在茎中部单生于叶腋，在茎顶聚集成蝎尾式总状花序，偏于一侧。花萼筒状钟形，密被细腺毛及长柔毛，长约 1.5cm，先端 5 浅裂，裂片大小不等，先端锐尖具小芒尖，果期增大成壶状，基部圆形与果贴近。花冠钟状，土黄色，有紫色网纹，先端 5 浅裂；子房近球形。蒴果卵球状，直径 1.2cm 左右，中部稍上处盖裂，藏于宿萼内；种子小，扁平，淡黄棕色，具小疣状突起。花期 6 ～ 8 月，果期 8 ～ 10 月。

中生杂草。生于村舍附近、路边、田野。产内蒙古各地。分布于我国黑龙江、吉林、辽宁、河北、山东、山西、陕西、宁夏、甘肃、四川、云南、贵州、新疆，日本、朝鲜、蒙古国、俄罗斯（西伯利亚地区、远东地区）、尼泊尔、印度、巴基斯坦、阿富汗，中亚、西南亚、北非，欧洲。为古北极分布种。

种子入药（药材名：莨菪子，也称天仙子），能解痉、止痛、安神，主治胃痉挛、喘咳、癫狂。莨菪子也入蒙药（蒙药名：莨菪），疗效相同。莨菪叶可做提制莨菪碱的原料。种子油供制肥皂、油漆。

9. 曼陀罗属 Datura L.

粗壮草本。单叶互生，大型。花单生于叶腋内；萼长管状，5齿裂或佛焰苞状；花冠喇叭状；雄蕊5；雌蕊1，子房具假隔膜而为4室。蒴果革质，先端4瓣裂或不整齐裂开。

内蒙古有1种，另有1栽培种。

分种检索表

1a. 花冠长6～10cm；叶缘不规则波状浅裂；果实卵形，成熟时由顶端向下4瓣裂···**1. 曼陀罗 D. stramonium**

1b. 花冠长14～17cm；叶全缘或边缘有波状短齿；果实球形，成熟时在顶端不规则开裂···**2. 洋金花 D. metel**

1. 曼陀罗（耗子阎王）

Datura stramonium L., Sp. Pl. 1:179. 1753; Fl. Intramongol. ed. 2, 4:265. t.103. f.1-2. 1992.

一年生草本，高100～200cm。茎粗壮，平滑，上部呈二歧分枝，下部木质化。单叶互生，宽卵形，长8～12cm，宽4～10cm，先端渐尖，基部不对称楔形，边缘有不规则波状浅裂，裂片先端短尖，有时再呈不相等的疏齿状浅裂，两面脉上及边缘均有疏生短柔毛，叶柄长3～5cm。花单生于茎枝分叉处或叶腋，直立；花萼筒状，有5棱角，长4～5cm；花冠漏斗状，长6～10cm，直径4～5cm，下部淡绿色，上部白色或紫色，5裂，

裂片先端具短尖头，花冠管具5棱。雄蕊不伸出花冠管外，花丝呈丝状，下部贴生花冠管上。雌蕊与雄蕊等长或雌蕊稍长；子房卵形，不完全4室；花柱丝状，长约6cm；柱头头状而扁。蒴果直立，卵形，长3～4.5cm，直径2.5～4.5cm，表面具有不等长的坚硬针刺，通常上部者较长，或有时仅粗糙而无针刺；成熟时自顶端向下作规则的4瓣裂，基部具五角形膨大的宿存萼，向下反卷。种子近卵圆形而稍扁。花期7～9月，果期8～10月。

高大中生杂草。原产墨西哥、南美洲，为美洲种。外来入侵种，野生于路旁、宅旁、撂荒地。产兴安南部、科尔沁、赤峰丘陵、阴山、阴南平原、鄂尔多斯、东阿拉善和西阿拉善。分布于我国及世界其他地区。

花入药，功能、主治同洋金花。

2. 洋金花（白花曼陀罗）

Datura metel L., Sp. Pl. 1:179. 1753; Fl. Intramongol. ed. 2, 4:267. t.103. f.3-4. 1992.

植株高 50 ～ 200cm。全株近无毛。单叶互生或在茎上部呈假对生，卵形或宽卵形，先端渐尖，基部不对称楔形，长 5 ～ 13cm，宽 4 ～ 6cm，全缘或有波状短齿，叶柄长 2 ～ 3cm。花单生；萼筒稍有棱纹，长 4 ～ 6cm，顶端 5 裂，不紧贴花冠筒；花冠漏斗状，长 14 ～ 17cm，直径 6 ～ 8cm，白色、紫色或淡黄色，典型的花冠先端 5 裂，在栽培的情况下常有重瓣现象，内花冠 5 ～ 10 裂；雄蕊 5，或可变态至 15 枚且附有瓣片；子房球形。蒴果近球状或扁球形，斜升或下垂，直径约 3cm，表面的刺疏而短，成熟时顶端作不规则的开裂；宿存的萼筒部分呈浅盘状。

高大中生杂草。原产美洲，为美洲种。内蒙古仅见栽培。现亚洲广泛逸生。

花入药，能平喘镇咳、麻醉、止痛，主治哮喘咳嗽、胃痛，用于手术麻醉。叶和种子也可入药。

10. 烟草属 Nicotiana L.

一年生草本、半灌木或灌木。常被腺毛。叶互生，单叶全缘或波状缘。花序顶生，圆锥状或总状聚伞花序，或为单生；花萼筒状、杯状或筒状钟形，5 裂，果期常宿存并稍增大；花冠筒状、漏斗状或高脚碟状；雄蕊 5，插生在花冠筒中部以下；花盘环状；子房 2 室，花柱具 2 裂柱头。蒴果 2 裂至中部或近基部；种子多数，扁压状。

内蒙古有 3 栽培种。

分种检索表

1a. 花冠筒细长，为萼的 5 ～ 7 倍；萼齿条状披针形或条形；叶卵状披针形或披针形·················
···**1. 长花烟草 N. longiflora**
1b. 花冠筒较短，为萼的 1.5 ～ 3 倍；萼齿宽三角形或三角状披针形；叶卵形、矩圆形、心形或矩圆状披针形。
  2a. 叶柄明显；花冠筒状钟形，黄绿色·····························**2. 黄花烟草 N. rustica**
  2b. 叶柄不明显或呈翅状柄；花冠漏斗状，粉红色·····················**3. 烟草 N. tabacum**

1. 长花烟草

Nicotiana longiflora Cav. in Descr. Pl. 106. 1802; Fl. Intramongol. ed. 2, 4:268. 1992.

本种与黄花烟草和烟草的区别是：花冠筒细长，为萼长的 5 ～ 7 倍；萼齿条状披针形或条形；叶卵状披针形或披针形。

一年生中生草本。原产南美洲，为南美种。内蒙古呼伦贝尔市有栽培。

用途同黄花烟草。

2. 黄花烟草（山菸）

Nicotiana rustica L., Sp. Pl. 1:180. 1753; Fl. Intramongol. ed. 2, 4:267. 1992.

一年生草本，高 50～120cm。茎直立，粗壮，密被腺毛。叶片卵形、矩圆形或心形，有时矩圆状披针形或近圆形，长 10～30cm，宽 5～20cm，先端钝或锐尖，基部圆形或心形偏斜，两面疏被腺毛，沿叶脉较密；叶柄粗壮，长 3～10cm，密被腺毛。圆锥花序顶生，疏散或紧密；花梗长 3～7mm；花萼杯状，长 7～12mm，密被腺毛，裂片宽三角形，有 1 裂片较长。花冠筒状钟形，黄绿色，筒部长 1.2～2cm，檐部宽约 4mm；裂片短，宽而钝。雄蕊 5，其中 4 枚较长、1 枚较短，不伸出花冠喉部；花丝基部膨大，密被长柔毛。蒴果近球形或矩圆状卵形，长 10～15mm；种子矩圆形，长约 1mm，褐色。花期 7～8 月。

中生草本。原产南美洲，为南美种。内蒙古及我国河北、山西、广东、贵州、青海、四川、云南、新疆有栽培。

为烟草工业原料，全株可做农药杀虫剂。

3. 烟草

Nicotiana tabacum L., Sp. Pl. 1:180. 1753; Fl. Intramongol. ed. 2, 4:268. 1992.

一年生草本，高约 100cm。全株被腺毛。茎直立。叶卵形至披针形，长达 50cm，宽至 15cm，先端渐尖或急尖，全缘，基部楔形，有耳，半抱茎。圆锥状聚伞花序顶生，多花；花梗长达 2cm；花萼筒状钟形，长 2～2.5cm，裂片披针形，长短不等；花冠漏斗形，淡红色，长 3～5cm，5 浅裂，裂片先端急尖；花丝基部有毛，不等长，1 枚较长。蒴果长圆形；种子小，近圆形。

中生草本。原产南美洲，为南美种。内蒙古呼伦贝尔市有栽培。

用途同黄花烟草。

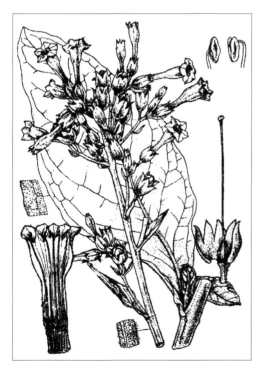

110. 玄参科 Scrophulariaceae

草本，少灌木和乔木。叶多对生，少互生或轮生，无托叶。花序总状、穗状或聚伞状，常组成圆锥花序；花两性；花萼 4 ～ 5，分离或合生；花冠合生，裂片 4 ～ 5，通常二唇形或多少不等。雄蕊通常 4，少 2 或 5，二强，着生于花冠筒上，有些属有退化雄蕊 1 ～ 2；花药 2 室，分离或顶端汇合，或仅 1 室。子房上位，无柄，2 室；中轴胎座，胚珠多数，极少数个；花盘存在或退化。蒴果 2 瓣裂，少顶端孔裂，极少为不开裂的浆果，常有宿存的花柱；种子多数，少仅数粒，具胚乳，胚直或稍弯曲。

内蒙古有 23 属、69 种，另有 2 栽培种。

分属检索表

1a. 雄蕊 4。

　　2a. 花冠基部有长距 ··**1. 柳穿鱼属 Linaria**

　　2b. 花冠无距。

　　　　3a. 花冠裂片近相同，辐状；植株具匍匐茎；叶基生 ··························**2. 水茫草属 Limosella**

　　　　3b. 花冠裂片不相同，常为二唇形，有明显的花冠筒。

　　　　　　4a. 花冠筒膨大成壶状或几呈球状，花黄绿色、褐色或紫褐色 ···········**3. 玄参属 Scrophularia**

　　　　　　4b. 花冠筒不膨大成壶状或球状。

　　　　　　　　5a. 花冠上唇或上面 2 裂片不向前弓曲呈盔状。

　　　　　　　　　　6a. 花冠大，呈喇叭状，长超过 3cm，上、下唇近等长；植株被腺毛 ·······
　　　　　　　　　　···**4. 地黄属 Rehmannia**

　　　　　　　　　　6b. 花冠小，明显呈唇形，长不超过 2cm，上唇短；植株无腺毛。

　　　　　　　　　　　　7a. 花萼具 5 肋或翅，口部平截形或斜截形，萼齿短小······**5. 沟酸浆属 Mimulus**

　　　　　　　　　　　　7b. 花萼无棱或翅，口部不呈截形，萼齿长。

　　　　　　　　　　　　　　8a. 叶下面有腺点；水生或沼生草本；叶有时轮生，沉水叶细裂··········
　　　　　　　　　　　　　　··**6. 石龙尾属 Limnophila**

　　　　　　　　　　　　　　8b. 叶下面无腺点。

　　　　　　　　　　　　　　　　9a. 蒴果室间开裂；花冠小，长不超过 10mm，花丝基部常具附属物········
　　　　　　　　　　　　　　　　···**7. 母草属 Lindernia**

　　　　　　　　　　　　　　　　9b. 蒴果室背开裂；花冠较大，长超过 10mm，花丝基部无附属物。

　　　　　　　　　　　　　　　　　　10a. 茎基部被鳞片，多回分枝，呈扫帚状；叶条形，叶量较少；花萼
　　　　　　　　　　　　　　　　　　　　5 浅裂，萼齿短，正三角形·············**8. 野胡麻属 Dodartia**

　　　　　　　　　　　　　　　　　　10b. 茎基部无鳞片，通常少分枝，不呈扫帚状；叶片较宽；花萼 5 中裂，
　　　　　　　　　　　　　　　　　　　　萼齿较长，披针状三角形至卵状披针形·······**9. 通泉草属 Mazus**

　　　　　　　　5b. 花冠上唇多少呈盔状或倒舟状。

　　　　　　　　　　11a. 药室不等，一长一短；花萼侧扁，前后裂达一半，两侧裂达 1/4；花冠上唇长，
　　　　　　　　　　　　呈倒舟状，顶端渐尖；叶互生·································**10. 火焰草属 Castilleja**

　　　　　　　　　　11b. 药室相等；花萼不侧扁；花冠上唇呈盔状，顶端 2 裂或成喙；叶对生或轮生。

　　　　　　　　　　　　12a. 花萼在果期强烈膨大成囊泡状，仅后面开裂一半，其余浅裂；种子扁平，
　　　　　　　　　　　　　　具翅···**11. 鼻花属 Rhinanthus**

12b. 花萼在果期不膨大；种子不扁，具翅或否。

  13a. 蒴果每室仅含 1～2 粒种子，种子大而平滑；苞片边缘通常具芒状长齿或在下面有尖齿，少全缘；花冠上唇边缘密被须毛⋯⋯⋯⋯⋯⋯⋯⋯⋯⋯**12. 山罗花属 Melampyrum**

  13b. 蒴果每室含多粒种子，种子细小；花冠上唇边缘通常无须毛。

    14a. 花萼下无小苞片。

      15a. 花萼 4 裂。

        16a. 总状花序常复出而集成圆锥花序；花萼不等 4 裂，前后裂达一半，两侧裂达 1/3；花梗细长⋯⋯⋯⋯⋯⋯⋯⋯⋯⋯⋯**13. 脐草属 Omphalotrix**

        16b. 穗状或总状花序，花梗极短，花萼等 4 裂或裂片稍不等大。

          17a. 苞片常比叶大，近圆形；花冠上唇边缘向外翻卷⋯⋯⋯⋯⋯⋯⋯⋯⋯⋯⋯⋯⋯⋯⋯⋯⋯⋯⋯⋯⋯⋯⋯⋯⋯⋯⋯⋯**14. 小米草属 Euphrasia**

          17b. 苞片比叶小，狭长形；花冠上唇边缘不向外翻卷⋯⋯⋯⋯⋯⋯⋯⋯⋯⋯⋯⋯⋯⋯⋯⋯⋯⋯⋯⋯⋯⋯⋯**15. 疗齿草属 Odontites**

      15b. 花萼 5 裂，或仅在前方深裂而具 2～5 齿。

        18a. 花萼等 5 裂，花冠上唇边缘向外翻卷⋯⋯⋯⋯**16. 松蒿属 Phtheirospermum**

        18b. 花萼常在前方深裂而具 2～5 齿；花冠上唇常延长成喙，边缘不外卷⋯⋯⋯⋯⋯⋯⋯⋯⋯⋯⋯⋯⋯⋯⋯⋯⋯⋯⋯**17. 马先蒿属 Pedicularis**

    14b. 花萼下有 1 对小苞片。

      19a. 茎基部生正常叶；萼细长筒状，长为宽的 4～8 倍，明显具 10 条纵脉，萼裂片间无小齿；叶羽状分裂；顶生总状花序⋯⋯⋯⋯⋯⋯**18. 阴行草属 Siphonostegia**

      19b. 茎基部生鳞片状叶；萼短筒状，长与宽近相等，纵脉不甚明显，萼裂片间常有 1～3 小齿；叶全缘；茎中部腋生单花或数花⋯⋯⋯⋯⋯⋯**19. 芯芭属 Cymbaria**

1b. 雄蕊 2。

  20a. 花冠不为二唇形，果为开裂的蒴果，叶多茎生。

    21a. 花萼 5 裂；花冠筒长；柱头小，为花柱的延伸，不为头状⋯**20. 腹水草属 Veronicastrum**

    21b. 花萼 4 裂，如为 5 裂则后方 1 枚小得多，仅为其他 4 枚之半或更短；花冠筒短；柱头扩大，头状。

      22a. 总状花序顶生，长而密集，长穗状；苞片小而狭细；蒴果卵球形，稍侧扁；植株通常高大⋯⋯⋯⋯⋯⋯⋯⋯⋯⋯⋯**21. 穗花属 Pseudolysimachion**

      22b. 总状花序腋生或顶生，短而疏松，不呈长穗状；苞片叶状，如为顶生总状花序则仅下面的苞片叶状；蒴果强烈侧扁；植株通常低矮⋯⋯⋯⋯⋯⋯**22. 婆婆纳属 Veronica**

  20b. 花冠明显二唇形，果为核果状而不开裂，叶多基生⋯⋯⋯⋯⋯**23. 兔耳草属 Lagotis**

1. 柳穿鱼属 Linaria Mill.

一年生或多年生草本。叶互生、轮生或仅部分轮生，通常狭窄，全缘。总状花序顶生；花萼裂片 5；花冠筒基部有长距，上唇直立、2 裂，下唇先端平展、3 裂，并在喉部向上隆起；雄蕊 4，二强，不外露，药室分离，平行；花柱单一，条形，柱头细小。蒴果卵圆形或球形，2 室，于顶部下方孔裂或纵裂；种子多数。

内蒙古有 3 种。

分种检索表

1a. 植株高常不超过 20cm；基部极多分枝；花序轴、花梗及花萼密被长腺毛，花萼裂片条状披针形⋯⋯⋯⋯⋯⋯⋯⋯⋯⋯⋯⋯⋯⋯⋯⋯⋯⋯⋯⋯⋯⋯⋯⋯⋯⋯⋯⋯**1. 多枝柳穿鱼 L. buriatica**

1b. 植株高常在 20cm 以上；中上部分枝；花序轴、花梗及花萼无毛或有少量短腺毛，花萼裂片披针形至卵状披针形。

  2a. 叶条形至披针状条形，具 1 脉；花冠距狭细，常向外弯，弧曲状；花萼裂片披针形⋯⋯⋯⋯⋯⋯⋯⋯⋯⋯⋯⋯⋯⋯⋯⋯⋯⋯⋯⋯⋯⋯⋯⋯⋯**2. 柳穿鱼 L. vulgaris subsp. chinensis**

  2b. 叶条状披针形至披针形，具 3 脉；花冠距粗壮，常直伸，圆锥状；花萼裂片卵形或卵状披针形⋯⋯⋯⋯⋯⋯⋯⋯⋯⋯⋯⋯⋯⋯⋯⋯⋯⋯⋯⋯⋯⋯⋯⋯⋯⋯⋯⋯**3. 新疆柳穿鱼 L. acutiloba**

1. 多枝柳穿鱼（矮柳穿鱼）

Linaria buriatica Turcz. ex Benth. in Prodr. 10:281. 1846; Fl. Intramongol. ed. 2, 4:287. t.111. f.4. 1992.

多年生草本。茎自基部多分枝，高 10～20cm，无毛。叶互生，狭条形至条形，长 2～4cm，宽 1～4mm，先端渐尖，全缘，无毛。总状花序顶生，花少数；花梗长约 2mm，花序轴、花梗、花萼密被腺毛；花萼裂片 5，条状披针形，长约 4mm，宽约 1mm。花冠黄色，除距外长约 15mm；距长约 10mm，距向外方略上弯，较狭细，末端细尖。其他特征与另外两种相同。花期 8～9 月，果期 9～10 月。

中旱生草本。生于草原及固定沙地。产呼伦贝尔（新巴尔虎右旗）、锡林郭勒（东乌珠穆沁旗、阿巴嘎旗）。分布于蒙古国东部和北部、俄罗斯（东西伯利亚地区）。为东西伯利亚—东蒙古分布种。

用途同柳穿鱼。

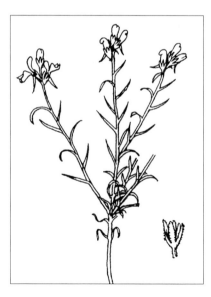

2. 柳穿鱼

Linaria vulgaris Mill. subsp. **chinensis** (Bunge ex Debeaux) D. Y. Hong in Fl. Reip. Pop. Sin. 67(2):206. f.56. 1979; Fl. Intramongol. ed. 2, 4:285. t.111. f.1-3. 1992.

多年生草本。主根细长，黄白色。茎直立，单一或有分枝，高 15～50cm，无毛。叶多互生，部分轮生，少全部轮生；条形至披针状条形，长 2～5cm，宽 1～5mm，先端渐尖或锐尖，基部楔形，全缘，无毛，具 1 脉，极少 3 脉。总状花序顶生，花多数；花梗长约 3mm，花序轴、花梗、花萼无毛或有少量短腺毛；苞片披针形，长约 5mm；花萼裂片 5，披针形，少卵状披针形，长约 4mm，宽约 1.5mm。花冠黄色，除距外长 10～15mm；距长 7～10mm，距向外方略上弯成弧曲状，末端细尖；上唇直立、2 裂，下唇先端平展、3 裂，并在喉部向上隆起；檐部呈假面状，喉部密

被毛。蒴果卵球形，直径约 5mm；种子黑色，圆盘状，具膜质翅，直径约 2mm，中央具瘤状突起。花期 7～8 月，果期 8～9 月。

旱中生草本。生于森林带和森林草原带的山地草甸、沙地、路边。产兴安北部及岭西（额尔古纳市、牙克石市、陈巴尔虎旗、鄂温克族自治旗、新巴尔虎左旗）、兴安南部及科尔沁（科尔沁右翼前旗、科尔沁右翼中旗、扎赉特旗、扎鲁特旗、阿鲁科尔沁旗、奈曼旗、巴林左旗、巴林右旗、克什克腾旗）、赤峰丘陵（翁牛特旗）、燕山北部（宁城县、敖汉旗）、锡林郭勒（东乌珠穆沁旗、西乌珠穆沁旗、锡林浩特市、苏尼特左旗、多伦县、太仆寺旗）、阴山（大青山、乌拉山）、阴南丘陵（准格尔旗）、鄂尔多斯（达拉特旗、伊金霍洛旗、乌审旗、鄂托克旗）。分布于我国黑龙江西部和东南部、吉林中部、辽宁西北部、河北、河南、山东西部和东北部、山西、江苏北部、陕西南部、甘肃东北部，朝鲜。为华北—满洲分布种。

全草入蒙药（蒙药名：浩尼－扎吉鲁西），能清热解毒、消肿、利胆退黄，主治温疫、黄疸、烫伤、伏热等。花美丽，可供观赏。

3. 新疆柳穿鱼

Linaria acutiloba Fisch. ex Rchb. in Icon. Bot. Pl. Crit. 5:14. f.611. 1827; Fl. Intramongol. ed. 2, 4:285. t.112. f.1-2 1992.

多年生草本。茎直立，上部多分枝，高约 40cm，无毛。叶互生，条状披针形至披针形，长 1.5～5cm，宽 3～10mm，先端锐尖，基部楔形，全缘，无毛，具 3 脉。总状花序着生于茎顶或分枝顶端；花梗长 3～5mm，花序轴、花梗、花萼无毛或有少量短腺毛；苞片卵状披针形，长约 5mm；花萼裂片 5，卵形或卵状披针形，长约 3mm，宽约 2mm。花冠黄色，除距外长

约 1.2cm；距长 6 ～ 8mm，较粗壮，常直伸，圆锥状；上唇直立、2 裂，下唇 3 裂，先端开展，在喉部向上隆起；檐部呈假面状，喉部密被毛。蒴果矩圆状球形，长约 5mm，宽约 4mm，顶部被短腺毛；种子盘状，边缘具膜质翅，中央具瘤状突起。花期 7 ～ 8月，果期 8 ～ 9 月。

中生草本。生于森林带的林缘、沟谷草甸。产兴安北部（大兴安岭）。分布于我国新疆中部，蒙古国、俄罗斯（西伯利亚地区）。为亚洲中部分布种。

2. 水茫草属 Limosella L.

湿生或水生草本。叶对生或于基部簇生，稀互生，条形或匙形，全缘，具长柄。花小，单生于叶腋；具花梗，无小苞片；萼钟状，5 齿裂；花冠钟状，近辐射状，裂片 5；雄蕊 4，近相等；子房在基部 2 室，花柱短。蒴果室间 2 裂；种子多数，小，具横皱纹。

内蒙古有 1 种。

1. 水茫草（伏水茫草）

Limosella aquatica L., Sp. Pl. 2:631. 1753; Fl. Intramongol. ed. 2, 4:283. t.110. f.1-2. 1992.

一年生水生或湿生草本，高 2 ～ 5cm。全体无毛。根簇生，须状而短。几无直立茎，具纤细而短的葡匐茎。叶于基部簇生，呈莲座状，叶片狭匙形或宽条形，长 4 ～ 15mm，宽 1 ～ 5mm，先端钝，基部楔形，全缘；具长柄，柄长 1 ～ 2cm。花单生于叶腋，自叶丛中生出；花梗细长，长 5 ～ 13mm；花萼钟状，长约 1mm，萼齿 5、三角形。花冠小，钟状，长 2 ～ 3mm，白色或粉红色，5 裂；裂片近相等，矩圆形或矩圆状卵形。雄蕊 4，花丝大部贴生；子房卵形，花柱短，柱头头状。蒴果卵形或圆球形，长 2 ～ 2.5mm，室间 2 裂；种子多数，纺锤形，稍弯曲，褐色，长约 0.4mm，宽约 0.15mm，具棱，

表面有横格状细纹。花期 5 ～ 8 月，果期 6 ～ 9 月。

水生或湿生草本。生于森林带的河岸、湖边。产兴安北部及岭西（额尔古纳市、牙克石市、海拉尔区、东乌珠穆沁旗宝格达山）、兴安南部及科尔沁（科尔沁右翼前旗、克什克腾旗）、赤峰丘陵（翁牛特旗）、燕山北部（喀喇沁旗、宁城县）、锡林郭勒（多伦县）。分布于我国黑龙江、吉林、河北、青海、四川、云南、西藏、新疆北部，南、北半球温带地区广布。为泛温带分布种。

3. 玄参属 Scrophularia L.

一、二年生或多年生草本。叶对生，上部叶有时互生，有锯齿或羽裂。聚伞花序顶生，呈圆锥状；花小型，绿紫色、深紫色、黄色或淡黄绿色，有时褐色；花萼5深裂。花冠筒膨大成壶状或几成球型；二唇形，上唇2裂较长，下唇3裂较短，下唇中裂片最小。雄蕊4，二强；退化雄蕊贴生花冠筒上，位于上唇的下方，呈鳞片状，有时甚小或缺。花柱细长，柱头短2裂；花盘位于子房周围。蒴果卵形、球形或卵状圆锥形，具短尖或喙，室间开裂；种子多数，卵形，表面粗糙。

内蒙古有3种，另有2栽培种。

分种检索表

1a. 叶脉不网结；茎多条丛生，基部木质化，呈半灌木状草本；蒴果近球形······**1. 砾玄参 S. incisa**
1b. 叶脉明显网结；茎单一或少数，草本；蒴果尖卵形。
  2a. 支根纺锤形或胡萝卜状，叶缘具规则的锐锯齿，花萼及花冠外面无毛。栽培。
    3a. 花褐紫色，聚伞圆锥花序大而疏散，茎、叶被腺状柔毛······**2. 玄参 S. ningpoensis**
    3b. 花绿色或黄绿色，聚伞圆锥花序紧缩，茎、叶无毛······**3. 北玄参 S. buergeriana**
  2b. 支根不为纺锤形或胡萝卜状，叶缘具不规则的尖齿或粗齿。
    4a. 花冠黄色，花萼宽矩圆形，花萼及花冠外面被长或短腺毛······**4. 贺兰玄参 S. alaschanica**
    4b. 花冠绿色，花萼近圆形，花萼及花冠外面无毛······**5. 岩玄参 S. amgunensis**

1. 砾玄参

Scrophularia incisa Weinm. in Bot. Gart. Dorpat. 136. 1810; Fl. Intramongol. ed. 2, 4:270. t.104. f.1-2. 1992.

多年生半灌木状草本。全体被短腺毛。根常粗壮，木质，栓皮常剥裂，紫褐色。茎直立或斜升，多条丛生，高20～50cm，基部木质化，带褐紫色，有棱。叶对生，长椭圆形或椭圆形，长0.8～3cm，宽0.3～1.3cm，叶脉不结网，先端钝或尖，边缘具不规则尖齿或粗齿，基部楔形，下延成柄状，

柄短。聚伞圆锥花序顶生，狭长，小聚伞圆锥花序有花1～7朵；花萼5深裂，长约1.5mm，裂片卵圆形，具白色膜质的狭边。花冠玫瑰红色至深紫色，长约5mm；花冠筒球状筒形，长约为花冠之半；上唇2裂，裂片顶端圆形，边缘波状，比下唇长；下唇3裂，裂片宽，带绿色，顶端平截。雄蕊比花冠短或长；花丝粗壮，下部渐细，黄色，密被短腺毛；花药紫色，肾形，无毛，略宽于花丝，呈头状；退化雄蕊条状矩圆形至披针状条形。花柱细，无毛；柱头头状，特小，与花柱等粗，微2裂。蒴果球形，直径5～6mm，无毛，顶端尖；种子多

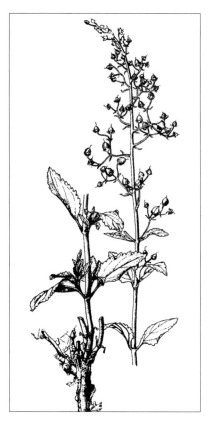

数，狭卵形，长约 1.5mm，宽约 0.5mm，黑褐色，表面粗糙，具小凸起。花期 6 ～ 7 月，果期 7 月。

　　旱生草本。生于荒漠草原带及典型草原带的砂砾石质地、山地岩石处。产呼伦贝尔（新巴尔虎右旗、满洲里市）、锡林郭勒（阿巴嘎旗）、乌兰察布（四子王旗、达尔罕茂明安联合旗、固阳县阿塔山、乌拉特中旗）、鄂尔多斯（鄂托克旗）、东阿拉善（乌拉特后旗、桌子山、阿拉善左旗）、龙首山。分布于我国宁夏、甘肃（西南部及河西走廊）、青海东部、新疆北部，蒙古国、俄罗斯（西伯利亚地区）、中亚。为古地中海分布种。

　　全草入蒙药（蒙药名：依尔欣巴），能透疹、清热，主治麻疹、天花、水痘、猩红热。

2. 玄参（元参、浙玄参）

Scrophularia ningpoensis Hemsl. in J. Linn. Soc. Bot. 26:178. 1890; Fl. Intramongol. ed. 2, 4:272. t.105. f.1. 1992.

　　多年生草本。支根数条，纺锤状或胡萝卜状，长达 15cm，外皮灰黄褐色，干时内部变黑。茎直立，高 60 ～ 120cm，四棱形，有浅槽，无翅或有极狭的翅，近无毛或多少有白色腺状柔毛。叶对生，近顶部者有时互生；叶片卵形至卵状披针形，长 7 ～ 20cm，宽 3.5 ～ 12cm，先端渐尖，基部楔形、圆形或近心形，边缘具细锯齿，稀为规则的细重锯齿，齿缘反卷，具凸尖，两面疏被腺状柔毛，有时近无毛；具柄，向上渐短。聚伞圆锥花序大而疏散，总花梗长 1 ～ 3cm；花梗较短，长 2 ～ 10mm，被腺毛；苞片条形，被腺柔毛；花萼 5 深裂，长约 3mm，裂片卵圆形，先端钝圆或锐尖，边缘狭膜质；花冠褐紫色，长约 8mm，上唇明显长于下唇，裂片近圆形。雄蕊稍短于下唇，花丝肥厚，退化雄蕊近于圆形；花柱长约 3mm。蒴果卵圆形，长 8 ～ 9mm，近无毛，顶端具喙；种子多数，卵形至椭圆形，长约 0.8mm，宽约 0.4mm，黑褐色，表面粗糙，具小凸起。花期 7 ～ 8 月，果期 8 ～ 9 月。

中生草本。内蒙古有少量栽培。野生种分布于我国河北西南部、河南西部、山西南部、陕西南部、安徽南部、江西西部、江苏南部、浙江、福建北部、广东北部、贵州西部、四川南部。为东亚分布种。

根入药（药材名：玄参），能滋阴降火、凉血解毒，主治热病烦渴、发斑、咽喉肿痛、咽白喉、便秘、淋巴结核、痈肿。

3. 北玄参

Scrophularia buergeriana Miq. in Ann. Mus. Bot. Lugd.-Bat. 2:116. 1865; Fl. Intramongol. ed. 2, 4:272. t.105. f.2-6. 1992.

多年生草本。根状茎短，根头肉质结节，支根纺锤形。茎直立，高达150cm，四棱形，具白色髓心，有狭翅，无毛或有微毛。叶对生，有时上部的互生；叶片卵形至椭圆状卵形，长5～15cm，宽2～5cm，边缘具锐锯齿，齿缘略反卷，具凸尖，无毛或下面有微毛；叶柄长达5cm，向上渐短。聚伞圆锥花序紧缩，狭长，除顶生花序外，常由上部叶腋生出侧生花序；总花梗长不超过5mm，被腺毛；花梗短，被腺毛；苞片条状披针形，被腺毛。花萼5深裂，长2～3mm；裂片卵形或宽卵形，顶端圆钝而有微齿或全缘，边缘狭膜质。花冠黄绿色，长约5mm；上唇2裂，长于3裂的下唇，裂片近圆形，下唇中裂片略小。雄蕊与下唇几等长，退化雄蕊倒卵圆形；花柱长约3mm。蒴果卵形，长约6mm，尖头，近无毛；种子多数，卵形、狭卵形或椭圆形，长0.5～0.8mm，宽0.2～0.4mm，黑色，表面粗糙，有小凸起。花期7～8月，果期8～9月。

中生草本。内蒙古有少量栽培。野生种分布于我国黑龙江南部、吉林南部、辽宁东部、河北北部、河南西部、山东中部，日本、朝鲜。为东亚北部分布种。

药用同玄参。

4. 贺兰玄参

Scrophularia alaschanica Batal. in Mem. Acad. Imp. Sci. St.-Petersb. 13:380. 1894; Fl. Intramongol. ed. 2, 4:272. t.104. f.3-6. 1992.

多年生草本。全体被极短的腺毛。根不膨大，细长，灰褐色。茎直立，高20～60cm，四棱形，中空。叶对生，叶片质薄，椭圆状卵形或卵形，长2～7cm，宽1～4cm，先端钝尖或锐尖，基部楔形或截形，边缘具不规则的重锯齿或粗齿，上面绿色，下面灰绿色，叶脉隆起；叶柄长0.5～1.5cm，向上渐短，

略有微翅。聚伞花序顶生，近头状
或 2～5 节对生；花序短，果期伸
长；花梗短，长达 0.5cm；苞片条
状披针形，长 3～10mm；花萼 5
深裂，长 3～4mm，裂片宽矩圆形，
先端近圆形，膜质边缘不明显。花
冠黄色，长约 1cm；上唇明显长于
下唇，上唇 2 裂，裂片近圆形。花
冠下唇中裂片小，卵状三角形；侧
裂片大，宽圆形，边缘波状。雄蕊
内藏，退化雄蕊短匙形。蒴果卵形，
长约 7mm，顶端具尖喙，近无毛；
种子多数，卵形，黑褐色，表面粗糙，
有小凸起。花期 6～7 月，果期 7 月。

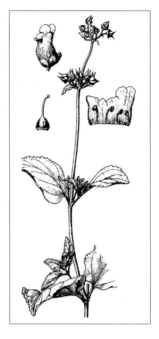

　　中生草本。生于荒漠带和荒漠
草原带的山地、沟谷、溪水边。产阴山（乌拉山）、贺兰山。分布于我国宁夏（贺兰山）。为
贺兰山—乌拉山分布种。

　　据《亚洲中部植物志》(1970) 第 5 卷 125 页记载，贺兰山尚产一种 *S. przewalskii* Batalin，
我们尚未见到标本。

5. 岩玄参

Scrophularia amgunensis F. Schmidt. in Reisea Amur-Land. Bot. 57. 1868; Fl. Intramongol. ed. 2,
4:274. t.106. f.6-7. 1992.

　　多年生草本。根不膨大，有分枝。茎直立，高 50～80cm，四棱形，中空，被柔毛和腺毛。

叶对生，卵形，长 4～9cm，宽 2～5cm，先端短渐尖，基部楔
形、截形或浅心形，边缘具不规则的尖齿，上面绿色，疏被短
毛或近无毛，下面灰绿色，被短腺毛和短柔毛；叶柄长 2～5cm，
被短腺毛和短柔毛。聚伞圆锥花序长约 10cm，宽 2～3cm，紧缩，
狭长，顶生；花梗长 0.5～1cm；花序轴和花梗密被腺毛；苞片
叶状，矩圆形或披针形，长 0.6～1.5cm；花萼 5 深裂，外
面无毛，裂片近圆形，长、宽约 3mm，具白色膜质的宽边；花
冠绿色，外面无毛，长约 5mm，上唇裂片 2 倍长于下唇。雄蕊内藏，
花丝被腺毛；退化雄蕊三角形或倒心形，具齿，宽稍大于长。
蒴果卵状三角形，长 5～7mm，顶端具尖喙，无毛；种子多数，
矩圆形，长约 0.6mm，宽约 0.3mm，黑褐色，表面粗糙，有小凸起。
花期 5～6 月，果期 7 月。

　　中生草本。生于森林带的阴坡峭壁上。产岭东（扎赉特旗
神山林场石老爷山）。分布于我国东北地区，俄罗斯（远东地区）。
为满洲分布种。

4. 地黄属 Rehmannia Libosch. ex Fisch. et C. A. Mey.

多年生草本。植株被长柔毛和腺毛。具根状茎。花大，呈顶生总状花序；花萼坛状或钟状，5齿裂，不等长，通常后方1枚长。花冠稍向内曲，筒部一侧稍膨大，口边斜形，喇叭状；上、下唇近等长，唇片张开，上唇2裂，下唇3裂，有2纵皱褶直达筒的基部。雄蕊4，二强，花丝弓曲；子房2室，花后渐变1室。蒴果卵形，室背开裂；种子多数，表面具蜂窝状网眼。

内蒙古有1种。

1. 地黄

Rehmannia glutinosa (Gaert.) Libosch. ex Fisch. et C. A. Mey. in Index Sem. Hort. Petrop. 1:36. 1835; Fl. Intramongol. ed. 2, 4:287. t.110. f.3-5. 1992.

多年生草本。全株密被白色或淡紫褐色长柔毛及腺毛。根状茎先直下然后横走，细长条状，弯曲，直径达7mm。茎单一或基部分生数枝，高10～30cm，紫红色，茎上很少有叶片。叶通常

基生，呈莲座状，倒卵形至长椭圆形，长1.5～13cm，宽1～4.5cm，先端钝，基部渐狭成长叶柄，边缘具不整齐的钝齿至牙齿；叶面多皱，上面绿色，下面通常淡紫色，被白色长柔毛和腺毛。总状花序顶生；花梗长0.5～2cm，细弱；苞片叶状，比叶小得多，比花梗长；花多少下垂。花萼钟状或坛状，长约1cm；萼齿5，矩圆状披针形、卵状披针形或多少三角形，长3～5mm。花冠筒状而微弯，长3～4cm，外面紫红色，内里黄色有紫斑，两面均被长柔毛，下部渐狭；顶部二唇形，上唇2裂反折，下唇3裂片伸直，顶端钝或微凹。雄蕊着生于花冠筒的近基部；花柱细长，光滑，柱头2裂，裂片扇状。蒴果卵形，长约1.6cm，宽约1cm，被短毛，先端具喙，室背开裂；种子多数，卵形、卵球形或矩圆形，长约1.5mm，宽约1mm，黑褐色，表面具蜂窝状膜质网眼。花期5～6月，果期7月。

旱中生杂类草。生于暖温性阔叶林带和草原带的

山地坡麓及路边。产赤峰丘陵(红山区、松山区)、燕山北部(喀喇沁旗、宁城县、敖汉旗大黑山)、阴山(大青山、乌拉山)、阴南丘陵(准格尔旗)、东阿拉善(狼山、桌子山)、贺兰山、龙首山。分布于我国辽宁、河北、河南、山东、山西、陕西、宁夏西北部、甘肃东南部、江苏北部、安徽北部、湖北西南部。为华北分布种。

根状茎入药(药材名:地黄),鲜地黄能清热、生津、凉血,主治高热烦渴、咽喉肿痛、吐血、尿血、衄血;生地黄能清热、生津、润燥、凉血、止血,主治阴虚发热、津伤口渴、咽喉肿痛、血热吐血、便血、尿血、便秘;熟地黄能滋阴补肾、补血调经,主治肾虚、头晕耳鸣、腰膝酸软、潮热、盗汗、遗精、功能性子宫出血、消渴。

5. 沟酸浆属 Mimulus L.

一年生或多年生草本,稀为灌木。叶对生。花单生于叶腋或为顶生的总状花序;花萼筒状或钟状,具5肋翅,萼齿5;花冠圆筒状,二唇形,上唇2裂,下唇3裂;雄蕊4,二强,内藏;子房2室,有多数胚珠,花柱内藏,柱头2裂,扁平。蒴果包于宿存的花萼内或伸出;种子多数而小,种皮平滑或具网纹。

内蒙古有1种。

1. 沟酸浆

Mimulus tenellus Bunge in Enum. Pl. China Bor. 49. 1833; Fl. Intramongol. ed. 2, 4:278. t.108. f.1-2. 1992.

一年生铺散草本。全株无毛。茎长达10cm,多分枝,下部匍匐生根,四方形,棱上具窄翅。叶对生,卵形或三角状卵形,长5~13mm,宽3~10mm,先端锐尖,基部截形,边缘具疏锯齿,叶柄与叶片近等长或较短。花单生于叶腋,花梗与叶柄近等长;花萼筒状钟形,长约5mm,具5肋,沿肋稍有窄翅,萼口平截,具5个细小萼齿。花冠黄色,长约为萼的1.5倍,漏斗状;喉部有红色斑点,密被髯毛;唇短,裂片全缘,竖直。雄蕊和花柱均无毛,内藏。蒴果椭圆形,较萼稍短;种子卵圆形,表面具细致的乳头状突起。花果期7~8月。

湿中生草本。生于阔叶林林下湿地、沟谷溪边。产辽河平原(大青沟)、燕山北部(喀喇沁旗、宁城县、敖汉旗)。分布于我国黑龙江东南部、吉林东部、辽宁、河北、河南、山东、山西、陕西南部,朝鲜。为华北—满洲分布种。

茎、叶可食,做酸菜用。

6. 石龙尾属 Limnophila R. Br.

一年生或多年生草本，生于水中或水湿处。茎直立、平卧或匍匐而节上生根。在水生种类中，叶有沉水叶和气生叶之分；沉水叶轮生，撕裂、羽状分裂至毛发状分裂；气生叶对生或轮生，羽裂或全缘，叶下面有腺点。花单生叶腋或排成顶生或腋生的穗状或总状花序；小苞片 2 或无；萼 5 裂，近相等或后 1 枚较大；花冠筒状或漏斗状，二唇形，上唇 2 裂，下唇 3 裂；雄蕊 4，二强；子房无毛。蒴果为宿萼包被，室间开裂；种子多数。

内蒙古有 2 种。

分种检索表

1a. 花冠长 6～10mm；茎及花萼无腺点；萼裂片卵形，长 2～4mm····················**1. 石龙尾 L. sessiliflora**
1b. 花冠长约 4mm；茎及花萼被腺点；萼裂片三角状披针形，长约 1mm··········**2. 北方石龙尾 L. borealis**

1. 石龙尾

Limnophila sessiliflora (Vahl) Blume in Bijdr. 749. 1826; Fl. 18:26. 1998.——*Hottonia sessiliflora* Vahl in Symb. Bot. 2:35. 1791.

多年生两栖草本。茎细长，沉水部分无毛或几无毛；气生部分长 6～40cm，简单或多少分枝，被多细胞短柔毛，稀几无毛。沉水叶长 5～35mm，多裂，裂片细而扁平或毛发状，无毛；

气生叶全部轮生，椭圆状披针形，具圆齿或开裂，长 5～18mm，宽 3～4mm，无毛，密被腺点，有脉 1～3。花无梗或稀具长不超过 1.5mm 之梗，单生于气生茎和沉水茎的叶腋；小苞片无或稀具一对长不超过 1.5mm 的全缘的小苞片。萼长 4～6mm，被多细胞短柔毛，在果实成熟时不具凸起的条纹；萼齿长 2～4mm，卵形，长渐尖。花冠长 6～10mm，紫蓝色或粉红色。蒴果近于球形，两侧扁。花果期 7 月至次年 1 月。

沼生草本。生于水田、沼泽。产内蒙古东部。分布于我国辽宁、河南、江苏、浙江、福建、江西、安徽、湖南、广东、广西、贵州、四川、云南、台湾、日本、朝鲜、不丹、印度、尼泊尔、越南、柬埔寨、马来西亚、印度尼西亚、斯里兰卡。为东亚分布种。

2. 北方石龙尾

Limnophila borealis Y. Z. Zhao et Ma f. in Act. Sci. Nat. Univ. Intramongol. 21(1):137. f.1. 1990; Fl. Intramongol. ed. 2, 4:274. t.106. f.1-5. 1992.

多年生两栖草本。茎细长，被腺点。叶全部轮生，沉水叶二回羽状毛发状细裂，气生叶羽状分裂，长 5～30mm，无毛，密布腺点，有脉 1。花单生于全部叶腋，近无梗，果期伸长成 2～6mm 的梗，密布腺点，无小苞片。花萼狭钟形，长约 2mm，外面密布腺点，5 裂；裂片三角状披针形，长约 1mm，先端锐尖。花冠漏斗形，粉红色，长约 4mm，二唇形；雄蕊 4，二强。蒴果近球形，两侧稍扁，与宿萼近等长；宿萼宽钟形，长约 3mm，裂片卵状三角形，长约 1.5mm，先端锐尖。种子小，矩圆形，长约 0.3mm，黑褐色，

多数。花果期 7～9 月。

沼生草本。生于水田等处。产嫩江西部平原（扎赉特旗保安沼农场）。为嫩江西部平原分布种。

本种与 *L.indica* (L.) Druce 相近，但叶全部轮生，气生叶羽状分裂。花单生于全部叶腋；花梗显著短于叶；无小苞片；花冠长约 4mm；萼齿三角状披针形，长约 1mm。

7. 母草属 Lindernia All.

一年生草本。叶对生。花常对生，稀单生，生于叶腋或茎枝顶端，形成疏总状花序；无小苞片；萼片 5，离生或合生成钟形的花萼；花冠二唇形，上唇直立、微 2 裂，下唇伸展、3 裂；雄蕊 4，偶有 1 对退化而无花药，花丝常有齿状、丝状或棍棒状附属物，花药贴连或下方药室顶端有刺尖或距；花柱 2，顶端常膨大为片状。蒴果开裂；种子小，多数。

内蒙古有 1 种。

1. 陌上菜（母草）

Lindernia procumbens (Krock.) Borbas in Bekes Vamegye Fl. 80. 1881; Fl. Intramongol. ed. 2, 4:276. t.107. f.3-5. 1992.——*Anagalloides procumbens* Krock. in Fl. Siles 2(1):398. 1790.

直立草本。全株无毛。须根，多数。茎自基部多分枝，高 4～10cm。叶椭圆形或矩圆形，长 5～15mm，宽 3～6mm，先端钝尖，基部抱茎，全缘或有不明显的钝齿，两面无毛，掌状叶脉 3～5

条，无柄。花单生于叶腋；花梗纤细，长 7～12mm，比叶长；萼片 5，仅基部合生，条状披针形，长约 4mm。花冠粉红色或紫色，长 5～7mm；管长约 3.5mm；上唇短，长约 1mm，2 浅裂；下唇大且长，长约 3mm，3 裂（中裂片圆形，突出）。

雄蕊 4，全育，前方 2 枚雄蕊的附属物腺体状且短小；柱头 2 裂。蒴果卵球形，与萼近等长或稍长，室间 2 裂；种子多数，矩圆形，长约 0.2mm，宽约 0.1mm，表面有格纹。花期 7～8 月，果期 8～9 月。

湿生草本。生于森林带的浸湿地。产岭东（扎兰屯市、乌兰浩特市）。分布于我国黑龙江中东部和东南部、吉林中部和东部、辽宁东北部、河北中北部和东北部、河南、山东南部、山西中部、安徽、江苏东南部、福建、浙江、江西东部、湖北、湖南、广东、广西、海南、贵州、云南、西藏东部、四川东北部、陕西东南部、台湾，亚洲、欧洲。为古北极分布种。

8. 野胡麻属 Dodartia L.

属的特征同种。

单种属。

1. 野胡麻（多德草、紫花草、紫花秧）

Dodartia orientalis L., Sp. Pl. 2:633. 1753; Fl. Intramongol. ed. 2, 4:281. t.109. f.4-8. 1992.

多年生草本。根长而粗壮，多少弯曲。茎单生或少数丛生，高 15～40cm，具多回细长分枝，下部分枝对生，顶部分枝互生，整株呈扫帚状，近基部被黄色膜质鳞片，幼嫩时疏被柔毛，老

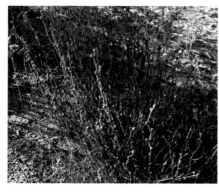

时光滑无毛或在下部疏被柔毛。叶疏生，茎下部的对生或近对生，上部的常互生，条形或宽条形，长 0.5～4cm，宽 1～3mm，全缘或有疏齿，无柄。花数朵疏离，呈总状，着生于分枝顶端；花梗极短，长 0.5～1mm。花萼钟状，宿存，长约 4mm；萼齿 5，短，正三角形，光滑无毛。花冠暗紫色或暗紫红色，长 1～2.5cm，管部长筒形，二唇形：上唇短而直立，2 浅裂，卵形；

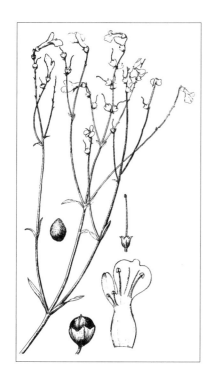

下唇 2～3 倍长于上唇，宽倒卵形，3 裂（中裂片突出），舌状，喉部有两条着生多细胞腺毛的纵皱褶。雄蕊 4，二强，着生于花冠喉部内里，位于前方的 1 对较长；子房球形，无毛，花柱伸出，柱头 2 裂。蒴果圆球形，直径约 5mm，褐色或带紫褐色，顶端微凹，具短尖头，中间有一纵沟，2 室裂；种子多数，卵形，略带三棱形，长约 0.6mm，宽约 0.3mm，暗褐色，表面具颗粒状纹理。花期 5～7 月，果期 8～9 月。

旱生草本。生于荒漠化草原带和荒漠带的石质山坡、沙地、盐渍地、田野。产乌兰察布（固阳县、乌拉特前旗、乌拉特中旗）、鄂尔多斯（达拉特旗、鄂托克旗）、东阿拉善（临河区、杭锦后旗、磴口县、桌子山、乌海市、杭锦旗）、额济纳。分布于我国新疆、甘肃，蒙古国西部和西南部、伊朗、俄罗斯（西伯利亚地区），高加索地区，中亚。为古地中海分布种。

全草入药，能清热解毒、祛风止痒，主治上呼吸道感染、气管炎、皮肤瘙痒、荨麻疹、湿疹。

9. 通泉草属 Mazus Lour.

一年生或多年生草本。叶生于下部的对生或呈莲座状，上部的互生。花蓝色或白色，为顶生的总状花序；苞片小或无；花萼钟状，裂片 5；花冠筒短，上唇短而直立、2 裂，下唇大而开展、3 裂，有两条皱褶直达喉部；雄蕊 4，二强，着生于花冠筒部；柱头 2 裂，薄片状。蒴果球形或扁卵球形，室背开裂；种子多数，细小，卵球形。

内蒙古有 2 种。

分种检索表

1a. 多年生草本，子房和蒴果被长硬毛，茎和叶密被长柔毛·····················**1. 弹刀子菜 M. stachydifolius**

1b. 一年生草本，子房和蒴果无毛，茎和叶疏被短柔毛·····························**2. 通泉草 M. pumilus**

1. 弹刀子菜

Mazus stachydifolius (Turcz.) Maxim. in Bull. Acad. Imp. Sci. St.-Petersb. 20:438. 1875; Fl. Intramongol. ed. 2, 4:278. t.109. f.1-3. 1992.——*Tittmannia stachydifolia* Turcz. in Bull. Soc. Imp. Nat. Mosc. 7:156. 1837.

多年生草本。全体被多细胞白色长柔毛。根状茎短，具多数灰黑色绳状须根。茎直立，稀上升，高 10～30cm，有时基部多分枝。基生叶匙形，有短柄，常早枯萎；茎生叶对生，上部的常互生，矩圆形、长椭圆形或倒披针形，长 3～6cm，宽 7～14mm，边缘具不规则浅锯齿或近全缘，无柄。总状花序顶生，花序轴伸长达 20cm；花梗长约 5mm；下部具 1 白色膜质的小苞片，三角状钻形，长约 1mm。花萼漏斗状，长 7～10mm；萼裂片略长于筒部，披针状三角形，10 条纵脉明显。花冠蓝紫色或淡紫色，长为花萼的 1 倍；上唇小而短，2 浅裂，裂片狭三角形，先端尖锐；下唇大而长，3 裂，裂片先端钝圆，中裂片较小，有 2 条着生腺毛和黄色斑点的皱褶直达喉部。雄蕊内藏，着生于花冠筒的近基部；子房上部被硬毛，柱头 2 裂，裂

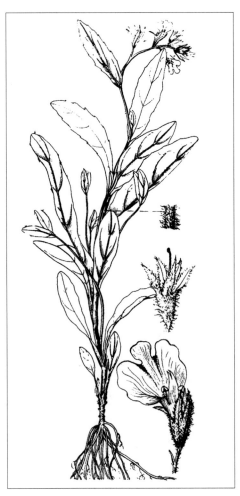

片薄片状。蒴果卵球形，直径约 2mm，被毛，室背开裂；种子小，卵球形，直径约 0.1mm，黑色，无毛。花期 6～7 月，果期 8 月。

中生草本。生于森林带和森林草原带的林缘、湿润草甸。产兴安北部及岭东和岭西（额尔古纳市、牙克石市、鄂伦春自治旗、扎兰屯市）、兴安南部（科尔沁右翼前旗、扎赉特旗、突泉县、巴林右旗、克什克腾旗）、赤峰丘陵（红山区）、燕山北部（喀喇沁旗、宁城县）。分布于我国黑龙江西部、吉林、辽宁、河北、河南、山东、山西东部、陕西南部、安徽西北部、江苏、福建、浙江、江西、湖北西部、湖南东南部、广东北部、广西北部、贵州东南部、四川东北部、台湾，朝鲜、俄罗斯（远东地区）。为东亚分布种。

全草入药，能解蛇毒，主治毒蛇咬伤。

2. 通泉草

Mazus pumilus (Burm.f.) Steenis in Nova Guinea n.s. 9(1):31. 1958; Fl. China 18:46. 1988.——*M. japonicus* (Thunb.) O. Kuntze in Revis. Gen. Pl. 2:462. 1891.——*Lobelia pumila* Burm.f. in Fl. Indica 186. 1768.

一年生草本，高 3～30cm。无毛或疏生短柔毛。主根伸长，垂直向下或短缩，须根纤细，多数，散生或簇生。本种在体态上变化幅度很大，茎 1～5，或有时更多，直立，上升或倾卧

状上升，着地部分节上常能长出不定根，分枝多而披散，少不分枝。基生叶少至多数，有时呈莲座状或早落，倒卵状匙形至卵状倒披针形，膜质至薄纸质，长 2～6cm，顶端全缘或有不明显的疏齿，基部楔形，下延成带翅的叶柄，边缘具不规则的粗齿或基部有 1～2 浅羽裂；茎生叶对生或互生，少数，与基生叶相似或几乎等大。总状花序生于茎、枝顶端，常在近基部生花，伸长或上部呈束状，通常 3～20，花稀疏；花梗在果期长达 10mm，上部的较短。花萼钟状，花期长约 6mm，果期多少增大；萼片与萼筒近等长，卵形，先端急尖，脉不明显。花冠白色、紫色或蓝色，长约 10mm；上唇裂片卵状三角形；下唇中裂片较小，稍突出，倒卵圆形。子房无毛。蒴果无毛，球形；种子小而多数，黄色，种皮上有不规则的网纹。花果期 4～10 月。

中生草本。生于花坛、路边。产赤峰丘陵（松山区）。分布于我国黑龙江、吉林、辽宁、河北、河南、山东、山西、陕西、甘肃、青海、四川、西藏、云南、安徽、江苏、浙江、福建、江西、湖北、湖南、广东、广西、台湾、日本、朝鲜、俄罗斯、不丹、印度、泰国、越南、新几内亚、菲律宾，克什米尔地区。为东古北极分布种。

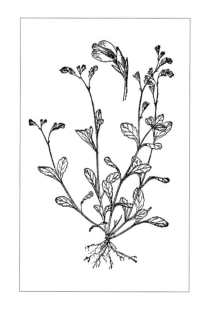

10. 火焰草属 Castilleja Mutis ex L.f.

多年生草本。茎直立。叶互生。穗状花序顶生，密集；苞片非绿色，具色彩；花萼筒状侧扁，4裂，前后裂达一半，两侧裂达1/4，裂片全缘。花冠管状，二唇形：上唇伸长直立，倒舟状，顶端渐尖；下唇短而小，开展，3裂。雄蕊4，二强，药室不等。蒴果2室，2瓣裂；种子多数，微小，外种皮透明膜质，蜂窝状。

内蒙古有1种。

1. 火焰草

Castilleja pallida (L.) Kunth in Syn. Pl. 2:100. 1823; Fl. Intramongol. ed. 2, 4:305. t.121. f.1-5. 1992.—— *Bartsia pallida* L., Sp. Pl. 2:602. 1753.

多年生直立草本。全体被白色柔毛。茎常丛生，不分枝，高20～50cm。叶互生，最下部的对生，条形或条状披针形，稀披针形，长3～8cm，宽2～4(～7)mm，全缘，基出三脉，先端狭渐尖，无柄。穗状花序顶生，密集；苞片矩圆形，黄白色，长1～3cm，宽4～8mm，上部分裂，裂片条形至披针形。花萼管状，黄白色，侧扁，长约2cm，下部膨大；上部4裂，前后两方裂达一半，两侧裂达1/4，裂片条形。花冠黄白色或白色，长2.5～3cm，筒部长筒状，上部二唇形：上唇长而直立，倒舟状，顶端渐尖；下唇短而稍开展，3裂，裂片矩圆状披针形（长约2mm，宽约1mm）。雄蕊药室一长一短。蒴果卵形，长约1cm，宽约4mm，顶端钩状尾尖；种子矩圆形，长约1.8mm，宽约0.8mm，表皮蜂窝状，有光泽。花期6～7月，果期8月。

中生草本。生于森林带和森林草原带的草甸草原、碱土草甸、林缘、灌丛。产兴安北部及岭东和岭西（额尔古纳市、根河市、牙克石市、鄂伦春自治旗、陈巴尔虎旗）。分布于我国黑龙江西北部，蒙古国北部和西部及南部、俄罗斯（西伯利亚地区、远东地区），欧洲东部，北美洲。为泛北极分布种。

11. 鼻花属 Rhinanthus L.

一年生半寄生草本。叶对生。花序总状；花萼侧扁，果期膨胀成囊状，4裂，3枚浅裂，后方1枚深裂达中部；花冠二唇形，上唇盔状，顶端延成短喙，2裂，下唇3裂。雄蕊4，伸至盔下；花药靠拢，药室横叉开，无距，开裂后沿裂口露出须毛。蒴果扁而圆，室背开裂；种子每室数粒，近半圆形，具宽翅。

内蒙古有1种。

1. 鼻花

Rhinanthus glaber Lam. in Fl. Franc. 2:352. 1778; Fl. Intramongol. ed. 2, 4:315. t.108. f.3-5. 1992.

一年生直立草本。茎高 30 ～ 65cm，具 4 棱，有 4 列柔毛或近无毛，分枝靠近主轴。叶对

生，条状披针形，长 2 ～ 6cm，宽 3 ～ 9mm，上面密被短硬毛，下面沿网脉生斑状突起且疏被短硬毛；叶缘具三角状锯齿，齿尖向上，齿缘呈胼胝质加厚，且被短硬毛，无柄。总状花序顶生；苞片叶状而比叶宽，齿尖而长；花梗短，长约 2mm；花萼侧扁，长约 1cm，果期膨胀成囊泡状，

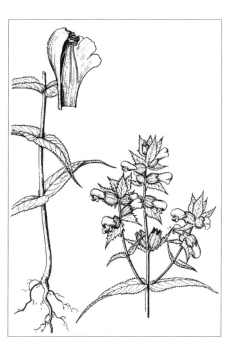

长 15 ～ 18mm，萼齿 4、狭三角形。花冠黄色，长 17 ～ 19mm，外面被短腺毛或柔毛；上唇顶端的 2 短喙，紫色；下唇紧靠上唇，3 裂。雄蕊 4，着生于花冠筒上部，花药靠拢；花柱细长，柱头头状，稍外露。蒴果扁圆形，直径约 8mm，藏于宿存的萼内；种子近肾形，扁平，长约 3mm，宽约 2mm，边缘有宽约 0.5mm 的翅。花果期 7 ～ 8 月。

中生草本。生于森林带的林缘草甸。产兴安北部（牙克石市）、兴安南部（克什克腾旗）、锡林郭勒（西乌珠穆沁旗）。分布于我国黑龙江、吉林、辽宁、新疆西北部，蒙古国北部、俄罗斯（西伯利亚地区）、哈萨克斯坦，欧洲。为古北极分布种。

12. 山罗花属 Melampyrum L.

一年生半寄生草本。叶对生，全缘或基部分裂。总状花序着生于分枝顶端；苞片与叶同形，边缘通常具芒状长齿或在下面有尖齿，少全缘；萼钟状，4齿裂，裂片不等，后方2枚较大。花冠筒管状，上部二唇形：上唇直立，短，头盔状，2齿裂；下唇较长，3齿裂，基部有2凸起的皱褶。雄蕊4，二强；花药靠拢，药室相等，基部具尾尖，药室开裂后沿裂缝有须毛。子房2室，每室有胚珠2粒。蒴果2瓣裂，每室有1～2粒种子；种子较大而平滑。

内蒙古有1种。

1. 山罗花

Melampyrum roseum Maxim. in Prim. Fl. Amur. 210. 1859; Fl. Intramongol. ed. 2, 4:307. t.121. f.6-9. 1992.

一年生直立草本。全株被片状短毛。茎多分枝，高30～50cm，略呈四棱形，干后黑蓝绿色。叶对生，卵状披针形至狭披针形，长1.5～5cm，宽3～15mm，干后暗绿色，基部楔形，先端长渐尖，稀骤尖，全缘或下部波状缘，叶柄长1～5mm。总状花序着生于分枝顶端，下部的苞片与叶同形，向上渐小，从基部具尖齿至全部边缘具芒状齿，绿色；花梗短，长约1mm；花萼钟状，长约4mm，萼齿从正三角形至钻状长渐尖，脉上具较长的薄片状柔毛。花冠红色至紫红色，长8～17mm，下部管状；上部二唇形，上唇风帽状，2齿裂，裂片反卷，边缘密生粉紫红色须毛，下唇3齿裂。蒴果卵状长渐尖，略侧扁，长约1cm，宽约6mm，室背2裂，被片状短毛；

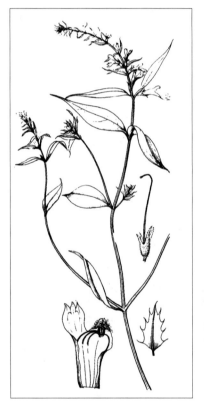

陈宝瑞／摄

种子2～4，椭圆形，长约3mm，宽约2mm，黑色，平滑。花期7月，果期8～9月。

中生草本。生于森林带的疏林林下、林缘、林间草甸、灌丛。产岭东（莫力达瓦达斡尔族自治旗、扎赉特旗）、燕山北部（喀喇沁旗、宁城县、敖汉旗、兴和县苏木山）。分布于我国黑龙江、吉林、辽宁、河北、河南、山东、山西、陕西南部、宁夏、甘肃东部、安徽、江西、江苏、浙江、福建、湖南、湖北，日本、朝鲜、俄罗斯（远东地区）。为东亚分布种。

全草及根入药，全草能清热解毒，主治痈肿疮毒。根泡茶有清凉之效。

13. 脐草属 Omphalotrix Maxim.

属的特征同种。

内蒙古有1种。

1. 脐草

Omphalotrix longipes Maxim. in Mem. Acad. Imp. Sci. St.-Petersb. Ser. 6, Sci. Math. Seconde Pt. Sci. Nat. 9:209. 1858; Fl. Intramongol. ed. 2, 4:312. t.124. f.1-4. 1992.

一年生草本。茎黑紫色，高20～50cm，上部分枝，被贴伏而倒生的白色柔毛。叶对生，条状椭圆形至披针形，长约1cm，宽约2mm，边缘胼胝质增厚，其上被短糙毛，疏具尖齿，先端

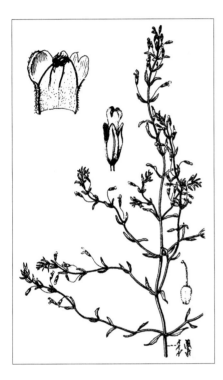

锐尖，基部狭楔形，无叶柄。总状花序常复出而集成圆锥花序顶生；苞叶与叶同形，比叶小；花梗纤细，长5～15mm，被倒生贴伏白色柔毛。花萼筒状钟形，长3～4mm，果期稍增大，不等4裂，前后裂达一半，两侧裂达1/3；裂片卵状三角形，边缘有糙毛。花冠白色，长约5mm；上唇略呈盔状，2浅裂，边缘外卷；下唇开展，3裂，裂片倒卵状楔形，先端微凹。雄蕊4，二强，药室基部锐尖，呈芒状。蒴果矩圆形，侧扁，室背开裂，与萼近等长，被细刚毛；种子有数条白色纵翅，翅上有横纹。花期8月，果期9月。

中生草本。生于草原带的丘间潮湿草甸。产科尔沁（科尔沁右翼中旗、扎赉特旗）、锡林郭勒（克什克腾旗达里诺尔湖、锡林浩特市、苏尼特左旗）、鄂尔多斯（乌审旗）。分布于我国黑龙江西北部、吉林西部、辽宁西北部、河北西北部、山东，朝鲜、俄罗斯（远东地区）。为华北—满洲分布种。

14. 小米草属 Euphrasia L.

一年生或多年生草本。叶小型，通常在茎下部的较小，向上逐渐增大，过渡为苞叶，对生，基部楔形，边缘具尖齿或缺刻。苞叶叶状；穗状花序顶生；花萼筒状或狭钟状，4裂，前后两方裂得较深，裂片钝头或锐尖头。花冠二唇形：上唇直立，2浅裂，边缘外卷；下唇伸展，3裂，裂片顶端又2浅裂或深凹。雄蕊4，二强。蒴果长矩圆形或倒卵形，扁平，疏被硬毛或刚毛，室背开裂；种子多数，具多数纵翅。

内蒙古有4种。

分种检索表

1a. 植株全体无腺毛。

    2a. 叶及苞叶卵形，边缘具 2～5 对急尖或稍钝的牙齿·········**1a. 小米草 E. pectinata** subsp. **pectinata**

    2b. 叶及苞叶宽卵形至近圆形，边缘锯齿急尖至渐尖，有时呈芒尖·······························

    ···**1b. 芒小米草 E. pectinata** subsp. **simplex**

1b. 植株多少被腺毛。

    3a. 腺毛的柄很短，仅有 1～2 个细胞·····························**2. 短腺小米草 E. regelii**

    3b. 腺毛的柄较长，具（2～）3 至多个细胞。

        4a. 花冠小，背面长 5～8mm；茎常细弱，少见分枝·········**3. 长腺小米草 E. hirtella**

        4b. 花冠大，背面长约 10mm；茎常粗壮，上部多分枝·········**4. 东北小米草 E. amurensis**

1. 小米草

Euphrasia pectinata Ten. in Fl. Nap. 1:36. 1811; Fl. Intramongol. ed. 2, 4:311. t.123. f.1-5. 1992.

1a. 小米草

Euphrasia pectinata Ten. subsp. **pectinata**

    一年生草本。茎直立，高 10～30cm，常单一，有时中下部分枝，暗紫色、褐色或绿色，被白色柔毛。叶对生，卵形或宽卵形，长 5～15mm，宽 3～8mm，先端钝或尖，基部楔形，边缘具 2～5 对急尖或稍钝的牙齿，两面被短硬毛，无柄。穗状花序顶生；苞叶叶状；花萼筒状，4 裂，裂片三角状

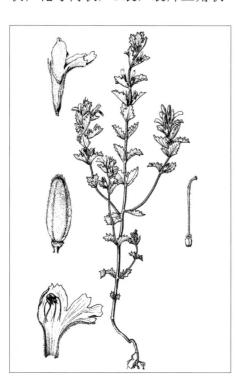

披针形，被短硬毛。花冠白色或淡紫色，长 5～8mm，二唇形：上唇直立，2 浅裂，裂片顶部又微 2 裂；下唇开展，3 裂，裂片又叉状浅裂，被白色柔毛。雄蕊花药裂口露出白色须毛，药室在下面延长成芒。蒴果扁，每侧面中央具 1 纵沟，长卵状矩圆形，长约 5mm，宽约 2mm，被柔毛，上部边沿具睫毛，顶端微凹；种子多数，狭卵形，长约 1mm，宽约 0.3mm，淡棕色，其上具 10 余条白色膜质纵向窄翅。花期 7～8 月，果期 9 月。

    中生草本。生于山地草甸、草甸草原、林缘、灌丛。产兴安北部及岭东和岭西（额尔古纳市、根河市、牙克

石市、鄂伦春自治旗）、兴安南部（科尔沁右翼前旗、扎鲁特旗、巴林右旗、林西县、克什克腾旗、西乌珠穆沁旗）、赤峰丘陵（翁牛特旗）、燕山北部（喀喇沁旗）、锡林郭勒（苏尼特左旗）、乌兰察布（达尔罕茂明安联合旗吉穆斯泰山）、阴山（大青山、蛮汗山、乌拉山）、贺兰山、龙首山。分布于我国河北、山西东北部、宁夏南部、甘肃中部、青海、新疆，蒙古国、俄罗斯（远东地区），欧洲。为古北极分布种。

全草入药，能清热解毒，主治咽喉肿痛、肺炎咳嗽、口疮。

1b. 芒小米草（高枝小米草）

Euphrasia pectinata Ten. subsp. **simplex** (Freyn) D. Y. Hong in Fl. Reip. Pop. Sin. 67(2):374. 1979; Fl. Intramongol. ed. 2, 4:311. 1992.——*E. maximowiczii* Wettstein var. *simplex* Freyn in Oesterr. Bot. Z. 52:404. 1902.

本亚种与正种的区别在于：叶及苞叶宽卵形至近圆形，边缘锯齿急尖至渐尖，有时呈芒状。

中生草本。生于草原带的山地草甸、林缘、灌丛。产燕山北部（喀喇沁旗、宁城县）、阴山（大青山、蛮汗山）。分布于我国黑龙江、吉林、辽宁、河北、山东、山西、新疆，朝鲜、蒙古国北部、俄罗斯（远东地区）。为华北—满洲分布亚种。

用途同正种。

2. 短腺小米草

Euphrasia regelii Wettst. in Monogr. Euphr. 81. 1896; Fl. Intramongol. ed. 2, 4:312. t.123. f.6. 1992.

一年生草本。植株干时几乎变黑。茎直立，高 3～35cm，不分枝或分枝，被白色柔毛。叶和苞叶无柄；下部的叶楔状卵形，顶端钝，每边有 2～3 个钝齿；中部的叶稍大，卵形至卵圆形，基部宽楔形，长 5～15mm，宽 3～13mm，每边有 3～6 个锯齿，锯齿急尖、渐尖，有时为芒状，同时被刚毛和顶端为头状的短腺毛，腺毛的柄仅一个细胞，少有两个细胞。花序通常在花期短，果期伸长可达 15cm。花萼管状，与叶被同类毛，长 4～5mm，果期长达 8mm；裂片披针状渐尖至钻状渐尖，长 3～5mm。花冠白色，上唇常带紫色，背面长 5～10mm，外面多少被白色柔毛，背部最密；下唇比上唇长，裂片顶端明显凹缺，中裂片宽至 3mm。蒴果长矩圆状，长 4～9mm，宽 2～3mm。花期 5～9 月，果期 9 月。

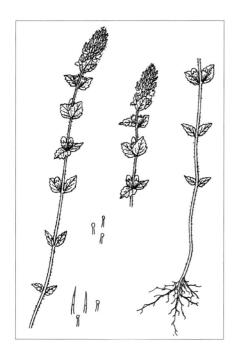

中生草本。生于森林草原带和草原带的山地草甸、林缘、灌丛。产兴安南部（巴林右旗、林西县、克什克腾旗）、锡林郭勒（锡林浩特市、正蓝旗）、燕山北部（兴和县苏木山）、阴山（大青山、乌拉山）。分布于我国河北西北部、山西北部、陕西南部、甘肃中东部、青海北部和东部、四川西部、云南西北部、湖北西部、新疆（天山），俄罗斯（远东地区），中亚。为东古北极分布种。

全草入蒙药（蒙药名：心木涕区痴），能消炎、利尿，主治沙眼、结膜炎、小便不利。

3. 长腺小米草（疏花小米草）

Euphrasia hirtella Jord. ex Reuter in Compt.-Rend. Trav. Soc. Hall. 4:120. 1854-1856; Fl. Intramongol. ed. 2, 4:312. t.123. f.7. 1992.

一年生草本。植株直立，高 3～40cm，通常细弱，少粗壮，不分枝或少有上半部分枝，各部分有顶端为头状的长腺毛与其他毛混生。叶和苞叶卵形至圆形，基部楔形至圆钝，边缘具 2 至数对钝至渐尖的齿，无柄。花序仅有花数朵至多数；花萼长 3～4mm，裂片披针形至钻形；花冠白色或上唇淡紫色，背面长 4～8mm。蒴果矩圆状，长 4～6mm。花期 6～8 月，果期 9 月。

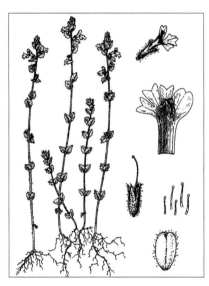

湿中生草本。生于森林带和森林草原带的山地湿草甸、河谷沼泽。产兴安北部（牙克石市）、兴安南部（巴林右旗、克什克腾旗、锡林浩特市、东乌珠穆沁旗）。分布于我国黑龙江东南部、吉林东部、西藏西南部、新疆北部，朝鲜、蒙古国北部、俄罗斯、哈萨克斯坦，欧洲。为古北极分布种。

4. 东北小米草

Euphrasia amurensis Freyn in Oesterr. Bot. Z. 52:404. 1902; Fl. Intramongol. ed. 2, 4:312. t.123. f.8. 1992.

一年生草本。植株粗壮，高 10～40cm，通常在中上部多分枝，各部分有顶端为头状的腺毛与其他毛混生，腺毛的柄有 2～4 个细胞。叶和苞叶矩圆形至卵形，基部楔形至宽楔形，有时延成短柄，每边有 3～6 个钝、急尖或渐尖的齿。花序多花；花萼管状钟形，长 3～4mm，裂片钻形。花冠白色，有时上唇淡紫色，背面长 8～12mm；下唇明显长于上唇，裂片顶端明显凹缺。蒴果矩圆状，长约 4mm。花期 6～8 月，果期 9 月。

中生草本。生于森林带的山地林下、林缘草甸及山坡。产兴安北部及岭西（牙克石市、鄂温克族自治旗、阿尔山市）、兴安南部（克什克腾旗、东乌珠穆沁旗、西乌珠穆沁旗）。分布于我国黑龙江，俄罗斯（远东地区）。为满洲分布种。

15. 疗齿草属 Odontites Ludwig

一年生草本。茎直立，稍分枝。叶对生，边缘具锯齿。总状花序长而顶生；花梗极短；花萼钟状，4等裂；花冠二唇形，上唇直立，略呈盔状，顶部微凹或2浅裂，下唇3裂；雄蕊4，二强，药室略叉开，基部凸尖。蒴果矩圆形，略扁，室背开裂；种子多数，有纵翅。

内蒙古有1种。

1. 疗齿草（齿叶草）

Odontites vulgaris Moench in Method. 499. 1794; Fl. China 18:96. 1998.——*O. serotina* (Lam.) Dum. in Fl. Belg. 32. 1827; Fl. Intramongol. ed. 2, 4:314. t.124. f.5-9. 1992.——*Euphrasia serotina* Lam. in Fl. Franc. 2:350. 1778.

一年生草本。全株被贴伏而倒生的白色细硬毛。茎上部四棱形，高10～40cm，常在中上部分枝。叶有时上部的互生，无柄，披针形至条状披针形，长1～3cm，宽达5mm，先端渐尖，

边缘疏生锯齿。总状花序顶生，苞叶叶状；花梗极短，长约1mm。花萼钟状，长4～7mm，4等裂；裂片狭三角形，长2～3mm，被细硬毛。花冠紫红色，长8～10mm，外面被白色柔毛；上唇直立，略呈盔状，先端微凹或2浅裂；下唇开展，3裂，裂片倒卵形，中裂片先端微凹，两侧裂片全缘。雄

蕊与上唇略等长，花药箭形，药室下面延成短芒。蒴果矩圆形，长5～7mm，宽2～3mm，略扁，顶端微凹，扁侧面各有1条纵沟，被细硬毛；种子多数，卵形，长约1.8mm，宽约0.8mm，褐色，有数条纵的狭翅。花期7～8月，果期8～9月。

广辐中生草本。生于森林带和草原带的低湿草甸、水边。产兴安北部（额尔古纳市、牙克石市）、岭西及呼伦贝尔（鄂温克族自治旗、陈巴尔虎旗、新巴尔虎左旗、新巴尔虎右旗）、兴安南部和科尔沁（科尔沁右翼前旗、科尔沁右翼中旗、扎赉特旗、扎鲁特旗、阿鲁科尔沁旗、奈曼旗、巴林右旗、克什克腾旗）、辽河平原（科尔沁左翼后旗）、赤峰丘陵（翁牛特旗）、燕山北部（喀喇沁旗、

宁城县、敖汉旗）、锡林郭勒（东乌珠穆沁旗、西乌珠穆沁旗、锡林浩特市、正蓝旗、苏尼特左旗）、阴山（大青山、蛮汗山、乌拉山）、阴南丘陵（准格尔旗）、鄂尔多斯（达拉特旗、伊金霍洛旗、乌审旗、鄂托克旗）、贺兰山。分布于我国黑龙江西南部、吉林中部、辽宁西北部、河北西北部、山西北部、陕西北部、宁夏、甘肃东部、青海东部、新疆中部和西北部，俄罗斯（西伯利亚地区、远东地区）、蒙古国、伊朗，小亚细亚半岛，中亚，欧洲。为古北极分布种。

地上部分有的地方做蒙药用（蒙药名：巴西嘎），有小毒，能清热燥湿、凉血止痛，主治肝火头痛、肝胆瘀热、瘀血作痛。牲畜采食其干草。

16. 松蒿属 Phtheirospermum Bunge ex Fisch. et C. A. Mey.

一年生或多年生草本。具腺毛。叶对生，羽状分裂。花生于上部叶腋，具短梗，无小苞片；花萼钟状，5裂，裂片全缘至羽状分裂。花冠二唇形：上唇短而直立，略呈盔状，2浅裂，裂片边缘外卷；下唇较长而宽，3裂，有2条皱褶。雄蕊4，二强，前方1对较长，药室基部延长成短芒；花柱细长，柱头匙形，2短裂。蒴果扁平，先端具喙，室背开裂；种子多数，细小，卵形，表面膜质网状。

内蒙古有1种。

1. 松蒿（小盐灶草）

Phtheirospermum japonicum (Thunb.) Kanitz in Exp. Asiae Orient. 12. 1878; Fl. Intramongol. ed. 2, 4:309. t.122. f.1-6. 1992.——*Gerardia japonica* Thunb. in Syst. Veg. ed. 14, 553. 1784.

一年生草本。全体被多细胞腺毛。茎直立，上部分枝，高20～50cm。叶对生，叶片长

三角状卵形至卵状披针形，长 1～4cm，宽
0.5～2cm，下部叶羽状全裂，向上渐变为羽状
深裂或浅裂，裂片长卵形，边缘具牙齿，具柄。
花生于上部叶腋，花梗长约 1mm；花萼钟状，长
5～7mm，果期增大，5 裂至中部，裂片长卵形，
上部羽状浅裂至深裂；花冠粉红色至紫红色，长
15～20mm，被短柔毛，下唇中裂片较长，2 条
皱褶上密被白色长柔毛；雄蕊药室相等，被短柔
毛；花柱果期宿存，被短柔毛。蒴果卵形，长约
1cm，宽约 5mm，密被腺毛和短毛，先端具弯喙，
扁平面各有 1 条纵沟；种子椭圆形，长约 0.8mm，
宽约 0.5mm。花果期 8～9 月。

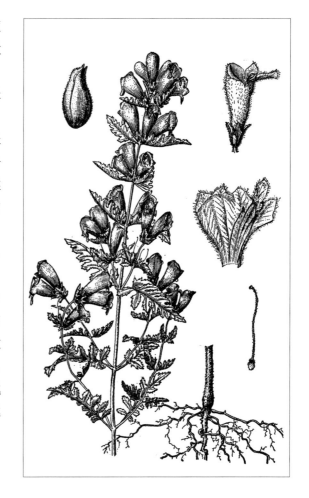

中生草本。生于森林草原带和草原带的山
地灌丛、沟谷草甸。产兴安南部及科尔沁（科尔
沁右翼前旗、科尔沁右翼中旗）、辽河平原（大
青沟）、燕山北部（喀喇沁旗、宁城县、敖汉旗）、
阴山（大青山、乌拉山）、阴南丘陵。广布于我
国除新疆以外的各省区，日本、朝鲜、俄罗斯（远
东地区）也有分布。为东亚分布种。

全草入药，能清热、利湿，主治湿热黄疸、
水肿。

17. 马先蒿属 Pedicularis L.

多年生或一年生草本，常为半寄生或半腐生。叶互生、对生或轮生，具齿或羽状分裂。
花为顶生的总状或穗状花序；花萼筒状钟形或多少坛状，膜质、草质或革质，其上具明显的
纵脉，不等的 4～5 齿裂，稀 2 浅裂，有的在前面开裂。花冠管圆筒形；花冠二唇形，上唇
盔状，顶端成圆形，先端伸出或长或短的喙，稀无喙，或具小齿，下唇 3 裂。雄蕊 4，二强，
内藏，花丝两对均被毛或其中 1 对被毛；子房 2 室，有胚珠 4 至多数，花柱细长，柱头头状。
蒴果多少卵圆形，顶端尖，室背开裂；种子卵形或矩圆形，具网状或蜂窝状孔纹。

内蒙古有 20 种。

分种检索表

1a. 叶互生，稀部分对生。

  2a. 花冠上唇先端无喙或仅有极小的凸尖，不呈钩状弯曲。

    3a. 花黄色，基生叶发达，羽状分裂，裂片矩圆形至三角状卵形，宽约 10mm；苞片宽卵形，不分裂。

      4a. 茎、叶、苞片、花萼无毛 ………………………………………………………………………
…………………………………**1a. 旌节马先蒿 P. sceptrum-carolinum** subsp. **sceptrum-carolinum**

      4b. 茎、叶、苞片、花萼被短毛……**1b. 毛旌节马先蒿 P. sceptrum-carolinum** subsp. **pubescens**

    3b. 花紫红色；茎生叶发达，二至三回羽状全裂，小裂片条形，宽约 1mm；苞片多少三角形，羽裂

··· **2. 大花马先蒿 P. grandiflora**

2b. 花冠上唇先端钩状或镰状，常有喙或小齿。

  5a. 花冠上唇先端具 1 对小齿。

    6a. 下唇开展，至少不依附于上唇；花冠管向前膝屈，盔弓曲。

      7a. 萼齿狭长，长过于宽，为狭三角形至披针形，密被长毛。

        8a. 叶二至三回羽状全裂，小裂片细条形。

          9a. 花紫红色，其下唇约与盔等长············· **3. 红色马先蒿 P. rubens**

          9b. 花灰白色，干后呈黄色，其下唇甚短于盔·········· **4. 蓍草叶马先蒿 P. achilleifolia**

        8b. 叶一至二回羽状全裂，小裂片甚宽；花黄色········· **5. 黄花马先蒿 P. flava**

      7b. 萼齿宽短，长不过于宽，为宽三角形，无毛或稀有被毛；叶的第一回羽状全裂，第二回
        羽状深裂；花黄色··· **6. 秀丽马先蒿 P. venusta**

    6b. 下唇常依附于上唇；花冠管不膝屈，盔亦不弓曲。

      10a. 植株分枝繁多，无显著的基生叶而茎生叶多，叶小而细裂。

        11a. 萼齿具波状齿；叶羽状全裂，裂片细，条形；花冠紫红色·············
        ··· **7. 卡氏沼生马先蒿 P. palustris subsp. karoi**

        11b. 萼齿全缘；叶羽状浅裂或深裂，裂片较宽，卵形或矩圆形；花冠黄色·············
        ··· **8. 拉不拉多马先蒿 P. labradorica**

      10b. 植株绝不分枝；叶羽状全裂，裂片长条形，整齐排列如篦齿状；花冠黄色，具显著的绛
        红色脉纹。

        12a. 花序轴、苞片和花萼无毛或被短毛··········· **9a. 红纹马先蒿 P. striata subsp. striata**

        12b. 花序轴、苞片和花萼均被蛛丝状毛········ **9b. 蛛丝红纹马先蒿 P. striata subsp. arachnoidea**
        ···

  5b. 花冠上唇先端狭缩成喙，由短而直至伸长为象鼻状或呈"S"形。

    13a. 盔端伸长为短喙；花冠管状，其长度不超过萼的 2 倍；萼齿顶端不加宽，锐尖，全缘或有
      锯齿。

      14a. 花管部向右扭曲而使盔与下唇反向，指向侧方；盔下缘无长须毛；花冠淡紫色，稀白色；
        花序无腺毛；叶不分裂，缘具缺刻状重齿。

        15a. 花淡紫红色，叶缘齿上胼胝明显。

          16a. 茎、叶、苞叶、花萼无毛或疏被毛·············
          ··· **10a. 返顾马先蒿 P. resupinata var. resupinata**

          16b. 茎、叶、苞叶、花萼密被白色柔毛·············
          ··· **10b. 毛返顾马先蒿 P. resupinata var. pubescens**

        15b. 花白色，叶缘齿上胼胝不明显，叶、苞叶、花萼被较密的短毛·············
        ··· **10c. 白花返顾马先蒿 P. resupinata var. albiflora**

      14b. 花管部不扭曲；盔下缘有长须毛；花冠白色，盔上部紫红色；花序被腺毛；叶一回羽状
        深裂··· **11. 粗野马先蒿 P. rudis**

    13b. 盔端伸长为长喙，象鼻状或呈"S"形；花冠管细长，其长度超过萼的 2 倍以上；萼齿顶端
      加宽呈叶状，羽裂或齿裂。

      17a. 萼齿 2 或 3，花黄色，叶一回羽状分裂。

18a. 一年生草本；叶互生；萼齿 2；花冠下唇中裂片不向前突出，喉部无条纹；花冠管长在 5cm
以下···**12. 中国马先蒿 P. chinensis**

18b. 多年生草本；近叶对生；萼齿 3；花冠下唇中裂片明显向前突出，喉部具 2 条褐色纹带；花冠
管长多在 5cm 以上·······································**13. 阴山马先蒿 P. yinshanensis**

17b. 萼齿 5；花玫瑰色；多年生草本；叶互生，二回羽状分裂············**14. 藓生马先蒿 P. muscicola**

1b. 叶轮生。

19a. 盔端不伸长为喙，仅微具凸尖；叶一回羽裂。

20a. 花管在中部以上向前膝屈；萼及花序密被绵毛；叶羽状全裂或深裂，裂片长而疏离，条形
···**15. 三叶马先蒿 P. ternata**

20b. 花管在近基部向前膝屈；萼及花序被柔毛；叶羽状浅裂或深裂，少全裂，裂片短而靠近，
矩圆形或卵形。

21a. 下唇约与盔等长或稍长；多年生草本；总状花序；花萼膨大，卵球形，长约 6mm；蒴
果披针形，长 10 ～ 15mm。

22a. 植株体至少部分是光滑无毛的；叶及花萼齿常稍有白色胼胝；5 萼齿，后方 1
枚小，其余 4 枚两两结合；花较小；果端渐尖···································
···**16a. 轮叶马先蒿 P. verticillata** var. **verticillata**

22b. 全株被毛，叶及花萼齿常多坚硬的白色胼胝，5 萼齿多分离，花较大，果端稍钝
···**16b. 唐古特轮叶马先蒿 P. verticillata** var. **tangutica**

21b. 下唇长于盔 2 倍；一年生草本；穗状花序；花萼不膨大，钟状，长 3 ～ 4mm；蒴果狭卵
形，长 6 ～ 7mm·······································**17. 穗花马先蒿 P. spicata**

19b. 盔端伸长为喙，盔顶镰状弧形至半圆形弓曲；叶二回羽裂。

23a. 花黄色；盔顶弧形弓曲，喙几伸直或微下弯，指向前方或略偏下方。

24a. 苞片长于或近等于花，花丝 1 对有毛，多年生草本，茎上部绝不分枝···································
···**18. 阿拉善马先蒿 P. alaschanica**

24b. 苞片短于花，花丝 2 对均有毛，一年生草本，茎上部有轮生分枝···································
···**19. 弯管马先蒿 P. curvituba**

23b. 花紫堇色；盔顶半圆形弓曲，喙强烈弯曲，指向下方或前下方···**20. 华北马先蒿 P. tatarinowii**

1. 旌节马先蒿（黄旗马先蒿）

Pedicularis sceptrum–carolinum L., Sp. Pl. 2:608. 1753; Fl. Intramongol. ed. 2, 4:317. t.125. f.1-3.
1992.

1a. 旌节马先蒿

Pedicularis sceptrum–carolinum L. subsp. **sceptrum–carolinum**

多年生草本。干后不变黑色，全株无毛或有极疏的细毛。根束生，线状。茎通常单一，直立，
高 25 ～ 60cm。基生叶丛生，叶片倒披针形至条状长圆形，长达 30cm，宽达 6.5cm；上半部羽
状深裂，裂片连续而轴有翅，椭圆形至矩圆形，长达 3cm；下半部羽状全裂，裂片小而疏离，
三角状卵形，每裂片羽状浅裂或缺刻状，边缘具重锯齿，齿上常有白色胼胝；具长柄，柄长达
7cm，两边常有狭翅。茎生叶 1 ～ 2，形状与基生叶相同而小得多，无柄。花序穗状，顶生，花

后期伸长；苞片宽卵形与花萼近等长，基部圆形，先端钝尖，边缘具锯齿，沿缘部有紫色细网脉。花萼钟形，长约 1.4cm；萼齿 5，三角状卵形，长达 5mm，紫色细网脉亦明显，缘具锯齿。花冠黄色，长达 3.8cm，盔直立，顶部略弓曲，下缘密被须毛；下唇 3 裂，裂片近圆形，边缘重叠，依伏于盔，几不开展。雄蕊花丝基部有微毛；子房无毛，花柱不伸出。蒴果扁球形，直径约 15mm，端具凸尖，苞与萼宿存；种子多数，歪卵形或不整齐的肾形，长约 3mm，宽约 2mm，表面具整齐的网状孔纹。花期 6～7 月，果期 8 月。

中生草本。生于森林带和森林草原带的山地阔叶林林下、林缘草甸、潮湿草甸、沼泽。产兴安北部及岭东和岭西（额尔古纳市、根河市、牙克石市、鄂伦春自治旗、东乌珠穆沁旗宝格达山）、兴安南部（科尔沁右翼前旗、西乌珠穆沁旗迪彦林场）。分布于我国黑龙江、吉林、辽宁，日本、朝鲜、蒙古国北部（肯特地区）、俄罗斯（西伯利亚地区）、哈萨克斯坦，欧洲。为古北极分布种。

1b. 毛旄节马先蒿

Pedicularis sceptrum-carolinum L. subsp. **pubescens** (Bunge) P. C. Tsoong in Fl. Reip. Pop. Sin. 68:37. 1963; Fl. Intramongol. ed. 2, 4:317. 1992.——*P. sceptrum-carolinum* L. var. *pubescens* Bunge in Fl. Ross. 3:303. 1847.

本亚种与正种的区别在于：茎、叶、苞片、花萼被短毛。

多年生中生草本。生于森林带和森林草原带的山地林缘草甸。产兴安北部、岭东、岭西、兴安南部。分布于我国黑龙江、吉林、辽宁，朝鲜、俄罗斯（远东地区）。为满洲分布亚种。

2. 大花马先蒿（野苏子）

Pedicularis grandiflora Fisch. in Mem. Soc. Imp. Nat. Mosc. 3:60. 1812; Fl. Intramongol. ed. 2, 4:309. t.125. f.4-6. 1992.

陈宝瑞／摄

　　多年生草本。干后变为黑色，全株无毛。直根，粗壮。茎直立，高 40～100cm，单一，粗壮，中空，有条纹或棱角。基生叶花期枯萎。茎生叶互生，叶片卵状矩圆形，长达 20cm，宽达 7cm，二至三回羽状全裂；最终的裂片长短不等，条形，宽约 1mm，有白色胼胝质粗齿；具长柄，柄长达 7cm，圆柱形。花序长总状，花稀疏，具短梗；苞片近三角形，不显著，羽裂。花萼钟形，长约 8mm；萼齿 5，三角形，有的齿间夹有 1～2 枚小萼齿，缘有胼胝细齿而反卷，主脉清晰。花冠紫红色，长 2.5～3.5cm，盔直立，端锐尖；下唇不很开展，多少依伏于盔而稍短；裂片宽卵形，略等大，互相盖叠。雄蕊药室有长刺尖，花丝无毛。蒴果宽卵形，长约 13mm，宽约 9mm，具凸尖，稍侧扁。花期 7～8 月，果期 8～9 月。

　　多年生湿中生草本。生于森林带的沼泽草甸。产兴安北部及岭东（额尔古纳市、牙克石市、鄂伦春自治旗）。分布于我国黑龙江、吉林东部，朝鲜、俄罗斯（东西伯利亚地区、远东地区）。为东西伯利亚—满洲分布种。

3. 红色马先蒿（山马先蒿）

Pedicularis rubens Steph. ex Willd. in Sp. Pl. 3:219. 1800; Fl. Intramongol. ed. 2, 4:319. t.126. f.1-2. 1992.

　　多年生草本。干后不变黑或略变黑。根状茎粗短，须根束生，粗细不等，细绳状。茎单一，直立，高 10～30cm，略有沟纹，疏或密被柔毛，基部多少有宿存的鳞片或其残余。叶大部分基生，叶片狭矩圆形至矩圆状披针形，长达 13cm，宽达 3cm，二至三回羽状全裂，第二回裂片细条形，具细齿；有长柄，柄长达 8cm，被柔毛。花序穗状，生于茎顶；苞片叶状，多为一回羽裂，中部以上者肋两边加宽而呈披针形至卵形，密被长白毛。花萼长约 10mm，外面密被长白毛，主脉 5；萼齿 5，狭三角形，后方 1 枚较

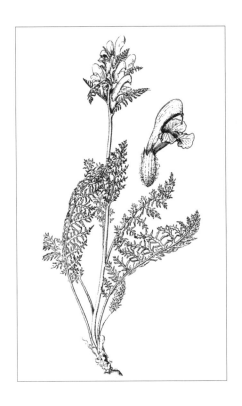

小，其他4枚两两相结，形如一个先端2裂的大齿。花冠红色、紫红色，稀变黄色，长约25mm，无毛；盔约与管等长，下部伸直，中部以上多少镰状弓曲，额圆形，端斜截头，下角有细长的齿1对，指向下方，其上还有小齿数枚；下唇略短于盔，3浅裂，裂片近等大。花丝着生处有微毛，1对上部有疏毛。蒴果矩圆状歪卵形，长约12mm，先端具凸尖；种子卵形，长约2.5mm，宽约1.2mm，黄褐色，表面具蜂窝状孔纹。花期6～7月，果期8月。

中生草本。生于森林带和森林草原带的山地草甸、草甸草原。产兴安北部（额尔古纳市、根河市、牙克石市）、兴安南部（科尔沁右翼前旗、阿鲁科尔沁旗、巴林右旗、克什克腾旗）、赤峰丘陵（翁牛特旗、红山区）、燕山北部（喀喇沁旗）、锡林郭勒（东乌珠穆沁旗、西乌珠穆沁旗、锡林浩特市）。分布于我国黑龙江、吉林、辽宁、河北北部，蒙古国北部、俄罗斯（东西伯利亚地区）。为东西伯利亚—满洲分布种。

4. 蓍草叶马先蒿

Pedicularis achilleifolia Steph. ex Willd. in Sp. Pl. 3:219. 1800; Y. Z. Zhao in Act. Sci. Nat. Univ. Intramongol. 27(2):228. 1996.

多年生草本。高10～40cm。干时不变黑，或略变黑。根多条，粗者直径约2.5mm，长约8cm，自粗壮的根状茎发出。茎常单条，基生叶常有宿存鳞片及老叶柄，圆柱形而略有条纹，被有白色薄绵毛。叶多茎生，成丛；叶片披针状长圆形，长约6cm，宽约15mm，二至三回羽状全裂，较红色马先蒿中之叶裂片为粗，第二回裂片有锯齿（齿有胼胝），两面有毛，上面较疏，缘

常反卷；柄长约 5cm，有白色薄绵毛。茎生叶与基生叶相似而较小。花序长约 25cm，一般较短，花密生，灰白色，干后呈黄色，轴有白色薄绵毛；苞片狭长有齿，短于花。萼长约 10mm，外面主脉及齿上有白毛；管部膜质，主脉粗壮，次脉细，仅有极短而疏的支脉（其中仅少数互相连接，大部均中断而不相连）；萼齿后方 1 枚较小，基部均三角形，前端伸长锥形，全缘或偶然有少数锯齿，各边前侧与后侧者互相靠近状如 1 大齿。花冠长约 23mm，管长约 13mm，外面无毛；盔几伸直，仅近端处稍稍变粗而向前弓曲，稍短于管，椭圆形，端向前方伸出 1 斜截形的短喙，下角有明显的细长齿 1 对；下唇甚短于盔，有明显之柄，无缘毛；中裂片较小，圆卵形，向前突出。雄蕊花丝 1 对有毛。

多年生旱中生草本。生于草原带的山坡草地。产阴山（大青山的笔架山、察哈尔右翼中旗辉腾梁）。分布于我国新疆东北部，蒙古国北部和西部、俄罗斯（西伯利亚地区），中亚。为亚洲中部山地分布种。

5. 黄花马先蒿

Pedicularis flava Pall. in Reise Russ. Reich. 3:736. 1776; Fl. Intramongol. ed. 2, 4:319. t.126. f.3. 1992.

多年生草本。干后不变黑。根状茎粗壮，常多头，下连主根，粗达 10mm。茎自每 1 根状茎分枝上抽出 1 条而成多数，高 10～20cm，具沟棱，被柔毛，基部有多数宿存的鳞片。叶大部分基生，密集成丛；叶片披针状矩圆形至条状矩圆形，长达 10cm，宽达 3cm，羽状全裂，轴有狭翅；裂片又羽状深裂，小裂片具锯齿，齿缘具白色胼胝质，背面主脉上有白色柔毛；具长柄，柄长达 4.5cm，被柔毛。花序穗状而紧密，密生白色长毛；苞片下部者叶状，向上基部变宽而多少膜质，上部羽裂或有缺刻状齿，疏被白毛。萼长约 1cm，卵状圆筒形，外面密被白色长柔毛；萼齿 5，后方 1 枚小，锥形，其他 4 枚条状披针形，具锐齿。花冠黄色，长约 15mm；盔状弓曲，额部向前下方倾斜，再向下斜成一截形之短喙，其下角有细长齿 1 对；下唇 3 浅裂，中裂片圆形，基部有 2 条明显的皱褶通向喉部，侧裂片斜椭圆形。雄蕊花丝前方 1 对上部有密毛，后方 1 对毛较疏。蒴果歪卵形，长约 15mm，先端向前弓弯；种子狭卵形，长约 3mm，宽约 1mm，灰褐色，表面具蜂窝状孔纹。花期 7 月，果期 7～8 月。

旱中生草本。生于典型草原带的山坡、沟谷坡地。产呼伦贝尔（满洲里市、海拉尔区）、锡林郭勒（东乌珠穆沁旗西部）。分布于蒙古国、俄罗斯（东西伯利亚地区）。为蒙古高原分布种。

6. 秀丽马先蒿（黑水马先蒿）

Pedicularis venusta Schangin ex Bunge in Bull. Acad. Imp. Sci. St.-Petersb. 8: 251. 1841; Fl. Intramongol. ed. 2, 4:321. t.126. f.4-5. 1992.

多年生草本。根状茎短缩，具数条纤维根。茎直立，单条或自基部抽出数条，每茎不分枝，被卷毛，高 15～55cm。基生叶丛生，具长柄，柄长达 5cm，被卷毛；叶片披针形或条状披针形，

长达 10cm，宽达 3.5cm，羽状全裂，轴有狭翅；裂片又羽状深裂，有的第二回深裂不明显（小裂片具胼胝质牙齿），上面无毛，下面近无毛或沿脉有卷毛；茎生叶与基生叶相似，互生，向上渐小，下部者有短柄。花序穗状，顶生，被长柔毛或近无毛。苞片约与萼等长，下部者与上叶相似，中部和上部者羽状 3～5 浅裂；中裂片长，有胼胝质锯齿或全缘。花萼钟形，长 8～10mm；萼齿 5，宽三角形。花冠黄色，长 20～25mm；管伸直，稍向前倾斜，上部镰状弓曲；盔端具 2 齿；下唇比盔短，3 浅裂，中裂片卵圆形，较侧裂片小。雄蕊花丝 1 对有毛。蒴果歪卵形，长约 10mm，顶端具凸尖，含种子 20 余粒；种子卵形，长约 1mm，宽约 0.5mm，黑褐色，表面具网状孔纹。花期 6～7 月，果期 7～8 月。

中生草本。生于森林带和森林草原带的河滩草

甸、沟谷草甸、草甸草原。产兴安北部及岭东和岭西（额尔古纳市、鄂伦春自治旗、鄂温克族自治旗、新巴尔虎左旗）、锡林郭勒（锡林浩特市东南部、太仆寺旗）。分布于我国黑龙江北部、新疆（阿尔泰山），蒙古国北部和西部、俄罗斯（西伯利亚地区、远东地区）。为东古北极分布种。

7. 卡氏沼生马先蒿（沼地马先蒿）

Pedicularis palustris L. subsp. **karoi** (Freyn) P. C. Tsoong in Fl. Reip. Pop. Sin. 68:117. 1963; Fl. Intramongol. ed. 2, 4:321. t.127. f.1-2. 1992.——*P. karoi* Freyn in Oesterr. Bot. Z. 46:26. 1896.

一年生中生草本。主根粗短，侧根聚生于根颈周围。茎直立，高 30～60cm，黄褐色，无毛，有光泽，多分枝，互生或有时对生。叶近无柄，互生或对生，偶轮生，三角状披针形，长

1～5cm，宽 3～10mm，先端渐尖；叶柄着生处有长毛，叶轴具狭翅；叶羽状全裂，裂片条形，缘具小缺刻或锯齿，齿有胼胝，常反卷。花序总状，生于茎枝顶部；花梗长约 1mm，着生处有长毛；苞片叶状，短于花。花萼钟形，长约 5mm，花后期膨大，被白色长柔毛，紫褐色纵脉纹明显；萼齿 2，裂片边缘具波齿，向外反卷。花冠紫红色，长 13～16mm；盔直立，前端下方具 1 对小齿；下唇与盔近等长，中裂片倒卵圆形，突出于侧裂片之前，具缘毛。花丝两对均无毛；柱头通常不自盔端伸出。蒴果卵形，长约 8mm，宽约 5mm，无毛，先端具小凸尖；种子卵形，长约 1.5mm，宽约 0.8mm，棕褐色，表面具网状孔纹，被细毛。花期 7～8月，果期 8～9 月。

湿中生草本。生于森林带和森林草原带的湿草甸、沼泽草甸。产兴安北部及岭西（额尔古纳市、根河市、牙克石市、海拉尔区）、兴安南部（克什克腾旗、西乌珠穆沁旗）、锡林郭勒（锡林浩特市、苏尼特左旗、正蓝旗）。分布于我国黑龙江西北部，蒙古国北部和西部、俄罗斯（西伯利亚地区）。为西伯利亚—蒙古分布亚种。

地上部分入药，能利水通淋，主治石淋、膀胱结气、排尿困难。

8. 拉不拉多马先蒿（北马先蒿）

Pedicularis labradorica Wirsing in Eclog. Bot. 2:t.10. 1778; Fl. Intramongol. ed. 2, 4:323. t.127. f.3-4. 1992.

二年生草本。直根。茎直立，高 20～35cm，多分枝，互生，被短毛。叶在茎上者互生，

在分枝上者互生或对生；下部茎生叶披针形，长 3～5cm，宽约 1cm，羽状深裂，裂片较宽，卵形或矩圆形，边缘具不整齐的细锯齿；中部茎生叶条状披针形，长 2～4cm，宽 3～6mm，羽状浅裂；上部茎生叶条形，长 1～3cm，宽 2～3mm，不分裂，仅具三角形的小重锯齿，上面无毛，下面被腺毛；叶柄长 2～15mm。总状花序着生于茎及分枝顶端，较稀疏；花梗长达 1cm；苞片叶状，具短柄，边缘有锯齿。花萼歪矩圆形，长 6～7mm，宽 2.5～4mm，近革质，具 4 条明显的纵脉，被短柔毛，前方开裂；萼齿 3，全缘，先端急尖，中间 1 枚小。花冠黄色；盔上部粉红色，顶部圆钝，先端下方具 1 对披针形尖齿；下唇 3 裂，不甚开展，约与盔等长或稍短，具紫色脉纹，中裂片较小。雄蕊花丝仅 1 对被毛，柱头自盔端伸出。蒴果宽披针形，长约 1cm，宽约 3mm，薄革质，具网纹，顶端急尖，成熟后自腹缝线开裂；种子狭卵形，棕褐色，长约 1.5mm，宽约 0.6mm，表面具网状孔纹。花期 7～8 月，果期 8～9 月。

中生草本。生于寒温带针叶林带的湿润草甸、林缘、林下。产兴安北部（额尔古纳市、牙克石市）。分布于日本、蒙古国北部、俄罗斯（西伯利亚地区、远东地区），北欧，北美洲。为泛北极分布种。

9. 红纹马先蒿（细叶马先蒿）

Pedicularis striata Pall. Reise Russ. Reich. 3:737. 1776; Fl. Intramongol. ed. 2, 4:309. t.127. f.5-6. 1992.

9a. 红纹马先蒿

Pedicularis striata Pall. subsp. **striata**

多年生草本。干后不变黑。根粗壮，多分枝。茎直立，高20～80cm，单出或于基部抽出数枝，密被短卷毛。基生叶成丛而柄较长，至开花时多枯落。茎生叶互生，叶片披针形，长3～14cm，

宽1.5～4cm，羽状全裂或深裂，叶轴有翅，裂片条形，整齐排列，如篦齿状，边缘具胼胝质浅齿，上面疏被柔毛或近无毛，下面无毛，向上柄渐短。花序穗状，长6～22cm，轴密被短毛；苞片披针形，下部者多少叶状而有齿，上部者全缘而短于花，通常无毛。花萼钟状，长7～13mm，薄革质，疏被毛或近无毛；萼齿5，不等大，后方1枚较短，侧生者两两结合成先端有2裂的大齿，缘具卷毛。花冠黄色，具绛红色脉纹，长25～33mm；盔镰状弯曲，端部下缘具2齿；下唇3浅裂，稍短于盔，侧裂片斜肾形，中裂片肾形（宽过于长，叠置于侧裂片之下）。花丝1对被毛。蒴果卵圆形，具短凸尖，长9～13mm，宽4～6mm，约含种子16粒；种子矩圆形，长约2mm，宽约1mm，扁平，具网状孔纹，灰黑褐色。花期6～7月，果期8月。

中生草本。生于森林带和草原带的山地草甸草原、林缘草甸、疏林。产兴安北部（额尔古纳市、牙克石市）、岭东（扎兰屯市）、岭西和呼伦贝尔（陈巴尔虎旗、海拉尔区、鄂温克族自治旗、新巴尔虎左旗、新巴尔虎右旗）、兴安南部和科尔沁（扎赉特旗、科尔

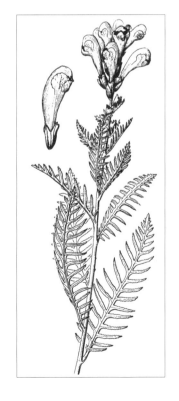

沁右翼前旗、扎鲁特旗、阿鲁科尔沁旗、巴林左旗、巴林右旗、克什克腾旗）、赤峰丘陵（红山区、翁牛特旗）、燕山北部（喀喇沁旗、宁城县、敖汉旗、兴和县苏木山）、锡林郭勒（东乌珠穆沁旗、西乌珠穆沁旗、锡林浩特市、太仆寺旗）、阴山（大青山、蛮汗山、乌拉山）、阴南丘陵（准格尔旗）、贺兰山。分布于我国黑龙江西部、吉林西北部、河北、河南西部、山西、陕西北部、宁夏、甘肃东部，蒙古国东部和北部、俄罗斯（西伯利亚地区、远东地区）。为东古北极分布种。

全草入蒙药（蒙药名：芦格鲁色日步），能利水涩精，主治水肿、遗精、耳鸣、口干舌燥、痈肿等。

9b. 蛛丝红纹马先蒿

Pedicularis striata Pall. subsp. **arachnoidea** (Franch.) P. C. Tsoong in Fl. Reip. Pop. Sin. 68:65. 1963; Fl. Intramongol. ed. 2, 4:324. 1992.——*P. striata* Pall. var. *arachnoidea* Franch. in Nouv. Arch. Mus. Hist. Nat. Ser. 2, 6:106. 1883.

本亚种与正种的区别在于：花序轴、苞片和花萼均有蛛丝状毛。

多年生旱中生草本。生于草原带的山地草原。产阴山（大青山、蛮汗山）。分布于我国山西北部、宁夏、甘肃、青海东部。为华北分布亚种。

10. 返顾马先蒿

Pedicularis resupinata L., Sp. Pl. 2:608. 1753; Fl. Intramongol. ed. 2, 4:324. t.128. f.1-2. 1992.

10a. 返顾马先蒿

Pedicularis resupinata L. var. **resupinata**

多年生草本，干后不变黑。须根多数，细长，纤维状。茎单出或数条，有的上部多分枝，高 30～70cm，粗壮，中空，具 4 棱，带深紫色，疏被毛或近无毛。叶茎生，互生或有时下部

甚至中部的对生；叶片披针形、矩圆状披针形至狭卵形，长2～8cm，宽6～25mm，先端渐尖或急尖，基部广楔形或圆形，边缘具钝圆的羽状缺刻状的重齿，齿上有白色胼胝或刺状尖头，常反卷，两面无毛或疏被毛；具短柄，柄长2～20mm，上部叶近无柄，无毛或有短毛。总状花序；苞片叶状，花具短梗。花萼长卵圆形，长约7mm，近无毛，前方深裂；萼齿2，宽三角形，全缘或略有齿。花冠淡紫红色，长20～25mm；管部较细，自基部起即向右扭旋，使下唇及盔部呈回顾状；盔的上部两次多少作膝状弓曲，顶端呈圆形短喙；下唇稍长于盔，3裂，中裂片较小，略向前突出。花丝前面1对有毛；柱头伸出于喙端。蒴果斜矩圆状披针形，长约1cm，稍长于萼；种子长矩圆形，长约2.5mm，宽约1mm，棕褐色，表面具白色膜质网状孔纹。花期6～8月，果期7～9月。

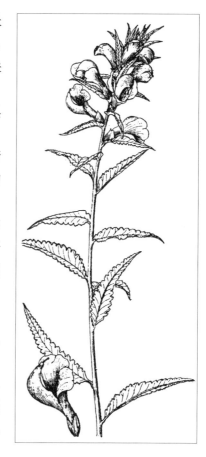

中生草本。生于森林带和草原带的山地林下、林缘草甸、沟谷草甸。产兴安北部和岭西（额尔古纳市、根河市、牙克石市、陈巴尔虎旗、鄂温克族自治旗）、兴安南部（科尔沁右翼前旗、阿鲁科尔沁旗、巴林左旗、巴林右旗、克什克腾旗、东乌珠穆沁旗、西乌珠穆沁旗）、燕山北部（喀喇沁旗、宁城县、敖汉旗、兴和县苏木山）、阴山（大青山、蛮汗山）、阴南丘陵（准格尔旗）。分布于我国黑龙江、吉林、辽宁、河北、河南西部、山东西部、山西西北部、陕西、甘肃东南部、四川北部、贵州、安徽、湖北西部、广西北部，日本、朝鲜、蒙古国、俄罗斯（西伯利亚地区、远东地区）、哈萨克斯坦，欧洲。为古北极分布种。

全草入蒙药（蒙药名：浩尼－额布日－其其格），能清热、解毒，主治肉食中毒、急性胃肠炎。

10b. 毛返顾马先蒿（毛马先蒿）

Pedicularis resupinata L. var. **pubescens** Nakai in Fl. Sylv. Kor. 14:68. 1923; Fl. Intramongol. ed. 2, 4:326. 1992.

本变种与正种的区别在于：茎、叶、苞叶、花萼密被白色柔毛。

中生草本。生于森林带和草原带的山地阔叶林林下、林缘草甸、河滩湖岸草甸。产兴安北部及岭东和岭西（额尔古纳市、根河市、牙克石市、陈巴尔虎旗、鄂伦春自治旗）、兴安南部（巴林右旗、克什克腾旗、西乌珠穆沁旗）、辽河平原（科尔沁左翼后旗）、锡林郭勒（锡林浩特市、正蓝旗）。分布于日本、朝鲜。为东亚北部（满洲—日本）分布变种。

10c. 白花返顾马先蒿

Pedicularis resupinata L. var. **albiflora** Y. Z. Zhao in Fl. Intramongol 5:294,413. 1980; Fl. Intramongol. ed. 2, 4:326. 1992.

本变种与正种的区别在于：叶、苞叶、花萼被较密的短毛，花白色，叶缘齿上胼胝不明显。

中生草本。生于森林草原带的山地林缘草甸。产兴安南部（克什克腾旗巴彦查干苏木）。为兴安南部分布变种。

11. 粗野马先蒿

Pedicularis rudis Maxim. in Bull. Acad. Imp. Sci. St.-Petersb. 24:67. 1877; Fl. Intramongol. ed. 2, 4:326. t.128. f.3-4. 1992.

多年生草本。干后多少变黑。根颈上密生须根，根状茎粗壮，肉质。茎中空，圆形，被柔毛或腺毛。无基生叶。茎生叶互生，披针状条形，长 3～12cm，宽 0.5～2cm，一回羽状深裂；裂片多达 24 对，矩圆形至披针形，边缘有胼胝质重锯齿，两面均有毛；无叶柄，抱茎。花序长穗状，被腺毛；苞片下部者叶状，具浅裂，上部者渐变全缘，卵形，略长于萼。花萼狭钟形，长约 6mm，被白色腺毛；萼齿 5，近相等，卵形，缘具锯齿。花冠白色，长 15～20mm；盔上部紫红色，弓曲向前成舟形，额部黄色，端稍上仰而成一小凸喙，下缘有须毛，背部毛较密；下唇 3 裂片卵状椭圆形，有睫毛。花丝无毛；花柱不在喙端伸出。蒴果宽卵形，略侧扁，长约 13mm，宽约 8mm，前端有刺尖；种子肾状椭圆形，有明显的网纹，长约 2.5mm。花期 7～8 月，果期 8～9 月。

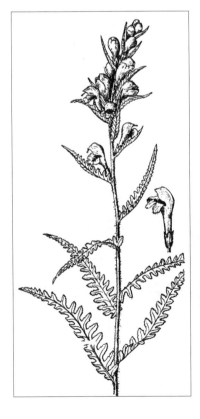

中生草本。生于荒漠区的山地云杉、山杨针阔混交林林缘。产贺兰山。分布于我国宁夏、甘肃东部、青海东部、四川西部、西藏东部。为横断山脉分布种。

本种我们只见到 1 张标本，花柱在喙端伸出，与原描述不同。待多采得标本后再作进一步研究。

12. 中国马先蒿

Pedicularis chinensis Maxim. in Bull. Acad. Imp. Sci. St.-Petersb. 24:57. 1877; Fl. Intramongol. ed. 2, 4:327. t.129. f.1-3. 1992.

一年生草本。主根直伸，有少数支根。茎单出，多分枝，高 7～30cm，有深沟纹，近光滑。

叶基生或茎生，均有柄，茎生叶互生；叶片条状矩圆形，长达 7.5cm，宽达 15mm，一回羽状浅裂至半裂；裂片 7～13 对，矩圆状卵形，钝，边缘具重锯齿，两面无毛，下面网脉明显；基生叶叶柄长达 5cm，柄下部被长毛。总状花序，着生于分枝顶端，有时近基处叶腋中亦有花；苞片叶状而短于花，柄近基部处加宽，常有长而密的缘毛；花梗长约 1cm，被短毛。萼管状，长 15～18mm，宽 3～4mm，密被短毛，前方裂开至 2/5；萼齿 2，先端叶状，绿色，卵形至圆形，缘有缺刻状重锯齿。花冠黄色，管长 3～4.5cm，直径约 1.5mm，被短毛；喙长 9～10mm，半环状而指向喉部，喉部无条纹；下唇宽过于长，边缘有短而密的缘毛，中裂片较短，不向前突出。花丝两对均密被毛。蒴果矩圆状披针形，长约 19mm，宽约 7mm，端有指向前下方的小凸尖。花期 7 月，果期 8 月。

中生草本。生于阔叶林带的山地草甸。产燕山北部（宁城县、兴和县苏木山）。分布于我国河北西北部、山西北部、陕西南部、宁夏南部、甘肃中部和东部、青海东部。为华北分布种。

13. 阴山马先蒿

Pedicularis yinshanensis (Z. Y. Chu et Y. Z. Zhao) Y. Z. Zhao in Key High. Pl. Daqing Mount. Inn. Mongol.128. 2005.——*P. longiflora* Rudolph var. *yinshanensis* Z. Y. Chu et Y. Z. Zhao in Act. Sci. Nat. Univ. Intramongol. 19(1):175. f.1. 1988; Fl. Intramongol. ed. 2, 4:327. t.130. f.1-4. 1992.

多年生低矮草本，高 5～15cm。根少数，束生，细圆锥形，粗达 5mm。茎短，长 1～5cm，无毛或疏被毛。叶基生和茎上假对生，常成密丛；叶片狭矩圆形，长 1～3cm，宽 4～7mm，

一回羽状深裂；裂片 4～10 对，具有胼胝而反卷的锯齿，两面无毛；具柄，柄长 7～20mm，下部扩大，有疏长缘毛。花单生叶腋，而形成假对生，梗长 4～8mm。萼圆筒状，长 8～12mm，无毛，前方开裂约至 1/3，裂口膨大，有或无缘毛；萼齿 3，后方 1 枚小或退化为钻状，顶端叶状（掌状开裂或近羽状开裂，裂片有少数锯齿）。花冠黄色，长 4～8cm，管外被毛；喙长约 6mm，半环状卷曲，其端 2 裂，指向花喉，花喉具 2 条褐色条纹；花冠下唇宽过于长，长约 11mm，宽约 17mm，3 裂，端凹入；中裂片较小，近于倒心形，长和宽 5～6mm；侧裂片宽卵形，长 10～12mm，外侧耳形，近喉部有褐色纹带 2 条。花丝均被密毛；子房狭卵形，无毛，花柱伸出于喙端。花果期 8～9 月。

耐寒湿生低矮草本。生于草原带的海拔约 2100m 的高寒沼泽化草甸，处于濒危灭绝状态。产阴山（察哈尔右翼中旗辉腾梁草垛山）。为阴山（辉腾梁）分布种。

14. 藓生马先蒿

Pedicularis muscicola Maxim. in Bull. Acad. Imp. Sci. St.-Petersb. 24:54. 1877; Fl. Intramongol. ed. 2, 4:330. t.129. f.4-6. 1992.

多年生草本，干后多少变黑。直根，少有分枝。茎丛生，常形成密丛，多弯曲斜升或斜倚，高达 25cm，被毛。叶互生，叶片椭圆形至披针形，长达 5cm，宽达 2cm，二回羽状全裂或深裂；第一回裂片常互生或近对生，每边 4～9，卵形至披针形，缘具锐重锯齿，齿有胼胝质凸尖，上面有极疏柔毛，下面近光滑；具柄，柄长达 2cm，近光滑或疏被毛。花腋生，梗长达 1.5cm，被毛至近光滑。花萼圆筒状，长达 13mm，被柔毛；萼齿 5，基

部三角形，中部渐细，全缘，顶端加宽成叶状，卵形，具锯齿。花冠玫瑰色；管部细长，长 3～6cm，宽 1～1.5mm，被短毛；盔在基部即向左方扭折使其顶部向下，前端渐细为卷曲或"S"形的长喙，喙反向上方卷曲，喙长 10mm 或更多；下唇宽大，宽达 2cm，中裂片较小，矩圆形。花丝均无毛，花柱稍伸出喙端。蒴果卵圆形，为宿存花萼包被，长约 8mm，宽约 5cm；种子新月形或纺锤形，一面直，另一面弓曲，长约 3.5mm，宽约 1.5mm，棕褐色，表面具网状孔纹。花期 6～7 月，果期 8 月。

中生草本。生于荒漠带的海拔 2000～2800m 的云杉林下苔藓层及灌丛阴湿处。产贺兰山。分布于我国河北（太行山）、山西、河南西部、陕西南部、甘肃中部和东部、青海东部和东北部、湖北西部。为华北分布种。

根入药，能生津安神、强心，主治气血虚损、虚痨多汗、虚脱衰竭。全草有的地方做蒙药（蒙药名：和布特－浩民额布日）用，效用同返顾马先蒿。

15. 三叶马先蒿

Pedicularis ternata Maxim. in Bull. Acad. Imp. Sci. St.-Petersb. 24:64. 1877; Fl. Intramongol. ed. 2, 4:330. t.131. f.1-2. 1992.

多年生草本。干后稍变黑。根肉质，粗壮，有分枝，根颈上端常有隔年枯茎在基部宿存而形成大丛。茎常多条，直立，高 25～50cm，基部有多数鳞片脱落的疤痕及卵形至披针形的鳞片，节间以中部最长，中下部光滑，上部被细柔毛。基生叶多数，成丛；叶片披针形，长达 6cm，宽达 1.5cm，羽状全裂或深裂，叶轴具翅；裂片长而疏离，条形，多达 12 对，缘具锐锯齿，有时反卷，两面无毛；具长柄，长达 5cm，无毛。茎生叶通常 2 轮，每轮 3～4，叶形与基生叶相似，柄较短。花序顶生，排列成极疏的 1～4 轮，每轮通常有花 2 朵；苞片下部者长于花，上部者约与花等长，基部加宽，全缘，自中部以上变狭成条形，边缘具锯齿，被白色绵毛。花萼矩圆状筒形，密被白色绵毛；萼齿5，后方1枚狭三角形，其他4枚基部三角形，上方条形，先端锐尖。花冠深堇色至紫红色，长约18mm，在果期仍宿存；管长于萼，向前膝屈，使盔平置而指向前方，额圆钝，下缘之端略尖凸；下唇3裂，侧裂片斜卵形，中裂片卵形。花丝无毛；花柱端2小裂，不伸出。蒴果扁卵形，略伸出宿存膨大的花萼，端具歪指的刺尖；种子卵形，长约3mm，宽约1.5mm，种皮淡黄白色，表面具整齐的蜂窝状孔纹。花期7月，果期8月。

中生草本。生于荒漠带的海拔约3000m的云杉林下、林缘及灌丛。产贺兰山。分布于我国甘肃中部和东部、青海东部和东北部。为唐古特分布种。

16. 轮叶马先蒿

Pedicularis verticillata L., Sp. Pl. 2:608. 1753; Fl. Intramongol. ed. 2, 4:331. t.131. f.3-4. 1992.

16a. 轮叶马先蒿

Pedicularis verticillata L. subsp. **verticillata**

多年生草本。干后不变黑。主根短细，具须状侧根；根颈端有膜质鳞片，三角状卵形。茎直立，常成丛，下部圆形，上部多少四棱形，沿棱被柔毛。基生叶条状披针形或矩圆形，长1.5～3cm，宽3～7mm，羽状深裂至全裂；裂片具缺刻状齿，齿端有白色胼胝；具柄，柄长达3cm，被白色长柔毛。茎生叶通常4叶轮生，叶片较基生叶短。总状花序顶生，花稠密，最下部1或2轮多少疏远；苞片叶状。花萼球状卵圆形，长约6mm，常紫红色，口部狭缩，密被白色长柔毛，前方开裂；萼齿5，后方1枚小，其余4枚两两结合成三角形的大齿，近全缘。花冠紫红色，长约13mm；筒约在近基部3mm处以直角向前膝屈，由萼裂口中伸出；盔略弓曲，额圆形，下缘端微凸尖；下唇约与盔等长或稍长，中裂片圆形而小于侧裂片。花丝前方1对有毛；花柱稍伸出。蒴果多少披针形，端渐尖，长10～15mm，宽4～5mm，

黄褐色至茶褐色；种子卵圆形，黑褐色，长约
1mm，宽约 0.7mm，疏被细毛，表面具网状孔纹。
花期 6～7 月，果期 8 月。

　　湿中生草本。生于森林草原带的沼泽草甸、
低湿草甸。产兴安南部（科尔沁右翼中旗、阿鲁
科尔沁旗、巴林右旗、克什克腾旗、东乌珠穆沁旗、
西乌珠穆沁旗）、锡林郭勒（锡林浩特市、苏尼
特左旗）、乌兰察布（达尔罕茂明安联合旗吉穆
斯泰山）、阴山（大青山）、鄂尔多斯（乌审旗、
鄂托克旗）。分布于我国吉林东部、辽宁、河北
西北部、山西北部、河南西部、陕西南部、宁夏
南部、甘肃中部和东部、青海、四川北部和西部、
西藏东北部、新疆（阿尔泰山、伊犁哈萨克自治
州天山）。广布于北半球寒温带。为泛北极分布种。

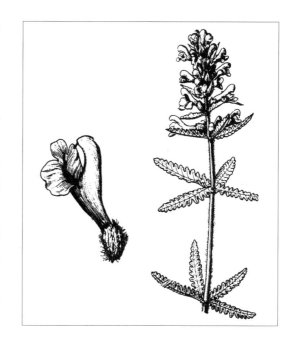

16b. 唐古特轮叶马先蒿

Pedicularis verticillata L. subsp. **tangutica** (Bonati) P. C. Tsoong in Fl. Reip. Pop. Sin. 68:163.
1963; Fl. Intramongol. ed. 2, 4:331. t.131. f.5. 1992.——*P. tangutica* Bonati in Bull. Soc. Bot. Geneve
2:328. 1912.

　　本亚种与正种的区别在于：全株被毛；叶及萼齿常多坚硬的白色胼胝，萼齿 5，多分离；
花较大；果端稍钝。

　　湿中生草本。生于草原带的芨芨草滩下的湿地草甸、滩地草甸。产锡林郭勒（锡林浩特市）、
鄂尔多斯（乌审旗）。分布于我国山西、陕西、甘肃、青海、四川西北部。为华北—唐古特分
布变种。

17. 穗花马先蒿

Pedicularis spicata Pall. in Reise Russ. Reich. 3:738. 1776; Fl. Intramongol. ed. 2, 4:331. t.131.
f.6-7. 1992.

　　一年生草本。干时不变黑或微变黑。根木质化，多分枝。茎有时单一，有时自基部抽出多条，
有时在上部分枝，中空，被白色柔毛。基生叶开花时已枯，柄长 13mm，密被卷毛。茎生叶常 4
叶轮生，叶片矩圆状披针形或条状披针形，长达 7cm，宽达 15mm，上面疏被短白毛，下面脉上

有较长的柔毛，先端渐尖，基部楔形，边缘羽状浅裂至深裂；裂片 9～20 对，卵形至矩圆形，多带三角形，缘具刺尖的锯齿，有时胼胝极多；柄短，长约 1cm，被柔毛。穗状花序顶生，长可达 11cm；苞片下部者叶状，中部及上部为菱状卵形至广卵形，边缘被白色长柔毛。花萼短，钟状，长 3～4mm，被柔毛，前方微开裂；萼齿 3，后方 1 枚小，三角形，其余 2 齿宽三角形，先端钝或微缺。花冠紫红色，干后变紫色，长 10～15mm；筒在萼口近以直角向前方膝屈；盔指向前上方，额高凸；下唇长于盔约 2 倍，中裂片倒卵形，较侧裂片小半倍。花丝 1 对有毛；柱头稍伸出。蒴果狭卵形，长 6～7mm，先端尖；种子 5～6，歪卵形，有 3 棱，长约 1.5mm，宽约 1mm，黑褐色，表面具网状孔纹。花期 7～8 月，果期 9 月。

　　中生草本。生于森林带和森林草原带的山地林缘草甸、河滩草甸、灌丛。产兴安北部及岭西（额尔古纳市、牙克石市、陈巴尔虎旗、鄂温克族自治旗）、兴安南部（科尔沁右翼前旗、阿鲁科尔沁旗、巴林右旗、克什克腾旗、东乌珠穆沁旗、西乌珠穆沁旗）、赤峰丘陵（松山区）、燕山北部（喀喇沁旗、宁城县、兴和县苏木山）、阴山（大青山、蛮汗山）。分布于我国黑龙江东部、吉林东部、辽宁东北部、河北北部、河南西部、山西北部、陕西南部、宁夏南部、甘肃东部、青海东部、四川北部、湖北西部，日本、朝鲜北部、蒙古国东部（大兴安岭）、俄罗斯（东西伯利亚地区、远东地区）。为东西伯利亚—东亚分布种。

　　全草有的地方做蒙药（蒙药名：芦格鲁纳克福）用，效用同返顾马先蒿。

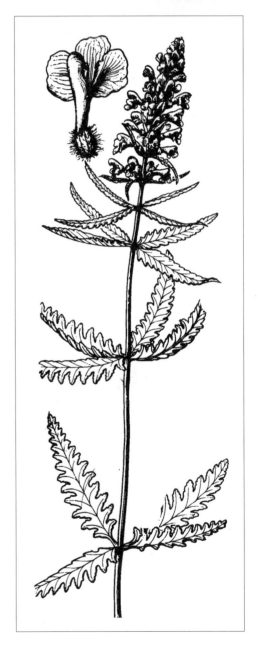

18. 阿拉善马先蒿

Pedicularis alaschanica Maxim. in Bull. Acad. Imp. Sci. St.-Petersb. 24:59. 1877; Fl. Intramongol. ed. 2, 4:334. t.132. f.1-3. 1992.

多年生草本。干后稍变黑色。直根,有时分枝。茎自基部多分枝,上部不分枝,斜升,高6～20cm,中空,微有4棱,密被锈色绒毛。基生叶早枯。茎生叶下部者对生,上部者3～4枚轮生;叶片披针状矩圆形至卵状矩圆形,长1～2.5cm,宽5～8mm,羽状全裂;裂片条形,

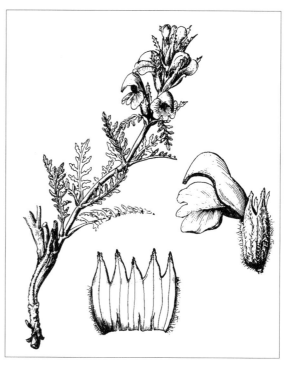

边缘具细锯齿,齿常有白色胼胝;叶两面均近于光滑,叶柄长达1.5cm。穗状花序顶生;苞片叶状,长于或近等长于花,边缘密生卷曲长柔毛。花萼管状钟形,长约1cm,有明显凸起的10脉,无网脉,沿脉被长柔毛;萼齿5,后方1枚较短,三角形,全缘,其他为三角状披针形,具胼胝质锯齿。花冠黄色,长15～20cm;筒在中上部稍向前膝屈;下唇与盔等长,3浅裂,中裂片甚小;盔稍镰状弓曲,额向前下方倾斜,端渐细成下弯的喙,喙长2～3mm。前方1对花丝有长柔毛。蒴果卵形,长约9mm,宽约5mm,先端凸尖;种子狭卵形,长约3mm,宽约1mm,具蜂窝状孔纹,淡黄褐色。花期7～8月,果期8～9月。

中生草本。生于荒漠带的海拔2000～2400m的山地云杉林林缘、沟谷草甸。产贺兰山、龙首山。分布于我国宁夏西北部和南部、甘肃(南山和北山)、青海、四川西部、西藏。为阿拉善南部山地—横断山脉分布种。

19. 弯管马先蒿

Pedicularis curvituba Maxim. in Bull. Acad. Imp. Sci. St.-Petersb. 24:60. 1877; Fl. Intramongol. ed. 2, 4:334. t.132. f.4-6. 1992.

一年生草本，干后不变黑。直根，有分枝。茎自根颈生出多条，有毛线 4 条，中上部自叶轮腋间生出短枝 2～3 条。叶茎生，4 叶轮生；叶片矩圆状披针形，长达 5cm，宽达 17mm，羽

  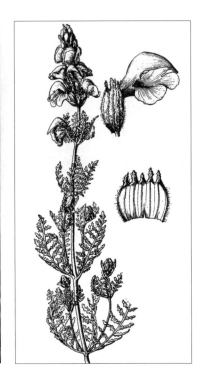

状全裂；裂片 6～12 对，条状披针形，长 2～8mm，羽裂或具缺刻状齿，两面均无毛；具短柄，柄长 4～15mm。花序轮生于主茎顶部及分枝顶端；苞片短于花，下部者叶状，向上基部膜质加宽，缘被长白毛，上半部羽裂。花萼矩圆状卵形，长约 1cm，前方开裂不足 1/3；萼齿 5，不等大，羽状齿裂，齿常反卷而有胼胝。花冠淡黄色，长约 2cm；花冠管于萼前方开口处向前膝屈；盔顶作镰状弧形弓曲，直立部分内侧有 1 对三角状小凸齿，盔端渐细成喙，喙长约 3mm，下弯而指向前方，喙端平截；下唇 3 裂，侧裂片大、斜椭圆形，中裂片小、宽卵形。花丝两对均有毛，一对密一对疏。蒴果歪卵形，长约 13mm，宽约 6mm，端具凸尖；种子椭圆形，长约 2mm，宽约 1mm，灰褐色，表面具网状孔纹。花期 7～9 月，果期 9～10 月。

中生草本。生于草原带的亚高山草甸。产燕山北部（兴和县苏木山）、阴山（大青山、蛮汗山）。分布于我国河北、山西东北部、陕西北部、甘肃。为华北分布种。

20. 华北马先蒿（塔氏马先蒿）

Pedicularis tatarinowii Maxim. in Bull. Acad. Imp. Sci. St.-Petersb. 24:60. 1877; Fl. Intramongol. ed. 2, 4:335. t.132. f.7-9. 1992.

一年生草本，干后不变黑色。根多分枝，木质化，紫褐色。茎单一或自基部抽出多条，直立或斜升，高 8～40cm；中上部常多分枝，分枝 2～4 条轮生，圆柱形，有 4 条纵毛线，常带紫红色。叶通常 4 枚轮生，下部者早枯，中上部者具短柄，叶片矩圆形或披针形，长

2～3.5(～6)cm，宽5～18(～30)mm，羽状全裂；裂片披针形，羽状浅裂或深裂，小裂片具白色胼胝质齿。花序下部花轮有间断；苞片叶状，短于花。花萼膨大，长约8mm，膜质，前方略开裂，被白毛；萼齿5，基部三角形，上方披针形，具锯齿或小裂。花冠紫堇色，长约15mm；筒自顶部向前膝屈；盔顶半圆形弓曲，喙指向前下方或下方，长约2mm；下唇长于盔，3裂，中裂片较小，卵状圆形。花丝两对均被毛或后方一对近光滑。蒴果歪卵形，略长于宿萼，长约1.5mm，宽约6mm，端有小尖；种子卵形，长约2mm，宽约1mm，淡黄褐色，表面具蜂窝状孔纹。花期7～9月，果期9～10月。

中生草本。生于森林草原带和草原带的山地草甸、林缘草甸。产兴安南部（西乌珠穆沁旗迪彦林场）、燕山北部（兴和县苏木山）、阴山（大青山、蛮汗山）。分布于我国河北北部、山西北部。为华北分布种。

18. 阴行草属 Siphonostegia Benth.

一年生草本。通常被毛。叶对生，羽状分裂。花近无梗或具短梗，萼基部有2小苞片，组成顶生的总状花序；萼长管状，有10脉，5裂，裂片条形、等长；花冠黄色或带紫色，二唇形，上唇直立，盔状，全缘，下唇3裂；雄蕊4，二强，内藏。蒴果长椭圆形，包于宿存的萼管内，室背开裂；种子多数，细小。

内蒙古有1种。

1. 阴行草（刘寄奴、金钟茵陈）

Siphonostegia chinensis Benth. in Bot. Beech. Voy. 203. 1837; Fl. Intramongol. ed. 2, 4:335. t.133. f.1-3. 1992.

一年生草本。全体被粗糙短毛或混生腺毛。茎单一，高20～40cm。叶对生，叶片二回羽状全裂；裂片通常 3 对，狭条形，宽 0.3 ～ 1mm，全缘或有 1 ～ 3 枚小裂片，无柄或有短柄。花对生于茎顶叶腋，呈疏总状花序；花梗短，长 2 ～ 3mm，上部具 1 对条形小苞片，长 5 ～ 7mm。萼筒细筒状，长 11 ～ 14mm；萼裂片 5，披针形，长 3 ～ 5mm，为筒部的 1/4 ～ 1/3，全缘或偶有 1 ～ 2 锯齿。花冠长 22 ～ 25mm，筒部伸直，二唇形：上唇红紫色，镰状弓曲，前方下角有 1 对小齿，背部被长柔毛；下唇黄色，顶端 3 裂，褶襞高隆起成瓣状。雄蕊花丝被柔毛；花柱细，与花冠近等长，柱头圆头状，子房无毛。蒴果披针状矩圆形，长约 12mm，与萼筒近等长；种子黑色，卵形，长约 0.5mm，表面具皱纹。花期 7 ～ 8 月，果期 8 ～ 9 月。

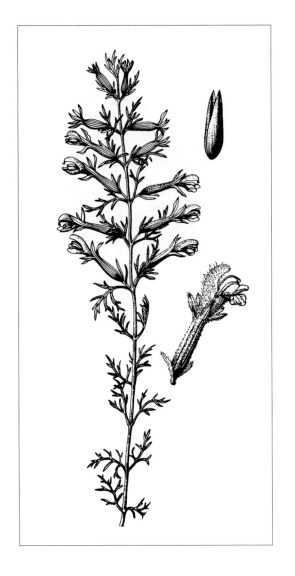

中生草本。生于森林带和草原带的山坡草地。产岭东（阿荣旗、鄂伦春自治旗）、岭西（鄂温克族自治旗）、兴安南部（科尔沁右翼前旗、科尔沁右翼中旗、西乌珠穆沁旗迪彦林场）、辽河平原（大青沟）、赤峰丘陵（翁牛特旗）、燕山北部（喀喇沁旗、宁城县、敖汉旗）、阴山（大青山）。分布于我国除新疆、青海、宁夏外的其他省区，日本、朝鲜、俄罗斯（远东地区）。为东亚分布种。

全草入药（药材名：刘寄奴），能清利湿热、凉血祛痰，主治黄疸型肝炎、尿路结石、小便不利、便血、外伤出血。

19. 芯芭属 Cymbaria L.

多年生草本。被白色绵毛或短柔毛。根状茎上有许多交互对生的鳞片，外面常片状剥落。茎丛生，基部被褐色鳞片，常弯曲斜升或直立。叶对生，全缘，无柄。总状花序，花少数，于茎中上部腋生，每茎 1 ～ 4 朵，具短花梗；小苞片 2。萼管短筒状；萼齿 5，近于等长，齿间常有 1 ～ 3 小齿。花冠大，黄色，喉部扩大，二唇形：上唇直立，先端前俯而向外侧反卷，2 裂；下唇 3 裂，开展。雄蕊 4，二强，位于前方的 1 对较长；花丝背着，药室下端渐狭，具小尖头。子房有 2 裂的胎座，胚珠每室多数。蒴果长卵形；种子扁平，略带三棱状，周围有一圈狭翅。

内蒙古有 2 种。

分种检索表

1a. 植株密被白色绵毛，呈银灰白色；花药长约 4mm，顶端具长柔毛 ············· **1. 达乌里芯芭 C. daurica**

1b. 植株密被短柔毛或有时毛稍长，呈绿色；花药长约 3mm，顶端无毛或偶有少量长柔毛 ···················
··· **2. 蒙古芯芭 C. mongolica**

1. 达乌里芯芭（芯芭、大黄花）

Cymbaria daurica L., Sp. Pl. 2:618. 1753; Fl. Intramongol. ed. 2, 4:337. t.133. f.4-5. 1992.

多年生草本，高 4 ～ 20cm。全株密被白色绵毛，呈银灰白色。根状茎垂直或稍倾斜向下，多少弯曲，向上呈多头。叶披针形、条状披针形或条形，长 7 ～ 20mm，宽 1 ～ 3.5mm，先端具 1

小刺尖头，白色绵毛尤以下面更密。单花或少数花，生于茎中部叶腋；小苞片条形或披针形，长 12 ～ 20mm，宽 1.5 ～ 3mm，全缘或具 1 ～ 2 小齿，通常与萼管基部紧贴。萼筒长 5 ～ 10mm，通常有脉 11 条；萼齿 5，钻形或条形，长为萼筒的 2 倍左右，齿间常生有 1 ～ 2 附加小齿。花冠黄色，长 3 ～ 4.5cm，二唇形，外面被白色柔毛，内面有腺点；下唇 3 裂，较上唇长，在其二裂口后面有褶襞 2 条，中裂片较侧裂片略长，裂片长椭圆形，先端钝。雄蕊微露于花冠喉部，着生于花管内里靠近子房的上部处；花丝基部被毛；花药长倒卵形，纵裂，长约 4mm，宽约 1.5mm，顶端钝圆，被长柔毛。

子房卵形；花柱细长，自上唇先端下方伸出，弯向前方；柱头头状。蒴果革质，长卵圆形，长 10 ～ 13mm，宽 7 ～ 9mm；种子卵形，长 3 ～ 4mm，宽 2 ～ 2.5mm。花期 6 ～ 8 月，果期 7 ～ 9 月。

旱生草本。生于典型草原、荒漠草原、山地草原，是草原群落的生态指示种。产兴安北部（额尔古纳市、牙克石市）、岭西及呼伦贝尔（陈巴尔虎旗、鄂温克族自治旗、满洲里市、新巴尔虎左旗、新巴尔虎右旗）、兴安南部及科尔沁（科尔沁右翼前旗、科尔沁右翼中旗、扎鲁特旗、阿鲁科尔沁旗、巴林右旗、克什克腾旗）、赤峰丘陵（红山区、翁牛特旗）、燕山北部（喀喇沁旗、敖汉旗）、锡林郭勒（东乌珠穆沁旗、西乌珠穆沁旗、锡林浩特市、阿巴嘎旗、苏尼特左旗、苏尼特右旗、镶黄旗）、乌兰察布（四子王旗、达尔罕茂明安联合旗、乌拉特中旗）、阴山（大青山、蛮汗山）、阴南丘陵（准格尔旗）、鄂尔多斯（伊金霍洛旗）。分布于我国黑龙江西部、吉林西部、河北西北部、山西东北部，蒙古国北部和东部及南部、俄罗斯（西西伯利亚地区）。为蒙古高原分布种。

全草入药，能祛风湿、利尿、止血，主治风湿性关节炎、月经过多、吐血、衄血、便血、外伤出血、肾炎水肿、黄水疮。也入蒙药（蒙药名：韩琴色日高），疗效相同。

从春至秋小畜和骆驼喜食其鲜草，而乐食其干草，马稍采食，牛不采食或采食差。

2. 蒙古芯芭（光药大黄花）

Cymbaria mongolica Maxim. in Mem. Acad. Imp. Sci. St.-Petersb. 29:66. 1881; Fl. Intramongol. ed. 2, 4:338. t.133. f.6. 1992.

多年生草本，高 5～8cm。全株密被短柔毛，有时毛稍长，带绿色。根状茎垂直向下，顶端常多头。茎数条，丛生，常弯曲而后斜升。叶对生，或在茎上部近于互生，矩圆状披针

形至条状披针形，长 10～17mm，宽 1～4mm。单花或少数花，生于茎中部叶腋；小苞片长 10～15mm，全缘或有 1～2 小齿。萼筒长约 7mm，有脉棱 11 条；萼齿 5，条形或钻状条形，长为萼筒的 2～3 倍，齿间具 1～2 偶有 3 长短不等的条状小齿，有时甚小或无。花冠黄色，长 25～35mm，外面被短细毛，二唇形：上唇略呈盔状；下唇 3 裂片近于相等，倒卵形。花丝着生于花冠管内里近基处，花丝基部被柔毛；花药外露，通常顶部无毛或偶有少量长柔毛，倒卵形，长约 3mm，宽约 1mm。子房卵形，花柱细长，于上唇下端弯向前方。蒴果革质，长卵圆形，长约 10mm，宽约 5mm；种子长卵形，扁平，长约 4mm，宽约 2mm，有密的小网眼。花期 5～8 月。

旱生草本。生于沙质或沙砾质荒漠草原和干草原，是暖温性草原群落的生态指示种。产阴南平原（包头市）、阴南丘陵（准格尔旗）、鄂尔多斯（伊金霍洛旗、乌审旗、鄂托克旗）、贺兰山。分布于我国河北西北部、山西北部、陕西北部、宁夏、甘肃东部、青海东部。为黄土高原分布种。

药用同达乌里芯芭。

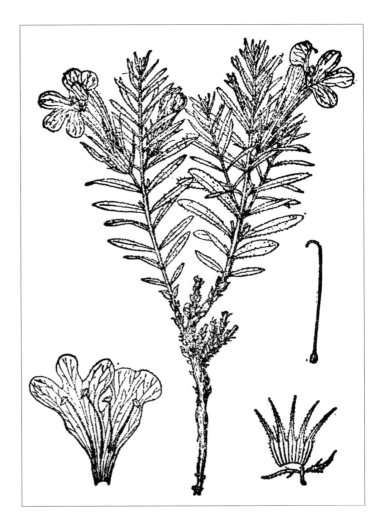

20. 腹水草属 Veronicastrum Heist. ex Fabric.

多年生草本。具根状茎，根幼嫩时密被黄色茸毛。叶互生、对生或轮生。总状花序穗状，顶生或腋生；花萼5深裂；花冠4裂，近相等或上部裂片较大，筒部长，占全长的1/2以上；雄蕊2，着生于花冠筒后方，明显伸出花冠之外；花柱细长，柱头为花柱的延伸，不为头状。蒴果卵形；种子多数，椭圆状或矩圆形，具网纹。

内蒙古有2种。

分种检索表

1a. 叶（3～）4～6（～9）枚轮生，矩圆状披针形至披针形，宽1.5～3.5cm···**1. 草本威灵仙 V. sibiricum**
1b. 叶互生，条形至披针状条形，宽不超过1cm··························**2. 管花腹水草 V. tubiflorum**

1. 草本威灵仙（轮叶婆婆纳、斩龙剑）

Veronicastrum sibiricum (L.) Pennell in Acad. Nat. Sci. Philad. Monogr. 1:321. 1935; Fl. Intramongol. ed. 2, 4:289. t.113. f.1-3. 1992.——*Veronica sibirica* L., Sp. Pl. ed. 2, 1:12. 1762.

多年生草本。全株疏被柔毛或近无毛。根状茎横走。茎直立，单一，不分枝，高100cm左右，圆柱形。叶（3～）4～6（～9）枚轮生，叶片矩圆状披针形至披针形或倒披针形，长5～15cm，宽1.5～3.5cm，先端渐尖，基部楔形，边缘具锐锯齿，无柄。花序顶生，呈长圆锥状；花梗短，长约1mm；苞片条状披针形。萼近等长，花萼5深裂；裂片不等长，披针形或钻状披针形，长2～3mm。花冠红紫色，筒状，长5～7mm；筒部长占花冠长的2/3～3/4；上部4裂，裂片卵状披针形，宽度稍不等，长1.5～2mm；花冠外面无毛，内面被柔毛；雄蕊及花柱明显伸出花冠之外。蒴果卵形，长约3.5mm，花柱宿存；种子矩圆形，棕褐色，长约0.7mm，宽约0.4mm。花期6～7月，果期8月。

中生草本。生于森林带和草原带的山地阔叶林林下、林缘草甸及灌丛。产兴安北部及岭东

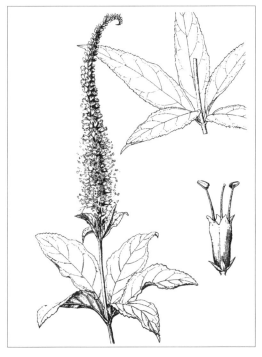

和岭西（额尔古纳市、根河市、牙克石市、莫力达瓦达斡尔族自治旗、陈巴尔虎旗、海拉尔区、鄂温克族自治旗、新巴尔虎左旗、扎兰屯市、阿荣旗）、兴安南部及科尔沁（科尔沁右翼前旗、扎鲁特旗、阿鲁科尔沁旗、巴林左旗、巴林右旗、克什克腾旗）、燕山北部（喀喇沁旗、宁城县、敖汉旗、兴和县苏木山）、锡林郭勒（东乌珠穆沁旗、西乌珠穆沁旗、锡林浩特市）、阴山（大青山、蛮汗山、乌拉山）。分布于我国黑龙江、吉林、辽宁、河北、山东中部、山西、陕西西南部、甘肃东部，日本、朝鲜、蒙古国东部和北部、俄罗斯（西伯利亚地区、远东地区）。为东古北极分布种。

全草入药，能祛风除湿、解毒消肿、止痛止血，主治风湿性腰腿疼、膀胱炎，外用治创伤出血。

2. 管花腹水草（柳叶婆婆纳）

Veronicastrum tubiflorum (Fisch. et C. A. Mey.) H. Hara in J. Jap. Bot. 16:159. 1940; Fl. Intramongol. ed. 2, 4:290. t.113. f.4. 1992.——*Veronica tubiflora* Fisch. et C. A. Mey. in Index Sem. Hort. Petrop. 2:53. 1835.

多年生草本。全株疏被短柔毛或近无毛。无根状茎。茎直立，单一，不分枝，高约 80cm，圆柱形，中上部略具条棱。叶互生，条形或披针状条形，长 3～9cm，宽 3～8mm，顶端渐尖，基部狭楔形，边缘具疏而小的尖锯齿，无柄。花序顶生，单一或复出，呈长圆锥状或长尾状；花梗长约 3mm；苞片条状披针形至条状锥形，长约 4mm；花萼 5 深裂，三角状披针形或披针形，长 1.5～2mm，前面者较长。花冠蓝色或淡红色，筒状，长约 6mm；筒部占花冠长之 2/3；上部 4 裂，裂片狭卵形至披针形，宽度不等，长约 2mm；花冠外面无毛，内面密被柔毛；雄蕊与花柱明显露出花冠之外。蒴果卵形，长 2～2.5mm。花期 7～8 月，果期 9 月。

中生草本。生于阔叶林带的山地草甸及灌丛。产岭东（扎兰屯市、科尔沁右翼前旗）。分布于我国黑龙江、吉林，朝鲜、俄罗斯（东西伯利亚地区、远东地区）。为东西伯利亚—满洲分布种。

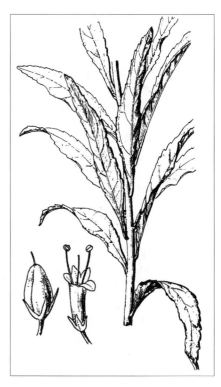

21. 穗花属 Pseudolysimachion (W. D. J. Koch) Opiz

多年生草本。叶对生，少互生。总状花序长穗状，顶生，具苞片，无小苞片；花萼4裂。花冠近辐状，4裂，不等大，后方1枚大而宽，前方1枚小而窄，有时稍二唇形；筒部短，占全长的1/2以上。雄蕊2，花开后露出花冠；柱头头状。蒴果卵球形，稍扁，具2纵凹沟，顶端微凹；种子每室1至多数。

内蒙古有6种。

分种检索表

1a. 叶互生，有时下部的对生，叶片条形至倒披针状条形 ···················· **1. 细叶穗花 P. linariifolium**
1b. 叶对生，有时上部的互生。

  2a. 植株密被白色绵毛，呈灰白色或灰绿色；子房和蒴果被毛；叶全缘或具圆齿，少粗齿。

    3a. 植株密被白色毡状绵毛而呈灰白色；上部叶有的互生，无柄或具短柄；下部叶常密集，具柄，叶片宽条形或椭圆状披针形，全缘或微具圆齿；成熟果略长于花萼 ··· **2. 白毛穗花 P. incanum**

    3b. 植株密被白色绵毛，非毡状，呈灰绿色；叶全部对生，明显具柄；下部叶不密集，叶片矩圆形、椭圆状卵形或卵形，边缘锯齿或圆齿；成熟果略短于花萼 ·············· **3. 锡林穗花 P. xilinense**

  2b. 植株密被柔毛，呈绿色；子房和蒴果无毛，叶具尖齿或稍钝的齿。

    4a. 叶基部楔状渐狭而成短柄，叶片椭圆状披针形、椭圆状卵形或卵形 ······ **4. 水蔓菁 P. dilatatum**

    4b. 叶基部心形、截形或宽楔形，叶柄或长或短。

      5a. 叶三角状卵形至三角状披针形，有的下部羽裂，基部心形至截形，先端钝尖或锐尖；花白色 ············ **5. 大穗花 P. dauricum**

      5b. 叶披针形，基部浅心形、圆形或宽楔形，先端渐尖至长渐尖；花蓝色 ························ **6. 兔儿尾苗 P. longifolium**

1. 细叶穗花（细叶婆婆纳）

Pseudolysimachion linariifolium (Pall. ex Link) Holub in Folia Geobot. Phytotax. 2:422. 1967; Fl. China 18:62. 1998.——*Veronica linariifolia* Pall. ex Link in Jahrb. Gewachsk. 3:35. 1820; Fl. Intramongol. ed. 2, 4:292. t.114. f.1-5. 1992.

多年生草本。根状茎粗短，具多数须根。茎直立，单生或自基部抽出数条丛生，上部常不分枝，高30～80cm，圆柱形，被白色短曲柔毛。叶在下部的常对生，中、上部的多互生，条形或倒披针状条形，长2～6cm，宽1～6mm，先端钝尖、急尖或渐尖，基部渐狭成短柄或无柄，中部以下全缘，上部边缘具锯齿或疏齿，两面无毛或被短毛。总状花序单生或复出，细长，长尾状，先端细尖；花梗短，长2～4mm，被短毛；苞片细条形，短于花，被短毛；花萼筒长1.5～2mm，4深裂，裂片卵状披针形至披针形，有睫毛。花

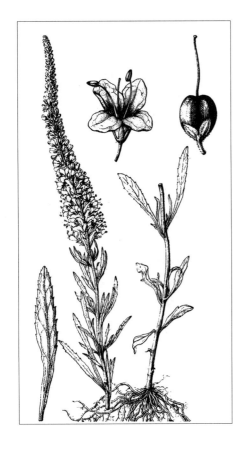

冠蓝色或蓝紫色，长约 5mm，4 裂；筒部长约为花冠长的 1/3，喉部有毛；裂片宽度不等，后方 1 枚大、圆形，其余 3 枚较小、卵形。雄蕊花丝无毛，明显伸出花冠；花柱细长，柱头头状。蒴果卵球形，长约 3mm，稍扁，顶端微凹，花柱与花萼宿存；种子卵形，长约 0.5mm，宽约 4mm，棕褐色。花期 7～8 月，果期 8～9 月。

旱中生草本。生于森林带和草原带的山坡草地、灌丛。产兴安北部及岭东和岭西（额尔古纳市、牙克石市、莫力达瓦达斡尔族自治旗）、呼伦贝尔（陈巴尔虎旗、海拉尔区、鄂温克族自治旗、新巴尔虎左旗）、兴安南部和科尔沁（扎赉特旗、科尔沁右翼前旗、科尔沁右翼中旗、扎鲁特旗、阿鲁科尔沁旗、巴林左旗、巴林右旗、林西县、克什克腾旗）、赤峰丘陵（松山区、翁牛特旗）、燕山北部（喀喇沁旗、宁城县、敖汉旗、兴和县苏木山）、锡林郭勒（西乌珠穆沁旗、锡林浩特市）、阴山（大青山、蛮汗山、乌拉山）、阴南丘陵（准格尔旗）。分布于我国黑龙江西部、吉林中部、辽宁东部、河北、山东、新疆西北部，日本、朝鲜、蒙古国东部和北部、俄罗斯（西伯利亚地区、远东地区）。为东古北极分布种。

全草入药，能祛风湿、解毒止痛，主治风湿性关节痛。

2. 白毛穗花（白婆婆纳）

Pseudolysimachion incanum (L.) Holub in Folia Geobot. Phytotax. 2:424. 1967; Fl. China 18:63. 1998.——*Veronica incana* L., Sp. Pl. 1:10. 1753; Fl. Intramongol. ed. 2, 4:294. t.114. f.6. 1992.

多年生草本。全株密被白色毡状绵毛，呈灰白色。根状茎细长，斜走，具须根。茎直立，高 10～40cm，单一或自基部抽出数条丛生，上部不分枝。叶对生，上部的互生；下部叶较密集，叶片椭圆状披针形，长 1.5～7cm，宽 0.5～1.3cm，具 1～3cm 的叶柄；中部及上部叶较稀疏，窄而小，常宽条形，无柄或具短柄；全部叶先端钝或尖，基部楔形，全缘或微具圆齿，上面灰绿色，下面灰白色。总状花序，单一，少复出，细长；花梗长 1～2mm，上部的近无柄；苞片条状披针形，短于花；花萼长约 2mm，4 深裂，裂片披针形。花冠蓝色，少白色，长约 5mm，4 裂；筒部长约为花的 1/3，喉部有毛；后方 1 枚裂片较大、卵圆形，其余 3 枚较小、卵形。雄蕊伸出花冠；

子房被毛，花柱细长，柱头头状。蒴果卵球形，顶端凹，长约 3mm，密被短毛，果略长于花萼；种子卵圆形，扁平，棕褐色，长约 0.4mm，宽约 0.3mm。花期 7 ～ 8 月，果期 9 月。

中旱生草本。生于草原带的山地、固定沙地，为草原群落的一般常见伴生种。产岭西（额尔古纳市、陈巴尔虎旗、鄂温克族自治旗、海拉尔区、新巴尔虎左旗）、兴安南部（科尔沁右翼前旗、阿鲁科尔沁旗、巴林左旗、巴林右旗、克什克腾旗）、锡林郭勒（东乌珠穆沁旗、西乌珠穆沁旗、锡林浩特市）、阴山（大青山的笔架山）。分布于我国黑龙江、新疆，日本、朝鲜、蒙古国西部、俄罗斯（西伯利亚地区），中亚，欧洲。为古北极分布种。

全草入药，能消肿止血，外用主治痈疖红肿。

3. 锡林穗花（锡林婆婆纳）

Pseudolysimachion xilinense (Y. Z. Zhao) Y. Z. Zhao comb. nov.——*Veronica xilinensis* Y. Z. Zhao in Fl. Intramongol 5:266,412. t.107. f.1-5. 1980; Fl. Intramongol. ed. 2, 4:294. t.115. f.1-5. 1992.

多年生草本。全株密被白色绵毛，呈灰绿色。具根状茎，有多数须根。茎单一或数条丛生，直立或斜升，高 20 ～ 60cm，不分枝。叶对生，矩圆形、椭圆状卵形或卵形，长 2 ～ 4cm，宽 0.5 ～ 1.5cm，先端急尖或稍钝，基部楔形，边缘具锯齿或圆齿，上面灰绿色，下面灰白色，叶柄长 0.5 ～ 2cm。总状花序长穗状；花梗长 0.5 ～ 2mm；苞片狭披针形，与具短柄的花萼近等长；花萼 4 深裂，裂片披针形，长 2 ～ 3mm。花冠蓝紫色，干时蓝白色，长约 6mm，4 裂，开展；筒部长不到花冠长之半或占 1/3，喉部有毛；裂片卵形，后方 1 枚卵圆形。雄蕊略伸出花冠；花柱细，约与雄蕊近等长。蒴果球状卵形，顶端凹，上半部被短毛和腺毛，长约 2.5mm，稍短于宿萼。花期 7 ～ 8 月，果期 9 月。

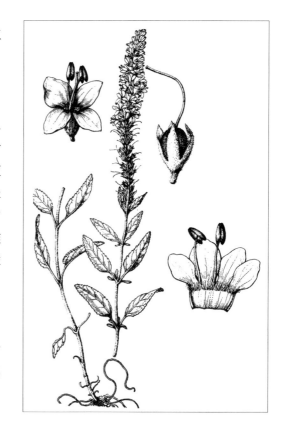

旱中生草本。生于草原带的山坡草地、沙丘。产呼伦贝尔（海拉尔区、新巴尔虎左旗）、兴安南部（克什克腾旗）、锡林郭勒（西乌珠穆沁旗、锡林浩特市）。为东蒙古分布种。

4. 水蔓菁

Pseudolysimachion dilatatum (Nakai et Kitag.) Y. Z. Zhao comb. nov.——*P. linariifolium* (Pall. ex Link.) Holub. subsp. *dilatatum* (Nakai et Kitag.) D. Y. Hong in Novon 6:23. 1996; Fl. China 18:63. 1998.——*Veronica angustifolia* Fisch. var. *dilatata* Nakai et Kitag. in Rep. First Sci. Exped. Manch. 4(1):54. 1934.——*Veronica linariifolia* Pall. ex Link. var. *dilatata* Nakai et Kitag. in Rep. First. Sci. Exped. Manch. 4:93. 1936; Fl. Intramongol. ed. 2, 4:292. t.115. f.6. 1992.

多年生草本。根状茎粗短，具多数须根。茎直立，单生或自基部抽出数条丛生，上部常不分枝，高 30 ～ 80cm，圆柱形，被白色短曲柔毛。叶对生，宽条形、椭圆状披针形、椭圆状卵形或卵形，长 1.5 ～ 5cm，宽 0.5 ～ 2cm，先端钝尖，边缘具锯齿或疏齿，两面无毛或被短毛，基部渐狭成短柄或无柄。总状花序单生或复出，细长，长尾状，先端细尖；花梗短，长 2 ～ 4mm，被短毛；苞片细条形，短于花，被短毛；花萼筒长 1.5 ～ 2mm，4 深裂，裂片卵状披针形至披针形，有睫毛。花冠蓝色或蓝紫色，长约 5mm，4 裂；筒部长约为花冠长的 1/3，喉部有毛；裂片宽度不等，后方 1 枚大、圆形，其余 3 枚较小、卵形。雄蕊花丝无毛，明显伸出花冠；花柱细长，柱头头状。蒴果卵球形，长约 3mm，稍扁，顶端微凹，花柱与花萼宿存；种子卵形，长约 0.5mm，宽约 4mm，棕褐色。花期 7 ～ 8 月，果期 8 ～ 9 月。

中生草本。生于森林草原带和草原带的湿草甸、山顶岩石处。产呼伦贝尔（新巴尔虎右旗）、兴安南部（科尔沁右翼前旗、扎鲁特旗、阿鲁科尔沁旗、巴林左旗、巴林右旗、克什克腾旗）、燕山北部（喀喇沁旗、敖汉旗）、锡林郭勒（东乌珠穆沁旗、西乌珠穆沁旗）、阴山（大青山的九峰山）。分布于我国河北、河南、山东、山西、陕西、甘肃、青海、四川、云南、安徽、江西、江苏、浙江、福建、湖北、湖南、广东、广西、台湾。为东亚分布种。

地上部分入药，能清肺化痰、止咳解毒，主治慢性气管炎、肺化脓症、咳吐脓血，外用治痔疮、皮肤湿疹、疖痈疮疡。

5. 大穗花（大婆婆纳）

Pseudolysimachion dauricum (Steven) Holub in Folia Geobot. Phytotax. 2:424. 1967; Fl. China 18:64. 1998.——*Veronica daurica* Stev. in Mem. Soc. Imp. Nat. Mosc. 5:339. 1817; Fl. Intramongol. ed. 2, 4:296. t.116. f.1-4. 1992.

多年生草本。全株密被柔毛，有时混生腺毛。根状茎粗短，具多数须根。茎直立，单一，有时自基部抽出 2 ～ 3 条，上部通常不分枝，高 30 ～ 70cm。叶对生，三角状卵形或三角状披针形，长 2.6 ～ 6cm，宽 1.2 ～ 3.5cm，先端钝尖或锐尖，基部心形或浅心形至截形，边缘具深刻而钝的锯齿或牙齿，下部常羽裂，裂片有齿，叶柄长 7 ～ 15mm。总状花序顶生，细长，单生或复出；花梗长 1 ～ 2mm；苞片条状披针形；花萼长 2 ～ 3mm，4 深裂，裂片披针形，疏生腺毛。花冠白色，长约 6mm，4 裂；筒部长不到花冠长之半，喉部有毛；裂片椭圆形至狭卵形，后方 1 枚较宽。

  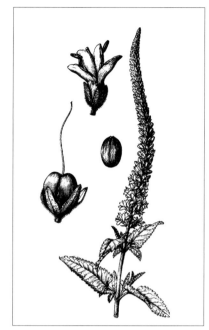

雄蕊伸出花冠。蒴果卵球形，稍扁，长约3mm，顶端凹，宿存花萼与花柱；种子卵圆形，长约1mm，宽约0.8mm，淡黄褐色，半透明状。花期7～8月，果期9月。

中生草本。生于森林带和草原带的山坡、沟谷、岩隙，沙丘低地的草甸、路边。产兴安北部及岭西（额尔古纳市、根河市、牙克石市）、呼伦贝尔（陈巴尔虎旗、海拉尔区、鄂温克族自治旗、新巴尔虎左旗）、兴安南部及科尔沁（科尔沁右翼前旗、扎鲁特旗、阿鲁科尔沁旗、巴林左旗、巴林右旗、林西县、翁牛特旗、克什克腾旗）、燕山北部（宁城县、敖汉旗）、锡林郭勒（东乌珠穆沁旗、西乌珠穆沁旗、锡林浩特市、太仆寺旗）、阴山（大青山）。分布于我国黑龙江、吉林、辽宁、河北，日本、朝鲜、蒙古国东部和北部、俄罗斯（东西伯利亚地区、远东地区）。为东西伯利亚—东亚北部分布种。

6. 兔儿尾苗（长尾婆婆纳）

Pseudolysimachion longifolium (L.) Opiz in Seznam 80. 1852; Fl. China 18:64. 1998.——*Veronica longifolia* L., Sp. Pl. 1:10. 1753; Fl. Intramongol. ed. 2, 4:296. t.116. f.5. 1992.

多年生草本。根状茎长而斜走，具多数须根。茎直立，高约100cm，被柔毛或近光滑，通常不分枝。叶对生，披针形，长4～10cm，宽1～3cm，基部浅心形、圆形或宽楔形，先端渐尖至长渐尖，边缘具细尖锯齿，有时呈大牙齿状，常夹有重锯齿，齿端常呈弯钩状，两面被短毛或近无毛，或上面被短毛，下面无毛，叶柄长2～7mm。总状花序顶生，细长，单生或复出；花梗长2～4mm，被短毛；苞片条形，被短毛；花萼4深裂，裂片卵状披针形至披针形，比花梗短或近等长，被短毛，边缘有睫毛。花冠蓝色或蓝紫色，稍带白色，长4～6mm，4裂；筒部长不到花冠长之半，喉部有毛；

裂片椭圆形至卵形，后方 1 枚较宽。雄蕊明显伸出花冠。蒴果卵球形，稍扁，长约 3mm，顶端凹，宿存花柱和花萼；种子卵形，暗褐色，长约 0.3mm，宽约 0.2mm。花期 7～8 月，果期 8～9 月。

　　中生草本。生于森林带和草原带的山地林下、林缘草甸、沟谷及河滩草甸。产兴安北部（额尔古纳市、根河市、牙克石市）、岭西及呼伦贝尔（陈巴尔虎旗、海拉尔区、鄂温克族自治旗、新巴尔虎左旗、新巴尔虎右旗）、兴安南部（扎赉特旗、科尔沁右翼前旗、扎鲁特旗、阿鲁科尔沁旗、巴林左旗、巴林右旗、克什克腾旗）、燕山北部（喀喇沁旗、宁城县、敖汉旗）、锡林郭勒（东乌珠穆沁旗、西乌珠穆沁旗、锡林浩特市）、阴山（大青山）。分布于我国黑龙江东南部、吉林东北部、河北北部、新疆中部和北部，日本、朝鲜北部、蒙古国东部和北部及西部、俄罗斯（东西伯利亚地区、远东地区）、哈萨克斯坦，西南亚，欧洲。为古北极分布种。

22. 婆婆纳属 Veronica L.

　　多年生或一、二年生草本。叶对生，少互生或轮生。总状花序顶生或腋生；具苞片，无小苞片；花萼通常 4～5 裂；花冠近辐状，4 裂，不等大，后方 1 枚大而宽，前方 1 枚小而窄，有时稍二唇形，筒部短，占全长的 1/2 以上；雄蕊 2，花开后露出花冠；柱头头状。蒴果扁平或稍扁，具 2 纵凹沟，顶端微凹；种子每室 1 至多数。

　　内蒙古有 12 种。

分种检索表

1a. 总状花序顶生。

  2a. 多年生草本，具根状茎；茎上升。

    3a. 花萼 5 裂，后方 1 枚小得多，稀为 4 枚；花冠有明显的筒部，长 1.5～2mm；蒴果稍侧扁；花序短，近于头状·····················**1. 密花婆婆纳 V. densiflora**

    3b. 花萼 4 裂；花冠筒极短；蒴果明显侧扁；总状花序，细长·········**2. 小婆婆纳 V. serpyllifolia**

  2b. 一年生草本，不具根状茎。

    4a. 种子两面稍鼓，平滑；叶无柄，倒披针形至条状矩圆形，基部楔形，全缘或中上端有三角状齿；茎铺散分枝····················**3. 蚊母草 V. peregrina**

    4b. 种子舟状，一面鼓，另一面具深沟，多皱。

      5a. 茎铺散分枝；苞片有齿，与茎叶同形且大小一致；叶心形至卵形，基部浅心形或截形，边缘具钝齿·····················**4. 婆婆纳 V. polita**

      5b. 茎直立；苞片全缘，比叶小；叶卵状披针形至矩圆形，基部宽楔至圆形，边缘有疏而浅的锯齿·····················**5. 两裂婆婆纳 V. biloba**

1b. 总状花序腋生。

  6a. 花序生于茎顶叶腋，呈假顶生，蒴果侧扁，陆生草本。

    7a. 根状茎极短，密生一簇根，分不出节与节间；花冠有明显的筒部；蒴果长卵形。

      8a. 子房和蒴果明显被长柔毛；花柱长约 2mm；蒴果长卵形或长卵状锥形，长 6～7mm，宽约 2mm·····················**6. 长果婆婆纳 V. ciliata**

      8b. 子房和蒴果无毛或疏被柔毛；花柱长约 1mm；蒴果长卵形，长约 6mm，宽约 3mm·····················**7. 光果婆婆纳 V. rockii**

    7b. 根状茎细长，有明显节间；花冠筒极短；蒴果倒心状卵形，无毛；花柱长 5～6mm·····················

1. 密花婆婆纳

Veronica densiflora Ledeb. in Fl. Alt. 1:34. 1839; Fl. China 18:68. 1998.

多年生草本。植株成丛。根状茎细长而分枝。茎上升，基部多分枝，高 5～15cm，下部无毛或有不明显两列柔毛，上部被多细胞白色长绒毛。叶对生，茎基部叶鳞片状，向上渐大；中上部叶卵圆形，长 7～20mm，宽 5～15mm，叶缘有小锯齿，两面疏生长柔毛，无柄。花序头状；苞片椭圆形，下部的长达 8mm，密被白色绒毛；花梗很短；花萼 5 裂，后方 1 枚小得多，稀为 4 枚，也密被白色长绒毛，裂片倒卵状披针形；花冠淡紫色或鲜蓝色，长 5～7mm，被柔毛，花冠筒长 1.5～2mm，裂片倒卵圆形至卵形，喉部被毛；雄蕊伸出；子房上部被毛。蒴果倒卵圆形，长约 4mm，上部被毛或无毛；花柱长约 6mm；种子长约 1mm。花期 5～6 月。

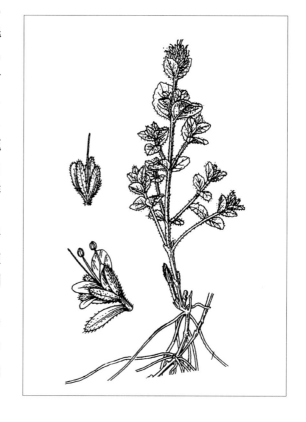

耐寒中生草本。生于荒漠带海拔 3500m 左右的高山草甸。产贺兰山。分布于我国新疆（伊宁市天山），蒙古国北部和西部、哈萨克斯坦、俄罗斯。为亚洲中部高山分布种。

2. 小婆婆纳

Veronica serpyllifolia L., Sp. Pl. 1:12. 1753; Fl. China 18:69. 1998.

多年生草本。茎多枝丛生，下部匍匐生根，中上部直立，高 10～30cm，被多细胞柔毛，上部常被多细胞腺毛。叶片卵圆形至卵状矩圆形，长 8～25mm，宽 7～15mm，边缘具浅齿缺，极少全缘，三至五出脉或为羽状叶脉；叶无柄，有时下部叶有极短的叶柄。总状花序多花，单生或复出，果期长达 20cm，花序各部分密或疏地被多细胞腺毛；花冠蓝色、紫色或紫红色，长约 4mm，冠筒长不及 1mm。蒴果肾形或肾状倒心形，长 2.5～3mm，宽 4～5mm，明显压扁，基部圆或几乎平截，边缘有一圈多细胞腺毛；花柱长约 2.5mm。花期 4～6 月。

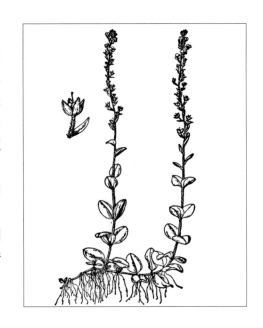

沼生草本。生于荒漠带的沼泽湿地。产东阿拉善和西阿拉善。分布于我国吉林东部、辽宁东部、陕西南部、甘肃东南部、四川、贵州北部和西北部、湖北西部、湖南西北部、新疆（天山）、西藏东南部、云南，北温带和亚热带高山地区广布。为泛北极分布种。

3. 蚊母草（水蓑衣、仙桃草）

Veronica peregrina L., Sp. Pl. 1:14. 1753; Fl. Intramongol. ed. 2, 4:298. t.117. f.1-6. 1992.

一年生草本，高 10～25cm。通常自基部多分枝，主茎直立，侧枝扩散，全体无毛或疏被柔毛。叶对生，无柄；下部的叶倒披针形；上部叶条状矩圆形，长 1～2cm，宽 2～6mm，全缘或中上端有锯齿。总状花序顶生，果期长达 20cm；苞片与叶同形而略小；花极短，长不超过 2mm；花萼 4 深裂，裂片条状矩圆形或宽条形，长 3～4mm；花冠白色或浅蓝色，长约 2mm，4 深裂，裂片矩圆形至卵形，花冠筒极短；雄蕊短于花冠。蒴果倒心形，明显侧扁，长 3～4mm，宽略过之，边缘生短腺毛；花柱宿存，极短，不超出凹口；种子矩圆形，两边鼓，平滑。花期 5～6 月。

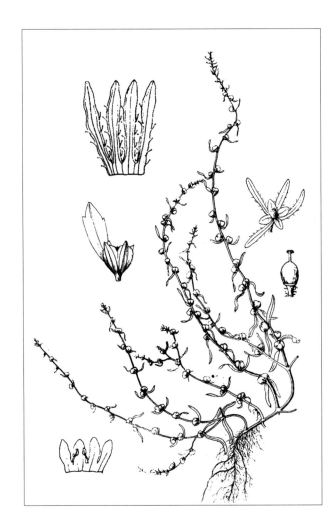

中生草本。生于草原化荒漠带的山地水边。产东阿拉善（狼山）。分布于我国黑龙江、吉林东部、辽宁、河南、山东、安徽、江苏、浙江南部、福建、江西北部和东部、湖北西部、湖南、广西北部、贵州西南部、四川、云南北部、西藏，日本、朝鲜、俄罗斯（西伯利亚地区、远东地区），欧洲。为古北极分布种。

果实常被昆虫寄生而肿大，带虫瘿的全草可入药，能活血、止血、消肿、止痛，主治吐血、衄血、咯血、便血；外用鲜品捣烂敷患处，治骨折、跌打损伤、瘀血肿痛。

4. 婆婆纳

Veronica polita Fries in Novit. Fl. Suec. 5:63. 1817; Fl. China 18:70. 1998.——*V. didyma* auct. non Tenore: Fl. Intramongol. ed. 2, 4:298. t.118. f.1-2. 1992.

一年生小草本。茎铺散，多分枝，高 10 ～ 25cm，多少被长柔毛。叶对生，心形至卵形，长 5 ～ 10mm，宽 6 ～ 7mm，先端钝圆，基部浅心形或截形，边缘具钝齿，两面被白色长柔毛；叶柄长 3 ～ 6mm。总状花序长；苞片互生，叶状，有时下部的对生；花梗比苞片略短，果期伸长，常下垂。花萼 4 深裂，往往两侧不裂到底；裂片卵形，顶端急尖，果期稍增大，三出脉，微被短硬毛。花冠淡紫色、蓝色或粉色，直径 4 ～ 5mm，裂片圆形至卵形；雄蕊比花冠短。蒴果强烈侧扁，近于肾形，密被腺毛，略短于花萼，宽 4 ～ 5mm，顶端凹口深，约成 90°角；裂片顶端圆，脉不明显，宿存花柱与凹口平齐或略超过之。种子舟状，一面鼓，背面具横纹，长约 1.5mm。花果期 5 ～ 8 月。

中生杂草。生于庭院草丛中。产赤峰丘陵（红山区植物园）、东阿拉善（阿拉善左旗巴彦浩特镇）。分布于我国河北东部、河南、山东西部、山西、陕西南部、甘肃东部、青海东部、四川北部和东南部、安徽北部、江苏、浙江西北部、福建中部、江西北部、湖北西南部、湖南、贵州南部、云南北部、新疆西北部、台湾北部。外来入侵种，原产西亚，为西亚种，现欧亚大陆北部广布。

茎叶可食。全草入药，能凉血、止血、理气止痛，主治吐血、疝气、睾丸炎、白带。

5. 两裂婆婆纳

Veronica biloba L., Mant. Pl. 2:172. 1771; Fl. China 18:71. 1998.

一年生草本，高 5 ～ 50cm。茎直立，通常中下部分枝，疏生白色柔毛。叶全部对生，矩圆形至卵状披针形，长 5 ～ 30mm，宽 4 ～ 13mm，基部宽楔形至圆钝，边缘有疏而浅的锯齿，有短柄。花序长 2 ～ 40cm，各部分疏生白色腺毛；苞片比叶小，披针形至卵状披针形，全缘；花梗与苞片等长，花后伸展或多少向下弯曲。花萼侧向较浅裂，裂达 3/4 处；裂片卵形或卵状披针形，急尖，果期长达 4 ～ 8mm，明显 3 脉。花冠白色、蓝色或紫色，直径 3 ～ 4mm，后方裂片圆形，其余 3 枚裂片卵圆形；花丝短于花冠。蒴果长 3 ～ 4.5mm，宽 4 ～ 5mm，被腺毛，几乎裂达基部而成两个分果，凹口叉开 30°～ 45°；裂片顶端圆钝，宿存的花柱比凹口低得多。种子舟状，一面鼓，长 1.2 ～ 1.5mm，

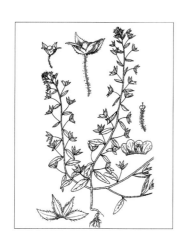

有不明显横皱纹。花期 4～8 月。

中生杂草。生于荒漠带的荒地、山坡。产龙首山。分布于我国陕西西部、宁夏南部、甘肃中部和东部、青海、四川西北部、西藏西南部、新疆（天山），蒙古国、俄罗斯、印度、尼泊尔、巴基斯坦、阿富汗，克什米尔地区，中亚、西南亚。为古地中海分布种。

6. 长果婆婆纳

Veronica ciliata Fisch. in Mem. Soc. Imp. Nat. Mosc. 3:45. 1812; Fl. Intramongol. ed. 2, 4:298. t.119. f.1-4. 1992.

多年生草本。根状茎短，具多数须根。茎常斜升，单一或下部茎节处分出 1～2 对对生分枝，高 6～25cm，被灰白色细柔毛，上部近花序处毛较密。叶对生，叶片卵形至卵状披针形，长 0.5～3cm，宽 0.3～1cm，先端钝至锐尖，基部圆形或宽楔形，边缘具锯齿或全缘，两面被柔毛至近无毛，无柄或下部的具短柄。总状花序通常 2～4 个，侧生于茎顶或分枝顶端的叶腋，呈假顶生，花序短而花密集；花梗长约 2mm，除花冠外花序各部分均密被长柔毛；苞片条状披针形，长于花梗；花萼 5 深裂，后方 1 枚裂片较小，其余 4 枚裂片条状披针形，长约 3mm；花冠蓝色或蓝紫色，长约 4mm，4 裂，筒部长约为花冠长之 1/3，后方 3 枚裂片倒卵圆形，前方 1 枚裂片卵形而较小；雄蕊短于花冠；子房被长柔毛，花柱长约 2mm，柱头头状。蒴果长卵形或长卵状锥形，长 6～7mm，

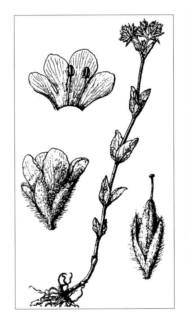

宽约 2mm，顶端钝而微凹，被长柔毛。花期 7～8 月，果期 8～9 月。

中生草本。生于荒漠带海拔约 3000m 的高山草甸。产贺兰山。分布于我国陕西、宁夏、甘肃、青海、四川西部、西藏中部和东部、新疆东北部，蒙古国北部、俄罗斯（西伯利亚地区），中亚。为中亚—亚洲中部高山分布种。

全草入药，能清热解毒、祛风利湿，主治肝炎、胆囊炎、风湿痛、荨麻疹。

7. 光果婆婆纳

Veronica rockii H. L. Li in Proc. Acad. Nat. Sci. Philad. 104:210. 1952; Fl. Intramongol. ed. 2, 4:302. t.119. f.5-7. 1992.

多年生草本。根状茎粗短，具多数须根。茎直立，单一，不分枝，高 20～60cm，被长柔毛。叶对生，叶片披针形，长 2～6.5cm，宽 0.6～1.6cm，先端锐尖，基部圆形，边缘有浅锯齿，两面被长柔毛，无柄。花序总状，2～4 个侧生于茎顶叶腋，花序较长而花疏离；花梗长 2～3mm，除花冠外花序各部均被长柔毛；苞片宽条形，通常比花梗长；花萼 5 深裂，裂片宽条形或卵状椭圆形，先端圆钝，长约 4mm，后方 1 枚远较其他 4 枚小得多或缺失；花

冠紫色，长约 4.5mm，略长于萼，4 裂，筒部长约为花冠长之 2/3，后方 3 枚裂片倒卵圆形，前方 1 枚椭圆形，较小；雄蕊较花冠短，花丝大部与花冠筒贴生；子房无毛或疏被柔毛，花柱短，长约 1mm。蒴果长卵形，长约 6mm，宽约 3mm，顶端渐狭而钝；种子卵圆形，长、宽约 0.5mm，黄褐色，半透明状。花期 7 月，果期 8 月。

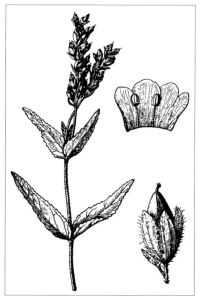

中生草本。生于草原带的山地林缘、灌丛、沟谷草甸。

产燕山北部（兴和县苏木山）、阴山（大青山、蛮汗山、乌拉山）。分布于我国河北、河南西部、山西、陕西南部、甘肃东部、青海东部和南部、四川西部、湖北西部。为华北—横断山脉分布种。

地上部分蒙药用（蒙药名：冬那端迟），能生肌愈创，主治外伤疖痛。

8. 卷毛婆婆纳

Veronica teucrium L. subsp. **altaica** Watzl in Abh. K.K. Zool.-Bot. Ges. Wien 5:49. 1910; Fl. China 18:74. 1998.——*V. teucrium* auct. non L.: Fl. Intramongol. ed. 2, 4:302. t.117. f.7-8. 1992.

多年生草本。根状茎细长而横走。茎单生或常多枝丛生，直立或斜升，高 10～70cm，密被短而向上的卷毛。叶对生，叶片卵形、矩圆形或披针形，长 1.5～4cm，宽 0.2～2cm，边缘具深刻的钝齿，有时为重齿，疏被短毛，无柄或茎下部的叶有极短的柄。总状花序侧生于茎上部叶腋，2～4 枝，果期伸长达 12cm，花序轴及花梗被卷毛；花梗与苞片等长或过之，直上，果期长达 1cm。花萼 5 深裂；裂片披针形，顶端钝，长约 5mm，后方 1 枚裂片较小，具短睫毛。花冠鲜蓝色、粉色或白色，长 6～7mm；4 深裂，裂片卵形或宽卵形，顶端钝；花冠筒极短，长不过 1.5mm，喉部常被毛；雄蕊常比花冠短。蒴果倒心状卵形，长 4～6mm，宽 3～4.5mm，稍扁，无毛；花柱长 5～6mm，弯曲；种子卵圆形，长约 1.6mm，宽约 1.4mm。花期 5～7 月。

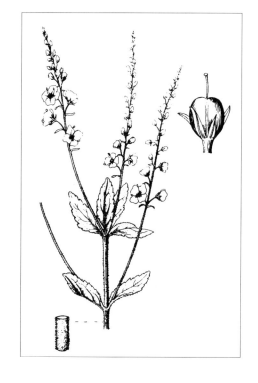

中生草本。生于森林带的疏林、草甸。产兴安北部（牙克石市）。分布于我国黑龙江西北部、新疆，俄罗斯（西伯利亚地区）、哈萨克斯坦。为西伯利亚分布亚种。

全草入药，能清热解毒、祛风除湿，主治风湿疼痛、流感、尿道炎。

9. 长果水苦荬

Veronica anagalloides Guss. in Pl. Rar. 5:t.3. 1826; Fl. Intramongol. ed. 2, 4:304. t.120. f.1-2. 1992.

多年生或一年生草本。根状茎斜走，节上有须根。茎直立或基部倾斜，高 30～50cm，单一或有分枝，下部光滑或近无毛，中部以上被腺毛。叶对生，条状披针形，长 2～5cm，宽 3～8mm，

全缘或略有浅锯齿，两面无毛，无柄，基部半抱茎。总状花序腋生，多花，除花冠外被相当密的腺毛；花梗伸直，与花序轴成锐角，果期梗长 4～8mm，纤细；苞片狭披针形，约为果梗长的 1/3～1/2。花萼 4 深裂，长约 2mm；裂片椭圆形，先端急尖，果期直立，紧贴蒴果，较果略短。花冠浅蓝色或淡紫色，长约 3mm，4 深裂，筒部极短，裂片宽卵形；雄蕊与花冠近等长；子房无毛，花柱长约 1.5mm。蒴果宽椭圆形，顶端微凹，长、宽约 2.5mm，比花萼长或近等长；种子卵圆形，黄褐色，长、宽约 0.5mm，半透明状。花果期 7～9 月。

湿生草本。生于溪水边。产岭东（莫力达瓦达斡尔族自治旗）、辽河平原（科尔沁左翼后旗）、阴山（大青山、乌拉山）、东阿拉善（阿拉善左旗）。分布于我国黑龙江西部和南部、山西西南部、陕西东北部、甘肃（河西走廊西部）、青海北部、西藏、新疆中部，欧洲及亚洲北部广布。为古北极分布种。

药用同北水苦荬。

10. 北水苦荬 （水苦荬、珍珠草、秋麻子）

Veronica anagallis-aquatica L., Sp. Pl. 1:12. 1753; Fl. Intramongol. ed. 2, 4:304. t.120. f.3-5. 1992.

多年生草本，稀一年生。全体常无毛，稀在花序轴、花梗、花萼、蒴果上有疏腺毛。根状茎斜走，节上有须根。茎直立或基部倾斜，高 10～80cm，单一或有分枝。叶对生，上部叶半抱茎，椭圆形或长卵形，少卵状椭圆形或披针形，长 1～7cm，宽 0.5～2cm，全缘或有疏而小的锯齿，两面无毛，无柄。总状花序腋生，比叶长，宽约 1cm，多花；花梗弯曲斜升，与花序轴成锐角，果期梗长 3～6mm，纤细；苞片狭披针形，比花梗略短；花萼 4 深裂，长约 3mm，裂片卵状披针形，锐尖。花冠浅蓝色、淡紫色或白色，长约 4mm，4 深裂，筒部极短，裂片宽卵形；雄蕊与花冠近等长或略长，花药为紫色；子房无毛，花柱长约 1.5mm。蒴果近圆形或卵圆形，

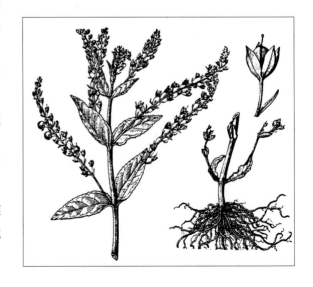

顶端微凹，长、宽约 2.5mm，与花萼近相等或略短；种子卵圆形，黄褐色，长、宽约 0.5mm，半透明状。花果期 7～9 月。

湿生草本。生于溪水边、沼泽地。产岭东（扎兰屯市）、岭西（额尔古纳市）、呼伦贝尔（新巴尔虎右旗）、兴安南部及科尔沁（扎赉特旗、科尔沁右翼前旗、科尔沁右翼中旗、扎赉特旗、阿鲁科尔沁旗、巴林右旗、克什克腾旗、敖汉旗）、辽河平原（科尔沁左翼后旗）、赤峰丘陵（翁牛特旗）、燕山北部（喀喇沁旗、宁城县）、锡林郭勒（苏尼特左旗、多伦县）、乌兰察布（四子王旗、乌拉特中旗）、阴山（大青山、蛮汗山、乌拉山）、阴南平原（呼和浩特市、包头市）、阴南丘陵（准格尔旗）、鄂尔多斯、西阿拉善（雅布赖山）、贺兰山。分布于我国黑龙江东南部、吉林东部、辽宁、河北、河南、山东、山西、陕西、甘肃东部、青海、四川、云南、西藏东部和南部、江苏北部、安徽北部、湖北西北部、贵州、新疆北部，亚洲北部和欧洲广布。为古北极分布种。

果实带虫瘿的全草入药，能活血止血、解毒消肿，主治咽喉肿痛、肺结核咯血、风湿疼痛、月经不调、血小板减少性紫癜、跌打损伤；外用治骨折、痛疖肿毒。也入蒙药（蒙药名：查干曲麻之），能祛黄水、利尿、消肿，主治水肿、肾炎、膀胱炎、黄水病、关节痛。

11. 水苦荬

Veronica undulata Wall. ex Jack in Fl. Ind. 1:147. 1820; Fl. Intramongol. ed. 2, 4:305. t.107. f.1-2. 1992.

多年生或一年生草本。通常在茎、花序轴、花梗、花萼和蒴果上多少被大头针状腺毛。根状茎斜走，节上生须根。茎直立或基部倾斜，高 10～30cm，单一。叶对生，狭椭圆形或条状披针形，长 2～4cm，宽 3～7mm，先端钝尖或渐尖，基部半抱茎，边缘具疏而小的锯齿，两面无毛，无柄。总状花序腋生，比叶长，宽 1～1.5cm，多花；花梗在果期挺直，横叉开，与花序轴几成直角，果期梗长约 6mm，纤细；苞片披针形，长约 3mm，约为花梗之半；花萼 4 深裂，长约 3mm，裂片卵状披针形，锐尖。花冠浅蓝色或淡紫色，长约 4mm，筒部极短，裂片宽卵形；雄蕊与花冠近等长，花药淡紫色；子房疏被腺毛或近无毛，花柱长 1～1.5mm。蒴果近圆球形，顶端微凹，长、宽约 2.5mm，与花萼近等长或稍短；种子卵圆形，半透明状。

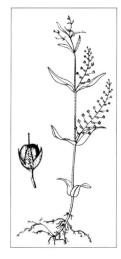

花果期 7～9月。

湿生草本。生于水边、沼泽地。产科尔沁（科尔沁右翼中旗）、鄂尔多斯（伊金霍洛旗）、西阿拉善（雅布赖山）。广布于我国各省区，日本、朝鲜、老挝、泰国、越南、尼泊尔、印度、巴基斯坦、阿富汗。为东古北极分布种。

药用同北水苦荬。

12. 有柄水苦荬

Veronica beccabunga L. subsp. **muscosa**(Korsh.) Elenevsky in Byull. Moskovsk. Obshch. Isp. Prir., Otd. Biol. 82:153. 1977.——*V. beccabunga* auct. non L.: Fl. Reip. Pop. Sin. 67(2):32. f.87. 1979; Fl. Desert. Reip. Pop. Sin. 3:163. t.63. f.12-13. 1992.——*V. beccabunga* L. var. *muscosa* Korsh. in Zap. Imp. Akad. Nauk. Fiz.-Mat. Otd. 4(4):96. 1896.

多年生草本，高 10～20cm。全体无毛。根状茎长。茎下部倾卧，节上生根，上部上升，分枝或不分枝。叶片卵形、矩圆形或披针形，长 1～3.5cm，宽 0.5～2cm，全缘或有浅刻的锯齿或圆齿，有很短但又明显的柄。总状花序短，长 3～6cm，花 10～20；花梗长 3～10mm，

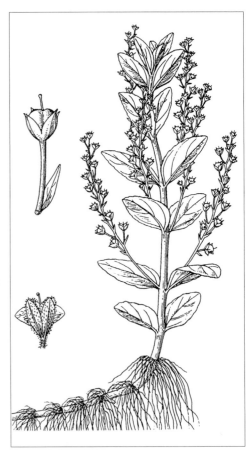

直或弯曲，几乎横叉开；花萼裂片卵状披针形，果期反折或多少离开蒴果；花冠淡紫色或淡蓝色，直径约 5mm。蒴果近圆形，长 2～3mm，宽 2～4mm，顶端凹口明显，花柱长 1.5～2mm；种子臌胀，有浅网纹。花期 6～9月。

湿生草本。生于沟谷水边。产阴山（乌拉山）、西阿拉善（雅布赖山）。分布于我国新疆、云南、四川，日本、朝鲜、蒙古国、俄罗斯、印度、伊朗，欧洲、北美洲。为泛北极分布种。

23. 兔耳草属 Lagotis Gaertn.

多年生肉质草本。直立或铺散状，无毛。根状茎粗壮；根多数，圆柱形。茎或花葶单条或多条，不分枝，或无明显的主茎，多具匍匐茎。叶以基出叶为主，茎生叶少数或无。基出叶圆形、卵形、矩圆形至条状披针形，边全缘，具锯齿至羽状分裂；具柄，柄有翅，基部常扩大成鞘状。花序长穗状或头状，花稠密，无小苞片；苞片覆瓦状排列，较花短或过之。花萼佛焰苞状，前方开裂至基部，后方仅浅裂；主脉2，明显，从基部直通至裂片顶端，或前方开裂至基部，后方2深裂至萼的1/3以下或基部成2裂片，膜质，多被缘毛，其余无毛。花冠多蓝色、紫色，少有白色、黄色、红色，二唇形，上唇多全缘或2裂，下唇常2(～4)裂，花冠筒伸直或弓曲。雄蕊2，着生于花冠上下唇分界处，或花丝贴生于上唇基部边缘；花丝极短或与唇近等长；花药大，多肾形。子房上位，多具花盘，2室，花柱内藏或伸出，柱头头状或2裂。果实为核果状而不裂，或裂为2个小坚果，种子1～2。

内蒙古有1种。

1. 亚中兔耳草

Lagotis integrifolia (Willd.) Schischkin ex Vikulova in Fl. U.R.S.S. 22:502. 1955; Fl. China 18:83. 1998.——*Gymnandra integrifolia* Willd. in Ges. Naturf. Freunde Berlin Mag. Neue. Entdeck. Ges. Naturk. 5:392. 1811.

多年生草本，高10～30(～40)cm。根状茎斜走或平卧，肉质，长达4cm；根多数，条形，细长，长5～8cm，有少数须根，在老植株的根颈外常有残留的老叶柄。茎单条，粗壮，直立或上部多少弯曲，较叶长。基生叶2～4，叶片卵形、卵状椭圆形、矩圆形至卵状披针形，肉质稍肥厚，约与叶柄等长，顶端钝或有短凸尖，基部楔形，边全缘，或具疏而不明显的波状齿；柄长3～4(～12)cm，扁平，有狭翅，基部扩大成鞘状。茎生叶1～4(稀更多)，生于茎顶端接近花序处，与基生叶同形而较小，无柄或有短柄。穗状花序长5～7(～12)cm，花稠密或果序时伸长，在基部的稍稀疏；苞片宽卵形至矩圆形，较萼稍长，顶端钝或有短尖头；花萼佛焰苞状，薄膜质，后方短2裂，裂片卵状三角形，被缘毛。花冠苍白色、浅蓝色或紫色，长8～12mm；花冠筒部较唇部长，中下端向前弓曲；上唇矩圆形，全缘或具2～3短齿，少2裂；下唇2(～3)裂，裂片披针形，花开时常向外卷曲。雄蕊2，花丝贴生于上唇基部边缘；花柱伸出花冠筒或花外，柱头头状或微凹；花盘大。果实卵状矩圆形，长5～6mm。花果期6～8月。

中生草本。生于荒漠带海拔2400～3100m的山地灌丛、岩缝。产贺兰山。分布于我国河北（太行山）、山西（五台山）、新疆（天山），蒙古国北部和西部及南部、俄罗斯，中亚。为中亚—亚洲中部高山分布种。

111. 紫葳科 Bignoniaceae

乔木、灌木或藤本、稀草本。叶对生，稀互生，单叶或复叶，无托叶。花两性，大而美丽，多少两侧对称，为顶生或腋生的总状花序或圆锥花序；花萼筒状或钟状，5齿裂或截形，有时似佛焰苞状；花冠钟状、漏斗状或筒状，具5裂片，常偏斜形，稀二唇状；雄蕊4，二强，常具1～3枚退化雄蕊，稀5，着生于花冠筒上；子房上位，基部具花盘，1或2室，胚珠多数，生于侧膜胎座上，花柱细长，柱头2裂。果为蒴果，室背或室间开裂，稀为肉质和不裂；种子多数，侧扁，有翅。

内蒙古有1属、2种，另有1栽培属、2栽培种。

分属检索表

1a. 草本，叶互生，花冠红色或乳黄白色 ··1. 角蒿属 Incarvillea
1b. 乔木，叶对生或轮生，花冠黄白色。栽培 ···2. 梓树属 Catalpa

1. 角蒿属 Incarvillea Juss.

草本。叶互生，单叶或二至三回羽状复叶，裂片狭。花大，黄色或红色，为顶生总状花序；花萼钟状，5裂；花冠长漏斗形，呈二唇状，裂片5；雄蕊4，二强，内藏；花盘环状；子房2室，胚珠在每一胎座上1～2列。果为蒴果，种子有翅。

内蒙古有2种。

分种检索表

1a. 一年生草本，植株高30～80cm；叶为二至三回羽状深裂或全裂，最终小裂片条形。
  2a. 花红色或紫红色 ···1a. 角蒿 I. sinensis var. sinensis
  2b. 花乳黄白色 ···1b. 黄花角蒿 I. sinensis var. przewalskii
1b. 多年生草本，植株高5～20cm；叶第一回羽状全裂，第二回羽状浅裂或齿裂，最终小裂片矩圆形或三角状卵形；花红紫色 ···2. 矮角蒿 I. potaninii

1. 角蒿（透骨草）

Incarvillea sinensis Lam. in Encycl. 3:243. 1789; Fl. Intramongol. ed. 2, 4:339. t.134. f.1-6. 1992.

1a. 角蒿

Incarvillea sinensis Lam. var. **sinensis**

一年生草本，高30～80cm。茎直立，具黄色细条纹，被微毛。叶互生于分枝上，对生于基部，菱形或长椭圆形，二至三回羽状深裂或至全裂；羽片4～7对，下部的羽片再分裂成2对或3对，最终裂片为条形或条状披针形；上面绿色，被毛或无毛；下面淡绿色，被毛，边缘具短毛；叶柄长1.5～3cm，疏被短毛。花红色或紫红色，

由 4 ～ 18 朵花组成的顶生总状花序；花梗短，密被短毛；苞片 1，小苞片 2，密被短毛，丝状。花萼钟状，5 裂；裂片条状锥形，长 2 ～ 3mm，基部膨大，被毛；萼筒长约 3.2mm，被毛。花冠筒状漏斗形，长约 3cm，先端 5 裂；裂片矩圆形，长与宽约 7mm，里面有黄色斑点。雄蕊 4，着生于花冠中部以下；花丝长约 8mm，无毛；花药 2 室，室水平叉开，被短毛，长约 4.5mm，近药基部及室的两侧各具 1 硬毛。雌蕊着生于扁平的花盘上，长约 6mm，密被腺毛；花柱长约 1cm，无毛；柱头扁圆形。蒴果长角状弯曲，长约 10cm，先端细尖，熟时瓣裂，内含多数种子；种子褐色，具翅，白色膜质。花期 6 ～ 8 月，果期 7 ～ 9 月。

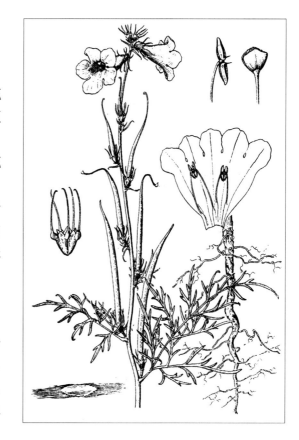

中生杂草。生于森林带和草原带的山地、沙地、河滩、河谷，也散生于田野、撂荒地、路边、宅旁。产兴安北部、岭西、兴安南部、呼伦贝尔、科尔沁、辽河平原、赤峰丘陵、燕山北部、锡林郭勒、阴山、阴南平原、阴南丘陵、鄂尔多斯、贺兰山。分布于我国黑龙江西南部、辽宁、河北、河南西部、山东西部、山西、陕西、宁夏、甘肃东部、四川、青海东部、西藏东部、云南西北部。为东亚（满洲—华北—横断山脉）分布种。

地上部分为"透骨草"的一种，能祛风湿、活血、止痛，主治风湿性关节痛、筋骨拘挛、瘫痪、疮痈肿毒。种子和全草做蒙药（蒙药名：乌兰－陶拉麻），能消食利肺、降血压，主治胃病、消化不良、耳流脓、月经不调、高血压、咳血。

1b. 黄花角蒿

Incarvillea sinensis Lam. var. **przewalskii** (Batal.) C. Y. Wu et W. C. Yin in Fl. Reip. Pop. Sin. 69:36. 1990; High. Pl. China 10:431. 2004.——*I. variabilis* Batal. var. *przewalskii* Batal. in Trudy Imp. St.-Petersb. Bot. Sada 14:180. 1895.——*I. sinensis* Lam. subsp. *variabilis* (Batal.) Grierson f. *przewalskii* Grierson in Not. Roy. Bot. Gard. Edinb. 23(3):324. 1961; Fl. Intramongol. ed. 2, 4:340. 1992.

本变种与正种的区别是：花乳黄白色。

一年生中生杂草。生于草原带的河岸石崖、撂荒地。产阴南丘陵（清水河县、准格尔旗）。分布于我国陕西、甘肃、青海、四川。为华北分布变种。

2. 矮角蒿

Incarvillea potaninii Batal. in Melanges Biol. Bull. Phys.-Math. Acad. Imp. Sci. St.-Petersb. 11:492. 1892; Fl. Intramongol. ed. 2, 4:340. 1992.

多年生草本，高 5 ～ 20cm。直根，木质，垂直向下。叶单数羽状全裂，互生，卵状菱形或椭圆形，裂片 2～4 对，具缺刻状齿，叶柄长 1～4cm。花为总状花序，长 3.5～5cm，由 2～7 朵花组成，具短花梗。花萼筒状，较小，5 裂；裂片细长，三角状锥形。花冠筒状漏斗形，红紫色，顶部 5 裂；裂片圆形，外弯。蒴果纺锤状，长 3～5cm，先端细尖，熟时 2 瓣裂，内含多数种子；种子具翅。花果期 6～9 月。

　　旱生杂草。生于荒漠带的戈壁沙地，也散生于田野、路边。产东阿拉善北部、西阿拉善北部。分布于蒙古国南部和西南部。为戈壁分布种。

2. 梓树属 Catalpa Scop.

　　乔木。冬芽具鳞片数枚，顶芽缺。叶对生，有时轮生，全缘或具粗大裂片，基部 3～5 出脉，具长柄。花为顶生圆锥花序或总状花序；花萼呈不规则分裂或二唇状；花冠钟状，二唇形，上唇 2 枚小裂片，下唇 3 枚大裂片；能育雄蕊 2，内藏，花柱稍长于雄蕊。蒴果细长，成熟时 2 瓣裂；种子矩圆形，扁平，多数，两端具 1 簇白色长毛。

　　内蒙古有 2 栽培种。

分种检索表

1a. 圆锥花序；花冠黄白色，具数条黄色线纹和紫色斑点；叶通常 3～5 浅裂……………**1. 梓树 C. ovata**
1b. 伞房状总状花序；花冠粉红色或淡紫色，喉部有紫褐色斑点；叶通常不裂，仅幼树叶为 3 浅裂………
………………………………………………………………………………………………**2. 灰楸 C. fargesii**

1. 梓树（臭梧桐、筷子树）

Catalpa ovata G. Don in Gen. Hist. 4:230. 1837; Fl. Intramongol. ed. 2, 4:342. t.135. f.1-5. 1992.

　　乔木，高可达 8m。树皮暗灰色或灰褐色，平滑。枝开展，小枝密被腺毛，后则变稀疏；冬芽卵球形，具 4～5 对芽鳞，鳞片深褐色，边缘具睫毛。叶宽卵形或近圆形，长 8～20cm，宽 8～19cm，先端骤尖或渐尖，常为 3～5 浅裂；裂片三角形，大小不等，基部浅心形或近圆形，边缘被柔毛，沿脉尤密；下面淡绿色，仅沿脉有毛和脉腋被褐色毛；上面暗绿色，被短柔毛或腺毛，后变稀疏；叶柄长 3～10cm，初时密被柔毛或腺毛。顶生圆锥花序，长 9～15cm；花冠黄白色，具数条黄色线纹和紫色斑点，长约 2cm；发育雄蕊 2，退化雄蕊 3；子房卵形，2 室，花柱丝状，先端 2 裂。蒴果筷子状，长 20～30cm，宽约 6mm，初时被长柔毛，后渐无毛；种子长椭圆形，长 8～10mm，宽约 3mm，两端生长毛。花期 6～7 月，果熟期 9 月。

　　中生乔木。原产吉林东部和西南部、辽宁、河北西北部、河南、山东东南部、山西东南部、陕西南部、宁夏、甘肃东南部、青海、安徽东南部、福建、江西、

湖北、湖南、贵州、四川南部、云南北部，日本。为东亚分布种。内蒙古呼伦贝尔市、赤峰市、呼和浩特市、包头市、乌兰察布市南部等地有少数庭院栽培。

除去栓皮的根皮，树皮（药材名：梓白皮）和果实（药材名：梓实）入药。梓白皮能清热、解毒、杀虫，主治时疫发热、黄疸、反胃、皮肤瘙痒、疮疥。梓实能利尿、消肿，主治浮肿、慢性肾炎、膀胱炎。全株树姿优美，可做绿化树种；又能抗二氧化硫的毒气，故又可为工矿绿化的抗污染树种。

2. 灰楸（白楸、法氏楸）

Catalpa fargesii Bur. in Nouv. Arch. Mus. Hist. Nat. Ser. 3, 6:195. 1894; Fl. Intramongol. ed. 2, 4:342. t.135. f.6. 1992.

落叶乔木，高达 15m，胸径可达 30cm。树皮深灰色，深纵裂。小枝灰褐色，初时被星状毛。单叶，对生或 3 叶轮生，三角状卵形或卵形，幼树叶具 3 浅裂，长 7～10cm，宽 4～10cm，先端长渐尖，基部圆形或微心形，边缘全缘被疏纤毛，上面暗绿色，被疏短毛，下面淡绿色，被星状毛和混生短柔毛，沿主脉及各脉则更密；叶柄长 3.5～5(～10)cm，被疏短毛。花序总状，顶生，花 7～15；花两性；花冠唇形，长约 3.5cm，粉红色或淡紫色，喉部有紫褐色斑点。蒴果条形，长 25～50cm，直径 4～6mm；种子多数，矩圆形，扁平，两端有白色长毛，种子连毛长 3～4.5cm。花期 6～7 月，果熟期 9～10 月。

中生乔木。原产我国河北中北部、河南西部和北部、山东中部、山西中部和南部、陕西中部和南部、甘肃东部、湖北、湖南、广西北部、贵州、四川中部和北部、云南北部。为东亚分布种。内蒙古赤峰市和呼和浩特市清水河县喇嘛湾镇等地有少量栽培。

灰楸材性好，为优良建筑、家具、器具及室内装修用材，也可做造船、农具和乐器用材。花可炒食和浸提芳香油。全株可供庭园绿化树种。树皮入药，能清热、止痛、消肿，主治风湿潮热、肢体困痛、关节炎、浮肿、热毒、疥疮。

112. 胡麻科 Pedaliaceae

一年生或多年生草本，稀灌木。叶对生或上部互生，无托叶。花两性，两侧对称，单生于叶腋或组成顶生总状花序，稀簇生；萼4～5深裂；花冠管状或略呈二唇形，常一侧膨大，5裂；雄蕊4，稀2，二强；花盘杯状；子房上位，稀下位，2～4室，每室有1至多数胚珠。果实为蒴果、坚果或核果状，内果皮坚硬，通常角状或刺状，开裂或不开裂；种子无胚乳，胚具扁平的子叶。

内蒙古有1属、1种，另有1栽培属、1栽培种。

分属检索表

1a. 子房上位；蒴果开裂，无刺状附属物；陆生。栽培 ·· **1. 胡麻属 Sesamum**

1b. 子房下位；蒴果不开裂，有刺状附属物；水生 ·· **2. 茶菱属 Trapella**

1. 胡麻属 Sesamum L.

草本。叶下部的对生，上中部的互生或近对生，全缘，有齿或分裂。花白色或淡紫色，单生于叶腋内；萼5裂；花冠二唇形，常一侧膨大；雄蕊4，二强，着生于花冠管近基部；花盘杯状；子房上位，2室或假4室，每室含多数胚珠。蒴果长椭圆形；种子多数，倒卵形，有边或具狭翅。

内蒙古有1栽培种。

1. 胡麻（芝麻、脂麻）

Sesamum indicum L., Sp. Pl. 2:634. 1753; Fl. Intramongol. ed. 2, 4:344. t.136. f.1-3. 1992.

一年生草本，高达100cm。茎直立，四棱形，具纵槽，不分枝，被短柔毛。叶对生或上部互生，卵形、矩圆形或披针形，长5～15cm，宽1～8cm，先端急尖或渐尖，基部楔形，全缘，有锯齿或下部叶3浅裂，两面无毛或稍有柔毛，叶柄

长1～6cm。花单生或2～3朵簇生于叶腋；萼稍合生，裂片披针形，长5～10mm，被柔毛；花冠筒状，长1.5～3cm，白色有紫色或黄色晕，裂片圆形；子房被柔毛，花柱无毛，柱头2裂。蒴果长椭圆形，长2～3cm，多14棱或6～8棱，被柔毛，纵裂；种子多数，黑色、白色或淡黄色。

中生草本。原产印度，为印度种。我国各地有栽培。内蒙古通辽市、赤峰市南部及鄂尔多斯市准格尔旗等地也有栽培。

种子可榨油，做糖果点心原料，或用做机械润滑油和保护剂。油渣可食用或做饲料。叶可做蔬菜。茎皮可制人造棉、搓绳、织麻袋。种子也入药（药材名：黑芝麻），能补肝肾、益精血、润肠燥，主治头晕眼花、耳鸣耳聋、须发早白、病后脱发、肠燥便秘。

2. 茶菱属 Trapella Oliv.

水生多年生草本。叶对生，浮水叶，三角状圆形至心形，有钝齿。花单生于叶腋，果期柄下弯；萼管与子房合生，檐5裂；花冠管状漏斗形，檐广展，二唇形；发育雄蕊2，内藏；子房下位，2室，上室退化，下室有胚珠2。蒴果狭长，不开裂；有种子1，顶有锐尖，具3长、2短的5个附属体。

内蒙古有1种。

1. 茶菱（铁菱角、荠卡）

Trapella sinensis Oliv. in Icon. Pl. 14:t.1595. 1887; Fl. Intramongol. ed. 2, 4:346. t.136. f.4-7. 1992.

多年生草本。根状茎横走，具多数须根。茎细长，疏生分枝，无毛，长45～60cm。叶对生；沉水叶披针形，长3～4cm，先端钝，基部楔形，边缘有锯齿，具短柄；浮水叶肾状卵形或心形，长1.5～2.5cm，宽2.5～3cm，圆钝，基部浅心形，有3脉，边缘有波状齿，光亮，柄长1～1.5cm。花单生叶腋；花梗长1～3cm，花后增长；花白色或淡红色；萼齿5，长约2mm，宿存；花冠漏斗状，裂片5，圆形。果实圆柱形，长1.5～2cm，不开裂，有翅，在宿存花萼下有5根细长针刺，其中3根长4～7cm，顶端卷曲或钩状，2根钻刺状，长达2.5cm。花果期6～9月。

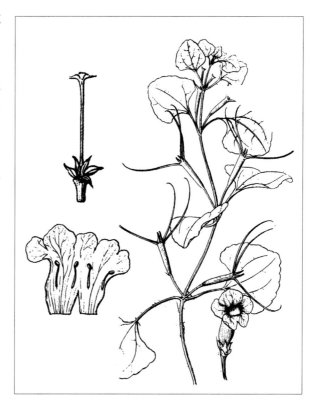

浮叶水生草本。生于池沼、河岸静水中。产嫩江西部平原（扎赉特旗保安沼农场）。分布于我国黑龙江、吉林、辽宁、河北、山东、安徽、江苏、江西、浙江、福建、湖北、湖南、广西、台湾，日本、朝鲜、俄罗斯（远东地区）。为东亚分布种。

113. 列当科 Orobanchaceae

一年生或多年生根寄生草本，无叶绿素。叶互生，鳞片状。花单生，穗状花序或总状花序，两性，两侧对称；具苞片，有时具 1 对小苞片；花萼 2～5 裂；花冠 5 裂，二唇形（常上唇 2 裂，下唇 3 裂），花冠筒弯曲；雄蕊 4，二强，着生在花冠筒上；雌蕊由 2 或 3 心皮合生，子房上位，1 室，侧膜胎座，胚珠多数，花柱 1，柱头 2～4 裂。蒴果，室背开裂，2 或 3 瓣裂；种子微小，胚未分化，胚乳软肉质或油质。

内蒙古有 3 属、10 种。

分属检索表

1a. 花冠二唇形，上唇 2 裂或全缘，下唇 3 裂。

  2a. 雄蕊内藏；花冠上唇 2 浅裂，下唇 3 浅裂，上、下唇近等长；花萼通常 2 深裂，每裂片全缘或再 2 齿裂或中裂 ··· **1. 列当属 Orobanche**

  2b. 雄蕊伸出花冠筒外；花冠上唇矩圆形，全缘或微凹，直立，明显长，下唇短，3 浅裂；花萼不规则 2～5 齿裂 ······························· **2. 草苁蓉属 Boschniakia**

1b. 花冠 5 裂，裂片近等形 ··· **3. 肉苁蓉属 Cistanche**

1. 列当属 Orobanche L.

一年生或多年生根寄生草本植物。茎单生或分枝，圆柱形，肉质，常在基部增粗，具互生的鳞片状叶。花序为稠密、疏散或间断的穗状花序或总状花序；苞片 1，小苞片 2 或无；花萼合生，钟状，具 4～5 尖齿或在向花序轴方向裂开，2 深裂，每裂片全缘或再 2 齿裂；花冠管状、钟状或漏斗状，在喉部多少膨大，二唇形，上唇常 2 裂，下唇 3 裂；雄蕊内藏，花药无毛或被柔毛，顶端具骤尖头。蒴果 2 瓣开裂，种子多数。

内蒙古有 5 种。

分种检索表

1a. 花序被蛛丝状毛且混生绵毛。

  2a. 花药无毛 ·· **1. 列当 O. coerulescens**

  2b. 花药被绵毛状柔毛 ·· **2. 毛药列当 O. ombrochares**

1b. 花序被腺毛。

  3a. 花药被长柔毛，花后花冠管中部稍向下弯曲或不弯曲。

    4a. 植株近无毛或疏被腺毛，花冠蓝紫色 ···························· **3. 美丽列当 O. amoena**

    4b. 植株密被腺毛，有时兼有长柔毛。

      5a. 花冠黄色 ·································· **4a. 黄花列当 O. pycnostachya var. pycnostachya**

      5b. 花冠蓝色或紫色 ························ **4b. 黑水列当 O. pycnostachya var. amurensis**

  3b. 花药无毛；花后花冠管中部向下强烈弯曲；花冠管淡黄色，裂片淡紫色或淡蓝色 ··· **5. 弯管列当 O. cernua**

1.列当（兔子拐棍、独根草）

Orobanche coerulescens Steph. in Sp. Pl. 3:349. 1800; Fl. Intramongol. ed. 2, 4:347. t.137. f.10-13. 1992.——*O. coerulescens* Steph. f. *korshinskyi* (Novopokr.) Y. C. Ma in Fl. Intramongol. 5:309. 1980; Fl. Intramongol. ed. 2, 4:347. 1992; Fl. China 18:234. 1998.

二年生或多年生草本，高 10 ～ 35cm。全株被蛛丝状绵毛。茎不分枝，圆柱形，肉质，直径 5 ～ 10mm，黄褐色，基部常膨大。叶鳞片状，卵状披针形，长 8 ～ 15mm，宽 2 ～ 6mm，黄褐

色。穗状花序顶生，长 5 ～ 10cm；苞片卵状披针形，先端尾尖，稍短于花，棕褐色；花萼 2 深裂至基部，每裂片 2 浅尖裂。花冠蓝紫色或淡紫色，稀淡黄色，长约 2cm，管部稍向前弯曲，二唇形：上唇宽阔，顶部微凹，下唇 3 裂（中裂片较大）。雄蕊着生于花冠管的中部，花药无毛，花丝基部常具长柔毛。蒴果卵状椭圆形，长约 1cm；种子黑褐色。花期 6 ～ 8 月，果期 8 ～ 9 月。

根寄生肉质草本。寄生于蒿属 *Artemisia* L. 植物的根上，习见寄主有冷蒿 *A. frigida* Willd.、白莲蒿 *A. gmelinii* Web. ex Stechm.、油蒿 *A. ordosica* Krasch.、南牡蒿 *A. eriopoda* Bunge、龙蒿 *A. dracunculus* L. 等。生于固定或半固定沙丘、向阳山坡、山沟草地。产内蒙古各地。分布于我国黑龙江、吉林、辽宁、河北、山东西部、山西、陕西、宁夏、甘肃东部、青海、四川西部、西藏东部和南部、云南、湖北西部、新疆，日本、朝鲜、蒙古国、俄罗斯（西伯利亚地区、远东地区）、尼泊尔，中亚，欧洲。为古北极分布种。

全草入药，能补肾助阳、强筋骨，主治阳痿、腰腿冷痛、神经官能症、小儿腹泻等，外用治消肿。也入蒙药（蒙药名：特木根－苏乐），主治炭疽。

2. 毛药列当

Orobanche ombrochares Hance in J. Linn. Soc. Bot. 13:84. 1873; Fl. Intramongol. ed. 2, 4:351. 1992.

二年生或多年生草本，高 15～35cm。全株被蛛丝状绵毛。茎直立，不分枝，圆柱形，肉质，直径 5～10mm，基部常膨大。叶鳞片状，卵状披针形，长 8～14mm，宽 3～6mm。穗状花序顶生，长 5～10cm；苞片卵状披针形，先端尾尖，稍短于花冠；花萼 2 深裂至基部，每裂片 2 浅尖裂。花冠唇形，淡紫色，长约 2cm，管部稍向前弯曲；上唇宽，先端微凹，下唇 3 裂。雄蕊着生于花冠管中部，花药被绵毛状柔毛，花丝基部常具长柔毛。蒴果卵状椭圆形，长约 1cm；种子黑褐色。花果期 6～9 月。

根寄生肉质草本。常寄生于蒿属 *Artemisia* L. 植物的根上，生于沙质坡地。产呼伦贝尔（陈巴尔虎旗、新巴尔虎左旗）、辽河平原（大青沟）、赤峰丘陵（红山区）、燕山北部（喀喇沁旗）、锡林郭勒（锡林浩特市、苏尼特左旗、苏尼特右旗）、贺兰山。分布于我国辽宁北部（彰武县）、河北北部、山西北部（垣曲县）、宁夏西北部、陕西北部。为华北—东蒙古分布种。

用途同列当。

3. 美丽列当

Orobanche amoena C. A. Mey. in Fl. Alt. 2:457. 1830; Fl. China 18:236. 1998.

二年生或多年生草本，植株高 15～30cm。茎直立，近无毛或疏被极短的腺毛，肉质，基部稍增粗。叶卵状披针形，长 1～1.5cm，宽约 0.5cm，连同苞片、花萼及花冠外面疏被短腺毛，内面无毛。花序穗状，短圆柱形，长 6～12cm，宽 3.5～5cm；苞片与叶同形，长 1～1.2cm，宽 3.5～4.5mm。花萼长 1～1.4cm，常在后面裂达基部，在前面裂至距基部 2～2.5mm

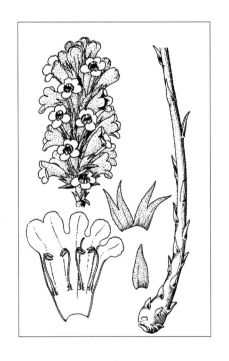

处，裂片顶端又再 2 裂（小裂片披针形，稍不等长，长 5～7mm，先端长渐尖或尾状渐尖）。花冠近直立或斜升，长 2.5～3.5cm，在花丝着生处变狭，向上稍缢缩，然后渐漏斗状扩大，裂片常为蓝紫色；筒部淡黄白色；上唇 2 裂，裂片半圆形或近圆形，长 2.5～3.5mm，宽 3.5～5mm；下唇长于上唇，3 裂，裂片近圆形，直径 0.4～0.6cm，裂片间具宽 3～4mm 的褶，全部裂片边缘具不规则的小圆齿。花丝着生于距筒基部 6～8mm 处，近白色，长 1.4～1.6cm，上部被短腺毛，基部稍膨大，密被白色长柔毛；花药卵形，顶端及缝线密被绵毛状长柔毛。雌蕊长 2～2.2cm；子房椭圆形；花柱长 1.2～1.5cm，中部以下近无毛，上部疏被短腺毛；柱头 2 裂，裂片近圆形，直径 1～1.5mm。果实椭圆状长圆形，长 1～1.2cm，直径 3～4mm；种子长圆形，长约 0.45mm，直径 0.25mm，表面具网状纹饰，网眼底部具蜂巢状凹点。花期 5～6 月，果期 6～8 月。

根寄生肉质草本。寄生于蒿属 *Artemisia* L. 植物的根上，生于草原区的沙质山坡。产内蒙古南部。分布于我国辽宁（彰武县）、河北、山西、陕西、新疆（天山、塔尔巴哈台山），蒙古国，中亚。为中亚—亚洲中部分布种。

4. 黄花列当（独根草）

Orobanche pycnostachya Hance in J. Linn. Soc. Bot. 13:84. 1873; Fl. Intramongol. ed. 2, 4:349. t.137. f.1-9. 1992.

4a. 黄花列当

Orobanche pycnostachya Hance var. **pycnostachya**

二年生或多年生草本，高 12～34cm。全株密被腺毛。茎直立，单一，不分枝，圆柱形，肉质，直径 4～12mm，具纵棱，基部常膨大，具不定根，黄褐色。叶鳞片状，卵状披针形或条状披针形，长 10～20mm，黄褐色，先端尾尖。穗状花序顶生，长 4～18cm，具多数花；苞片卵状披针形，

长 14～17mm，宽 3～5mm，先端尾尖，黄褐色，密被腺毛；花萼 2 深裂达基部，每裂片再 2 中裂（小裂片条形，黄褐色，密被腺毛）。花冠黄色，长约 2cm，二唇形：上唇 2 浅裂，下唇 3 浅裂（中裂片较大）；花冠筒中部稍弯曲，密被腺毛。雄蕊 4，二强，花药被柔毛，花丝基部稍被腺毛；子房矩圆形，无毛，花柱细长，被疏细腺毛。蒴果矩圆形，包藏在花被内；种子褐黑色，扁球形或扁椭圆形，长约 0.3mm。花期 6～7 月，果期 7～8 月。

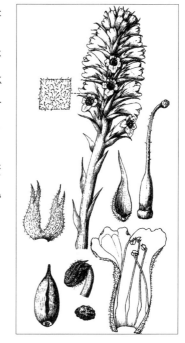

根寄生肉质草本。寄生于蒿属 *Artemisia* L. 植物的根上，寄主主要有：油蒿 *A. ordosica* Krasch.、白莲蒿 *A. gmelinii* Web. ex Stechm. 等，生于草原带的固定或半固定沙丘、山坡、草原。产科尔沁（科尔沁右翼前旗、科尔沁右翼中旗、阿鲁科尔沁旗、巴林左旗、巴林右旗、翁牛特旗、克什克腾旗）、锡林郭勒（东乌珠穆沁旗、锡林浩特市、苏尼特左旗、兴和县）、乌兰察布（达尔罕茂明安联合旗南部、固阳县）、阴山（大青山、蛮汗山）、阴南平原（包头市）、阴南丘陵（准格尔旗）、鄂尔多斯（伊金霍洛旗、乌审旗、鄂托克旗）。分布于我国黑龙江南部、吉林、辽宁、河北、河南西部、山东、山西、陕西北部、宁夏北部、安徽东北部、江苏、福建、浙江，朝鲜、蒙古国东部（大兴安岭）、俄罗斯（西伯利亚地区、远东地区）。为东西伯利亚—东亚分布种。

用途同列当。

4b. 黑水列当

Orobanche pycnostachya Hance var. **amurensis** Beck in Monogr. Orob. 141. 1890; Fl. Intramongol. ed. 2, 4:349. 1992.

本变种与正种的区别在于：花冠蓝色或紫色。

　　根寄生肉质草本。寄生于蒿属 *Artemisia* L. 植物的根上，生于森林草原带的山坡、草地。产兴安北部（鄂伦春自治旗）、呼伦贝尔（海拉尔区）、兴安南部（扎赉特旗、科尔沁右翼前旗）、燕山北部（宁城县）。分布于我国黑龙江、吉林、辽宁、河北、山西，朝鲜、俄罗斯（远东地区）。为华北—满洲分布变种。

5. 弯管列当（欧亚列当）

Orobanche cernua Loefling in Iter. Hisp. 152. 1758; Fl. Intramongol. ed. 2, 4:349. t.138. f.1-12. 1992.——*O. cernua* Loefling var. *cumana* (Wallr.) Beck in Monogr. Orob. 143. 1890; Fl. China 18:235. 1998.——*O. cumana* Wallr. in Orob. Gen. Diask. 58. 1825.

　　一、二年生或多年生草本，高 15～35cm。全株被腺毛。茎直立，单一，不分枝，圆柱形，肉质，直径 5～10mm，褐黄色，基部有时具肉质根，常增粗。叶鳞片状，三角状卵形或近卵形，长 7～12mm，宽 5～7mm，褐黄色，被腺毛，先端尖。穗状花序圆柱形，长 4～18cm，具多数花；苞片卵状披针形或卵形，长 8～15mm，褐黄色，密被腺毛，先端渐尖。花萼钟状，向花序轴方向裂达基部，离轴方向深裂，每裂片再 2 尖裂；小裂片条形，先端尾尖，被腺毛，褐黄色。花冠唇形，长 10～18mm，花后管中部强烈向下弯曲；上唇 2 浅裂，下唇 3 浅裂；管部淡黄色（干时亮黄色），裂片常带淡紫色或淡蓝色，被稀疏的短柄腺毛。雄蕊二强，内藏，花药与花丝均无毛。蒴果矩圆状椭圆形，褐色，顶端 2 裂；种子棕黑色，扁椭圆形，长 0.2～0.3mm，有光泽，网状。花期 6～7 月，果期 7～8 月。

　　根寄生肉质草本。寄生于蒿属 *Artemisia* L. 植物的根上，生于草原带和荒漠带的针茅草原、山地阳坡、水边沙地。产科尔沁（科尔沁

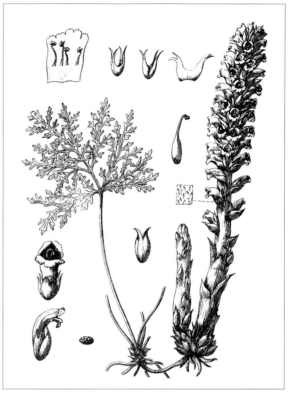

右翼中旗、克什克腾旗）、锡林郭勒（苏尼特左旗南部查干淖尔嘎查）、乌兰察布（达尔罕茂明安联合旗南部）、阴山（大青山）、阴南平原（包头市）、东阿拉善（磴口县）、贺兰山、西阿拉善（阿拉善右旗）、额济纳。分布于我国吉林西部、辽宁西北部、河北西北部、山西、陕西北部、甘肃北部、青海东部和西北部、四川、西藏西部、新疆北部，蒙古国东部和南部及西部、俄罗斯、尼泊尔、巴基斯坦、阿富汗，中亚、亚洲西部，欧洲。为古北极分布种。

用途同列当。

2. 草苁蓉属 Boschniakia C. A. Mey.

多年生寄生草本。茎不分枝，肉质，着生鳞片状叶。花为稠密的穗状花序；花萼杯状，具 3 ～ 5 不等形齿裂。花冠二唇形：上唇直立，盔状，全裂或 2 裂；下唇极短，3 裂。雄蕊明显伸出花冠管外，伸展。蒴果，2 瓣裂；种子多数，微小。

内蒙古有 1 种。

1. 草苁蓉

Boschniakia rossica (Cham. et Schlecht.) B. Fedtsch. in Fl. Europ. Ross. 896. 1910; Fl. Intramongol. ed. 2, 4:351. t.139. f.1-5. 1992.——*Orobanche rossica* Cham. et Schlecht. in Linnaea 3:132. 1828.

多年生草本，高 15 ～ 35cm。全株近无毛。茎直立，圆柱形，肉质，带紫红色，中部直径 10 ～ 15mm，基部膨大，块茎状，常数茎连在一起。叶鳞片状，宽卵形或三角形，长 5 ～ 10mm。穗状花序顶生，密生多数花，直径 15 ～ 25mm；苞片宽卵形，先端钝或尖，与花萼近等长；花

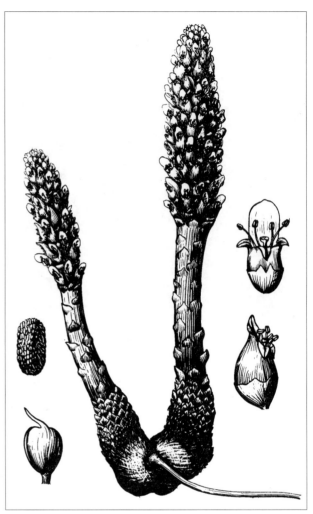

萼杯状，有不整齐的 3～5 齿裂。花冠暗紫色，长 10～12mm，宽钟状，二唇形：上唇直立，矩圆形，近全缘；下唇具 3 枚近三角形的裂片。雄蕊二强，伸出花冠管外，花药无毛。蒴果近球形，2 瓣裂；种子近矩圆形，长 0.3～0.5mm，淡褐色，具光泽，表面网状。花果期 7～8 月。

根寄生肉质草本。寄生在桤木属 *Alnus* Mill. 植物的根上，生于寒温性针叶林区的低湿地与河边。产兴安北部（额尔古纳市、根河市）。分布于我国黑龙江西北部、吉林东部、辽宁、河北（易县），日本、朝鲜、俄罗斯（西伯利亚地区、远东地区），欧洲、北美洲（阿拉斯加州）。为泛北极分布种。是国家三级重点保护植物。

全草入药，为肉苁蓉的代用品。

3. 肉苁蓉属 Cistanche Hoffmanns. et Link

多年生的根寄生草本。茎肉质，圆柱形，常不分枝。叶变态成肉质鳞片，在茎上螺旋状排列；茎、叶淡黄色。穗状花序伸出地面，有多数花；花两性；苞片 1，小苞片 2（稀无）；花萼 5 浅裂，稀 4 深裂；花冠管状钟形，裂片 5，近相等；雄蕊 4，二强，近内藏，药室等大，平行；子房上位，具侧膜胎座 4，花柱细长，柱头近球形。蒴果 2 瓣裂；种子多数。

内蒙古有 4 种。

分种检索表

1a. 花萼浅裂，裂片5。

 2a. 叶、苞片和花萼光滑无毛；苞片与花冠近等长或稍长；花萼浅裂片近圆形，先端圆形……………………………………………………………………………………………**1. 肉苁蓉 C. deserticola**

 2b. 叶、苞片、花萼背部和边缘密被毛；苞片比花冠明显短，约为花冠长的1/2；花萼浅裂片三角形，先端钝尖……………………………………………………………………**2. 盐生肉苁蓉 C. salsa**

1b. 花萼中裂或深裂，裂片4～5；叶、苞片、花萼背部和边缘密被毛；苞片比花冠明显短，约为花冠长的1/2。

 3a. 花萼中裂，裂片4，大小相等，先端钝………………………………………**3. 沙苁蓉 C. sinensis**

 3b. 花萼深裂，裂片4～5，不等大，后方1枚小或缺失，先端长渐尖或锐尖………………………………………………………………………………………**4. 兰州肉苁蓉 C.lanzhouensis**

1. 肉苁蓉（苁蓉、大芸）

Cistanche deserticola Ma in Act. Sci. Nat. Univ. Intramongol. 1960(1):63. f.1. 1960; Fl. China 18:230. 1998.——*C. deserticola* Y. C. Ma emend. Y. C. Ma in Act. Sci. Nat. Univ. Intramongol. 1977(1):70. 1977; Fl. Intramongol. ed. 2, 4:353. t.140. f.10-12. 1992.

多年生寄生草本。茎肉质，有时从基部分为2或3条，圆柱形或下部稍扁，高40～160cm，不分枝，下部较粗向上逐渐变细，无毛，下部直径5～10(～15)cm，上部2～5cm。鳞片状叶

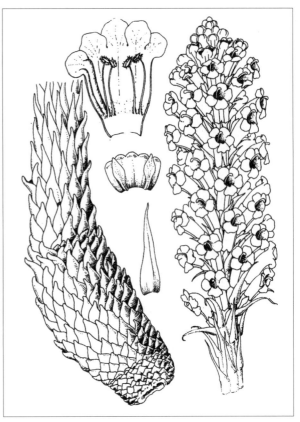

多数，淡黄白色；下部叶紧密，宽卵形、三角状卵形，长 5 ～ 15mm，宽 10 ～ 20mm；上部叶稀疏，披针形或狭披针形，长 10 ～ 40mm，宽 5 ～ 10mm。穗状花序，长 15 ～ 50cm；苞片条状披针形、披针形或卵状披针形，长 2 ～ 4cm，宽 5 ～ 8mm，无毛；小苞片卵状披针形或披针形，与花萼等长或稍长，无毛；花萼钟状，长 10 ～ 15mm，5 浅裂，裂片近圆形，无毛。花冠管状钟形，长 3 ～ 4cm，管内弯，管内面离轴方向有 2 条纵向的鲜黄色凸起；裂片 5，开展，近半圆形；花冠管淡黄白色，裂片颜色常有变异，淡黄白色、淡紫色或边缘淡紫色，干时常变棕褐色。花丝上部稍弯曲，基部被皱曲长柔毛；花药顶端有骤尖头，被皱曲长柔毛。子房椭圆形，白色，基部有黄色蜜腺，花柱顶端内折，柱头近球形。蒴果卵形，2 瓣裂，褐色；种子多数，微小，椭圆状卵形或椭圆形，长 0.6 ～ 1mm，表面网状，有光泽。花期 5 ～ 6 月，果期 6 ～ 7 月。

根寄生肉质草本。寄主梭梭 *Haloxylon ammodendron* (C. A. Mey.) Bunge 生于梭梭荒漠中。产东阿拉善、西阿拉善、额济纳。分布于我国甘肃（河西走廊）、新疆北部和西北部，蒙古国西部和南部。为戈壁分布种。是国家三级重点保护植物。

肉质茎入药（药材名：肉苁蓉），能补精血、益肾壮阳、润肠，主治虚劳内伤、男子滑精、阳痿、女子不孕、腰膝冷痛、肠燥便秘。也入蒙药（蒙药名：查干－高要），能补肾消食，主治消化不良、胃酸过多、腰腿痛。

2. 盐生肉苁蓉

Cistanche salsa (C. A. Mey.) Beck in Nat. Pflanzenfam. 4(3b):129. 1895; Fl. Intramongol. ed. 2, 4:354. t.140. f.1-6. 1992.——*Phelipaea salsa* C. A. Mey. in Fl. Alt. 2:461. 1830.

多年生寄生草本，高 10 ～ 45cm。有时具少数绳束状须根。茎肉质，圆柱形，黄色，在中

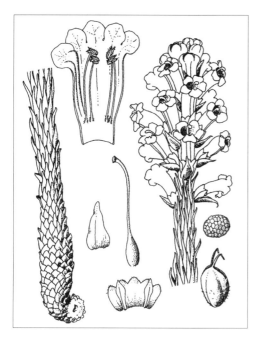

部直径5～20mm，不分枝，有时基部分2～3枝。鳞片状叶卵形至矩圆状披针形，在茎下部排列紧密，上部较疏松而渐长，黄色或淡褐黄色密被毛。穗状花序圆柱状，长5～20cm，直径5～7cm；苞片卵形或矩圆状披针形，背部与边缘多少密被绵毛，长约为花冠的1/2；小苞片披针状矩圆形，边缘多少密被绵毛，与萼近等长；花萼钟状，淡黄色或白色，长10～12mm，5浅裂，裂片三角形，密被绵毛。花冠管状钟形，长25～30mm，管部白色；裂片半圆形，淡紫色，管内面离轴方向具2条凸起的黄色纵纹。花药与花丝基部具皱曲长柔毛，花药顶端具聚尖头；子房具4条呈"丁"字形的侧膜胎座。蒴果椭圆形，2瓣开裂；种子近球形，直径0.4～0.5mm。花期5～6月，果期6～7月。

根寄生肉质草本。寄主有盐爪爪 *Kalidium foliatum* (Pall.) Moq.、细枝盐爪爪 *Kalidium gracile* Fenzel、凸尖盐爪爪 *Kalidium cuspidatum* (Ung.-Starub.) Grub.、红砂 *Reaumuria soongarica* (Pall.) Maxim.、珍珠猪毛菜 *Salsila passerina* Bunge、小果白刺 *Nitraria sibirica* Pall.、芨芨草 *Achnatherum splendens* (Trin.) Nevski 等，生于荒漠化草原带和荒漠带的湖盆低地、盐化低地。产锡林郭勒（苏尼特左旗、苏尼特右旗）、乌兰察布（四子王旗、达尔罕茂明安联合旗、乌拉特中旗）、鄂尔多斯（杭锦旗、鄂托克旗）、东阿拉善（乌拉特后旗、阿拉善左旗）、西阿拉善（阿拉善右旗）、额济纳。分布于我国甘肃（河西走廊）、青海中西部、新疆北部和西北部，蒙古国南部、中亚、西南亚。为古地中海分布种。

3. 沙苁蓉

Cistanche sinensis Beck in Pflanzenr. 4, 261(Heft 96):38. 1930; Fl. Intramongol. ed. 2, 4:356. t.140. f.7-9. 1992.

多年生寄生草本，高15～70cm。茎圆柱形，直径15～20mm，鲜黄色，常自基部分2～4(～6)枝，上部不分枝。鳞片状叶在茎下部卵形，向上渐狭窄为披针形，长5～20mm，密被毛。穗状

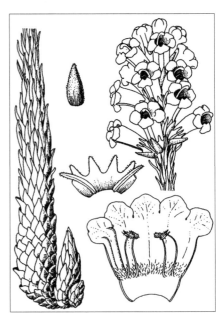

花序长 5 ～ 10cm，直径 4 ～ 6cm；苞片矩圆状披针形至条状披针形，背面及边缘密被蛛丝状毛，常较花萼长；小苞片条形或狭矩圆形，被蛛丝状毛。花萼近钟形，长 14 ～ 20mm，向轴面深裂几达基部，4 深裂；裂片近等大，矩圆状披针形，先端钝，密被蛛丝状毛。花冠淡黄色，极少花冠裂片带淡红色，干后变墨蓝色；管状钟形，长 22 ～ 28mm，其下部雄蕊着生处有一圈长柔毛。花药长 3 ～ 4mm，被皱曲长柔毛，顶端具聚尖头。蒴果 2 深裂，具多数种子。花期 5 ～ 6 月，果期 6 ～ 7 月。

根寄生肉质草本。寄主主要有红砂 *Reaumuria soongarica* (Pall.) Maxim.、珍珠猪毛菜 *Salsila passerina* Bunge，其次有沙冬青 *Ammopiptanthus mongolicus* (Maxim.) Cheng f.、卷叶锦鸡儿 *Caragana ordosica* Y. Z. Zhao, Zong Y. Zhu et L. Q. Zhao、霸王 *Sarcozygium xanthoxylon* Bunge、四合木 *Tetraena mongolica* Maxim.、绵刺 *Potaninia mongolica* Maxim. 等，生于荒漠草原带和荒漠带的沙质梁地、砾石质梁地、丘陵坡地。产锡林郭勒（阿巴嘎旗、苏尼特左旗、苏尼特右旗）、乌兰察布（四子王旗、达尔罕茂明安联合旗、乌拉特中旗）、鄂尔多斯（杭锦旗、鄂托克旗）、东阿拉善（阿拉善左旗）、西阿拉善（阿拉善右旗）、额济纳。分布于我国宁夏北部、甘肃（河西走廊）、新疆东北部。为戈壁—蒙古分布种。

4. 兰州肉苁蓉

Cistanche lanzhouensis Z. Y. Zhang in Bull. Bot. Res. Harbin 4(4):114. 1984; Fl. China 18:230. 1998.

多年生寄生草本，高达 50cm。茎常自基部分 2 ～ 3 枝，长达 34cm，直径 1.2 ～ 2cm，全

部地下生。叶常为淡黄色，干后变褐色，卵形，长 0.5～1.5cm，宽 5～7mm，生于茎下部的较短，顶端钝，上部的渐变狭长，顶端稍尖，边缘稍膜质，无毛。穗状花序长 16cm，宽 4～6.5cm，向上渐变狭；苞片长卵形或卵状披针形，长 1.5～2.5cm，宽 4～8mm，生于花序上部的稍长，下部的比花冠短 2 倍，连同小苞片外面及边缘密被白色长柔毛；小苞片 2，线形或线状披针形，基部渐狭，长 1.5～2cm；花近无

梗；花萼钟状，长 1.8～2.5cm，不整齐 4～5 深裂至近基部。花萼裂片不等大，条形或条状披针形；后面 1 枚最小或缺失，长 0.7～1cm，顶端长渐尖；侧面的最大，长 1.6～1.8cm，宽 2.5～3.5mm；有时裂片顶端再 2 浅裂或 2 齿裂，远轴面的 2 枚稍小，长 1.2～1.4cm，宽 0.2～0.25cm。花冠筒状钟形，近直立，长 3.2～3.8cm，黄色，干后变浅褐黄色，顶端 5 裂；裂片干后有时具墨蓝色的斑点，半圆形或近圆形，长 6～7mm，宽 1.1～1.2cm。雄蕊 4；花丝着生于距筒基部 4～5mm 处，长 1.5～2cm，基部连同着生处密被一圈黄色长柔毛，向上渐变无毛；花药卵形，长 3～3.5mm，外面被长柔毛，基部具小尖头。子房近球形，直径 6～8mm；花柱长 1.5～2cm；柱头球形，2 浅裂。果实和种子未见。花期 5～6 月。

根寄生肉质草本。生于荒漠带的山坡。产东阿拉善（乌拉特后旗）。分布于我国甘肃（兰州市）。为东阿拉善分布种。

114. 狸藻科 Lentibulariaceae

水生或沼生，一年生或多年生草本食虫植物。叶基生或互生，披针形、长椭圆形，条状多裂，裂片丝状，有腺体或捕虫小囊体。花葶直立；花两性，两侧对称，单生或数朵排列成总状花序；花萼2～5裂，结果时常扩大。花冠合生，5裂，常呈唇形，黄色、紫色或近白色；上唇全缘或2裂；下唇较大，基部有距或囊。雄蕊2，着生于花冠筒的基部，与下唇裂片互生，花药1～2室。雌蕊由2心皮合生；子房上位，1室，胚珠多数，着生于特立中央胎座上；花柱极短或缺；柱头2裂。果实为蒴果，2～4瓣裂；种子小，多数，无胚乳。

内蒙古有2属、4种。

分属检索表

1a. 叶全缘或细裂成线形或毛发状，无腺毛；捕虫囊存在；总状花序具3至多花；具苞片或兼有小苞片；花序梗具或不具；花萼2深裂·······················**1. 狸藻属 Utricularia**

1b. 叶全缘，基生，呈莲座状，上面散生分泌黏液的腺毛；捕虫囊不存在；花单生，具长梗；无苞片、小苞片和鳞片；花萼不等5裂·····················**2. 捕虫堇属 Pinguicula**

1. 狸藻属 Utricularia L.

水生或沼生食虫草本。沉水叶互生，条状多裂，裂片丝状，裂片基部有捕虫小囊体；湿生种类叶为基生，鳞片状，多全缘，常于开花时枯萎。花葶直立，分枝或不分枝，伸出水面，生有少数鳞片状小叶；花两性，两侧对称，通常排列成总状花序；花萼2裂，裂片全缘或浅裂；花冠唇形，假面状，基部具距；花丝宽，花药卵圆形。蒴果球形，2瓣裂；种子倒卵形或椭圆形，有小点或皱纹。

内蒙古有3种。

分种检索表

1a. 捕虫小囊体着生在叶裂片的基部。

2a. 叶较大，长2～5cm，裂片边缘具刺状齿；花黄色，花冠下唇基部有长距··**1. 弯距狸藻 U. vulgaris subsp. macrorhiza**

2b. 叶较小，长4～8mm，裂片边缘无刺状齿；花淡黄色，花冠下唇基部距不发达··**2. 细叶狸藻 U. minor**

1b. 捕虫小囊体着生在无叶的白色小枝上，叶片上没有捕虫小囊体··················**3. 小狸藻 U. intermedia**

1. 弯距狸藻

Utricularia vulgaris L. subsp. **macrorhiza** (Le Conte) R. T. Clausen in Cornell Univ. Agric. Exp. Sta. Mem. 291:9. 1949; Fl. China 19:490. 2011.——*U. vulgaris* auct. non L.:Fl. Intramongol. ed. 2, 4:357. t.141. f.1-3. 1992.——*U. macrorhiza* Le Conte in Ann. Lyceum Nat. Hist. New York 1:73.1824.

水生多年生食虫草本。无根。茎柔软，多分枝，呈较粗的绳索状，长40～60cm，横生于水中。叶互生，紧密；叶片卵形、矩圆形或卵状椭圆形，长2～5cm，宽1～2.5cm，二至三回羽状分裂；裂片细条形，边缘有细齿，齿端有小尖刺，具许多捕虫囊；捕虫囊生于小裂片基部，膜质，卵形或近圆形，囊口为瓣膜所封闭，周围有很多感觉毛，囊内壁上有许多星状吸收毛，

捕虫囊具短柄。花葶直立，露出水面，高 15 ～ 25cm，具少数卵形鳞片状叶；花两性，两侧对称，在花葶上部有 5 ～ 11 朵花形成疏生总状花序；花梗长 0.8 ～ 2cm，有细纵棱；苞片卵形或近圆形，膜质，透明，长 3 ～ 5mm，先端短尖或钝尖，黄褐色。

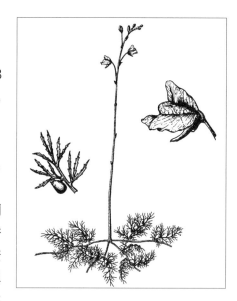

花萼 2 深裂，长 3 ～ 4mm；上裂片宽披针形或椭圆形，锐尖；下裂片宽卵形，先端 2 浅裂。花冠唇形，黄色，长 5 ～ 9mm；上唇短，宽卵形，全缘；下唇较长，先端 3 浅裂，基部有距；花冠假面状。花丝宽，花药卵形，1 室。几无花柱；柱头 2 裂，不相等，圆形，膜质。蒴果球形，直径 4 ～ 5mm，成熟时 2 瓣裂，外有宿存花萼包被，下垂；种子小，多数，椭圆形或圆柱形，有皱纹状角棱，无胚乳。花果期 7 ～ 10 月。

水生食虫草本。生于森林带和草原带的河岸沼泽、湖泊、浅水中。产兴安北部（额尔古纳市、牙克石市）、呼伦贝尔（海拉尔区、鄂温克族自治旗、满洲里市）、兴安南部及科尔沁（扎赉特旗、科尔沁右翼前旗、科尔沁右翼中旗、奈曼旗）、辽河平原（科尔沁左翼中旗、科尔沁左翼后旗）、锡林郭勒（东乌珠穆沁旗、锡林浩特市、阿巴嘎旗、正蓝旗）、鄂尔多斯（乌审旗、鄂托克旗）、东阿拉善（磴口县）。分布于我国黑龙江、吉林东部、辽宁、河北中部和东部、河南西南部、山东、山西、陕西、宁夏、甘肃、青海、四川北部、新疆南部，日本、朝鲜、蒙古国北部和西部、俄罗斯（西伯利亚地区、远东地区），中亚，欧洲、北美洲。为泛北极分布亚种。

2. 细叶狸藻

Utricularia minor L., Sp. Pl. 1:18. 1753; Fl. Intramongol. ed. 2, 4:357. t.141. f.8-9. 1992.

水生多年生食虫草本。无根。茎纤细如丝，横生于水中，长 6 ～ 50cm，多分枝，无毛，通常淡绿色。叶互生，长 4 ～ 8mm，较疏生，通常二至三回掌状分裂；裂片细而短，长 1 ～ 4mm，边缘通常全缘，无刺状齿；每叶常具 1 ～ 3 个捕虫囊；捕虫囊生于小裂片基部和上面，膜质，黄白色，卵形，囊口周围有不少长短不一的感觉毛，囊内壁上有许多星状吸收毛；捕虫囊柄极短，着生于囊的近基部处。花葶直立，伸出水面，纤细，高 10cm 左右，有少数疏生鳞片状叶，鳞片状叶较小，三角状卵形；

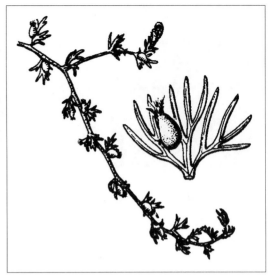

花两性，两侧对称，在花葶上部有 3～6 朵花形成短总状花序；花梗较短，其基部具三角状卵形膜质苞片。花萼 2 深裂，长 2～2.5mm；裂片近直立，宽卵形，钝尖。花冠唇形，淡黄色，长 3～6mm，直径约 8mm，有红色小斑点；上唇短，近圆形，平滑；下唇较长，下唇基部的距不发达，短，圆锥形；花冠假面状。花药 1 室；柱头 2 裂，卵圆形。蒴果球形，成熟后 2 瓣裂，外有宿存花萼包被；种子多数，近圆形或椭圆形。花期 7～8 月，果期 8～10 月。

　　水生食虫草本。生于森林带和草原带的沼泽、浅水中。产兴安北部（牙克石市乌尔其汉镇）、鄂尔多斯（乌审旗无定河镇）。分布于我国吉林东部、新疆西北部、西藏东部，日本、朝鲜、蒙古国西部、尼泊尔、印度、巴基斯坦、阿富汗，中亚、西南亚，欧洲、北美洲。为泛北极分布种。

3. 小狸藻（异枝狸藻）

Utricularia intermedia Hayne in J. Bot. (Schrader) 1800(1):18. 1800; Fl. Intramongol. ed. 2, 4:359. t.141. f.4-7. 1992.

　　水生多年生食虫草本。无根。茎较细，横生于水下泥土上，长 15～30cm，多分枝，无毛。叶互生，长 4～10mm，叶片二至三回三出状叉状分裂，呈丛生状；裂片细条形，先端锐尖，边缘具不整齐疏锯齿和小裂片，齿及小裂片先端有尖刺；叶无捕虫囊。捕虫囊生于无叶的白色小枝上；生有捕虫囊的白色小枝多数，无叶，分枝，细弱，在水下泥土中或泥土表面生长，每枝上具数个至十余个捕虫囊；捕虫囊卵形，膜质，囊口周围有很多分枝的感觉毛，囊柄很短，通常着生于囊的侧面。花葶细，直立，高 5～18cm，伸出水面，有 1～2 枚小形鳞片状叶；花两性，两侧对称，在花葶上部有 2～5 朵花形成短总状花序；花梗长 7～10mm；苞片小，三角状卵形，长 2～4mm；花萼2 深裂，长约 3mm，卵形，先端锐尖。花冠唇形，淡黄色，

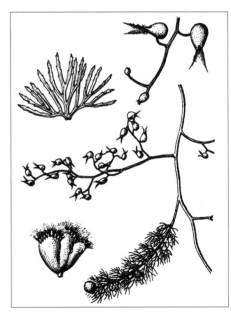

直径 12～15mm；上唇裂片稍长于或等于下唇裂片，有橙黄色细毛；下唇基部的距圆筒形，长与下唇裂片近相等。花药 1 室；花柱极短，柱头卵形。蒴果球形，2 瓣裂，被宿存花萼包被；种子细小，多数，无胚乳。花期 6～8 月，果期 8～10 月。

水生食虫草本。生于森林带和草原带的沼泽、湖泊等不甚流动的水中。产兴安北部及岭东和岭西（鄂伦春自治旗、鄂温克族自治旗、东乌珠穆沁旗宝格达山）、科尔沁（扎赉特旗、科尔沁右翼中旗）。分布于我国黑龙江、吉林、四川西部、西藏南部和东南部，日本、朝鲜、蒙古国北部（滨库苏古泊地区）、俄罗斯、哈萨克斯坦，欧洲、北美洲。为泛北极分布种。

2. 捕虫堇属 Pinguicula L.

多年生陆生草本。根纤维状。根状茎通常粗短。捕虫囊不存在。叶基生呈莲座状，无托叶；叶片椭圆形或长圆形，边缘全缘并多少内卷，绿色，脆嫩多汁，上面密被分泌黏液的腺毛，能粘捕小昆虫。花单生；花梗 1～8，长而直立；花萼二唇形，宿存并多少增大，上唇 3 裂，下唇 2 裂。花冠紫色、蓝色、粉红色、白色或黄色，二唇形；上唇 2 裂，常短于下唇；下唇 3 裂，喉部开放，距囊状、圆柱形、圆锥形或钻形。雄蕊 2，生于花冠下方内面的基部；花丝线形或狭线形，稍内弯，基部多少合生；花药极叉开，2 药室多少汇合。子房球形或卵球形，胚珠多数；花柱短；柱头二唇形，下唇较大，边缘具细齿或呈流苏状。蒴果卵球形或椭圆球形，室背开裂；种子多数，椭圆球形或长球形，细小，种皮具网状凸起，有时两端呈翅状。

内蒙古有 1 种。

1. 北捕虫堇

Pinguicula villosa L., Sp. Pl. 1:17. 1753; Fl. China 19:481. 2011.

多年生草本。根多数，粗 0.1～0.2mm。叶 2～5，基生呈莲座状，脆嫩多汁，干时膜质；叶片卵圆形至椭圆形，长 0.5～1(～1.5)cm，宽 0.4～0.8cm，边缘全缘并内卷，顶端圆形，基部宽楔形，下延成鞘状短柄，上面密生分泌黏液的腺毛，背面无毛，两面淡绿色，侧脉不明显，每边 4～5 条。花单生；花梗 1～2，直立，长 2.5～8cm，粗 0.4～1mm，顶端常弯曲，密被开展的腺状短柔毛。花萼 2 深裂，外面散生腺状短柔毛；上唇 3 浅裂，裂片卵形，长 1～2mm；下唇 2 浅裂，裂片卵状披针形，长 0.5～1mm。花冠长 6～11mm，淡紫色，喉部具黄色条纹；上唇 2 浅裂，裂片长圆形，顶端钝形，长 2～2.5mm，宽 1.8～2.2mm；下唇不等 3 浅裂（中裂片较大，长圆形，顶端截形，长 2.5～3mm，宽 2～2.5mm；侧裂片长圆形，长 2.4～2.8mm，宽 1.8～2.4mm）；筒漏斗状，长 2.5～3mm，口直径 2～2.5mm，外面无毛，内面散生白色短柔毛；距狭圆柱状，长 2.5～3.5mm，中部粗 1.5～2mm，顶端圆钝，伸直。雄蕊无毛；花丝线形，长 1～1.2mm，弯曲；药室于顶端汇合。子房球形，直径 1.2～1.5mm；花柱极短。柱头下唇半圆形，长约 0.5mm，边缘具流苏；上唇极短，钝形。蒴果卵球形，长 5～6mm，室背开裂。种子多数，细小，长椭圆球形；种皮无毛，具网状凸起，网格纵向延长。花期 6～8月，果期 8～10 月。

湿生食虫草本。生于森林带的泥炭沼泽中。产兴安北部（大兴安岭）。分布于日本、俄罗斯（西伯利亚地区、远东地区），欧洲、北美洲。为泛北极分布种。

115. 透骨草科 Phrymaceae

多年生直立草本。单叶对生，无托叶。花小，两性，两侧对称，多花组成顶生或腋生的长穗状花序。花萼二唇形；上裂齿 3，锥形；下裂齿 2，三角形。花冠二唇形；上唇 2 裂，较短；下唇 3 裂，平展，较长。雄蕊 4，二强，内藏；雌蕊由单心皮组成，子房上位 1 室，具 1 直立的胚珠。瘦果，包藏在宿存花萼内。

内蒙古有 1 属、1 种。

1. 透骨草属 Phryma L.

属的特征同科。

内蒙古有 1 种。

1. 透骨草（毒蛆草）

Phryma leptostachya L. var. **asiatica** H. Hara in Enum. Sperm. Jap. 1:297. 1948; Fl. Intramongol. ed. 2, 4:361. t.142. f.1-5. 1992.

多年生草本，高 50～100cm。茎直立，单一，不分枝，或具少数叉开的分枝，四棱形，被短柔毛。叶对生，质薄，卵形至卵状披针形，长 5～10cm，宽 2～6cm，先端渐尖，边缘具钝齿，基部宽楔形常下延成叶柄，两面被短柔毛，下部叶的柄长达 5cm，顶生叶近无柄。穗状花序顶生或腋生；具多数小花，花期花斜向上或平展，花后下垂；花基部具 1 苞片和 2 小苞片，苞片细小钻形。花萼筒状；筒部长 2.5～3mm，外面具纵棱，并被细柔毛；上唇 3 裂片刺芒状，顶端向后弯曲；下唇 2 裂片呈不明显的牙齿状，顶部无芒。花冠

黄学文 / 摄

淡红色、淡紫色或白色，长约 5mm，二唇形：上唇 2 裂，稍短；下唇 3 裂，稍长，平展。花柱 1，细长，柱头 2 浅裂。瘦果狭椭圆形，包藏在下垂的具 3 钩刺的花萼内，果皮膜质。花果期 7～9 月。

中生草本。生于溪边阔叶林林下。产辽河平原（大青沟）。分布于我国黑龙江、吉林、辽宁、河北、河南、山东、山西、安徽、江苏、浙江、福建、江西、湖北、湖南、广西、贵州、陕西南部、宁夏、甘肃东部、青海、四川、西藏、云南、新疆，日本、朝鲜、俄罗斯（远东地区）、越南北部、印度北部、不丹、尼泊尔、巴基斯坦北部，克什米尔地区。为东亚分布种。

全草药用，能清热利湿、活血消肿，主治黄水疮、疥疮、湿疹、跌打损伤、骨折，还可杀蛆。

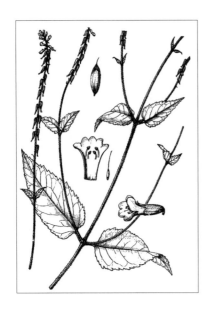

116. 车前科 Plantaginaceae

草本。叶通常基生，有时互生或对生，基部鞘状。穗状花序生于花葶上部；花小，两性，辐射对称，着生于苞片腋部；花萼膜质，4裂，裂片背部中央常有1龙骨状凸起，宿存；花冠干膜质，淡绿色，4裂，裂片覆瓦状排列。雄蕊4，着生在花冠筒上，和花冠裂片互生；花丝较长；花药2室，纵裂，"丁"字着生。子房上位，1～4室，每室有胚珠1至多数，中轴胎座或基底胎座，花柱丝状，柱头2裂。果实为盖裂蒴果或骨质坚果。种子小，1至多数，通常盾形或矩圆形，种皮薄，胚直立，稀弯曲，胚乳丰富。

内蒙古有1属、9种。

1. 车前属 Plantago L.

属的特征同科。

内蒙古有9种。

分种检索表

1a. 直根。

  2a. 叶无柄，条形或狭条形，宽1～4mm。

    3a. 穗状花序卵形、椭圆形或矩圆形，花密集，长6～15mm；全株密被长柔毛·················

    ···**1. 条叶车前 P. minuta**

    3b. 穗状花序圆柱形，上部花密集，下部花疏生，长2～7cm；全株非密被长柔毛···············

    ·······································**2. 盐生车前 P. maritima** subsp. **ciliata**

  2b. 叶有柄。

    4a. 叶片较狭，条状披针形或披针形。

      5a. 叶条状披针形，宽2～4mm；花萼离生·················**3. 翅柄车前 P. komarovii**

      5b. 叶披针形，宽5～20mm；花萼2枚合生，另2枚分离·········**4. 长叶车前 P. lanceolata**

    4b. 叶片宽，卵形、狭卵形、倒卵形、椭圆形、宽椭圆形。

      6a. 穗状花序椭圆形、长卵形或短圆柱形，花密集，长5～8cm··········**5. 北车前 P. media**

      6b. 穗状花序细长圆柱形，花上部密集，下部花疏生，长5～18cm。

        7a. 叶缘具不规则疏牙齿，叶和花序梗疏被短柔毛···**6a. 平车前 P. depressa** subsp. **depressa**

        7b. 叶全缘，少有疏齿，叶和花序梗密被柔毛···**6b. 毛平车前 P. depressa** subsp. **turczaninowii**

1b. 须根。

  8a. 苞片近圆形或宽卵形，比萼片短约1/2；种子3～4·······················**7. 湿车前 P. cornuti**

8b. 苞片与萼片等长或近等长。

  9a. 花无梗，苞片卵形；种子（8～）12～34，黄褐色·······················**8. 大车前 P. major**

  9b. 花具短梗，苞片宽三角形；种子5～15，黑褐色·······················**9. 车前 P. asiatica**

1. 条叶车前（来森车前、细叶车前）

Plantago minuta Pall. in Reise Russ. Reich. 3:716 1776.——*P. lessingii* Fisch. et C. A. Mey. in Index Sem. Hort. Petrop. 47. 1835; Fl. Intramongol. ed. 2, 4:362. t.143. f.1-4. 1992.

一年生草本，高 4～19cm。全株密被长柔毛，具细长黑褐色的直根。叶全部基生，平铺地面，条形或狭条形，长 4～11cm，宽 1～4mm，全缘，，基部鞘状无叶柄。花葶少数至多数，斜升或直立，通常较叶短，密被柔毛，并混生少数腺毛；穗状花序卵形、椭圆形或矩圆形，长 6～15mm，花密生；苞片宽卵形或三角形，被长柔毛，先端尖，短于萼片，中央龙骨状凸起较宽，黑棕色；花萼裂片宽卵形或椭圆形，长 2～2.5mm，被长柔毛，龙骨状凸起显著；花冠裂片狭卵形，边缘有细锯齿；花丝细长；花柱与柱头疏生柔毛。蒴果卵圆形或近球形，长 3～4mm，盖裂，果皮膜质；种子 2，椭圆形或矩圆形，长 1.5～3mm，黑棕色。花期 6～8 月，果期 7～9 月。

旱生草本。常少量生于小针茅荒漠草原群落及其变型群落中，也见于草原化荒漠群落和草原带的山地、沟谷、丘陵坡地，并为较常见的田边杂草。产锡林郭勒（西乌珠穆沁旗、苏尼特左旗）、乌兰察布（苏尼特右旗、四子王旗、达尔罕茂明安联合旗、固阳县、乌拉特中旗）、阴南平原（托克托县）、鄂尔多斯（鄂托克旗、乌审旗）、东阿拉善（乌拉特后旗、狼山、阿拉善左旗）、西阿拉善（阿拉善右旗）。分布于我国山西北部、陕西北部、宁夏、甘肃（东部及河西走廊）、青海北部、西藏、新疆中部和西部，蒙古国北部和西部及南部，高加索地区，中亚。为古地中海分布种。

2. 盐生车前

Plantago maritima L. subsp. **ciliata** Printz in Veg. Siber.-Mongol. Front. 397. 1921; High. Pl. China 10:13. t.6.f.1-2. 2004; Fl. China 19:502. 2011.——*P. maritima* L. var. *salsa* (Pall.) Pilger in Feddes Repert. Spec. Nov. 34:148. 1933; Fl. Intramongol. ed. 2, 4:362. t.143. f.5-7. 1992.——*P. salsa* Pall. in Reise Russ. Reich. 1:486. 1771.

多年生草本，高 5～30cm。根粗壮，深入地下，灰褐色或黑棕色，根颈处通常有分枝，并

有残余叶片和叶鞘。叶基生，多数，直立或平铺地面，条形或狭条形，长 5～20cm，宽 1.5～4mm，先端渐尖，全缘，无毛，基部具宽三角形叶鞘，黄褐色，有时被长柔毛，无叶柄。花葶少数，直立或斜升，长 5～30cm，密被短伏毛；穗状花序圆柱形，长 2～7cm，有多数花，上部较密，下部较疏；苞片卵形或三角形，长 2～3mm，先端渐尖，边缘有疏短睫毛，具龙骨状凸起；

花萼裂片椭圆形，长2～2.5mm，被短柔毛，边缘膜质，有睫毛，龙骨状凸起较宽；花冠裂片卵形或矩圆形，先端具锐尖头，中央及基部呈黄褐色，边缘膜质，白色，有睫毛；花药淡黄色。蒴果圆锥形，长2.5～3mm，在中下部盖裂；种子2，矩圆形，黑棕色。花期6～8月，果期7～9月。

耐盐中生草本。生于草原带的盐化草甸、盐湖边缘、盐化或碱化湿地。产呼伦贝尔（新巴尔虎左旗、新巴尔虎右旗）、科尔沁（翁牛特旗、克什克腾旗）、锡林郭勒（锡林浩特市、阿巴嘎旗、苏尼特左旗、正蓝旗、太仆寺旗）、阴南平原（凉城县、托克托县）、鄂尔多斯（达拉特旗、乌审旗、鄂托克旗）。分布于我国河北西北部、陕西北部、甘肃（河西走廊）、青海南部、新疆北部和西部，蒙古国、俄罗斯（西伯利亚地区）、阿富汗、伊朗。为古地中海分布亚种。

3. 翅柄车前

Plantago komarovii Pavlov in Byull. Moskovsk. Obshch. Isp. Prir. Otd. Biol. 38:130. 1929; Fl. China 19:500. 2011.

多年生草本。主根长。叶基生，被稀疏的白柔毛或渐变光滑；叶片条状披针形至椭圆形，长1.5～5cm，宽2～4mm，厚纸质，具3脉，基部渐窄下延成柄，边缘全缘或具疏齿，顶端锐尖；叶柄长0.8～1.5cm，具宽翅。穗状花序呈短圆柱状或头状，长3～12mm，密生小花；总花梗长2～6cm，被稀疏的贴伏柔毛；苞片卵形或三角状卵形，与萼等长或稍长，背部龙骨状凸起宽；花萼离生，萼片长1.5～2mm，基部稀疏被柔毛，背部龙骨状凸起窄，不延伸至顶端，外轮的萼片卵状椭圆形，内轮萼片宽卵形。花冠白色，光滑无毛；裂片狭三角形，长1～1.3mm，向外开展至向下反折。雄蕊在花

冠筒近顶端着生，外露。蒴果卵球形，长 2～3mm，盖裂，具 3 或 4 粒种子；种子黑色，矩圆形至狭卵球形，长 1～2mm，腹面平。花期 5～6 月，果期 7～8 月。

中生草本。生于荒漠带的山地草甸。产贺兰山（南寺沟）。分布于我国新疆，蒙古国西部、哈萨克斯坦。为亚洲中部山地分布种。

4. 长叶车前

Plantago lanceolata L., Sp. Pl. 1:113. 1753; Fl. China 19:501. 2011.

多年生草本，高 10～40cm。有直根，有时水平根发达。基生叶披针状条形、披针形、椭圆状披针形，长 15～20cm，宽 5～20mm，先端渐尖，基部渐窄，全缘，稀具不明显齿牙，两面无毛或背面疏被柔毛，叶柄长 2～4.5cm。花葶数个，长 15～20cm，有条棱，密被柔毛；穗状花序短圆柱状或头状，长 1.5～3.5cm，花密生；苞片卵形或椭圆形，与萼等长或稍长，膜质，无毛或被密毛。萼长 2.5～3.5mm，膜质；其中外部 2 枚结合，呈宽倒卵形；其余分离，无毛，稀背部有柔毛。花冠裂片卵形或矩圆状卵形，长约 2mm，渐尖。蒴果椭圆形，长约 3mm，有 2 种子；种子矩圆形或矩圆状椭圆形，一面凸，一面有深凹槽，深褐色。花期 5～6 月，果期 8 月。

中生草本。生于草原带的沟谷草地、路边。产科尔沁（巴林左旗、翁牛特旗）。分布于我国辽宁、河南、山东、江苏、江西、浙江、甘肃、云南、新疆、台湾，日本、朝鲜、蒙古国、俄罗斯、不丹、印度、尼泊尔、巴基斯坦，中亚、西南亚、北非，欧洲、北美洲。为泛北极分布种。

5. 北车前（中车前）

Plantago media L., Sp. Pl. 1:113. 1753; Fl. Intramongol. ed. 2, 4:364. t.143. f.8. 1992.

多年生草本。全株被短柔毛。根粗壮，上部具多数侧根，暗紫褐色，根颈处增粗。叶基生，灰绿色，幼叶呈灰白色，常平铺地面，椭圆形、宽椭圆形或倒卵形或倒披针形，长 5～10cm，宽 1～3.5cm，先端锐尖或钝尖，基部狭楔形，全缘，两面密被短柔毛；叶脉 5～7，弧形，常带褐色或紫色；叶柄扁，长 1.5～4.5cm，两侧具狭翅。花葶少数，高 20～50cm，直立或下部斜升；穗状花序椭圆形、长卵形或短圆柱形，长 5～8cm，银白色，花密集；苞片狭卵形或椭圆形，长 1.5～3mm，宽约 1mm，无毛，边缘狭膜质，背部中央具龙骨状凸起；花萼裂片矩圆形，长 1.5～2.5mm，宽约 0.7mm，边缘宽膜质，先端锐尖，背部中央具绿色龙骨状凸起；花冠裂片狭卵形、矩圆形或长卵形，长 1.2～2mm，白色，有光泽，先端锐尖，全缘；

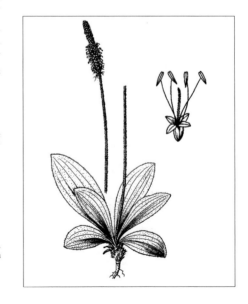

花丝长 3～5mm，花药长卵形或矩圆形；花柱与柱头密被短柔毛。蒴果半椭圆形或圆锥形，淡黄色；种子 2～4，长约 2mm，褐色或暗棕色，稍平滑。花果期 6～10 月。

湿中生草本。生于阔叶林带的草甸、河滩、沟谷、湿地。产岭西（额尔古纳市）、岭东（扎兰屯市、扎赉特旗）。分布于我国吉林北部、新疆西北部，俄罗斯（西伯利亚地区、远东地区），中亚、西南亚，欧洲。为古北极分布种。

6. 平车前（车前草、车轱辘菜、车串串）
Plantago depressa Willd. in Enum. Pl. Suppl. 8. 1813; Fl. Intramongol. ed. 2, 4:364. t.144. f.1-5. 1992.

6a. 平车前
Plantago depressa Willd. subsp. **depressa**

一、二年生草本。根圆柱状，中部以下多分枝，灰褐色或黑褐色。叶基生，直立或平铺，椭圆形、矩圆形或椭圆状披针形，长 4～14cm，宽 1～5.5cm，先端锐尖或钝尖，基部狭楔形且下延，边缘有稀疏小齿或不规则锯齿，有时全缘，两面被短柔毛或无毛，弧形纵脉 5～7；

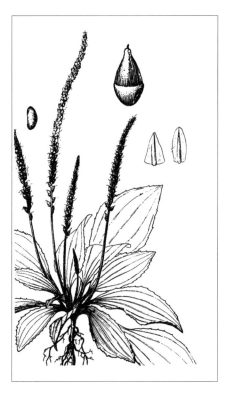

叶柄长 1～11cm，基部具较长且宽的叶鞘。花葶 1～10，直立或斜升，高 4～40cm，被疏短柔毛，有浅纵沟；穗状花序圆柱形，长 2～18cm；苞片三角状卵形，长 1～2mm，背部具绿色龙骨状凸起，边缘膜质；萼裂片椭圆形或矩圆形，长约 2mm，先端钝尖，龙骨状凸起宽，绿色，边缘宽膜质；花冠裂片卵形或三角形，先端锐尖，有时有细齿。蒴果圆锥形，褐黄色，长 2～3mm，成熟时在中下部盖裂；种子矩圆形，长 1.5～2mm，黑棕色，光滑。花果期 6～10 月。

中生草本。生于草甸、轻度盐化草甸，也见于路边、田野、居民点附近。产内蒙古各地。分布于我国黑龙江西南部、吉林东部和西部、辽宁中北部和西部、河北、河南、山东西部、山西、陕西、宁夏、甘肃、青海、四川西部、贵州南部、云南中部和西北部、西藏东部和南部、新疆、安徽、江苏北部、江西、湖北，日本、朝鲜、蒙古国、俄罗斯（西伯利亚地区、远东地区）、印度、不丹、巴基斯坦、阿富汗，克什米尔地区，中亚，欧洲。为古北极分布种。

种子与全草入药，药效同车前。

6b. 毛平车前

Plantago depressa Willd. subsp. **turczaninowii** (Ganeschin) Tzvelev in Arktich. Fl. S.S.S.R. 8(2):19. 1983.——*P. depressa* Willd. var. *turczaninowii* Ganeschin in Trudy Bot. Muz. Imp. Akad. Nauk 8:193. 1915.——*P. depressa* Willd. var. *montana* Kitag. in J. Jap. Bot. 19:112. 1943; Fl. Intramongol. ed. 2, 4:366. 1992.

本变种与正种的区别是：叶片、叶柄、花葶均密被柔毛，全缘或少有疏齿。

中生草本。生于草甸、轻度盐化草甸，也见于路边、田野、居民点附近。产赤峰丘陵（宁城县）。分布于我国黑龙江、吉林、辽宁、河北北部，俄罗斯（远东地区）。为满洲分布亚种。

7. 湿车前

Plantago cornuti Gouan in Ill. Observ. Bot. 6. 1773; Fl. Intramongol. ed. 2, 4:366. t.144. f.6-9. 1992.

多年生草本。须根。叶基生，质较薄，椭圆形、狭卵形或倒卵形，长5～11cm，宽1.5～3.5cm，先端锐尖或钝尖，基部楔形或长楔形且下延，全缘或微波状缘，两面疏生短柔毛，弧形脉5～7；叶柄长3～10cm，被疏生柔毛，基部扩大成鞘。花葶1或少数，直立或斜升，高25～50cm，具纵棱沟；穗状花序圆柱形，长 6 ～ 17cm；苞片近圆形或宽卵形，长 1 ～ 1.5mm，光滑或上部边缘有稀疏短缘毛，龙骨状凸起较宽，暗绿色，先端钝，边缘白色膜质；萼裂片椭圆形或圆状椭圆形，长 2 ～ 2.5mm，无毛，先端钝，背部龙骨状凸起宽，深绿色，边缘膜质；花冠裂片卵形或宽卵形，长 1.2 ～ 1.5mm，先端锐尖，稍反折。蒴果椭圆形或椭圆状卵形，长 3 ～ 3.5mm，浅褐色，成熟时在中下部盖裂；种子 3 ～ 4，椭圆形或卵状椭圆形，长 2 ～ 3mm，黑棕色或暗褐色，具多数网状小点，种脐稍凹陷。花期 7 ～ 8 月，果期 8 ～ 10 月。

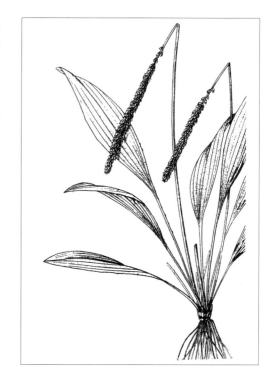

湿中生草本。生于森林带和草原带的湿地、碱性湿地、林缘、草甸。产兴安北部及岭东（东乌珠穆沁旗宝格达山、扎赉特旗）、呼伦贝尔（海拉尔区）。分布于蒙古国北部和西部、俄罗斯（西伯利亚地区），中亚，欧洲。为古北极分布种。

8. 大车前

Plantago major L., Sp. Pl. 1:112. 1753; Fl. Intramongol. ed. 2, 4:366. t.145. f.6-8. 1992.

多年生草本。根状茎短粗，具多数棕褐色或灰褐色须根。叶基生，宽卵形或宽椭圆形，长 4 ～ 12cm，宽 3 ～ 6cm，先端钝圆，基部近圆形或宽楔形，稍下延，边缘全缘或具微波状钝齿，两面近无毛或被疏短柔毛，具 3 ～ 7 弧形脉；叶柄长 3 ～ 10cm，基部扩大成鞘。花葶 1 ～ 6，直立或斜升，长 6 ～ 40cm；穗状花序圆柱形，长 1.5 ～ 18cm，密生，多花；苞片卵状三角形，较萼片短或近于等长，背部龙骨状凸起暗绿色，先端钝；花无柄，萼裂片宽椭圆形或椭圆形，长 2 ～ 3mm，先端钝，边缘白色膜质，背部龙骨状凸起宽而呈绿色；花冠裂片椭圆形或卵形，长 1 ～ 1.5mm，先端通常略钝，反卷，淡绿色。蒴果圆锥形或卵形，长 3 ～ 4mm，褐色或棕褐色，成熟时在中部或稍下处盖裂；种子 (8 ～) 12 ～ 34，矩圆形或椭圆形，长 0.8 ～ 1.2mm，黄褐色，具多数网状细点，种脐稍凸起。花期 6 ～ 8 月，果期 7 ～ 9 月。

中生草本。生于草原带的山谷、路边、沟渠边、河边、田边潮湿处。产岭西（额尔古纳市、鄂温克族自治旗）、兴安南部（科尔沁右翼前旗）、锡林郭勒（苏尼特左旗）、鄂尔多斯（达拉特旗、乌审旗）。分布于我国黑龙江中北部、吉林南部、辽宁西北部、河北、河南西部、山西、山东、江苏、福建、广西东北部、海南、青海东部、四川西部、云南西北部、西藏中部、新疆、台湾，亚洲、欧洲广布。为古北极分布种。

全草入药，有利尿作用。种子有镇咳、祛痰、止泻的作用。

9. 车前（大车前、车轱辘菜、车串串）

Plantago asiatica L., Sp. Pl. 1:113. 1753; Fl. Intramongol. ed. 2, 4:368. t.145. f.1-5. 1992.

多年生草本。具须根。叶基生，椭圆形、宽椭圆形、卵状椭圆形或宽卵形，长 4～12cm，宽 3～9cm，先端钝或锐尖，基部近圆形、宽楔形或楔形，且明显下延，边缘近全缘、波状或有疏齿至弯缺，两面无毛或被疏短柔毛，有 5～7 弧形脉；叶柄长 2～10cm，被疏短毛，基部扩大成鞘。花葶少数，直立或斜升，高 20～50cm，被疏短柔毛；穗状花序圆柱形，长 5～20cm，具多花，上部较密集；苞片狭卵状三角形或三角状披针形，较花萼短，背部龙骨状凸起宽而呈暗绿色；花具短柄，萼裂片倒卵状椭圆形或椭圆形，长 2～2.5mm，先端钝，边缘白色膜质，背部龙骨状凸起宽而呈绿色；花冠裂片披针形或长三角形，长约 1mm，先端渐尖，反卷，淡绿色。蒴果椭圆形或卵形，长 2～4mm，成熟时在基部上方盖裂；种子 5～15，矩圆形，长 1.5～1.8mm，黑褐色。花果期 6～10 月。

中生草本。生于草甸、沟谷、路边、耕地、田野。产内蒙古各地。分布于我国各地，日本、朝鲜、印度尼西亚、马来西亚。为东亚分布种。

种子及全草入药（药材名：车前子）。种子能清热、利尿、明目、祛痰，主治小便不利、泌尿系感染、结石、肾炎水肿、暑湿泄泻、肠炎、目赤肿痛、痰多咳嗽等。全草能清热、利尿、凉血、祛痰，主治小便不利、尿路感染、暑湿泄泻、痰多咳嗽等。也入蒙药（蒙药名：乌和日－乌日根纳），能止泻、利尿，主治腹泻、水肿、小便淋痛。

117. 茜草科 Rubiaceae

乔木、灌木或草本。单叶对生或轮生，常全缘；托叶位于二叶柄间，有时为叶状而和正常叶无区别。花多为两性，辐射对称，单生至圆锥、聚生或头状花序；萼筒与子房合生，萼齿截平、齿裂或分裂，有时有些裂片扩大成花瓣状。花冠上位，多少呈筒状；裂片 4～5，常镊合状排列，稀覆瓦状。雄蕊与花冠裂片同数而互生，着生于花冠筒部的里面或筒口；花药常分离，2 室，纵裂。子房下位，2 室稀 1 或多数，每室具 1 至多数胚珠，具中轴、顶生或基生胎座，少 1 室而具侧膜胎座，花柱丝状，柱头头状或分叉。果为蒴果、浆果或核果；种子常具胚乳，胚直或弯。

内蒙古有 3 属、17 种。

分属检索表

1a. 草本，花黄色、黄绿色或白色。

  2a. 花 4（3）基数；果实干燥，果瓣单生或双生，被刺毛或无毛，或具小瘤状突起；叶较小，基部不为心形 ·······································**1. 拉拉藤属 Galium**

  2b. 花 5 基数；果实肉质，浆果，光滑；叶宽大，基部心形 ··············**2. 茜草属 Rubia**

1b. 灌木，花淡紫色，蒴果 ·······················**3. 野丁香属 Leptodermis**

1. 拉拉藤属 Galium L.

一年生或多年生草本。茎直立或蔓生，通常具 4 棱，有倒生刺或无。叶 4～10 枚轮生，无柄或稀有柄。花两性，稀单性，组成顶生或腋生聚伞花序或圆锥花序，稀单生；花萼筒卵形或球形，与子房合生，檐部具细齿或无齿；花冠筒短，檐部通常 4 裂，稀 3 裂；雄蕊 4，稀 3。子房下位，2 室，每室 1 粒胚珠；花柱 2，基部连合，柱头头状。果实双球形，由两个具 1 粒种子的果爿组成，有时仅有 1 分果成熟，表面光滑或具瘤状突起或被刺毛。

内蒙古有 12 种。

分种检索表

1a. 叶 4（～5）枚轮生。

  2a. 叶具 1 脉。

    3a. 花冠裂片 3；叶片小，椭圆形或狭倒披针形，长 3～11mm，宽 1～2.5mm；花白色；花萼和果常光滑无毛 ·······························**1. 小叶猪殃殃 G. trifidum**

    3b. 花冠裂片 4。

      4a. 叶披针状矩圆形、椭圆形或长圆状倒卵形，花萼和果被钩毛。

        5a. 多年生草本；聚伞花序，花黄绿色或白色；轮生叶 4，近等大，上面和下面中脉及边缘有刺状硬毛 ·····················**2. 四叶葎 G. bungei**

        5b. 一年生草本；单花，稀 2～3，花白色或淡黄绿色；轮生叶 4，2 大 2 小，两面无毛或有疏柔毛 ·····················**3. 准噶尔拉拉藤 G. songaricum**

      4b. 叶狭条形，花白色，花萼和果光滑无毛 ··········**4. 线叶拉拉藤 G. linearifolium**

  2b. 叶具 3 脉。

    6a. 叶长卵圆形或椭圆形，宽 6～14mm；花疏散；花萼和果爿无毛 ······**5. 车叶草 G. maximowiczii**

    6b. 叶披针形或狭披针状条形，宽 3～5（～7）mm；花密集；花萼和果爿密被钩状毛。

7a. 叶两面无毛……………………………………………………**6a. 北方拉拉藤 G. boreale** var. **boreale**

7b. 叶两面及叶缘具短硬毛……………………………………**6b. 硬毛拉拉藤 G. boreale** var. **ciliatum**

1b. 叶 6 ～ 10 枚轮生。

8a. 茎直立，植株无刺毛。

9a. 叶上面无毛。

10a. 花萼和果片无毛……………………………………**7a. 蓬子菜 G. verum** var. **verum**

10b. 花萼和果被短硬毛……………………………**7b. 毛果蓬子菜 G. verum** var. **trachycarpum**

9b. 叶上面被毛。

11a. 花萼和果无毛……………………………**7c. 粗糙蓬子菜 G. verum** var. **trachyphyllum**

11b. 花萼和果被绒毛……………………………**7d. 绒毛蓬子菜 G. verum** var. **tomentosum**

8b. 茎常匍匐或攀援上升，植株通常具刺毛。

12a. 花萼和果密被钩状刺毛。

13a. 茎细弱；叶倒披针形，4 ～ 6 枚轮生；多年生草本。

14a. 叶上面被糙硬毛，两面沿脉被倒向皮刺及糙硬毛；花序多花；花淡绿色………

………………………………………………………**8. 山猪殃殃 G. pseudoasprellum**

14b. 叶上面无毛，仅背面沿中脉被硬毛；花序少花；花淡紫色………………

………………………………………………………**9. 细毛拉拉藤 G. pusillosetosum**

13b. 茎较粗壮；叶条状倒披针形，6 ～ 8 枚轮生；花序少花；一、二年生草本………………

………………………………………………………………**10. 拉拉藤 G. spurium**

12b. 花萼和果无钩状刺毛；果平滑，具瘤状突起或短柔毛。

15a. 叶全部为 6 枚轮生；花梗纤细，长在 5mm 以上。

16a. 叶先端锐尖，果具瘤状突起或短柔毛……………………………………

………………………………………………………**11a. 大叶猪殃殃 G. dahuricum** var. **dahuricum**

16b. 叶先端钝圆或微凹，果光滑无毛……**11b. 钝叶猪殃殃 G. dahuricum** var. **tokyoense**

15b. 叶 6 ～ 8 (～ 10) 枚轮生；花梗粗壮，长 1 ～ 2mm…………**12. 中亚猪殃殃 G. rivale**

1. 小叶猪殃殃（三瓣猪殃殃）

Galium trifidum L., Sp. Pl. 1:105. 1753; Fl. Intramongol. ed. 2, 4:370. t.146. f.1-3. 1992.

多年生草本。纤弱丛生。茎高 10 ～ 45cm，通常缠绕交错，具 4 棱，沿棱被硬毛，后变光滑。叶 4 (～ 5) 枚轮生，倒披针形或椭圆形，长 3 ～ 11mm，宽 1 ～ 2.5mm，先端圆钝，基部狭楔形，两面近无毛，中脉于背面凸起，疏被短刺毛，边缘有极微小的倒生刺毛，近无柄。花小，单生或 2 ～ 3 朵呈腋生或顶生的聚伞花序；花梗细，有时具短刺毛，长 3 ～ 5 (～ 7) mm，萼筒通常光滑无毛；花冠裂片 3，卵圆形，长约 0.5mm，微被毛；雄蕊 3，稍伸出花冠裂片的基部；花柱 2 裂至中部，几与花冠等长，柱头头状。果片双

球形，直径 1 ～ 1.5mm，光滑无毛或疏被短硬毛。花果期 7 ～ 9 月。

中生草本。生于森林带和草原带的河谷草甸、沼泽化草甸、水泡边、沙地。产兴安北部及岭东和岭西（额尔古纳市、鄂伦春自治旗、鄂温克族自治旗）、兴安南部、燕山北部（宁城县）、锡林郭勒（锡林浩特市、苏尼特左旗）。分布于我国黑龙江中部、吉林东部、辽宁东北部、安徽南部、江苏南部、浙江、福建、江西、湖北南部、广东北部、广西北部、贵州、云南、四川南部、西藏东南部、台湾北部，日本、朝鲜、蒙古国北部和西部，欧洲、北美洲。为泛北极分布种。

2. 四叶葎（本氏猪殃殃）

Galium bungei Steud. in Nomen. Bot. ed. 2, 1:657. 1840; Fl. Intramongol. ed. 2, 4:370. t.146. f.4-5. 1992.

多年生草本。主根纤细，须根丝状，红色。茎丛生，多分枝，近直立，高 10 ～ 50cm，具 4 棱，无毛或具极稀疏的皮刺，节上被硬毛。叶 4 枚轮生，近等大或其中 2 枚大于另 2 枚，"十"字形交叉，卵状披针形或披针状矩圆形，长 5 ～ 15mm，宽 2 ～ 5mm，先端急尖或稍钝，基部楔形，上面具多数刺状硬毛，下面近无毛，仅中脉上具刺状硬毛，边缘具刺状硬毛，近无柄。聚伞花序顶生或腋生，花疏散；花小，淡黄绿色；花梗纤细，长 2 ～ 5mm，无毛；小苞片条形，长 2 ～ 5mm；花萼具短钩毛，檐部近平截。花冠黄绿色或白色，直径约 1.5mm；裂片 4，矩圆形，长不及 1mm。雄蕊 4，着生于花冠筒的上部；花柱 2 浅裂，柱头头状。果实双球形，直径 1 ～ 1.5mm，上有短钩毛。花

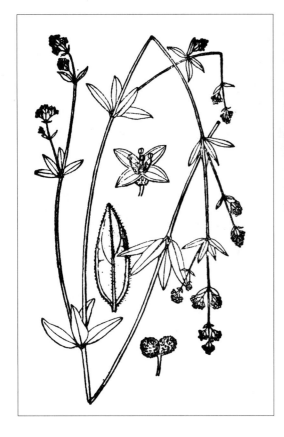

果期 7～9 月。

中生草本。生于草原化荒漠带的山沟。产东阿拉善（鄂托克旗千里山）、贺兰山（南寺沟）。分布于我国辽宁南部、河北、河南、山东、山西南部和东部、陕西南部、宁夏、甘肃东南部、四川、云南西北部和东部、贵州、安徽南部、江苏、浙江、福建、江西、湖北、湖南、广东、广西北部，日本、朝鲜。为东亚分布种。

3. 准噶尔拉拉藤

Galium songaricum Schrenk in Enum. Pl. Nov. 1:57. 1841; Fl. Xinjiang. 4:453. 2004.

一年生草本，通常丛生，高 5～30cm。根纤细，丝状，微红色。茎直立，稍分枝，纤细，柔弱，具 4 棱，无毛，稀有疏毛。叶纸质或膜质，每轮 4 枚，其中 2 枚较大，椭圆形、卵形或长圆状倒卵形，长 3.5～12mm，宽 1～5mm，顶端短渐尖或钝，有不明显的小尖头，基部楔形，两面无毛，或有疏毛，边缘有疏毛或无毛，1 脉，具极短的柄。聚伞花序腋生，常不分枝，单花，稀 2～3 花，比叶长，长不过 2cm，常具 2 枚小苞片；花梗纤细，无毛，长 2～12mm。花冠白色或淡黄绿色，辐状，直径 0.5～1mm；花冠纤细，裂片 4，卵状三角形。雄蕊 4，稀 5，花药黄色；花柱几乎 1 裂到中部。果为双果，稀单果，长约 1mm，直径约 2mm，密被长的钩毛；果柄纤细，长约 2cm。花果期 7～9 月。

中生草本。生于荒漠带海拔 3000m 以上的高山草甸。产贺兰山主峰一带。分布于我国陕西中西部、宁夏、甘肃、青海、四川西部、西藏东北部、新疆北部，俄罗斯，中亚。为亚洲中部山地分布种。

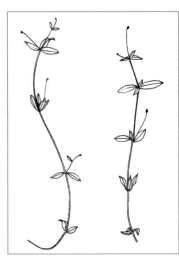

4. 线叶拉拉藤

Galium linearifolium Turcz. in Bull. Soc. Imp. Nat. Mosc. 7:152. 1837; Fl. China 19:129. 2011.

多年生直立草本，通常高30cm左右。基部稍木质，常近地面分枝呈丛生状。茎具4棱，有光泽，仅节上稍粗糙。叶近革质，4枚轮生，狭条形，常稍弯，长1～6cm，宽1～4mm，顶端钝或稍短尖，基部楔形或稍钝，边缘有小刺毛，常稍反卷，上面有糙点和散生小刺毛而粗糙，稍有光泽，下面仅中脉上有时有疏短硬毛，1脉，无柄或近无柄。聚伞花序顶生，很少腋生，疏散，少至多花，长约5cm，常分枝呈圆锥花序状；总花梗纤细而稍长；花小，直径约4mm；花梗纤细，长1.5～6mm；花萼和花冠均无毛。花冠白色；裂片4，披针形，长约1.5mm，宽约0.8mm。雄蕊4，花丝长0.5mm；花柱长0.7～1mm，顶端2裂。果无毛，直径2.5～3mm；果爿椭圆状或近球状，单生或双生；果柄长3～8mm。花期6～8月，果期7～9月。

中生草本，生于阔叶林带的山坡草地、林中。产燕山北部（宁城县）。分布于我国辽宁、河北、湖北，朝鲜。为华北—满洲分布种。

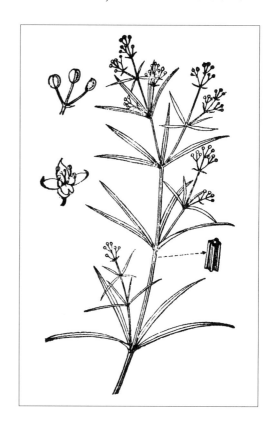

5. 车叶草（异叶轮草）

Galium maximowiczii (Kom.) Pobed. in Nov. Sist. Vyssh. Rast. 7:277. 1971; Fl. Intramongol. ed. 2, 4:370. t.146. f.12-13. 1992.——*Asperula maximowiczii* Kom. in Trudy Glavn. Bot. Sada 39:109. 1923.

多年生草本。茎直立或攀援状，高30～45cm，具4棱，光滑无毛或节部被毛，单生或上部具分枝。叶4枚轮生，长卵圆形或椭圆形，长1.5～5cm，宽6～14mm，先端钝，基部楔形，两面疏被刺毛，基出脉3条，背面密被刺毛，边缘密被刺毛；茎下部叶无柄，茎上部叶具短柄，柄上具刺毛。聚伞圆锥花序顶生或上部叶腋生，疏散；花小，白色；花梗纤细，光滑无毛；苞叶对生，披针形；花萼无毛；花冠长约2mm，裂片三角状披针形，近等长或稍长于管部。雄蕊长约1mm，着生于花冠管的中部，花丝极短。花柱长约0.5mm；柱头2浅裂，圆球形。果近球形，长约0.5mm；果爿双生，极少单生，无毛，具小颗粒。花期6～7月，果期8～9月。

中生草本。生于阔叶林带的林下、山坡。产燕山北部（宁城县黑里河林场）。分布于我国黑龙江东南部、吉林中东部、辽宁中东部、河北、河南东南部、山东、山西南部、陕西南部、甘肃东南部，朝鲜、俄罗斯（远东地区）。为华北—满洲分布种。

6. 北方拉拉藤（砧草）

Galium boreale L., Sp. Pl. 1:108. 1753; Fl. Intramongol. ed. 2, 4:372. t.146. f.9-11. 1992.

6a. 北方拉拉藤

Galium boreale L. var. **boreale**

多年生草本。茎直立，高 15～65cm，节部微被毛或近无毛，具 4 纵棱。叶 4 枚轮生，披针形或狭披针形，长 1～3(～5)cm，宽 3～5(～7)mm，先端钝，基部宽楔形，两面无毛，边缘稍反卷，被微柔毛，基出脉 3 条，表面凹下，背面明显凸起，无柄。顶生聚伞圆锥花序，长可达 25cm；苞片具毛；花小，白色；花梗长约 2mm；萼筒密被钩状毛；花冠长约 2mm，4 裂，裂片椭圆状卵形、宽椭圆形或椭圆形，外被极疏的短柔毛；雄蕊 4，花药椭圆形，长约 0.2mm，花丝长约 0.7mm，光滑；子房下位，花柱 2 裂至近基部，长约 1mm，柱头球状。果小，扁球形，长

约 1mm；果爿单生或双生，密被黄白色钩状毛。花期 7 月，果期 9 月。

中生草本。生于森林带和草原带的山地林下、林缘、灌丛、草甸。产兴安北部及岭东和岭西（额尔古纳市、牙克石市、鄂伦春自治旗、陈巴尔虎旗、鄂温克族自治旗、东乌珠穆沁旗宝格达山）、兴安南部（科尔沁右翼前旗、阿鲁科尔沁旗、巴林左旗、巴林右旗、林西县、克什克腾旗、锡林浩特市）、燕山北部（喀喇沁旗、宁城县、敖汉旗）、阴山（大青山、蛮汗山、乌拉山）、贺兰山。分布于我国黑龙江中部、吉林东部、辽宁西部、河北北部、河南西部、山西、湖北、陕西东南部、宁夏南部、甘肃中东部、青海东部和南部、四川西北部、

西藏东北部、新疆中部和北部，日本、朝鲜、蒙古国、俄罗斯（西伯利亚地区）、印度、巴基斯坦，北欧，北美洲。为泛北极分布种。

6b. 硬毛拉拉藤

Galium boreale L. var. **ciliatum** Nakai in J. Jap. Bot. 15:340. 1939; Fl. Intramongol. ed. 2, 4:372. 1992.

本变种与正种的区别是：叶两面及叶缘具短硬毛。

中生草本。生于森林带和草原带的山地草甸、林下、林缘、山坡、山谷。产兴安北部及岭东和岭西（根河市、牙克石市、鄂伦春自治旗、陈巴尔虎旗）、兴安南部（科尔沁右翼前旗、扎赉特旗、巴林右旗、克什克腾旗）、燕山北部（喀喇沁旗、兴和县苏木山）、锡林郭勒（锡林浩特市、太仆寺旗）、阴山（大青山、蛮汗山）、贺兰山。分布于我国河北、山西、陕西、甘肃、四川，日本、俄罗斯（西伯利亚地区），欧洲、北美洲。为泛北极分布变种。

7. 蓬子菜（松叶草）

Galium verum L., Sp. Pl. 1:107. 1753; Fl. Intramongol. ed. 2, 4:373. t.146. f.6-8. 1992.

7a. 蓬子菜

Galium verum L. var. **verum**

多年生草本。近直立，基部稍木质。地下茎横走，暗棕色。茎高 25～65cm，具 4 纵棱，被短柔毛。叶 6～8(～10) 枚轮生，条形或狭条形，长 1～3(～4.5)cm，宽 1～2mm，先端尖，基部稍狭，上面深绿色，下面灰绿色，两面均无毛，中脉 1 条，背面凸起，边缘反卷，无毛，无柄。聚伞圆锥花序顶生或上部叶腋生，长 5～20cm；花小，黄色；具短梗，被疏短柔毛；萼筒长约 1mm，无毛。花冠长约 2.2mm；裂片 4，卵形，长约 2mm，宽约 1mm。雄蕊 4，长约 1.3mm；花柱 2 裂至中部，长约 1mm，柱头头状。果小，果爿双生，近球状，直径约 2mm，无毛。花期 7 月，果期 8～9 月。

中生草本。生于森林带和草原带的山地林缘、灌丛、草甸草原、杂类草草甸，常成为草甸草原群落中的优势种之一。产兴安北部及岭东和岭西及呼伦贝尔（额尔古纳市、鄂伦春自治旗、陈巴尔虎旗、鄂温克族自治旗、海拉尔区、阿荣旗、新巴尔虎左旗）、兴安南部及科尔沁（科尔沁右翼前旗、科尔沁右翼中旗、阿鲁科尔沁旗、巴林左旗、巴林右旗、林西县、克什克腾旗）、辽河平原（大青沟）、赤峰丘陵、燕山北部、锡林郭勒（东乌珠穆沁旗、锡林浩特市、苏尼特左旗、镶黄旗、多伦县、化德县）、乌兰察布（白云鄂博矿区、固阳县）、阴山（大青山、蛮汗山、乌拉山）、阴南丘陵（准格尔旗）、贺兰山、龙首山。分布于我国除华南地区以外的各地，亚洲、欧洲、北美洲广布。为泛北极分布种。

　　茎可提取绛红色染料，植株上部分含 2.5% 的硬性橡胶可做工业原料。全草入药，能活血去瘀、解毒止痒、利尿、通经，主治疮痈中毒、跌打损伤、经闭、腹水、蛇咬伤、风疹瘙痒。

7b. 毛果蓬子菜

Galium verum L. var. **trachycarpum** DC. in Prodr. 4:603. 1830; Fl. Intramongol. ed. 2, 4:373. 1992.

　　本变种与正种的区别是：花萼及果均密被短硬毛。

　　中生草本。生于森林草原带和草原带的山地林缘、灌丛、草甸草原。产岭西及呼伦贝尔（陈巴尔虎旗、海拉尔区）、兴安南部（克什克腾旗）、锡林郭勒（东乌珠穆沁旗、西乌珠穆沁旗、锡林浩特市、太仆寺旗、苏尼特左旗）、阴山（大青山）。分布于我国黑龙江、吉林、辽宁、河北、河南、山西、甘肃、浙江、四川、西藏、新疆，日本、朝鲜、俄罗斯，欧洲。为古北极分布变种。

　　用途同正种。

7c. 粗糙蓬子菜

Galium verum L. var. **trachyphyllum** Wall. in Sched. Crit. 56. 1822; Fl. Intramongol. ed. 2, 4:373. 1992.

　　本变种与正种的区别是：茎强壮，被密柔毛，叶表面被短柔毛。本变种与毛果蓬子菜的区别在于花萼和果无毛。

　　中生草本。生于草原带的山地林缘、灌丛。产燕山北部（喀喇沁旗）、锡林郭勒（太仆寺旗）、阴山（乌拉山）。分布于我国黑龙江、吉林、辽宁、河北、河南、山东、山西、陕西、宁夏、甘肃、青海、江苏、四川、新疆，朝鲜、俄罗斯，欧洲。为古北极分布变种。

　　用途同正种。

7d. 绒毛蓬子菜

Galium verum L. var. **tomentosum** C. A. Mey. in Verz. Pfl. Casp. Meer. 54. 1831; Fl. Intramongol. ed. 2, 4:374. 1992.

本变种与正种的区别是：叶上面、果和花萼均被绒毛。

中生草本。生于森林带和草原带的山地林缘、灌丛。产兴安北部（东乌珠穆沁旗宝格达山）、兴安南部（巴林右旗、锡林浩特市）。分布于我国黑龙江、吉林、辽宁、河北、山西、甘肃、青海、四川、新疆，日本。为东亚北部分布变种。

用途同正种。

8. 山猪殃殃（密花猪殃殃）

Galium pseudoasprellum Makino in Bot. Mag. Tokyo 17:110. 1903; High. Pl. China 10:668. 2004.——*G. pseudoasprellum* Makino var. *densiflorum* Cuf. in Oesterr. Bot. Z. 89:237. 1940; Fl. Intramongol. ed. 2, 4:374. t.147. f.1-2. 1992.——*G. dahuricum* Turcz. ex Ledeb. var. *densiflorum* (Cuf.) Ehrend. in Novon. 20:277. 2010. syn. nov.

多年生草本。须根纤细。茎细弱，攀援，长 15～40cm，具倒向皮刺。叶薄纸质，6 枚轮生，

稀 5 或 7，倒披针形，长 6～18mm，宽 2～5mm，向上渐小，先端渐尖或锐尖，基部楔形，边缘具倒向皮刺，上面具向前的糙硬毛，下面无毛或疏被糙硬毛，具 1 脉，背面凸起，两面均被倒向皮刺或仅背面具刺，无柄或近无柄。聚伞花序顶生或腋生；花小，淡绿色；小苞片对生，呈叶状；花梗

纤细，长 3～6mm，果期增长；花萼密被钩状毛。花冠长 1～1.5mm；裂片卵状三角形，先端急尖。雄蕊着生于花冠筒中部；花柱 2 裂，柱头头状。果实双球形，长约 2mm，具开展的钩状毛。花期 7 月，果期 8～9 月。

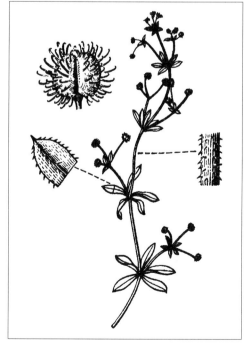

中生草本。生于山地阴坡、岩石下阴湿处、石缝、林下。产兴安南部（扎赉特旗、克什克腾旗）。分布于我国吉林、辽宁、河北、河南、山西、陕西、甘肃、青海、四川、云南、湖北、安徽、江苏、浙江，日本、朝鲜。为东亚分布种。

9. 细毛拉拉藤

Galium pusillosetosum H. Hara in J. Jap. Bot. 51(5):134. f.2. 1976; Fl. Intramongol. ed. 2, 4:374. t.147. f.10. 1992.

多年生草本。须根纤细，暗红色。茎纤细，高 5～30cm，簇生，近直立，基部常平卧，四

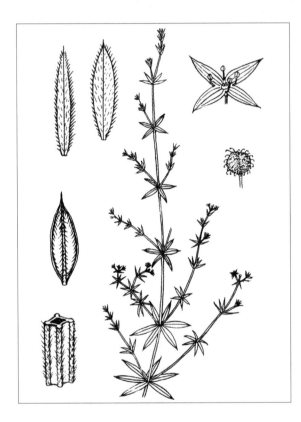

棱形，光滑无毛或疏被散生开展的硬毛。叶纸质，4～6 枚轮生，倒披针形，长 (3～)5～10mm，宽 1～2.5mm，先端急尖或具刺状尖头，基部宽楔形，表面无毛，背面仅中脉上被硬毛，边缘稍反卷，疏被硬毛；基出脉 1，表面凹下，背面凸起。聚伞花序腋生或顶生，具少花；总花梗长 8～16mm，无毛；苞片小，叶状；花小，淡紫色；花梗长 3～5mm，无毛。花冠直径 2.5～3mm；裂片卵形，长 1.2～1.5mm，先端渐尖。雄蕊 4，伸出花冠外，花丝长约 0.5mm；子房密被白色硬毛，花柱 2，柱头头状。果实近球形，直径约 2mm，密被白色的钩状硬毛。花期 6～7 月，果期 8 月。

中生草本。生于荒漠带的山地林下、沟边、石缝、山谷干河床。产贺兰山。分布于我国山西、宁夏、甘肃、青海、四川、西藏，尼泊尔、不丹。为华北—横断山脉—喜马拉雅分布种。

10. 拉拉藤（猪殃殃、爬拉殃）

Galium spurium L., Sp. Pl. 1:106. 1753; Fl. China 19:136. 2011.——*G. aparine* L. var. *echinospermum* (Wallr.) Cuf. in Oesterr. Bot. Z. 89:245. 1940. ——*G. agreste* Wallr. var. *echinospermum* Wallr. in Sched. Crit. Pl. Fl. Halensis 59. 1822.——*G. aparine* L. var. *tenerum* (Gren. et Godr.) Rchb. in Icon. Fl. Germ. Helv. 17:94. t.146. f.4. 1855; Fl. Intramongol. ed. 2, 4:376. t.147. f.3-5. 1992.——*G. spurium* L. var. *tenerum* Gren. et Godr. in Fl. France 2:44. 1850.

一、二年生草本。茎长 30～80cm，具 4 棱，沿棱具倒向钩状刺毛，多分枝。叶 6～8 枚轮生，条状倒披针形，长 1～3cm，宽 2～4mm，先端具刺状尖头，基部渐狭成柄状，上面具多数硬毛；叶脉 1，边缘稍反卷，沿脉的背面及边缘具倒向刺毛，无柄。聚伞花序腋生或顶生，单生或 2～3

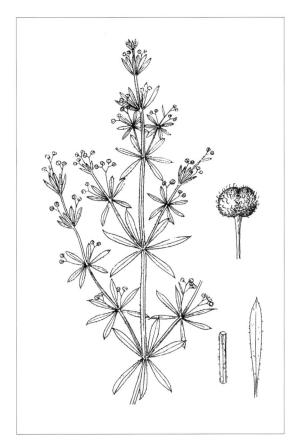

个簇生，具花数朵；总花梗粗壮，直立；花小，黄绿色；花梗纤细，长 3～6mm；花萼密被白色钩状刺毛，檐部近截形；花冠裂片长圆形，长约 1mm；雄蕊 4，伸出花冠外。果具 1 或 2 个近球状的果爿，密被白色钩状刺毛，果梗直。花期 6 月，果期 7～8 月。

中生草本。生于森林带和草原带的山地石缝、阴坡、山谷湿地、山坡灌丛、路旁。产兴安北部及岭西（牙克石市、阿尔山市伊尔施林场、东乌珠穆沁旗宝格达山）、兴安南部（科尔沁右翼前旗、科尔沁右翼中旗、阿鲁科尔沁旗、巴林右旗、克什克腾旗）、辽河平原（大青沟）、燕山北部（喀喇沁旗、宁城县、敖汉旗）、锡林郭勒（西乌珠穆沁旗、锡林浩特市、苏尼特左旗）、阴山（大青山、乌拉山）、龙首山。分布于我国除海南岛以外的其他各省区，亚洲北部，欧洲、北美洲。为泛北极分布种。

全草药用，有清热解毒、活血通络、消肿止痛之功效。

11. 大叶猪殃殃

Galium dahuricum Turcz. ex Ledeb. in Fl. Ross. 2:409. 1844; Fl. Intramongol. ed. 2, 4:376. t.147. f.6-7. 1992.

11a. 大叶猪殃殃

Galium dahuricum Turcz. ex Ledeb. var. **dahuricum**

多年生蔓生或攀援草本。茎细弱，多分枝，高 20～60cm，具 4 棱，棱上具倒向皮刺。叶薄纸质，6 枚轮生，倒披针形或倒卵状披针形，长 1.5～2.5cm，宽 5～8mm，先端锐尖、渐尖或钝圆而具尖头，基部宽楔形，有时渐狭成柄，边缘微反卷，具稀疏的倒向皮刺，无柄。聚伞花序顶生或上部叶腋生，松散；花淡黄白色；花梗纤细，长5～9mm，后期伸长；萼筒无毛；花冠长约1.5mm，4深裂，裂片卵形；雄蕊4，长约0.7mm，着生于花冠筒上部；花柱2裂至近中部，子房卵球形。果实近球形，长约1.5mm，果爿长圆形，具疣状凸起或短柔毛。花期6～7月，果期8～9月。

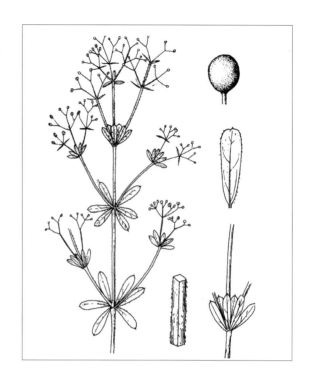

湿中生草本。生于森林带的河边、林下、林缘、草甸、沼泽地。产兴安北部及岭东和岭西（鄂伦春自治旗、鄂温克族自治旗）、燕山北部。分布于我国黑龙江、吉林、辽宁、河北、福建、湖北、湖南、贵州、四川、云南、新疆，日本、朝鲜、俄罗斯（东西伯利亚地区）。为东西伯利亚—东亚分布种。

11b. 钝叶猪殃殃（东京猪殃殃）

Galium dahuricum Turcz. ex Ledeb. var. **tokyoense**（Makino）Cuf. in Osterr. Bot. Z. 89:243. 1940; Fl. Intramongol. ed. 2, 4:376. 1992.——*G. tokyoense* Makino in Bot. Mag. Tokyo 17:72.1903.

本变种与正种的区别是：叶先端圆形且微凹，或偶有极短的尖头；果实光滑无毛。

湿中生草本。生于森林带的河边、林下、林缘、草甸、沼泽地。产兴安北部及岭东（额尔古纳市、扎兰屯市）、兴安南部（科尔沁右翼前旗、扎赉特旗）、辽河平原（大青沟）。分布于我国黑龙江西部、吉林西南部、辽宁北部、河北东北部，日本、朝鲜。为东亚北部（满洲—日本）分布变种。

12. 中亚猪殃殃

Galium rivale (Sibth. et Smith) Griseb. in Spic. Fl. Rumel. 2:156. 1844; Fl. Intramongol. ed. 2, 4:377. t.147. f.8-9. 1992.——*Asperula rivalis* Sibth. et Smith in Fl. Graec. Prodr. 1:87. 1806.

多年生蔓生或攀援草本。茎通常单生，长40～80cm，具4棱，棱上具倒向皮刺。叶6～8(～10)枚轮生，倒披针形，长2～4cm，宽4～6mm，先端锐尖或骤尖，基部楔形，边

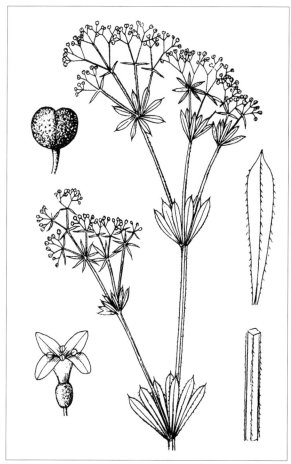

缘稍反卷，具倒向皮刺，上面疏被向前的刺毛，下面具倒向刺毛，具1脉，两面均被刺毛。聚伞圆锥花序顶生或腋生；总花梗细长；花小，白色；花梗长1～2mm；花萼无毛。花冠长1.5～2mm；裂片椭圆状披针形，等长或稍长于花冠管。雄蕊着生于花冠管的上部，长约1mm，花丝长于花药；花柱等长于花冠管，柱头球形，通常伸出花外，子房近球形。果实双球形，长约1mm，表面密被小颗粒。花期7月，果期8～9月。

　　中生草本。生于草原带的山坡、林下、林缘。产燕山北部（兴和县苏木山）、阴山（大青山、蛮汗山、乌拉山）。分布在我国河北西北部、山西、陕西西南部、宁夏南部、甘肃东南部、青海东北部、四川中部和北部、贵州西南部、新疆东南部，亚洲、欧洲均有分布。为古北极分布种。

2. 茜草属 Rubia L.

直立或缠绕草本。粗糙或被倒生小刺或被短硬毛。茎具 4 棱。托叶叶状。聚伞花序顶生或腋生，花小；萼筒卵形或近球形，萼裂片不明显或缺；花冠辐状，4～5 裂，裂片镊合状排列；雄蕊与花冠裂片同数而互生，着生于花冠筒上，花丝短，花药球形或长椭圆形；花盘小或肿胀；子房下位，花柱 2 深裂，柱头头状或球形。浆果，肉质，熟时橙红色或黑紫色；种子具胚乳，子叶宽而薄。

内蒙古有 4 种。

分种检索表

1a. 茎直立，沿棱具向上的刺毛；叶 4 枚轮生，卵形、宽椭圆或椭圆状卵形，宽 15～45mm，基部圆形或宽楔形，稀微心形，叶柄长 0.5～2cm ·······················**1. 中国茜草 R. chinensis**

1b. 茎蔓生，沿棱具倒向刺毛。

  2a. 叶 4～10 枚轮生，叶片卵形至近圆形，宽 2～9cm，叶长宽比为 1.2～1.5 基部深心形，叶柄 2～11cm ··**2. 林生茜草 R. sylvatica**

  2b. 叶披针形、矩圆状披针形、卵状披针形或卵形，宽 3.5～25mm，叶长宽比大于 2。

    3a. 叶披针形或卵状披针形，草质或近草质，基出脉全为 3，基部近圆形···**3. 披针叶茜草 R. lanceolata**

    3b. 叶披针形、矩圆状披针形、卵状披针形或卵形，纸质，基出脉 3～5，基部心形。

      4a. 果成熟后为橙红色·····················**4a. 茜草 R. cordifolia** var. **cordifolia**

      4b. 果成熟后为黑色或黑紫色·············**4b. 黑果茜草 R. cordifolia** var. **pratensis**

1. 中国茜草

Rubia chinensis Regel et Maack in Tent. Fl. Ussur. 76. 1861; Fl. Intramongol. ed. 2, 4:377. t.148. f.1-2. 1992.

多年生草本。须根发达。茎直立，高达 70cm，具 4 纵棱，沿棱被向上的刺毛。叶 4 枚轮生，纸质，卵形、宽椭圆形或椭圆状卵形，长 3～8cm，宽 1.5～4.5cm；上面被或多或少的短柔毛，近边缘处较密，沿脉密被短硬毛；下面幼时密被短柔毛，后渐少，沿脉密被短硬毛；基出脉 5，先端渐尖，基部圆形、宽楔形或心形，边缘密被短硬毛；叶柄长 5～20mm，沿棱被刺毛或短硬毛。聚伞花序顶生或腋生；花小，黄白色，花序轴与小花梗均被刺毛；花冠辐状。浆果近球形，黑紫色，直径约 4mm，无毛。花期 6～7月，果期 9 月。

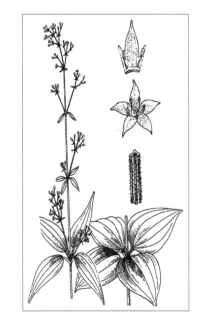

中生草本。生于阔叶林带的山地林下、林缘、草甸。产辽河平原（大青沟）、燕山北部（喀喇沁旗、宁城县、兴和县苏木山）。分布于我国黑龙江东南部、吉林中东部、辽宁东部、河北北部、河南西部、山西东北部、陕西西南部、甘肃东南部、湖北西部、四川西南部、云南西北部、西藏东部和南部，日本、朝鲜、俄罗斯（远东地区）。为东亚分布种。

2. 林生茜草

Rubia sylvatica (Maxim.) Nakai in J. Jap. Bot. 13:783. 1937; High. Pl. Sin. 10:677. 2004; Fl. China 19:317. 2011.——*R. cordifolia* L. var. *sylvatica* Maxim. in Mem. Acad. Imp. Sci. St.-Petersb. Div. Sav. 9(Prim. Fl. Amur.): 140. 1859.

多年生草质攀援藤本，长200～350cm或过之。茎、枝细长，方柱形，有4棱，棱上有微小的皮刺。叶4～10，稀11～12枚轮生，叶片干后膜状纸质，棕褐色或黑绿色，卵形至近圆形，长3～11cm，宽通常2～9cm，顶端长渐尖或尾尖，基部深心形，后裂片耳形，边缘有微小皮刺，两面粗糙；基出脉5～7条，纤细，有微小皮刺；叶柄长2～11cm或过之，有微小皮刺。聚伞花序腋生和顶生，通常有花10余朵，总花梗、花序轴及其分枝均纤细、粗糙。花和茜草*Rubia cordifolia* L. 的花相似。果球形，直径约5mm，成熟时黑色，单生或双生。花期7月，果期9～10月。

中生草本。生于森林带的山地林下、林缘。产兴安北部（大兴安岭）、兴安南部（巴林右旗）、赤峰丘陵（红山区）、燕山北部（喀喇沁旗、宁城县）。分布于我国黑龙江、吉林、辽宁、河北、山西、陕西、甘肃、四川，俄罗斯（远东地区）。为华北—满洲分布种。

3. 披针叶茜草

Rubia lanceolata Hayata in J. Coll. Sci. Univ. Tokyo 25:117. 1908; Fl. Intramongol. ed. 2, 4:379. t.148. f.5. 1992.

多年生草本，攀援状或披散状，长达100cm。茎具棱，棱上具倒向小皮刺。叶4枚轮生，草质或近草质；叶片披针形或卵状披针形，长1～3cm，宽3.5～8mm，先端渐尖，基部浅心形至近圆形，全缘，边缘反卷，具倒向小刺，上面绿色，有光泽，下面暗绿色，两面脉上均被糙

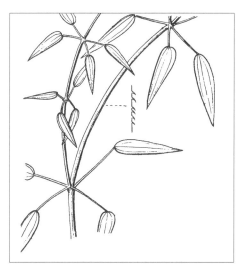

毛或短硬毛；基出脉3，表面凹下，背面凸起。聚伞花序排成大而疏散的圆锥花序，顶生或腋生；总花梗长而直，花梗长3～5mm，均具倒向小刺；小苞片披针形，长3～5mm；花萼筒近球形，无毛；花冠辐状，黄绿色，筒部极短，檐部5裂，裂片宽三角形或卵形至卵状披针形；雄蕊5，着生于花冠喉部；花柱2深裂，柱头头状。果实球形，直径4～5mm，成熟后黑色，光滑无毛。花期6～7月，果期8～9月。

　　中生草本。生于草原带的山地林下、山沟、湖岸石壁、沙丘灌丛下、河滩草甸。产呼伦贝尔（新巴尔虎右旗）、锡林郭勒（锡林浩特市、东乌珠穆沁旗）、鄂尔多斯（乌审旗）。分布于我国陕西、甘肃、湖北、广东、广西、四川、贵州、云南、台湾。为东亚分布种。

　　根去皮可治牙痛，叶汁可治白癣。

4. 茜草（红丝线、粘粘草）

Rubia cordifolia L. in Syst. Nat. ed. 12, 3:229. 1768; Fl. Intramongol. ed. 2, 4:379. t.148. f.3-4. 1992.

4a. 茜草

Rubia cordifolia L. var. **cordifolia**

　　多年生攀援草本。根紫红色或橙红色。茎粗糙，基部稍木质化；小枝四棱形，棱上具倒生小刺。叶4～6（～8）枚轮生，纸质，披针形、矩圆状披针形、卵状披针形或卵形，长1～6cm，宽6～25mm，先端渐尖，基部心形或圆形，全缘，边缘具倒生小刺，上面粗糙或疏被短硬毛，下面疏被刺状糙毛，脉上有倒生小刺，基出脉3～5；叶柄长0.5～5cm，沿棱具倒生小刺。聚伞花序顶生或腋生，通常组成大而疏松的圆锥花序；小苞片披针形，长1～2mm；花小，黄白色，具短梗；花萼筒近球形，无毛。花冠辐状，长约2mm，筒部极短；檐部5裂，裂片长圆状披针形，先端渐尖。雄蕊5，着生于花冠筒喉部，花丝极短，花药椭圆形；花柱2深裂，柱头头状。果实近球形，直径4～5mm，橙红色，熟时不变黑，内有1粒种子。花期7月，果期9月。

　　中生草本。生于森林带、草原带和荒漠带的山地杂木林林下、林缘、路旁草丛。产兴安北部及岭东和岭西（额尔古纳市、牙克石市、鄂伦春自治旗、陈巴尔虎旗、鄂温克族自治旗、新巴尔虎左旗）、兴安南部及科尔沁（科尔沁右翼前旗、科尔沁右翼中旗、扎赉特旗、阿鲁科尔沁旗、巴林左旗、巴林右旗、克什克腾旗）、辽河平原（大青沟）、赤峰丘陵（红山区）、燕山北部（喀喇沁旗、宁城县、敖汉旗、兴和县苏木山）、锡林郭勒（西乌珠

穆沁旗、锡林浩特市、苏尼特左旗、镶黄旗、太仆寺旗）、乌兰察布（达尔罕茂明安联合旗吉穆斯泰山）、阴山（大青山、蛮汗山、乌拉山）、阴南丘陵（准格尔旗阿贵庙）、鄂尔多斯（达拉特旗、乌审旗、东胜区）、东阿拉善（桌子山）、贺兰山、龙首山。分布于我国除新疆以外的其他各省区，日本、朝鲜、蒙古国北部和东部及南部、俄罗斯（西伯利亚地区、远东地区）。为东古北极分布种。

根入药（药材名：茜草），能凉血、止血、祛瘀、通经，主治吐血、衄血、崩漏、经闭、跌打损伤。也入蒙药（蒙药名：麻日纳），能清热凉血、止泻、止血，主治赤痢、肺炎、肾炎、尿血、吐血、衄血、便血、血崩、产褥热、麻疹。根含茜根酸、紫色精和茜素，可做染料。

4b. 黑果茜草（阿拉善茜草）

Rubia cordifolia L. var. **pratensis** Maxim. in Prim. Fl. Amur. 140. 1859; Fl. Intramongol. ed. 2, 4:380. 1992.——*R. cordifolia* L. var. *alaschanica* G. H. Liu in Fl. Intramongol. ed. 2, 4:380. 1992.

本变种与正种的区别是：果熟时为黑色或黑紫色。

中生草本。生于草原带和荒漠带的山地林下、林缘、岩石缝。产兴安南部（克什克腾旗）、锡林郭勒（锡林浩特市、苏尼特左旗）、鄂尔多斯（乌审旗）、贺兰山、龙首山。为华北分布变种。

用途同正种。

3. 野丁香属 Leptodermis Wall.

落叶灌木。叶对生，全缘；具叶柄间托叶，三角形。花腋生头状花序；苞片密集；花萼具 5 齿，宿存。花冠漏斗形；裂片 5，稀 4，开展。雄蕊 5，稀 4。花柱异长，顶端 3～5 裂；子房 5 室，每室 1 胚珠，外壁裂成 5 瓣，内壁网状紧包种子。

内蒙古有 1 种。

1. 内蒙野丁香

Leptodermis ordosica H. C. Fu et E. W. Ma in Fl. Intramongol. 5:413. 1981. Fl. Intramongol. ed. 2, 4:380. t.149. f.1-7. 1992.

小灌木，高 20～40cm。多分枝，开展；老枝暗灰色，具细裂纹；小枝较细，灰色或灰黄色，密被乳头状微毛。叶对生或假轮生，椭圆形、宽椭圆形至狭长椭圆形，长 3～10mm，宽 2～5mm，先端锐尖或稍钝，基部渐狭或宽楔形，全缘，常反卷，上面绿色，下面淡绿色，中脉隆起，侧脉极不明显，近无毛；叶柄短，长约 1mm，密被乳头状微毛；托叶三角状卵形或卵状披针形，先端渐尖，边缘有或无小齿，具缘毛，较叶柄稍长。花近无梗，1～3 朵簇生于叶腋或枝顶；

小苞片 2，长 3～4mm，通常在中部合生，多少呈二唇形，膜质，透明，具脉，先端尾状渐尖，边缘疏生睫毛，外面散生白色短条纹。花萼长约 2mm，萼筒倒卵形；裂片 4～5，比萼筒稍短，矩圆状披针形，先端锐尖，有睫毛。花冠长漏斗状，紫红色，长约 14mm，外面密被乳头状微毛，里面被疏柔毛；裂片 4～5，卵状披针形，长约 3mm。雄蕊 4～5；柱头 3，条形。蒴果椭圆形，长 2～3.5mm，黑褐色，有宿存，具睫毛的萼裂片，外托以宿存的小苞片；种子矩圆状倒卵形，长约 1mm，黑色，外包以网状的果皮内壁。花果期 7～8 月。

旱生小灌木。生于草原化荒漠带海拔 1600m 左右的山坡岩石缝间。产东阿拉善（桌子山）、贺兰山。分布于我国宁夏（贺兰山）。为东阿拉善山地（贺兰山—桌子山）分布种。

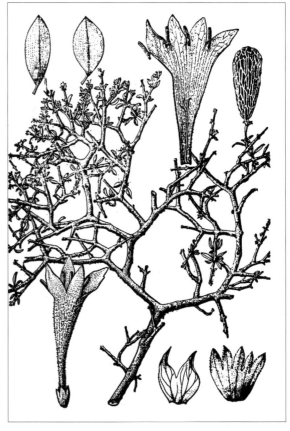

118. 忍冬科 Caprifoliaceae

灌木有时为小乔木，稀草本。单叶或羽状复叶，对生，通常无托叶。花两性，辐射对称或两侧对称，多为聚伞花序；花萼5裂或3～4裂；花冠合瓣，5裂，有时呈二唇形，裂片覆瓦状排列；雄蕊5或4，着生于花冠筒上且与花冠裂片互生；雌蕊由2～5心皮合生，子房下位，1～5室，每室有倒生胚珠1至多数，花柱离生或结合，中轴胎座。果为浆果、核果或蒴果，种子含胚乳。

内蒙古有7属、16种。

分属检索表

1a. 单叶。

　　2a. 常绿、匍匐小灌木；花具长梗，2花成对生于小枝顶端························1. 北极花属 Linnaea

　　2b. 落叶、直立灌木。

　　　　3a. 一个总花梗并生2花，2花萼筒彼此多少合生；花冠明显二唇形。

　　　　　　4a. 浆果，表面光滑；萼筒上部缢缩成细长颈····················2. 忍冬属 Lonicera

　　　　　　4b. 瘦果状核果，表面密被刺刚毛；萼筒上部不缢缩成颈··········3. 蝟实属 Kolkwitzia

　　　　3b. 相邻2花萼筒彼此分离，花冠钟形、漏斗形或二唇形不明显。

　　　　　　5a. 蒴果，雄蕊5······················4. 锦带花属 Weigela

　　　　　　5b. 核果或瘦果。

　　　　　　　　6a. 核果，老枝不具纵棱，雄蕊5················5. 荚蒾属 Viburnum

　　　　　　　　6b. 瘦果，老枝具6条纵棱，雄蕊4·············6. 六道木属 Abelia

1b. 单数羽状复叶，花冠辐射对称，枝具粗髓，浆果状核果····················7. 接骨木属 Sambucus

1. 北极花属 Linnaea Gronov. ex L.

常绿性匍匐小灌木。单叶对生，具叶柄，无托叶。花具长梗，成对顶生于短枝上端；花萼5深裂；花冠钟状，5裂；雄蕊4；子房3室，但仅1室发育，每室有1胚珠，花柱丝状，柱头头状。干果卵圆形，不裂，具1种子。

内蒙古有1种。

1. 北极花（北极林奈草）

Linnaea borealis L., Sp. Pl. 2:631. 1753; High. Pl. China 11:40. f.61. 2005; Fl. China 19:648. 2011.——*L. borealis* f. *arctica* Witrock in Act. Hort. Berg. 4-7:159. t.1. f.4-6. 1907; Fl. Intramongol. ed. 2, 4:384. t.150. f.1-3. 1992.

常绿匍匐小灌木，高5～25cm。枝细长，紫褐色，被短柔毛。叶近圆形，稀矩圆形或倒卵形，长5～12mm，宽5～9mm，先端微尖或钝圆，基部圆形或宽楔形，叶缘上半部具疏圆齿；上面绿色，散生长柔毛；下面淡绿色，被疏长柔毛或无毛，边缘被睫毛；叶柄长1～4mm，被柔毛。花具香味，2花生于细长的小枝顶端；花梗长1.5～3cm，被腺毛；苞片披针形，

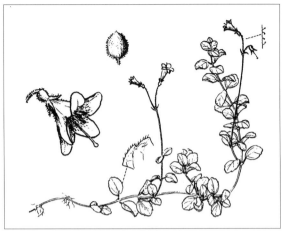

被毛；花萼 5 裂，裂片披针形，长 1～2mm，被柔毛，萼筒被密毛。花冠钟状，长约 8mm，5 裂；裂片近圆形，被毛，粉白色，带有微青紫色条纹，里外被毛。雄蕊 4；花柱与花冠几乎等长或稍超出，柱头头状，黄色。果实近球形，黄色，长约 3mm。花期 6～7 月，果熟期 9 月。

耐阴中生匍匐小灌木。生于森林带的山地林下较湿润的地上。产兴安北部及岭西和岭东（额尔古纳市、根河市、牙克石市、鄂伦春自治旗）、兴安南部（科尔沁右翼前旗、西乌珠穆沁旗北大山）。分布于我国黑龙江、吉林东部、辽宁东北部、新疆北部，日本、朝鲜、俄罗斯（西伯利亚地区、远东地区），欧洲北部，北美洲。为泛（环）北极分布种。

2. 忍冬属 Lonicera L.

落叶或常绿灌木，直立、攀援或缠绕。叶对生，通常全缘，具短柄或无柄，无托叶。花成对生于腋生的总花梗的顶端；有 2 苞片及 4 枚小苞片，小苞片通常合生，稀缺或花无梗轮生于枝顶；花萼 5 齿裂，萼筒上部缢缩成颈；花冠具细长或短管，基部常具浅囊，二唇形或近 5 裂；雄蕊 5；子房下位，成对，每对有时部分或全部联合，2～3(～5) 室，每室有胚珠数枚至多数，花柱细长，柱头头状。浆果，有数枚至多数种子。

内蒙古有 7 种。

分种检索表

1a. 小枝具白色密实的髓。

  2a. 叶小，长 0.8～2.2cm，倒卵形、椭圆形或矩圆形，先端钝圆或稍尖；花黄白色·····················

    ·····················**1. 小叶忍冬 L. microphylla**

  2b. 叶大，长 1.5cm 以上，菱状披针形、卵状披针形或椭圆状披针形，先端渐尖、锐尖或长渐尖。

    3a. 冬芽具数枚或多枚鳞片，花暗紫色或紫红色。

      4a. 叶下面密被绒毛，边缘无睫毛；萼齿三角状披针形·············**2. 华北忍冬 L. tatarinowii**

      4b. 叶下面散生长柔毛或混生短柔毛，边缘有睫毛；萼齿宽三角形·············

      ·····················**3. 紫花忍冬 L. maximowiczii**

    3b. 冬芽具 2 枚鳞片，花黄色或黄白色。

      5a. 果蓝紫色，肉质，有白粉，无毛；花冠筒状漏斗形·············**4. 蓝靛果忍冬 L. caerulea**

      5b. 果红色，外面被长短不一的细柔毛；花冠二唇形·············**5. 葱皮忍冬 L. ferdinandi**

1b. 小枝具黑色的髓，后髓消失而中空；冬芽具多枚鳞片；花冠黄色或黄白色。

    6a. 总花梗较叶柄长 2～4 倍；小苞片分离，长为萼筒的 1/3～1/2·········**6. 黄花忍冬 L. chrysantha**

    6b. 总花梗较叶柄短；小苞片基部多少联合，长为萼筒的 1/2 至几等长······**7. 金银忍冬 L. maackii**

1. 小叶忍冬（麻配）

Lonicera microphylla Willd. ex Schult. in Syst. Veg. 5:258. 1819; Fl. Intramongol. ed. 2, 4:386. t.151. f.3-4. 1992.

灌木，高 110～150cm。小枝淡褐色或灰褐色，细条状剥落，光滑或被微柔毛。叶倒卵形、椭圆形或矩圆形，长 0.8～2.2cm，宽 0.5～1.3cm，先端钝或稍尖，基部楔形，边缘具睫毛，上下两面均被密柔毛，有时光滑；叶柄长 1～2mm，被短柔毛。苞片锥形，常比萼稍长，具柔

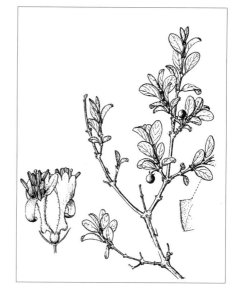

毛，小苞片缺；总花梗单生叶腋，被疏毛，长 10～15mm，下垂；相邻两花的萼筒几乎全部合生，光滑无毛，萼具不明显 5 齿牙，萼檐呈杯状；花黄白色，长 11～13mm，外被疏毛或光滑，内被柔毛。花冠二唇形：上唇长约 9mm，4 浅裂，裂片矩圆形，边缘具毛，先端钝圆，外被疏柔毛；下唇 1 裂，长椭圆形，边缘具毛，裂片长 6.5～7.0mm，宽 3～3.5mm。花冠筒长约 4mm，基部具浅囊。雄蕊 5，着生花冠筒中部；花药长椭圆形，长约 3mm；花丝长约 6.5mm，基部被疏柔毛，稍伸出花冠。花柱长约 8.5mm，中部以下被长毛。浆果橙红色，球形，直径 5～6mm。花期 5～6 月，果期 8～9 月。

旱中生阳性灌木。生于草原区的山地、丘陵坡地、疏林下、灌丛中，也散生于石崖上。产锡林郭勒南部、阴山（大青山、乌拉山）、阴南丘陵（准格尔旗）、鄂尔多斯、东阿拉善（狼山、桌子山）、贺兰山。分布于我国河北西北部、河南西部和北部、山西中西部、陕西北部、宁夏、甘肃中东部、青海、西藏东北部和西部、新疆，蒙古国北部和西部及南部、俄罗斯（东西伯利亚地区）、印度、阿富汗，中亚。为亚洲中部山地分布种。

可做水土保持及园林绿化树种。

2. 华北忍冬（华北金银花、秦氏忍冬）

Lonicera tatarinowii Maxim. in Mem. Acad. Imp. Sci. St.-Petersb. Div. Sav. 9(Prim. Fl. Amur.):138. 1859; Fl. Intramongol. ed. 2, 4:390. t.153. f.3. 1992.

灌木，高达 200cm。小枝黄褐色，无毛；老枝灰褐色，具细纵纹，枝皮条状剥落。冬芽外具 7～8 对尖头的芽鳞。叶矩圆状披针形或长卵形，长 3～7cm，宽 1.5～3cm，先端渐尖，基部宽楔形或圆形；上面暗绿色，无毛；下面灰白色，密被短绒毛；两面各脉均凸起，叶缘无睫毛；

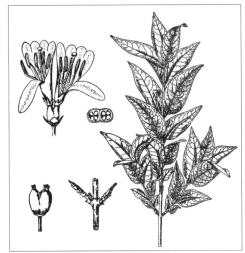

叶柄长 2～5mm，上面具凹槽，无毛。花梗长 1～2cm；苞片窄条形，密被柔毛；小苞片杯状合生，外被柔毛，先端具柔毛，稀仅基部合生，长达萼筒的 1/3；花萼 5 裂，裂片为不等形的三角状披针形，被毛；花冠暗紫色，长 8～9mm，外面无毛，唇形，花冠筒短于唇瓣 2 倍，基部一侧微浅囊状，里面有柔毛；雄蕊和花柱短于花冠；花柱具柔毛，子房联合。浆果红色，近球形，长 5～6mm；种子具小瘤状突起，粗糙。花期 5 月，果熟期 9 月。

中生灌木。生于暖温带夏绿阔叶林带海拔 700～2000m 以下的山地林下或沟谷。产燕山北部（喀喇沁旗、宁城县）。分布于我国黑龙江东南部、吉林东部、河北北部、河南西部和北部、山东东部、山西北部，朝鲜。为华北—满洲分布种。

树姿优美，可做庭园绿化树种。

3. 紫花忍冬（紫枝忍冬、紫枝金银花、黑花秸子）

Lonicera maximowiczii (Rupr.) Regel in Gartenflora 6:107. t.579. 1857; Fl. Intramongol. ed. 2, 4:390. t.153. f.4-5. 1992.——*Xylosteon maximowiczii* Rupr. in Bull. Cl. Phys.-Math. Acad. Imp. Sci. St.-Petersb. 15:136. 1857.

灌木，高约 200cm。当年生枝黄褐色至深褐色，初被长柔毛，后渐变无毛；二年生枝淡灰褐色，无毛，具细纵裂纹及不明显皮孔。冬芽长卵形，先端渐尖，长 3～5mm；顶芽较大，深褐色，鳞片数枚。单叶对生，椭圆形、卵状长圆形至卵状披针形，长 3～11cm，宽 2～4.5cm，先端尖或渐尖，基部广楔形或圆形，边缘全缘，有时为微波状，具长纤毛；上面深绿色，无毛，各脉凸起；下面淡绿色，被疏长毛，各脉凸起，沿中脉混有较密短柔毛；叶柄长约 5mm，初被长柔毛，后渐脱落。苞片钻形，为子房长的 1/3；小苞片短，近圆形，边缘有纤毛；总花梗单生叶腋，光滑，长 1.5～2.5cm，直立稍弯；相邻两萼筒连合至半，果期全部连合；萼齿宽三角形；花紫红色；花冠长约 1cm，表面无毛，花瓣片比花筒长；雄蕊比花瓣片稍长或等长；花柱与裂片等长，子房合生。浆果倒长卵形，红色，长 4～7mm，在中部以上结合，直径 3～4mm。花期 5～6 月，果熟期 8 月。

阳性中生灌木。生于夏绿阔叶林带的山地疏林下、山坡。产燕山北部（喀喇沁旗棒槌山、敖汉旗）。分布于我国黑龙江、吉林东部、辽宁东北部、山东东北部、新疆，朝鲜、俄罗斯（远东地区）。为满洲分布种。

全株枝、叶茂密，根系发达，可供水土保持用，且花紫色又可供庭园观赏用。

4. 蓝靛果忍冬（甘肃金银花）

Lonicera caerulea L., Sp. Pl. 1:174. 1753; Fl. China 19:626. 2011.——*L. caerulea* L. var. *edulis* Turcz. ex Herd. in Bull. Soc. Nat. Mosc. 37(1):205,207. t.3. f.1-2a. 1864; Fl. Intramongol. ed. 2, 4:386. t.151. f.1-2. 1992.

灌木，高 100～150cm。小枝紫褐色，幼时被柔毛，髓心充实，基部具鳞片状残留物，老枝有叶柄间托叶。冬芽暗褐色，被 2 枚舟形鳞片所包，有时具副芽，光滑。叶矩圆形、披针形或卵状椭圆形，长 1.5～5.5cm，宽 0.9～2.3cm，先端钝圆或钝尖，基部圆形或宽楔形，全缘，具短睫毛；上面深绿色，中脉下陷，网脉凸起，被疏短柔毛，或仅脉上有毛；下面淡绿色，密

被柔毛，脉上尤密；叶柄长2～4mm，被长毛。花腋生于短梗，苞片条形，比萼筒长2～3倍；小苞片合生，呈坛状壳斗，完全包围子房，成熟时成肉质；花冠黄白色，筒状漏斗形，长0.7～1.5cm，外被短柔毛，基部具浅囊；雄蕊5，稍伸出花冠；花柱较花冠长，无毛。浆果球形或椭圆形，深蓝黑色，长1～1.7cm。花期5月，果期7～8月。

中生灌木。生于森林带和森林草原带的山地杂木林下或灌丛中，可成为山地灌丛的优势种之一。产兴安北部（额尔古纳市、根河市满归镇）、兴安南部（阿鲁科尔沁旗、巴林右旗、克什克腾旗、西乌珠穆沁旗、锡林浩特市）、燕山北部（喀喇沁旗、宁城县、兴和县苏木山）、贺兰山。分布于我国黑龙江、吉林、河北、河南西部、山西、陕西西南部、宁夏、甘肃东部、青海东部、四川北部、云南西南部、新疆，日本、朝鲜、蒙古国、俄罗斯，欧洲、北美洲。为泛北极分布种。

浆果可供食用，酿酒。全株可做固土、固坡及园林绿化树种。

5. 葱皮忍冬（秦岭金银花）

Lonicera ferdinandi Franch. in Nouv. Arch. Mus. Hist. Nat. Ser. 2, 6:31. 1883; Fl. Intramongol. ed. 2, 4:388. t.152. f.1. 1992.

灌木，高达300cm。冬芽细长，具2枚舟形鳞片，被柔毛。幼枝常被小刚毛，基部具鳞片状残留物；老枝光滑，具凸起斑点，粗糙，有叶柄间托叶。叶卵形至卵状披针形，长1.5～4cm，宽0.8～1.5cm，先端渐尖，稀钝，基部圆形或近心形，边缘具睫毛，全缘或具浅波状；上面深绿色，疏生刚毛，中脉下凹，被短柔毛；下面灰绿色，疏生粗硬毛，沿脉具粗硬毛并杂生短柔毛；叶柄长3mm，被密毛。总花梗短，与叶柄几等长，具密腺状粗硬毛；苞片披针形至卵

形，边缘具长纤毛，其余散生小刚毛；小苞片合生，呈坛状壳斗，包围全部子房。花冠黄色，长 1.5～2cm，内被柔毛，外被腺毛及杂生长柔毛，灰黄色；上唇 4 裂，裂片圆形；下唇矩圆形，后反卷。萼齿直立，卵状三角形，稍尖，具密纤毛（花后比花托短 5 倍）。雄蕊伸出花冠，花丝光滑或散生柔毛；花柱上部具长柔毛；花托密被毡毛状长柔毛。浆果红色，被细柔毛，卵形；种子卵形，密被蜂窝状小点。花期 5 月，果期 9 月。

中生灌木。生于暖温草原带的山地、丘陵，一般见于海拔 1000～2000m 的山地灌丛中。产阴南丘陵（准格尔旗阿贵庙）、贺兰山。分布于我国河北西部、河南西部、山西、陕西、宁夏、甘肃东部、青海东部、四川北部。为华北分布种。

6. 黄花忍冬（黄金银花、金花忍冬）

Lonicera chrysantha Turcz. ex Ledeb. in Fl. Ross. 2(1):388. 1844; Fl. Intramongol. ed. 2, 4:389. t.153. f.1-2. 1992.

灌木，高 100～200cm。冬芽窄卵形，具数对鳞片，边缘具睫毛，背部被疏柔毛。小枝被长柔毛，后变光滑。叶菱状卵形至菱状披针形或卵状披针形，长 4～7.5cm，宽 1～4.5cm，先端尖或渐尖，基部圆形或宽楔形，全缘，具睫毛；上面暗绿色，疏被短柔毛，沿中肋尤密；下面淡绿色，

疏被短柔毛，沿脉甚密；叶柄长 3～5mm，被柔毛。苞片与子房等长或较长；小苞片卵状矩圆形至近圆形，分离，长为子房的 1/3～1/2，边缘具睫毛，背部具腺毛；总花梗长 1.5～2.3cm，被柔毛；花黄色，长约 12mm；花冠外被柔毛，花冠筒基部一侧浅囊状，上唇 4 浅裂，裂片卵圆形，下唇长椭圆形。雄蕊 5；花丝长约 10mm，中部以下与花冠筒合生，被密柔毛；花药长椭圆形，长约 2mm。花柱长约 11mm，被短柔毛；柱头圆球状；子房矩圆状卵圆形，具腺毛。浆果红色，直径 5～6mm；种子多数。花期 6 月，果熟期 9 月。

　　中生耐阴灌木。生于森林带和草原带海拔 1200～1400m 的山地阴坡杂木林下或沟谷灌丛中。产兴安北部（阿尔山市白狼镇、东乌珠穆沁旗宝格达山）、兴安南部（科尔沁右翼中旗、阿鲁科尔沁旗、巴林左旗、巴林右旗、克什克腾旗、西乌珠穆沁旗北大山和迪彦林场）、燕山北部（喀喇沁旗、宁城县）、锡林郭勒（锡林浩特市、太仆寺旗、正蓝旗）、阴山（大青山、蛮汗山、乌拉山）、贺兰山。分布于我国黑龙江、吉林、辽宁、河北、河南、山东、山西、陕西南部、宁夏、甘肃东部、青海东部、四川北部、安徽、湖北西部、湖南北部，日本、朝鲜北部、蒙古国东部（大兴安岭）、俄罗斯（东西伯利亚地区、远东地区）。为东西伯利亚—东亚分布种。

　　树皮可造纸或做人造棉，种子可榨油。本种为庭园绿化树种。

7. 金银忍冬（小花金银花）

Lonicera maackii (Rupr.) Maxim. in Mem. Acad. Imp. Sci. St.-Petersb. Div. Sav. 9(Prim. Fl. Amur.):419. 1859; Fl. Intramongol. ed. 2, 4:388. t.152. f.2-3. 1992.——*Xylosteon maackii* Rupr. in Bull. Cl. Phys.-Math. Acad. Imp. Sci. St.-Petersb. 15:369. 1857.

　　灌木，高达 300cm。小枝中空，灰褐色，密被短柔毛；老枝深灰色，被疏毛，仅在基部近节间处较密。冬芽卵球形，芽鳞淡黄褐色，密被柔毛。叶卵状椭圆形至卵状披针形，稀为菱状卵形，长 3～8cm，宽 1.5～3.0cm，先端渐尖或长渐尖，基部宽楔形或楔形，稀圆形，全缘，具长柔毛；上面暗绿色，被疏毛，沿脉较密；下面淡绿色，叶面及各脉均被柔毛，沿脉尤密；叶柄长 2～5mm，密被腺柔毛。花初时白色，后变黄色；总花梗比叶柄短，被腺柔毛；苞片窄条形，密被腺柔毛，长约 3mm，比子房约长 2 倍，苞片与子房间有短柄；小苞片与子房等长，呈坛状围住萼筒，被毛；萼 5 裂，裂片长三角形至窄卵形，长 1.5～2.0mm，宽约 0.5mm，被腺柔毛。花冠长 2.2～2.6cm，外被疏毛，基部尤密，二唇形：上唇 4 裂，裂片长 8.5～9.0mm，宽

4 ～ 5mm，边缘具毛；下唇 1 裂，裂片长约 1.5cm，宽 3.5 ～ 4mm，被毛。雄蕊 5；花药条形，长约 5mm；花丝长约 7.5mm，至少基部被毛。花柱长约 1.3cm，被长毛，柱头头状。浆果暗红色，球形，直径 5 ～ 6mm；种子具小浅凹点。花期 5 月，果期 9 月。

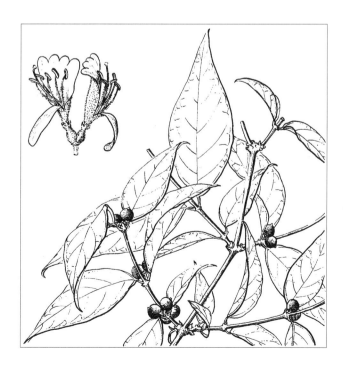

中生灌木。生于阔叶林带的林下、林缘、沟谷溪边。产兴安南部（阿鲁科尔沁旗）、辽河平原（大青沟）、燕山北部（喀喇沁旗、宁城县）。分布于我国黑龙江、吉林、辽宁、河北中北部、河南西部、山东、山西、陕西中部和南部、宁夏南部、甘肃东部、青海东部、四川北部、安徽、江苏、浙江、江西西部、湖北、湖南、贵州东南部、云南西北部和东南部，日本、朝鲜、俄罗斯（东西伯利亚地区、远东地区）。为东西伯利亚—东亚分布种。

根能杀菌截疟，茎皮可做造纸及做人造棉，幼叶及花可代茶叶，种子油可供制肥皂。本种可做庭园绿化树种。

3. 蝟实属 Kolkwitzia Graebn.

落叶灌木。冬芽具数对明显被柔毛的鳞片。叶对生，具短柄，无托叶。由贴近的两花组成的聚伞花序呈伞房状，顶生或腋生于具叶的侧枝之顶；苞片 2；萼檐 5 裂，裂片狭，被疏柔毛，开展；花冠钟状，5 裂，裂片开展；雄蕊 4，二强，着生于花冠筒内，花药内向；相近两朵花的 2 萼筒相互紧贴，其中一枚的基部着生于另一枚的中部，幼时几已连合，椭圆形，密被长刚毛，顶端各具 1 狭长的喙，基部与小苞片贴生；子房 3 室，仅 1 室发育，含 1 胚珠。2 枚瘦果状核果合生，外被刺刚毛，各冠以宿存的萼裂片。

单种属。

1. 蝟实

Kolkwitzia amabilis Graebn. in Bot. Jahrb. Syst. 29:593. 1901; High. Pl. China 11:40. f.62. 2005.

多分枝直立灌木，高可达 300cm。幼枝红褐色，被短柔毛及糙毛；老枝光滑，茎皮剥落。叶椭圆形至卵状椭圆形，长 3～8cm，宽 1.5～2.5cm，顶端尖或渐尖，基部圆或阔楔形，全缘，

少有浅齿状，上面深绿色，两面散生短毛，脉上和边缘密被直柔毛和睫毛，叶柄长 1～2mm。伞房状聚伞花序具长 1～1.5cm 的总花梗，花梗几不存在；苞片披针形，紧贴子房基部。萼筒外面密生长刚毛，上部缢缩似颈；裂片钻状披针形，长约 0.5cm，有短柔毛。花冠淡红色，长 1.5～2.5cm，直径 1～1.5cm，基部甚狭，中部以上突然扩大，外有短柔毛；裂片不等，其中 2 枚稍宽短，内面具黄色斑纹。花药宽椭圆形；花柱有软毛，柱头圆形，不伸出花冠筒外。果实密被黄色刺刚毛，顶端伸长如角，冠以宿存的萼齿。花期 5～6 月，果熟期 8～9 月。

中生灌木。生于黄土高原的丘陵灌丛。产阴南丘陵（准格尔旗马栅村）。内蒙古呼和浩特市、包头市有栽培。分布于我国山西南部（中条山）、河南西部、陕西南部（秦岭）、甘肃东南部、湖北西部和西北部、安徽南部。为华中分布种。是国家三级重点保护植物。

4. 锦带花属 Weigela Thunb.

灌木。冬芽具数枚锐尖的鳞片。叶对生，边缘具锯齿，具柄，无托叶。花较大，1至数朵组成腋生的聚伞花序，侧生在去年枝上，白色至粉红色、紫色或深红色；萼裂片5，下部联合或分离；花冠狭钟形或漏斗形，花冠裂片有时偏斜，花冠筒比5裂片长得多；雄蕊5，短于花冠；花柱有时伸出，柱头头状，子房2室，伸长。蒴果常矩圆形，具喙，2瓣裂；种子多数，具棱，小，常具翅。

内蒙古有1种。

1. 锦带花（连萼锦带花、海仙）

Weigela florida (Bunge) A. DC. in Ann. Sci. Nat. Bot. Ser. 2, 11:241. 1839; Fl. Intramongol. ed. 2, 4:392. t.150. f.4-5. 1992.——*Calysphyrum floridum* Bunge in Enum. Pl. China Bor. 33. 1833.

灌木，高达300cm。当年生枝绿色，被短柔毛；小枝紫红色，光滑，具微棱。冬芽具5～7对芽鳞，鳞片边缘具睫毛。叶椭圆形至卵状矩圆形或倒卵形，长2～5cm，宽1.5～2.5cm，先端渐尖或骤尖，稀钝圆，基部楔形，边缘具浅锯齿，被毛，上面绿色，下面淡绿色，两面被短柔毛，沿脉尤密；叶柄长约2mm，被柔毛。苞片条形，长3.5～4mm，被长毛；小苞片呈杯状，被疏毛。花萼长约1.2cm，外被疏长毛，萼5裂；裂片为不等长的三

角状长卵形，长3～5mm，边缘具毛；萼筒长5～7mm。花冠漏斗状钟形，粉红色或白色，被短毛，长3.5～4cm；裂片5，宽卵形，长约7mm，宽约7mm。雄蕊5，着生于花冠中部，花丝长约1cm，光滑。花柱单1，光滑，稍超出花冠；柱头扁平，2裂，帽状。蒴果长1.5～2cm，被稀柔毛或无毛，顶端有短柄状喙，疏生柔毛，2瓣室间开裂；种子多数。花期5月，果期8～9月。

中生灌木。生于阔叶林带的山地灌丛或杂木林下。产兴安南部（克什克腾旗）、燕山北部（喀喇沁旗、宁城县、敖汉旗）。内蒙古呼和浩特市有栽培。分布于我国吉林南部、辽宁、河北、河南西部、山东东部、山西东北部、陕西南部、江苏西南部，日本、朝鲜、俄罗斯（远东地区）。为华北—满洲分布种。

该种花色艳丽，可做庭园观赏树种。

5. 荚蒾属 Viburnum L.

落叶或常绿灌木，少小乔木。单叶对生，全缘，具齿牙或裂片；托叶缺，或有时具小托叶，和叶柄连生。花小，白色或粉红色，呈伞形状或圆锥状聚伞花序，有些种类花序的边缘有大型的不孕花；花萼小，5 齿裂；花冠呈钟状或管状，5 裂；雄蕊 5；子房 1 室，花柱极短，3 裂。核果具 1 种子。

内蒙古有 3 种。

分种检索表

1a. 伞形花序多花，外围有大型不育花；叶卵圆形至宽卵形，顶端 3 裂，无星状毛··**1. 鸡树条荚蒾 V. opulus subsp. calvescens**

1b. 花序全由两性花组成，无大型的不育花；叶不分裂，被星状毛。

  2a. 花冠筒状钟形，黄白色，筒远比裂片长；花生于花序的第一级辐射枝上，所以花序呈伞形··**2. 蒙古荚蒾 V. mongolicum**

  2b. 花冠辐射状，白色，筒比裂片短；花多数生于花序的第二级辐射枝上，所以花序常为聚伞花序···**3. 暖木条荚蒾 V. burejaeticum**

1. 鸡树条荚蒾（天目琼花）

Viburnum opulus L. subsp. **calvescens** (Rehd.) Sugim. in New Key Jap. Tr. 478. 1961.——*V. opulus* L. var. *calvescens* (Rehd.) H. Hara in J. Coll. Sci. Imp. Univ. Tokyo 6:385. 1956; Fl. Intramongol. ed. 2, 4:394. t.154. f.1-3. 1992.——*V. sargentii* Koehne var. *calvescens* Rehd. in Mitt. Deutsch. Dendr. Ges. 12:125. 1903.

灌木，高 200～300cm。树皮灰褐色，纵条状开裂，有时具软木层。小枝黄褐色至淡褐色，有毛或无毛；皮孔黄褐色，圆形，凸起。冬芽卵形，无毛。叶宽卵形至卵圆形，长与宽均为 5～13cm，先端 3 裂，中央裂片较两侧者大，裂片具粗齿牙，稀全缘，基部宽楔形或近圆形，具掌状三出脉；上面绿色，叶脉下陷，仅主脉被稀疏毛或无毛；下面淡绿色，无毛或被柔毛或仅脉腋具毛；叶柄长 1.5～3.0cm，无毛或被柔毛，上部具凸起的盘状腺体；托叶小，钻形。花由聚伞花序组成的顶生伞形花序；总花梗长 2～5.5cm，有毛或无毛，外围有不孕性的辐射花，直径约 2cm，孕性花在中央，直径约 6mm；花萼 5，浅裂；花冠辐状，喉部具毛，裂片 5，乳白色。雄蕊 5，着生于花冠筒上；花丝疏被毛，超出花冠，花药紫色。果近球形，红色，直径约 6mm；种子扁圆形。花期 6 月，果熟期 9 月。

中生灌木。常生于森林带和草原带的山地林缘、杂木林中、山地灌丛。产兴安北部及岭东（牙克石市乌尔其汉镇、鄂伦春自治旗、阿荣旗）、兴安南部（乌兰浩特市、科尔沁右翼前旗索伦镇、阿鲁科尔沁旗、巴林右旗、克什克腾旗）、

辽河平原（科尔沁左翼后旗、大青沟）、燕山北部（喀喇沁旗、宁城县、敖汉旗）、阴山（大青山）。分布于我国黑龙江、吉林、辽宁、河北北部、河南西部、山东、山西、陕西南部、甘肃东南部、四川、安徽、江苏、江西、浙江西北部、湖北，日本、朝鲜、蒙古国东部（大兴安岭）、俄罗斯（远东地区）。为东亚分布亚种。

　　嫩枝、叶及果实入药。嫩枝主治风湿性关节炎、腰腿痛、跌打损伤。叶外用治疮疖、癣、皮肤瘙痒。果治急、慢性气管炎、咳嗽。茎皮含纤维可制绳，种子油供制肥皂和润滑油，果可食。

2. 蒙古荚蒾（白暖条）

Viburnum mongolicum (Pall.) Rehd. in Trees et Shrubs 2:111. 1908; Fl. Intramongol. ed. 2, 4:394. t.154. f.4-6. 1992.——*Lonicera mongolica* Pall. in Reise Russ. Reich. 3:721. 1771.

　　多分枝灌木，高可达 200cm。幼枝灰色，密被星状毛；老枝黄灰色，具纵裂纹，无毛。叶

宽卵形至椭圆形，稀近圆形，长 3～6cm，宽 1～2.5cm，先端锐尖或钝，基部宽楔形或圆形，边缘具浅波状齿牙；上面绿色，被星毛状长柔毛；下面淡绿色，被星状毛；主脉上为褐色星状毛；叶柄长 3～8mm，密被星状毛。聚伞状伞形花序顶生，花轴、花梗均被星状毛。萼管长约 4mm；裂片 5，三角形，长与宽均约 1mm，无毛。花冠长约 7mm，先端 5 裂，呈覆瓦状排列；裂片长与宽均约 2mm，

无毛，显著短于花冠筒。雄蕊5，花药长约1.5mm，花丝长约4mm，无毛；子房下位，无毛，柱头扁圆，花柱无或极短。核果椭圆形，蓝黑色，无毛，长约1cm，宽约8mm，背面具2条沟纹，腹面具3条沟纹。花期6月，果期9月。

中生喜阳灌木。生于森林带和草原带的山地林缘、杂木林中及灌丛。产兴安北部及岭东和岭西（大兴安岭）、兴安南部及科尔沁（扎赉特旗、阿鲁科尔沁旗、巴林右旗、克什克腾旗、西乌珠穆沁旗北大山和迪彦林场）、赤峰丘陵（松山区）、燕山北部（喀喇沁旗、宁城县、敖汉旗、兴和县苏木山）、锡林郭勒（锡林浩特市、正蓝旗、太仆寺旗）、阴山（大青山、蛮汗山、乌拉山）、贺兰山。分布于我国辽宁西部、河北北部、河南西部、山西、陕西西北部、宁夏、甘肃东部、青海东北部，蒙古国东部（大兴安岭）、俄罗斯（东西伯利亚地区）。为东西伯利亚—满洲—华北分布种。

可做水土保持及园林绿化树种。

3. 暖木条荚蒾

Viburnum burejaeticum Regel et Herd. in Gartenflora 11:407. 1862; Fl. China 19:576. 2011.

落叶灌木，高达500cm。树皮暗灰色。当年小枝、冬芽、叶下面、叶柄及花序均被簇状短毛；二年生小枝黄白色，无毛。叶纸质，宽卵形至椭圆形或椭圆状倒卵形，长(3～)4～6(～10)cm，顶端尖，稀稍钝，基部钝或圆形，两侧常不等，边缘有牙齿状小锯齿，初时上面疏被簇状毛或无毛，成长后下面常仅主脉及侧脉上有毛，侧脉5～6对，近缘前互相网结，连同中脉上面略凹陷，下面凸起，叶柄长5～12mm。聚伞花序直径4～5cm；总花梗长达2cm或几无，第一级辐射枝5条，花大部生于第二级辐射枝上；萼筒矩圆筒形，长约4mm，无毛，萼齿三角形。花冠白色，辐状，直径约7mm，无毛；裂片宽卵形，长2.5～3mm，比筒部长近2倍。花药宽椭圆形，长约1mm。果实红色，后变黑色，椭圆形至矩圆形，长约1cm；核扁，矩圆形，长9～10mm，直径4～5mm，有2条背沟和3条腹沟。花期5～6月，果熟期8～9月。

中生灌木。生于阔叶林带的林间、河岸。产赤峰丘陵（翁牛特旗乌丹镇）、燕山北部（喀喇沁旗旺业甸林场）。分布于我国黑龙江、吉林、辽宁、河北东北部、山西中北部，朝鲜北部、蒙古国（大兴安岭）、俄罗斯（远东地区）。为华北北部—满洲分布种。

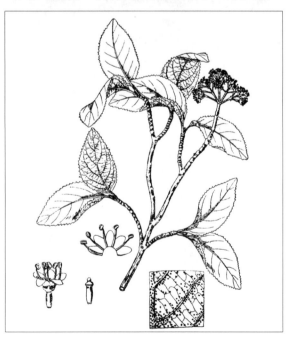

6. 六道木属 Abelia R. Br.

落叶，稀常绿灌木。冬芽小，卵圆形，芽鳞数枚。叶对生，全缘或具齿牙，具短柄。花小，白色至粉红色或紫色，1～2朵下垂腋生或顶生，或由数花排成聚伞花序，有时形成顶生的圆锥花序；萼片2～5，花后期显著膨大，宿存；花冠管状或高脚碟状至钟状，5裂；雄蕊4，2长2短，着生于花冠筒基部；子房3室，仅1室发育成1胚珠，花柱伸长。革质瘦果，具1种子，顶部具宿萼。

内蒙古有1种。

1. 六道木（二花六条木）

Abelia biflora Turcz. in Bull. Soc. Imp. Nat. Mosc. 10(7):152. 1873; Fl. Intramongol. ed. 2, 4:395. t.155. f.1-3. 1992.

灌木，高达200cm。树皮浅灰色。小枝对生，淡褐色或紫褐色，被疏毛；老枝灰色或灰褐色，无毛，具6条纵沟。单叶对生，卵状披针形或卵形，长3～8.5cm，宽0.8～1.8cm，先端尖或渐尖，基部楔形或广楔形，边缘具不规则的大齿牙或全缘，具纤毛；上面暗绿色，散生短柔毛，沿主脉尤密；下面淡绿色，各脉隆起，被疏柔毛，沿主脉尤显；叶柄长2～6mm，初时疏被毛，后变光滑。花两性，2个单生于枝顶的叶腋；花淡黄色；

花冠管状，被柔毛，顶端5裂；花瓣片卵圆形，长约4mm，宽约3mm，被柔毛；萼片4，倒披针形，长约9mm，宽约2.5mm，边缘具纤毛，两面被疏短毛；雄蕊4，2长2短；子房长圆形，稍弯曲，3室；花梗长约4mm，密被柔毛；小苞片3。瘦果长约1cm，具数条纵棱，疏被柔毛，先端具宿存萼片，疏被柔毛。花期4～5月，果期8～9月。

中生灌木。生于夏绿阔叶林带的山地林下、山顶岩石处。产燕山北部（喀喇沁旗、宁城县黑里河林场、敖汉旗）。分布于我国黑龙江南部、吉林、辽宁西部、河北、河南西部和北部、山西、陕西中部和南部、甘肃东部、四川西部，俄罗斯（远东地区）。为华北—满洲分布种。

枝干可做小农具（三齿权）。全株可做水土保持及庭园绿化树种。果实入药，能祛风湿、消肿毒，主治风湿筋骨疼痛、痈毒红肿。

7. 接骨木属 Sambucus L.

落叶灌木或小乔木。小枝具粗髓，冬芽具鳞片数对。单数羽状复叶，对生，小叶具锯齿。花小，白色，辐射对称，呈顶生复伞房花序或圆锥花序；花萼5裂，裂片小；花冠辐状，5裂；雄蕊5，花丝短；子房下位，3～5室，花柱短、3～5裂。果为浆果状核果，有3～5具单种子的小核。

内蒙古有2种。

分种检索表

1a. 小叶柄、小叶下面、叶轴、花序轴及花梗均无毛，或后变无毛··················**1. 接骨木 S. williamsii**

1b. 小叶柄、小叶下面沿脉及叶轴均被长硬毛，花序轴和花梗被短柔毛和长硬毛···**2. 毛接骨木 S. sibirica**

1. 接骨木（野杨树）

Sambucus williamsii Hance in Ann. Sci. Nat. Bot. Ser. 5, 5:217. 1866; Fl. Intramongol. ed. 2, 4:399. t.156. f.1-2. 1992.——*S. foetidissima* Nakai et Kitag. in Rep. First Sci. Exped. Manch. 4, 1:12. t.5. 1934; Fl. Intramongol. ed. 2, 4:399. t.157. f.1. 1992.——*S. manshurica* Kitag. in Rep. First. Sci. Res. Manch. 4:117. 1940; Fl. Intramongol. ed. 2, 4:403. t.158. f.1-3. 1992.——*S. coreana* auct. non (Nakai) Kom. et Alis.: Fl. Intramongol. ed. 2, 4:401. t.157. f.2. 1992.——*S. latipinna* auct. non Nakai: Fl. Intramongol. ed. 2, 4:401. t.158. f.4. 1992.——*S. sieboldiana* (Miq.) Blume ex Schwer. var. *pinnatisecta* G.Y. Luo et P. H. Huang in Bull. Bot. Res. Harbin 7(2):147-148. 1987.

灌木，高约300cm。树皮浅灰褐色。枝灰褐色，无毛，具纵条棱。冬芽卵圆形，淡褐色，具3～4对鳞片。单数羽状复叶，小叶5～7，矩圆状卵形或矩圆形，长5.5～9cm，宽2～4cm；上面深绿色，初时稀疏被短毛，后变无毛；下面淡绿色，无毛，先端长渐尖稀尾尖，基部楔形，边缘具稍不整齐锯齿，无毛或稀有疏短毛；下部2对小叶具柄，顶端小叶较大，具长柄。圆锥花序，

花带黄白色，直径约3mm；花轴、花梗无毛。花萼5裂；裂片三角形，长约0.8mm，宽约0.3mm，光滑。花期花冠裂片向外反折；裂片宽卵形，长约2mm，宽约1.5mm，先端钝圆。雄蕊5，着生于花冠上且与其互生；花药近球形，直径约1mm，黄色；花丝长约1mm。子房下位；柱头2裂，近球形，几无花柱。果为浆果状核果，蓝紫色，直径4～5mm；种子有皱纹。花期5月，果期9月。

中生灌木。生于森林带和森林草原带的山地灌丛、林缘、山麓。产兴安北部及岭西（额尔古纳市、根河市、鄂伦春自治旗、满归、阿尔山市伊尔施林场和白狼镇、陈巴尔虎旗）、兴安南部（科尔沁右翼前旗、扎赉特旗、扎鲁特旗、巴林左旗、巴林右旗、克什克腾旗、西乌珠穆沁旗北大山）、辽河平原（大青沟）、赤峰丘陵（红山区、库伦旗）、燕山北部（喀喇沁旗、宁城县）。内蒙古呼和浩特市有栽培。分布于我国黑龙江、吉林、辽宁、河北北部、河南西部

和东南部、山东西部、山西、陕西、甘肃东部、四川、安徽西部、江苏、江西、浙江西北部、福建北部、湖北、湖南、广东北部、广西北部、贵州、云南北部，日本、朝鲜、蒙古国东部和北部、俄罗斯（东西伯利亚地区、远东地区）。为东西伯利亚—东亚分布种。

全株入药，能接骨续筋、活血止痛、祛风利湿，主治骨折、跌打损伤、风湿性关节炎、痛风、大骨节病、急慢性肾炎，外用治创伤出血。茎干做蒙药（干达嘎利的一种）用，能止咳、解表、清热，主治感冒咳嗽、风热。嫩叶可食，种子油供制肥皂及工业用。本种为优良庭园观赏树种。

本种《中国植物志》（72:8. 1988）记载"果为红色，极少蓝黑色"，而《内蒙古植物志》第二版（4:399. 1992）将其果描述为"蓝紫色"，系为误记。而根据 *Fl. U.R.S.S.*（23:423. 1958）记载，*S. coreana* (Nakai) Kom. et Alis. 和 *S. latipinna* Nakai 果应为蓝紫色，但《内蒙古植物志》第二版（4:401. 1992）将此 2 种的果实描述误记为"红色"，实际上内蒙古没有这两种植物，系错误鉴定。

2. 毛接骨木（公道老）

Sambucus sibirica Nakai in Bot. Mag. Tokyo 40:478. 1926; Fl. China 19:613. 2011.——*S. sieboldiana* (Miq.) Blume ex Schwer. var. *miquelii* (Nakai) H. Hara in J. Jap. Bot. 26: 280.1951; Fl. Intramongol. ed. 2, 4:397. t.156. f.3. 1992.——*S. buergeriana* Blume ex Nakai var. *miquelii* Nakai in Bot. Mag. Tokyo 40:474. 1926.

灌木或小乔木，高 400～500cm。小枝灰褐色至深褐色，柔毛，髓心褐色。单数羽状复叶，长 5～9(～15)cm，宽约 10cm；小叶 5，披针形、椭圆状披针形或倒卵状矩圆形，长 3.5～10cm，宽 1.5～4cm，先端渐尖或长渐尖，基部楔形，上面深绿色，下面较浅，两面均被柔毛，沿脉尤密，边缘细锯齿，锐尖。顶生聚伞花序组成圆锥花序，花轴、花梗、小花梗等均有毛；花萼 5 裂，裂片宽三角形，无毛，

长约 0.6mm，宽约 0.5mm，先端钝；花暗黄色或淡绿白色；花冠裂片矩圆形，无毛，长约 2mm，宽约 1mm，先端钝圆；雄蕊 5，花丝长约 0.5mm，花药近球形，直径约 0.7mm；子房矩圆形，长约 2.5mm，宽约 2mm，无毛。核果橙红色，无毛，近球形，直径约 3mm；种子 2～3，卵状椭圆形，具皱纹。花期 5 月，果熟期 7～8 月。

中生灌木。生于森林带和森林草原带的山地阴坡林缘、沙地灌丛。产兴安北部及岭东和岭西（大兴安岭）、兴安南部及科尔沁（阿鲁科尔沁旗、巴林右旗、克什克腾旗、西乌珠穆沁旗）、辽河平原（大青沟）、阴山（大青山）。分布于我国黑龙江、吉林、辽宁、山西北部，日本、朝鲜、

俄罗斯（西伯利亚地区、远东地区）。为西伯利亚—东亚北部分布种。

种子油供制肥皂用。可做庭园观赏树种。药用同接骨木。

119. 五福花科 Adoxaceae

多年生草本，具匍匐或直立的根状茎。茎单生或2～4条丛生。基生叶1～3（或多达10）；茎生叶仅具2枚对生叶，3裂或一至二回羽状三出复叶。花两性，小型，集成顶生（稀腋生）总状、聚伞形头状或团伞花序排列成间断的穗状花序；花3～5基数，合萼、合瓣。雄蕊2轮；内轮退化，外轮着生在花冠筒内，分裂为2半蕊；花药1室，盾形，外向，纵裂。花柱短，3～5裂（与子房室同数）；子房半下位至下位，3～5室，每室有1胚珠。核果，具3～5核。

内蒙古有1属、1种。

1. 五福花属 Adoxa L.

多年生草本。根状茎匍匐。茎通常1条。基生叶1～3，为三出复叶；茎生叶2枚对生，具柄，叶片3深裂。花茎单一，花序聚伞形头状，顶生；花黄绿色，4～5数；花萼浅杯状；花冠辐状，管极短，裂片上约略可见有乳突；内轮雄蕊退化成腺状乳突，外轮雄蕊着生于花冠管檐部，花丝2裂至基部，其上各着生半个花药，花药1室；子房半下位至下位，花柱4～5，基部联合，柱头头状。核果。

单种属。

1. 五福花

Adoxa moschatellina L., Sp. Pl. 1:367. 1753; Fl. Intramongol. ed. 2, 4:405. t.159. f.1-3. 1992.

多年生草本，高8～12cm。有香味。茎单一，纤细，无毛，有匍枝。基生叶1～3，为一

至二回三出复叶；小叶宽卵形或圆形，长 0.8～2cm，再 3 裂，先端钝圆，具小凸尖，基部近圆形或宽楔形，边缘具不整齐圆锯齿，叶柄长 2.5～6cm。茎生叶 2，对生，三出复叶；小叶卵圆形，通常 3 裂，叶柄长 0.8～1.8cm。顶生头状聚伞式花序，花 5～7；花绿色或黄绿色，直径 4～7mm；有顶生花与侧生花的区别。

顶生花的花萼裂片 2，长约 2mm；花冠长约 3mm，裂片 4，裂至中部以下，先端圆；雄蕊 8；花柱 4。侧生花的形态、大小与顶生花相似，唯花各部多为 5 基数；花萼裂片 3；花冠裂片 5；雄蕊 10；花柱 5。核果球形，直径 2～3mm。花期 5～7 月。

中生草本。生于森林带的山地落叶松林林下、桦木林下、林间草甸。产兴安北部（阿尔山市白狼镇）、兴安南部（阿鲁科尔沁旗、巴林右旗）、辽河平原（大青沟）。分布于我国黑龙江南部、吉林东部、辽宁东部和南部、河北北部、河南西北部、山西南部、陕西（秦岭）、甘肃东部、青海东部、四川西部、云南西北部、西藏东部、新疆北部，日本、朝鲜、蒙古国北部和东部及南部、俄罗斯、尼泊尔、印度、巴基斯坦，北非，欧洲、北美洲。为泛北极分布种。

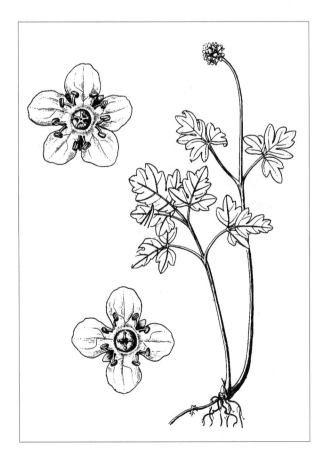

120. 败酱科 Valerianaceae

多年生或一年生草本，稀灌木。常具基生叶，茎生叶对生或互生，通常羽状分裂，少数不裂，无托叶。花小，两性，稀单性，稍两侧对称，组成密集或疏散聚伞状花序或头状花序；花萼小，开花时多不显著，有时在果期裂片呈羽毛状；花冠筒状，基部常有偏突囊距，裂片 3 ～ 5；雄蕊 (1 ～)3 ～ 4，着生于花冠筒上，与花冠裂片互生；子房下位，3 室，仅 1 室发育，胚珠 1。瘦果，有时顶端有宿存的冠毛状花萼或有增大的苞片，呈翅果状。

内蒙古有 2 属、7 种。

分属检索表

1a. 雄蕊 4；花萼不明显，截平或有细小 5 齿裂；花鲜黄色，稀白色；果无冠毛⋯⋯⋯⋯**1. 败酱属 Patrinia**

1b. 雄蕊 3；花萼多裂，开花时内卷而不明显，果期伸长外展成羽毛状；花粉红色或白色⋯⋯⋯⋯⋯⋯⋯⋯⋯⋯⋯⋯⋯⋯⋯⋯⋯⋯⋯⋯⋯⋯⋯⋯⋯⋯⋯⋯⋯⋯⋯⋯⋯⋯⋯⋯⋯**2. 缬草属 Valeriana**

1. 败酱属 Patrinia Juss.

多年生草本。叶对生，常羽状分裂。花黄色，少白色；花序伞房状；萼截平或 5 齿裂；花冠合瓣，辐射对称，5 裂；雄蕊 4；子房下位。瘦果基部常与苞片合生，3 室，仅 1 室发育，其他 2 室常肥厚；种子 1。

内蒙古有 5 种。

分种检索表

1a. 果无膜质增大苞片，仅由不发育 2 室扁展成窄边；茎和花序分枝一侧有白毛⋯**1. 败酱 P. scabiosifolia**

1b. 果有翅状干膜质苞片贴生于背部，呈翅果状，茎和花序分枝有毛时多为 4 面或 2 面被毛。

  2a. 矮小草本，高 5 ～ 25cm；叶基生，无茎生叶或有时中部具 1 对羽状分裂叶片；花序梗被长糙毛或糙毛⋯⋯⋯⋯⋯⋯⋯⋯⋯⋯⋯⋯⋯⋯⋯⋯⋯⋯⋯⋯⋯⋯⋯⋯⋯**2. 西伯利亚败酱 P. sibirica**

  2b. 植株高 30cm 以上，有茎生叶。

    3a. 花序最下分枝处总苞叶羽状全裂，具 3 ～ 5 对较窄的条形裂片；果苞长 5mm 以下，网脉常具 3 条主脉⋯⋯⋯⋯⋯⋯⋯⋯⋯⋯⋯⋯⋯⋯⋯⋯⋯⋯⋯⋯⋯⋯⋯⋯⋯**3. 岩败酱 P. rupestris**

    3b. 花序最下分枝处总苞叶条形，不裂或仅具 1（～ 2）对条形侧裂片；果苞长 5.5mm 以上，网脉常具 2 条主脉。

      4a. 叶革质，叶裂片先端钝或急尖；花冠长 6.5 ～ 9mm；果苞长 7 ～ 9mm，宽 5 ～ 7mm⋯⋯⋯⋯⋯⋯⋯⋯⋯⋯⋯⋯⋯⋯⋯⋯⋯⋯⋯⋯⋯⋯⋯⋯⋯⋯**4. 糙叶败酱 P. scabra**

      4b. 叶纸质，叶裂片先端急尖或尾尖；花冠长 3 ～ 4.5mm；果苞长 5.5 ～ 6.2mm，宽 4.5 ～ 5.5mm⋯⋯⋯⋯⋯⋯⋯⋯⋯⋯⋯⋯⋯⋯⋯⋯⋯⋯⋯⋯⋯⋯⋯⋯**5. 墓头回 P. heterophylla**

1. 败酱（黄花龙芽、野黄花、野芹）

Patrinia scabiosifolia Link in Enum. Hort. Berol. Alt. 1:131. 1821; Fl. China 19:664. 2011; Fl. Intramongol. ed. 2, 4:406. t.159. f.4-6. 1992.

多年生草本，高 55 ～ 80（～ 150）cm。地下茎横走。茎被脱落性白粗毛。基生叶狭长椭圆形、椭圆状披针形或宽椭圆形，长 (1.8 ～)3 ～ 10.5cm，宽 1.2 ～ 3cm，先端尖，基部楔形或宽楔形，

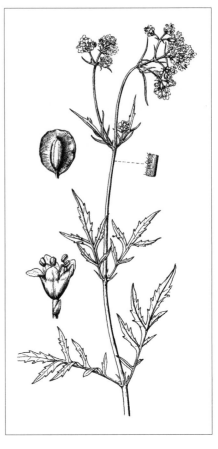

边缘具锐锯齿；有长柄，长 3～12cm，花期枯落。茎生叶对生，2～3 对羽状深裂至全裂，长（4～）7～15cm，中央裂片最大，椭圆形或椭圆状披针形，两侧裂片狭椭圆形、披针形或条形，依次渐小，两面近无毛或边缘及脉上疏被粗毛；叶柄长 1～2cm，上部叶渐无柄。聚伞圆锥花序在顶端常 5～9 个集成疏大伞房状；总花梗及花序分枝常只一侧被粗白毛；苞片小；花较小，直径 2～4mm；花萼不明显；花冠筒短，上端 5 裂；雄蕊 4；子房下位。瘦果长椭圆形，长 3～4mm，子房室边缘稍扁展成极窄翅状，无膜质增大苞片。花期 7～8 月，果期 9 月。

旱中生草本。生于森林草原带及山地的草甸草原、杂类草草甸及林缘，在草甸草原群落中常有较高的多度，并可形成华丽的季相，在群落外貌上十分醒目。产兴安北部及岭东和岭西（额尔古纳市、牙克石市、鄂温克族自治旗、东乌珠穆沁旗宝格达山、莫力达瓦达斡尔族自治旗、阿荣旗、扎兰屯市）、兴安南部（扎赉特旗、科尔沁右翼前旗、科尔沁右翼中旗、阿鲁科尔沁旗、巴林右旗、林西县、克什克腾旗）、辽河平原（大青沟）、赤峰丘陵（红山区、翁牛特旗）、燕山北部（喀喇沁旗、宁城县、敖汉旗）、阴山（大青山）。分布于我国除宁夏、青海、新疆、西藏以外的其他省区，日本、朝鲜、蒙古国东部（大兴安岭）、俄罗斯（西伯利亚地区、远东地区）。为西伯利亚—东亚分布种。

全草（药材名：败酱草）和根状茎及根入药。全草能清热解毒、祛瘀排脓，主治阑尾炎、痢疾、肠炎、肝炎、眼结膜炎、产后瘀血腹痛、痈肿疔疮。根状茎及根主治神经衰弱或精神病。

2. 西伯利亚败酱

Patrinia sibirica (L.) Juss. in Ann. Mus. Natl. Hist. Nat. 10:312. 1807; Fl. Intramongol. ed. 2, 4:408. t.160. f.1-2. 1992.——*Valeriana sibirica* L., Sp. Pl. 1:34. 1753.

多年生矮小草本，高 5～25cm。叶基生，倒披针形或狭椭圆形，长 2～3.5（～5）cm，全缘，或羽状深裂，先端圆、渐尖或有数裂齿，基部渐窄下延成柄，柄长 2.5～5cm。花茎由叶丛抽出，高 10～25cm，密被白毛，毛渐脱落，无叶或有时中部具 1 对羽状分裂叶片；聚伞花序在枝端集成圆头状，花开后花梗增长呈顶生伞房状圆锥花序；花萼有细小 5 齿。花冠黄色，漏斗状管形，

基部狭细；裂片5，近圆形。雄蕊4，伸出，花药大。瘦果卵形，长3～4(～6)mm，顶端有冠状宿萼；苞片膜质，卵圆形，长6～9mm，顶端圆钝，有时微3裂。花期6～7月，果期7～8月。

石生旱中生草本。生于山地森林带及森林草原带或高山带的砾石质坡地、岩石露头的石缝中。产兴安北部（东乌珠穆沁旗宝格达山）、兴安南部（巴林右旗、东乌珠穆沁旗、西乌珠穆沁旗）、赤峰丘陵（翁牛特旗）。分布于我国黑龙江西部和西北部、新疆北部，蒙古国北部和西部、俄罗斯（西伯利亚地区、远东地区）。为西伯利亚—满洲分布种。

3. 岩败酱

Patrinia rupestris (Pall.) Dufresne in Hist. Nat. Valer. 54. 1811; Fl. China 19:663. 2011; Fl. Intramongol. ed. 2, 4:408. t.161. f.1-2. 1992.——*Valeriana rupestris* Pall. in Reise Russ. Reich. 3:266. 1776.

多年生草本，高(15～)30～60cm。茎1至数个，被细密短毛。基生叶倒披针形，长1.5～4cm，边缘具浅锯齿或羽状浅裂至深裂，开花时枯萎。茎生叶对生，狭卵形至披针形，长2.5～6(～10)cm，宽1～3.5cm，羽状深裂至全裂，裂片2～3(～5)对；中央裂片较大，条状披针形、披针形或倒披针形；侧裂片狭条形或条状倒披针形，全缘或再羽状齿裂，两面粗糙且被短硬毛。叶柄长约1cm，或近无柄。圆锥状聚伞花序多枝在枝顶集成伞房状，最下分枝处总苞叶羽状全裂，具3～5对较窄的条形裂片；花轴及花梗均密被细硬毛及腺毛；花黄色；花萼不明显；花冠筒状钟形，长3～4mm，先端5裂，基部一侧稍膨大成短的囊距；雄蕊4；子房不发育的2室，果期肥厚扁平，呈卵圆形或宽椭圆形。瘦果倒卵圆球形，背部贴生卵圆形或圆形膜质苞片；苞片网脉常具3条主脉，长5mm以下。花期7～8月，果期8～9月。

砾石生旱中生草本。生于森林草原带和草原带的石质丘陵顶部及砾石质草原群落中，可成为砾石质草原群落的优势杂类草。产兴安北部及岭东和岭西（额尔古纳市、牙克石市、鄂伦春自治旗、鄂温克族自治旗、新巴尔虎左旗）、兴安南部（扎赉特旗、科尔沁右翼中旗、阿鲁科尔沁旗、巴林左旗、巴林右旗、林西县、克什克腾旗）、赤峰丘陵（松山区、翁牛特旗）、燕山北部（喀喇沁旗、宁城县、敖汉旗）、锡林郭勒（锡林浩特市、镶黄旗、太仆寺旗、多伦县）。分布于我国黑龙江、吉林、辽宁、河北北部和西北部、河南西部和北部、山东西部、山西、陕西南部、宁夏、甘肃东部、四川北部，蒙古国东部和北部、俄罗斯（欧洲部分、西伯利亚地区、远东地区）。为古北极分布种。

4. 糙叶败酱

Patrinia scabra Bunge in Pl. Mongh.-Chin. Dec. 1:20. 1835; High. Pl. China 11:93. f.142.1-5. 2005; Fl. China 19:664. 2011.——*P. rupestris* (Pall.) Juss. subsp. *scabra* (Bunge) H. J. Wang in Act. Phytotax. Sin. 23(5):382. 1985; Fl. Intramongol. ed. 2, 4:408. t.161. f.3-4. 1992.

多年生草本，高 25～60cm。根粗壮，木质化。茎单一或数个，密被短毛。叶革质，基生叶倒披针形，长 2～4cm，边缘具浅锯齿，羽状深裂或浅裂，花期枯萎。茎生叶对生，窄卵形

或披针形，长 2.5～6cm，宽 1～3cm，羽状深裂或浅裂，中裂片较长、大，倒披针形或披针形；侧裂片窄条形或条状倒披针形，全缘或羽状齿裂；先端急尖或钝，两面被短硬毛，粗糙。叶柄长 1cm 或近无柄。圆锥聚伞花序生于枝顶，呈伞房状；花轴、花梗被细硬毛及腺毛；苞片对生，条形，不分裂，稀 2～3 裂，基部有 1 小苞片；花萼不明显；花黄色，长 6.5～9mm，直径 5～7mm；花冠筒钟形，长 3～4mm，先端 5 裂，管基部 1 侧稍大，呈短矩状；雄蕊 4；子房下位，1 室发育，2 室不发育。瘦果倒卵状圆球形，有宿存膜质苞片；苞片长 7～9mm，宽 5～7mm，常带紫色，具 2 条主脉，稀具 3 条。花期 7～8 月，果期 8～9 月。

砾石生旱中生草本。生于森林草原带和草原带的石质丘陵顶部及砾石质草原群落中，可成为砾石质草原群落的优势杂类草。产兴安南部（扎赉特旗、科尔沁右翼前旗、科尔沁右翼中旗、阿鲁科尔沁旗、西乌珠穆沁旗）、燕山北部（喀喇沁旗、宁城县）、阴南丘陵（准格尔旗）、鄂尔多斯（达拉特旗、伊金霍洛旗）。分布于我国黑龙江西南部、吉林西部、辽宁西部、河北北部和西北部、河南西部和北部、山东西部、山西、陕西东北部、宁夏南部、甘肃东南部。为华北—满洲分布种。

5. 墓头回（异叶败酱）

Patrinia heterophylla Bunge in Enum. Pl. Chin. Bor. 35. 1833; Fl. Intramongol. ed. 2, 4:410. t.160. f.3-6. 1992.

多年生草本，高 14～50cm。具地下横走根状茎。茎直立，被微糙伏毛。叶纸质，基生叶丛生，

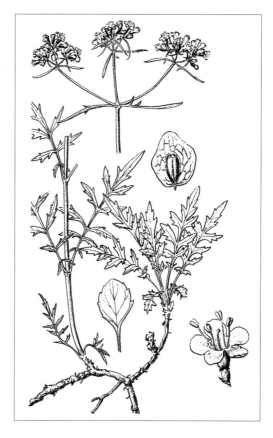

长（2～）3～7（～11）cm，具柄，不裂至羽状深裂或全裂，具2～4（～5）对侧裂片；裂片矩圆形至微倒卵形至披针形，顶端裂片常较大。茎生叶对生，长3.5～6.5cm，宽（1.8～）2.5～3.5（～5）cm，羽状全裂，侧裂片（2～）3～5对，顶生叶片较侧裂片稍大或等大，卵形至条状披针形，先端长渐尖或急尖，两面疏被粗糙毛。花黄色，顶生伞房状聚伞花序，被糙毛；总花梗下苞叶条形至条状狭披针形，不裂，稀具1（～2）对条形裂片（花序分枝处苞叶不裂）；萼齿5，圆波状；花长3～4.5mm，花冠筒状钟形，长（1～）1.5～2（～2.5）mm，先端5裂，基部一侧具浅囊；雄蕊4；柱头圆盾状。瘦果矩圆形或倒卵形，顶端平截；翅状果苞干膜质，倒卵形至倒卵状椭圆形，网状脉常具2主脉（少具3主脉），长5.5～6.2mm，宽4.5～5.5mm，顶端有时极浅3裂，或仅一侧有1浅裂。花期7～9月，果期8～10月。

石生中旱生草本。生于赤峰丘陵（松山区）、燕山北部（喀喇沁旗、宁城县、敖汉旗）、阴山（大青山、蛮汗山、乌拉山）、阴南丘陵（准格尔旗）。分布于我国吉林东南部、辽宁西部、河北西北部、河南、山东、山西、陕西、宁夏、甘肃东部、青海东部、四川东部、安徽南部、浙江西北部、湖北、湖南北部和西南部、广西东北部、贵州西北部、云南。为东亚分布种。

根或全草入药，能清热燥湿、止血、止带、截疟，主治宫颈糜烂、早期宫颈癌、白带、崩漏、疟疾。

2. 缬草属 Valeriana L.

多年生草本或半灌木，直立或攀援。根有强烈气味。叶全缘、齿缘或一至三回羽状复叶。

聚伞花序顶生，或为稠密或间断的穗状花序或圆锥花序；花小，白色或粉红色，两性；萼5～15裂，裂片在开花时不明显，果期呈冠毛状；花冠管纤细，先端5裂；雄蕊3，稀为1或2；子房下位，3室，但仅1室发育而有胚珠1枚。果为一扁平的瘦果，前面3脉，背面1脉。

内蒙古有2种。

分种检索表

1a. 植株粗壮高大，高60～150cm；叶裂片质厚，5～15，宽卵形、卵形至披针形或条形，先端尖，边缘具粗锯齿或近全缘··**1. 缬草 V. officinalis**

1b. 植株矮小细弱，高8～20（～30）cm；叶裂片质薄，3～5，常为圆形、卵圆形，先端钝，全缘··**2. 西北缬草 V. tangutica**

1. 缬草（毛节缬草、拔地麻）

Valeriana officinalis L., Sp. Pl. 1:31. 1753; High. Pl. China 11:100. t.153. f.1-4. 2005; Fl. China 19:670. 2011.——*V. alternifolia* Bunge in Fl. Alt. 1:52. 1829; Fl. Intramongol. ed. 2, 4:411. t.162. f.1-4. 1992.

多年生草本，高60～150cm。茎中空，有纵棱，被粗白毛，以基节最多，且在节处毛稍密。基生叶丛生，早落或残存，为单数羽状复叶；小叶9～15，全缘或具少数锯齿；具长柄。茎生叶对生，单数羽状全裂呈复叶状；裂片（5～）7～11（～15），厚，宽卵形、卵形或条形，长（4～）8～13cm，宽3～8.5cm，中央裂片与两侧裂片近同形等大或稍宽大，先端钝或尖，基部下延，全缘或具疏锯齿，无毛或稍被毛，自下而上渐次变小，且叶柄也渐渐变短至无柄抱茎。伞房状三出聚伞圆锥花序；总苞片

羽裂；小苞片条形或狭披针形，先端及边缘常具睫毛状柔毛；花小，淡粉红色，开后色渐浅至白色；花萼内卷；花冠狭筒状或筒状钟形，长3～5mm，5裂；雄蕊3，较花冠管稍长；子房下位。瘦果狭卵形，长约4mm，基部近平截，顶端有羽毛状宿萼多条。花期6～8月，果期7～9月。

中生草本。生于山地落叶松林下、白桦林下、林缘、灌丛、山地草甸及草甸草原中。产兴安北部及岭东和岭西（额尔古纳市、阿尔山市白狼镇、鄂温克族自治旗、扎兰屯市、阿荣旗）、兴安南部（阿鲁科尔沁旗、巴林左旗、巴林右旗、克什克腾旗）、辽河平原（大青沟）、赤峰丘陵（松山区、翁牛特旗）、燕山北部（喀喇沁旗、

宁城县、兴和县苏木山）、锡林郭勒（苏尼特左旗）、阴山（大青山、蛮汗山、乌拉山）。分布于我国除广东、广西、海南、福建、江苏以外的其他省区，蒙古国东部和北部及西部，亚洲西部、欧洲。为古北极分布种。

根及根状茎入药，能安神、理气、止痛，主治神经衰弱、失眠、癔症、癫痫、胃腹胀痛、腰腿痛、跌打损伤。也入蒙药（蒙药名：珠勒根－呼吉），能清热、消炎、消肿、镇痛，主治温疫、毒热、阵热、心跳、失眠、炭疽、白喉。

2. 西北缬草（小缬草）

Valeriana tangutica Batal. in Trudy Imp St.-Petersb. Bot. Sada 13:375. 1894; Fl. Intramongol. ed. 2, 4:411. t.162. f.5. 1992.

多年生低矮细弱草本，高 8～20(～30)cm。全株无毛。叶小型。基生叶丛生，叶质薄，羽状全裂，裂片全缘；顶端叶裂片大，心状卵形、卵圆形或近于圆形，长 8～18mm，宽 6～12mm；两侧裂片 1～2(～3)对，疏离，显著较顶生裂片小，长仅 3～4mm，近圆形；具长柄。茎生叶 2 对，疏离，对生，长 2～4cm，3～7深裂，裂片条形，先端尖。伞房状聚伞花序，较密集，呈半

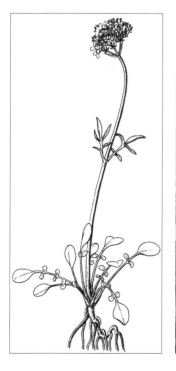

球形；苞片及小苞片条形，全缘；花萼内卷；花冠白色，外面粉色，细筒状漏斗形，先端 5 裂，裂片倒卵圆形；雄蕊长于裂片，花药完全外露；子房狭椭圆形，无毛。果实平滑，顶端有羽毛状宿萼。花期 6 月。

中生草本。生于荒漠带的山地砾石质坡地、石崖、沟谷中。产东阿拉善（桌子山）、贺兰山、龙首山。分布于我国宁夏西北部、甘肃（祁连山）、青海东北部。为南阿拉善—唐古特分布种。

蒙药用同缬草。

121. 川续断科 Dipsacaceae

一年生、二年生或多年生草本，稀灌木。叶对生或近于轮生，无托叶。花小，两性，聚为一紧密而具总苞的头状花序或为穗状有间断的轮伞花序，或为疏生聚伞圆锥花序；花同形或边花与中央花异形，一般两侧对称，各花通常为一对小苞片连合形成的小总苞所包围；花萼微小而有各种形状，有的为整齐杯状，或不整齐筒状，或全裂成 5～10 针刺状或羽毛状的裂片。花冠管状或漏斗状，具 4～5 裂；裂片常稍不等大，在蕾中呈覆瓦状排列。雄蕊 4，有时因退化（败育）而为 2～3，生于花冠筒的基部，与其裂瓣相互生。子房下位，1 室，由 2 心皮组成，但其中 1 心皮退化；花柱 1，丝状；柱头单一或 2 裂。瘦果，通常包藏于小总苞内，并常于顶端冠以宿存的花萼。

内蒙古有 3 属、4 种。

分属检索表

1a. 头状花序，副萼和叶边缘不具针刺。

  2a. 植物体具刺；头状花序球形或长椭圆形；花萼 4 裂，具白色柔毛；萼状小总苞无明显冠檐…………………………………………………………………………………………**1.川续断属 Dipsacus**

  2b. 植物体无刺；头状花序扁球形、卵形或卵状圆锥形；花萼 5 裂，裂片针刺状；萼状小总苞明显具杯状的膜质冠檐…………………………………………………………**2. 蓝盆花属 Scabiosa**

1b. 轮伞花序，副萼口部和叶缘具针刺……………………………………………………**3. 刺参属 Morina**

1. 川续断属 Dipsacus L.

二年生或多年生草本。茎通常具短刺或刺毛。茎生叶对生，基部常合生。头状花序呈球形或长椭圆形，顶生；基部具叶状总苞片 1～2 层，小苞片顶端具喙尖；花萼浅盘状，顶端 4 裂，具白色柔毛；花冠顶端 4 裂，裂片不相等，基部常紧缩成细管状；雄蕊 4，着生在花冠管上；子房下位，1 室，包于囊状小总苞内。瘦果与小总苞稍合生，顶端具宿存萼。

内蒙古有 1 种。

1. 日本续断

Dipsacus japonicus Miq. in Versl. Med. Afd. Nat. Kon. Akad. Wetensch. Ser. 2, 2:83. 1868; Fl. Intramongol. ed. 2, 4:417. t.164. f.1-4. 1992.

多年生草本。茎高 65～100cm，中空，具 4～6 棱，棱上具稀疏钩刺。基生叶具长柄，叶片长椭圆形。茎生叶对生，叶片长 5.5～9.5cm，常 3～5 羽裂；顶端裂片最大，长椭圆形；两侧裂片较小，边缘具齿；叶柄和叶背脉上均具稀疏刺毛。头状花序顶生，圆球形，直径 1.5～3cm；总苞片条形，具白色刺毛；小苞片倒卵形，顶端喙尖长 5～7mm，两侧具长刺毛；花萼被白色柔毛；花冠管长 5～8mm，外被白色柔毛；雄蕊 4，稍伸出花冠外；子房包于囊状小总苞内；小总苞具 4 棱，长 5～6mm，被白色短毛，顶端具 8 齿。花果期 7～9 月。

中生草本。生于山地阔叶林带的山坡、路边、草坡。产燕山北部（喀喇沁旗、宁城县）。分布于我国辽宁东南部和西南部、河北、河南西部、山东、山西、陕西南部、宁夏南部、甘肃东部、青海东部、四川北部和中部、安徽、浙江、江西西南部、湖北、湖南、广西北部、贵州，日本、朝鲜。为东亚分布种。

2. 蓝盆花属 Scabiosa L.

一年生或多年生草本。单叶全缘至羽状深裂。头状花序顶生，扁球形、卵形或卵状圆锥形；总苞片草质，1～2列，小总苞杯状，具膜质的冠；花萼短小，先端具5刺毛状萼齿；花冠筒状，4～5裂，近相等或二唇形，边缘花通常较大而呈放射状，有各种颜色，通常为蓝色，稀白色；雄蕊4，少2；子房下位，1室。瘦果为杯状小总苞所包，顶端冠以宿存芒刺状的萼裂片。

内蒙古有2种。

分种检索表

1a. 基生叶羽状全裂，裂片条形，稀齿裂。

  2a. 多年生草本；茎疏被或密被贴伏白色短柔毛，花序下密生贴伏短柔毛；叶两面光滑或疏生白色短柔毛；茎生叶一至二回羽状全裂，裂片条形……………**1a. 窄叶蓝盆花 S. comosa** var. **comosa**

  2b. 植株半灌木状；茎下部具开展刚毛和短卷曲柔毛，上部被短卷曲柔毛，花序下被伸展刚毛；叶两面被短卷曲柔毛；茎生叶大头羽裂，裂片条状披针形…**1b. 毛叶蓝盆花 S. comosa** var. **lachnophylla**

1b. 基生叶不裂且具缺刻状锐齿或大头羽状分裂……………………………**2. 华北蓝盆花 S. tschiliensis**

1. 窄叶蓝盆花

Scabiosa comosa Fisch. ex Roem. et Schult. in Syst. Veg. 3:84. 1818; Fl. Intramongol. ed. 2, 4:415. t.163. f.1-3. 1992.

1a. 窄叶蓝盆花

Scabiosa comosa Fisch. ex Roem. et Schult. var. **comosa**

多年生草本。茎高可达60cm，疏被或密被贴伏白色短柔毛。基生叶丛生，窄椭圆形，羽状全裂，稀齿裂，裂片条形，具长柄；茎生叶对生，两面光滑或疏生白色短柔毛，一至二回羽状深裂，裂片条形至窄披针形，叶柄短。头状花序顶生，直径2～4cm，基部有钻状条形总苞片；总花梗长达30cm；花萼5裂，裂片细长刺芒状；花冠浅蓝色至蓝紫色，稀白色。边缘花花冠唇形，筒部短，外被密毛；上唇3裂，中裂较长，倒卵形，先端钝圆或微凹；下唇短，2全裂。中央花冠较小，5裂，上片较大。雄蕊4；子房包于杯状小总苞内，小总苞具明显4棱，顶端有8凹穴，其檐部膜质。果序椭

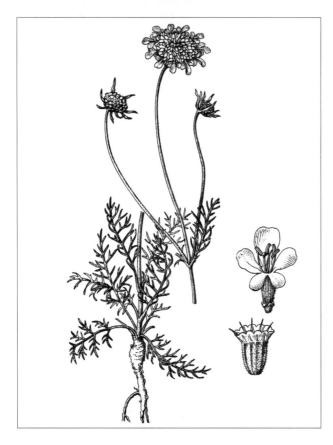

圆形；果实圆柱形，其顶端具萼刺5，超出小总苞。花期6～8月，果期8～10月。

喜沙中旱生草本。生于草原带和森林草原带的沙地与沙质草原中，可成为主要伴生种。产兴安北部及岭东和岭西（鄂伦春自治旗、鄂温克族自治旗、新巴尔虎左旗）、兴安南部及科尔沁（科尔沁右翼中旗、扎赉特旗、阿鲁科尔沁旗、巴林右旗、克什克腾旗）、辽河平原（大青沟）、赤峰丘陵（翁牛特旗）、燕山北部（喀喇沁旗、敖汉旗）、锡林郭勒、阴山（大青山、蛮汗山、乌拉山）。分布于我国黑龙江、吉林西北部、辽宁北部、河北北部、河南西部、陕西中部、安徽西部，蒙古国东部和北部、俄罗斯（东西伯利亚地区）。为东西伯利亚—满洲—华北分布种。

花入蒙药（蒙药名：乌和日－西鲁苏），能清热泻火，主治肝火头痛、发烧、肺热、咳嗽、黄疸。

1b. 毛叶蓝盆花

Scabiosa comosa Fisch. ex Roem. et Schult. var. **lachnophylla** (Kitag.) Kitag. in Rep. Inst. Sci. Res. Manch. 4:113. 1940; High. Pl. China 11:119. 2005; Fl. Intramongol. ed. 2, 4:415. 1992.——*S. lachnophylla* Kitag. in Rep. First. Sci. Exped. Manch. 4(2):33. t.10. 1935.

本变种与正种的区别是：植株半灌木状；茎下部具开展的刚毛和短卷曲柔毛，上部仅有短卷曲柔毛；在花序下有伸展的刚毛；叶两面被短卷曲柔毛；茎生叶大头羽裂，裂片条状披针形。

中生草本。生于草原带的林缘、灌丛、河岸沙地、草坡。产赤峰丘陵（翁牛特旗）。分布于我国辽宁、河北北部。为华北分布变种。

2. 华北蓝盆花

Scabiosa tschiliensis Grunning in Repert. Spec. Nov. Regni Veg. 12:311. 1913; Fl. Intramongol. ed. 2, 4:415. t.163. f.4. 1992.

多年生草本，根粗壮，木质。茎斜升，高 20 ～ 50（～ 80）cm。基生叶椭圆形、矩圆形、卵状披针形至窄卵形，先端略尖或钝，缘具缺刻状锐齿，或大头羽状深裂，上面几光滑，下面

稀疏或仅沿脉上被短柔毛，有时两面均被短柔毛，边缘具细纤毛，叶柄长 4 ～ 12cm。茎生叶羽状分裂，裂片 2 ～ 3 裂或再羽裂；最上部叶羽裂呈条状披针形，长达 3cm；顶端裂片长 6 ～ 7cm，

宽约 0.5cm，先端急尖。头状花序在茎顶呈三出聚伞排列，直径 3 ～ 5cm；总花梗长 15 ～ 30cm；总苞片 14 ～ 16，条状披针形；边缘花较大而呈放射状；花萼 5 齿裂，刺毛状；花冠蓝紫色，稀白色，筒状，先端 5 裂，裂片 3 大 2 小；雄蕊 4；子房包于杯状小总苞内。果序椭圆形或近圆形，小总苞略呈四面方柱状，每面有不甚显著中棱 1 条，被白毛，顶端有干膜质檐部，檐下在中棱与边棱间常有 8 个浅凹穴；瘦果包藏在小总苞内，其顶端具宿存的刺毛状萼

针。花期 6～8 月，果期 8～10 月。

　　沙生中旱生草本。生于沙质草原、典型草原、草甸草原群落中，为常见的伴生种。产兴安北部及岭东和岭西（额尔古纳市、牙克石市、鄂温克族自治旗、阿尔山市白狼镇、东乌珠穆沁旗宝格达山、扎兰屯市）、兴安南部（扎赉特旗、科尔沁右翼中旗、阿鲁科尔沁旗、巴林左旗、巴林右旗、克什克腾旗）、赤峰丘陵（松山区、翁牛特旗）、燕山北部（喀喇沁旗、宁城县、敖汉旗、兴和县苏木山）、锡林郭勒（锡林浩特市）、乌兰察布（达尔罕茂明安联合旗吉穆斯泰山）、阴山（大青山）。分布于我国黑龙江、吉林、辽宁、河北、河南西部、山西、陕西中部、宁夏南部、甘肃东部。为华北—满洲分布种。

　　药用同窄叶蓝盆花。

3. 刺参属 Morina L.

　　多年生草本。叶对生或轮生，边缘有齿至深裂，有时全缘，常具细刺。穗状轮伞花序常间断，多轮，稀仅 1 轮，顶生，呈假头状花序；花生于筒状副萼（小总苞）内，副萼口部边缘具刺；萼筒偏斜，边缘有小刺或花萼 2 裂，裂片再 2～3 裂，伸出小总苞之外；花冠筒长或比花萼短，5 裂，裂片不等大；雄蕊 2 或 4，生于冠筒基部或喉部；子房包于小总苞内。瘦果有皱纹或小瘤。

　　内蒙古有 1 种。

1. 刺参

Morina chinensis Y. Y. Pai in Repert. Spec. Nov. Regni Veg. 44:122. 1938; Fl. China 19:651. 2011.

　　多年生草本，高 15～80cm。根肉质。茎直立，有棱，上部紫红色，被数行纵列白色绒毛，基部有残叶。基生叶丛生；茎生叶轮生，每轮 4～5；全部叶条状披针形，长 6～17cm，宽 0.8～1.5cm，先端急尖，边缘羽状浅裂，裂片半圆形，边缘具短刺，两面光滑；无柄，轮生叶基部合生成短筒。轮伞花序 6～10 轮，花期密接，果期疏离；每轮总苞片 4，基部卵形或宽卵形，上半部尾状渐长，边缘及顶端具硬刺，外翻或平展，全长 1.5～2.5cm；小总苞筒状，长达 10mm，先端具刺，其中 2 刺较长，外部被长柔毛，网纹明显；花萼长于小总苞，裂片 2 浅裂或微凹，小裂片先端钝圆、无刺；花冠淡绿色，短于萼，近二唇形，裂片圆形，外面被毛。瘦果有皱纹。花果期 6～9 月。

　　中生草本。生于 2800～3500m 的高山草甸。产贺兰山。分布于我国甘肃、青海、四川西北部、西藏。为横断山脉分布种。

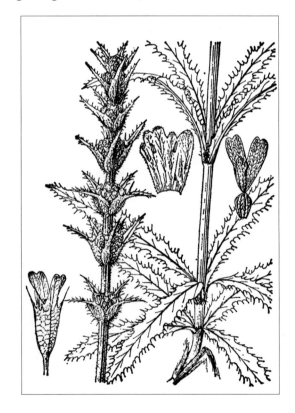

122. 葫芦科 Cucurbitaceae

一年生或多年生草质或木质藤本。茎匍匐或攀援，常有沟棱，有卷须。叶互生，通常单叶，多为掌状分裂，有时为复叶，无托叶。花单性或极稀两性，雌雄同株或异株，辐射对称，单生、簇生或形成各式花序；花托漏斗状、钟状或筒状；花萼与子房合生成筒状，5裂；花瓣5或花冠5裂；雄蕊3或5，分离或合生，药室通直、弓曲、"S"形折曲或多回折曲；子房下位或半下位，由3心皮组成，1室、不完全3室或3室，胚珠多数或稀少数至1枚，侧膜胎座，花柱1或稀3，柱头膨大，2～3裂。果实为瓠果、浆果或稀为蒴果，不裂或开裂；种子多数，稀少数至1粒，通常扁平，无胚乳。

内蒙古有3属、3种，另有9栽培属、12栽培种。

分属检索表

1a. 雄蕊5，离生或仅基部联合；药室卵形而通直。
  2a. 花较小，花冠裂片长不及1cm；果实成熟后由中部以上或顶端开裂。
    3a. 雌雄同株；叶长三角形，基部戟状心形，无腺体；果实由近中部盖裂；种子无翅……………………………………………………………………………………**1.盒子草属 Actinostemma**
    3b. 雌雄异株；叶近圆形或心形，叶片基部的裂片顶端有2对凸出的腺体；果实由顶端盖裂；种子顶端具膜质的长翅。栽培……………………………**2.假贝母属 Bolbostemma**
  2b. 花较大，花冠裂片长约2cm；果实不开裂，浆果状；叶多卵状心形，不分裂，边缘具齿状………………………………………………………………………………**3.赤瓟属 Thladiantha**
1b. 雄蕊3或极稀5；药室弯曲或折曲，极少直立。
  4a. 药室直立；果实成熟后由顶端3瓣开裂；种子1～3，下垂生……………**4.裂瓜属 Schizopepon**
  4b. 药室"S"形折曲或多回折曲；果实成熟后不开裂；种子多，水平生。栽培。
    5a. 花冠裂片边缘细裂成流苏状，具圆柱状块根……………………**5.栝楼属 Trichosanthes**
    5b. 花冠裂片全缘或近全缘，绝不呈流苏状；无块根。
      6a. 花冠钟形，5中裂；茎、叶被长硬毛或短茸毛；果大型……………**6.南瓜属 Cucurbita**
      6b. 花冠辐状，若钟形时为5深裂或近分离。
        7a. 雄花花托伸长，长约2cm；花白色；叶片基部有2个腺体………**7.葫芦属 Lagenaria**
        7b. 雄花花托不伸长，花黄色；叶片基部无腺体。
          8a. 花梗上有兜状苞片；果实表面常有明显的瘤状突起，成熟后由顶端3瓣裂……………………………………………………………………………**8.苦瓜属 Momordica**
          8b. 花梗上无盾状苞片。
            9a. 雄花形成总状花序或聚伞花序，果实细长圆柱状……………**9.丝瓜属 Luffa**
            9b. 雄花单生叶腋或簇生于叶腋。
              10a. 叶两面密被硬毛；花萼裂片叶状，有锯齿，反折…**10.冬瓜属 Benincasa**
              10b. 叶两面被柔毛状硬毛；花萼裂片钻形，近全缘，不反折。
                11a. 卷须2～3叉，叶羽状分裂……………………**11.西瓜属 Citrullus**
                11b. 卷须不分叉，叶3～7浅裂……………………**12.香瓜属 Cucumis**

1. 盒子草属 Actinostemma Griff.

一年生草本。茎攀援。卷须分叉。叶片长三角形、戟形或卵状心形，边缘有锯齿。花小，单性，雌雄同株，为腋生的圆锥花序，有时雌花单生；萼5裂，裂片条状披针形，全缘；花冠5裂，裂片卵状披针形，具尾状细尖头；雄蕊5，分离；子房近球形，有小凸起，1室，有2～4胚珠，花柱短，柱头2裂。蒴果，近中部盖裂，有凸起；种子2～4，扁平，粗糙。

内蒙古有1种。

1. 盒子草

Actinostemma tenerum Griff. in. Account. Bot. Coll. Cantor. 25. 1845; Fl. Intramongol. ed. 2, 4:418. t.165. f.1-4. 1992.

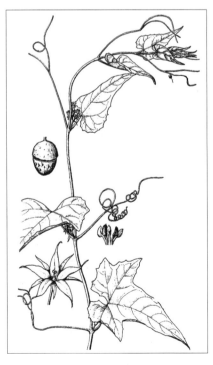

一年生草本。茎细长，攀援状，长150～200cm，具纵棱，被短柔毛。卷须分2叉，与叶对生。叶片戟形、披针状三角形或卵状心形，长5～10cm，宽2.5～8cm，不裂或3～5裂；中裂片长，宽披针形，先端长渐尖；侧裂片较短，边缘有疏锯齿，基部通常心形，两面几无毛；叶柄长1～5cm。雄花花序总状或圆锥状，腋生，长5～12cm，雌花单生或着生于雄花花序基部；萼裂片条状披针形，较花冠裂片稍短；花冠裂片狭卵状披针形或三角状披针形，长3～5mm，先端尾尖，黄绿色；雄蕊5，分生，花药1室；子房卵形，柱头2裂，肾形。果实卵形或矩圆形，长1.2～2.5cm，黄褐色，疏生暗绿色鳞片状凸起，成熟时近中部盖裂；种子2，暗灰色，长约1cm，表面有皱纹状不规则凸起。花期8～9月，果期9～10月。

湿生草本。生于阔叶林带和森林草原带的沼泽草甸、浅水中。产嫩江西部平原（扎赉特旗）、辽河平原（大青沟）、锡林郭勒（苏尼特左旗）。分布于我国黑龙江、辽宁、河北中部、河南东南部、山东、江苏南部、浙江、安徽、湖南、四川、西藏南部、云南西部、广东、广西、江西、福建、台湾，日本、朝鲜、印度，中南半岛。为东亚分布种。

全草、种子和叶入药，能利尿消肿、清热解毒，主治肾炎水肿、湿疹、疮疡肿毒。

2. 假贝母属 Bolbostemma Franquet

多年生攀援草本。鳞茎肉质，茎细弱。卷须单一或分2叉。单叶互生，近圆形或心形掌状分裂，基部小裂片顶端有2腺体，两面有柔毛，有叶柄。花单性，雌雄异株，形成圆锥花序或有时单生；花萼与花冠基本相似，基部合生，上部5深裂，裂片顶端具长尾；雄蕊5，离生；子房下位，3室，每室2胚珠，花柱3，柱头2裂。果实圆筒状，成熟后顶端盖裂；种子表面有雕纹状凸起，上端有膜质的翅。

内蒙古有1栽培种。

1. 假贝母（土贝母）

Bolbostemma paniculatum (Maxim.) Franquet in Bull. Mus. Natl. Hist. Nat. Ser. 2, 2:327. 1930; Fl. Intramongol. ed. 2, 4:419. t.165. f.5-6. 1992.——*Mitrosicyos paniculatus* Maxim. in Mem. Acad. Sci. St.-Petersb. Sav. Etrang. 9:113. 1859.

多年生攀援草本。鳞茎肥厚肉质，白色，扁球形或不规则球形，直径达3cm；茎细弱，长100～300cm，无毛。卷须单一或分2叉。叶片心形或卵圆形，长5～10cm，宽4～9cm，掌状5深裂，裂片再3～5浅裂、不规则卵形或矩圆形，先端尖，基部心形，两面被极短硬毛，基部小裂片顶端有2腺体，叶柄长1～2cm。花单性，雌雄异株，形成腋生疏散的圆锥花序或有时单生；花序轴及花梗均丝状；雄花直径约1.5cm。花萼淡绿色，基部合生，上部5深裂；裂片卵状披针形，长约2.5mm，顶端有长丝状尾。花冠与花萼相似，淡绿色，其裂片较萼裂片宽；雄蕊5，分生。子房卵形或近球形，3室，每室2胚珠；花柱3，下部合生，每个柱头2裂。蒴果矩圆形，长1.5～2.3cm，平滑，成熟后由顶端盖裂；种子4～6，斜方形，棕黑色。花期6～8月，果期8～9月。

中生草本。内蒙古呼和浩特市、包头市、准格尔旗有栽培。分布于我国河北西北部、河南西部、山东中南部、山西东北部、陕西南部、宁夏南部、甘肃东南部、湖南西北部、四川东部和南部、云南，并有栽培。为华北—横断山脉分布种。

块茎入药（药材名：土贝母），能散结、消肿、解毒，主治乳痛肿、颈淋巴结炎、淋巴结核、乳腺炎、肥厚性鼻炎。

3. 赤瓟属 Thladiantha Bunge

一年生或多年生攀援草本。卷须不分枝或分2叉。叶全缘或3~7裂，基部心形，边缘具齿。花单性，雌雄异株；雄花单生，聚伞花序或总状花序，花具苞片或无苞片；雌花单生，无苞片；花萼钟状，5裂；花冠钟状，5裂，裂片反折，全缘；雄蕊5，药室通直；子房长椭圆形，花柱3深裂，柱头3，肾形。果实椭圆形或矩圆形，不开裂，先端钝，有时有纵棱；种子多数，扁平，光滑。

内蒙古有1种。

1. 赤瓟

Thladiantha dubia Bunge in Enum. Pl. China Bor. 29. 1833; Fl. Intramongol. ed. 2, 4:421. t.166. f.1-3. 1992.

多年生攀援草本。块根草褐色或黄色。茎少分枝，有纵棱槽，被硬毛状长柔毛。卷须不分枝，与叶对生，有毛。叶片宽卵状心形，长5~10cm，宽4~8cm，先端锐尖，基部心形，边缘有大小不等的齿，两面均被柔毛，最基部1对叶脉沿叶基弯缺边缘向外展开，叶柄长2~6cm。花单性，雌雄

异株；雌雄花均单生叶腋；花梗被长柔毛；花萼裂片披针形，被长柔毛，反折；花冠5深裂，裂片矩圆形，长2~2.5cm，黄色，上部反折。雄蕊5，离生。花丝有长柔毛；花药1室，通直。子房矩圆形或长椭圆形，密被长柔毛，花柱深3裂，柱头肾形；雄花具半球形退化子房；雌花具5个退化雄蕊。果实浆果状，卵状矩圆形，鲜红色，长3~5cm，直径2~3cm，基部稍狭，有10条不明显纵纹；种子卵形，黑色。花期7~8月，果期9月。

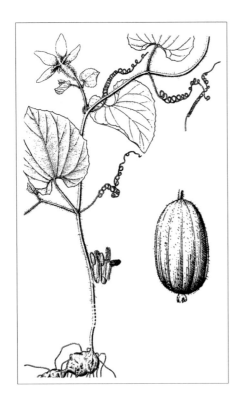

中生草本。生于森林带和草原带的山地草丛、沟谷、村舍附近。产岭东（扎兰屯市）、兴安南部及科尔沁（扎鲁特旗、科尔沁右翼中旗、巴林右旗）、辽河平原（大青沟）、燕山北部（喀喇沁旗、宁城县、敖汉旗）、阴山（乌拉山）、贺兰山。分布于我国黑龙江南部、吉林南部、辽宁南部、河北、河南、山东、山西、陕西中部和西北部、宁夏西北部、甘肃西南部、江苏、江西、广东，日本、朝鲜、俄罗斯（远东地区）。为东亚分布种。

果入药，能理气活血、祛痰利湿，主治跌打损伤、扭腰岔气、嗳气吐酸、黄疸、肠炎痢疾、咳血胸痛。也入蒙药（蒙药名：敖鲁毛斯），能和血调经、止血、消肿，主治下死胎、月经不调、子宫出血。

4. 裂瓜属 Schizopepon Maxim.

攀援草本。卷须分2叉。叶片宽卵状心形，具3～7角或浅裂，边缘有疏锯齿。花小，两性或单性，雌雄同株或异株，单生或形成短总状花序；花萼5裂，辐状，裂片宽披针形；花冠辐状，5深裂，裂片长椭圆形；雄蕊3，分生，花丝短，药室近直立；子房卵形，3室，每室有1粒胚珠、稀2胚珠，花柱短，柱头6～8裂。果实卵形，成熟后由顶端向基部3瓣裂，果瓣内卷，有1～3种子，下垂生。

内蒙古有1种。

1. 裂瓜

Schizopepon bryoniifolius Maxim. in Mem. Acad. Imp. Sci. St.-Petersb. Div. Sav. 9(Prim. Fl. Amur.):111. 1859; Fl. Intramongol. ed. 2, 4:423. t.166. f.4-6. 1992.

一年生攀援草本。茎纤细，长200～300cm，具纵棱，近无毛，多分枝。卷须丝状，分2叉，螺旋状卷曲。叶片宽卵形、卵圆形或三角状卵形，长5～8cm，宽3～6cm，通常有3～7角或浅裂，顶端裂片较长，先端锐尖，基部心形，边缘有整齐的疏锯齿或小裂片，两面疏生短硬毛。花小，直径约4mm，两性，单生叶腋或数朵花形成短总状花序；花梗细长；花萼5裂，裂片披针形，长1mm，被疣状小凸起。花冠白色或黄白色，5深裂；裂片长椭圆形或宽披针形，长约2mm，两

面有很多疣状小凸起，先端钝。雄蕊3，离生，花丝短，药室近直立。子房卵球形，3室，每室有倒生胚珠1粒，很少2粒；花柱短粗；柱头3，各2裂。果实宽卵形或卵形，长1～1.5cm，平滑，成熟后由顶部向基部3瓣裂，果瓣内卷；种子1～3，长约1cm，卵形，扁平，淡褐色或灰白色。花期7～8月，果期8～9月。

湿中生草本。生于森林带和森林草原带的沟谷溪岸、山地林下、灌丛。产兴安南部（科尔沁右翼前旗、阿鲁科尔沁旗、西乌珠穆沁旗）、燕山北部（喀喇沁旗、宁城县）。分布于我国黑龙江北部和南部、吉林东北部、辽宁中北部、河北北部，日本、朝鲜、俄罗斯（远东地区）。为东亚北部（满洲—日本）分布种。

5. 栝楼属 Trichosanthes L.

一年生或多年生攀援草本。根通常块状。卷须分 2～5 叉。叶全缘或掌状 3～9 裂。花单性，雌雄异株或同株，白色；雄花的花序柄通常腋生，成对，一为单花，另一为总状花序；雌花单生；花萼长筒状，5 裂，裂片披针形，全缘或撕裂状；花冠辐状，5 裂几达基部，裂片边缘细裂成流苏状；雄蕊 5，2 对合生，另 1 分离，药室"S"形折曲。果实长椭圆形或近圆形，平滑；种子多数，扁平，椭圆形。

内蒙古有 1 栽培种。

1. 栝楼（瓜蒌）

Trichosanthes kirilowii Maxim. in Mem. Acad. Imp. Sci. St.-Petersb. Div. Sav. 9(Prim. Fl. Amur.):482. 1859; Fl. Intramongol. ed. 2, 4:423. t.167. f.4-7. 1992.

多年生攀援草本。块根肥厚，圆柱状，灰黄色。茎多分枝，无毛，长达 10 余米，有纵棱和槽。卷须分 2～5 叉。叶近圆形，长、宽均 8～15cm，常掌状 3～7 中裂或浅裂，稀深裂或不裂而仅有不等大的粗齿或小裂片，裂片长椭圆形、椭圆状披针形或近卵形，先端锐尖，基部心形，边缘有较大的疏齿或缺刻状，表面散生微硬毛，叶柄长 3～10cm。花单性，雌雄异株；雄花数朵形成总状花序或稀单生，花序梗长 10～20cm；苞片倒卵形或宽卵形，长 1.5～2cm，边缘有齿；花托筒状，长约 3.5cm；花萼 5 裂，裂片披针形，全缘，长约 1.5cm；花冠白色，5 深裂，裂片倒卵形，顶端和边缘分裂成流苏状；雄蕊 5，花丝短，有毛，花药靠合，药室"S"形折曲；雌花单生，子房下位，卵形，花柱 3 裂。果实卵圆形至近球形，长 8～10cm，直径 5～7cm，黄褐色，光滑；种子多数，扁平，长椭圆形，长约 1.5cm，一端微凹。花期 7～8 月，果期 9～10 月。

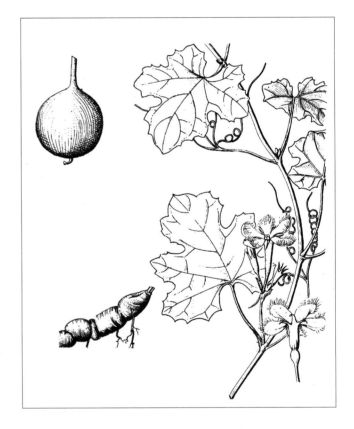

中生草本。内蒙古呼和浩特市、包头市有少量栽培。分布于我国辽宁南部、河北、山西、河南、山东西部、江苏中部、安徽、浙江、福建北部、江西西部、湖北西部、湖南、广西、陕西、甘肃、四川东部、贵州，日本、朝鲜、越南、老挝有栽培。为东亚分布种。

根入药（药材名：天花粉），能生津止渴、排脓消肿，主治热病口渴、消渴、痈肿。果实、种子、果皮也入药，能宽胸散结、清热化痰、润肺、滑肠，主治痰热咳嗽、心胸闷痛、乳腺炎、便秘。

6. 南瓜属 Cucurbita L.

一年生蔓生或攀援草本，少有矮生。有分枝卷须。单叶，通常分裂。花大，单性，雌雄同株，单生于叶腋内；花托管浅钟状；花萼 5 裂，裂片条形或叶状；花冠钟状，5 中裂，黄色；雄蕊 5，2 对合生，另 1 分离，药室 "S" 形折曲，全部药室靠合成圆柱体。子房 1 室，圆形或长椭圆形，有 3～5 个侧膜胎座，胚珠多数；花柱短；柱头 3，2 裂。瓠果大型，肉质；种子扁平，平滑。

内蒙古有 3 栽培种。

分种检索表

1a. 叶片浅裂或不裂，具短毛；果柄上有浅棱沟或无棱沟。

　2a. 叶浅裂；花萼裂片先端扩大成叶状；果柄有棱，与果实接触处扩大成蹼掌状；果实表面有纵沟和隆起，光滑或有瘤状突起 ··**1. 南瓜 C. moschata**

　2b. 叶无裂，只有缺刻；花萼裂片细长；果柄无棱，圆柱形，与果实接触处不扩大；果实表面平滑 ······
··**2. 大瓜 C. maxima**

1b. 叶片 3～7 中裂或深裂，有短刚毛；果柄上棱沟深，与果实接触处渐粗并膨大成 5 裂状 ················
··**3. 西葫芦 C. pepo**

1. 南瓜（倭瓜、番瓜、中国南瓜）

Cucurbita moschata Duch. in Essai Hist. Nat. Courges. 7, 15-16. 1786; Fl. Intramongol. ed. 2, 4:425. t.168. f.1-2. 1992.

一年生蔓生草本。茎很长，粗壮，有棱沟，常在节部生根，被短刚毛。卷须 3～4 分叉。单叶互生，宽卵形或心形，5 浅裂或有 5 角，长 15～30cm，先端锐尖，基部裂口狭、非圆形，沿边缘及叶脉常有白色斑点或斑纹，边缘有不规则的锯齿，两面密被稍硬的短茸毛；叶柄较长，粗壮，被短刚毛。雄花花托管短或几乎缺；花萼 5 裂，裂片条形，顶端常扩大成叶状，先端锐尖。花冠宽钟状，黄色，5 中裂；裂片先端尾尖，稍反卷，边缘皱曲。雄蕊 5；花药靠合，呈棒状，深橙红色，药室 "S" 形折曲。雌花花萼 5 裂，裂片显著叶状；子房圆形或椭圆形，1 室；花柱短；柱头 3，膨大，2 裂，深橙红色；胚珠多数。瓠果扁球形、壶形、葫芦形或圆柱状而腰部稍缢细，先端多凹入，初绿色，后变黄橙色而带红色或绿色，因品种不同而还有其他颜色，表面有纵沟和隆起，光滑或有瘤状突起，成熟果有白霜，有香气；果柄上有 5 条棱和槽，与果实接触处扩大成蹼掌状。种子卵形或椭圆形，长 1.5～2cm，宽 0.8～1.2cm，灰白色或黄白色，扁而较薄，边缘明显，粗糙而厚，色略浓，种脐小而歪斜、圆钝或平直。花期 5～7 月，果期 7～9 月。

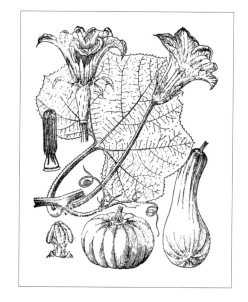

中生草本。原产墨西哥至中美洲一带，为中美分布种。内蒙古，我国其他省区，世界其他地区普遍栽培。

果实做蔬菜，种子含油可食用。种子和瓜常入药，能驱虫、健脾、下乳，主治绦虫疬、腹痛胀漏、缺乳。瓜蒂能清热、安胎，可治先兆流产、乳头破裂或糜烂。

2. 大瓜（荀瓜、印度南瓜、笋瓜）

Cucurbita maxima Duch. in Essai Hist. Nat. Courges. 7, 12. 1786; Fl. Intramongol. ed. 2, 4:426. t.168. f.3- 5. 1992.

一年生蔓生草本。茎粗壮，较柔软，无棱沟，圆柱形，节部易生根，被短刚毛。卷须分叉。单叶互生，近圆形或肾形，长、宽 20 ～ 40cm，叶片无裂，仅有不整齐缺刻，先端钝或三角状短尖，基部心形或有较大弯缺，边缘具细而尖的锯齿，两面均有短柔毛，无白斑，叶柄粗壮有短毛。花萼 5 裂，裂片细而较短，条状披针形，顶端不呈叶状，渐尖。花冠钟状，橙黄色或淡橙黄色，5 中裂；裂片小、宽，先端钝圆，稍反折；花冠筒长约 3cm，有时近基部稍膨胀。雄蕊 5；花药靠合，呈圆锥状，橙黄色或黄色，药室"S"形折曲。子房圆形或卵圆形；柱头 3，膨大，2 裂，橙黄色或黄色。瓠果扁球形、壶形、葫芦形，近圆形、卵圆形或矩圆形等各种形状，绿色、红色、橙黄色、黄白色等各种颜色，并有各种斑纹，常有带蓝白粉，表面光滑，成熟果无香气，先端通常不凹入；果柄圆柱形，无棱沟，较软，与果实接触处不扩大。种子椭圆形或矩圆形，扁平，白色、褐色或青铜色，长 1.7 ～ 2.3cm，宽 1 ～ 1.3cm，边缘为略凸起的镶边状，颜色和质地与种皮相同；种皮厚，种脐大而歪斜。花期 7 ～ 8 月，果期 8 ～ 9 月。

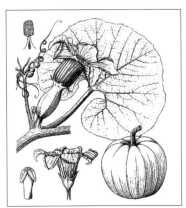

中生草本。原产南美洲，为南美分布种。内蒙古，我国其他省区，世界其他地区普遍栽培。

果实做蔬菜；种子油可食。种子和瓜蒂入药，作用与南瓜相同。

3. 西葫芦（搅瓜、美洲南瓜）

Cucurbita pepo L., Sp. Pl. 2:1010. 1753; Fl. Intramongol. ed. 2, 4:426. t.168. f.6-7. 1992.

一年生蔓生或矮生草本。茎很长，粗壮，棱沟深，节部生根，被短刚毛，触之很粗硬。卷须分多叉。单叶互生，质硬，三角形、卵状三角形或卵圆形，长 15 ～ 30cm，3 ～ 7 深裂或中裂；裂片通常卵形，先端锐尖，基部裂口窄，非圆形，两面密被短刚毛，边缘有不规则的锐锯齿；

叶柄长，粗壮，被短刚毛。雌雄花花萼裂片均为条状披针形或条形，很短，锐尖。花冠狭钟状，黄色；其筒部常向基部渐狭，5 裂至近中部；裂片直立或稍扩展，顶端狭长而尖。雄蕊 5；花药靠合，药室"S"形折曲。子房卵形或矩圆形，1 室；花柱短；柱头 3，2 裂；胚珠多数。瓠果通常矩圆形、椭圆形或圆柱形，多为浅绿色或白色，有各种

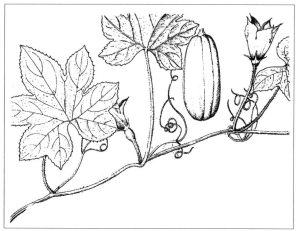

斑纹和斑点，因品种不同而其颜色、形状、斑纹均不一样，表面通常平滑，有时稍有纵棱，先端和基部从不凹形；果柄坚梗，有明显的棱和槽，与果实接触处变粗或稍扩大，呈 5 裂状。种子卵形或椭圆形，长 1.3～1.9cm，宽 0.8～1.1cm，白色或灰黄色，扁而薄，边缘有较薄镶边，颜色与种皮同，不明显凸起成细狭线条，种脐圆钝或平直。花期 5～7 月，果期 7～9 月。

中生草本。原产南美洲，为南美分布种。内蒙古，我国其他省区，世界其他地区普遍栽培。果实做蔬菜。种子含油可食，亦以"南瓜子"入药，作用与"南瓜子"相同。

7. 葫芦属 Lagenaria Ser.

攀援草本。茎较粗，分枝，有软毛。卷须 2 裂。叶卵形、圆形或心状卵形，叶柄顶端有 2 腺体。花单性，雌雄同株，单生叶腋；雄花花托伸长，长约 2mm，漏斗状或稍呈钟状；花萼 5 裂；花冠 5 全裂，裂片离生；雄蕊 5，2 对合生，另 1 分离，药室不规则折曲。子房长椭圆形，中间缢细或圆柱形；花柱短；柱头 3，2 裂；胚珠多数。果实有各种形状，不开裂，成熟后外壳变硬；种子多数，卵状矩圆形，扁平，白色。

内蒙古有 1 栽培种。

分变种检索表

1a. 果实中间横缢，上下部膨大，顶部大于基部，成熟后果皮变木质，浅黄色，光滑。

  2a. 植株较粗壮；果大，长 20～40cm·······**1a. 葫芦 L. siceraria** var. **siceraria**

  2b. 植株较细弱；果小，长小于 12cm·······**1b. 小葫芦 L. siceraria** var. **microcarpa**

1b. 果实中间不横缢。

  3a. 果实圆柱形，通直或稍弧形，长 60～80cm，白色，带淡绿色，果肉白色·······

  ····················**1c. 瓠子 L. siceraria** var. **hispida**

  3b. 果实扁球形或宽卵形，直径约 30cm；果皮较厚，木质化强······**1d. 瓠瓜 L. siceraria** var. **depressa**

1. 葫芦

Lagenaria siceraria (Molina) Standl. in Publ. Field Mus. Nat. Hist. Bot. Ser. 3:435. 1930; Fl. Intramongol. ed. 2, 4:428. t.167. f.1-3. 1992.——*Cucurbita siceraria* Molina in Sag. Stor. Nat. Chili. 133. 1782.

1a. 葫芦

Lagenaria siceraria (Molina) Standl. var. **siceraria**

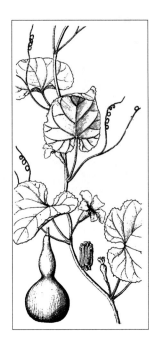

一年生攀援草本。茎较粗壮,密生长软毛。卷须分2叉,有黏质软毛。单叶互生,叶片心状卵形或肾状圆形,不分裂或稍浅裂或多少五角形,长、宽均 10～35cm,先端锐尖或钝圆,基部宽心形,边缘有小尖齿,两面均被柔毛;叶柄长 5～10cm,顶端有 2 腺体。花白色,单生叶腋;雄花的花梗较叶柄长;花托漏斗状,长约 2cm;雌花的花梗与叶柄等长或稍短;花萼 5 裂,裂片披针形或宽条形,长约 3mm,被柔毛;花冠 5 全裂,裂片长 3～4cm、宽 2～3cm,皱波状,被柔毛或黏毛;子房中间缢细,密生软毛或黏毛。瓠果,中间缢细,上、下部膨大,顶部大于基部,成熟后果皮变木质,光滑,浅黄色,长数十厘米;种子多数,白色,倒卵状长椭圆形。花期 6～7 月,果期 8～10 月。

中生草本。原产热带非洲,为北非分布种。内蒙古,我国其他省区,世界其他地区普遍栽培。

成熟果实的果皮可做各种容器。果皮、种子入药,能利尿、消肿、散结,主治水肿、腹水、颈淋巴结结核。种子含油供制肥皂用。

1b. 小葫芦

Lagenaria siceraria (Molina) Standl. var. **microcarpa** (Naud.) H.Hara in Bot. Mag. Tokyo 61:5. 1948; Fl. Intramongol. ed. 2, 4:429. 1992.——*L. microcarpa* Naud. in Rer. Hort. Ser.4, 4:65. 1855.

本变种与正种的主要区别是:植株细弱;结实较多;果形似葫芦,但较小,长 12cm 以下。

中生草本。内蒙古地区有栽培。

果实药用。成熟后的果实外壳木质化,可做儿童玩具。种子油可制肥皂。

1c. 瓠子

Lagenaria siceraria (Molina) Standl. var. **hispida** (Thunb.) H.Hara in Bot. Mag. Tokyo 61:5. 1948; Fl. Intramongol. ed. 2, 4:429. 1992.——*Cucurbita hispida* Thunb. in Nova Acta Regiae Soc. Sci. Upsal. 4:38. 1783.

本变种与正种的主要区别是:子房圆柱状;果实圆柱状,通直或稍弧形,长 60～80cm,白色,带淡绿色,果肉白色。

中生草本。内蒙古南部地区有栽培。

果实嫩时柔软多汁,可做蔬菜。

1d. 瓠瓜(匏瓜)

Lagenaria siceraria (Molina) Standl. var. **depressa** (Ser.) H. Hara in Bot. Mag. Tokyo 61:5. 1948; Fl. Intramongol. ed. 2, 4:429. 1992.——*L. vulgris* Ser. var. *depressa* Ser. in Prodr. 3:299. 1828.

本变种与正种的主要区别是:较葫芦植株粗壮;果实扁球形或宽卵形,直径约 30cm,果皮较厚,木质化亦强。

中生草本。内蒙古南部地区有栽培。

较厚木质化的果皮可制作水瓢和容器，古代和近代许多少数民族也供做乐器等。

8. 苦瓜属 Momordica L.

一年生或多年生攀援匍匐草本。卷须不分叉或稀分 2 叉。叶片近圆形或卵状心形，掌状 3～7 浅裂或深裂，稀不分裂，全缘或有齿。花雌雄同株或异株，雄花单生或呈总状花序；花梗上通常具一大型的兜状苞片，苞片圆肾形、披针形或钟状、杯状或短漏斗状，裂片卵形、披针形或长圆状披针形；花冠黄色或稀白色，辐状或宽钟状，通常 5 深裂至基部或稀 5 浅裂，裂片倒卵形或长圆形。雄蕊 3，极稀 2 或 5，着生在花萼筒喉部。花丝短，离生；花药起初靠合，后来分离，1 枚 1 室，其余 2 室，药室扭曲。雌花单生，花梗具一苞片或无；花萼、花冠与雄花相似。子房长圆形至纺锤形，花柱细长，柱头 3；胚珠多数，水平着生。果实球形至长椭圆形或长柱形，常具瘤状突起或刺，顶端有喙或无；种子扁平或肿胀、平滑或有雕纹。

内蒙古有 1 栽培种。

1. 苦瓜

Momordica charantia L., Sp. Pl. 2:1009. 1753; Fl. Reip. Pop. Sin. 73(1):189. 1986.

一年生攀援状草本。茎被柔毛。卷须不分叉。叶片肾形或近圆形，5～7 深裂，长、宽均 3～12cm，裂片具齿或再分裂，两面微被毛，叶柄被柔毛或近无毛。雌雄同株，花单生，花梗长 5～15cm，中部和下部生一苞片；苞片肾形或圆形，全缘；花萼裂片卵状披针形；花冠黄色，裂片倒卵形，长 1.5～2cm；雄蕊 3，离生，药室 "S" 形折曲。子房纺锤形，密生瘤状突起；柱头 3，膨大，2 裂。果实纺锤状，有瘤状突起，长 10～20cm，成熟后由顶端 3 瓣裂；种子矩圆形，两端各具 3 小齿，两面有雕纹。花果期 7～9 月。

攀援中生草本。内蒙古南部，我国其他省区，世界其他地区普遍栽培。

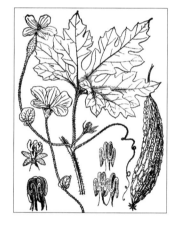

9. 丝瓜属 **Luffa** Mill.

一年生攀援草本。卷须有分枝。叶通常 5～7 掌状分裂。花单性，雌雄同株；雄花呈总状花序；雌花单生；花萼裂片 5；花冠辐状，5 深裂，黄色；雄蕊 3 或 5，分离或 2 枚合生而 1 枚分离，药室条形，折曲。子房圆柱状或具角棱；花柱圆柱形；柱头 3，2 裂，胚珠多数。果实长圆柱状，平滑或有棱，未熟时肉质，柔软，成熟后干燥，内有发达的网状纤维，顶端盖裂；种子多数，长椭圆形，扁平，黑色。

内蒙古有 1 栽培种。

1. 丝瓜（水瓜）

Luffa aegyptiaca Mill. in Gard. Dict. ed. 8, *Luffa* no. 1. 1768; Fl. China 19:35. 2011.——*L. cylindrica* (L.) Roem. in Syn. Mon. 2:63. 1846; Fl. Intramongol. ed. 2, 4:429. t.169. f.3. 1992.——*Momordica cylindrica* L., Sp. Pl. 2:1009. 1753.

一年生攀援草本。幼时全株密被柔毛，老时近于无毛。茎柔弱，常有纵棱，较粗糙。卷须 2～4 分叉，稍被毛。叶三角形、近圆形或宽卵形，通常掌状 5 裂，长、宽各 10～20cm，裂片常呈三角形，先端渐尖或短尖，边缘具疏小锯齿，老时两面无毛而粗糙；叶柄长 4～9cm，粗壮，有棱角而粗糙。雄花呈总状花序，花生于总花梗的顶端；总花梗长 10～15cm；雌花单生，具短粗梗；花萼 5 深裂，裂片卵状披针形，长约 1cm，外被细柔毛。花冠黄色，5 深裂，辐状，直径 5～9cm；裂片宽倒卵形，长 3～5cm，边缘波状。雄蕊 5；花初开时花药稍靠合，后完全分离，药室多回折曲；花丝基部膨大，被柔毛。子房圆柱形，无棱角，3 室，胚珠多数；柱头 3，膨大。果实圆柱状，直或稍弯，长 15～60cm，不具棱角，只有纵向浅槽或条纹；幼时肉质，绿带粉白色，并有深绿色纵带纹，有密茸毛，有时具细皱纹；成熟后干燥，黄绿色至褐色。种子长 0.8～2cm，平滑，边缘稍呈狭翼状。花期 7～8 月，果期 8～10 月。

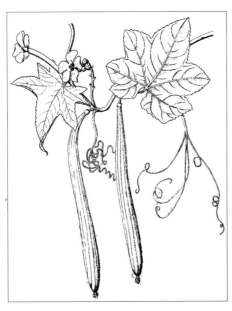

攀援中生草本。内蒙古呼和浩特市、包头市、赤峰市等地有栽培，我国其他省区，世界其他地区有栽培，云南南部有野生。

果实嫩时可做蔬菜，种子油可食。果实成熟后除去果肉剩下的网状纤维即丝瓜络，海绵状，入药能通经络、解毒、止痛，又可做洗涤碗碟器皿之用。

10. 冬瓜属 **Benincasa** Savi

一年生蔓生草本。全株密被硬毛。卷须分叉。叶掌状 5 浅裂，叶柄无腺体。花大，黄色，通常雌雄同株或近两性，单独腋生；雄花花萼筒宽钟状，裂片 5，近叶状，有锯齿，反折。花冠辐状，通常 5 裂；裂片倒卵形，全缘。雄蕊 3，离生，着生在花冠筒上；花丝短粗；花药 1

枚 1 室，其他 2 室，药室多回折曲，药隔宽；退化子房腺体状。雌花花萼和花冠同雄花；退化雄蕊 3；子房卵珠状，具 3 胎座，胚多数，水平生；花柱插生在盘上；柱头 3，膨大，2 裂。果实大型，长圆柱状或近球状，具粗硬毛及白霜，不开裂，具多数种子；种子圆形，扁，边缘肿胀。

内蒙古有 1 栽培种。

1. 冬瓜

Benincasa hispida (Thunb.) Cogn. in Monogr. Phan. 3:513. 1881; Fl. Reip. Pop. Sin. 73(1):195. 1986.——*Cucurbita hispida* Thunb. in Nova Acta Regiae Soc. Sci. Upsal. 4:38. 1783.

一年生蔓生草本。茎密被黄褐色毛。卷须常分 2～3 叉。叶片肾状近圆形，宽 10～30cm，基部弯缺深，5～7 浅裂或有时中裂，边缘有小锯齿，两面生有硬毛，叶柄粗壮。雌雄同株；花单生，花梗被硬毛；花萼裂片有锯齿，反折；花冠黄色，辐状，裂片宽倒卵形，长 3～6cm；雄蕊 3，分生，药室多回折曲；子房卵形或圆筒形，密生黄褐色硬毛，柱头 3，2 裂。果实长圆柱状或近球状，大型，有毛和白粉；种子卵形，白色或淡黄色，压扁状。花期 6～8 月，果期 8～10 月。

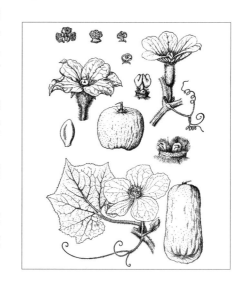

中生草本。主要分布于亚洲热带和亚热带地区，澳大利亚、马达加斯加也有。内蒙古南部，我国其他省区，世界其他地区有栽培。

11. 西瓜属 Citrullus Schrad. ex Ecklon et Zeyher

蔓生草本。茎细长，分枝，有柔毛。卷须分叉。单叶互生，羽状深裂。花单性，雌雄同株，单生，有长柄；花托宽钟状；花萼 5 裂；花冠辐状或短钟状，5 深裂；雄蕊 5，2 对合生，另 1 枚分离，药室条形、折曲。子房卵形；花柱短，圆柱形；柱头 3，肾形，2 裂；胚珠多数。果实球形或椭圆形，平滑，肉质，不开裂；种子多数，扁平，矩圆形或卵形，平滑。

内蒙古有 1 栽培种。

1. 西瓜（寒瓜）

Citrullus lanatus (Thunb.) Matsum. et Nakai in Cat. Sem. Spor. Hort. Bot. Univ. Imp. Tokyo 30:no.854. 1916; Fl. Intramongol. ed. 2, 4:430. t.169. f.1-2. 1992.——*Momordica lanaa* Thunb. in Prodr. Fl. Cap. 13. 1800.

一年生蔓生草本。全株被长柔毛。茎细长，多分枝。卷须分 2 叉。单叶互生，叶片宽卵形至卵状长椭圆形，长 8～20cm，宽 5～15cm，3～5 深裂，裂片又羽状或二回羽状浅裂或深裂，灰绿色，小裂片倒卵形或椭圆状披针形，先端钝圆或短尖，两面被短柔毛；叶柄长 6～12cm，被长柔毛。花托宽钟状；花萼裂片条状披针形，被长柔毛；花冠辐状，

淡黄色，5深裂，裂片卵状矩圆形，外被长柔毛；子房卵状或圆形，密被长柔毛，柱头3，肾形。果实球形或椭圆形，通常直径30cm左右，有长至50cm以上者，表面平滑，绿色、淡绿色而有深绿色各种条纹，也有纯黄白色而带浅绿色者；果肉厚而多汁，红色、黄色或白色，味甜。种子卵形，黑色、黄色、白色或淡黄色。花期6～7月，果期8～9月。

中生草本。原产南非，为南非分布种。内蒙古，我国其他省区，世界其他地区有栽培。

果实为著名果品。种子含油，可榨油或炒食。果皮药用（药材名：西瓜皮），能清热解暑、利尿，主治暑热烦渴、尿少色黄。

12. 香瓜属 Cucumis L.

蔓生或攀援生草质藤本。被短刚毛。卷须不分枝。叶掌状3～7裂，或不裂而有角，边缘有齿或锯齿。花单性，雌雄同株或稀雌雄异株，黄色，有短柄；雄花簇生叶腋，雌花单生；花萼钟形或倒圆锥形，5裂；花冠辐状或宽钟状，5深裂；雄蕊5，2对合生，另1枚分离，药室"S"形折曲，药隔向上延伸成乳头状附属物或2裂；子房长椭圆形或卵形，花柱极短，柱头3，胚珠多数。果实有各种形状和颜色，平滑或有刺瘤，或有毛，不开裂；种子多数，扁平，卵形或椭圆形，通常光滑。

内蒙古有2栽培种。

分种检索表

1a. 子房有刺状凸起，果实常有具刺尖的瘤状突起··**1. 黄瓜 C. sativus**

1b. 子房有毛，无刺状凸起；果实平滑，无瘤状突起。

    2a. 果实通常卵圆形、矩圆形、卵形或近球形，有香味和甜味··············**2a. 香瓜 C. melo** var. **melo**

    2b. 果实通常稍为弧形的矩圆状圆柱形或近棒状，无香味和甜味··········**2b. 菜瓜 C. melo** var. **agrestis**

1. 黄瓜（胡瓜）

Cucumis sativus L., Sp. Pl. 2:1012. 1753; Fl. Intramongol. ed. 2, 4:432. t.170. f.2. 1992.

一年生蔓生或攀援草本。茎细长，有纵棱，被短刚毛。卷须不分枝。叶片心状宽卵形或三角状宽卵形，长、宽 5～15cm，掌状 3～5 浅裂或有 3～5 个角，先端锐尖，边缘有疏锯齿，两面密被短刚毛；叶柄长 5～15cm，被短刚毛。花单性，雌雄同株，黄色；雄花常数朵簇生叶腋，花梗长 0.5～2cm；花托狭钟状；花萼裂片钻形，长 8～10mm，被刚毛；花冠裂片矩圆形或狭椭圆形，长约 2cm，急尖。雌花通常单生，稀簇生，花梗长 1～2cm；花萼、花冠形状与雄花相同；子房有刺状突起，花柱短，柱头 3。果实狭矩圆形或圆柱状，表面常有具刺尖的瘤状凸起，嫩时绿色，成熟后黄色或褐黄色；种子矩圆形，白色，扁平，两端近急尖。花期 5～7 月，果期 6～8 月。

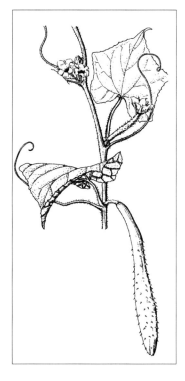

中生草本。内蒙古，我国其他省区，世界其他地区有栽培。

果实做蔬菜。果和藤叶入药。黄瓜能清热利尿，主治烦渴、小便不利，外用治烫火伤。黄瓜藤叶能消炎、祛痰、镇痉，主治腹泻、痢疾、高血压。

2. 香瓜（甜瓜）

Cucumis melo L., Sp. Pl. 2:1011. 1753; Fl. Intramongol. ed. 2, 4:432. t.170. f.1. 1992.

2a. 香瓜

Cucumis melo L. var. **melo**

一年生蔓生草本。茎细长，有棱和槽，被短刚毛。卷须不分枝。叶近圆形或肾形，长、宽 7～15cm，5～7 浅裂，先端通常钝圆，基部心形，边缘有微波状齿状锯齿，两面有短硬毛，下面沿脉有短刚毛；叶柄长 3～7cm，有短刚毛。花单性，雌雄同株；雄花簇生叶腋，花梗长 0.5～2.5cm；雌花单生叶腋，花梗长 0.4～2cm；花萼狭钟形，长 6～10mm，被长柔毛，裂片钻形；花冠黄色，长约 2cm，裂片椭圆形或卵状矩圆形，先端锐尖。子房卵圆形或长椭圆形；花柱很短；柱头 3，靠合。果实通常卵圆形、球形、椭圆形或矩圆形，稍有纵沟和各种形态的斑纹，初被柔毛，

后变光滑；果肉黄色或带绿色，有香味和甜味。种子灰白色，扁平，两端尖。花期 6 ~ 7 月，果期 8 ~ 9 月。

中生草本。内蒙古，我国其他省区，世界其他地区有栽培。

果实做水果或蔬菜。种子含油。种子（药材名：甜瓜子）和果柄（药材名：甜瓜蒂）入药。甜瓜子能清热、排脓，主治肺热、咳嗽、肺脓疡、阑尾炎。甜瓜蒂有毒，能催吐，主治食物中毒、痰涎不化、癫痫。

本种植物品种繁多，其果实大小、形状、颜色、斑纹、果皮的软硬和味道变化较多。常见的菜瓜、哈密瓜、白兰瓜和华莱士等是属于本种的不同变种或者品系植物。

2b. 菜瓜（梢瓜、白瓜、越瓜）

Cucumis melo L. var. **agrestis** Naudin in Ann. Sci. Nat. Bot. Ser. 4, 11:73. 1859; Fl. China 19:49. 2011.——*C. melo* L. var. *conomon* (Thunb.) Makino in Bot. Mag. Tokyo 16:16. 1902; Fl. Intramongol. ed. 2, 4:432. t.170. f.3. 1992.

本变种与正种的区别是：茎有刺毛；叶柄有刺毛；果实为稍弧形的矩圆状圆柱形或近棒状，长 20 ~ 30 (~ 50) cm，直径达 6 ~ 10cm，表面光滑，有纵的浅沟纹，白色、淡绿色或黄白色；果肉白色或带绿色，无香味和甜味。花期 6 ~ 7 月，果期 8 ~ 9 月。

中生草本。内蒙古南部，我国其他省区，世界其他地区有栽培。

果实做蔬菜和水果。

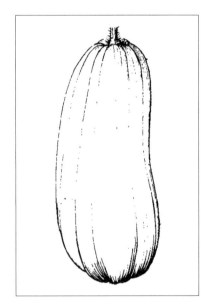

植物蒙古文名、中文名、拉丁文名对照名录

说明： 植物名称前的数字，第一个为科名代号，第二个为属名代号，第三个为种名及种下等级名代号。

93. ᠪᠤᠭᠤ ᠲᠤᠭᠤᠷᠠᠢ ᠶᠢᠨ ᠢᠵᠠᠭᠤᠷ 鹿蹄草科 **Pyrolaceae**

93-1 ᠪᠤᠭᠤ ᠲᠤᠭᠤᠷᠠᠢ ᠶᠢᠨ ᠲᠦᠷᠦᠯ 鹿蹄草属 *Pyrola* L.

93-1-1 ᠪᠦᠭᠡᠷᠡᠯᠢᠭ ᠨᠠᠪᠴᠢᠲᠤ ᠪᠤᠭᠤ ᠲᠤᠭᠤᠷᠠᠢ 肾叶鹿蹄草 *Pyrola renifolia* Maxim.

93-1-2 ᠤᠯᠠᠭᠠᠨ ᠴᠡᠴᠡᠭᠲᠦ ᠪᠤᠭᠤ ᠲᠤᠭᠤᠷᠠᠢ 红花鹿蹄草 *Pyrola incarnata* (DC.)

93-1-2a ᠤᠯᠠᠭᠠᠨ ᠴᠡᠴᠡᠭᠲᠦ ᠪᠤᠭᠤ ᠲᠤᠭᠤᠷᠠᠢ 红花鹿蹄草 *Pyrola incarnata* (DC.) Freyn

93-1-2b ᠥᠨᠳᠡᠭᠡᠯᠢᠭ ᠨᠠᠪᠴᠢᠲᠤ ᠪᠤᠭᠤ ᠲᠤᠭᠤᠷᠠᠢ 卵叶红花鹿蹄草 *Pyrola incarnata* (DC.) Freyn var. *ovatifolia* Y. Z. Zhao

93-1-3 ᠨᠣᠭᠤᠭᠠᠨ ᠴᠡᠴᠡᠭᠲᠦ ᠪᠤᠭᠤ ᠲᠤᠭᠤᠷᠠᠢ 绿花鹿蹄草 *Pyrola chlorantha* Sw.

93-1-4 ᠪᠤᠭᠤ ᠲᠤᠭᠤᠷᠠᠢ 鹿蹄草 *Pyrola rotundifolia* L.

93-1-5 ᠬᠢᠩᠭᠠᠨ ᠤ ᠪᠤᠭᠤ ᠲᠤᠭᠤᠷᠠᠢ 兴安鹿蹄草 *Pyrola dahurica* (Andr.) Kom.

93-2 ᠬᠠᠵᠠᠭᠠᠢ ᠴᠡᠴᠡᠭᠲᠦ ᠶᠢᠨ ᠲᠦᠷᠦᠯ 单侧花属 *Orthilia* Rafin.

93-2-1 ᠬᠠᠵᠠᠭᠠᠢ ᠴᠡᠴᠡᠭ 单侧花 *Orthilia secunda* (L.) House

93-2-2 ᠮᠤᠬᠤᠷ ᠨᠠᠪᠴᠢᠲᠤ ᠬᠠᠵᠠᠭᠠᠢ ᠴᠡᠴᠡᠭ 钝叶单侧花 *Orthilia obtusata* (Turcz.) H. Hara

93-3 ᠭᠠᠭᠴᠠ ᠭᠣᠶᠤ ᠴᠡᠴᠡᠭ ᠦᠨ ᠲᠦᠷᠦᠯ 独丽花属 *Moneses* Salisb. ex Gray

93-3-1 ᠭᠠᠭᠴᠠ ᠭᠣᠶᠤ ᠴᠡᠴᠡᠭ 独丽花 *Moneses uniflora* (L.) A. Gray

93-4 ᠪᠢᠯᠠᠭᠤᠷ ᠴᠡᠴᠡᠭ ᠦᠨ ᠲᠦᠷᠦᠯ 水晶兰属 *Monotropa* L.

93-4-1 ᠨᠠᠷᠠᠰᠤᠨ ᠤ ᠴᠡᠴᠡᠭ 松下兰 *Monotropa hypopitys* L.

93-4-2 ᠪᠢᠯᠠᠭᠤᠷ ᠴᠡᠴᠡᠭ 水晶兰 *Monotropa uniflora* L.

94. ᠳᠠᠯᠢᠷ ᠤᠨ ᠢᠵᠠᠭᠤᠷ ᠪᠤᠶᠤ ᠲᠠᠯᠢᠳ ᠤᠨ ᠢᠵᠠᠭᠤᠷ 杜鹃花科 **Ericaceae**

94-1 ᠬᠥᠬᠡᠮᠡᠯ ᠦᠨ ᠲᠦᠷᠦᠯ 杜香属 *Ledum* L.

94-1-1 ᠬᠥᠬᠡᠮᠡᠯ 杜香 *Ledum palustre* L.

94-1-1a ᠬᠥᠬᠡᠮᠡᠯ 杜香 *Ledum palustre* L. var. *palustre*

94-1-1b ᠨᠠᠷᠢᠨ ᠨᠠᠪᠴᠢᠲᠤ ᠬᠥᠬᠡᠮᠡᠯ 狭叶杜香 *Ledum palustre* L. var. *decumbens* Ait.

94-1-1c ᠥᠷᠭᠡᠨ ᠨᠠᠪᠴᠢᠲᠤ ᠬᠥᠬᠡᠮᠡᠯ 宽叶杜香 *Ledum palustre* L. var. *dilatatum* Wahl.

94-2 ᠳᠠᠯᠢᠷ ᠤᠨ ᠲᠦᠷᠦᠯ ᠪᠤᠶᠤ ᠲᠠᠯᠢᠳ ᠤᠨ ᠲᠦᠷᠦᠯ 杜鹃花属 *Rhododendron* L.

94-7-2 ᠵᠢᠮᠢᠰ · ᠵᠢᠮᠢᠰ 笃斯越橘 *Vaccinium uliginosum* L.

94-7-1 ᠵᠢᠮᠢᠰ 越橘 *Vaccinium vitis-idaea* L.

94-7 ᠵᠢᠮᠢᠰ ᠤᠨ ᠲᠦᠷᠦᠯ 越橘属 *Vaccinium* L.

94-6-1 ᠵᠢᠮᠢᠰᠲᠦ 毛蒿豆 *Oxycoccus microcarpus* Turcz. ex Rupr.

94-6 ᠵᠢᠮᠢᠰᠲᠦ ᠶᠢᠨ ᠲᠦᠷᠦᠯ 毛蒿豆属 *Oxycoccus* Adans.

94-5-2 ᠬᠠᠷ᠎ᠠ ᠶᠢᠨ ᠵᠢᠮᠢᠰ 黑果天栌 *Arctous alpinus* (L.) Nied. Wils.) Nakai

94-5-1 ᠵᠢᠮᠢᠰᠤᠨ ᠤ ᠵᠢᠮᠢᠰ 天栌属 *Arctous ruber* (Rehd. et

94-5 ᠵᠢᠮᠢᠰᠤᠨ ᠤ ᠲᠦᠷᠦᠯ 天栌属 *Arctous* (A. Gray) Nied.

94-4-1 ᠵᠢᠮᠢᠰᠲᠦ 甸杜 *Chamaedaphne calyculata* (L.) Moench

94-4 ᠵᠢᠮᠢᠰᠲᠦ ᠶᠢᠨ ᠲᠦᠷᠦᠯ 甸杜属 *Chamaedaphne* Moench

94-3-1 ᠵᠢᠮᠢᠰᠲᠠᠢ ᠶᠢᠨ ᠲᠦᠷᠦᠯ 松毛翠 *Phyllodoce caerulea* (L.) Bab.

94-3 ᠵᠢᠮᠢᠰᠲᠠᠢ ᠶᠢᠨ ᠲᠦᠷᠦᠯ 松毛翠属 *Phyllodoce* Salisb.

mucronulatum Turcz.

94-2-4 ᠵᠢᠮᠢᠰᠲᠠᠢ · ᠵᠢᠮᠢᠰᠲᠦ 迎红杜鹃 *Rhododendron*

94-2-3 ᠵᠢᠮᠢᠰᠲᠠᠢ · ᠵᠢᠮᠢᠰᠲᠦ 兴安杜鹃 *Rhododendron dauricum* L.

lapponicum (L.) Wahl.

94-2-2 ᠵᠢᠮᠢᠰᠲᠠᠢ · ᠵᠢᠮᠢᠰᠲᠦ 小叶杜鹃 *Rhododendron micranthum* Turcz.

94-2-1 ᠵᠢᠮᠢᠰᠲᠠᠢ · ᠵᠢᠮᠢᠰᠲᠦ 照山白 *Rhododendron*

95-2-8 ᠵᠢᠮᠢᠰᠤᠨ ᠤ ᠵᠢᠮᠢᠰ 长叶点地梅 *Androsace longifolia* Turcz.

95-2-7 ᠵᠢᠮᠢᠰᠤᠨ ᠤ ᠵᠢᠮᠢᠰ 西藏点地梅 *Androsace mariae* Kanitz

95-2-6 ᠵᠢᠮᠢᠰᠤᠨ ᠤ ᠵᠢᠮᠢᠰ 白花点地梅 *Androsace incana* Lam.

95-2-5 ᠵᠢᠮᠢᠰᠤᠨ ᠤ ᠵᠢᠮᠢᠰ 大苞点地梅 *Androsace maxima* L.

Androsace septentrionalis L.

95-2-4 ᠵᠢᠮᠢᠰᠤᠨ ᠤ ᠵᠢᠮᠢᠰ 东北点地梅 *Androsace filiformis* Retz.

95-2-3 ᠵᠢᠮᠢᠰᠤᠨ ᠤ ᠵᠢᠮᠢᠰ 北点地梅 Roem. et Schult.

95-2-2 ᠵᠢᠮᠢᠰᠤᠨ ᠤ ᠵᠢᠮᠢᠰ 小点地梅 *Androsace gmelinii* (Gaertn.)

95-2-1 ᠵᠢᠮᠢᠰᠤᠨ ᠤ ᠵᠢᠮᠢᠰ 点地梅 *Androsace umbellata* (Lour.) Merr.

95-2 ᠵᠢᠮᠢᠰᠤᠨ ᠤ ᠲᠦᠷᠦᠯ 点地梅属 *Androsace* L.

95-1-6 ᠵᠢᠮᠢᠰᠤᠨ ᠤ ᠵᠢᠮᠢᠰ 段报春 *Primula maximowiczii* Regel

95-1-5 ᠵᠢᠮᠢᠰᠤᠨ ᠤ ᠵᠢᠮᠢᠰ 翠南报春 *Primula sieboldii* E. Morren

95-1-4 ᠵᠢᠮᠢᠰᠤᠨ ᠤ ᠵᠢᠮᠢᠰ 天山报春 *Primula nutans* Georgi

95-1-3 ᠵᠢᠮᠢᠰᠤᠨ ᠤ ᠵᠢᠮᠢᠰ 箭报春 *Primula fistulosa* Turkev.

95-1-2 ᠵᠢᠮᠢᠰᠤᠨ ᠤ ᠵᠢᠮᠢᠰ 冷地报春 *Primula algida* Adams

95-1-1 ᠵᠢᠮᠢᠰᠤᠨ ᠤ ᠵᠢᠮᠢᠰ 粉报春 *Primula farinosa* L.

95-1 ᠵᠢᠮᠢᠰᠤᠨ ᠤ ᠲᠦᠷᠦᠯ 报春花属 *Primula* L.

95. ᠵᠢᠮᠢᠰᠦᠨ ᠤ ᠣᠪᠤᠭ 报春花科 **Primulaceae**

96-1 [ᠮᠣᠩᠭᠣᠯ] 驼舌草属 *Goniolimon* Boiss.

96. [ᠮᠣᠩᠭᠣᠯ] 白花丹科 **Plumbaginaceae**

95-6-1 [ᠮᠣᠩᠭᠣᠯ], 七瓣莲 *Trientalis europaea* L.

95-6 [ᠮᠣᠩᠭᠣᠯ] 七瓣莲属 *Trientalis* L.

95-5-3 [ᠮᠣᠩᠭᠣᠯ] 球尾花 *Lysimachia thyrsiflora* L.

95-5-2 [ᠮᠣᠩᠭᠣᠯ] 狼尾花 *Lysimachia barystachys* Bunge

95-5-1 [ᠮᠣᠩᠭᠣᠯ] 黄莲花 *Lysimachia davurica* Ledeb.

95-5 [ᠮᠣᠩᠭᠣᠯ] 珍珠菜属 *Lysimachia* L.

95-4-1 [ᠮᠣᠩᠭᠣᠯ] 海乳草 *Glaux maritima* L.

95-4 [ᠮᠣᠩᠭᠣᠯ] 海乳草属 *Glaux* L.

95-3-2 [ᠮᠣᠩᠭᠣᠯ] 阿尔泰假报春 *Cortusa altaica* Losinsk.

pekinensis (V. Richt.) Kitag.

95-3-1b [ᠮᠣᠩᠭᠣᠯ] 河北假报春 *Cortusa matthioli* L. subsp.

95-3-1a [ᠮᠣᠩᠭᠣᠯ] 假报春 *Cortusa matthioli* L. subsp. *matthioli*

95-3-1 [ᠮᠣᠩᠭᠣᠯ] 假报春 *Cortusa matthioli* L.

95-3 [ᠮᠣᠩᠭᠣᠯ] 假报春属 *Cortusa* L.

95-2-9 [ᠮᠣᠩᠭᠣᠯ] 阿拉善点地梅 *Androsace alaschanica*

Maxim.

97-1-1 [ᠮᠣᠩᠭᠣᠯ] 雪柳 *Fontanesia fortunei* Carr.

97-1 [ᠮᠣᠩᠭᠣᠯ] 雪柳属 *Fontanesia* Labill.

97. [ᠮᠣᠩᠭᠣᠯ] 木樨科 **Oleaceae**

96-3-1 [ᠮᠣᠩᠭᠣᠯ] 鸡娃草 *Plumbagella micrantha* (Ledeb.)

Spach

96-3 [ᠮᠣᠩᠭᠣᠯ] 鸡娃草属 *Plumbagella* Spach

erythrorrhizum Ikonn.-Gal. ex Lincz.

96-2-6 [ᠮᠣᠩᠭᠣᠯ] 红根补血草 *Limonium*

96-2-5 [ᠮᠣᠩᠭᠣᠯ] 二色补血草 *Limonium bicolor* (Bunge) Kuntze

Kuntze

96-2-4 [ᠮᠣᠩᠭᠣᠯ] 曲枝补血草 *Limonium flexuosum* (L.)

Kuntze

96-2-3 [ᠮᠣᠩᠭᠣᠯ] 细枝补血草 *Limonium tenellum* (Turcz.)

96-2-2 [ᠮᠣᠩᠭᠣᠯ] 格鲁包夫补血草 *Limonium grubovii* Lincz.

96-2-1 [ᠮᠣᠩᠭᠣᠯ] 黄花补血草 *Limonium aureum* (L.) Hill

96-2 [ᠮᠣᠩᠭᠣᠯ] 补血草属 *Limonium* Mill.

96-1-1 [ᠮᠣᠩᠭᠣᠯ] 驼舌草 *Goniolimon*

speciosum (L.) Boiss.

97-5-1 ᠁ 小叶女贞 *Ligustrum quihoui* Carr.

97-5 ᠁ 女贞属 *Ligustrum* L.

97-4-6 ᠁ var. *alashanensis* Y. C. Ma et S. Q. Zhou

Hara subsp. *amurensis* (Rupr.) P. S. Green et M. C. Chang

97-4-5 ᠁ 贺兰山丁香 *Syringa pinnatifolia* Hemsl.

97-4-4 ᠁ 紫丁香 *Syringa oblata* Lindl.

暴马丁香 *Syringa reticulata* (Blume) H.

97-4-3 ᠁ 小叶丁香 *Syringa microphylla* Diels

97-4-2 ᠁ 巧玲花 *Syringa pubescens* Turcz.

97-4-1 ᠁ 红丁香 *Syringa villosa* Vahl.

97-4 ᠁ 丁香属 *Syringa* L.

suspensa (Thunb.) Vahl.

97-3-1 ᠁ 连翘 *Forsythia suspensa*

97-3 ᠁ 连翘属 *Forsythia* Vahl

97-2-5 ᠁ 水曲柳 *Fraxinus mandschurica* Rupr.

97-2-4 ᠁ 洋白蜡 *Fraxinus pennsylvanica* Marsh.

97-2-3 ᠁ 小叶白蜡 *Fraxinus bungeana* A. DC.

97-2-2 ᠁ 花曲柳 *Fraxinus rhynchophylla* Hance

97-2-1 ᠁ 中国白蜡 *Fraxinus chinensis* Roxb.

97-2 ᠁ 白蜡树属 *Fraxinus* L.

---

98. ᠁ 马钱科 **Loganiaceae**

98-1 ᠁ 醉鱼草属 *Buddleja* L.

98-1-1 ᠁ 互叶醉鱼草 *Buddleja alternifolia*

Maxim.

99. ᠁ 龙胆科 **Gentianaceae**

99-1 ᠁ 翼萼蔓属 *Pterygocalyx* Maxim.

99-1-1 ᠁ 翼萼蔓 *Pterygocalyx volubilis* Maxim.

99-2 ᠁ 百金花属 *Centaurium* Hill

99-2-1 ᠁ 百金花 *Centaurium pulchellum* (Sw.) Druce var.

altaicum (Griseb.) Kitag. et H. Hara

99-3 ᠁ 龙胆属 *Gentiana* L.

99-3-1 ᠁ 白花龙胆 *Gentiana thunbergii* (G. Don)

Griseb. var. *minor* Maxim.

99-3-2 ᠁ 鳞叶龙胆 *Gentiana squarrosa* Ledeb.

99-3-3 ᠁ 假水生龙胆 *Gentiana pseudoaquatica*

Kusn.

99-5 ᠬᠠᠭᠤᠷᠠᠢ ᠵᠦᠰᠦᠭᠡᠢ ᠶᠢᠨ ᠲᠦᠷᠦᠯ 假龙胆属 *Gentianella* Moench

99-4-3 ᠨᠢᠯᠬ᠎ᠠ ᠵᠦᠰᠦᠭᠡᠢ ᠂ ᠰᠠᠬᠠᠯᠲᠤ ᠵᠦᠰᠦᠭᠡᠢ (Froel.) Y. C. Ma

扁蕾 *Gentianopsis barbata* (Burk.) Y. Z. Zhao

99-4-2 ᠦᠨᠳᠡᠭᠡᠨ ᠵᠦᠰᠦᠭᠡᠢ 宽叶扁蕾 *Gentianopsis ovatodeltoidea* ex J. D. Hook.) Y. C. Ma

99-4-1 ᠬᠦᠢᠯᠦᠰᠦ ᠶᠢᠨ ᠵᠦᠰᠦᠭᠡᠢ 湿生扁蕾 *Gentianopsis paludosa* (Munro

99-4 ᠵᠦᠰᠦᠭᠡᠢ ᠶᠢᠨ ᠲᠦᠷᠦᠯ 扁蕾属 *Gentianopsis* Y. C. Ma

99-3-12 ᠬᠢᠩᠭᠠᠨ ᠤ ᠵᠠᠭᠠᠲᠤ 兴安龙胆 *Gentiana hsinganica* J. H. Yu

99-3-11 ᠨᠠᠷᠢᠨ ᠨᠠᠪᠴᠢᠲᠤ ᠵᠠᠭᠠᠲᠤ 条叶龙胆 *Gentiana manshurica* Kitag.

99-3-10 ᠭᠤᠷᠪᠠᠨ ᠴᠡᠴᠡᠭᠲᠦ ᠵᠠᠭᠠᠲᠤ 三花龙胆 *Gentiana triflora* Pall.

99-3-9 ᠵᠠᠭᠠᠲᠤ 龙胆 *Gentiana scabra* Bunge *macrophylla* Pall.

99-3-8 ᠬᠠᠵᠠᠭᠠᠢ ᠵᠠᠭᠠᠲᠤ 斜升龙胆 *Gentiana decumbens* L. f. 秦艽 *Gentiana*

99-3-7 ᠳᠠᠭᠤᠷ ᠤᠨ ᠵᠠᠭᠠᠲᠤ *dahurica* Fisch.

99-3-6 ᠵᠢᠷᠦᠬᠡᠨ ᠨᠠᠪᠴᠢᠲᠤ 达乌里龙胆 *Gentiana* var. *cordifolia* T. N. Ho

99-3-5 ᠵᠢᠷᠦᠬᠡᠨ ᠨᠠᠪᠴᠢᠲᠤ ᠵᠠᠭᠠᠲᠤ 心叶灰绿龙胆 *Gentiana yokusai* Burkill

99-3-4 ᠴᠠᠭᠠᠨ ᠵᠢᠷᠤᠭᠠᠰᠤᠲᠤ ᠵᠠᠭᠠᠲᠤ 白条纹龙胆 *Gentiana burkillii* H. Smith

---

99-7-2a ᠰᠠᠴᠤᠷᠠᠩᠭᠤᠢ ᠵᠠᠭᠠᠲᠤ (L.) Fries ex Nyman

辐状肋柱花 *Lomatogonium rotatum*

99-7-2 ᠰᠠᠴᠤᠷᠠᠩᠭᠤᠢ ᠵᠠᠭᠠᠲᠤ 辐状肋柱花 *Lomatogonium rotatum carinthiacum* (Wulf.) Rchb.

99-7-1 ᠬᠠᠪᠢᠷᠭᠠᠲᠤ ᠶᠢᠨ ᠵᠠᠭᠠᠲᠤ 肋柱花 *Lomatogonium* A. Br.

99-7 ᠬᠠᠪᠢᠷᠭᠠᠲᠤ ᠶᠢᠨ ᠲᠦᠷᠦᠯ 肋柱花属 *Lomatogonium* A. Br. Z. Zhao et Z. Y. Chu

99-6-5 ᠠᠯᠠᠱᠠᠨ ᠤ ᠦᠰᠦᠲᠦ ᠴᠡᠴᠡᠭ 阿拉善喉毛花 *Comastoma alashanicum* Y. (Michx.) Y. Z. Zhao et X. Zhang

99-6-4 ᠬᠤᠷᠴᠠ ᠨᠠᠪᠴᠢᠲᠤ ᠦᠰᠦᠲᠦ ᠴᠡᠴᠡᠭ 尖叶喉毛花 *Comastoma acutum* Toyokuni

99-6-3 ᠰᠤᠯᠠ ᠦᠰᠦᠲᠦ ᠴᠡᠴᠡᠭ 柔弱喉毛花 *Comastoma tenellum* (Rottb.) (Diels et Gilg) T. N. Ho

99-6-2 ᠦᠷᠡᠴᠡᠭᠡᠷ ᠦᠰᠦᠲᠦ ᠴᠡᠴᠡᠭ 皱萼喉毛花 *Comastoma polycladum falcatum* (Turcz. ex Kar. et Kir.) Toyokuni

99-6-1 ᠬᠠᠳᠤᠭᠤᠷᠤᠲᠤ ᠦᠰᠦᠲᠦ ᠴᠡᠴᠡᠭ 镰萼喉毛花 *Comastoma* (Wettstein) Toyokuni

99-6 ᠦᠰᠦᠲᠦ ᠴᠡᠴᠡᠭ ᠦᠨ ᠲᠦᠷᠦᠯ 喉毛花属 *Comastoma* (Bunge) Holub

99-5-1 ᠬᠠᠷ᠎ᠠ ᠬᠦᠪᠡᠭᠡᠲᠦ ᠵᠦᠰᠦᠭᠡᠢ 黑边假龙胆 *Gentianella azurea*

99-9-7 ᠊᠊᠊ 獐牙菜 *Swertia bimaculata* (Sieb. et Zucc.) J. D. Hook.

99-9-6 ᠊᠊᠊ 瘤毛獐牙菜 *Swertia pseudochinensis* H. Hara
(J. D.) Hook.

99-9-5 ᠊᠊᠊ 北方獐牙菜 *Swertia diluta* (Turcz.) Benth. et

99-9-4 ᠊᠊᠊ 卵叶獐牙菜 *Swertia tetrapetala* Pall.

99-9-3 ᠊᠊᠊ 四数獐牙菜 *Swertia tetraptera* Maxim.
Kom.

99-9-2 ᠊᠊᠊ 藜芦獐牙菜 *Swertia veratroides* Maxim. ex

99-9-1 ᠊᠊᠊ 红直獐牙菜 *Swertia erythrosticta* Maxim.

99-9 ᠊᠊᠊ 獐牙菜属 *Swertia* L.

rubrostriatum Y. Z. Zhao, Zong Y. Zhu et L. Q. Zhao

99-8-2 ᠊᠊᠊ 红纹腺鳞草 *Anagallidium*
Griseb.

99-8-1 ᠊᠊᠊ 腺鳞草 *Anagallidium dichotomum* (L.)

99-8 ᠊᠊᠊ 腺鳞草属 *Anagallidium* Griseb.

floribundum (Franch.) Y. Z. Zhao

99-7-3 ᠊᠊᠊ 短萼肋柱花 *Lomatogonium*
rotatum (L.) Fries ex Nyman var. aurantiacum Y. Z. Zhao

99-7-2b ᠊᠊᠊ 橙黄肋柱花 *Lomatogonium*
(L.) Fries ex Nyman var. rotatum

Schrenk

101-1-2 ᠊᠊᠊ 白麻 *Apocynum pictum*

101-1-1 ᠊᠊᠊ 罗布麻 *Apocynum venetum* L.

101-1 ᠊᠊᠊ 罗布麻属 *Apocynum* L.

Apocynaceae
101. ᠊᠊᠊ 夹竹桃科

100-2-1 ᠊᠊᠊ 荇菜 *Nymphoides peltata* (S. G. Gmel.) Kuntze

100-2 ᠊᠊᠊ 荇菜属 *Nymphoides* Seguier

100-1-1 ᠊᠊᠊ 睡菜 *Menyanthes trifoliata* L.

100-1 ᠊᠊᠊ 睡菜属 *Menyanthes* L.

100. ᠊᠊᠊ 睡菜科 **Menyanthaceae**

99-10-2 ᠊᠊᠊ 椭圆叶花锚 *Halenia elliptica* D. Don

99-10-1 ᠊᠊᠊ 花锚 *Halenia corniculata* (L.) Cornaz

99-10 ᠊᠊᠊ 花锚属 *Halenia* Borkh.
et Thoms. ex C. B. Clarke

et Zhang

102-2-8 ᠥᠪᠡᠷᠲᠡᠭᠡᠨ ᠰᠡᠳᠬᠢᠯ 羊角子草 Cynanchum cathayense Tsiang K. Schum.

102-2-7 ᠤᠯᠠᠭᠠᠨ ᠰᠡᠳᠬᠢᠯ 紫花杯冠藤 Cynanchum purpureum (Pall.) Loes.

102-2-6 ᠬᠤᠯᠤᠰᠤᠨ ᠰᠡᠳᠬᠢᠯ 竹灵消 Cynanchum inamoenum (Maxim.) Kitag.

102-2-5 ᠰᠢᠷᠠ ᠰᠡᠳᠬᠢᠯ 徐长卿 Cynanchum paniculatum (Bunge) (Maxim.) Hemsl.

102-2-4 ᠮᠣᠩᠭᠤᠯ ᠰᠡᠳᠬᠢᠯ 牛心朴子 Cynanchum mongolicum hancockianum (Maxim.) Iljinski

102-2-3 ᠤᠮᠠᠷᠠᠲᠤ · ᠴᠠᠭᠠᠨ ᠰᠡᠳᠬᠢᠯ 华北白前 Cynanchum

102-2-2 ᠴᠠᠭᠠᠨ ᠰᠡᠳᠬᠢᠯ 白薇 Cynanchum atratum Bunge

102-2-1 ᠲᠡᠪᠡᠷᠢᠭᠰᠡᠨ ᠰᠡᠳᠬᠢᠯ 合掌消 Cynanchum amplexicaule (Sieb. et Zucc.) Hemsl.

102-1-2 ᠬᠢᠯᠭᠠᠨ᠎ᠠ ᠶᠢᠨ ᠲᠦᠷᠦᠯ 鹅绒藤属 Cynanchum L.

102-1-1 ᠬᠢᠯᠭᠠᠨ᠎ᠠ 杠柳 Periploca sepium Bunge

102-1 ᠬᠢᠯᠭᠠᠨ᠎ᠠ ᠶᠢᠨ ᠲᠦᠷᠦᠯ 杠柳属 Periploca L.

102. ᠰᠡᠳᠬᠢᠯ ᠦᠨ ᠢᠵᠠᠭᠤᠷ 萝藦科 Asclepiadaceae

103-1-4 ᠨᠠᠷᠢᠨ ᠲᠤᠷᠤᠭ 藤长苗 Calystegia pellita (Ledeb.) G. Don Choisy

103-1-3 ᠦᠰᠦᠲᠦ ᠲᠤᠷᠤᠭ 毛打碗花 Calystegia dahurica (Herb.) Griseb. subsp. orientalis Brummit.

103-1-2 ᠥᠷᠭᠡᠨ ᠲᠤᠷᠤᠭ 宽叶打碗花 Calystegia silvatica (Kit.)

103-1-1 ᠲᠤᠷᠤᠭ 打碗花 Calystegia hederacea Wall. ex Roxb.

103-1 ᠲᠤᠷᠤᠭ ᠤᠨ ᠲᠦᠷᠦᠯ 打碗花属 Calystegia R. Br.

103. ᠲᠤᠷᠤᠭᠠᠨ ᠤ ᠢᠵᠠᠭᠤᠷ 旋花科 Convolvulaceae

102-3-1 ᠮᠣᠩᠭᠤᠯ ᠰᠡᠳᠬᠢᠯ 萝藦 Metaplexis japonica (Thunb.) Makino

102-3 ᠮᠣᠩᠭᠤᠯ ᠰᠡᠳᠬᠢᠯ ᠦᠨ ᠲᠦᠷᠦᠯ 萝藦属 Metaplexis R. Br.

102-2-12 ᠴᠠᠭᠠᠨ ᠰᠡᠳᠬᠢᠯ 白首乌 Cynanchum bungei Decne.

102-2-11 ᠬᠢᠯᠭᠠᠨ᠎ᠠ ᠰᠡᠳᠬᠢᠯ 鹅绒藤 Cynanchum chinense R. Br.

102-2-10 ᠰᠡᠷᠡᠭᠡᠨ ᠰᠡᠳᠬᠢᠯ 戟叶鹅绒藤 Cynanchum sibiricum Willd.

102-2-9b ᠲᠠᠯ᠎ᠠ ᠶᠢᠨ ᠰᠡᠳᠬᠢᠯ 雀瓢 Cynanchum thesioides (Freyn) Schum. var. thesioides

102-2-9a ᠰᠡᠳᠬᠢᠯ 地梢瓜 Cynanchum thesioides (Freyn) K.

102-2-9 ᠰᠡᠳᠬᠢᠯ 地梢瓜 Cynanchum thesioides (Freyn) K. Schum.

104-1-5 ᠬᠠᠷᠠᠭᠠᠨ ᠠᠯᠲᠠᠷ ᠰᠢᠷᠠᠯᠵᠢ 南方菟丝子 *Cuscuta australis* R. Br.

104-1-4 ᠠᠯᠲᠠᠷ ᠰᠢᠷᠠᠯᠵᠢ 菟丝子 *Cuscuta chinensis* Lam.

104-1-3 ᠤᠯᠠᠭᠠᠨ ᠨᠢᠭᠡᠳᠦᠮᠡᠯ ᠠᠯᠲᠠᠷ ᠰᠢᠷᠠᠯᠵᠢ 单柱菟丝子 *Cuscuta monogyna* Vahl.

104-1-2 ᠬᠤᠮᠤᠯ ᠴᠡᠴᠡᠭᠲᠦ ᠠᠯᠲᠠᠷ ᠰᠢᠷᠠᠯᠵᠢ 啤酒花菟丝子 *Cuscuta lupuliformis* Krock.

104-1-1 ᠶᠠᠫᠤᠨ ᠠᠯᠲᠠᠷ ᠰᠢᠷᠠᠯᠵᠢ 日本菟丝子 *Cuscuta japonica* Choisy

104-1 ᠠᠯᠲᠠᠷ ᠰᠢᠷᠠᠯᠵᠢ ᠶᠢᠨ ᠲᠦᠷᠦᠯ 菟丝子属 *Cuscuta* L.

104. ᠠᠯᠲᠠᠷ ᠰᠢᠷᠠᠯᠵᠢ ᠶᠢᠨ ᠤᠪᠤᠭ 菟丝子科 **Cuscutaceae**

104-1 ᠠᠯᠲᠠᠷ ᠰᠢᠷᠠᠯᠵᠢ ᠶᠢᠨ ᠲᠦᠷᠦᠯ 菟丝子属 *Cuscuta* L.

104-1-1 ᠶᠠᠫᠤᠨ ᠠᠯᠲᠠᠷ ᠰᠢᠷᠠᠯᠵᠢ 日本菟丝子 *Cuscuta japonica* Choisy

104-1-2 ᠬᠤᠮᠤᠯ ᠴᠡᠴᠡᠭᠲᠦ ᠠᠯᠲᠠᠷ ᠰᠢᠷᠠᠯᠵᠢ 啤酒花菟丝子 *Cuscuta lupuliformis*

104-1-3 ᠤᠯᠠᠭᠠᠨ ᠨᠢᠭᠡᠳᠦᠮᠡᠯ ᠠᠯᠲᠠᠷ ᠰᠢᠷᠠᠯᠵᠢ 单柱菟丝子 *Cuscuta monogyna*

104-1-4 ᠠᠯᠲᠠᠷ ᠰᠢᠷᠠᠯᠵᠢ 菟丝子 *Cuscuta chinensis* Lam.

104-1-5 ᠬᠠᠷᠠᠭᠠᠨ ᠠᠯᠲᠠᠷ ᠰᠢᠷᠠᠯᠵᠢ 南方菟丝子 *Cuscuta australis* R. Br.

103-4-1 ᠰᠢᠪᠢᠷ ᠬᠦᠮᠦᠯᠢ᠂ ᠮᠠᠯᠢᠨ ᠴᠡᠴᠡᠭ 北鱼黄草 *Merremia sibirica* (L.) H. Hall.

103-4 ᠬᠦᠮᠦᠯᠢ ᠶᠢᠨ ᠲᠦᠷᠦᠯ 番薯属 *Ipomoea* L.

103-3 ᠰᠢᠷᠠ ᠴᠡᠴᠡᠭᠲᠦ 鱼黄草属 *Merremia* Dennst. ex Endl.

103-2-4 ᠬᠠᠷᠢᠶᠠᠴᠠᠢ ᠶᠢᠨ ᠲᠠᠪᠠᠭ 鹰爪柴 *Convolvulus gortschakovii* Schrenk

103-2-3 ᠡᠭᠦᠷᠲᠦ ᠰᠡᠳᠡᠷᠭᠡᠨᠡ 刺旋花 *Convolvulus tragacanthoides* Turcz.

103-2-2 ᠮᠦᠩᠭᠦᠨ ᠰᠡᠳᠡᠷᠭᠡᠨᠡ 银灰旋花 *Convolvulus ammannii* Desr.

103-2-1 ᠰᠡᠳᠡᠷᠭᠡᠨᠡ 田旋花 *Convolvulus arvensis* L.

103-2 ᠰᠡᠳᠡᠷᠭᠡᠨᠡ ᠶᠢᠨ ᠲᠦᠷᠦᠯ 旋花属 *Convolvulus* L.

106-2 ᠨᠠᠷᠢᠨ ᠨᠠᠪᠴᠢᠲᠤ ᠤᠯᠠᠭᠠᠨᠲᠠᠢ ᠶᠢᠨ ᠲᠦᠷᠦᠯ 琉璃苣属 *Borago* L.

var. *angustior* (A. DC.) G. L. Chu et M. G. Gilbert

106-1-1b ᠬᠢᠰᠡ ᠨᠠᠪᠴᠢᠲᠤ 细叶砂引草 *Tournefortia sibirica* L. var. *sibirica*

106-1-1a ᠨᠠᠷᠢᠨ ᠨᠠᠪᠴᠢ᠂ ᠬᠤᠮᠤᠭᠤᠨ 砂引草 *Tournefortia sibirica*

106-1-1 ᠬᠤᠮᠤᠭᠤᠨ ᠤᠪᠤᠰᠤ᠂ ᠬᠤᠮᠤᠭᠤᠨ 砂引草 *Tournefortia sibirica* L.

106-1 ᠬᠤᠮᠤᠭᠤᠨ ᠤ ᠲᠦᠷᠦᠯ 紫丹属 *Tournefortia* L.

106. ᠳᠠᠷᠮᠠᠨ ᠤ ᠤᠪᠤᠭ 紫草科 **Boraginaceae**

105-1-2 ᠮᠠᠨᠠᠷᠲᠤ 花荵 *Polemonium caeruleum* L. Georgi

105-1-1 ᠨᠤᠤᠰᠤᠯᠢᠭ ᠮᠠᠨᠠᠷᠲᠤ 柔毛花荵 *Polemonium villosum* Rud. ex

105-1 ᠮᠠᠨᠠᠷᠲᠤ ᠶᠢᠨ ᠲᠦᠷᠦᠯ 花荵属 *Polemonium* L.

105. ᠮᠠᠨᠠᠷᠲᠤ ᠶᠢᠨ ᠤᠪᠤᠭ 花荵科 **Polemoniaceae**

104-1-7 ᠲᠤᠮᠤ ᠠᠯᠲᠠᠷ ᠰᠢᠷᠠᠯᠵᠢ 大菟丝子 *Cuscuta europaea* L. Yunck.

104-1-6 ᠲᠠᠯ ᠤᠨ ᠠᠯᠲᠠᠷ ᠰᠢᠷᠠᠯᠵᠢ 原野菟丝子 *Cuscuta campestris*

106-9-1 ᠊᠊᠊᠊᠊ᠣ᠂ ᠊᠊᠊᠊᠊ᠣ 紫草 Lithospermum

106-9 ᠊᠊᠊᠊᠊ᠣ ᠊᠊᠊᠊ᠣ 紫草属 Lithospermum L.

106-8-1 ᠊᠊᠊᠊᠊ᠣ 狼紫草 Anchusa ovata Lehm.

106-8 ᠊᠊᠊᠊᠊ᠣ 牛舌草属 Anchusa L.

106-7-1 ᠊᠊᠊᠊᠊ᠣ 糙草 Asperugo procumbens L.

106-7 ᠊᠊᠊᠊᠊ᠣ 糙草属 Asperugo L.

fimbriata Maxim.

106-6-3 ᠊᠊᠊᠊᠊ᠣ 黄花软紫草 Arnebia guttata Bunge

106-6-2 ᠊᠊᠊᠊᠊ᠣ 疏花软紫草 Arnebia szechenyi Kanitz

106-6-1 ᠊᠊᠊᠊᠊ᠣ 软紫草 Arnebia Forsk.

106-6 ᠊᠊᠊᠊᠊ᠣ 软紫草属 Arnebia Forsk.

106-5-1 ᠊᠊᠊᠊᠊ᠣ 肺草 Pulmonaria mollissima A. Kern.

106-5 ᠊᠊᠊᠊᠊ᠣ 肺草属 Pulmonaria L.

(Pall.) Turcz.

106-4-1 ᠊᠊᠊᠊᠊ᠣ 紫筒草 Stenosolenium saxatile
Stenosolenium Turcz.

106-4 ᠊᠊᠊᠊᠊ᠣ 紫筒草属

106-3-1 ᠊᠊᠊᠊᠊ᠣ 颅果草 Craniospermum mongolicum I. M. Johnst.

106-3 ᠊᠊᠊᠊᠊ᠣ 颅果草属 Craniospermum Lehmann

106-2-1 ᠊᠊᠊᠊᠊ᠣ 琉璃苣 Borago officinalis L.

C. A. Mey.) Gurke

106-11-8 ᠊᠊᠊᠊᠊ᠣ 蓝刺鹤虱 Lappula consanguinea (Fisch. et

106-11-7 ᠊᠊᠊᠊᠊ᠣ 山西鹤虱 Lappula shanhsiensis Kitag.
(Ledeb.) Gurke

106-11-6 ᠊᠊᠊᠊᠊ᠣ 异刺鹤虱 Lappula heteracantha

Popov

106-11-5 ᠊᠊᠊᠊᠊ᠣ 宽刺鹤虱 Lappula granulata (Krylov)

106-11-4 ᠊᠊᠊᠊᠊ᠣ 鹤虱 Lappula myosotis Moench

106-11-3 ᠊᠊᠊᠊᠊ᠣ 劲直鹤虱 Lappula stricta (Ledeb.) Gurke

Popov

106-11-2 ᠊᠊᠊᠊᠊ᠣ 蒙古鹤虱 Lappula intermedia (Ledeb.)

106-11-1 ᠊᠊᠊᠊᠊ᠣ 沙生鹤虱 Lappula deserticola C. J. Wang

106-11 ᠊᠊᠊᠊᠊ᠣ 鹤虱属 Lappula Moench

J. R. Drumm.

106-10-2 ᠊᠊᠊᠊᠊ᠣ 倒提壶 Cynoglossum amabile Stapf et
ex Lehm.

106-10-1 ᠊᠊᠊᠊᠊ᠣ 大果琉璃草 Cynoglossum divaricatum Steph.

106-10 ᠊᠊᠊᠊᠊ᠣ 琉璃草属 Cynoglossum L.

106-9-2 ᠊᠊᠊᠊᠊ᠣ 小花紫草 Lithospermum officinale L.

erythrorhizon Sieb. et Zucc.

107-1 ᠮᠣᠩᠭᠣᠯ 莸属 *Caryopteris* Bunge

zeylanicum (J. Jacq.) Druce

106-14-2 ᠮᠣᠩᠭᠣᠯ 柔弱斑种草 *Bothriospermum kusnezowii* Bunge

106-14-1 ᠮᠣᠩᠭᠣᠯ 狭苞斑种草 *Bothriospermum*

106-14 ᠮᠣᠩᠭᠣᠯ 斑种草属 *Bothriospermum* Bunge

106-13-1 ᠮᠣᠩᠭᠣᠯ 长筒滨紫草 *Mertensia davurica* (Sims) G. Don.

106-13 ᠮᠣᠩᠭᠣᠯ 滨紫草属 *Mertensia* Roth

106-12-6 ᠮᠣᠩᠭᠣᠯ 反折齿缘草 *Eritrichium deflexum* (Wahl.) Lian et J. Q. Wang

106-12-5 ᠮᠣᠩᠭᠣᠯ 百里香叶齿缘草 *Eritrichium thymifolium* (A. DC.) Y. S. Lian et J. Q. Wang

106-12-4 ᠮᠣᠩᠭᠣᠯ 灰白齿缘草 *Eritrichium incanum* (Turcz.) A. DC.

106-12-3 ᠮᠣᠩᠭᠣᠯ 东北齿缘草 *Eritrichium mandshuricum* Popov

106-12-2 ᠮᠣᠩᠭᠣᠯ 北齿缘草 *Eritrichium borealisinense* Kitag.

106-12-1 ᠮᠣᠩᠭᠣᠯ 少花齿缘草 *Eritrichium pauciflorum* (Ledeb.) A. DC.

106-12 ᠮᠣᠩᠭᠣᠯ 齿缘草属 *Eritrichium* Schrad. ex Gaudin

106-11-10 ᠮᠣᠩᠭᠣᠯ 畸形果鹤虱 *Lappula anocarpa* C. J. Wang

106-11-9 ᠮᠣᠩᠭᠣᠯ 异形鹤虱 *Lappula heteromorpha* C. J. Wang

107. ᠮᠣᠩᠭᠣᠯ 马鞭草科 Verbenaceae

106-17-1 ᠮᠣᠩᠭᠣᠯ 钝背草 *Amblynotus rupestris* (Pall. ex Georgi) Popov ex L. Sergiev.

106-17 ᠮᠣᠩᠭᠣᠯ 钝背草属 *Amblynotus* (A. DC.) Johnst.

106-16-2 ᠮᠣᠩᠭᠣᠯ 勿忘草 *Myosotis alpestris* F. W. Schmidt

106-16-1 ᠮᠣᠩᠭᠣᠯ 湿地勿忘草 *Myosotis caespitosa* C. F. Schultz

106-16 ᠮᠣᠩᠭᠣᠯ 勿忘草属 *Myosotis* L.

106-15-4 ᠮᠣᠩᠭᠣᠯ 勿忘草状附地菜 *Trigonotis myosotidea* (Maxim.) Maxim.

106-15-3 ᠮᠣᠩᠭᠣᠯ 附地菜 *Trigonotis peduncularis* (Trev.) Benth. ex S. Baker et Moore

106-15-2 ᠮᠣᠩᠭᠣᠯ 北附地菜 *Trigonotis radicans* (Turcz.) Steven subsp. *sericea* (Maxim.) Riedl.

106-15-1 ᠮᠣᠩᠭᠣᠯ 钝萼附地菜 *Trigonotis amblyosepala* Nakai et Kitag.

106-15 ᠮᠣᠩᠭᠣᠯ 附地菜属 *Trigonotis* Stev.

108-4-3 [ᠮᠣᠩᠭᠣᠯ] 粘毛黄芩 *Scutellaria viscidula* Bunge

108-4-2 [ᠮᠣᠩᠭᠣᠯ] 甘肃黄芩 *Scutellaria rehderiana* Diels

108-4-1 [ᠮᠣᠩᠭᠣᠯ] 黄芩 *Scutellaria baicalensis* Georgi

108-4 [ᠮᠣᠩᠭᠣᠯ] 黄芩属 *Scutellaria* L.

108-3-1 [ᠮᠣᠩᠭᠣᠯ] 水棘针 *Amethystea caerulea* L.

108-3 [ᠮᠣᠩᠭᠣᠯ] 水棘针属 *Amethystea* L.

108-2-1 [ᠮᠣᠩᠭᠣᠯ] 多花筋骨草 *Ajuga multiflora* Bunge

108-2 [ᠮᠣᠩᠭᠣᠯ] 筋骨草属 *Ajuga* L.

108-1-1 [ᠮᠣᠩᠭᠣᠯ] 黑龙江香科科 *Teucrium ussuriense* Kom.

108-1 [ᠮᠣᠩᠭᠣᠯ] 香科科属 *Teucrium* L.

108. [ᠮᠣᠩᠭᠣᠯ] 唇形科 **Labiatae**

107-2-1 [ᠮᠣᠩᠭᠣᠯ] 荆条 *Vitex negundo* L. var. *heterophylla* (Franch.) Rehd.

107-2 [ᠮᠣᠩᠭᠣᠯ] 牡荆属 *Vitex* L.

107-1-1 [ᠮᠣᠩᠭᠣᠯ] 蒙古莸 *Caryopteris mongholica* Bunge

108-8-3 [ᠮᠣᠩᠭᠣᠯ] 小裂叶荆芥 *Schizonepeta annua* (Pall.) Schischk.

108-8-2 [ᠮᠣᠩᠭᠣᠯ] 裂叶荆芥 *Schizonepeta tenuifolia* (Benth.) Briq.

108-8-1 [ᠮᠣᠩᠭᠣᠯ] 多裂叶荆芥 *Schizonepeta multifida* (L.) Briq.

108-8 [ᠮᠣᠩᠭᠣᠯ] 裂叶荆芥属 *Schizonepeta* Briq.

108-7-1 [ᠮᠣᠩᠭᠣᠯ] 藿香 *Agastache rugosa* (Fisch. et C. A. Mey.) Kuntze

108-7 [ᠮᠣᠩᠭᠣᠯ] 藿香属 *Agastache* Clayt.

108-6-1 [ᠮᠣᠩᠭᠣᠯ] 扭藿香 *Lophanthus chinensis* Benth.

108-6 [ᠮᠣᠩᠭᠣᠯ] 扭藿香属 *Lophanthus* Adans.

108-5-1 [ᠮᠣᠩᠭᠣᠯ] 夏至草 *Lagopsis supina* (Steph. ex Willd.) Ikoon.-Gal. ex Knorr.

108-5 [ᠮᠣᠩᠭᠣᠯ] 夏至草属 *Lagopsis* (Bunge ex Benth.) Bunge

108-4-8 [ᠮᠣᠩᠭᠣᠯ] 盔状黄芩 *Scutellaria galericulata* L.

108-4-7 [ᠮᠣᠩᠭᠣᠯ] 并头黄芩 *Scutellaria scordifolia* Fisch. ex Schrank

108-4-6 [ᠮᠣᠩᠭᠣᠯ] 狭叶黄芩 *Scutellaria regeliana* Nakai

108-4-5 [ᠮᠣᠩᠭᠣᠯ] 纤弱黄芩 *Scutellaria dependens* Maxim.

108-4-4 [ᠮᠣᠩᠭᠣᠯ] 京黄芩 *Scutellaria pekinensis* Maxim.

108-11 ᠬᠠᠲᠠᠭᠤ ᠬᠡᠯᠲᠡᠰ ᠤᠨ ᠲᠦᠷᠦᠯ 糙苏属 *Phlomis* L.

108-10-2 ᠰᠢᠪᠢᠷ ᠭᠢᠴᠡᠭᠢᠨ᠎ᠠ 康藏荆芥 *Nepeta prattii* H. Lev.

108-10-1 ᠶᠡᠬᠡ ᠴᠡᠴᠡᠭᠲᠦ ᠭᠢᠴᠡᠭᠢᠨ᠎ᠠ ᠂ ᠰᠢᠪᠢᠷ ᠭᠢᠴᠡᠭᠢᠨ᠎ᠠ 大花荆芥 *Nepeta sibirica* L.

108-10 ᠭᠢᠴᠡᠭᠢᠨ᠎ᠠ ᠶᠢᠨ ᠲᠦᠷᠦᠯ 荆芥属 *Nepeta* L.

108-9-9 ᠪᠤᠲᠠᠯᠢᠭ ᠨᠤᠭᠤᠭᠠᠨ᠎ᠠ 灌木青兰 *Dracocephalum fruticulosum* Steph. ex Willd.

108-9-8 ᠶᠡᠬᠡ ᠴᠡᠴᠡᠭᠲᠦ ᠨᠤᠭᠤᠭᠠᠨ᠎ᠠ 大花毛建草 *Dracocephalum grandiflorum* L.

108-9-7 ᠨᠤᠭᠤᠭᠠᠨ᠎ᠠ 毛建草 *Dracocephalum rupestre* Hance

108-9-6 ᠤᠨᠵᠢᠭᠤᠷ ᠨᠤᠭᠤᠭᠠᠨ᠎ᠠ 垂花青兰 *Dracocephalum nutans* L.

108-9-5 ᠬᠠᠲᠠᠭᠤᠪᠲᠤᠷ ᠨᠤᠭᠤᠭᠠᠨ᠎ᠠ 微硬毛建草 *Dracocephalum rigidulum* Hand.-Mazz.

108-9-4 ᠴᠠᠭᠠᠨ ᠴᠡᠴᠡᠭᠲᠦ ᠨᠤᠭᠤᠭᠠᠨ᠎ᠠ 白花枝子花 *Dracocephalum heterophyllum* Benth.

108-9-3 ᠦᠨᠦᠷᠲᠦ ᠨᠤᠭᠤᠭᠠᠨ᠎ᠠ 香青兰 *Dracocephalum moldavica* L.

108-9-2 ᠨᠤᠭᠤᠭᠠᠨ᠎ᠠ 青兰 *Dracocephalum ruyschiana* L.

108-9-1 ᠭᠢᠯᠪᠠᠭᠠᠷ᠂ ᠨᠤᠭᠤᠭᠠᠨ᠎ᠠ 光萼青兰 *Dracocephalum argunense* Fisch. ex Link

108-9 ᠨᠤᠭᠤᠭᠠᠨ᠎ᠠ ᠶᠢᠨ ᠲᠦᠷᠦᠯ 青兰属 *Dracocephalum* L.

108-14-4 ᠶᠠᠫᠣᠨ ᠳᠣᠷᠣᠨ᠎ᠠ᠂ ᠳᠣᠷᠣᠨ᠎ᠠ 益母草 *Leonurus japonicus* Houtt.

108-14-3 ᠬᠢᠩᠭᠠᠨ ᠳᠣᠷᠣᠨ᠎ᠠ 兴安益母草 *Leonurus deminutus* V. I. Krecz. ex Kuprian.

108-14-2 ᠬᠤᠳᠠᠯᠴᠢᠨ ᠶᠡᠬᠡ ᠴᠡᠴᠡᠭᠲᠦ ᠳᠣᠷᠣᠨ᠎ᠠ 錾菜 *Leonurus pseudomacranthus* Kitag.

108-14-1 ᠶᠡᠬᠡ ᠴᠡᠴᠡᠭᠲᠦ ᠳᠣᠷᠣᠨ᠎ᠠ 大花益母草 *Leonurus macranthus* Maxim.

108-14 ᠳᠣᠷᠣᠨ᠎ᠠ ᠶᠢᠨ ᠲᠦᠷᠦᠯ 益母草属 *Leonurus* L.

108-13-1 ᠬᠡᠭᠡᠷ᠎ᠡ ᠶᠢᠨ ᠵᠢᠮᠢᠰ 野芝麻 *Lamium album* L.

108-13 ᠬᠡᠭᠡᠷ᠎ᠡ ᠶᠢᠨ ᠵᠢᠮᠢᠰ ᠤᠨ ᠲᠦᠷᠦᠯ 野芝麻属 *Lamium* L.

108-12-1 ᠰᠤᠯᠠᠪᠲᠤᠷ ᠴᠡᠴᠡᠭ 鼬瓣花 *Galeopsis bifida* Boenn.

108-12 ᠰᠤᠯᠠᠪᠲᠤᠷ ᠴᠡᠴᠡᠭ ᠤᠨ ᠲᠦᠷᠦᠯ 鼬瓣花属 *Galeopsis* L.

108-11-6 ᠶᠡᠬᠡ ᠨᠠᠪᠴᠢᠲᠤ ᠬᠠᠲᠠᠭᠤ ᠬᠡᠯᠲᠡᠰ 大叶糙苏 *Phlomis maximowiczii* Regel

108-11-5 ᠬᠢᠯᠢ ᠶᠢᠨ ᠭᠠᠳᠠᠨᠠᠬᠢ ᠬᠠᠲᠠᠭᠤ ᠬᠡᠯᠲᠡᠰ 口外糙苏 *Phlomis jeholensis* Nakai et Kitag.

108-11-4 ᠬᠠᠲᠠᠭᠤ ᠬᠡᠯᠲᠡᠰ 糙苏 *Phlomis umbrosa* Turcz.

108-11-3 ᠰᠢᠤᠷᠬᠠᠭ ᠬᠠᠲᠠᠭᠤ ᠬᠡᠯᠲᠡᠰ 尖齿糙苏 *Phlomis dentosa* Franch.

108-11-2 ᠬᠣᠩᠬᠣᠲᠤ ᠬᠠᠲᠠᠭᠤ ᠬᠡᠯᠲᠡᠰ 串铃草 *Phlomis mongolica* Turcz.

108-11-1 ᠪᠤᠯᠴᠢᠷᠬᠠᠢᠲᠤ ᠬᠠᠲᠠᠭᠤ ᠬᠡᠯᠲᠡᠰ᠂ ᠬᠡᠲᠡᠷ 块根糙苏 *Phlomis tuberosa* L.

108-20　ᢐᠣᠷᠣᠯᠵᠢ ᠶᠢᠨ ᠡᠪᠡᠰᠦ　风轮菜属 *Clinopodium* L.

108-19-1　ᠵᠢᠭᠠᠰᠤ-ᠤ ᠡᠪᠡᠰᠦ　百里香 *Thymus serpyllum* L.

108-19　ᠵᠢᠭᠠᠰᠤ-ᠤ ᠶᠢᠨ ᠤᠪᠤᠭ　百里香属 *Thymus* L.

108-18-1　ᠨᠠᠷᠢᠨ ᠬᠤᠰᠢᠶᠠᠲᠤ ᠶᠢᠨ ᠡᠪᠡᠰᠦ　石荠苎 *Mosla scabra* (Thunb.) C. Y. Buch.-Ham. ex Maxim.

108-18　ᠨᠠᠷᠢᠨ ᠬᠤᠰᠢᠶᠠᠲᠤ ᠶᠢᠨ ᠤᠪᠤᠭ　石荠苎属 *Mosla* (Benth.)

Wu et H. W. Li

108-17-3　ᠬᠤᠰᠢᠶᠠ　水苏 *Stachys japonica* Miq.

108-17-2　ᠮᠣᠩᠭᠣᠯ ᠬᠤᠰᠢᠶᠠ　甘露子 *Stachys sieboldii* Miq.

108-17-1　ᠴᠠᠭᠠᠨ ᠬᠤᠰᠢᠶᠠ　华水苏 *Stachys riederi* Cham. ex Benth.

108-17　ᠬᠤᠰᠢᠶᠠ ᠶᠢᠨ ᠤᠪᠤᠭ　水苏属 *Stachys* L.

Bunge ex Benth.

108-16-1　ᠴᠢᠭᠢᠷᠢᠭᠡ ᠡᠪᠡᠰᠦ　冬青叶兔唇花 *Lagochilus ilicifolius*

108-16　ᠴᠢᠭᠢᠷᠢᠭᠡ ᠡᠪᠡᠰᠦᠨ ᠤ ᠤᠪᠤᠭ　兔唇花属 *Lagochilus* Bunge

Sojak

108-15-1　ᠪᠦᠳᠦᠭᠦᠨ ᠡᠪᠡᠰᠦ　脓疮草 *Panzerina lanata* (L.)

108-15　ᠪᠦᠳᠦᠭᠦᠨ ᠡᠪᠡᠰᠦᠨ ᠤ ᠤᠪᠤᠭ　脓疮草属 *Panzerina* Sojak

Bunge

108-14-6　ᠴᠠᠭᠠᠨ ᠳᠣᠷᠣᠨᠠᠲᠤ　灰白益母草 *Leonurus glaucescens*

108-14-5　ᠨᠠᠷᠢᠨ ᠨᠠᠪᠴᠢᠲᠤ ᠳᠣᠷᠣᠨᠠᠲᠤ　细叶益母草 *Leonurus sibiricus* L.

108-25-2　ᠪᠠᠭᠯᠠᠭᠠᠷ ᠴᠠᠭᠠᠨ　密花香薷 *Elsholtzia densa* Benth.

108-25-1　ᠮᠣᠳᠤᠯᠢᠭ ᠴᠠᠭᠠᠨ　木香薷 *Elsholtzia stauntoni* Benth.

108-25　ᠴᠠᠭᠠᠨ ᠶᠢᠨ ᠤᠪᠤᠭ　香薷属 *Elsholtzia* Willd.

108-24-1　ᠣᠪᠣᠭᠠᠷᠬᠠᠭ ᠦᠨᠡᠭᠡᠨ ᠰᠡᠭᠦᠯ　荫生鼠尾草 *Salvia umbratica* Hance

108-24　ᠦᠨᠡᠭᠡᠨ ᠰᠡᠭᠦᠯ ᠶᠢᠨ ᠤᠪᠤᠭ　鼠尾草属 *Salvia* L.

Benth. var. *maackianus* Maxim. ex Herd.

108-23-1c　ᠵᠢᠭᠠᠰᠤ ᠨᠠᠪᠴᠢᠲᠤ　异叶地笋 *Lycopus lucidus* Turcz. ex Benth. var. *hirtus* Regel

lucidus

108-23-1b　ᠪᠦᠳᠦᠭᠦᠨ ᠤᠰᠤᠲᠤ ᠡᠪᠡᠰᠦ　硬毛地笋 *Lycopus lucidus* Turcz. ex

108-23-1a　ᠤᠰᠤᠲᠤ ᠡᠪᠡᠰᠦ　地笋 *Lycopus lucidus* Turcz. ex Benth.

108-23-1　ᠤᠰᠤᠲᠤ ᠡᠪᠡᠰᠦ　地笋 *Lycopus lucidus* Turcz. ex Benth. var.

108-23　ᠤᠰᠤᠲᠤ ᠡᠪᠡᠰᠦᠨ ᠤ ᠤᠪᠤᠭ　地笋属 *Lycopus* L.

108-22-2　ᠬᠢᠩᠭᠠᠨ ᠪᠠᠳᠠᠭᠠᠨ᠎ᠠ　兴安薄荷 *Mentha dahurica* Fisch. ex Benth.

108-22-1　ᠪᠠᠳᠠᠭᠠᠨ᠎ᠠ　薄荷 *Mentha canadensis* L.

108-22　ᠪᠠᠳᠠᠭᠠᠨ᠎ᠠ ᠶᠢᠨ ᠤᠪᠤᠭ　薄荷属 *Mentha* L.

108-21-1　ᠵᠢᠷᠭᠠᠬ ᠲᠡᠮᠡᠭᠡᠲᠦ ᠡᠪᠡᠰᠦ ᠂ ᠵᠢᠷᠭᠠᠬ　紫苏 *Perilla frutescens* (L.) Britt.

108-21　ᠵᠢᠷᠭᠠᠬ ᠲᠡᠮᠡᠭᠡᠲᠦ ᠡᠪᠡᠰᠦᠨ ᠤ ᠤᠪᠤᠭ　紫苏属 *Perilla* L.

(Hance) C. Y. Wu et Hsuan ex H. W. Li

108-20-1　ᠬᠤᠰᠢᠶᠠᠲᠤ ᠳᠣᠷᠣᠨᠠᠲᠤ　麻叶风轮菜 *Clinopodium urticifolium*

barbarum L.

109-1-4 ᠬᠠᠷᠠᠭᠠᠨ᠎ᠠ ᠶᠢᠨ ᠵᠢᠮᠢᠰ᠂ ᠨᠢᠩ ᠰᠢᠶᠠ ᠶᠢᠨ ᠬᠠᠷᠠᠭᠠᠨ᠎ᠠ 宁夏枸杞 *Lycium*

109-1-3 ᠤᠭᠲᠤᠷᠠ ᠬᠠᠷᠠᠭᠠᠨ᠎ᠠ 截萼枸杞 *Lycium truncatum* Y. C. Wang

109-1-2 ᠰᠢᠨᠵᠢᠶᠠᠩ ᠬᠠᠷᠠᠭᠠᠨ᠎ᠠ 新疆枸杞 *Lycium dasystemum* Pojark.

    ruthenicum Murr.

109-1-1 ᠬᠠᠷ᠎ᠠ ᠵᠢᠮᠢᠰᠲᠦ ᠬᠠᠷᠠᠭᠠᠨ᠎ᠠ᠂ ᠬᠠᠷ᠎ᠠ ᠬᠠᠷᠠᠭᠠᠨ᠎ᠠ 黑果枸杞 *Lycium*

109-1 ᠬᠠᠷᠠᠭᠠᠨ᠎ᠠ ᠶᠢᠨ ᠲᠦᠷᠦᠯ᠂ ᠬᠠᠷᠠᠭᠠᠨ᠎ᠠ 枸杞属 *Lycium* L.

109. ᠬᠠᠷᠠᠭᠠᠨ᠎ᠠ ᠶᠢᠨ ᠣᠪᠤᠭ 茄科 **Solanaceae**

108-27-1 ᠬᠠᠰᠢᠶ᠎ᠠ ᠪᠣᠷᠴᠠᠭ 罗勒 *Ocimum basilicum* L.

108-27 ᠬᠠᠰᠢᠶ᠎ᠠ ᠪᠣᠷᠴᠠᠭ ᠤᠨ ᠲᠦᠷᠦᠯ 罗勒属 *Ocimum* L.

    (Burm. f.) H. Hara var. *glaucocalyx* (Maxim.) H. W. Li

108-26-1 ᠬᠥᠬᠡ ᠴᠡᠴᠡᠭᠲᠦ ᠴᠠᠢ 蓝萼香茶菜 *Isodon japonicus*

    Spach

108-26 ᠦᠨᠦᠷᠲᠦ ᠴᠠᠢ ᠶᠢᠨ ᠲᠦᠷᠦᠯ 香茶菜属 *Isodon* (Schrad. ex Benth.)

    Nakai ex F. Maek.

108-25-4 ᠬᠠᠢ ᠵᠸᠦ ᠶᠢᠨ ᠵᠢᠭᠠᠰᠤᠨ ᠡᠪᠡᠰᠦ 海州香薷 *Elsholtzia splendens*

    Hyl.

108-25-3 ᠵᠢᠭᠠᠰᠤᠨ ᠡᠪᠡᠰᠦ᠂ ᠦᠨᠦᠷᠲᠦ ᠡᠪᠡᠰᠦ 香薷 *Elsholtzia ciliata* (Thunb.)

109-5-5 ᠰᠢᠷ᠎ᠠ ᠴᠡᠴᠡᠭᠲᠦ ᠡᠭᠦᠷᠲᠦ ᠬᠠᠰᠢ 黄花刺茄 *Solanum rostratum* Dunal

109-5-4 ᠬᠥᠬᠡ ᠬᠠᠰᠢ 青杞 *Solanum septemlobum* Bunge

109-5-3 ᠬᠠᠰᠢ 茄 *Solanum melongena* L.

109-5-2 ᠤᠯᠠᠭᠠᠨ ᠵᠢᠮᠢᠰᠲᠦ ᠢᠲ ᠦᠽᠦᠮ 红果龙葵 *Solanum villosum* Mill.

109-5-1 ᠢᠲ ᠦᠽᠦᠮ 龙葵 *Solanum nigrum* L.

109-5 ᠬᠠᠰᠢ ᠶᠢᠨ ᠲᠦᠷᠦᠯ 茄属 *Solanum* L.

109-4-1 ᠬᠠᠲᠠᠭᠤ ᠴᠢᠨᠵᠦ᠂ ᠯᠠᠵᠤᠤ ᠴᠢᠨᠵᠦ 辣椒 *Capsicum annuum* L.

109-4 ᠬᠠᠲᠠᠭᠤ ᠴᠢᠨᠵᠦ ᠶᠢᠨ ᠲᠦᠷᠦᠯ᠂ ᠯᠠᠵᠤᠤ ᠴᠢᠨᠵᠦ 辣椒属 *Capsicum* L.

109-3-1 ᠬᠤᠳᠠᠯ ᠢᠰᠭᠡᠯᠡᠩ 假酸浆 *Nicandra physalodes* (L.) Gaertn.

109-3 ᠬᠤᠳᠠᠯ ᠢᠰᠭᠡᠯᠡᠩ ᠦᠨ ᠲᠦᠷᠦᠯ 假酸浆属 *Nicandra* Adans.

    philadelphica Lam.

109-2-2 ᠦᠰᠦᠲᠦ ᠢᠰᠭᠡᠯᠡᠩ᠂ ᠬᠢᠯᠭᠠᠰᠤᠨ ᠢᠰᠭᠡᠯᠡᠩ 毛酸浆 *Physalis*

    Makino

109-2-1 ᠪᠦᠭ ᠢᠰᠭᠡᠯᠡᠩ 酸浆 *Physalis alkekengi* L. var. *franchetii* (Mast.)

109-2 ᠢᠰᠭᠡᠯᠡᠩ ᠦᠨ ᠲᠦᠷᠦᠯ 酸浆属 *Physalis* L.

    potaninii (Pojark.) A. M. Lu

109-1-5b ᠤᠮᠠᠷᠠᠲᠤ ᠬᠠᠷᠠᠭᠠᠨ᠎ᠠ 北方枸杞 *Lycium chinense* Mill. var.

    chinense

109-1-5a ᠨᠠᠩᠬᠢᠶᠠᠳ ᠬᠠᠷᠠᠭᠠᠨ᠎ᠠ᠂ ᠬᠠᠷᠠᠭᠠᠨ᠎ᠠ 枸杞 *Lycium chinense* Mill. var.

109-1-5 ᠬᠢᠲᠠᠳ ᠬᠠᠷᠠᠭᠠᠨ᠎ᠠ᠂ ᠬᠠᠷᠠᠭᠠᠨ᠎ᠠ 枸杞 *Lycium chinense* Mill.

110-1 ᠊ᠣᠶᠠᠩᠭ᠎ᠠ ᠨᠠᠷ ᠦᠨ ᠲᠥᠷᠥᠯ 柳穿鱼属 *Linaria* Mill.

110. ᠲᠡᠮᠡᠭᠡ ᠲᠠᠭᠠᠯᠠᠭᠤᠷ ᠤᠨ ᠣᠪᠤᠭ 玄参科 **Scrophulariaceae**

109-10-3 ᠲᠠᠮᠠᠬᠢ᠂ ᠰᠡᠷᠡᠬᠡᠢ 烟草 *Nicotiana tabacum* L.

109-10-2 ᠰᠢᠷ᠎ᠠ ᠲᠠᠮᠠᠬᠢ᠂ ᠬᠤᠸ᠎ᠠ 黄花烟草 *Nicotiana rustica* L.

109-10-1 ᠤᠷᠲᠤ ᠴᠡᠴᠡᠭᠲᠦ ᠲᠠᠮᠠᠬᠢ 长花烟草 *Nicotiana longiflora* Cav.

109-10 ᠲᠠᠮᠠᠬᠢ ᠶᠢᠨ ᠲᠥᠷᠥᠯ 烟草属 *Nicotiana* L.

109-9-2 ᠬᠤᠸ᠎ᠠ ᠴᠡᠴᠡᠭᠲᠦ ᠲᠡᠩᠭᠡᠯᠢᠭ ᠡᠪᠡᠰᠦ 洋金花 *Datura metel* L.

109-9-1 ᠲᠡᠩᠭᠡᠯᠢᠭ ᠡᠪᠡᠰᠦ᠂ ᠮᠠᠨᠳᠤᠯ᠎ᠠ 曼陀罗 *Datura stramonium* L.

109-9 ᠲᠡᠩᠭᠡᠯᠢᠭ ᠡᠪᠡᠰᠦᠨ ᠦ ᠲᠥᠷᠥᠯ 曼陀罗属 *Datura* L.

109-8-1 ᠲᠡᠯᠡᠢ ᠶᠢᠨ ᠲᠡᠷᠢᠶ᠎ᠠ 天仙子 *Hyoscyamus niger* L.

109-8 ᠲᠡᠯᠡᠢ ᠶᠢᠨ ᠲᠡᠷᠢᠶᠠᠨ ᠤ ᠲᠥᠷᠥᠯ 天仙子属 *Hyoscyamus* L.

(L.) G. Don

109-7-1 ᠬᠦᠢ ᠦᠩᠭᠡᠲᠦ ᠬᠦᠢ ᠡᠪᠡᠰᠦ 泡囊草 *Physochlaina physaloides*

109-7 ᠬᠦᠢ ᠡᠪᠡᠰᠦᠨ ᠦ ᠲᠥᠷᠥᠯ 泡囊草属 *Physochlaina* G. Don

109-6-1 ᠤᠯᠠᠭᠠᠨ᠂ ᠬᠠᠳᠤᠷ ᠪᠠᠳᠠᠭ 番茄 *Lycopersicon esculentum* Mill.

109-6 ᠤᠯᠠᠭᠠᠨ ᠪᠠᠳᠠᠭ ᠤᠨ ᠲᠥᠷᠥᠯ 番茄属 *Lycopersicon* Mill.

109-5-7 ᠭᠢᠯᠠᠭᠠᠷ ᠴᠠᠭᠠᠨ ᠡᠪᠡᠰᠦ 光白英 *Solanum kitagawae* Schonb.- Tem.

109-5-6 ᠲᠦᠮᠦᠰᠦ 马铃薯 *Solanum tuberosum* L.

Libosch. ex Fisch. et C. A. Mey.

110-4-1 ᠨᠠᠢᠮᠠᠯᠵᠢ᠂ ᠭᠠᠵᠠᠷ 地黄 *Rehmannia glutinosa* (Gaert.) Fisch. et C. A. Mey.

110-4 ᠨᠠᠢᠮᠠᠯᠵᠢ ᠶᠢᠨ ᠲᠥᠷᠥᠯ 地黄属 *Rehmannia* Libosch. ex Schmidt.

110-3-5 ᠬᠠᠳᠠᠨ ᠬᠠᠷ᠎ᠠ ᠮᠥᠭᠡᠷᠰᠦ 岩玄参 *Scrophularia angunensis* F.

110-3-4 ᠠᠯᠠᠱᠠ ᠬᠠᠷ᠎ᠠ ᠮᠥᠭᠡᠷᠰᠦ 贺兰玄参 *Scrophularia alaschanica* Batal.

110-3-3 ᠤᠮᠠᠷᠠᠲᠤ ᠬᠠᠷ᠎ᠠ ᠮᠥᠭᠡᠷᠰᠦ 北玄参 *Scrophularia buergeriana* Miq.

110-3-2 ᠬᠠᠷ᠎ᠠ ᠮᠥᠭᠡᠷᠰᠦ 玄参 *Scrophularia ningpoensis* Hemsl.

110-3-1 ᠬᠡᠷᠴᠢᠮᠡᠯ ᠬᠠᠷ᠎ᠠ ᠮᠥᠭᠡᠷᠰᠦ 砾玄参 *Scrophularia incisa* Weinm.

110-3 ᠬᠠᠷ᠎ᠠ ᠮᠥᠭᠡᠷᠰᠦᠨ ᠦ ᠲᠥᠷᠥᠯ 玄参属 *Scrophularia* L.

110-2-1 ᠤᠰᠤᠨ ᠲᠠᠭᠠᠯᠠᠭᠤᠷ᠂ ᠤᠰᠤᠨ ᠨᠠᠭᠤᠯᠵᠢ 水茫草 *Limosella aquatica* L.

110-2 ᠤᠰᠤᠨ ᠲᠠᠭᠠᠯᠠᠭᠤᠷ ᠤᠨ ᠲᠥᠷᠥᠯ 水茫草属 *Limosella* L.

110-1-3 ᠰᠢᠨᠵᠢᠶᠠᠩ ᠤᠶᠠᠩᠭ᠎ᠠ 新疆柳穿鱼 *Linaria acutiloba* Fisch. ex Rchb.

110-1-2 ᠤᠶᠠᠩᠭ᠎ᠠ᠂ ᠰᠢᠷ᠎ᠠ ᠤᠶᠠᠩᠭ᠎ᠠ 柳穿鱼 *Linaria vulgaris* Mill.

subsp. *chinensis* (Bunge ex Debeaux) D. Y. Hong Benth.

110-1-1 ᠰᠠᠯᠠᠭᠠᠲᠤ ᠤᠶᠠᠩᠭ᠎ᠠ 多枝柳穿鱼 *Linaria buriatica* Turcz. ex

110-12 山罗花属 *Melampyrum* L.

110-11-1 鼻花 *Rhinanthus glaber* Lam.

110-11 鼻花属 *Rhinanthus* L.

110-10-1 火焰草 *Castilleja pallida* (L.) Kunth

110-10 火焰草属 *Castilleja* Mutis ex L. f.

110-9-2 通泉草 *Mazus pumilus* (Burm.f.) Steenis

110-9-1 弹刀子菜 *Mazus stachydifolius* (Turcz.) Maxim.

110-9 通泉草属 *Mazus* Lour.

110-8-1 野胡麻 *Dodartia orientalis* L.

110-8 野胡麻属 *Dodartia* L.

110-7-1 陌上菜 *Lindernia procumbens* (Krock.) Borbas

110-7 母草属 *Lindernia* All.

110-6-2 北方石龙尾 *Limnophila borealis* Y. Z. Zhao et Ma F.

110-6-1 石龙尾 *Limnophila sessiliflora* (Vahl) Blume

110-6 石龙尾属 *Limnophila* R. Br.

110-5-1 沟酸浆 *Mimulus tenellus* Bunge

110-5 沟酸浆属 *Mimulus* L.

110-17 马先蒿属 *Pedicularis* L.

110-16-1 松蒿 *Phtheirospermum japonicum* (Thunb.) Fisch. et C. A. Mey.

110-16 松蒿属 *Phtheirospermum* Bunge ex Fisch. et C. A. Mey.

110-15-1 疗齿草 *Odontites vulgaris* Moench

110-15 疗齿草属 *Odontites* Ludwig

110-14-4 东北小米草 *Euphrasia amurensis* Freyn

110-14-3 长腺小米草 *Euphrasia hirtella* Jord. ex Reuter

110-14-2 短腺小米草 *Euphrasia regelii* Wettst.

110-14-1b 芒小米草 *Euphrasia pectinata* Ten. subsp. simplex (Freyn) D. Y. Hong

110-14-1a 小米草 *Euphrasia pectinata* Ten. subsp. pectinata

110-14-1 小米草 *Euphrasia pectinata* Ten.

110-14 小米草属 *Euphrasia* L.

110-13-1 脐草 *Omphalotrix longipes* Maxim.

110-13 脐草属 *Omphalotrix* Maxim.

110-12-1 山罗花 *Melampyrum roseum* Maxim.

110-17-1 ᠮᠤᠩᠭᠣᠯ 旌节马先蒿 *Pedicularis sceptrum-carolinum* L.

110-17-1a ᠮᠤᠩᠭᠣᠯ 旌节马先蒿 *Pedicularis sceptrum-carolinum*

110-17-1b ᠮᠤᠩᠭᠣᠯ 毛旌节马先蒿 *Pedicularis sceptrum-carolinum* L. subsp. *pubescens* (Bunge) P. C. Tsoong

110-17-2 ᠮᠤᠩᠭᠣᠯ 大花马先蒿 *Pedicularis grandiflora* Fisch.

110-17-3 ᠮᠤᠩᠭᠣᠯ 红色马先蒿 *Pedicularis rubens* Steph. ex Willd.

110-17-4 ᠮᠤᠩᠭᠣᠯ 蓍草叶马先蒿 *Pedicularis achilleifolia* Steph. ex Willd.

110-17-5 ᠮᠤᠩᠭᠣᠯ 黄花马先蒿 *Pedicularis flava* Pall.

110-17-6 ᠮᠤᠩᠭᠣᠯ 秀丽马先蒿 *Pedicularis venusta* Schangin ex Bunge

110-17-7 ᠮᠤᠩᠭᠣᠯ 卡氏沼生马先蒿 *Pedicularis palustris* L. subsp. *karoi* (Freyn) P. C. Tsoong

110-17-8 ᠮᠤᠩᠭᠣᠯ 拉不拉多马先蒿 *Pedicularis labradorica* Wirsing

110-17-9 ᠮᠤᠩᠭᠣᠯ 红纹马先蒿 *Pedicularis striata* Pall.

110-17-9a ᠮᠤᠩᠭᠣᠯ 红纹马先蒿 *Pedicularis striata* Pall. subsp. *striata*

110-17-9b ᠮᠤᠩᠭᠣᠯ 蛛丝红纹马先蒿 *Pedicularis striata* Pall. subsp. *arachnoidea* (Franch.) P. C. Tsoong

110-17-10 ᠮᠤᠩᠭᠣᠯ 返顾马先蒿 *Pedicularis resupinata* L.

110-17-10a ᠮᠤᠩᠭᠣᠯ 返顾马先蒿 *Pedicularis resupinata* L. var. *resupinata*

110-17-10b ᠮᠤᠩᠭᠣᠯ 毛返顾马先蒿 *Pedicularis resupinata* L. var. *pubescens* Nakai

110-17-10c ᠮᠤᠩᠭᠣᠯ 白花返顾马先蒿 *Pedicularis resupinata* L. var. *albiflora* Y. Z. Zhao

110-17-11 ᠮᠤᠩᠭᠣᠯ 粗野马先蒿 *Pedicularis rudis* Maxim.

110-17-12 ᠮᠤᠩᠭᠣᠯ 中国马先蒿 *Pedicularis chinensis* Maxim.

110-17-13 ᠮᠤᠩᠭᠣᠯ 阴山马先蒿 *Pedicularis yinshanensis* (Z. Y. Chu et Y. Z. Zhao) Y. Z. Zhao

Benth.

110-18-1 [蒙古文] · [蒙古文] 阴行草 *Siphonostegia chinensis*

110-18 [蒙古文] [蒙古文] [蒙古文] 阴行草属 *Siphonostegia* Benth.

tatarinowii Maxim.

110-17-20 [蒙古文] 华北马先蒿 *Pedicularis*

Maxim.

110-17-19 [蒙古文] 弯管马先蒿 *Pedicularis curvituba*

Pall.

110-17-18 [蒙古文] · [蒙古文] 阿拉善马先蒿 *Pedicularis alaschanica* Maxim.

110-17-17 [蒙古文] 穗花马先蒿 *Pedicularis spicata*

verticillata L. subsp. *tangutica* (Bonati) P. C. Tsoong

110-17-16b [蒙古文] 唐古特轮叶马先蒿 *Pedicularis verticillata* L. subsp. *verticillata*

110-17-16a [蒙古文] 轮叶马先蒿 *Pedicularis verticillata* L. subsp. *verticillata*

110-17-16 [蒙古文] 轮叶马先蒿 *Pedicularis verticillata* L.

Maxim.

110-17-15 [蒙古文] 三叶马先蒿 *Pedicularis ternata*

muscicola Maxim.

110-17-14 [蒙古文] 藓生马先蒿 *Pedicularis*

---

dilatatum (Nakai et Kitag.) Y. Z. Zhao

110-21-4 [蒙古文] 水蔓菁 *Pseudolysimachion xilinense* (Y. Z. Zhao) Y. Z. Zhao

110-21-3 [蒙古文] 锡林穗花 *Pseudolysimachion incanum* (L.) Holub

110-21-2 [蒙古文] 白毛穗花 *Pseudolysimachion linariifolium* (Pall. ex Link) Holub

110-21-1 [蒙古文] 细叶穗花 *Pseudolysimachion* (W. D. J. Koch) Opiz

110-21 [蒙古文] 穗花属 *Pseudolysimachion* (Fisch. et C. A. Mey.) H. Hara

110-20-2 [蒙古文] 管花腹水草 *Veronicastrum tubiflorum*

110-20-1 [蒙古文] 草本威灵仙 *Veronicastrum sibiricum* (L.) Pennell

110-20 [蒙古文] 腹水草属 *Veronicastrum* Heist. ex Fabric. Maxim.

110-19-2 [蒙古文] · [蒙古文] 蒙古芯芭 *Cymbaria mongolica* Maxim.

110-19-1 [蒙古文] 达乌里芯芭 *Cymbaria daurica* L.

110-19 [蒙古文] 芯芭属 *Cymbaria* L.

110-22-11 ᠤᠰᠤᠨ ᠭᠠᠰᠢᠭᠤᠨ᠎ᠠ 水苦荬 *Veronica undulata* Wall. ex Jack

110-22-10 ᠤᠮᠠᠷᠠᠲᠤ ᠤᠰᠤᠨ ᠭᠠᠰᠢᠭᠤᠨ᠎ᠠ᠂ ᠨᠠᠭᠤᠷ ᠤᠨ ᠴᠡᠴᠡᠭ 北水苦荬 *Veronica anagallis-aquatica* L.

110-22-9 ᠨᠠᠭᠤᠷ ᠤᠨ ᠭᠠᠰᠢᠭᠤᠨ᠎ᠠ 长果水苦荬 *Veronica anagalloides* subsp. *altaica* Watzl Guss.

110-22-8 ᠦᠰᠦᠲᠦ ᠭᠠᠰᠢᠭᠤᠨ᠎ᠠ 卷毛婆婆纳 *Veronica ciliata* Fisch.

110-22-7 ᠨᠤᠭᠤᠭᠠᠨ ᠭᠠᠰᠢᠭᠤᠨ᠎ᠠ 光果婆婆纳 *Veronica rockii* H. L. Li

110-22-6 ᠴᠠᠢᠷᠠᠮᠠᠯᠳᠤ ᠭᠠᠰᠢᠭᠤᠨ᠎ᠠ 长果婆婆纳 *Veronica teucrium* L.

110-22-5 ᠬᠤᠶᠠᠷ ᠭᠠᠰᠢᠭᠤᠨ᠎ᠠ 两裂婆婆纳 *Veronica biloba* L.

110-22-4 ᠬᠠᠷᠠᠳᠠᠢ ᠭᠠᠰᠢᠭᠤᠨ᠎ᠠ 婆婆纳 *Veronica polita* Fries

110-22-3 ᠪᠠᠲᠠᠭᠠᠨ᠎ᠠ ᠭᠠᠰᠢᠭᠤᠨ᠎ᠠ᠂ ᠪᠠᠲᠠᠭᠠᠨ᠎ᠠ 蚊母草 *Veronica peregrina* L.

110-22-2 ᠵᠢᠵᠢᠭ ᠭᠠᠰᠢᠭᠤᠨ᠎ᠠ 小婆婆纳 *Veronica serpyllifolia* L.

110-22-1 ᠨᠢᠭᠲᠠ ᠴᠡᠴᠡᠭᠲᠦ ᠭᠠᠰᠢᠭᠤᠨ᠎ᠠ 密花婆婆纳 *Veronica densiflora* Ledeb.

110-22 ᠭᠠᠰᠢᠭᠤᠨ᠎ᠠ ᠶᠢᠨ ᠲᠥᠷᠥᠯ 婆婆纳属 *Veronica* L.

Pseudolysimachion longifolium (L.) Opiz

110-21-6 ᠳᠠᠭᠤᠷ ᠤᠨ ᠬᠡᠷᠢᠶᠡᠨ ᠰᠦᠯᠦ 兔儿尾苗 *Pseudolysimachion dauricum* (Steven) Holub

110-21-5 ᠶᠡᠭᠡ ᠲᠦᠷᠦᠭᠲᠦ ᠴᠡᠴᠡᠭᠲᠦ 大穗花 *Pseudolysimachion*

111-2-2 ᠬᠥᠬᠡᠷᠡᠬᠡ ᠳᠡᠭᠡᠷᠡ ᠮᠣᠳᠤ 灰楸 *Catalpa fargesii* Bur.

111-2-1 ᠳᠡᠭᠡᠷᠡ ᠮᠣᠳᠤᠨ ᠦ ᠲᠥᠷᠥᠯ 梓树 *Catalpa ovata* G. Don

111-2 ᠳᠡᠭᠡᠷᠡ ᠮᠣᠳᠤᠨ ᠦ ᠲᠥᠷᠥᠯ 梓树属 *Catalpa* Scop.

111-1-2 ᠴᠠᠭᠠᠨ ᠴᠡᠴᠡᠭᠲᠦ ᠡᠪᠡᠰᠦ 矮角蒿 *Incarvillea potaninii* Batal. *przewalskii* (Batal.) C. Y. Wu et W. C. Yin

111-1-1b ᠴᠢᠨᠠᠷ 黄花角蒿 *Incarvillea sinensis* Lam. var. Lam. var. *sinensis*

111-1-1a ᠴᠢᠨᠠᠷᠲᠤ᠂ ᠴᠢᠨᠠᠷ ᠦᠨ ᠡᠪᠡᠰᠦ 角蒿 *Incarvillea sinensis* Lam.

111-1-1 ᠴᠢᠨᠠᠷᠲᠤ ᠡᠪᠡᠰᠦ 角蒿 *Incarvillea sinensis*

111-1 ᠴᠢᠨᠠᠷ ᠦᠨ ᠡᠪᠡᠰᠦᠨ ᠦ ᠲᠥᠷᠥᠯ 角蒿属 *Incarvillea* Juss.

111. ᠵᠢᠷᠥᠭ ᠨᠡᠪᠲᠡᠷᠡᠭᠦᠯᠬᠦ ᠶᠢᠨ ᠢᠵᠠᠭᠤᠷᠲᠠᠨ ᠤᠷᠭᠤᠮᠠᠯ ᠤᠨ ᠡᠪᠡᠰᠦ

紫葳科 **Bignoniaceae**

110-23-1 ᠬᠡᠷᠢᠶᠡᠨ ᠦ ᠴᠢᠬᠢᠨ ᠦ ᠡᠪᠡᠰᠦ 亚中兔耳草 *Lagotis integrifolia* (Willd.) Schischkin ex Vikulova

110-23 ᠬᠡᠷᠢᠶᠡᠨ ᠦ ᠴᠢᠬᠢᠨ ᠦ ᠡᠪᠡᠰᠦᠨ ᠦ ᠲᠥᠷᠥᠯ 兔耳草属 *Lagotis* Gaertn.

110-22-12 ᠢᠰᠢᠲᠦ ᠤᠰᠤᠨ ᠭᠠᠰᠢᠭᠤᠨ᠎ᠠ 有柄水苦荬 *Veronica beccabunga* L. subsp. *muscosa* (Korsh.) Elenevsky

445

113-2　草苁蓉属 Boschniakia C. A. Mey.

113-1-5　弯管列当 Orobanche cernua Loefling

113-1-4b　黑水列当 Orobanche pycnostachya Hance var. amurensis Beck

113-1-4a　黄花列当 Orobanche pycnostachya Hance var. pycnostachya

113-1-4　黄花列当 Orobanche pycnostachya Hance

113-1-3　美丽列当 Orobanche amoena C. A. Mey.

113-1-2　毛药列当 Orobanche ombrochares Hance

113-1-1　列当 Orobanche coerulescens Steph.

113-1　列当属 Orobanche L.

113. 列当科 Orobanchaceae

112-2-1　茶菱 Trapella sinensis Oliv.

112-2　茶菱属 Trapella Oliv.

112-1-1　胡麻 Sesamum indicum L.

112-1　胡麻属 Sesamum L.

112. 胡麻科 Pedaliaceae

114-2-1　北捕虫堇 Pinguicula villosa L.

114-2　捕虫堇属 Pinguicula L.

114-1-3　小狸藻 Utricularia intermedia Hayne

114-1-2　弯距狸藻 Utricularia minor L.

114-1-1　细叶狸藻 Utricularia vulgaris L. subsp. macrorhiza (Le Conte) R. T. Clausen

114-1　狸藻属 Utricularia L.

114. 狸藻科 Lentibulariaceae

113-3-4　兰州肉苁蓉 Cistanche lanzhouensis Z. Y. Zhang

113-3-3　沙苁蓉 Cistanche sinensis Beck

113-3-2　盐生肉苁蓉 Cistanche salsa (C. A. Mey.) Beck

113-3-1　肉苁蓉 Cistanche deserticola Ma

113-3　肉苁蓉属 Cistanche Hoffmanns. et Link

113-2-1　草苁蓉 Boschniakia rossica (Cham. et Schlecht.) B. Fedtsch.

115. ᠲᠣᠲᠣᠭᠠᠨ᠎ᠠ ᠶᠢᠨ ᠢᠵᠠᠭᠤᠷ ᠤᠨ ᠡᠪᠡᠰᠦ 透骨草科 **Phrymaceae**

115-1 ᠲᠣᠲᠣᠭᠠᠨ᠎ᠠ ᠶᠢᠨ ᠲᠥᠷᠥᠯ 透骨草属 *Phryma* L.

115-1-1 ᠲᠣᠲᠣᠭᠠᠨ᠎ᠠ 透骨草 *Phryma leptostachya* L. var *asiatica* H. Hara

116. ᠲᠠᠬᠢᠶᠠᠨ ᠨᠠᠪᠴᠢ ᠶᠢᠨ ᠢᠵᠠᠭᠤᠷ 车前科 **Plantaginaceae**

116-1 ᠲᠠᠬᠢᠶᠠᠨ ᠨᠠᠪᠴᠢ ᠶᠢᠨ ᠲᠥᠷᠥᠯ 车前属 *Plantago* L.

116-1-1 ᠨᠠᠷᠢᠨ ᠲᠠᠬᠢᠶᠠᠨ ᠨᠠᠪᠴᠢ 条叶车前 *Plantago minuta* Pall.

116-1-2 ᠬᠤᠵᠢᠷᠯᠢᠭ ᠲᠠᠬᠢᠶᠠᠨ ᠨᠠᠪᠴᠢ 盐生车前 *Plantago maritima* L.

116-1-3 ᠵᠢᠭᠦᠷᠲᠦ ᠲᠠᠬᠢᠶᠠᠨ ᠨᠠᠪᠴᠢ 翅柄车前 *Plantago komarovii* Pavlov subsp. *ciliata* Printz

116-1-4 ᠤᠷᠲᠤ ᠨᠠᠪᠴᠢᠲᠦ ᠲᠠᠬᠢᠶᠠᠨ ᠨᠠᠪᠴᠢ 长叶车前 *Plantago lanceolata* L.

116-1-5 ᠤᠮᠠᠷᠠᠲᠤ ᠲᠠᠬᠢᠶᠠᠨ ᠨᠠᠪᠴᠢ 北车前 *Plantago media* L.

116-1-6 ᠲᠡᠭᠰᠢ ᠲᠠᠬᠢᠶᠠᠨ ᠨᠠᠪᠴᠢ 平车前 *Plantago depressa* Willd.

116-1-6a ᠲᠡᠭᠰᠢ ᠲᠠᠬᠢᠶᠠᠨ ᠨᠠᠪᠴᠢ 平车前 *depressa* Willd. subsp. *depressa* Willd.

116-1-6b ᠦᠰᠦᠷᠬᠡᠭ ᠲᠡᠭᠰᠢ ᠲᠠᠬᠢᠶᠠᠨ ᠨᠠᠪᠴᠢ 毛平车 *Plantago depressa* Willd. subsp. *turczaninowii* (Ganeschin) Tzvelev

116-1-7 ᠨᠣᠷᠮᠠᠯᠢᠭ ᠲᠠᠬᠢᠶᠠᠨ ᠨᠠᠪᠴᠢ 湿车前 *Plantago cornuti* Gouan

116-1-8 ᠲᠣᠮᠤ ᠲᠠᠬᠢᠶᠠᠨ ᠨᠠᠪᠴᠢ 大车前 *Plantago major* L.

116-1-9 ᠲᠠᠬᠢᠶᠠᠨ ᠨᠠᠪᠴᠢ 车前 *Plantago asiatica* L.

117. ᠦᠨᠦᠷᠲᠦ ᠡᠪᠡᠰᠦᠨ ᠦ ᠢᠵᠠᠭᠤᠷ 茜草科 **Rubiaceae**

117-1 ᠦᠨᠦᠷᠲᠦ ᠡᠪᠡᠰᠦᠨ ᠦ ᠲᠥᠷᠥᠯ 拉拉藤属 *Galium* L.

117-1-1 ᠵᠢᠵᠢᠭ ᠨᠠᠪᠴᠢᠲᠦ ᠦᠨᠦᠷᠲᠦ ᠡᠪᠡᠰᠦ 小叶猪殃殃 *Galium trifidum* L.

117-1-2 ᠳᠥᠷᠪᠡᠨ ᠨᠠᠪᠴᠢᠲᠦ ᠦᠨᠦᠷᠲᠦ ᠡᠪᠡᠰᠦ 四叶葎 *Galium bungei* Steud.

117-1-3 ᠵᠦᠩᠭᠠᠷ ᠦᠨᠦᠷᠲᠦ ᠡᠪᠡᠰᠦ 准噶尔拉拉藤 *Galium songaricum* Schrenk

117-1-4 ᠨᠠᠷᠢᠨ ᠨᠠᠪᠴᠢᠲᠦ ᠦᠨᠦᠷᠲᠦ ᠡᠪᠡᠰᠦ 线叶拉拉藤 *Galium linearifolium* Turcz.

117-1-5 ᠲᠠᠬᠢᠶᠠᠨ ᠨᠠᠪᠴᠢᠲᠦ ᠦᠨᠦᠷᠲᠦ ᠡᠪᠡᠰᠦ 车叶草 *Galium maximowiczii* (Kom.) Pobed.

117-1-6 ᠤᠮᠠᠷᠠᠲᠤ ᠦᠨᠦᠷᠲᠦ ᠡᠪᠡᠰᠦ 北方拉拉藤 *Galium boreale* L.

117-1-6a ᠤᠮᠠᠷᠠᠲᠤ ᠦᠨᠦᠷᠲᠦ ᠡᠪᠡᠰᠦ 北方拉拉藤 *Galium boreale* L. var. *boreale*

117-1-6b ᠦᠰᠦᠷᠬᠡᠭ ᠦᠨᠦᠷᠲᠦ ᠡᠪᠡᠰᠦ 硬毛拉拉藤 *Galium boreale* L. var. *ciliatum* Nakai

117-1-7 ᠰᠢᠷ᠎ᠠ ᠦᠨᠦᠷᠲᠦ ᠡᠪᠡᠰᠦ 蓬子菜 *Galium verum* L.

117-2 ᠬᠡᠭᠡᠷ᠎ᠠ ᠶᠢᠨ ᠤᠯᠠᠭᠠᠨ 茜草属 *Rubia* L.

117-1-12 ᠳᠤᠮᠳᠠᠳᠤ ᠠᠽᠢᠶ᠎ᠠ ᠶᠢᠨ ᠬᠤᠯᠤᠭᠠᠨ᠎ᠠ 中亚猪殃殃 *Galium rivale* (Sibth. et Smith) Griseb.

117-1-11b ᠪᠦᠭᠡᠷᠡᠩᠬᠡᠢ ᠬᠤᠯᠤᠭᠠᠨ᠎ᠠ 钝叶猪殃殃 *Galium dahuricum* Turcz. ex Ledeb. var. *tokyoense* (Makino) Cuf.

117-1-11a ᠳᠠᠭᠤᠷ ᠤᠨ ᠬᠤᠯᠤᠭᠠᠨ᠎ᠠ 大叶猪殃殃 *Galium dahuricum* Turcz. ex Ledeb. var. *dahuricum*

117-1-11 ᠳᠠᠭᠤᠷ ᠤᠨ ᠬᠤᠯᠤᠭᠠᠨ᠎ᠠ 大叶猪殃殃 *Galium dahuricum* Turcz. ex Ledeb.

117-1-10 ᠬᠡᠭᠡᠷ᠎ᠠ ᠶᠢᠨ᠂ ᠬᠤᠯᠤᠭᠠᠨ᠎ᠠ 拉拉藤 *Galium spurium* L.

117-1-9 ᠨᠠᠷᠢᠨ ᠦᠰᠦᠲᠦ ᠬᠤᠯᠤᠭᠠᠨ᠎ᠠ 细毛拉拉藤 *Galium pusillosetosum* H. Hara Makino

117-1-8 ᠠᠭᠤᠯᠠ ᠶᠢᠨ ᠬᠤᠯᠤᠭᠠᠨ᠎ᠠ 山猪殃殃 *Galium pseudoasprellum* tomentosum C. A. Mey.

117-1-7d ᠨᠤᠭᠤᠭᠠᠨ ᠦᠰᠦᠲᠦ᠂ ᠬᠤᠯᠤᠭᠠᠨ᠎ᠠ 绒毛蓬子菜 *Galium verum* L. var. *trachyphyllum* Wall.

117-1-7c ᠰᠢᠷᠦᠭᠦᠨ ᠬᠤᠯᠤᠭᠠᠨ᠎ᠠ 粗糙蓬子菜 *Galium verum* L. var. *trachycarpum* DC.

117-1-7b ᠦᠰᠦᠷᠬᠡᠭ ᠬᠤᠯᠤᠭᠠᠨ᠎ᠠ 毛果蓬子菜 *Galium verum* L. var.

117-1-7a ᠬᠤᠯᠤᠭᠠᠨ᠎ᠠ᠂ ᠴᠡᠴᠡᠭ 蓬子菜 *Galium verum* L. var. *verum*

118-2-2 ᠬᠤᠢᠲᠤ ᠪᠠᠭ᠎ᠠ ᠨᠠᠪᠴᠢᠲᠤ 华北忍冬 *Lonicera tatarinowii* Maxim. *microphylla* Willd. ex Schult.

118-2-1 ᠲᠠᠲ᠋ᠠᠷ ᠤᠨ ᠪᠠᠭ᠎ᠠ ᠨᠠᠪᠴᠢᠲᠤ 小叶忍冬 *Lonicera*

118-2 ᠪᠠᠭ᠎ᠠ ᠨᠠᠪᠴᠢᠲᠤ᠂ ᠤᠪᠠᠢ 忍冬属 *Lonicera* L.

118-1-1 ᠬᠤᠢᠲᠤ᠎ᠠ ᠶᠢᠨ ᠤᠯᠠᠭᠠᠨ 北极花 *Linnaea borealis* L.

118-1 ᠬᠤᠢᠲᠤ᠎ᠠ ᠶᠢᠨ ᠤᠯᠠᠭᠠᠨ 北极花属 *Linnaea* Gronov. ex L.

118. ᠤᠪᠠᠢ ᠶᠢᠨ ᠢᠵᠠᠭᠤᠷ 忍冬科 **Caprifoliaceae**

117-3-1 ᠤᠷᠳᠤᠰ ᠤᠨ ᠬᠡᠭᠡᠷ᠎ᠠ ᠶᠢᠨ 内蒙野丁香 *Leptodermis ordosica* H. C. Fu et E. W. Ma

117-3 ᠬᠡᠭᠡᠷ᠎ᠠ ᠶᠢᠨ ᠤᠯᠠᠭᠠᠨ 野丁香属 *Leptodermis* Wall.

117-2-4b ᠬᠠᠷ᠎ᠠ 黑果茜草 *Rubia cordifolia* L. var. *pratensis* Maxim.

117-2-4a ᠤᠯᠠᠭᠠᠨ᠂ ᠡᠪᠡᠰᠦ 茜草 *Rubia cordifolia* L. var. *cordifolia*

117-2-4 ᠤᠯᠠᠭᠠᠨ᠂ ᠡᠪᠡᠰᠦ 茜草 *Rubia cordifolia* L.

117-2-3 ᠵᠡᠭᠦᠦᠨ ᠨᠠᠪᠴᠢᠲᠤ 披针叶茜草 *Rubia lanceolata* Hayata

117-2-2 ᠤᠢ ᠶᠢᠨ ᠤᠯᠠᠭᠠᠨ᠂ ᠡᠪᠡᠰᠦ 林生茜草 *Rubia sylvatica* (Maxim.) Nakai

117-2-1 ᠳᠤᠮᠳᠠᠳᠤ ᠶᠢᠨ ᠤᠯᠠᠭᠠᠨ᠂ ᠡᠪᠡᠰᠦ 中国茜草 *Rubia chinensis* Regel et Maack

Abelia R. Br.

118-6 ᠬᠣᠣᠷᠠᠰᠤᠨ ᠤ ᠣᠪᠣᠭ᠎ᠠ᠂ ᠵᠢᠷᠭᠤᠭᠠᠨ ᠵᠠᠮᠲᠤ ᠮᠣᠳᠣᠨ ᠤ ᠲᠥᠷᠥᠯ 六道木属

118-5-3 ᠪᠦᠯᠢᠶᠡᠨ ᠮᠣᠳᠣᠨ 暖木条荚蒾 *Viburnum burejaeticum* Regel et Herd.

118-5-2 ᠮᠣᠩᠭᠣᠯ᠂ ᠵᠡᠷᠭᠡᠯᠡᠭᠡᠨ ᠮᠣᠳᠣᠨ 蒙古荚蒾 *Viburnum mongolicum* (Pall.) Rehd.

118-5-1 ᠲᠠᠬᠢᠶᠠᠨ ᠮᠣᠳᠣᠨ 鸡树条荚蒾 *Viburnum opulus* L. subsp. *calvescens* (Rehd.) Sugim.

118-5 ᠵᠡᠷᠭᠡᠯᠡᠭᠡᠨ ᠮᠣᠳᠣᠨ ᠤ ᠲᠥᠷᠥᠯ 荚蒾属 *Viburnum* L.

118-4-1 ᠭᠣᠶᠣᠯᠢᠭ ᠴᠡᠴᠡᠭ 锦带花 *Weigela florida* (Bunge) A. DC.

118-4 ᠭᠣᠶᠣᠯᠢᠭ ᠴᠡᠴᠡᠭ ᠦᠨ ᠲᠥᠷᠥᠯ 锦带花属 *Weigela* Thunb.

118-3-1 蝟实 *Kolkwitzia amabilis* Graebn.

118-3 蝟实属 *Kolkwitzia* Graebn.

118-2-7 金银忍冬 *Lonicera maackii* (Rupr.) Maxim.

118-2-6 黄花忍冬 *Lonicera chrysantha* Turcz. ex Ledeb.

118-2-5 葱皮忍冬 *Lonicera ferdinandii* Franch.

118-2-4 蓝靛果忍冬 *Lonicera caerulea* L.

118-2-3 紫花忍冬 *Lonicera maximowiczii* (Rupr.) Regel

120-2 缬草属 *Valeriana* L.

120-1-5 墓回头 *Patrinia heterophylla* Bunge

120-1-4 糙叶败酱 *Patrinia scabra* Bunge

120-1-3 岩败酱 *Patrinia rupestris* (Pall.) Dufresne

120-1-2 西伯利亚败酱 *Patrinia sibirica* (L.) Juss.

120-1-1 败酱 *Patrinia scabiosifolia* Link

120-1 败酱属 *Patrinia* Juss.

120. 败酱科 **Valerianaceae**

119-1-1 五福花 *Adoxa moschatellina* L.

119-1 五福花属 *Adoxa* L.

119. 五福花科 **Adoxaceae**

118-7-2 毛接骨木 *Sambucus williamsii* Hance

118-7-1 接骨木 *Sambucus sibirica* Nakai

118-7 接骨木属 *Sambucus* L.

118-6-1 六道木 *Abelia biflora* Turcz.

121-3-1 ᠬᠣᠨ᠁ 刺参 *Morina chinensis* Y. Y. Pai

121-3 ᠬᠣᠨ᠁ 刺参属 *Morina* L.

121-2-2 ᠁ Gruning

121-2-2 ᠁ 华北蓝盆花 *Scabiosa tschiliensis* Gruning ex Roem. et Schult. var. *lachnophylla* (Kitag.) Kitag.

121-2-1b ᠁ 毛叶蓝盆花 *Scabiosa comosa* Fisch. Roem. et Schult. var. *comosa*

121-2-1a ᠁ 窄叶蓝盆花 *Scabiosa comosa* Fisch. ex Roem. et Schult.

121-2-1 ᠁ 窄叶蓝盆花 *Scabiosa comosa* Fisch. ex

121-2 ᠁ 蓝盆花属 *Scabiosa* L.

121-1-1 ᠁ 日本续断 *Dipsacus japonicus* Miq.

121-1 ᠁ 川续断属 *Dipsacus* L.

121. ᠁ 川续断科 **Dipsacaceae**

120-2-2 ᠁ 西北缬草 *Valeriana tangutica* Batal.

120-2-1 ᠁ 缬草 *Valeriana officinalis* L.

122-7 ᠁ 葫芦属 *Lagenaria* Ser.

122-6-3 ᠁ 西葫芦 *Cucurbita pepo* L.

122-6-2 ᠁ 大瓜 *Cucurbita maxima* Duch.

122-6-1 ᠁ 南瓜 *Cucurbita moschata* Duch.

122-6 ᠁ 南瓜属 *Cucurbita* L.

122-5-1 ᠁ 栝楼 *Trichosanthes kirilowii* Maxim.

122-5 ᠁ 栝楼属 *Trichosanthes* L.

122-4 ᠁ 裂瓜属 *Schizopepon* Maxim.

122-4-1 ᠁ 裂瓜 *Schizopepon bryoniifolius* Maxim.

122-3-1 ᠁ 赤瓟 *Thladiantha dubia* Bunge

122-3 ᠁ 赤瓟属 *Thladiantha* Bunge

122-2-1 ᠁ 假贝母 *Bolbostemma paniculatum* (Maxim.) Franquet

122-2 ᠁ 假贝母属 *Bolbostemma* Franquet

122-1-1 ᠁ 盒子草 *Actinostemma tenerum* Griff.

122-1 ᠁ 盒子草属 *Actinostemma* Griff.

122. ᠁ 葫芦科 **Cucurbitaceae**

122-12 ᠬᠡᠮᠬᠡ ᠶᠢᠨ ᠲᠦᠷᠦᠯ 香瓜属 *Cucumis* L.

122-11-1 ᠲᠠᠷᠪᠤᠰ 西瓜 *Citrullus lanatus* (Thunb.) Matsum. et Nakai Zeyher

122-11 ᠲᠠᠷᠪᠤᠰ ᠤᠨ ᠲᠦᠷᠦᠯ 西瓜属 *Citrullus* Schrad. ex Ecklon et Cogn.

122-10-1 ᠬᠡᠮᠬᠡ᠂ ᠬᠡᠭᠡᠷᠡ 冬瓜 *Benincasa hispida* (Thunb.)

122-10 ᠬᠡᠮᠬᠡ ᠶᠢᠨ ᠲᠦᠷᠦᠯ 冬瓜属 *Benincasa* Savi

122-9-1 ᠰᠢᠷᠠ ᠮᠣᠳᠣᠨ 丝瓜 *Luffa aegyptiaca* Mill.

122-9 ᠰᠢᠷᠠ ᠮᠣᠳᠣᠨ ᠦ ᠲᠦᠷᠦᠯ 丝瓜属 *Luffa* Mill.

122-8-1 ᠭᠠᠰᠢᠭᠤᠨ ᠬᠡᠮᠬᠡ᠂ ᠭᠠᠰᠢᠭᠤᠨ 苦瓜 *Momordica charantia* L.

122-8 ᠭᠠᠰᠢᠭᠤᠨ ᠬᠡᠮᠬᠡ ᠶᠢᠨ ᠲᠦᠷᠦᠯ 苦瓜属 *Momordica* L.

depressa (Ser.) H. Hara

122-7-1d ᠬᠠᠯᠢᠰᠤ 瓠瓜 *Lagenaria siceraria* (Molina) Standl. var. hispida (Thunb.) Hara

122-7-1c ᠲᠠᠪᠠᠭ ᠬᠠᠯᠢᠰᠤ 瓠子 *Lagenaria siceraria* (Molina) Standl. var. microcarpa (Naud.) H. Hara

122-7-1b ᠬᠠᠯᠢᠰᠤ 小葫芦 *Lagenaria siceraria* (Molina) Standl. var. siceraria

122-7-1a 葫芦 *Lagenaria siceraria* (Molina) Standl. var.

122-7-1 葫芦 *Lagenaria siceraria* (Molina) Standl.

Naudin

122-12-2b ᠬᠡᠭᠡᠷᠡ ᠶᠢᠨ ᠬᠡᠮᠬᠡ 菜瓜 *Cucumis melo* L. var. agrestis

122-12-2a ᠲᠠᠷᠢᠮᠠᠯ ᠬᠡᠮᠬᠡ 香瓜 *Cucumis melo* L. var. melo

122-12-2 ᠬᠡᠮᠬᠡ 香瓜 *Cucumis melo* L.

122-12-1 ᠦᠷᠭᠡᠰᠦᠲᠦ ᠬᠡᠮᠬᠡ 黄瓜 *Cucumis sativus* L.

中文名索引

拉丁文名索引